U0384445

中国环境百科全书

——— 选编本 ———

环境监测

《环境监测》编写委员会　编著

顾　问　魏复盛

主　编　陈　斌

副主编　李国刚　王业耀

　　　　傅德黔　张建辉

　　　　宫正宇

中国环境出版社·北京

编写委员会

顾　问　魏复盛

主　编　陈　斌

副主编　李国刚　王业耀　傅德黔　张建辉　宫正宇

编　委　（按姓氏笔画升序排列）

王业耀　多克辛　李红莉　李国刚　吴国平

汪太明　张建辉　张霖琳　陈　斌　陈素兰

南淑清　宫正宇　夏　新　倪士英　郭　平

黄江荣　董铁茹　傅德黔　魏复盛

编写人员

安国安　陈多宏　陈素兰　陈　纯　陈前远　陈　鑫　陈　彬　柴国勇　曹钟港　池　靖
楚宝林　迟　郢　董　捷　董文福　董广霞　董贵华　丁　逊　丁俊男　邓　力　杜　丽
傅晓钦　符　刚　冯　丹　范　庆　郭　平　郭志顺　宫正宇　黄江荣　胡文翔　胡冠九
何必胜　贺　鹏　蒋海威　贾　静　焦聪颖　金小伟　嵇晓燕　李　莉　李红莉　李焕峰
李文攀　李宪同　李俊龙　李　茜　李名升　李　曼　李　曌　李健军　李铭煊　李东一
李　娟　李　亮　刘文丽　刘　丽　刘　娟　刘　军　刘海江　刘砚华　刘　允　梁梅燕
梁　霄　雷明丽　厉以强　卢　益　吕怡兵　吕天峰　林兰钰　孟祥鹏　孟晓艳　马永福
马广文　米方卓　穆　肃　钮少颖　南淑清　倪士英　牛航宇　彭　华　彭福利　潘本锋
皮宁宁　钱飞中　齐　杨　申进朝　孙　骏　孙自杰　孙　静　史　宇　邵　亮　汤　琳
滕　曼　王爱一　王　琪　王　帅　王　鑫　王军霞　王莉莉　王晓彦　王　光　汪　赟
汪太明　汪　巍　吴庆梅　吴晓凤　魏峻山　邢冠华　许秀艳　许丹丹　许　宏　解　军
解淑艳　向元益　夏　新　岳太星　姚志鹏　姚亚伟　于学普　阴　琨　以恒冠　余　海
杨　婧　叶　翠　周贤杰　周　冏　周　彦　周　刚　翟继武　朱　擎　张　颖　张霖琳
张守斌　张荣锁　张艳飞　张殷俊　张　欣　张　迪　张锦平　张蓓蓓　张　扬　郑少娜
郑　璇　郑皓皓　赵熠琳　赵　倩　赵晓军　钟　琪

出版说明

《中国环境百科全书》（以下简称《全书》）是一部大型的专业百科全书，选收条目 8 000 余条，总字数达 1 000 多万字，对环境保护的理论知识及相关技术进行了全面、系统的介绍和阐述，可供环境科学研究、教育、管理人员参考和使用，也可供具有高中以上文化程度的广大读者查阅和学习。

《全书》是在环境保护部的领导下，组织近 1 000 名环境科学、环境工程及相关领域的专家学者共同编写的。在《全书》按条目的汉语拼音字母顺序混编分卷出版以前，我们先按分支和知识门类整理成选编本，不分顺序，先编完的先出，以求早日提供广大读者使用。

《全书》是一项重大环境文化和科学技术基础平台建设工程。其内容横跨自然科学、技术与工程科学、社会科学等众多领域，编纂工作难度是可想而知的，加上我们编辑水平有限，一定会有许多不足之处。此外，各选编本是陆续编辑出版的，有关条目的调整、内容和体例的统一、参见和检索系统的建立，以及《全书》的编写组织和审校等，还有大量工作须在混编成卷时进行，我们诚恳地期望广大读者提出批评和改进意见。

中国环境出版社

2015 年 1 月

前　言

经过 40 多年的发展，我国环境监测业务不断扩展，监测范围不断扩大，技术水平不断提高，机构和队伍日益壮大。为适应环境监测转型发展，满足人们环境知情权，更好地服务环境监测科技工作者、管理人员及相关专业师生，我们组织编写了本书。

本书既是《中国环境百科全书》的选编本之一，又可自成一册。全书共选收 336 个条目，按照逻辑关系，包括环境监测网、环境质量监测、污染源监测、采样分析方法、监测指标、监测结果评价、环境监测质量管理和监测仪器 9 个部分，每个部分按照环境介质做进一步分类。

条目编写工作于 2011 年 8 月启动，经过对条目设置原则和条目内容的反复研讨，编写了 19 个样条，供作者参考。初稿形成后，综合考虑条目的内涵、外延及其相互间关系，将数量由 420 个调减至 336 个，于 2013 年 12 月最终定稿。这项工作是全国环境监测科技工作者集体智慧的结晶。

本书在编写过程中得到了环境保护部政策法规司和中国环境出版社的指导，还得到了中国环境监测总站领导的悉心组织和全力支持，谨致衷心感谢！魏复盛先生参加了本书编写的全过程，提出了许多有益的建议和指导，特别向他致以崇高的敬意和感谢。同时，原中国环境监测总站的丁中元副站长、齐文启研究员和原天津市环境监测中心秦保平站长参与了本书的审稿工作，致以诚挚的感谢！编写工作得到了浙江省辐射环境监测站、山东省环境监测中心站、河南省环境监测中心、江苏省环境监测中心、重庆市环境监测中心、广东省环境监测中心、山西省环境监测中心站、浙江省宁波市环境监测中心、内蒙古自治区赤峰市环境监测中心站的大力协助，在此一并表示感谢。

本书内容涉及化学、生物学、物理学、地学、数学以及经济学、法学、社会学、管理学等多个学科的相关知识，内容十分丰富，由于编者知识面和水平局限，本书错误和不妥之处在所难免，敬请广大读者指正，以便将来修订再版更趋完善。

凡 例

1．本选编本共收条目336条。

2．本选编本条目按条目标题的汉语拼音字母顺序排列。首字同音时，按阴平、阳平、上声、去声的声调顺序排列；同声、同调时，按首字的起笔笔形一（横）、丨（竖）、丿（撇）、丶（点）、㇇（折，包括亅乚㇛等）的顺序排列。首字相同时，按第二字的音、调、起笔笔形的顺序排列，余类推。条目标题以英文字母开头的，例如“pH 计”、“X 射线荧光光谱仪”分别排在拼音字母P、X部的开头部分。

3．本选编本附有条目分类索引，以便读者了解本学科的全貌和按知识结构查阅有关条目。

4．条目标题上方加注汉语拼音，所有条目标题均附有外文名。

5．条目释文开始一般不重复条目标题，释文力求规范、简明。

6．较长条目的释文，设置层次标题，并用不同的字体表示不同的层次标题。

7．一个条目的内容涉及其他条目并需由其他条目的释文补充的，采用“参见”的方式。所参见的条目标题用楷体字排印。一个条目（层次标题）的内容在其他条目中已进行详细阐述，本条（层次标题）不必重述的，采用“见”的方式，例如：“简易比色法”条中，在叙述其原理时，表示为“原理　见比色法。”

8．在重要的条目释文后附有推荐书目，供读者选读。

9．本选编本附有全部条目的汉字笔画索引、外文索引。

10．本选编本中的科学技术名词，以全国科学技术名词审定委员会公布的为准，未经审定和尚未统一的，从习惯。

目 录

条目音序目录

R

S

T

W

X

Y

Z

A

an ceding

氨测定 (determination of ammonia) 对气体中的氨进行定性和定量分析的过程。测定结果以氨（NH_3）计，浓度单位为 mg/m^3。氨，又称“氨气”，分子式为 NH_3，是一种无色气体，有强烈的刺激气味。氨极易溶于水，常温常压下 1 体积水可溶解 700 倍体积氨。空气中的氨会刺激人体皮肤、眼睛及呼吸道，使人产生头痛、厌食等症状，损害黏膜上皮细胞，降低人体抵抗力。氨还具有腐蚀性等危险性质。氨对地球上的生物相当重要，是所有食物和肥料的重要成分，也是所有药物直接或间接的组成，具有广泛的用途，是世界上产量最多的无机化合物之一，多用于生产化肥。

测定方法 主要有纳氏试剂分光光度法、靛酚蓝分光光度法、水杨酸分光光度法、离子选择电极法和离子色谱法等。

纳氏试剂分光光度法 适用于环境空气中氨的测定，也适用于制药、化工、炼焦等工业行业废气中氨的测定。其原理是用稀硫酸溶液吸收氨，在碱性条件下与纳氏试剂反应生成黄棕色络合物，络合物的色度与氨的含量成正比，从而测出氨的含量。该方法简便，但选择性差，且测定过程中使用的纳氏试剂含有大量的汞盐，毒性较强，容易造成二次污染。

靛酚蓝分光光度法 适用于公共场所、居住区和室内空气中氨浓度的测定。其原理是氨吸收在稀硼酸溶液中，用次氯酸钠氧化为氯胺，在亚硝基铁氰化钠存在下，再与苯酚反应生成靛酚蓝。根据颜色深浅，比色测定。靛酚蓝分光光度法灵敏度高，稳定性好，但对显色的温度控制较为严格，且显色时间较长。

水杨酸分光光度法 适用于环境空气及厂界空气中氨的测定。其原理是用稀硫酸溶液吸收空气中的氨，生成硫酸氨铵。在亚硝基铁氰化钠存在下，以酒石酸钾钠作掩蔽剂，铵离子、水杨酸和次氯酸钠反应生成蓝色化合物，根据颜色深浅，比色测定。该方法较灵敏，选择性好，但操作较复杂。

离子选择电极法 电化学法的一种，适用于环境空气和废气中氨的测定。其原理是氨气敏电极为一个复合电极，以 pH 玻璃电极为指示电极，银-氯化银电极为参比电极。将复合电极置于盛有 0.1 mol/L 氯化铵内充液的塑料套管中，管底用一张微孔疏水透气膜与试液隔开，并使透气膜与 pH 玻璃电极间有一层很薄的液膜。当测定由硫酸吸收液吸收大气中的氨时，加入强碱，使铵盐转化为氨，氨气通过透气膜进入氯化钠内充液层中，使 $NH_4^+ \rightleftharpoons NH_3 + H^+$ 的反应向左移动，引起氢离子浓度改变，由 pH 玻璃电极测得其变化。在恒定的离子强度下，测得的电极电位与氨浓度的对数呈线性关系，从测得的电位值确定样品中氨的含量。该方法测定较为准确、可靠，方法简便、快速，适用于现场采样分析。

离子色谱法 适用于环境空气废气中氨的监测。其原理是用稀硫酸吸收空气中的氨，生成硫酸铵，用离子色谱进行测定。根据待测组分铵离子浓度与色谱图中出峰的峰面积或峰高成正比，可测得空气中氨的浓度。该方法具有高选择性且灵敏、快速、简便，可同时测定多组分，但需要配备相应的仪器和阳离子分离柱，增加了测试成本。

发展趋势 氨气的测定目前主要以纳氏试剂分光光度法为主，但该方法使用的纳氏试剂中含有大量的汞盐，毒性较强，容易造成二次污染，离子选择电极法、离子色谱法等方法也陆续开发应用。随着科学技术的发展，开发了应用于不同测试环境的氨测定仪，其原理包括传感器法、化学发光法和分光光度法（参见氨测定仪）。（郑璇）

an cedingyi

氨测定仪 （ammonia gas analyzer） 定量测定气体中氨（NH_3）含量的仪器。

分类 按照测定原理分为传感器法、化学发光法和分光光度法三种。

传感器法 主要由传感器、放大器、微控制器和液晶显示四部分组成。根据制作氨传感器时所用的敏感材料及检测方法的不同，氨传感器主要分为五类。

半导体金属氧化物为敏感材料的氨传感器 其原理基于氧化物在吸附氨前后电导率会发生明显的变化，变化大小与氨的浓度有关，通过测量敏感层氧化物电导率的变化测定氨的浓度。该类传感器选择性较差，但价廉、耐用。

重金属氧化物为敏感材料的氨传感器 其原理基于一些贵金属或其氧化物（如 Pt、Pd、Cu、RuO_2 等）能催化一些还原性气体（如 NH_3、H_2、CO 及一些有机气体）发生氧化反应，同时它们本身的载流子浓度也发生变化，其变化值的大小与被催化气体的浓度有关，从而测定氨的浓度。

导电聚合物为敏感材料的氨传感器 根据还原型气体氨能改变导电聚合物的氧化状态，从而改变它们的电导率，通过测量导电聚合物电导率（或电阻）的变化，进而测定氨的浓度。该类传感器具有制作方法多样、工艺简单、测量信号多样、常温选择性好以及可用于测量气相和液相中的氨等优点。

电化学型（包括电化学电容型）氨传感器 通过测量电极在响应氨时电位或电流的变化而检测氨浓度。依据测量的物理量不同，可分为电位型和电流型。氨敏电极法就属于这类传感器。该类传感器在目前传感器研究与应用中占有重要地位，特别是电流型传感器，由于其体积小、测量浓度范围广、精度高，广泛应用于各种现场检测。

光化学型氨传感器 通过测定体系颜色变化或吸收光谱上特定谱峰的变化，而达到测定体系中氨浓度的目的。

化学发光法 由转化器、臭氧发生器、反应室、光电倍增管、模数转换器和液晶显示六部分组成，多为多参数测定仪，可同时测定 NO、NO_x（$NO+NO_2$）和 N_t（$NO+NO_2+NH_3$）。

测定 NO 浓度 泵入测定仪的样品气体与测定仪内部臭氧发生器产生的臭氧在反应室中混合，发生如式（3）的反应。反应产生了特定的化学发光，该发光强度与 NO 的浓度呈线性关系。当受到电子激发的 NO_2 分子衰减至较低的能量状态时发出红外光，后者被光电倍增管检测，转换为相应的电流信号，再进一步转换为 NO 浓度。

$$NO_2 \longrightarrow NO \quad (1)$$

$$NH_3 \longrightarrow NO \quad (2)$$

$$NO + O_3 \longrightarrow NO_2 + O_2 + h\nu \quad (3)$$

测定 NO_x（$NO+NO_2$）浓度 NO_2 在进入反应室之前需首先被转化为 NO，如式（1），该转化反应需在钼转换器中进行，并被加热至 325℃。已被转化的分子与式（1）中的 NO 在反应室内一起与臭氧反应，产生的信号为 NO_x 浓度。

测定 N_t（$NO+NO_2+NH_3$）浓度 NO_2 与 NH_3 在进入反应室前需被转化为 NO，如式(1)、

（2），该反应需在不锈钢转换器中进行，并加热至750℃。已被转化的分子与式（1）中的NO在反应室内一起与臭氧反应，产生的信号为 N_t 浓度。

NO_2 浓度为 NO_x 浓度与NO浓度之差：

$$[NO_x]-[NO]=[NO_2]$$

NH_3 浓度为 N_t 浓度与 NO_x 浓度之差：

$$[N_t]-[NO_x]=[NH_3]$$

分光光度法 包括大气采样器、分光光度计和配套试剂。基于待测样品中氨与显色剂反应生成有色化合物，对可见光有选择性吸收而建立的比色法，可直接在测定仪上读出氨的浓度。分析原理见氨测定，该类仪器配有专用样品前处理设备和一次性试剂盒，无需自配试剂，测定迅速、操作简单，体积小、便于携带。

应用 氨测定仪可用于环境空气、废气、室内空气等介质中氨的现场定量监测，在环境监测中发挥着重要作用。

发展趋势 化学发光法和传感器法的氨测定仪是主要的发展方向，开发可以在线监测、成本低、准确度好、选择性好、响应快、操作简单、便于携带的氨测定仪是研究的热点。

（郑璇）

andan ceding

氨氮测定 (determination of ammonia nitrogen)

对水质样品中的氨氮进行定量分析的过程。氨氮是以游离氨（NH_3）或铵盐（NH_4^+）形式存在于水中的氮，两者的组成比取决于水的pH和水温。在无氧环境中，水中存在的亚硝酸盐可受微生物作用还原成氨；在有氧环境中，水中氨可转变为亚硝酸盐及硝酸盐。水中氨氮的来源主要为生活污水、某些工业废水（如焦化废水和合成氨化肥厂废水等）和农田排水。高含量的氨氮会造成地表水富营养化，严重影响水质，甚至导致鱼类等水生生物缺氧死亡；其氧化产物亚硝酸盐同样具有毒性，亚硝酸盐和蛋白质结合形成的亚硝胺，是一种强致癌物质，对人体健康极为不利。

测试方法 包括分光光度法、滴定法、气相分子吸收光谱法、流动注射分析法和电化学法等。

纳氏试剂分光光度法 适用于地表水、地下水、工业废水和生活污水中氨氮的测定。其原理为：碘化汞和碘化钾的碱性溶液与氨反应生成淡红棕色胶态化合物，通过测定吸光度计算氨氮含量。配制纳氏试剂时，碘化汞与碘化钾的比例对显色反应的灵敏度有较大影响，且静置后生成的沉淀应去除。滤纸中常含痕量铵盐，使用时应注意用无氨水洗涤。该方法操作简单、灵敏，但使用的纳氏试剂所含碘化汞或二氯化汞均为剧毒物质，对人体和环境有害。

水杨酸分光光度法 适用于地下水、地表水、生活污水和工业废水中氨氮的测定。其原理为：在碱性介质和亚硝基铁氰化钠存在下，氨和铵离子与水杨酸盐及次氯酸离子反应生成蓝色化合物，通过测定吸光度计算氨氮含量。样品的颜色过深，钙、镁离子和氯化物浓度过高，都会对测定产生干扰。该方法灵敏度高、稳定性好，但使用的重要试剂次氯酸不稳定，每次使用之前都需要对其有效氯含量和游离碱浓度进行标定，限制了该方法的使用。

蒸馏-中和滴定法 适用于生活污水和工业废水中氨氮的测定。其原理为：调节水样pH，加入轻质氧化镁使其呈微碱性，蒸馏释出的氨用硼酸溶液吸收，以甲基红-亚甲蓝为指示剂，用盐酸标准溶液滴定馏出液中的氨氮。该方法所需设备简单，可除去水样颜色和浊度等的干扰，但对低浓度水样误差较大。

气相分子吸收光谱法 适用于地表水、地下水、海水、饮用水、生活污水及工业废水中氨氮的测定。其原理为：水样在酸性介质中，加入无水乙醇煮沸，除去亚硝酸盐等干扰，用次溴酸盐将氨及铵盐氧化成亚硝酸盐，以亚硝酸盐氮的形式采用气相分子吸收光谱法测定氨氮的含量。

流动注射分析法 适用于地表水、地下水、生活污水和工业废水中氨氮的测定。其原理为：试样中铵在碱性溶液中与次氯酸根反应，生成的氯胺在亚硝基铁氰化钾的催化下，与水杨酸盐反应形成蓝绿色靛酚染料，通过测定吸光度计算氨氮含量。试样与试剂在蠕动泵的推动下进入分析模块，在密闭的管路中按特定的顺序和比例混合，进行蒸馏、消解和萃取等反应，显色完全后进入流动检测池进行光度检测。该方法将手工分析转化为仪器在线分析，提高了分析的自动化水平，操作简单、分析速度快、样品和试剂消耗量小，适合检测大批量样品，并且样品全封闭蒸馏、吸收和检测，减少了对环境的污染和对人体的危害。

电化学法 适用于饮用水、地表水、生活污水及工业废水中氨氮含量的测定。用氨气敏电极测定氨氮的浓度。在水样中加入强碱溶液，将 pH 提高到 11 以上，使铵盐转化为氨，生成的氨由于扩散作用通过半透膜，使氯化铵电解质液膜层内生成铵盐，由 pH 玻璃电极测得氢离子浓度改变，进而确定样品中氨氮的含量。该方法无需对水样进行前处理，色度和浊度均不干扰测定，且测量范围宽，但电极寿命和再现性尚存在一些问题。

应用 氨氮的测定方法较多，不同方法适合不同种类的水样。分光光度法因其设备简单、操作方便，应用比较广泛。纳氏试剂分光光度法是氨氮的经典测定方法，也是测定水和废水中氨氮的首选方法。蒸馏-中和滴定法由于去除干扰的能力较强，且设备简单，也运用较广。流动注射分析法将手工分析转化为仪器在线分析，提高了分析速度，减少了样品和试剂消耗量，且可以与多种检测手段相结合，在水质自动监测等环境监测领域应用日益广泛。

（李莉）

B

banhuifaxing youji huahewu ceding

半挥发性有机化合物测定 （determination of semivolatile organic compounds） 经过适当的样品采集、制备及前处理技术后，选用合适的测定方法对环境介质中的半挥发性有机化合物进行定性定量分析的过程。半挥发性有机化合物（SVOCs）一般指沸点在170～350℃、蒸气压在10^{-5}～13.3 Pa的有机化合物。这类化合物大多数具有脂溶性，易溶于有机溶剂，但也有极性较强的化合物微溶于水（如苯胺、酯类、醛酮类等）。SVOCs易在水、土壤、空气、生物等介质中迁移转化，长期存在于水、土壤中，通过生物富集而危害人体健康。SVOCs种类较多，包括多环芳烃、有机氯农药、多氯联苯、氯苯类、硝基苯类、硝基氯苯类、邻苯二甲酸酯类、亚硝基胺类、苯胺类、氯代苯胺类、氯代烃类、氯代醚类、联苯胺类、氯代联苯胺类、氯代酚类和硝基酚类等。随着化工行业的发展及新化学品的不断研制，SVOCs种类还会不断增加。SVOCs来源非常广泛，如化工行业的原料或化工产品的中间体；添加到材料中的各种助剂（增塑剂和阻燃剂等）；广泛使用的杀虫剂、杀菌剂、消毒剂；燃料燃烧和交通运输等。

SVOCs的测定包括样品采集与保存、前处理、净化、分析等步骤。

样品采集与保存 大气中SVOCs的采集方式按照有无动力系统，分为主动采样和被动采样两种方式。在环境空气和废气监测中，常采用主动采样方式，一般使用装填不同强度的吸附剂或聚氨酯泡沫的采样管采集气相中的SVOCs，用玻璃纤维和石英纤维等各种类型的滤膜采集颗粒物中的SVOCs。基于扩散理论的被动采样，所得结果为采样时段内的平均浓度水平，在特定职业暴露领域有较长的应用历史，近几年在环境监测领域开始广泛应用。

水体中SVOCs一般采用玻璃、不锈钢或聚四氟乙烯材质的容器采集，样品盛装于棕色细口瓶中。表层沉积物中SVOCs样品一般使用抓斗式采样器或不锈钢铲采集，采集的样品置于棕色瓶中密封好。土壤样品一般使用不锈钢铲采集，置于铝箔密封的棕色瓶中。

对于水质样品应置于4℃冰箱内避光保存。对于土壤、沉积物和生物样品，应在-18℃冷冻箱中避光保存。

样品前处理 水环境样品的前处理技术有液液萃取（LLE）、固相萃取（SP）、固相微萃取（SPME）等；大气颗粒物、土壤等固体样品中SVOCs的提取方法较多，包括索氏提取、超声波萃取、加速溶剂萃取（ASE）、微波辅助萃取（MAE）、亚临界水萃取（SWE）、超临界流体萃取（SFE）等。常用的有以下几种：

液液萃取 经典的水环境样品前处理技术，适用于饮用水、地下水、地表水、海水、工业废水及生活污水中SVOCs的测定。常用的萃取剂有二氯甲烷、正己烷等，可根据目标物的性质调节样品 pH 在酸性或碱性条件下萃取。若受测水体中有机物质较多时，萃取时易产生大量乳状液，适当振荡、加入适量的氯化钠、冷冻、离心等操作均可减轻乳化。LLE 需要消耗较大量的有机溶剂，浓缩时易导致待测物损失，不适用于大体积环境样品的富集。

固相萃取 包括固相萃取柱与固相萃取盘两种，测定中常采用反相萃取方式，用键合硅胶 C_{18}、亲脂亲水性共聚物等材料作柱填料。为了增加可溶性，通常在样品中加入有机溶剂甲醇、丙醇或乙腈等。适用于大体积水样中的有机污染物富集，缺点是不适合处理极性较强和基质较复杂的环境样品。

固相微萃取 常用的固定相涂层有聚甲基硅氧烷（PDMS）和聚丙烯酸酯（PA），对于非极性强的 SVOCs，前者的效果更好。SPME 不使用有机溶剂为萃取剂，操作简便，但由于 SPME 中萃取涂层易受损，使用寿命有限，同时样品分析成本较高且重复性相对较差。

索氏提取 常用的萃取剂有丙酮、二氯甲烷、正己烷、石油醚等，提取时间一般在 18～24 h。提取效率主要取决于循环次数，单纯延长提取时间而单位时间内循环次数低，其提取效率不会提高。该方法的特点是提取效率高，但操作烦琐且费时，需要消耗较大量的有机溶剂。

超声波萃取 常用的萃取剂有二氯甲烷、丙酮/正己烷（1∶1）、丙酮/二氯甲烷（1∶1）、苯、环己烷等。样品提取时，需注意调节超声波萃取仪的功率及探头深度，保证在萃取过程中能够完全翻动样品，使之与溶剂充分接触。一般每个样品萃取 2～3 次，每次萃取 3 min。

加速溶剂萃取 常用的萃取剂为丙酮/二氯甲烷（1∶1）、丙酮/正己烷（1∶1），温度为 100 ℃，压力在 1 000～2 500 psi（1psi≈6.895kPa），一般通过 3 个静态循环，能达到满意的萃取效率。ASE 加快了萃取时间并明显降低萃取溶剂的用量，是目前比较常用的、先进的固体样品的前处理技术。

微波辅助萃取 一般常用以一定比例混合的正己烷、丙酮来萃取固体样品中的 SVOCs。MAE 具有加热均匀、选择性好、萃取效率高、不破坏待测物质、消耗容积少和无污染等特点，广泛用于固体样品的前处理。

样品净化 对于存在基质干扰的样品，应进行净化，以去除干扰物、降低进样和色谱柱体系的污染风险、提高色谱柱的分离性能。SVOCs 测定时，通常采用层析法净化萃取物，以除去萃取液中的脂肪烃类和其他干扰组分，常用的层析柱有硅胶柱、弗罗里硅土柱、氧化铝柱、活性炭柱、凝胶渗透色谱柱等。根据样品含水量情况在层析柱顶层覆盖一层无水硫酸钠可去除样品中水分，加入铜粉层可以去除硫杂质等。一般采用低温低压的浓缩方法，如旋转蒸发或氮吹法浓缩。

测定方法 主要有气相色谱法（GC）、气相色谱-质谱法（GC-MS）、高效液相色谱法（HPLC）等。

气相色谱法 分析 SVOCs 的常用方法之一，非极性或弱极性色谱柱是分析 SVOCs 常用色谱柱，通常需要较高的柱温，色谱柱温度控制常采用程序升温方式。

GC 中常用的检测器有氢火焰离子化检测器（FID）、电子捕获检测器（ECD）、火焰光度检测器（FPD）和氮磷检测器（NPD），根据目标物的性质选择相应的检测器，其中通用型检测器 FID 及适用于含有电负性较强的基团的 SVOCs 检测的 ECD 应用较为广泛。由于检测器抗干扰能力弱，对样品预分离要求较高，当遇到组分不明的干扰物与待测物的峰重叠或两者的保留时间非常接近时，GC 难以判断，易出现“假阳性”。使用双柱、双检测器定性，可在一定程度上减少错误的判断。

气相色谱-质谱法 目前，GC-MS 被广泛应用于 SVOCs 检测，适用于地表水、地下水、废水、空气、废气、土壤、固废和生物体中 SVOCs 的测定，具有相对标准偏差较小、操作条件稳定、可实现多目标物同时分析、分离效率高、检测限低和检测灵敏度高等优点，最低检出浓度可达到 10^{-12}～10^{-11} 水平。在分析多目标化合物时，常采用内标法定量，以减小仪器分析误差。

高效液相色谱法 对于 GC 不能分析的热稳定差或难以挥发的 SVOCs，如氨基甲酸酯类农药，HPLC 是分离检测的有效手段。由于大部分有机化合物在紫外都有吸收，因此紫外检测器是最常用的 HPLC 检测器；对于具有荧光特性的 SVOCs，使用荧光检测器可排除不少干扰物的影响，灵敏度高于紫外检测器。

发展趋势 随着现代分析仪器的飞速发展，SVOCs 的前处理向微量化、自动化、无毒化、快速化和低成本方向发展，同时各种先进的检测方法也已被应用到分析测试中，如化学电离源（CI 源）质谱法、超高速液相色谱法（UPLC）、全二维气相色谱-质谱法（GC×GC-MS）、气相色谱-三重四极质谱法（GC-MS/MS）、全二维气相色谱-飞行时间质谱法（GC×GC-TOF/MS）等，这些技术的应用大大提高了方法的分离性能、定性能力、方法的灵敏度、检测限和检测覆盖范围。此外，快速气相色谱法采用微型柱作为分离柱，能够显著缩短分析时间，达到快速检测的目的。同时，研究前处理方法与高灵敏度、高专一性新型仪器组合的技术，实现萃取和进样自动化、智能化，也会使分析更加快速和简化。在应急监测工作中，便携式 GC-MS 可用于部分有一定挥发性的 SVOCs 的现场半定量测定。 （邢冠华）

ben'anlei ceding

苯胺类测定 （determination of aniline compounds） 经过适当的样品采集和前处理后，选用合适的测定方法对水、气、土壤等环境介质中的苯胺类化合物进行定性定量分析的过程。环境介质中的苯胺类化合物主要包括苯胺、一硝基苯胺、二硝基苯胺、一甲基苯胺、二甲基苯胺、甲氧苯胺等。苯胺主要用作染料、农药、医药、橡胶等的原料。苯胺可以通过呼吸道、消化道摄入人体，亦可通过皮肤吸收进入人体，对人体具有一定毒害作用，苯胺类化合物还有致癌和致突变的作用。

样品采集、保存和前处理 见半挥发性有机化合物测定。

测定方法 主要有 N-(1-萘基)乙二胺偶氮分光光度法、流动注射分光光度法、气相色谱法和液相色谱法。

N-(1-萘基)乙二胺偶氮分光光度法 苯胺类化合物在酸性条件下（pH=1.5～2.0）与亚硝酸盐重氮化，再与 N-(1-萘基)乙二胺盐酸盐偶合，生成紫红色染料，并于 545 nm 处进行定量检测。方法为非特征性反应，所测定物质为芳香族伯胺类或部分芳香族伯胺类化合物总量，测定结果以苯胺计。温度对反应的影响比较大，最佳显色温度为 22～30℃，可在恒温水浴中显色或采用制作工作曲线的办法，以消除温度影响。

工业废气、环境空气中苯胺类化合物测定，当采样体积为 0.5～10.0 L 时，吸收效率达 99%，测定范围为 0.5～600 mg/m^3。

地表水、染料、制药等废水中苯胺类化合物测定，苯酚含量高于 200 mg/L 时，对方法有正干扰，为消除干扰，可将水样进行预蒸馏。样品体积为 25 mL，使用光程为 10 mm 的比色皿，最低检出浓度为 0.03 mg/L。

流动注射分光光度法 基本原理是分光光度法。苯胺与亚硝酸盐在强酸介质中发生重氮化反应，其产物在碱性条件下与甲萘酚发生偶联显色反应，并于 495 nm 处进行定量检测。流动注射分光光度法可将采样、富集、分离、检测等过程连成一体，便于实现在线分析，缺点是灵敏度不高，更适用于废水样品的分析。

气相色谱法 用内装 60～100 目硅胶的玻璃管吸收气体样品中的苯胺类化合物，用 5%无水乙醇/二氯甲烷溶液解吸，色谱柱可选用毛细管柱（5%苯基-甲基聚硅氧烷）或填充柱（柱内填充涂附 OA-225、OV-17 的 80～100 目的担体），检测器选用氢火焰离子化检测器（FID）。适用于大气固定污染源有组织排放和无组织排放中气态苯胺类（苯胺、二甲基苯胺、一硝基苯胺等）化合物的测定。

液相色谱法 液相色谱柱用十八烷基硅烷键合硅胶（ODS 柱）作填料，选用紫外检测器。

适用于气体样品和水样品中苯胺类化合物的测定。用填有40～60目经活化处理后的硅胶玻璃采样管吸收空气中的苯胺类化合物，甲醇洗脱，采样体积为80 L时，最低检测浓度为0.001～0.01 mg/m^3；用二氯甲烷萃取水样中的苯胺类化合物，水体中的酚类化合物对检测有干扰，萃取时控制pH在10～11之间可消除干扰，其他化合物的干扰可采用弗罗里硅土净化消除。

发展趋势 固相微萃取作为新兴的非溶剂型选择性萃取法，也可用于水中苯胺类化合物的前处理，采用羟基-二苯并冠醚为涂层的固相微萃取头富集水中的苯胺类化合物，具有快速、准确、方便等特点，但目前该方法仅限于研究阶段，还不够成熟。

随着气相色谱-质谱联用（GC-MS）在检测领域的普及，用GC-MS测定水中苯胺类化合物的标准方法正在制订中，与现有的气相色谱法（GC）、高效液相色谱法（HPLC）相比，GC-MS定性更加准确，适合有多种苯胺类组分存在的复杂水体的检测。用超高效液相色谱-三重四极质谱联用（HPLC-MS/MS）测定水中的苯胺类化合物，灵敏度更高，可省去烦琐的前处理过程，水样直接经滤膜过滤后进样，操作简单、环保，分析效率高，适用于地下水、地表水等多种水质样品中痕量到常量范围的苯胺类化合物的快速测定，缺点是仪器设备价格昂贵。此外，也有的研究采用动力学光度法和电化学法等测定苯胺类化合物。（蒋海威）

benbing [a] bi ceding

苯并[a]芘测定

（determination of benzo[a]-pyrene） 经过适当的样品采集和前处理后，选用合适的测定方法对水、气等环境介质中的苯并[a]芘（B[a]P）进行定性定量分析的过程。B[a]P化学式为$C_{20}H_{12}$，结构式见下图，是一种五环芳香烃。B[a]P是第一个被发现的环境化学致癌物，是多环芳烃类强致癌物的代表。国际上对多环芳烃（PAHs）进行健康分析评估时，多采用B[a]P的毒性等效因子法来对各类PAHs的毒性进行定量化。B[a]P是燃料在300～600℃不完全燃烧的状态下产生的。B[a]P存在于煤焦油中，而煤焦油可见于汽车废气（尤其是柴油引擎）、烟草与木材燃烧产生的烟以及炭烤食物中。

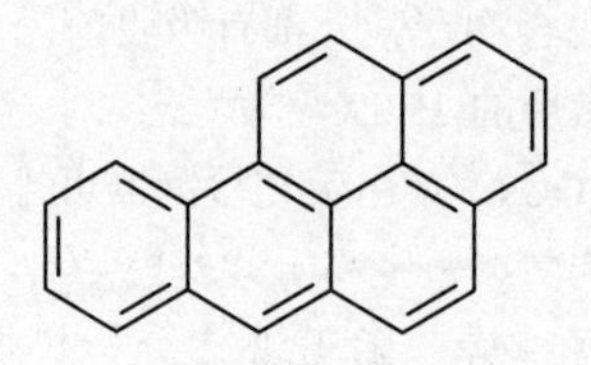

苯并[a]芘化学结构式

目前B[a]P的测定方法主要有乙酰化滤纸层析-荧光分光光度法、气相色谱-质谱法（GC-MS）、高效液相色谱法（HPLC）等。

乙酰化滤纸层析-荧光分光光度法 B[a]P的经典测试方法之一。环境样品萃取液浓缩后，经乙酰化滤纸层析分离，以丙酮洗脱，其洗脱液荧光强度与B[a]P含量成正比，用荧光分光光度计定量测定。《生活饮用水标准检验方法 有机物指标》（GBT 5750.8—2006）及《水质 苯并[a]芘的测定 乙酰化滤纸层析荧光分光光度法》（GB 11895—1989）中规定用该方法测定生活饮用水及水源水中B[a]P的最低检出浓度为2.5～4 ng/L，且水中存在物质一般不干扰测定。

气相色谱-质谱法 可与其他多环芳烃或半挥发性有机物同时分析（参见多环芳烃测定）。

高效液相色谱法 采用荧光检测器，是B[a]P环境监测中最常用、最灵敏的分析方法，方法检出限为0.004 μg/L。可同其他多环芳烃同时分析（参见多环芳烃测定）。（邢冠华）

benxiwu ceding

苯系物测定

（determination of benzene and its analogies） 经过适当的样品采集和前处理后，选用合适的测定方法对水、气、土壤及沉积物等环境介质中的苯系物进行定性定量分析的过程。环境介质中的苯系物一般是苯、甲苯、乙苯、邻-二甲苯、间-二甲苯、对-二甲苯、异丙苯、苯乙烯和三甲苯的统称。除苯是已知的致癌物外，其余化合物对人体和水生生物也均有不同程度的毒性。苯系物作为重要溶剂及生产原料有着广泛的应用，苯系物污染物主要来自石油、化工、炼焦等行业的生产环节，农药、医药、有机化工等行业的“三废”排放以及汽车尾气排放。

样品采集与保存 见挥发性有机化合物测定。

测定方法 苯系物属于挥发性有机物。根据样品介质不同，测定时采用不同的前处理方法。水样中苯系物可选用溶剂萃取、顶空和吹扫捕集等前处理方法；气体样品中苯系物的前处理方法有活性炭吸附二硫化碳解吸和热脱附；土壤和沉积物样品中的苯系物测定可采用吹扫捕集前处理方法。分析仪器可选用气相色谱-氢火焰离子化检测器（GC-FID）或气相色谱-质谱联用仪（GC-MS）。

顶空气相色谱法 在恒温的密闭容器中，水样中的苯系物在气、液两相间分配，达到平衡。取液上气相样品进行色谱分析。方法的最低检出浓度为 0.005 mg/L；测定上限为 0.1 mg/L。适用于石油化工、焦化和制药等行业排放废水的监测，也可用于地表水的测定。

二硫化碳萃取气相色谱法 用二硫化碳萃取水中的苯系物，取萃取液注入气相色谱仪，用 FID 检测。方法的最低检出浓度为 0.05 mg/L；测定上限为 1.2 mg/L。适用于石油化工、焦化和制药等行业排放废水的测定。

活性炭吸附二硫化碳解吸气相色谱法 用活性炭管吸附气体样品中的苯系物，二硫化碳解吸，取解吸液注入气相色谱仪，用 FID 检测。该方法灵敏度较低，但不需特殊的前处理设备，当采样体积为 10 L 时，苯系物的最低检出浓度为 10 μg/m^3。适用于环境空气和废气中苯系物的测定。

热脱附进样气相色谱法 用填装吸附剂的不锈钢或玻璃吸附管吸附气体样品中的苯系物，用加热的方法将苯系物从吸附剂上脱附，然后用载气将苯系物带入色谱柱中进行分离分析。该方法灵敏度高、不需使用有机试剂。当采样体积为 1 L 时，苯系物的最低检出浓度范围为 1.0×10^{-3}～2.0×10^{-3} mg/m^3。适用于环境空气和污染源废气中苯系物的测定。

吹扫捕集气相色谱-质谱法 将惰性气体氦气（或氮气）通入水样，把水样中低水溶性的挥发性有机物及加入的内标、标记化合物吹扫出来，捕集在装有适当吸附剂的捕集管内；吹扫程序完成后，捕集管被加热并以氦气反吹解吸，解吸组分进入气相色谱分离，用质谱仪检测。通过与待测目标物标准质谱图比较和保留时间做对照进行定性，内标法定量。方法的最低检出浓度为 0.01 μg/L。对于土壤和沉积物样品，经水或甲醇浸提后将样品中挥发性有机物引入吹扫管中进行吹扫捕集。当样品量为 5 g，用标准四级杆质谱进行全扫描分析时，苯系物的测定下限为 4.8～7.9 μg/kg。适用于地下水、地表水、污水以及土壤和沉积物样品的测定。

发展趋势 ①前处理和采样。随着前处理技术的发展，二硫化碳液液萃取与活性炭吸附二硫化碳解吸等需使用有毒有机溶剂的方法逐渐被顶空、吹扫捕集、热脱附及不锈钢罐采样加预浓缩等方法所取代，这些方法不需使用有机溶剂，且方法灵敏度得到大幅度提升。对于气体样品分析，经硅烷化处理的不锈钢罐采样后 GC-MS 测定是目前较为先进的分析方法，可以进行大气中挥发性有机物的全分析。缺点是成本较高、采样罐不便携带，如果只分析苯系物，不如热脱附等方法经济可行。②分析仪器。样品 GC 分离过程中，毛细管色谱柱越来越被普遍使用，采用毛细管色谱柱分离苯系物时一般选用非极性或弱极性的柱子，固定液膜的厚度越大，分离效果越好，但间-二甲苯和对-二甲苯不能有效分离，测定结果是两者的总量，而强极性毛细柱可以分离间-二甲苯和对-二甲苯。③现场快速测定。有很多便携式分析仪器，可以用于环境应急监测。例如，快速挥发性有机物检测仪可以检测出挥发性有机物的总量，但对于具体组分无法给出具体数据。快速傅里叶变换红外光谱仪对于纯度较高的苯系物样品可进行定性分析。光离子化气体检测仪虽然无法对气体组分进行分离，但其响应速度快，可对10^{-6}浓度水平的苯、甲苯、二甲苯等30多种挥发性有机化合物进行快速检测。配置光离子化检测器、氦离子化检测器等新型检测器的便携式气相色谱仪以及便携式气相色谱-质谱仪能够在事故现场进行快速定性定量分析，在处理环境污染事故中得到很好的应用。（李红莉）

bisefa

比色法（colorimetric method） 以生成有色化合物的显色反应为基础，通过比较或测量有色物质颜色，确定待测组分含量的方法。元素不同价态的离子都有特定颜色，在一定条件下颜色的深浅与其浓度成正比，可以直接用颜色的深浅进行定量测定。比色法对显色反应的基本要求是：反应具有较高的灵敏度和选择性，生成的有色化合物的组成恒定且较稳定，显色剂的颜色差别较大。

沿革 早在公元初，古希腊人就曾用五倍子溶液测定醋中的铁。1795年，俄国人也用五倍子的酒精溶液测定矿泉水中的铁。比色法作为一种定量分析的方法，始于19世纪30—40年代。随着近代测试仪器的发展，出现光电比色计，开始使用光电比色法。20世纪30—60年代是比色法快速发展的时期，此后随着紫外可见分光光度计的出现和普及，比色法逐渐被光度法替代。

原理 光是一种电磁波辐射，辐射的吸收是物质与辐射相互作用的一种形式，只有当入射光子的能量等于吸光物质的基态和激发态能量之差时才会被吸收。由于物质的分子（或离子）只有有限数目的量子化能级，物质对辐射的吸收具有选择性。

布盖（P. Bouguer）和朗伯（J. H. Lambert）分别在1729年和1760年阐明了物质对光的吸收程度和吸收介质厚度之间的定量关系；1852年比尔（A. Beer）提出光的吸收程度和吸光物质浓度也具有类似关系。两者结合构成了光吸收的基本定律：Bouguer-Lambert-Beer定律，简称朗伯-比尔定律。该定律是吸光光度法进行定量分析的理论基础，简写为：

$$A = \lg\frac{I_0}{I_1} = \lg\frac{1}{T} = Kbc$$

式中，A为吸光度；I_0为入射光强度；I_1为投射光强度；T为透射比；K为吸光系数，表示有色溶液在单位浓度和单位厚度时的吸光度；b为液层厚度；c为溶液浓度。朗伯-比尔定律确定了吸光度与溶液浓度及液层厚度的关系，即吸光度与浓度或厚度之间成简单的正比关系。

分类 分为目视比色法和光电比色法。前者用眼睛观察，后者用光电比色计测量。

目视比色法 依据白光照射有色溶液时，溶液吸收某种色光，透过其互补光，溶液呈透过光的颜色的原理，用眼睛观察，比较溶液颜色深浅程度以确定待测组分含量。常用的目视比色法是标准系列法，采用一组由质料完全相同的玻璃制成的直径相等、体积相同的比色管，按顺序加入不同量的待测组分标准溶液，再分别加入等量的显色剂及其他辅助试剂，然后稀释至一定体积，使之成为颜色逐渐递变的标准色阶。再取一定量的待测组分溶液于一支比色管中，用同样方法显色，稀释至相同体积，将此样品显色溶液与标准色阶的各比色管比较，找出颜色深度最接近于样品显色溶液的标准比色管，如果样品溶液的颜色介于两支相邻标准比色管颜色之间，则样品溶液浓度为两标准比色管溶液浓度的平均值。标准系列法的优点是设备简单、操作简便，并且不用单色光，适用于大批样品的分析，对某些不符合光吸收定律的显色反应也能测定；缺点是标准色阶溶液不宜长期保存，如果待测溶液中存在第二种有色物质，则无法测定，且眼睛观察存在主观误差，准确度较低。

光电比色法 利用光电效应测量光线通过有色溶液的强度，求得待测组分含量。与目视比色法在原理上不同，光电比色法是比较有色溶液对某一波长光的吸收程度，而目视比色法是比较透过光的强度。该法一般通过在光电比色计上测量一系列标准溶液的吸光度，将吸光度对浓度作图，绘制工作曲线，然后根据待测组分溶液的吸光度，在工作曲线上查得其浓度或含量。光电比色法的使用装置常由光源（钨灯）、滤光片（有色玻璃）、吸收池、接收器（光电池或光电管）、检流计五部分组成。由光源发出的复合光，经滤光片后，用出光狭缝截取光波中波长很窄的单色光带，通过溶液，一部分光被吸收，一部分透过吸收池射到接收器上，产生的光电流与透过光强度成正比，由检流计测量光电流强度，从而测定其含量。装置在光路结构上又分为单光电池式和双光电池式两种，单光电池式仪器的测量结果受光源强度变化影响较大，而双光电池式仪器则避免了这种影响。与目视比色法相比，光电比色法消除了主观误差，增加了测量准确度，而且可以通过选择滤光片和参比溶液来消除干扰，提高了选择性。

应用 比色法有灵敏度高、选择性好、适应范围广和操作简便等优点，是环境监测领域最普及、应用最广的分析方法，分析项目涉及有机物、无机阴离子和金属离子等。目视比色法受人为因素影响较大，存在测量误差，但它简单、直观，能及时判断污染程度，特别适用于污染事故的现场应急监测。（陈纯）

推荐书目

赵晓华. 无机及分析化学. 北京：化学工业出版社，2008.

bianxieshi dianhuaxue jianceyi

便携式电化学检测仪（portable electrochemical detector） 利用待测溶液的电化学性质及其变化，在应急监测现场和野外环境下，对环境样品中的污染物质进行定性定量分析的仪器，具有体积小、重量轻、携带方便的特点。

分类 在环境监测领域，常用的便携式电化学检测仪主要有便携式气体检测仪和便携式水质分析仪两大类。

便携式气体检测仪 利用电化学传感器，经过放大运算 A/D 转换，对一定浓度的气体进行检测并便于携带的仪器。

便携式气体检测仪包括电源、采样系统、传感器、显示器和报警系统。电化学气体传感器是一种化学传感器，由膜电极和电解液灌封而成，通过与待测气体发生反应并产生与气体浓度成正比的电信号来工作。电化学气体传感器的优点是反应速度快、精度高（可达 10^{-6} 级），稳定性好，能够定量检测，但寿命较短。环境监测中常用的便携式电化学气体传感器有以下四种类型：

恒电位电解式气体传感器 在保持电极和电解质溶液的界面为恒电位时，将气体直接氧化或还原，并将流过外电路的电流作为传感器的输出，用于 H_2S、NO、NO_2、SO_2、HCl 和 Cl_2 的检测。

伽伐尼电池式气体传感器 通过测量电解电流来检测气体浓度。由于传感器本身就是电池，不需要由外界施加电压，用于 O_2 的检测。

离子电极式气体传感器 气态物质溶解于电解质溶液并电离，电离生成的离子作用于离子电极产生电动势，将此电动势作为传感器的输出来检测气体浓度。由工作电极、参比电极、内部溶液和隔膜等构成，用于 NH_3、HCN、H_2S、SO_2 和 CO_2 的检测。

电量式气体传感器 待测气体与电解质溶液反应生成电解电流，将此电流作为传感器的输出来检测气体浓度，其工作电极、参比电极都是 Pt 电极，用于 Cl_2、NH_3、H_2S 的检测。

便携式水质分析仪 以极谱法、电导法、电位法等理论为依据，综合运用电化学传感器、集成电子与单片机等技术，对水体特定指标进行检测的便于携带的仪器。环境监测中常用的便携式水质分析仪器包括以下几类：

溶出伏安法仪器（阳极扫描伏安计） 待测物质在恒电位及搅拌条件下富集，从相对负电位扫描到相对正电位，使富集在电极表面的物质发生氧化反应而重新溶出，通过测量由扫描电压引起的电流变化，得到与溶出峰成正比的待测金属离子浓度。用于多种金属元素的检测，如 Zn、Cd、Pb、Cu、As、Hg、Cr（Ⅵ）、Fe、Mn 等，可检测 10^{-9}～10^{-6} 浓度水平的样品。目前国内外应用较多的便携式重金属检测仪主

要包括数据分析处理中心、分析池组件和电力供应部件三部分，能快速精确地测定重金属离子浓度，测量过程简单、快速，最短检测时间只需几十秒，一般在几分钟内可完成。

电导法仪器 根据溶液的电导性质来进行分析的仪器。常用的是便携式电导率仪，采用两块平行放置的铂片作为电导电极，通过测量两铂片间溶液的电导值，计算被测溶液的电导率。便携式电导率仪由电导电极和电子单元组成，仪表产生高稳定度正弦波信号加在电导电极上，电子单元采用适当频率的交流信号，将信号放大处理后换算成电导率。大部分仪器中还配有能补偿到标准温度电导率的温度补偿系统、温度系数调节系统和电导池常数调节系统以及自动换挡功能等。

电位法仪器 通过测量电池电动势或电极电位来进行分析的仪器。①离子选择电极：如氢离子选择电极（pH 计）、氟离子选择电极、氯离子选择电极和钙离子选择电极等。pH 计以玻璃电极为指示电极，以 Ag/AgCl 等为参比电极，组成复合电极。利用复合电极的电动势随氢离子活度变化而变化，测定水样 pH。氟离子选择电极的敏感膜为掺有 EuF_2 和 LaF_3 单晶膜，参比电极为 Ag/AgCl 电极，根据氟电极电动势随溶液中氟离子活度的变化测定氟离子浓度，目前该方法已广泛用于氟化物的测定。此外，环境中氯、钙、硫化物、氰、金属离子等也可采用离子选择电极法测定。②电化学传感器：最常见的为溶解氧传感器（极谱式），外表是一个被选择性薄膜封闭的充满着电解液的腔室，里面是金质的阴极和银质的阳极，在两电极中间充斥着氯化钾电解液。当溶解氧分析仪电极加上 0.6～0.8 V 的极化电压时，氧通过膜扩散，阴极释放电子，阳极接受电子，产生电流，流过电极的电流和氧分压成正比，在温度不变的情况下电流和氧浓度之间呈线性关系。

除单参数水质分析仪外，多参数水质分析仪利用电化学原理，可同时测定水质 pH、水温、浊度、电导率、溶解氧等，测量时更换相应探头，依次单项测量，通过模拟输出显示测定结果。在环境监测领域用于污染事故或突发事件的现场监测，判断水体的污染情况，也可用于污水处理、环境水体监测等领域，判断水质状况。

发展趋势 在电化学检测仪中，研究开发电极新技术（化学修饰电极）受到广泛重视。化学修饰电极是针对不同分析对象，在裸电极表面进行分子设计，将具有优良化学性质的分子、离子、聚合物设计固定在电极表面，使电极具有某种特定的化学和电化学性质，改善电极分析性能。与未修饰的裸电极相比，具有良好的灵敏度、选择性和稳定性，可以免去镀膜所带来的二次污染，其测定检出限可达到 10^{-9}。

近年来，对于电化学生物传感器的性能和检测方法的研究也越来越多。如用于测定 BOD_5 的生物传感器、测定硫化物的生物传感器、测定酚的生物传感器、测定有机农药的生物传感器、测定重金属的生物传感器等。与传统的分析技术相比，电化学生物传感器具有体积小、成本低、选择性好、灵敏度高、响应快等优点，特别是无二次污染，适用于水源地水质快速在线连续预警监测。

随着电化学的发展和各类电极材料和体系的不断创新，实现了电化学方法与其他技术的联用，如光谱电化学、色谱电化学、毛细管电泳等。光谱检测与电化学反应的结合，提高了对吸光物质检测的选择性。电化学检测技术与色谱技术、毛细管电泳技术的联用，可以达到更高的灵敏度和稳定性。微型化、数字化、智能化、多功能化、系统化和网络化是传感器的发展方向之一，微传感器、微处理器及相关集成电路等组合在一起，可使便携式电化学检测仪达到数字化、智能化、网络化和系统化。

（刘文丽）

bianxieshi fenguang guangduji

便携式分光光度计 （portable spectrophotometer） 基于紫外可见分光光度法原理，在应急监测现场和野外环境下，对环境样品中的污染物质进行定性定量分析的仪器。具有体积小、易携带、抗震及防水防尘等特点，但测试准确度和精确度不如台式分光光度计。目前，市场上常见的便携式分光光度计多为便携式可见光分光光度计，广泛用于实验室、生产现场、野外作业以及污染事故中污染物质的分析和检测。

基本原理、仪器结构和分类见紫外可见分光光度法。

随着分光元器件及分光技术、检测器件与检测技术、大规模集成制造技术以及微机电系统技术的发展和应用，便携式分光光度计的性能指标不断提高。目前，已实现触摸控制、内置曲线、标准化试剂、数据存储、USB 接口、网络功能以及多种供电模式。在追求准确、快速、可靠的同时，自动化、智能化、在线化、网络化、小型化成为便携式分光光度计发展方向。

（周贤杰）

bianxieshi jiance yiqi

便携式监测仪器 （portable monitoring equipment） 在应急监测现场野外环境下，对环境样品中的污染物质进行定性定量分析的仪器总称，具有体积小、重量轻、携带方便的特点。

分类 根据检测原理分为光谱类，包括便携式傅里叶红外分析仪、便携式分光光度计、便携式生物毒性分析仪和便携式调制叶绿素荧光仪等；色谱类，包括便携式气相色谱仪、便携式气相色谱-质谱联用仪、便携式离子色谱仪等；电化学类，包括便携式水质多参数检测分析仪、便携式电化学检测仪等。

应用 常用于突发性环境污染事件现场监测或日常现场环境监测。便携式傅里叶红外分析仪主要用于气体中非对称分子的无机物和有机污染物的监测，如一氧化氮、二氧化硫、苯系物、卤代烃、硫醇、醇类和丙烯酸酯类等。便携式分光光度计主要用于各类水质样品监测，监测项目取决于能用分光光度法测试的化合物。便携式生物毒性仪主要用于工业废水和地表水中可溶性化学物质的水质急性毒性监测，如重金属、农药类和有机污染物等。便携式调制叶绿素荧光仪主要用于地表水和饮用水中叶绿素 a 的测定。

便携式气相色谱仪主要用于无机有害气体和有机气体等多种污染物的监测，如 AsH_3、PH_3、H_2S、烷烃类、芳香烃类、卤代烃、氯代苯类、醛类、酮类、醇类、醚类和有机磷等（参见便携式气相色谱仪）。便携式气相色谱-质谱联用仪主要用于环境空气和地表水中挥发性有机污染物和部分半挥发性有机污染物监测（参见便携式气相色谱-质谱联用仪）。便携式离子色谱仪主要用于地表水、饮用水、雨水、生活污水、工业废水、酸沉降物和大气颗粒物等环境样品中阴离子和阳离子快速测定。

便携式水质多参数分析仪主要用于地表水、地下水、海水、饮用水、工业废水和生活污水中水温、pH、溶解氧、电导率和浊度等测定（参见便携式水质分析仪）。便携式电化学检测仪主要用于地表水和废水中重金属污染物监测，包括铜、铅、镉、镍和六价铬等（参见便携式电化学检测仪）。

（柴国勇）

bianxieshi qixiang sepuyi

便携式气相色谱仪 （portable gas chromatograph） 基于气相色谱法原理，在应急监测现场和野外环境下，对环境样品中的污染物进行定性定量分析的仪器，具有体积小、重量轻、携带方便的特点。其种类繁多，进样系统、色谱分离系统和检测系统各有特色，但遵循最基本的气相分离和检测原理（参见气相色谱法和气相色谱仪）。

进样方式有两种：①抽气泵采集气体进样。内置抽气泵、吸附阱，样品经吸附浓缩、加热气化进样后，用于分析低浓度挥发性有机物。②注射器进样。直接在进样口注射气态或液态样品，进样口高温气化，用于高浓度挥发性有机物或半挥发性有机物分析。

色谱分离系统是色谱仪的重要组成部分，有双柱和单柱两种。色谱柱有两类：①特制短色谱柱。色谱柱较短（1～25 m），可提高分离速度。缺点是分离效果有限，只能针对固定的、范围较窄的化合物进行分离；目标化合物的溶剂需慎重选择，避免造成溶剂干扰目标化合物；色谱柱一般只能从原生产厂家购买。②常规色谱柱。长度一般在 30 m 以上，适用的化合物种类多，能够保证分离效果，更换方便，成本较低。缺点是分析周期长。

检测能力主要由检测器决定，可配置一个或多个检测器，用于便携式气相色谱仪的检测器有热导检测器（TCD）、氢火焰离子化检测器（FID）、光离子化检测器（PID）、电子捕获检测器（ECD）、氩电离检测器（AID）、氦离子化检测器（HID）、表面声波检测器（SAW）。

便携式气相色谱仪能测定大气、水和土壤中多种挥发性污染物，如乙烯、丙烯、丁烯、戊烷、苯类等挥发性碳氢化合物，氯乙烯、氯仿、氯甲烷、三氯乙烯、氟氯碳化合物等卤代烃，硫化氢、硫醇、烷基或芳基硫化物，磷化氢、氨、肼、一氧化氮等无机物。

近年来，便携式气相色谱仪向高性能、高精度、高灵敏、高稳定、高可靠、高环保和长寿命的"六高一长"的方向及小型化（微型化）、集成化、成套化、电子化、数字化、多功能化、智能化、网络化、计算机化、综合自动化、光机电一体化的方向发展。利用各种新原理的检测器也层出不穷。 （钮少颖）

bianxieshi qixiang sepu-zhipu lianyongyi

便携式气相色谱-质谱联用仪 （portable gas chromatography-mass spectrometry） 基于气相色谱原理，以质谱作为检测器，在应急监测现场和野外环境下，对环境样品中的污染物质进行定性定量分析的仪器，具有体积小、重量轻、携带方便的特点。

便携式气相色谱-质谱联用仪由样品前处理系统/进样系统、气相色谱模块及离子阱质谱模块等组成，其分离、分析方法与台式（实验室内使用）气相色谱-质谱联用仪相同。特点是将样品前处理系统/进样系统（一般包括气体自动采样、进样器，吹扫/捕集前处理系统及固相微萃取装置）、色谱技术和质谱技术小型化、模块化，配有样品泵、远距离和近距离信息传输系统，自带电池和气源，并配备直/交流电转换器以延长野外使用时间，实现便携式功能。由于仪器重量轻、稳定性好，可随身携带，在应急监测现场分析样品，实时给出定性定量结果。

便携式气相色谱-质谱联用仪适用于大气、水、土壤等介质中微量和痕量挥发性有机物的定性定量分析。配备固相微萃取装置时，可直接进样分析半挥发性有机物，具有操作简单、快速、定性准确、轻便等优点，能够满足现场应急监测要求。 （李焕峰）

bianxieshi shuizhi fenxiyi

便携式水质分析仪 （portable water quality analyzer） 对某些水质参数进行检测的仪器，其特点是体积小、重量轻、方便携带、操作简单、受野外环境影响小、功耗小、电池供电，常用在环境污染事故的应急监测中。

便携式水质分析仪的种类繁杂，便携式水质多参数分析仪属较大的一类，除此之外，还包括便携式生物毒性分析仪、便携式重金属分析仪等。

便携式水质多参数分析仪 检测指标一般包括常规五参数：pH、温度、浊度、溶解氧和电导率。在常规五参数的基础上进行修改，可增加氧化还原电位、氨氮、叶绿素 a、化学需氧量（COD）、盐度等，可把参数扩充到几十种甚至上百种。浊度采用光散射法，电导率采用电导法等国标方法；叶绿素 a、氨氮、COD 等基本采用比国标方法相对简单的方法，例如，氨氮用离子选择电极法和气敏电极法，叶绿素 a 用叶绿素荧光法，COD_{Mn} 用多波长紫外吸收法和紫外-可见分光光度法，这些方法的监测结果接近国标方法。

便携式生物毒性分析仪 以发光细菌法生物毒性分析仪为主，是近几年需求较大的设备。发光细菌法生物毒性分析仪以发光细菌作为试剂，测试水样对发光细菌的影响来判断水样的综合毒性。优点是当水体受到有毒物质污染时，设备可以检测响应，对突发事件应急监测非常重要；缺点是不能确定具体有害物质。

便携式重金属分析仪 通常采用电化学方法检测（参见便携式电化学检测仪）。在方法的选择上除几个简单的参数外，大部分参数会选择非国标方法，原因是国标方法中除了常规五参数的检测方法较简单外，其他参数的检测过程比较复杂，无法在小尺寸、小功率的设备上实现。（李文攀）

bingxijing ceding

丙烯腈测定

（determination of acrylonitrile）经过适当的样品采集和前处理后，选用合适的测定方法对水、空气、土壤等环境介质中丙烯腈进行定性定量分析的过程。丙烯腈为无色、易挥发、易燃、易爆、有刺激气味的液体，是剧毒致癌物，毒性与氰化物类似，主要用于橡胶合成、塑料合成、杀虫剂、抗水剂和黏合剂等。

样品采集和保存 见挥发性有机化合物测定。

测定方法 丙烯腈属于挥发性有机物。测定方法主要是气相色谱法，检测器一般选用氢火焰离子化检测器（FID）。根据样品介质不同，测定时采用不同的前处理方法。含量较高的废水样品可采用直接进样气相色谱法，低浓度环境水样品可选用顶空和吹扫捕集等前处理方法；气体样品一般采用活性炭吸附二硫化碳解吸前处理方法；土壤和沉积物样品测定采用顶空前处理方法。

直接进样气相色谱法 采用填充柱，无需溶剂提取和富集，直接进柱分析，方法检出限为 0.6 mg/L。

吹扫捕集气相色谱-质谱法 将惰性气体氦气（或氮气）通入水样，把水样中低水溶性的挥发性有机物及加入的内标、标记化合物吹扫出来，捕集在装有适当吸附剂的捕集管内；吹扫程序完成后，捕集管被加热并以氦气反吹，将所吸附的组分解吸进入气相色谱分离、质谱检测。通过与待测目标物标准质谱图比较和保留时间做对照进行定性，用内标法定量。方法的最低检出浓度为 0.5 μg/L。

活性炭吸附二硫化碳解吸气相色谱法 用活性炭管吸附气体样品中的丙烯腈，二硫化碳解吸。取解吸液注入气相色谱仪，用 FID 检测。方法检出限为 0.05 mg/m^3。适用于环境空气和废气中丙烯腈的测定。

顶空气相色谱法 用于土壤中丙烯腈的测定。加热密闭在顶空瓶中的土壤样品，样品中的丙烯腈挥发至顶空瓶的上部空间，平衡后抽取上部气相气体注入带有 FID 的气相色谱仪进行分离测定。当取样量为 2.0 g 时，土壤中丙烯腈的检出限为 0.33 mg/kg。

发展趋势 目前，中国颁布了空气、水和土壤中丙烯腈测定的标准方法，土壤中丙烯腈的测定方法即将颁布。丙烯腈测定过程中对于基体复杂样品前处理及净化研究，以及采用气相色谱-质谱联用技术同时完成丙烯腈的定性定量方法正在逐步完善。（董捷）

boceng sepufa

薄层色谱法

（thin layer chromatography，TLC） 将固定相薄薄地均匀涂敷在底板（或棒）上，试样点在薄层一端，在展开罐内展开，由于各组分在薄层上的移动距离不同，形成互相分离的斑点，测定各斑点的位置及密度，完成对试样定性定量分析的平面色谱法。按照固定相不同，TLC 分为吸附薄层色谱法和分配薄层色谱法等，其中吸附薄层色谱法应用最为广泛。

沿革 1938 年，伊斯梅少洛夫（N. A. Izmailov）等人首次使用薄层色谱法，在氧化铝薄层上分离一种天然药物，并提出了该方法的基本原理。1949 年，Macllean 在氧化铝中加入淀粉黏合剂制作薄层板使薄层色谱法进入实用阶段。1956 年，德国学者斯塔尔（E. Stahl）在植物细胞的分析工作中完善了薄层色谱理论。目前薄层色谱法已经成为色谱法的一个重要分支。

原理 利用吸附剂对各组分吸附能力的不同，在流动相（溶剂）流过固定相（吸附剂）

的过程中，可实现各组分分离。吸附作用按其作用力性质可分为物理吸附和化学吸附两大类，物理吸附的作用力是分子间的范德华力，化学吸附的作用力主要是化学键力。

分析方法 混合物在薄层上经过展开及用适当方法定位后可获得一个或多个斑点，根据斑点的颜色和在薄层上的位置（R_f 值）可对样品进行定性分析。此外，对斑点还能进行半定量或定量分析，常用的定量方法有目测法、斑点面积法、洗脱测定法和薄层扫描法等。

目测法 将试液与一系列不同浓度的标准溶液并排于同一薄层上，展开后比较各斑点的大小和颜色深浅，估计某一组分的大概含量。目测法只是一种半定量方法，如批量分析前，利用该方法估计样品中待测组分含量，为准确定量提供合理的点样量。

斑点面积法 通过薄层上斑点的面积与含量之间的关系，进行定量分析。定量关系曲线通常通过试验确定，斑点面积采用面积测量仪、剪纸称重法和数格法确定，属于半定量分析方法。

洗脱测定法 先将待测组分的斑点位置确定，将斑点取下，用溶剂将待测组分洗脱下来，收集洗脱液并选择适当方法检测，如紫外吸光光度法、比色法和电化学方法等。洗脱测定法操作步骤比较烦琐，但结果较准确。

薄层扫描法 应用薄层色谱扫描仪，对薄层上被分离的物质进行直接定量的方法，即以一定波长和一定强度的光束扫描分离后的各个斑点，用仪器测量通过斑点或被斑点反射的光束强度的变化以达到定量的目的。扫描所用光线可分为可见光、紫外光及荧光三种。测量方式可分为透射光测定法、反射光测定法以及透射光和反射光同时测定法。定量方法可用外标法、内标法和归一化法。薄层扫描法定量简单快速，斑点吸收峰的描绘和吸光度的积分值可自动记录，灵敏度和准确度都较高。

特点 薄层色谱法具有价格低廉、分析速度快、灵敏度高、所需样品少、组分不流失等优点。由于薄层色谱广泛采用无机物作吸附剂，显色剂可选择种类繁多，包含具有腐蚀性的浓硫酸、浓盐酸和浓磷酸等；样品检测多元化，既可以检测所有组分，也可以只检测指定组分；技术多样化，一方面可以采用多种展开方式，如双向展开、多次展开、分布展开、连续展开、浓度梯度展开等，另一方面可以应用不同的物理化学原理，如吸附色谱、分配色谱、离子交换、薄层电泳、薄层等电点聚焦法等。

应用 薄层色谱法兼备了柱色谱和纸色谱的优点，既适用于痕量样品的分离，也适用于常量样品的分离，还可用于标准样品的制备。在环境监测中能简便快速地检测多种有害金属元素和多环芳烃等有机物。 （董捷）

推荐书目

周同惠. 纸色谱和薄层色谱. 北京：科学出版社，1989.

bu-239 ceding

钚-239 测定

（determination of plutonium-239） 对水、空气、生物、土壤、沉积物等环境介质中钚-239 定性定量分析的过程。测定一般通过物理方法实现，经过样品采集、放化分离及纯化处理后，使钚电镀在不锈钢片上或者浓集在溶液中用于测量。

我国从 20 世纪 60 年代初开展钚的分析工作，主要围绕反应堆运行、核燃料后处理，研究钚的分析方法。目前，为配合核燃料的后处理，开展了钚生产过程中的控制分析和产品分析；为了监测核设施对环境的污染，开展了环境样品中钚的分析。

前处理 主要有萃取法、萃取色谱法、离子交换法和沉淀法，其中萃取法最常用。

萃取法 用于钚萃取的主要有中性磷类萃取剂，如磷酸三丁酯（TBP）、三辛基氧磷（TOPO）等；酸性磷类萃取剂，如二(2-乙基己基)磷酸酯（HDEHP）等；螯合萃取剂，如噻吩甲酰三氟丙酮（TTA）、1-苯基-3-甲基-4-苯甲酰基吡唑啉酮-5（PMBP）等；胺类萃取剂，如三正辛胺（TNOA）、三异辛胺（TIOA）等。

萃取色谱法 以液液萃取结合色谱分离进

行前处理。该方法常用的载体包括硅烷化藻土、聚四氟乙烯、微孔聚乙烯等，固定相主要有卡必醇、中性有机磷化物等。流动相根据所用的固定相和钚的化学性质来确定。

离子交换法 钚的离子势高，容易被吸附到阳离子交换树脂上；钚形成络合阴离子的倾向使它容易被吸附到阴离子交换树脂上。常用的离子交换树脂有 Dowex-50、Amberlite、Duolite-20、苯乙烯型、丙烯酸型等。

沉淀法 大量的钚可以利用溶解度小的钚化合物进行沉淀定量分离。低浓度的钚，必须加载体，使钚与载体发生共沉淀。微量钚的沉淀，主要包括混晶共沉淀和吸附共沉淀两种方式。

分析方法 主要采用辐射探测器或质谱仪对钚-239 进行定性定量分析。辐射探测器包括气体探测器、闪烁探测器、半导体探测器和量热计等。主要通过测量钚-239 衰变过程中放出的α、β、γ、X 射线以及它们产生的辐射效应，来确定钚-239 及其活度。用于测量α能谱的探测系统称为α谱仪，是钚分析中应用最广的一类探测仪器。α谱仪测量能谱过程简单、本底较低且稳定；但样品源的制备比较复杂，测量时需要考虑自吸收的影响，而且很难区分钚-239 和钚-240 的α能峰。质谱仪是目前钚同位素丰度和痕量钚的定量分析中最主要的分析手段，通过电磁学原理来区分不同荷质比的离子，具有灵敏度高、准确度与精密度好等特点。在钚-239 测定中，电感耦合等离子体质谱仪、加速器质谱仪、热电离质谱仪等的应用最为普遍。

此外，还可以通过测定钚的自发裂变和诱发裂变等手段来确定钚的相对放射性活度。

（曹钟港）

C

cegongyi

测汞仪 （mercury analyzer） 对水、大气、土壤、生物等样品中痕量汞元素进行定性定量分析的仪器。根据工作原理不同，分为冷原子荧光测汞仪、冷原子吸收测汞仪和高温催化热解原子吸收测汞仪等。

沿革 20世纪60年代末期，中国出现了专用测汞仪。70年代发展较快，在冷原子荧光仪和冷原子吸收仪的基础上，分别开发研制了冷原子荧光测汞仪和冷原子吸收测汞仪。其中冷原子荧光测汞仪具有发射谱线简单、灵敏度高等优点，广泛应用于环境介质中痕量汞的检测工作中。随后，仪器研发主要集中在样品前处理方面，如针对固体样品进行高温催化燃烧释放出的汞蒸气，采用原子吸收分光光度法测定；对于气态样品，采用金膜或活性炭吸附管采集气态样品中的汞，使用热解吸仪器将采集的汞加热释放，采用原子吸收分光光度法测定。上述各种监测方法已经成为日常环境监测工作中准确、快捷、安全、高效的汞检测手段。

原理 元素汞在室温不加热的条件下就可挥发成汞蒸气，并对低压汞灯发出的波长为253.7 nm 的特征谱线具有强烈的吸收作用，谱线经汞原子吸收后强度减弱。经光电检测器检测吸收信号的响应值，在一定的范围内，汞的浓度和吸收值（或荧光强度）成正比，从而确定待测样品中汞含量（参见原子荧光光度计）。

仪器结构 主要由光源、氢化物发生装置（或高温热解装置）、光电检测系统和数据处理系统四部分组成。

光源 用汞特种光源作激发光源，发射波长为253.7 nm 的锐线光源，通常使用空心阴极灯、无极放电灯或低压汞灯，要求光源具有足够的强度、背景小、稳定性高。

氢化物发生装置或高温热解装置 在一定酸度条件下，氯化亚锡、硼氢化钾等还原剂将试样中汞元素转化成汞原子蒸气，或在一定的温度和催化剂存在下，通过高温热解将样品中的汞及其化合物转变为汞原子蒸气。

光电检测系统 将光强度转变为电信号显示出来的光电转换设备，常用的有光电池、光电管或光电倍增管等。冷原子荧光测汞仪光电倍增管必须放在与吸收池相垂直的方向上。

数据处理系统 主机安装微处理机或外接计算机，控制仪器操作和处理测量数据，集成屏幕显示、打印机和绘图仪等服务设备，实现检测结果的实时显示。

特点 冷原子吸收测汞仪是测定特征光线在吸收池中被汞蒸气吸收后的光强度，而冷原子荧光测汞仪是测定吸收池的汞原子蒸气吸收特征光线被激发后所发射的特征荧光强度。两种方法分析速度都较快、干扰少、操作简便，但冷原子荧光的灵敏度高于冷原子吸收。高温催化热解原子吸收测汞仪可直接测定气、固、液体试样，不需对样品进行前处理，削减了分析成本，提高了工作效率。对于采用金膜或活性炭采集的气态汞，样品也不需要酸消解等前处理，只需一定的温度热解即可快速测定汞。该方法不经任何分离、富集步骤，减少了污染和损失，提高了工作效率。

应用 在环境监测中，测汞仪广泛用于水、气、土壤等环境介质中汞及其化合物的测定。新型的测汞仪体积小、便于携带，可直接测试气、固、液体试样，可现场获得测试结果，应用于突发环境风险事故中汞污染物的应急监测。此外，测汞仪在环境科研方面用于农产品、食品、化学品、药物产品中汞含量的测定。

发展趋势 作为专用型仪器，测汞仪的发展体现在三个方面：小型便携化，以满足现场监测需求；水质汞在线连续监测仪；为测定不同形态汞及其化合物，将在线分离富集前处理设备与测汞仪联用。（翟继武）

cengxi

层析 （chromatography） 又称色谱法，是色层分析的简称。是利用各组分性质不同，使用固定吸附剂将多组分混合物分离和测定的方法。

沿革 20 世纪初，俄国科学家茨维特（Tswett）研究植物绿叶中的色素时，用石油醚流经一根填充碳酸钙粉的玻璃管，获得了胡萝卜素、叶黄素和叶绿素 a、b 的连续色带（称为色层或色谱），开创了柱色谱法。1938 年，伊斯梅少洛夫（N.A.Izmailov）等人将糊状氧化铝铺在玻璃板上形成薄层，用以分析药用植物的萃取物，建立了薄层色谱法。1944 年，康斯登（Consden）等人将纤维纸做成滤纸形式，利用毛细作用使溶剂在滤纸上移动，由于混合物中各组分在两相中溶解度的差异使它们以不同速率穿过滤纸，从而实现分离，由此创立了纸色谱法。

原理 将混合物吸附于固定吸附剂（可以是固体或液体，称为固定相）的一端，用另一种流动性液体或气体（称为流动相）流过固定相，利用混合物中各组分在固定相与流动相中的吸附或溶解性能（即分配）不同，或其亲和作用性能的差异，使混合物在固定相与流动相之间反复地吸附或分配，从而将各组分分开。

分类 层析法是实验室中常用的分离技术，主要包括纸层层析法、薄层层析法和柱层层析法三种。

纸层层析法 又称纸色谱法。属于液液分配色谱。纸色谱使用的滤纸是载体，附着在纸上的水是固定相，样品溶液点在纸上，作为展开剂的有机溶剂自下而上移动（上行法），样品混合物中各组分在水-有机溶剂两相发生溶解分配，并随有机溶剂的移动而展开，达到分离的目的。此外，也可采用下行法（溶剂放在上端，将滤纸倒挂，溶剂因重力作用沿滤纸向下移动），或双向展开法（取方形滤纸，按纵向层析一次，取出晾干，再横向层析一次。可用同一种溶剂，也可用不同的溶剂）。

纸层层析的特点是适用于微克或纳克量级化合物的分离，比柱层层析、薄层层析需要的样品量少，不需要昂贵的分析仪器。不仅可借助点滴试验做为定性分析和样品纯化，而且也可用目测法进行半定量测定。在糖类、氨基酸、蛋白质和天然色素等有一定亲水性的化合物的分离中有广泛的应用。在环境分析中可用于苯并[a]芘的定性定量测定。

薄层层析法 又称薄层色谱法。一般分为吸附薄层色谱、分配薄层色谱、离子交换薄层色谱和凝胶薄层色谱。最常用的薄层色谱属于液固吸附薄层色谱。在玻璃板上涂一定厚度的吸附剂（如氧化铝或硅胶）作为吸附分离物，将被分离物用适当的溶剂溶解进行点板，借助吸附剂表面电磁力使被分离物吸附在吸附剂上。当把点好的板放在层析缸的流动相或展开剂中时，流动相使分离物和吸附剂之间的结合键松弛，结合键最松弛的化合物移动在最前面，次之在后，依次分离。

流动相与固定相的选择 流动相（即展开剂）选择范围较广，包括有机溶剂、酸、碱和水等。流动相的极性对洗脱或解吸效率影响很大，极性越大对化合物的洗脱力也越大。当一种溶剂不能很好地展开各组分时，常选择用混合溶剂作为展开剂。固定相由吸附剂加入适量的黏合剂组成。常用的吸附剂有硅胶和氧化铝，氧化铝的极性比硅胶大，用于分离极性小的化合物。常用的黏合剂有煅石膏和羧甲基纤维素、淀粉、聚乙烯醇等。在薄板制备过程中，可以根据需要加黏合剂，加黏合剂的薄板称为硬板，也可以不加，称为软板。

优点及应用 薄层色谱法的设备简单，操作方便。与纸色谱法相比，它的展开时间短、分离能力强。由于薄层板的样品带的展宽程度远小于纸色谱，检测灵敏度高。薄层色谱法特别适用于挥发性较低的化合物的分离与鉴定，如通过与已知结构的化合物比较，可鉴定有机混合物的组成。

柱层层析法 又称柱色谱法。根据分离原理不同，一般分为吸附色谱、分配色谱、立体排阻色谱和离子交换色谱等，实验室中最常用的是吸附色谱。当待分离的混合物溶液流过吸附柱时，各种成分同时被吸附在柱的上端，当洗脱剂流下时，由于不同化合物吸附能力不同，往下洗脱的速度也不同，于是形成了不同层次，即不同化合物在柱中自上而下按对吸附剂亲和力大小分别形成若干色带，再用溶剂洗脱时，已经分开的化合物可以从柱上分别洗脱出来。

吸附剂与洗脱剂的选择 柱色谱的吸附剂有硅胶、氧化铝、弗罗里硅土（硅酸镁吸附剂）和活性炭等。实验室一般使用氧化铝和硅胶，氧化铝是高活性和强吸附的极性吸附剂。另外，吸附剂的颗粒大小、均匀程度都会影响分离效果，比表面积大的吸附剂分离效果最佳。洗脱剂是通过薄层色谱实验确定的，能将样品中各组分完全分开的展开剂，即可作为柱色谱的洗脱剂。并且，洗脱剂的极性不能大于样品中各组分的极性，否则会由于洗脱剂在固定相上被吸附，使样品一直保留在流动相中，影响分离效果。另外，洗脱剂必须能够将样品中各组分溶解，但又不能同组分竞争与固定相的吸附。

应用 柱色谱法常用作预分离的手段。目前，一种常用的柱色谱净化方法是凝胶渗透色谱，它是基于立体排阻原理的一种柱色谱。在环境监测领域，柱层层析法主要用于基体较复杂的环境样品的有机分析前处理过程，通过柱层析的方法净化样品，使目标化合物与其他杂质分离，从而提高分析的灵敏度，如分析土壤中的多氯联苯、多环芳烃化合物时，需要用到硅胶氧化铝柱净化样品；分析飞灰样品中的二噁英时，样品提取液需要依次过硅胶柱、酸性氧化铝柱和活性炭柱分离净化，才能达到理想的效果。

发展趋势 层析法从传统的依靠手工操作的纸层层析、薄层层析和柱层层析逐渐发展为现代分析化学领域的一个重要分支——色谱学。色谱法的应用范围更宽、涉及内容更广泛，随着层析理论和实际操作技术的发展，逐渐出现了可以仪器化操作的色谱分离手段和方法。气相色谱仪、液相色谱仪、离子色谱仪、凝胶色谱仪等色谱类仪器的出现和广泛应用都是传统柱色谱理论变革的体现，这些分析仪器灵敏度更高、检出限更低、重现性更好，如将传统的层析法作为样品前处理的手段，配合适当的色谱仪器分析检测，可以对绝大多数的样品实现定性定量测定。 （贾静）

changliang fenxi

常量分析

（macro analysis） 取样量为常量，即固体样品质量大于 0.1 g 或液体样品体积大于 10 mL 的环境样品的监测分析过程。与常量组分分析（待测组分相对含量大于 1%）不同，常量分析可以是常量组分分析，也可以是微量组分分析（待测组分相对含量 0.01%～1%）或痕量组分分析（待测组分相对含量小于 0.01%）。但在环境监测领域，通常将常量组分分析称为常量分析，下面也按此介绍。常量分析包括定性分析和定量分析。

定性分析 可采用灼烧试验、熔珠试验、焰色反应和点滴反应等化学分析方法，根据物质的化学反应现象鉴定组分存在与否；也可采用原子发射光谱法、X 射线荧光光谱法、红外光谱法、紫外可见吸收光谱法和核磁共振法等仪器分析方法。

定量分析 常用的方法包括：①化学法。

包括重量法和滴定法，所需设备主要为滴定管、容量瓶、移液管等玻璃仪器以及漏斗、坩埚、分析天平和烘箱等简单仪器，分析结果准确度高，但灵敏度较低，分析速度较慢。②仪器法。主要有紫外可见吸收光谱法、原子吸收分光光度法、原子发射光谱法、X 射线荧光光谱法、电化学法、质谱法和色谱法等，取样量少，分析灵敏度高，选择性好，分析迅速，适用范围广。

常量分析在工业、农业和环境等领域仍然应用广泛，并向仪器化、试样量更小、灵敏度更高、选择性更好的方向发展。（岳太星）

chaohenliang fenxi

超痕量分析 （ultratrace analysis） 对环境样品中含量小于 1 mg/L 或 1 mg/kg 的痕量物质成分及其含量的分析过程。随着分析技术发展，超痕量分析可检测的浓度越来越低，甚至可测定皮克/克或飞克/克量级有的痕量组分。环境中有毒有害物质分析、重金属元素形态分析通常属于超痕量分析，这些分析对于阐明污染物在环境和生物体中的迁移和转化机理，探讨不同元素形态与人类健康和重大疾病的相关性，具有重要意义。

超痕量分析的过程一般包括样品采集、制备和保存，前处理，分析测定。样品采集、制备和保存以及前处理与痕量分析基本一致（参见痕量分析）。样品分析测定常用的方法有：无火焰原子吸收分光光度法、电感耦合等离子体原子发射光谱法、原子荧光光谱法、X 射线荧光光谱法、溶出伏安法、中子活化法、气相色谱法、液相色谱法、超临界流体色谱法和电感耦合等离子体质谱法，以及色谱与光（质）谱联机技术等。

超痕量分析中待测组分含量较一般的痕量分析更低，在样品分析的全过程中，对于外部条件和实验人员操作水平的要求更高，实验操作应在超净实验室内进行，严格避免沾污或者使待测组分损失，且必须进行空白试验和加标回收试验。（岳太星）

chaolinjie liuti sepufa

超临界流体色谱法 （supercritical fluid chromatography，SFC） 以超临界流体（SF）作为流动相的一种色谱方法。

洛夫洛克（Lovelock）于 1958 年首先提出用 SF 作为色谱的流动相，克莱斯珀（Klesper）等在 1962 年首次使用超临界流体色谱仪。由于与当时正在发展的高效液相色谱相比，该仪器复杂且应用有限，故未受到重视。20 世纪 80 年代以来，由于厘清了许多基本概念，采用了空心柱、细粒度柱和新型检测器等新设备，SFC 又得到新的发展与完善。

SF 是物质高于其临界点，即高于其临界温度和临界压力时的一种物态。它既不是气体，也不是液体，但兼有气体低黏度和液体高密度的特点，以及介于气液之间的扩散系数的特征（见下表）。SF 的扩散系数和黏度接近于气体，溶质的传质阻力较小，可以获得快速、高效的分离。SF 密度和溶解度与液体相似，可以在较低温度下，分析热不稳定和分子量大的物质，同时还能增加色谱柱的选择性。此外，SF 的物理和化学性质，如溶剂力、扩散系数及黏度，都是密度的函数，改变流体密度，就可以改变流体的性质，即 SFC 的程序升密相当于气相色谱中的程序升温、液相色谱中的梯度淋洗。

气体、液体、超临界流体的物理性质比较

物态	密度/（g/cm^3）	扩散系数/（cm^2/s）	黏度/[g/（cm·s）]
气体（常温、常压）	0.6×10^{-3}～2.0×10^{-3}	0.04～0.1	1×10^{-4}～3×10^{-4}
超临界流体（临界点）	0.2～0.5	0.7×10^{-3}	1×10^{-4}～3×10^{-4}
液体（常温）	0.6～1.6	0.2×10^{-5}～2×10^{-5}	0.2×10^{-2}～3×10^{-2}

SFC 的分离机理与气相色谱和液相色谱相同，基于化合物在固定相和流动相两相间的分配系数不同而分离。SFC 既可分析气相色谱不适应的高沸点、低挥发度、热不稳定的样品，又比高

效液相色谱具有更快的分析速度和更高的单位柱效率。与气相色谱仪相比，超临界流体色谱仪的工作压力较高，一般为 7.0～45.0 MPa；与高效液相色谱仪相比，超临界流体色谱仪的色谱柱温度较高，一般从常温到约 250℃。操作中，它既可进行压力（或密度）的程序变化，又可进行温度的程序（升温或降温）控制，使温度和压力等参数得到最佳匹配。SFC 可以选用气相色谱法或液相色谱法用的检测器，又可与质谱、傅里叶红外光谱联用，使其在定性定量方面有较大的选择范围。（李红莉）

chaoshengbo cuiqu zhuangzhi

超声波萃取装置 （ultrasonic-assisted extraction instrument） 基于超声波萃取原理，将电能转化为超声能作用于样品，减少目标化合物与样品基体间的作用力，实现目标化合物分离和富集的装置。

原理 超声波是频率为 20 kHz～1 MHz 的电磁波，需要通过介质进行传播。超声波在介质中的传递过程中存在正负压强交变周期，在正相位时，对介质分子产生挤压，介质密度增大；在负相位时，介质分子稀疏、离散，介质密度减小。在此过程中，溶剂和样品之间产生声波空化作用，导致溶液内气泡的形成、增长和爆破压缩，从而使固体样品分散，增大样品与萃取溶剂之间的接触面积，提高目标物从固相到液相的传递速率。超声波萃取是利用超声波辐射压强产生的强烈空化效应、机械振动、扰动效应、加速度、乳化、扩散、击碎和搅拌作用等多级效应，增大物质分子的运动频率和速度，增加溶剂穿透力，从而加速萃取组分进入溶剂，促进提取的进行。

结构 超声波萃取装置由超声波电源（即超声功率发生器，为超声换能器提供能源）、超声换能系统（将超声波电源提供的能源变成超声波，进行萃取或实现别的功能）和提取容器（用于放置萃取液和萃取物）三大部分组成。根据换能器放置位置可分为外置式、内置式和多频组合式。

特点 与传统的萃取方法相比，超声波萃取具有如下特点：①萃取在常温下进行，适用于热不稳定性化合物的萃取；②常压萃取；③萃取效率高；④适用性广。

应用 超声波萃取装置广泛用于有机化合物的萃取。在环境监测领域，主要包括固体、半固体样品中有机化合物的萃取分离，如采用超声波辅助萃取玻璃纤维滤膜中富集的多环芳烃类化合物、超声波辅助萃取采样管中富集的有机磷农药等。

发展趋势 随着超声波萃取分离技术的不断发展和完善，超声波萃取装置向着专业化、自动化、功能多样化、应用扩大化等更适合生产要求的方向发展。①设备专业化。研制出各种不同工艺要求的超声波萃取分离专用设备。②设备自动化。提高设备的自动控制水平，提取装置设计中引入计算机控制技术，有助于加快萃取速度，提高萃取质量。③ 设备功能多样化。采用超声波萃取与传统萃取操作相结合的方式，开发新型超声设备，既可改变工艺过程，又可降低成本，达到设备多功能化。④设备应用扩大化。根据不同领域的要求开发出高效、新型的超声设备，扩大应用范围。

（申进朝）

chendian

沉淀 （precipitation） 一定温度下，溶液中的水合离子在无规则运动中相互碰撞，从溶液中析出或重新回到晶体表面的过程称为沉淀（又称沉淀过程），形成的固体物质也称沉淀。沉淀被广泛用于常量组分分离，或利用共沉淀的方法分离痕量组分。

原理 利用待测组分和干扰组分与沉淀剂反应的产物溶解度不同而进行分离。物质的沉淀和溶解是一个平衡过程，通常用溶度积常数 K_{sp} 判断难溶盐是否沉淀。分析化学中经常利用该方法将溶液中的某种组分降低到可以忽略的程度。

沉淀剂 分为无机沉淀剂和有机沉淀剂。使用无机沉淀剂沉淀分离，多形成氢氧化物沉淀、硫化物沉淀、硫酸盐沉淀、氟化物沉淀和磷酸盐沉淀。氢氧化物沉淀适用范围最广，除碱金属和碱土金属氢氧化物外，绝大多数金属离子能生成氢氧化物沉淀；某些非金属元素和略带酸性的金属元素在一定条件下，常以水合氧化物形式沉淀析出。硫化物沉淀常用 H_2S 作为沉淀剂，通过控制 S^{2-}浓度，达到沉淀分离硫化物目的。硫酸盐沉淀用 H_2SO_4 作沉淀剂，可将 Ca^{2+}、Sr^{2+}、Ba^{2+}、Ra^{2+}、Pb^{2+}与其他金属离子分离。氟化物沉淀主要用于 Ca^{2+}、Sr^{2+}、Mg^{2+}、Th^{2+}、稀土元素与其他金属离子分离。磷酸盐沉淀适于在强酸性介质中沉淀 Zr(Ⅳ)和 Hf(Ⅳ)。无机沉淀剂的选择性和分离效果不如有机沉淀剂。使用有机沉淀剂与无机离子作用，生成难溶于水、易溶于有机溶剂的螯合物或离子缔合物沉淀。常见有机沉淀剂有丁二酮肟、二乙基二硫代氨基甲酸钠、丹宁、辛可宁、8-巯基喹啉、5,6-苯并喹啉和铜铁试剂等。

分类 根据沉淀应用分为沉淀重量法和沉淀滴定法。前者是在物质各组分分离后测定其重量的方法；后者是利用沉淀反应进行定量分析的方法。

应用 沉淀是常用的分离方法，既可将待测组分分离出来，也可将与其共存的干扰组分沉淀除去。在经典的定性分析中，几乎一半以上的检出反应是沉淀反应；在定量分析中，沉淀是重量法和沉淀滴定法的基础。在环境监测中，沉淀在从样品采集到分析的过程中都有应用。

发展趋势 沉淀重量法和沉淀滴定法虽准确度较高，但其操作步骤烦琐、分析周期较长，而将沉淀与其他技术相结合，可解决传统沉淀分析的缺点。应用电解沉淀原理制备成电极，可快速、准确地测定痕量金属元素，目前商品化电极主要为汞电极和石墨电极。将电位滴定仪应用于沉淀滴定，利用电极测定沉淀导致的电位变化，确定滴定终点，仪器可自动绘制滴定曲线、找出滴定终点、给出滴定体积并计算样品浓度，实现了分析过程自动化。

（南淑清）

chendian didingfa

沉淀滴定法

（precipitation titration） 基于沉淀反应的滴定分析方法。

原理 沉淀滴定法以沉淀反应为基础，用指示剂或电位滴定确定终点。沉淀滴定法必须满足以下条件：生成的沉淀溶解度必须很小；沉淀反应必须迅速、定量地进行；能够用适当的指示剂或其他方法确定滴定的终点。由于上述条件限制，目前使用较广的是生成难溶银盐的反应：

$Ag^+ + Cl^- = AgCl\downarrow$（白色）

$Ag^+ + SCN^- = AgSCN\downarrow$（白色）

测定方法 上述银量法可以测定 Ag^+、Cl^-、Br^-、I^-、CN^-、SCN^-等离子。根据确定终点的指示剂不同可分为：莫尔法、佛尔哈德法、法扬司法和电位滴定法。

莫尔法 使用铬酸钾作指示剂，在中性和弱碱性溶液中，用 $AgNO_3$ 标准溶液测定氯化物。莫尔法只适用于测定水中的 Cl^-和 Br^-的含量，不适用于滴定 I^-和 SCN^-，这是由于 AgI 和 AgSCN 沉淀更强烈地吸附 I^-和 SCN^-，使终点变色不明显，误差较大。

滴定反应：

$Ag^+ + Cl^- = AgCl\downarrow$（白色）

指示剂反应：

$CrO_4^{2-} + 2Ag^+ = Ag_2CrO_4\downarrow$（砖红色）

终点时溶液的颜色由白色变为砖红色。凡能与 Ag^+生成沉淀的阴离子（如 PO_4^{3-}、CO_3^{2-}、$C_2O_4^{2-}$、S^{2-}、SO_3^{2-}），能与指示剂 CrO_4^{2-}生成沉淀的阳离子（如 Ba^{2+}、Pb^{2+}）以及能发生水解的金属离子（如 Al^{3+}、Fe^{3+}、Bi^{3+}、Sn^{4+}）均会干扰测定。

注意事项：K_2CrO_4 加入量过多，Ag_2CrO_4 沉淀析出偏早，水中 Cl^-的测定结果偏低，且 K_2CrO_4 的黄色也影响颜色观察，指示剂浓度应保持在 0.002～0.005 mol/L 较合适。最适宜 pH 范围在 6.5～10.5，当有铵离子存在时，pH 应在 6.5～7.2。滴定时必须剧烈摇动，因为析出的 AgCl 会吸附溶液中过量的构晶离子 Cl^-，使溶液中 Cl^-浓度降低，导致终点提前（负误差），剧烈摇动滴定瓶可防止 Cl^- 被 AgCl 吸附。

佛尔哈德法 使用铁铵矾作指示剂，用 NH_4SCN 标准溶液滴定 Ag^+，当 AgSCN 沉淀完全后，过量的 SCN^- 与 Fe^{3+} 反应，生成红色络合物，即指示终点的到达。佛尔哈德法主要用于直接测定 Ag^+，并可以在酸性溶液中进行滴定。

滴定反应：

$Ag^+ + Cl^- = AgCl$（白色）

$Ag^+ + SCN^- = AgSCN\downarrow$（白色）

指示剂反应：

$Fe^{3+} + SCN^- = [Fe(SCN)]^{2+}\downarrow$（红色络合物）

注意事项：AgCl 溶解度比 AgSCN 的大，近终点时加入的 NH_4SCN 会使 AgCl 发生转化反应：$AgCl + SCN^- = AgSCN\downarrow + Cl^-$，使测定结果误差极大。对此，可加入过量的 $AgNO_3$ 标准溶液形成 AgCl 沉淀后，再加入少量有机溶剂（如硝基苯或 1,2-二氯乙烷 1～2 mL，以覆盖 AgCl），阻止转化反应发生。滴定过程中应剧烈摇动，以避免 AgSCN 沉淀对 Ag^+ 的吸附。

法扬司法 使用吸附指示剂，吸附在胶体微粒表面之后，形成某种化合物而发生分子结构变化，从而引起颜色变化。常用的吸附指示剂为荧光黄，在中性或弱碱性介质中，用硝酸银标准溶液滴定 Cl^-。

滴定反应：

$Ag^+ + Cl^- = AgCl\downarrow$（白色）

指示剂工作原理：HFIn　　$H^+ + FIn^-$。滴定终点前，$\{(AgCl)_m\}\cdot Cl^- + FIn^-$ 指示剂不被吸附，呈荧光黄阴离子的黄绿色；滴定终点后，$AgCl\cdot Ag^+ + FIn^- = \{(AgCl)_m\}Ag^+\cdot FIn^-$ 荧光黄的阴离子被吸附，呈粉红色。指示剂的颜色变化发生在胶粒沉淀的表面，应尽量使氯化银沉淀呈胶体状态，以增加其表面积，防止沉淀凝聚。

吸附指示剂除用于银量法以外，还可用于测定 Ba^{2+} 及 SO_4^{2-} 等。

注意事项：吸附指示剂多为有机弱酸，起指示作用的是它们的阴离子，因此应控制溶液 pH 在 7～10，以电离出更多的指示剂阴离子。胶体微粒对指示剂离子的吸附能力，应略小于待测离子的吸附能力，否则指示剂将在等当点前变色，但如果吸附能力太差，终点时变色也不敏锐。氯化银沉淀对光敏感，光照下易分解出金属银，在滴定过程中应尽量避免日光照射。溶液中被滴定的离子浓度不宜太低，以免沉淀量少，造成观察终点比较困难。

电位滴定法 用 $AgNO_3$ 标准溶液滴定 NaCl 溶液时，Ag^+ 浓度在滴定过程中逐渐增加，且在等当点附近迅速增加，发生突跃，因此可用银电极作指示电极，观察 Ag^+ 浓度的变化，选用双盐桥饱和甘汞电极或玻璃电极作参比电极，通过绘制滴定曲线，即可确定滴定终点。也可选用 Ag_2S 薄膜的离子选择性电极作指示电极，指示 Ag^+ 浓度的变化情况，从而确定滴定的终点。

应用 沉淀滴定在环境监测领域主要用于测定水中阴离子洗涤剂、氯化物、氰化物以及废气中的氯化氢。 （穆肃）

chenjiwu caiyangqi

沉积物采样器

沉积物采样器 （sediment sampler） 又称底泥采样器或底质采样器。是用来采集水体中沉积物的采样装置。沉积物，也称底质，是矿物、岩石、土壤的自然侵蚀产物，生物过程的产物，有机质的降解物，污水排出物和河床母质等，随水流迁移而沉降积累在水体底部的堆积物质的统称。沉积物中蓄积了各种各样的污染物，可以显著地表征水环境的物理、化学和生物学的污染现象。通过沉积物采样器采集沉积物，能够全面了解水环境的现状、污染历史和沉积物污染对水体的潜在危险。

沿革 1872 年，人类首次用冲击式水下取样器进行海底取样。随着对沉积物认识的逐步加深，沉积物采集从浅水向深水发展、从水体底部表层向深层发展，并逐步研制出相应的沉积物采样设备，依据监测目的对样品代表性的要求，沉积物采样器逐步添加了保温和保压的功能模块。蚌式抓斗采泥器是我国最早使用的沉积物采样器之一，拖网等拖曳式采样器从早期至今一直有广泛的应用。

原理 主要依靠重力、压力、摩擦力和共振力等物理作用，将水体表层和深层的沉积物采集起来，再利用绞盘、绞车等动力装置，或利用浮力等自返装置将沉积物样品运送到水体表面供收集保存。

结构 采集湖泊、河流等水体沉积物，多采表层样品。沙质底泥可用圆锥式采样器、钻头式采样器和悬锤式采样器等。底泥为卵石时，用锹式采样器和蚌式采样器取样，其中，蚌式采样器也可用于表层松软的底泥取样和底栖生物取样。海洋底泥采样器可分为拖曳式采样器、表层采样器、柱状采样器、自返式抓斗和自返式重力采样管及箱式采样器等五类。其中，拖曳式采样器以拖曳方式采取表层样品，用于航行中采样；抓斗用于停船时的表层采样；柱状采样器用于采集海底一定深度下的柱状样品。在国际海洋调查中，广泛采用重力活塞采样器，中国较多使用方形刮底网。

一般的沉积物采样器分为取样系统（辅助、动力、容器）、连接系统、驱动系统和控制系统等四大部分。常用的各种采样器见图1、图2和图3。

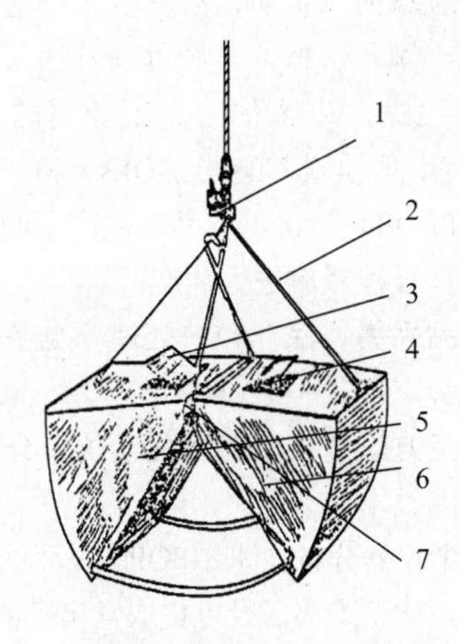

1. 吊钩（驱动系统）；2. 钢丝绳；3，4. 铁门（连接系统）；5，6. 内外斗壳（取样容器系统）；7. 主轴（取样动力系统）

图1 抓式采泥器

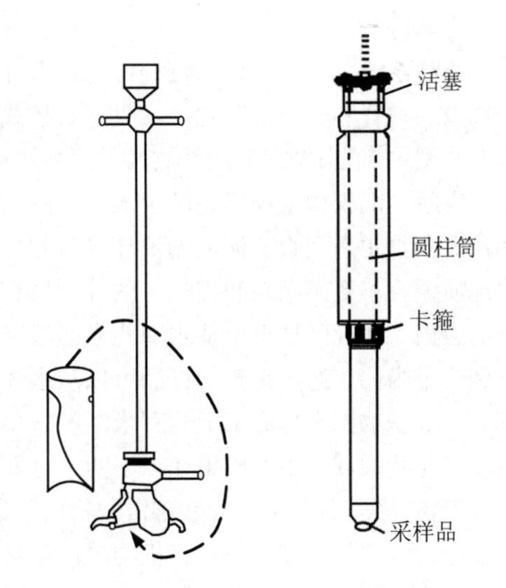

图2 手压塑料桶钻式沉积物采样器　图3 柱状样品采集器

取样辅助系统 帮助取样器在水体底部进行定位和定深的装置。一般多见于可控式采样器中。非可控式采样器多用船体定位，缆绳长度定深，不附加额外的取样辅助系统。常用的有视频定位、声呐定位等方式。

取样动力系统 利用重锤、活塞、振荡器等动力源辅助增加取样器的取样深度的装置。可控式与非可控式采样器中大部分均包含此装置。取样动力系统可以在取样容器中，也可附加在取样容器外，结构依据动力源的不同相差较大，如重锤式有配重模块、活塞式有活塞装置、压入式有燃料装置等。

取样容器系统 在水下临时保存采集到的水体底部沉积物样品的装置。常见的有网状、筒状和箱状等。依据不同的采样需求，筒状和箱状的容器通常带有主动或被动式阀门，防止沉积物样品丢失，有的原位采样装置还附带有加压和保温装置来保证样品的代表性。

连接系统 通过缆绳、钢缆和电缆等连接装置将取样系统和船体连接在一起，保障取样系统顺利释放和回收的装置。

驱动系统 安装在船体上或取样系统上，为取样系统提供释放和回收动力的装置。常见的驱动系统有人力绞盘、电动绞盘、电动绞车和浮力球等。

控制系统 控制采样全过程，包括取样系统释放、取样和回收的装置。常见于可控式采样器类型中，由计算机和视频终端等设备组成。

应用 沉积物采样器突破了水层的隔离，在河流湖泊生态调查、河流湖泊环境监测、海洋地质调查、资源勘探和矿产评估等领域有广泛的应用。作业区域可以从水深几米的浅滩扩展到几千米的深海，采集的样品可以从水体底部表层沉积物到水体底部下几百米深的岩层。在环境监测领域中主要应用在以下两个方面：①沉积物采集。通过对水体底部沉积物的采集，可以分析沉积物中重金属、有机物等污染物的含量，为了解水体污染的扩散趋势提供依据。②底栖生物采集。通过沉积物采样器可以取得底泥中有代表性的底栖生物样品，对研究水生生态系统的演替、水中富营养化对水生生物的影响、全球环境污染对海底生物的影响等有重要的作用。

发展趋势 沉积物采样器正向着大型化、可视化、可控化、动力化、精准化和多样化的趋势发展，而且随着保压和保温技术的应用，如何采集有代表性的原位样品成为环境监测领域关注的重点。 （朱擎）

chijiuxing youji wuranwu ceding

持久性有机污染物测定 （determination of persistent organic pollutants） 经过适当的样品采集和前处理后，选用合适的测定方法对环境介质中持久性有机污染物（POPs）进行定性定量分析的过程。POPs 具有持久性、生物蓄积性、毒性和远距离迁移性四大特性，易于蓄积在生物体内，可长期残留在环境和生物体中，难以通过物理、化学或生物方法降解，并能够通过各种介质（空气、水和生物）长距离迁移到远离排放源的地方，对生态环境和人类健康具有严重危害。

2001 年 5 月 23 日，包括中国在内的 90 多个国家在瑞典斯德哥尔摩签署了《关于持久性有机污染物的斯德哥尔摩公约》（简称《POPs 公约》），呼吁各国政府采取控制措施并最终完全消除 POPs 的人为排放。根据《POPs 公约》，各缔约国将采取一致行动，首先消除 12 种对人类健康和生态环境最具危害性的 POPs，即艾氏剂、狄氏剂、异狄氏剂、滴滴涕、七氯、氯丹、灭蚁灵、毒杀芬、六氯苯、多氯联苯、多氯代二苯并二噁英和多氯代二苯并呋喃。《POPs 公约》还规定，被列入控制的 POPs 清单是开放性的，将来会随时根据规定的筛选程序和标准进行扩充。该公约于 2004 年 11 月 11 日正式对我国生效。2009 年 5 月 4 日至 8 日在瑞士日内瓦举行缔约方大会第四届会议，决定将α-六氯环己烷、β-六氯环己烷、γ-六氯环己烷（六六六）、十氯酮、六溴联苯醚、七溴联苯醚、五氯苯、全氟辛基磺酸、全氟辛基磺酸盐和全氟辛磺酰氟、四溴联苯醚和五溴联苯醚等化学物质列入公约附件 A、B 或 C 的受控范围。2011 年 5 月第五次缔约方大会又增加了硫丹。

大多数 POPs 是人类为了满足特定的需要而生产的，只有二噁英主要是一些工业过程中的副产物。农药类 POPs 物质主要通过农业生产和卫生领域的虫害防治过程进入环境，通常首先进入土壤和水体，再经过挥发进入大气或者经过富集进入生物体内。工业用的多氯联苯（PCBs）、多溴联苯醚（PBDEs）和全氟辛烷磺酸盐（PFOS）等化工产品，从产品的生产、使用和处理过程释放进入环境。

样品采集、保存和前处理 见半挥发性有机化合物测定。

测定方法 主要包括化学仪器分析技术和生物检测技术。

化学仪器分析技术 POPs 在环境介质的含量极低，样品采集后经过提取富集等前处理后，浓度依然处于很低的水平上，而且大部分 POPs 都含有多种同系物或异构体，影响了 POPs 的定性定量分析。目前，POPs 的检测方法主要包括气相色谱法（GC）、液相色谱法（LC）、气相色谱-串联质谱法（GC-MS/MS）、高效液相色谱-质谱法（HPLC-MS）和高效液相色谱-串联质谱法（HPLC-MS/MS）等，而应用最广的则是气相色谱-质谱联用法（GC-MS），它结合了 GC 分离能力强与 MS 的高灵敏度和高选择性的优点，非常适用于环境介质中痕量 POPs 的分析测定。

气相色谱法 分离分析持久性有机污染物的常用方法之一，主要用于有机氯农药和 PCBs 的测定。该方法采用相对保留时间进行定性分析、色谱峰的峰高或峰面积进行定量分析。在 GC 检测中，选择合适的色谱柱、色谱条件和高灵敏度检测器至关重要。双色谱柱或多色谱柱是 GC 分析较为可靠的方法，因为不同的化合物在不同极性色谱柱上具有相同保留值的几率要小得多，一次进样可以同时收集两套数据供定性和定量分析，提高了定性定量的精确度。

气相色谱-质谱法 目前，GC-MS 被广泛应用于持久性有机污染物的检测中，主要是根据质量分析器中质荷比（m/z）的大小顺序收集和记录得到质谱图，利用质谱图中峰的位置进行定性和结构分析，利用峰的强度进行定量分析。由于 GC-MS 既有气相色谱的高分离性能，又有质谱准确鉴定化合物结构的特点，可达到同时定性定量的目的，方法简便易行，适用于多种持久性有机污染物的测定，如多环芳烃、有机氯农药、PCBs、邻苯二甲酸酯等。二噁英类使用高分辨气相色谱-高分辨质谱（HRGC-HRMS）定性和定量测定。采用高分辨气相色谱将 17 种二噁英类物质与其他污染物及干扰物分离是二噁英类分析测定的关键。分析时常用的色谱柱有 DB-5 和 SP-2331 或 SP-2330 石英毛细管柱，为了提高二噁英类定性分析的准确性，一些实验室也采用 DB-225 或 DB-Dioxin 柱来确认 2,3,7,8-TCDD。

气相色谱-串联质谱法 GC-MS/MS 由于具有更高的灵敏度和选择性，被越来越多地用于基质复杂、组分繁多的痕量持久性有机污染物的分析，如毒杀芬的测定。毒杀芬同类物数量众多，达 32 768 种，并且基质或其他相似物质可能会对测定产生严重干扰，产生假阳性结果，因此目前普遍采用 GC-MS/MS 法测定。

高效液相色谱-质谱法 HPLC 能够直接测定一些热不稳定、难挥发的 GC 或 GC-MS 不能测定的物质。质谱检测器可以提供丰富的结构信息，是物质定性的强大工具，将高效液相色谱与质谱联用，可以保证定性的准确性。HPLC-MS 法灵敏度高、选择性好，是目前 POPs 定性和定量测定的有效方法之一。在 HPLC-MS 的离子化方式中，大气压化学离子化法（APCI）和电喷离子化法（ESI）是在常压下发生离子化，仪器设备和应用技术都比较成熟，已成为 HPLC-MS 的发展方向。

液相色谱-串联质谱法 HPLC-MS/MS 是一种高灵敏度、低检出限和可操作性强的分析方法，被越来越多地用于痕量持久性有机物的分析，如 PFOS 的测定。PFOS 在环境中普遍存在且含量很低，目前主要采用 HPLC-MS/MS 法进行分析测定。

生物检测技术 主要包括酶免疫测定法、EROD 生物检测法以及生物检测法、表面胞质团共振（SPR）检测法、以 Ah 受体为基础的生物测试方法等。

酶免疫测定法是利用抗原与抗体特异性反应的特性对抗原或抗体进行量或质的测定分析。这类分析方法具有分析成本低、选择性好、灵敏度高、操作简单、检测速度快等特点。如采用单克隆抗体进行检测，有的可以表现出一个氨基酸分子的差异；采用酶联免疫吸附测定法（ELISA）、放射免疫法等测定，其测定量可以达到微克甚至纳克级的水平；采用免疫沉淀法等检测，在几小时、几分钟甚至更短的时间即可得出测定结果。乙氧基-异吩唑酮-脱乙基酶（EROD）生物检测法也可以用于检测二噁英（参见二噁英类测定）。

发展趋势 随着现代科学技术的飞速发展，POPs 的前处理将会向微量化、自动化、无毒化、快速化和低成本方向发展。POPs 的分析测定将是化学分析和生物分析等方法的有机结合。化学分析主要是提高仪器性能。生物检测方法普遍具有价格低廉、高通量和便于推广应用等特点，近年来在全球范围内得到了飞速的发展和应用，在 POPs 的分析测定中将会发挥越来越显著的作用。（张颖 许秀艳）

chichao jiance

赤潮监测 (red tide monitoring) 为准确了解赤潮发展的现状和变化趋势，针对海域赤潮危害、影响范围、持续时间和资源损害程度等方面开展的海洋监视、测定和监控等活动，旨在为赤潮的预测和早期预警提供技术服务。赤潮又称红潮，是近海海域中一些浮游生物暴发性繁殖引起水色异常和水质恶化的现象。

监测方法 赤潮监测的主要技术手段包括航海监测、航空监测、浮标监测和卫星遥感监测。目前，赤潮监测以航海监测为主，航空监测和卫星遥感监测为辅；航空监测、浮标监测和卫星遥感监测主要用于赤潮的预报预测和早期预警，且需要航海监测印证。

监测内容 ①布点原则。应布设在预期的赤潮多发海域，尽可能与海洋环境质量监测点位一致；同时，考虑监测海域的水动力状况和功能，使监测点位能够覆盖或者代表监控的海域。通常选择上升流区、渔场，养殖区监测点位加密布设。②监测时段。我国四大海区赤潮的高发期各不相同，3—11 月均可发生。③监测频次。例行监测宜每月 1～2 次；赤潮多发期宜每周 1 次；发生赤潮征兆时宜每 3 天 1 次；跟踪监测包括赤潮发生至消失的全过程，每天 1 次或多次。④采样层次。一般采用三种形式，即固定深度采样（表层或近表层）、多层等体积混合采样（自底层至表层垂直采样）和真光层内分层采样（表层、中层和底层）。⑤监测项目。包括观测项目、水文气象要素、生物学要素、赤潮毒素和水化学要素五大类。⑥监测方法。参见《赤潮监测技术规程》(HY/T 069 —2005)。

结果评价 赤潮评价指标包括赤潮判别指标、赤潮毒素与毒性指标。赤潮判别指标包括感官指标、生物量指标和营养质量指标。赤潮毒素与毒性指标包括赤潮类型与危害、有毒藻类浓度与管理行为、赤潮毒素的毒性标准等。

（胡文翔）

chouyang ceding

臭氧测定 (determination of ozone) 对空气中臭氧进行定性定量分析的过程。臭氧是有臭味的淡蓝色气体，有较强的氧化性。天然源中，在 15～25 km 的高空，氧气在太阳紫外线的作用下形成臭氧；雷电放电，氧气转化为臭氧。人为源中，弧光放电产生臭氧；复印机办公设备、紫外灯及一些消毒设备也会产生臭氧；在紫外线作用下，烃类和氮氧化物发生光化学反应，形成臭氧。环境空气中的臭氧浓度为 2～4 mg/m^3 时，能刺激黏膜引起支气管炎和头痛，而且能扰乱中枢神经。

样品采集与保存 见样品采集。臭氧样品通常利用吸收液吸收，在样品采集的同时，还需用与采样所用吸收液同一批配制的吸收液，按照样品采集方法采集零空气样品。每批样品至少采集两个零空气样品。在样品采集、运输及保存中应严格避光，样品在室温暗处存放至少可稳定 3 天。

测定方法 目前广泛采用的测定方法包括靛蓝二磺酸钠分光光度法、紫外分光光度法、硼酸碘化钾分光光度法、原电池库仑法、化学发光法和差分吸收光谱法，其中紫外分光光度法、化学发光法多用于自动监测。

靛蓝二磺酸钠分光光度法 空气中的臭氧，在磷酸盐缓冲液存在下，与吸收液中蓝色的靛蓝二磺酸钠等发生反应，褪色生成靛红二磺酸钠。在 610 nm 波长处测定吸光度，根据蓝色减褪的程度定量空气中臭氧的浓度。当采样体积为 30 L 时，检出限为 0.01 mg/m^3；当采样体积为 5～30 L 时，测定范围为 0.030～1.200 mg/m^3。

紫外分光光度法 臭氧对 254 nm 波长的紫外光有特征吸收，当空气样品以恒定的流速进入仪器的气路系统，与零空气交替进入吸收池（直接送入分析池或通过臭氧过滤器以后进入分析池），由光检测器分别检测出气体流过之后的透光光强，每经过一个循环周期，仪器的微处理系统根据朗伯-比尔定律将测得的光强之比转换为臭氧浓度显示在显示器上。适用于测定环境空气中臭氧的浓度，测定范围为 0.003～2 mg/m^3。

硼酸碘化钾分光光度法 采集空气样品的同时采集零空气样品（吸收管前串联臭氧过滤器，去除空气中臭氧）。用含有硫代硫酸钠的硼酸碘化钾溶液作为吸收液，空气中臭氧及氧化剂氧化溶液中的碘离子析出碘分子，通过吸收液碘分子立即被硫代硫酸钠还原：

$$O_3+2KI+H_2O \longrightarrow I_2+O_2+2KOH$$

$$I_2+2NaS_2O_3 \longrightarrow 2NaI+NaS_4O_6$$

采样后，加入一定量碘溶液，以氧化剩余的硫代硫酸钠，剩余的碘在 352 nm 波长处测定吸光度。总氧化剂（臭氧、二氧化氮及其他氧化性气体）吸光度减去零空气样品（二氧化氮及其他氧化性气体）的吸光度，即为臭氧析出碘的吸光度。当采样体积为 30 L 时，最低检出浓度为 0.006 mg/m^3。

原电池库仑法 采用双铂阳极和炭阳极的示差原电池原理制作，电解液为溴化钾和碘化钾的磷酸盐缓冲溶液。当空气被抽入电解池中后，电解液就经过阴极连续循环流动。如果空气中含有臭氧，则电解液中的卤素离子立刻被氧化成卤素。析出的卤素被电解液带到阴极区，并在阴极上重新还原成卤素离子。根据卤素离子含量测出臭氧浓度。

化学发光法 根据臭氧和乙烯气相发光反应的原理测定臭氧浓度。气体样品被连续抽进仪器的反应室与乙烯反应产生激发态的甲醛（$HCHO^*$）。当 $HCHO^*$回到基态时，放出光子（$h\nu$）。反应式如下：

$$2O_3+2C_2H_4 \longrightarrow 4HCHO^* + O_2$$

$$HCHO^* \longrightarrow HCHO + h\nu$$

发射 300～600 nm 的连续光谱，峰值波长为 435 nm，所发光的强度与臭氧浓度呈线性关系，从而测得臭氧浓度。最低检出限为 0.005 mg/m^3。

差分吸收光谱法 当具有一定波长范围的光束通过环境空气时，在光束的接收端可同时得到多种气体在该光束波长范围内的特征光谱，通过分光光度计和计算机结合可实现对特征光谱的识别，经计算机对特征光谱数据的进一步处理，可分辨出光束照射过的环境空气中的臭氧含量。最低检出限为 0.003 mg/m^3。

方法应用 臭氧的化学测定方法很多，如中性碘化钾法、碱化碘化钾法等，但是由于样品和试剂很不稳定、干扰物质多，方法的准确性和精密性都比较差。磷酸盐缓冲的中性碘化钾法在 20 世纪 60 年代初期被很多国家规定为测定臭氧浓度的标准方法，后来随着紫外分光光度法、气相滴定法和差分吸收光谱法被用于标定臭氧标准源后，发现中性碘化钾法在测定臭氧时稳定性存在一定问题。靛蓝二磺酸钠分光光度法因灵敏度高，对臭氧的专用性强，已代替硼酸碘化法成为化学检测臭氧的标准。紫外分光光度法因操作简便、结果准确，已成为中国城市空气质量连续自动监测系统的主要技术手段之一。 （许丹丹）

推荐书目

国家环境保护总局《空气和废气监测分析方法》编委会. 空气和废气监测分析方法. 4 版增补版. 北京：中国环境科学出版社，2007.

chouyang jianceyi

臭氧监测仪

（ozone monitor） 对环境空气中的臭氧进行定量测定的仪器。

分类 根据检测原理不同，分为化学发光臭氧监测仪、电化学传感器臭氧监测仪、紫外光度臭氧监测仪和差分吸收光谱臭氧监测仪。

化学发光臭氧监测仪 根据臭氧和乙烯反应后产生的发光反应原理制成。样气被连续抽进仪器的反应室，与乙烯反应产生激发态的甲醛（$HCHO^*$），当激发态的甲醛回到基态时，发出波长为 300～600 nm 的光，峰值波长为 435 nm，其发光强度与臭氧浓度呈线性关系，化学发光反应式如下：

$$2O_3+2C_2H_4 \longrightarrow 4\,HCHO^*+O_2$$

$$HCHO^* \longrightarrow HCHO+h\nu$$

一般设有多档量程范围，最低检出浓度为 0.005 mg/m^3，响应时间小于 1 min。由稳压阀、稳流阀、流量计、反应室、滤光片、过滤器、光电倍增管和催化燃烧除烃装置组成。

电化学传感器臭氧监测仪 适用于臭氧制备车间（臭氧发生器、臭氧厂房等）、化工、石油、造纸、纺织、制药、香精香料工业、水处理、食品医药灭菌车间等。采用双铂阳极和炭阳极的示差原电池原理，电解液为溴化钾和碘化钾的磷酸盐缓冲溶液。当空气被抽入电解池中后，电解液经过阴极连续循环流动。如果空气中含有臭氧，则电解液中的卤素离子立刻被氧化成卤素。析出的卤素被电解液带到阴极区，并在阴极上重新还原成卤素离子。结构包括双铂阳极、炭阳极和电解液，见下图。

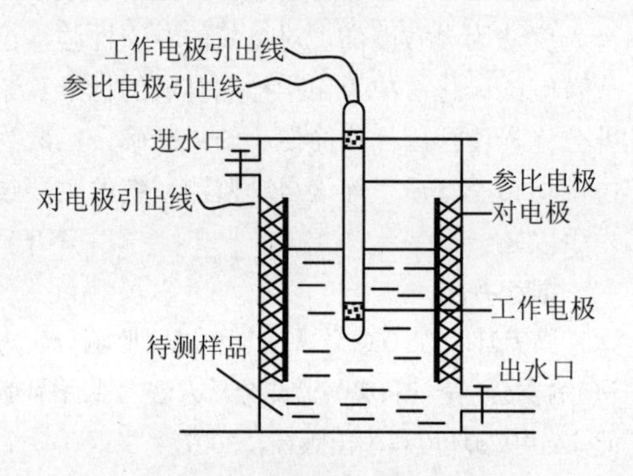

电化学传感器臭氧监测仪结构

紫外光度臭氧监测仪 见臭氧自动监测仪。

差分吸收光谱臭氧监测仪 见臭氧自动监测仪。

发展趋势 化学发光法臭氧监测仪必须配乙烯气瓶，乙烯是可燃物，既危险又不方便，而紫外分光光度法测定环境空气中臭氧准确度高，是臭氧监测仪的发展方向。 （许丹丹）

chouyang zidong jianceyi

臭氧自动监测仪 （ozone automatic monitor）

空气质量连续自动监测系统中测定臭氧（O_3）浓度的监测仪器。

分类 目前常用的有紫外吸收光度仪和长光程差分吸收光谱仪（DOAS 仪）。

紫外吸收光度仪 测定环境空气中 O_3 浓度，最低检出浓度为 4.3 μg/m^3。该方法已被美国等国家作为臭氧标准分析方法。

通过臭氧分子内部电子的共振对紫外光（波长 254 nm）的吸收，直接测定紫外光通过臭氧时减弱的程度，利用朗伯-比尔定律，计算臭氧的浓度。

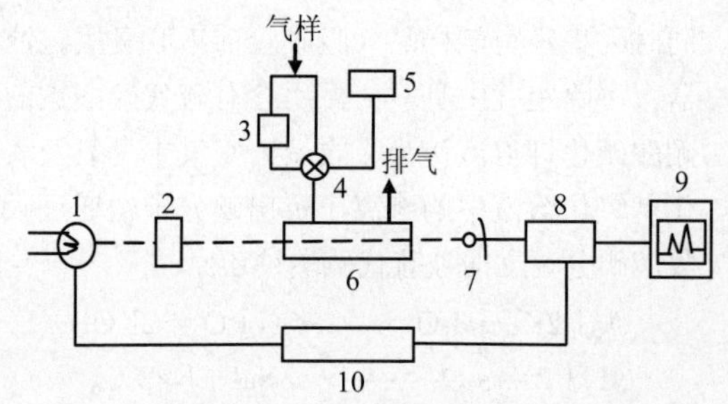

1. 紫外灯；2. 滤光器；3. 臭氧去除器；4. 电磁阀；5. 标准臭氧发生器；6. 气室；7. 光电倍增管；8. 放大器；9. 记录仪；10. 稳压电源

紫外吸收臭氧自动监测仪结构

该仪器由紫外灯、滤光器、臭氧吸收池、臭氧去除器、光电倍增管、采样泵、电路部分和传感单元（流量、温度、压力）组成（见图）。当空气样品以恒定的流速进入仪器的气路系统，样气交替进入吸收池（直接送入分析池或通过臭氧过滤器以后进入分析池）。由于臭氧对 254 nm 波长的紫外光有特征吸收，根据朗伯-比尔定律将测得的光强之比，转换为臭氧浓度显示在显示器上。

长光程差分吸收光谱仪 既能测定环境空气中 O_3 浓度，又可同时测定 NO_x、SO_2、NH_3、Hg、H_2O、CO_2、HCl、HF 以及挥发性有机物。测定 O_3 时，最低检出限为 3 μg/m^3。

从氙灯发射出的紫外可见光束，在其光程中的 O_3、SO_2 和 NO_2 等气体分子会对光产生特征吸收，形成特征吸收光谱，通过对特征吸收光谱的鉴别及根据朗伯-比尔定律进行差分拟合，计算得到整段光程内各种气态物质的平均浓度。

该仪器包括一个光源、一个位于大气中的开放的光程和一个由光谱仪和探测器组成的接收系统。普通的 DOAS 系统包含一个从光源到接收器之间位于大气中的开放光程，另一种设计是使用一个反射器，使来自光源的光被反射到接收器，以达到双光程；也可使用一个多次反射装置，使光程在被研究的气体中多次反射。分析仪器包括高品质的光谱仪、计算机以及联合控制系统。光谱仪利用光栅将接收到的光分成窄带光谱，带有狭缝的扫描装置对窄带光谱进行快速扫描。扫描后的光谱进入探测器，被转换为电信号，经 A/D 转换送入计算机进行处理。大量的扫描结果形成了相应波段的光谱图。根据波长和灵敏度要求选用不同的探测器，探测器包括非色散的半导体、光电倍增管探测器、光电二极管阵列探测器等。

应用 紫外吸收光度仪和 DOAS 仪各有优点。紫外吸收光度仪线性良好、响应快，但测定时受颗粒物和湿气的干扰。DOAS 仪对自然光强的变化及影响能见度的雨、雾、尘和雪的干扰，在一定程度上可自动修正，但用于多组分监测时，由于不同待测物质的最佳光程不同，需要安装多个光程和接收装置。

发展趋势 目前在自动监测系统建设中，以紫外吸收光度仪应用较多，随着环境监测工作的发展，DOAS 仪以其多组分测定能力在自动监测系统中将得到更多应用。（许丹丹）

chuan ceding

氚测定（determination of tritium） 对水、空气、生物等环境介质中氚活度浓度的测定。水包括地表水、地下水、饮用水、海水和雨水，生物样品包括各种动、植物。测量方法为《水中氚的分析方法》（GB 12375—1990）和《食品中放射性物质检验 氢-3 的测定》（GB 14883.2—1994）。氚（^3H）是氢的同位素之一，属低毒性核素，是一种低能纯β放射性核素，其β射线的最大能量为 18.6 keV，平均能量为 5.7 keV，半衰期为 12.33 年。环境中的氚主要有三种来源：①上部大气层通过宇宙射线引起的核散裂以及氮和氧的粒子捕获反应的产生物；②大气层核试验残存的放射性活度；③正在进行的核燃料循环过程。因而，氚既是一种天然放射性核素，又是一种人工放射性核素。自从 1963 年签订《禁止在大气层外层空间和水下进行核武器试验条约》（PTBT）以来，全球环境中氚的水平以近似等于其半衰期的速度减少。

水中氚的测定 由于所有环境介质中的氚都需要经过前处理成液态水的形态后才能进行液闪测定，所以水中氚的测定是氚的放射性测定的最基本方法。为提高水中氚活度浓度分析的准确性，必须除去 ^3H 以外的各种痕量的放射性核素。常压蒸馏法是最常用的方法，以此达到：①除去水样中不纯物的放射性同位素；②对计数测量的干扰减少到最低，达到水样脱盐；③除去水样中夹杂的有机物质。

样品经蒸馏后，收集<5 μs/cm 的馏出液。向馏出液加入闪烁液（根据使用的测量仪器和闪烁液的不同，可以选择不同的样品量和闪烁液量），振荡样品瓶使样品与闪烁液均匀混合，采用低本底液闪谱仪进行测量。测量完毕后，待测样品的测量计数率扣除本底样品的计数率经校正，即得到待测水样中氚的活度浓度。

空气中氚测定 利用氚取样装置，用冷凝、冷冻或干燥取样原理将空气中的氚以氚化水（HTO）的形式收集在取样瓶中，同时记录采样量和称取获得的 HTO 重量，得到单位体积空气含有的 HTO 重量（该值也可通过记录采样期间的温湿度，用经验公式算得）。用与水中氚的测定相同的流程处理样品，计算得到待测水样中氚的活度浓度，经单位体积空气 HTO 含量校正后，即得到空气中氚的活度浓度。

生物中氚测定 生物样品中的氚包括组织自由水氚（TFWT）和有机结合氚（OBT）。取适量生物样品，清理表面的杂物和水分后，将生物样品切碎。取一部分样品在低温真空条件下，TFWT 被收集到冷阱上，所得冷冻水样用与水中氚测定相同的流程进行测量；另取一部分样品，放入烘箱中烘干至恒重，分别称取样品鲜重和干重，得到样品含水率。上述冷冻所得的 TFWT 经测量得出的水中氚的活度浓度经含水率校正后，即得到单位重量生物样品中 TFWT 活度浓度。取适量经烘干的样品，置于氧化燃烧装置中，利用高温通氧环境，在催化剂的作用下将干样中的 OBT 氧化成 HTO，冷凝后得到液态 HTO，称量得到的 HTO 量。用水中氚同样的分析流程测量得出 HTO 活度浓度，经干样含氢率和干鲜比校正后，即可得到单位样品中 OBT 活度浓度。生物样品中氚活度浓度即

为 OBT 与 TFWT 活度浓度之和。　（陈前远）

chuisao buji

吹扫捕集　（purge and trap，P&T）　又称动态顶空浓缩法。通过高纯惰性气体连续吹扫样品以提取其中的挥发性有机物，经吸附剂富集后加热脱附的方法，是一种非平衡态的连续萃取。

沿革　20 世纪 70 年代中期吹扫捕集色谱法开始用于测定水中挥发性有机物，之后随着相关研究的深入和仪器技术的发展，吹扫捕集法成为环境中痕量挥发性有机物分析的重要手段，已被许多国家定为标准分析方法。

原理　将高纯惰性气体连续通过装在密闭容器中的样品溶液并鼓泡，气液两相的平衡被破坏，使样品中的挥发性组分随吹扫气不断逸出，并富集在装有吸附剂的捕集管中，加热捕集管以载气反吹，被热解吸出来的挥发性组分进入色谱仪分离测定。吹扫捕集技术可从液体和固体样品中吹扫出沸点 200℃以下、溶解度小于 2%的挥发性有机物；对于水溶性较大或沸点较高的挥发性有机物，可适当延长吹扫时间或加热样品以提高吹扫效率。

特点　吹扫捕集法具有取样量少、快速、灵敏、富集效率高、受基体干扰小及容易实现在线监测等特点，能方便地与配备氢火焰离子化检测器、电子捕获检测器、质谱检测器和原子发射检测器等检测器的气相色谱仪联用，可实现吹扫、捕集和色谱分析全过程的自动化运行。吹扫捕集法无需使用有机溶剂，不会对环境造成二次污染。

操作过程　主要可分成三个阶段：吹扫阶段、解吸阶段和烘烤阶段。

吹扫阶段　将定量的样品加入到吹扫管中，以恒定的气流量、时间和温度吹扫样品，从样品中吹扫出来的挥发性物质被吹扫气带入捕集管，被捕集管中的吸附剂富集。影响吹扫效率的因素主要有吹扫温度、目标化合物的性质、吹扫气的流量及体积、吹扫时间和捕集效率等。不同化合物的吹扫效率不同，提高吹扫温度有利于增加吹扫效率。吹扫气的流量对于吹扫效率影响较大，流量过小使吹扫不完全，过大会影响捕集效率，吹扫时间也存在同样的作用，吹扫气的体积一般控制在 200～600 mL，大多数物质在此范围内可获得最佳的回收率。吹出物被捕集管中的吸附剂捕集，捕集的效率直接影响灵敏度，其与吸附剂种类、捕集管温度、吹扫气的流速和体积都有关系。目前常用的吸附剂有 Tenax、活性炭、硅胶和碳分子筛等，应根据待测物质的种类选择合适的单一或复合吸附剂，以取得最佳的捕集效率。捕集温度分常温和低温，当前大多数方法均采用常温捕集，低温捕集因需额外的制冷装置，结构复杂且操作烦琐，在环境监测领域应用不多。

解吸阶段　解吸是通过快速加热捕集管，使其中富集的组分瞬间转移至色谱进样口。影响解吸效率的因素主要有解吸温度、升温速率、解吸时间和解吸气流量等。解吸速度是决定进样效果的关键。较高的解吸温度、较快的升温速率和较大的解吸流量，可在尽可能短的时间内解吸完全，得到窄的色谱峰，但解吸温度过高，可能会把一些高沸点杂质给解吸出来，干扰测定。解吸温度也受到吸附剂的最高承受温度的限制。解吸气流量越大，进样速度也越快，但对于使用毛细管色谱柱的仪器，过大的解吸气流量跟载气流量无法匹配，需分流进样，会导致灵敏度的损失。

烘烤阶段　吸附剂在解吸后，可能会有待测物质或杂质的残留，影响再次测定和吸附剂的吸附能力，必须对捕集管进行烘烤。烘烤时，烘烤温度应高于解吸温度，而低于吸附剂的安全温度，以清除捕集管内残留的高沸点物质，烘烤过程与色谱分析过程可同时进行。烘烤时间视吸附剂的性质与填装量、样品基质等情况而定。

影响因素　吹扫捕集法的灵敏度较高，由于整个过程步骤较多，重复性不易控制，因此，测定时一般采用内标法。在标准及待测样中分别加入已知量的与待测物质性质相近的内标物质，然后以待测物质和内标物质的比值绘制标准曲线，可有效消除吹扫捕集过程中的各因素波动而产生的误差，得到较好的测定精度。

不同仪器、不同物质的最佳吹扫捕集条件各不相同，应根据实际情况，对各过程的参数进行优化，并选择合适的吹扫气、吹扫管和吸附剂。惰性吹扫气体使用前必须净化或采用高纯气体，仪器应放置在通风良好且无有机物的实验室，样品流路和吹扫管在每次使用后需用纯水清洗干净，若样品中含有大量悬浮物、高沸点或高浓度的有机物，在分析完后需用合适的洗涤剂清洗样品管路、吹扫管和吹扫针。捕集管每次测定后要有足够的烘烤时间，并在一定次数的分析后进行老化。流路中应使用聚四氟乙烯密封垫圈，样品流路应作惰性处理，吹扫气管线应采用不锈钢管、铜管或聚醚醚酮管（PEEK 管）。在分析高含量浓度样品后，应测定一个或多个空白样品，检查系统内是否有残留。吹扫捕集法易形成泡沫，影响捕集效果，可通过样品稀释或加入消泡剂来改变基体性质，减少气泡的产生。

应用 用吹扫捕集技术可富集各类样品中的大多数挥发性有机物，常用于富集水、土壤及沉积物等环境样品中的痕量挥发性有机化合物，并在有机金属化合物的形态分析中起着重要的作用。

发展趋势 吹扫捕集技术目前发展比较成熟，主要研究集中在新型吸附剂的开发应用和脱水技术的改进，以提高吹扫捕集的准确度和精密度。吹扫捕集作为在线监测的前处理技术也在开发之中，简易的吹扫捕集装置与便携式分析仪器的联用技术在逐步发展。（钱飞中）

推荐书目

王立，汪正范. 色谱分析样品处理. 2 版. 北京：化学工业出版社，2006.

江桂斌. 环境样品前处理技术. 北京：化学工业出版社，2004.

chuisao bujiyi

吹扫捕集仪 （purge and trap concentrator）

通过高纯惰性气体（如氮气）连续吹扫样品以提取其中的挥发性组分，经装有吸附剂的捕集管富集后，加热脱附供色谱测定的前处理设备。吹扫捕集仪适用于从液体或固体样品中萃取沸点低于 200℃、溶解度小于 2%的挥发性或半挥发性有机物，广泛应用于环境监测、食品检验、临床化验等方面。

沿革 自 1974 年 Bellar 和 Lichtcnherg 首次应用吹扫捕集色谱法测定水中挥发性有机物以来，吹扫捕集法受到环境科学与分析化学界的重视。1977 年美国研发了第一台手动吹扫捕集仪，并在 1980 年推出第一台微机处理的吹扫捕集仪，使吹扫的过程更为稳定。吹扫捕集仪具有快速、准确、灵敏、受基体干扰小和不使用有机溶剂等优点，能够与气相色谱仪（GC）、气相色谱-质谱联用仪（GC-MS）等仪器联用，实现吹扫、捕集、色谱分离和测定全过程的自动化。

原理 见吹扫捕集。

结构 吹扫捕集仪由吹扫系统、除水除泡沫系统、捕集系统和自动控制系统等部分组成。吹扫气连续通过吹扫管中的样品，经脱水后进入捕集管，待测物质被吸附于管中。吹扫结束后，切换气路使载气通过捕集管并快速加热，待测物热解吸后由传输线进入色谱仪进样口进行分离测定。

吹扫系统 主要由吹扫管、吹扫气路和样品加热器组成。吹扫管一般用硼硅酸盐玻璃材质制成，商品化的吹扫管通常为 U 形和直管型。U 形吹扫管适用于液体样品，其一端的下部带有玻璃砂芯，气流由 U 形吹扫管的另一端通入，经砂芯分散后对水样进行吹扫。吹扫气通入处距离样品底部不高于 5 mm，气泡直径小于 3 mm，样品高度不低于 5 cm。直管型吹扫管适用于液体和固体样品，吹扫气由抵达底部的吹扫针通入，分析固体样品时，通常需要加热和搅拌样品，以提高吹扫效率，一般吹扫温度为 40℃。

除水除泡沫系统 由于水汽会被吹扫气带出，含量过高会影响捕集效率和后续分析，需在吹扫管后设除水装置，采用冷凝或离心等方式除去大部分的水分。复杂基体样品在吹扫时可能会产生泡沫，在除水装置之前安装泡沫感应器和泡沫消除器，可防止影响捕集效率和污染仪器管路，保护分析系统。

捕集系统 由捕集管、温控部件及气路系统组成。捕集管为装填有吸附材料的不锈钢管，主要吸附剂有 Tenax、活性炭、硅胶、碳分子筛等。常用的吹扫捕集仪均采用常温捕集技术，通过散热风扇使捕集管降温。脱附时采用快速加热技术，加热速度可达 900℃/min，通过气路系统的开关切换来控制通过捕集管的气体流量和流向，使捕集管中富集的物质尽可能快地脱附，随载气瞬间进入 GC-MS 进行分离测定。

自动控制系统 现代吹扫捕集仪的吹扫、捕集、脱附等各个工作步骤均由计算机控制完成，提高了自动化程度，可以保证温度、吹扫气流速、吹扫及脱附时间的准确性和重复性，增加分析的精度。

应用 作为气相色谱仪、气相色谱-质谱联用仪等分析仪器的进样设备，广泛应用于饮用水、海水、废水、土壤、沉积物、固体废物等多种介质中的挥发性有机物的检测。吹扫捕集技术灵敏度高，检测限比静态顶空低 10～100 倍，是环境分析中痕量挥发性或半挥发性有机物测定、有机金属化合物的形态分析的重要设备。

发展趋势 随着科学技术的发展和工业制造水平的进步，吹扫捕集仪的性能和功能不断提高，高度自动化、智能化，整个过程基本不需手工操作，改善了分析的可靠性和重复性，使其应用更加广泛。自动进样器的出现，使样品分析能够自动连续运行，提高了工作效率；脱水装置的配备和改进，使样品在更高的温度下吹扫，同时不会因水分过高而导致捕集管过载、非极性色谱柱损坏及检测器故障，提高了水溶性物质测定的灵敏度；泡沫感应和除泡沫技术的应用，可用来处理复杂基体样品；新型吸附材料的开发，扩大了吹扫捕集的应用范围。吹扫捕集仪将在捕集材料和脱水技术等方面继续发展，会以多种衍生形态出现，与更多的分析仪器联用，进一步拓宽应用范围。目前已有便携式吹扫捕集仪作为便携式气相色谱仪的专用进样设备。随着信息技术的发展，吹扫捕集仪将具备自行诊断、自我调节等智能化功能，可方便地进行远程维护和远程诊断。（钱飞中）

推荐书目

王立，汪正范. 色谱分析样品处理. 2 版. 北京：化学工业出版社，2006.

江桂斌. 环境样品前处理技术. 北京：化学工业出版社，2004.

D

daqi keliwu caiyangqi

大气颗粒物采样器 （atmospheric particulate sampler） 采集空气中一定粒径范围液态或固态颗粒物的装置。主要用重量法原理定量测定颗粒物质量浓度或收集颗粒物样品用于颗粒物物理特性和化学成分分析。

沿革 大气颗粒物采样器随着空气质量监测的发展进程而发展。一方面，从粗颗粒物监测向细颗粒物监测发展。空气质量监测是从自然降尘开始的，后来开发了总悬浮颗粒物（TSP）采样器、可吸入颗粒物（PM_{10}）采样器，近年来研究发现更细的细颗粒物（$PM_{2.5}$）和超细颗粒物（$PM_{1.0}$）是人为造成的且危害更大，故又开发了 $PM_{2.5}$ 和 $PM_{1.0}$ 采样器及其监测技术。另一方面，从手工采样、实验室分析向自动监测系统发展，实现大气颗粒物自动采样。随着科技进步，一些新技术应用到颗粒物监测中，如实时环境颗粒物总质量浓度采样器、低流量颗粒物采样器。

分类 根据采集方式不同，采样器可分为主动式和被动式两大类。主动式采样器主要依靠采样器的切割头采集空气中不同粒径的颗粒物，可分为 TSP 采样器、PM_{10} 采样器、$PM_{2.5}$ 采样器；被动式采样器主要依靠非动力非切割方式，采集靠重力即可较快沉降到地面上的颗粒物，如降尘采样器。

TSP 采样器 原理和结构如下。

原理 通过具有一定切割特性的采样器，以恒速抽取定量体积的空气，空气中粒径小于 100 μm 的悬浮颗粒物，被截留在已恒重的滤膜上。

结构 TSP 采样器按采气流量大小分为大流量和中流量两种类型。大流量 TSP 采样器由滤料采样夹、抽气风机、流量记录仪、计时器及控制系统、壳体等组成，见图 1。滤料夹可安装 20 cm×25 cm 的滤膜，滤膜有超细玻璃纤维滤膜、石英滤膜和有机滤膜。中流量 TSP 采样器由切割器、采样夹、流量计（文丘里限流孔）、采样杆及抽气泵组成，采样时安装 TSP 切割器，采样夹面积和采样流量比大流量采样器小，见图 2。

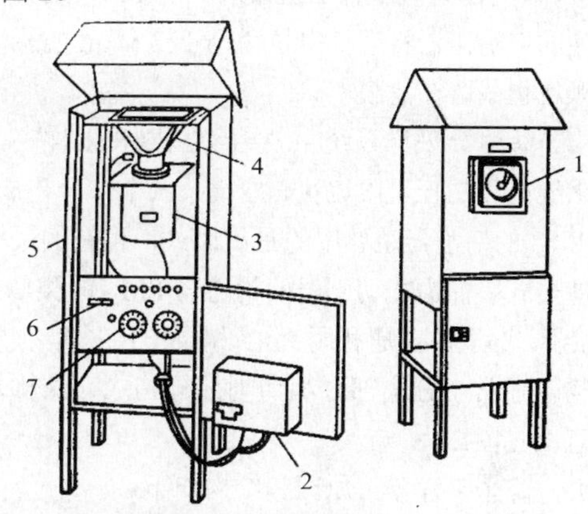

1. 流量记录仪；2. 流量控制器；3. 抽气风机；
4. 滤料采样夹；5. 壳体；6. 计时器；
7. 计时器的控制系统

图 1 大流量 TSP 采样器结构图

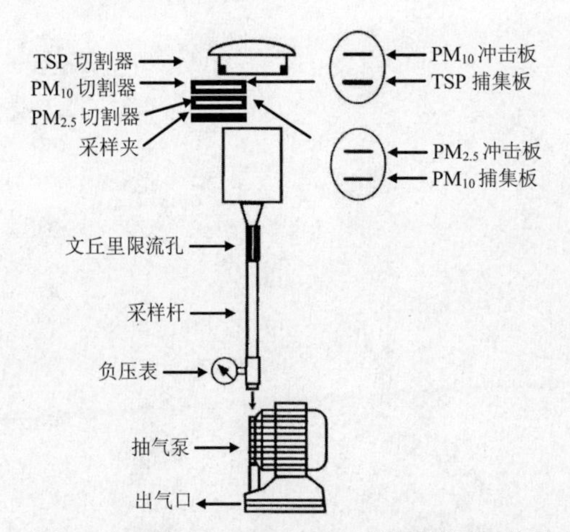

图 2 中流量 TSP/PM_{10}/$PM_{2.5}$ 系列采样器结构图

PM_{10} 采样器 原理和结构如下。

原理 采用与 TSP 采样相同的原理进行采样，不同的是在采样器上安装具有 PM_{10} 切割特性的切割器，将空气中粒径小于 10 μm 的悬浮颗粒物截留在滤膜上。

结构 与 TSP 采样器的结构类似。切割器分为旋风式、向心式、多层薄板式、冲击式等，常用的是冲击式切割器，由冲击板和捕集板构成，结构示意图见图 2。

$PM_{2.5}$ 采样器 原理和结构如下。

原理 采用与 TSP 采样相同的原理进行采样，不同的是在采样器上安装具有 $PM_{2.5}$ 切割特性的切割器，将空气中粒径小于 2.5 μm 的悬浮颗粒物截留在滤膜上。

结构 采样系统主要由切割器和采样夹、采样杆和文丘里限流孔、抽气泵三个部分构成。$PM_{2.5}$ 的切割器主要用的是旋风式，也有的采用冲击式。冲击式切割器的构造与 PM_{10} 的类似；旋风式切割器是利用离心力的作用采集颗粒物，通常由分离部分和切割部分构成，结构示意图见图 2。

降尘采样器 原理和结构如下。

原理 空气中可沉降的颗粒物沉降在装有乙二醇溶液为收集液的集尘缸内，经蒸发、干燥、称重后，计算降尘量。降尘量为单位面积上单位时间内从大气中沉降的颗粒物的质量。

结构 由内径 15 cm±0.5 cm，高 30 cm 的圆筒形玻璃集尘缸组成。

应用 大气颗粒物采样器主要应用于环境空气质量监测和无组织排放废气监测中，对大气颗粒物进行采集。根据监测目的选用不同滤膜，在测定颗粒物的质量浓度后，超细玻璃纤维滤膜和石英滤膜可用于测定无机盐（如硫酸盐、硝酸盐及氯化物等）和有机化合物（如苯并[a]芘等），聚氯乙烯等有机滤膜用于测定金属元素和可溶性无机离子。大流量采样器采样流量一般为 1.05 m^3/min，中流量采样器采样流量一般为 100 L/min。TSP 含量过高或雾天采样使滤膜阻力大于 10 kPa 时，主动式大气采样器不适用。

（黄江荣）

danchuiyi

氮吹仪

氮吹仪 （nitrogen blowing instrument） 又称氮气吹干仪。采用氮气对加热液体样品进行吹扫，使样品迅速浓缩，达到快速分离纯化的装置。

利用氮气的快速流动打破液体上空的气液平衡，从而使液体挥发速度加快，并通过干式加热或水浴加热方式升高样品温度（目标物的沸点一般比溶剂的要高一些），从而达到浓缩的目的。

氮吹仪由加热模块、吹扫针、减压阀和样品试管或试瓶等组成。按照加热方式不同，分为干浴氮吹仪、水浴氮吹仪和沙浴氮吹仪。干浴氮吹仪用金属模块加热，一般为铝模块；水浴氮吹仪采用水浴锅加热；沙浴氮吹仪采用圆形恒温沙浴底座加热。其中水浴氮吹仪最为常用。

氮吹仪代替传统的旋转蒸发仪对样品进行浓缩已经被广泛接受，该方法操作简便，可以同时处理多个样品，大大缩短了实验时间；实验操作简洁、灵活；不需要操作人员长时间看管，节省人力。但是氮吹属于常压蒸发，对于沸点较高的溶剂和热敏性物质处理效果不好；蒸发溶剂直接进入环境，无法回收，造成环境污染；处理样品体积较小，一般为 1～50 mL。

在环境监测领域，氮吹仪用于样品萃取后

和仪器分析前，样品萃取溶液的浓缩处理。

（赵倩）

danyanghuawu ceding

氮氧化物测定　(determination of nitrogen oxides)　对环境空气和废气中氮氧化物定性定量分析的过程。氮氧化物指由氮、氧两种元素组成的化合物，包括一氧化二氮、一氧化氮、二氧化氮、三氧化二氮、四氧化二氮和五氧化二氮等，主要来自土壤和海洋中有机物的分解、煤和石油等燃料的燃烧、生产和使用硝酸等过程。造成大气污染的主要是一氧化氮和二氧化氮，因此环境学中的氮氧化物一般指这两者的总称。二氧化氮比一氧化氮的毒性高 4 倍，可引起慢性中毒，致气管、肺病变，甚至造成肺水肿；一氧化氮结合血红蛋白的能力比一氧化碳还强，更容易造成人体缺氧；以一氧化氮和二氧化氮为主的氮氧化物与碳氢化物共存于空气中时，经阳光紫外线照射，发生光化学反应，形成光化学烟雾，与空气中的水分结合，形成酸雨。

样品采集与保存　见样品采集。主要包括手工采样系统和连续自动采样系统，采用短时间采样和 24 h 连续采样等方式采样。采样结束时，为防止溶液倒吸，应在停止抽气时，闭合采样系统。样品采集、运输和保存过程中应避光，当气温高于 24℃时，长时间（8 h 以上）运输和存放样品应采取降温措施。

在氮氧化物的富集方法上，目前采用最多的是溶液吸收法，直接吸收二氧化氮、一氧化氮后测定，测定结果相加即为氮氧化物浓度，方法既经典又准确，被广泛使用，但是采样用品携带不方便；另一种是固体吸收法，分为固体吸收管法和扩散采样法两种，固体吸收法虽然克服了溶液吸收法携带的不便，但增加了样品后处理的步骤，限制了其推广。

测定方法　主要有盐酸萘乙二胺分光光度法、紫外分光光度法、化学发光法、定电位电解法、非分散红外吸收法、紫外吸收法和差分吸收光谱法等。

盐酸萘乙二胺分光光度法　样品中一氧化氮经氧化剂氧化后得到的二氧化氮，与样品中原有二氧化氮分别被吸收液吸收后，生成硝酸和亚硝酸，其中亚硝酸与对氨基苯磺酸发生重氮化反应，再与 N-(1-萘基)乙二胺盐酸盐作用，生成粉红色的偶氮染料，于波长 540 nm 处测定吸光度。该方法适用于环境空气、污染源中氮氧化物的测定，方法检出限是 0.12 μg/10 mL，当吸收液体积为 10 mL、采样体积为 24 L 时，最低检出限为 0.005 mg/m^3（以二氧化氮计）；测定污染源有组织排放中的氮氧化物，当采样体积为 1 L 时，检出浓度是 0.7 mg/m^3，测定上限为 280 mg/m^3。盐酸萘乙二胺分光光度法具有费用低、操作简易、测定快速等优点，应用比较广泛，适用于低浓度氮氧化物的测定；缺点是在计算结果时需使用经验转换系数，影响测定的准确度。

紫外分光光度法　将样品收集于一个盛有稀硫酸-过氧化氢吸收液的吸收瓶中，气样中的氮氧化物被氧化、吸收，生成硝酸盐，在 210 nm 波长处测定吸光度。该方法适用于大气污染源有组织排放中氮氧化物的测定。当采样体积为 1 L 时，方法检出限是 10 mg/m^3，定量测定浓度下限是 34 mg/m^3；在不稀释的情况下，测定浓度上限为 1 730 mg/m^3。

化学发光法　利用一氧化氮与臭氧反应生成二氧化氮的过程中产生化学发光的现象进行测定。先将样品中的二氧化氮转换为一氧化氮，再与臭氧反应生成二氧化氮，测定产生的化学发光，间接得到氮氧化物的浓度。该方法适用于环境空气氮氧化物自动监测和污染源氮氧化物连续监测。用于环境空气自动监测时，最低检出限为 3 μg/m^3；用于污染源连续监测时，测定范围是 20.5～2 050 mg/m^3。化学发光法测定氮氧化物是一种较好的直接方法，该方法对复杂的污染物不经分离便可有效地测定，具有灵敏度高、选择性好、响应快、检出限低等优点，所以被很多国家、世界卫生组织作为大气中氮氧化物监测的标准方法，也是中国环境空气质量自动监测广泛使用的监测方法。

定电位电解法 样品通过透气膜进入电解槽，在电解液中扩散并吸收的一氧化氮和二氧化氮在一定的氧化电位下进行电解，产生电解电流，根据其强度求出一氧化氮和二氧化氮的浓度，得到氮氧化物的浓度。定电位电解法可进行连续、实时监测，监测仪为便携式，目前广泛应用于污染源有组织排放中现场监测，测定范围为 1.34～5 360 mg/m^3。

非分散红外吸收法 一氧化氮在红外 5.3 μm 波长附近有吸收区，将二氧化氮转化为一氧化氮后，测定其在吸收区的吸收强度，来定量氮氧化物的浓度。该方法适用于污染源有组织排放中氮氧化物的测定，测定范围是 20.5～2 050 mg/m^3。

紫外吸收法 利用一氧化氮在 195～225 nm 波长附近、二氧化氮在 350～450 nm 波长附近的光吸收，测定一氧化氮和二氧化氮的浓度，可得到氮氧化物的浓度。该方法适用于污染源中氮氧化物的测定，测定范围是 20.5～2 050 mg/m^3。

差分吸收光谱法 根据朗伯-比尔定律，利用窄带吸收特性来鉴别氮氧化物，由吸收强度反演出氮氧化物浓度的一种技术，可应用于污染源监测，测定范围是 1～5 000 μmol/mol。

此外，还有*中和滴定法*、*二磺酸酚分光光度法*、*气相色谱法*、*传感器法*和*离子色谱法*。

中和滴定法、二磺酸酚分光光度法简单易行，测定范围宽，适用于硝酸工厂生产尾气的测定。气相色谱法测定氮氧化物由于灵敏度不高、没有合适的固定相、样品采集和前处理烦琐，未被广泛应用。传感器法适用于现场快速测定，采用的气敏元件灵敏度高、选择性好、重复性较好、抗老化能力强、无噪声和二次污染，是测定氮氧化物新的发展方向。离子色谱法测定氮氧化物是以淋洗储备液和过氧化氢配成的吸收液吸收后，在特定的条件下利用离子色谱测定吸收液，该方法灵敏度高、准确性和选择性好，无需使用有毒有害试剂，不会对环境造成二次污染，是一种新型、值得推广的氮氧化物测定方法。

发展趋势 环境空气中氮氧化物的测定方法中，化学发光法较盐酸萘乙二胺分光光度法具有灵敏度高、反应速度快、选择性好等特点，是今后的发展方向。利用差分吸收光谱法，基于激光光源的长光程吸收光谱仪以其高灵敏度成为自动监测的发展方向。传感器法采用的气敏元件灵敏度高、选择性好、重复性较好、抗老化能力强、无噪声和二次污染，是测定氮氧化物的新方法。 （雷明丽）

danyanghuawu fenxiyi

氮氧化物分析仪 (nitrogen oxides analyzer)

利用化学或物理方法对环境空气和废气中的氮氧化物进行定性定量分析的仪器。

分类 根据检测原理不同，分为化学发光法氮氧化物分析仪、定电位电解氮氧化物分析仪和非分散红外氮氧化物分析仪等。

化学发光法氮氧化物分析仪 可同时测定一氧化氮、二氧化氮和氮氧化物的浓度。测量精度高、响应时间短、线性范围宽、灵敏度高、稳定性好，适合测定低含量的氮氧化物。

原理 利用一氧化氮和臭氧反应产生激发态二氧化氮，激发态二氧化氮转为基态二氧化氮时，伴随光子发射产生化学发光，发出的光线被光电倍增管接收后，转换为电信号且放大，电信号的强弱与发光的强度成正比关系，通过测量电信号强弱，可得到一氧化氮浓度。测定时，样气中的氮氧化物进入仪器分成两路，一路样气进入反应室，样气中一氧化氮和臭氧发生反应，测出一氧化氮的浓度，另一路样气进入转换炉，将样气中的二氧化氮转换成一氧化氮，再进入反应室与臭氧发生反应，测出氮氧化物浓度，两者的差值即为二氧化氮的浓度。

结构 仪器结构见图 1，主要包括臭氧发生器、臭氧流量计、样气流量计、过滤器、转换炉、电磁阀和光电同步式光学平台。光电同步式光学平台包括热电阻、加热器、红外发光二极管、制冷器、散热器、加热温度测控模块、制冷温度测控模块和光电倍增管，见图 2。

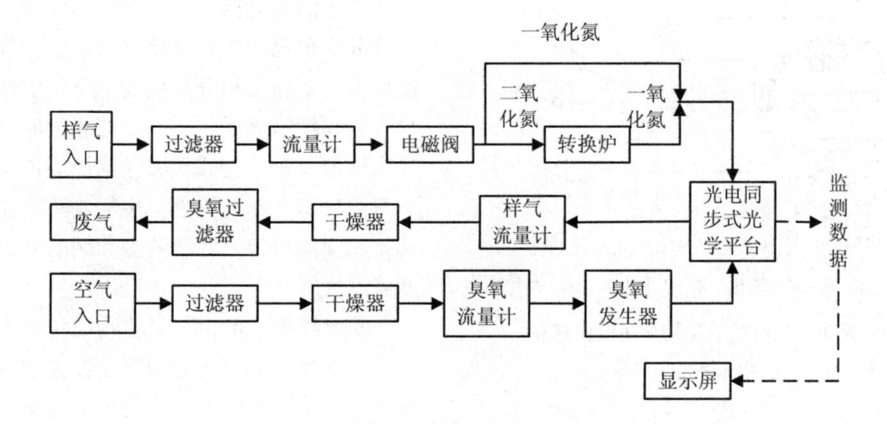

图 1　化学发光法氮氧化物分析仪结构示意图

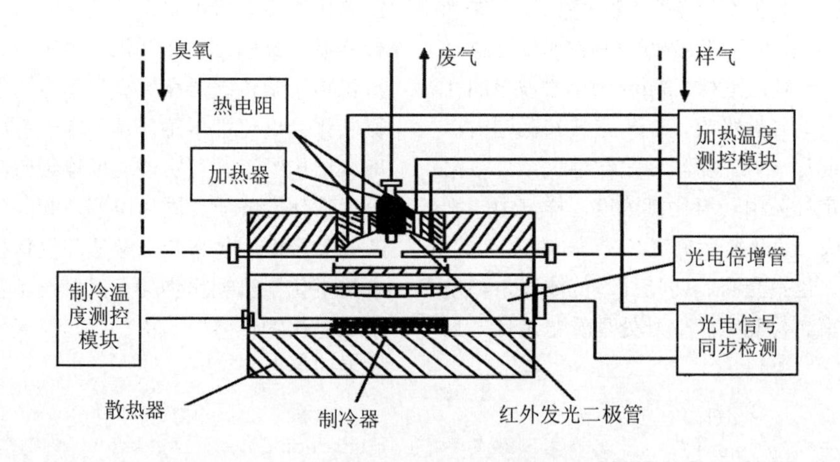

图 2　光电同步式光学平台结构示意图

定电位电解氮氧化物分析仪　主要用于污染源中氮氧化物的测定，以传感器为主，通过测定样气中的一氧化氮，经转换计算得氮氧化物的浓度值。适合高浓度的氮氧化物的测定，其传感器一般使用 1～2 年后需要更换，否则随着使用时间的推移，响应时间变长，灵敏度降低，影响测定结果。

原理　待测气体由进气孔通过渗透膜扩散到敏感电极表面，在敏感电极、电解液、对电极之间进行氧化反应，参比电极在传感器中不暴露在待测气体中，用来为电解液中的工作电极提供恒定的电化学电位。待测气体通过渗透膜进入电解槽，传感器电解液中扩散吸收的一氧化氮发生以下氧化反应：$NO+2H_2O \longrightarrow HNO_3+3H^++3e$，在一定范围内，产生的极限扩散电流，与一氧化氮浓度成正比。

结构　结构示意图见图 3，传感器是仪器的核心部件，由电解槽、电解液和电极组成(图 4)。三个电极分别为敏感电极、参比电极和对电极。

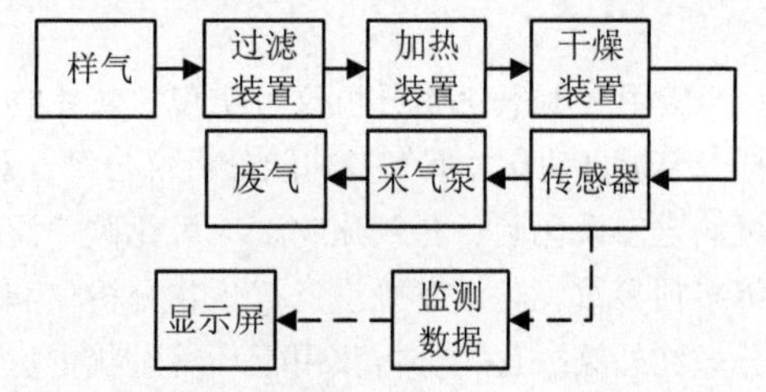

图 3　定电位电解氮氧化物分析仪结构示意图

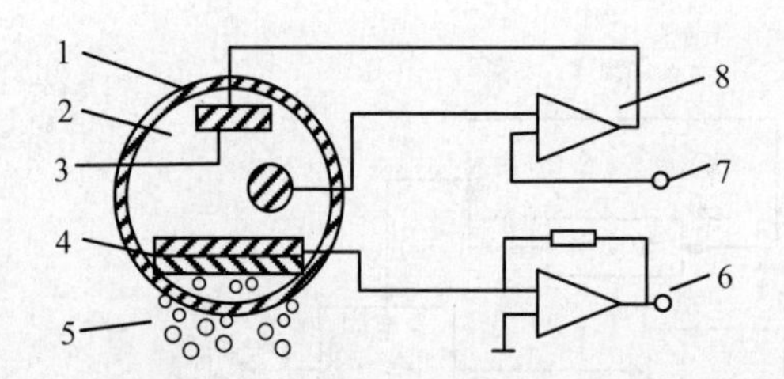

1. 电解槽；2. 电解液；3. 电极；4. 过滤层；5. 待测气体；6. 信号输出；7. 基准电位；8. 放大器

图 4　定电位电解氮氧化物分析仪传感器结构示意图

非分散红外氮氧化物分析仪　起源于 20 世纪 80 年代初，根据不分光型（非色散型）红外光的原理设计制作的新型红外线气体快速分析器。

原理　一氧化氮对 5.3 μm 为中心波段的红外辐射具有选择性吸收，在一定波长范围内，其吸收程度与一氧化氮浓度呈线性关系，根据吸收值确定样品中一氧化氮浓度，样气中二氧化氮转化成一氧化氮后测定。

结构　包括光源、切光片、滤波室、测量室、参比室、检测室、信号处理及记录仪，见图 5。

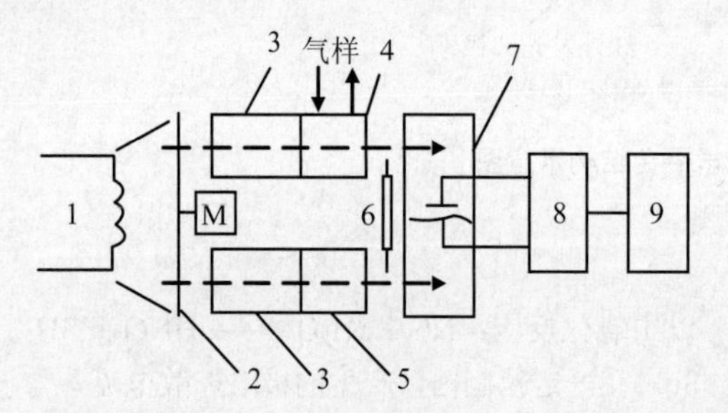

1. 红外光源；2. 切光片；3. 滤波室；4. 测量室；5. 参比室；6. 调零挡板；7. 检测室；8. 放大及信号处理系统；9. 指示表及记录仪；M—整光器

图 5　非分散红外氮氧化物分析仪结构示意图

应用　氮氧化物分析仪可实现氮氧化物采样、分析自动化。烟气多功能分析仪已经普及，可测定二氧化硫、氮氧化物、一氧化碳、温度等多项参数。化学发光法氮氧化物分析仪和非分散红外氮氧化物分析仪用于环境空气中氮氧化物的自动监测，定电位电解氮氧化物传感器广泛用于污染源监测。其中，化学发光法氮氧化物分析仪已成为氮氧化物自动监测分析的主流仪器。上述三种分析仪均广泛用于烟气污染物排放连续监测系统。基于电化学原理的氮氧化物报警仪和手持式氮氧化物检测仪，广泛用于石油化工、污水治理、生物制药等环境的氮氧化物泄漏报警及环境监测领域的氮氧化物浓度监测。

发展趋势　测定氮氧化物的传感器在小型化、自动化、智能化方面有了很大的发展，利用化学传感器测定氮氧化物灵敏度高、携带方便，可用于现场监测。根据其测量原理的不同，氮氧化物传感器主要有声表面波氮氧化物化学传感器、氮氧化物光纤化学传感器、半导体氮氧化物化学传感器和氮氧化物电化学传感器。氮氧化物电化学传感器具备专一性好、价格低廉、结构紧凑、可实现现场连续监测等优点，分为液体电解质、固体电解质和固体聚合电解质三类，而固体聚合电解质和气体扩散电极制备的电化学氮氧化物传感器，兼备了各类电化学氮氧化物传感器的优点，是氮氧化物传感器发展的热点。

（雷明丽）

diditi ceding

滴滴涕测定

（determination of dichlorodiphenyltrichloroethane）　经过适当的样品采集和前处理后，选用合适的测定方法对环境介质中的滴滴涕进行定性定量分析的过程。滴滴涕（DDT）化学名为双对氯苯基三氯乙烷（p,p′-DDT），化学式为$(ClC_6H_4)_2CH(CCl_3)$，DDT 的主要异构体及同系物为 o,p′-DDT、p,p′-DDE、p,p′-DDD。

DDT 是有效的杀虫剂，其化学性质稳定、不易降解，在土壤中可维持 10～15 年不分解，能在多个环境介质中迁移转化，所以造成各种动植物食品存在农药残留问题，通过食物链富集，毒性增大，导致鱼类和鸟类的死亡。DDT 一旦进入人体，可在肝脏中积累中毒，对人类的健康构成威胁。20 世纪 70 年代起，美国及西欧等发达国家开始限制和禁止使用 DDT，中国于 1983 年停止生产 DDT。

样品的采集、保存和前处理 见半挥发性有机化合物测定。

测定方法 包括化学分析和色谱分析两类方法。

化学分析 化学分析方法简易方便，用于 DDT 的定性分析。主要包括：①硝化反应：滴滴涕经硝化后，所产生的硝基衍生物遇醇性氢氧化钾呈蓝紫色；②重铬酸钾反应：滴滴涕经醇性氢氧化钾水解后，与重铬酸钾作用呈洋红色；③对苯二酚反应：滴滴涕与对苯二酚作用生成红色醌。

色谱分析 分为气相色谱法（GC）、气相色谱-质谱法（GC-MS）和薄层色谱法。

气相色谱法 见有机氯农药测定。该方法对水样中 DDT 的检出范围为 0.015～0.050 μg/L；对土壤样品中 DDT 的检出范围为 0.17×10^{-3}～4.87×10^{-3} mg/kg。DDT 在气相色谱进样口易分解为 DDD 和 DDE，以 DDD 为主。其原因主要包括高温、异物催化及衬管内壁的活性分解等。由于进样口的高温条件无法改变，因此减少 DDT 分解的主要措施是定期维护色谱进样系统，以期减少异物催化和活性分解作用。具体的方法包括：使用耐高温进样隔垫和去活化衬管，并定期更换玻璃棉等，以有效减少分解作用、提高灵敏度。采用 GC 测定 DDT 时，必须首先检测 DDT 的分解率，一般要求其分解率小于 15%，否则不能进行实际样品分析。由于在自然环境中 DDT 的降解产物通常是 DDE，所以在样品测定过程中，如果发现 DDD 与 DDE 的比值较大，应首先怀疑是进样系统 DDT 分解率过高造成的，须再次进行 DDT 分解检查，或重复分析该样品，以免出现错误。

气相色谱-质谱法 见有机氯农药测定。

薄层色谱法 见六六六测定。 （刘文丽）

didingfa

滴定法 (titration)

又称容量法。将一种已知准确浓度的试剂溶液滴加到待测物质的溶液中，根据所加试剂与待测物质定量反应时的用量，计算待测物质浓度的分析方法。

原理 将已知准确浓度的标准溶液，滴加到待测溶液中（或者将待测溶液滴加到标准溶液中），直到所加的标准溶液与待测物质按化学计量关系定量反应为止，根据标准溶液的浓度和所消耗的体积，计算待测物质的含量。

使用滴定法应具备以下几个条件：①反应必须按方程式定量地完成，通常要求在 99.9% 以上，这是定量计算的基础。②反应能够迅速地完成（有时可加热或用催化剂以加速反应）。③共存物质不干扰主要反应，或用适当的方法消除其干扰。④有比较简便的方法确定计量点（指示滴定终点）。

分类 按滴定方式分为直接滴定法、返滴定法、置换滴定法和间接滴定法。按化学反应类型分为中和滴定法、络合滴定法、沉淀滴定法和氧化还原滴定法（参见中和滴定法、络合滴定法、沉淀滴定法和氧化还原滴定法）。

直接滴定法 用标准溶液直接滴定待测物质，是滴定法中最常用、最基本的方法。例如，用 $K_2Cr_2O_7$ 滴定 Fe^{2+} 等。

返滴定法 先准确加入一定过量的标准溶液，使其与试液中待测物质或固体试样完全反应，再用另一种标准溶液滴定剩余的标准溶液。例如，测定酸性溶液中 Cl^-，可先加入已知过量的 $AgNO_3$ 标准溶液，使 Cl^- 沉淀完全后，再以三价铁盐作指示剂，用 NH_4SCN 标准溶液返滴定过量的 Ag^+，出现淡红色 $[Fe(SCN)]^{2+}$ 即为终点。

置换滴定法 对于某些不能直接滴定的物质，可以使它先与另一种物质起反应，置换出一定量能被滴定的物质，再用适当的滴定剂进行滴定。例如，在一定量酸性重铬酸钾溶液中加入过量碘化钾，生成一定量碘，然后用硫代硫酸钠标准溶液直接滴定碘，通过硫代硫酸钠溶液的用量，即可标定硫代硫酸钠标准溶液浓度。

间接滴定法 有些物质虽然不能与滴定剂直接进行化学反应，但可以通过别的化学反应间接测定。例如，高锰酸钾法测定钙，先将 Ca^{2+}

沉淀为 CaC_2O_4，过滤洗涤后用 H_2SO_4 溶解，再用 $KMnO_4$ 标准溶液滴定与 Ca^{2+} 结合的 $C_2O_4^{2-}$，可间接测定钙的含量。

应用 滴定法具有快速、准确、设备简单和操作简便等特点，适于组分含量在1%以上各种物质的测定。在环境监测领域主要用于测定水质硬度、酸碱度、氯化物、高锰酸盐指数和化学需氧量等常规项目。（穆肃）

dizhi jiance

底质监测 （sediment monitoring） 又称沉积物监测。是为了解河流、湖库和海洋底质中污染物的沉积、迁移和转化情况，研究污染物的种类、形态、含量、分布范围等，用以追溯水环境污染历史、揭示水体污染现状和预测水质变化趋势而开展的监测。

底质指江河、湖库、海洋等水体底部表层沉积物质，是岩石土壤的自然侵蚀、污水排出物沉积和生物活动以及物质之间物理、化学、生物反应等过程的产物。底质与上覆水、水生生物组成了完整的水环境系统，水体底质既是微量污染物的汇集，又是对水质具有潜在影响的次生污染源，底质污染包括无机污染、有机污染和放射性污染等。底质监测不仅可以掌握底质中污染物的种类和浓度、污染范围和程度、污染源和迁移路径等情况，而且结合水文学等特点，还能预测未来发展趋势，有助于评价和控制水环境污染。按监测对象，底质监测分为河流底质监测、湖库底质监测和近岸海域底质监测等。

点位布设 底质采样点通常为水质采样垂线的正下方。当正下方无法采样时，可略作移动。底质采样点应避开河床冲刷、底质沉积不稳定及水草茂盛、表层底质易受搅动之处。湖库底质采样点一般应设在主要河流及污染源排放口与湖库水混合均匀处。近岸海域底质采样点在监测海域应具有代表性，其沉积条件要稳定，应综合考虑水动力状况、生物扰动、沉积速率、沉积结构、历史数据和沉积物的理化性质等。

监测方法 ①监测频次与时间：地表水一般每年枯水期监测一次，必要时可在丰水期增加监测一次。近岸海域通常每年监测一次。底质采样一般应与水质采样同时进行，或在水质采样后立即进行。②采样方法：采样量视监测项目和目的而定，通常为 1～2 kg，一次采样量不够时，可在周围采集几次，并将样品混匀。采样时，剔除样品中的砾石、贝壳和动植物残体等杂物。在较深水域一般采用抓式采泥器采样，在浅水区域或干涸河段用塑料勺或金属铲等直接采样。采集测定污染物垂直分布情况的底质样品应使用柱状样品采集器。③样品分析：经过脱水和筛分前处理的底质样品，根据监测目的和监测项目选择相应的消解或浸提方法。通常测定镉、铅、锌、铜、铬、砷、汞和烷基汞等金属及其化合物，硫化物、氰化物和氟化物等无机非金属化合物，酚、多氯联苯、有机氯农药、有机磷农药、多环芳烃和可吸附总有机卤化物等有机化合物，具体测定项目还应参考水质监测的项目。同时，可进行底质样品浸出液的水生生物毒性实验，对底质进行生物评价。

结果评价 我国尚无地表水底质评价标准，一般可参照《土壤环境质量标准》（GB 15618—1995）、《农用污泥中污染物控制标准》（GB 4284—1984）或本流域土壤元素背景值进行评价。近岸海域底质按照《海洋沉积物质量》（GB 18668—2002）评价。（陈鑫）

dibiaoshui huanjing zhiliang pingjia

地表水环境质量评价 （surface water environmental quality assessment） 按照地表水环境质量标准、评价参数和评价方法，对河流、湖库等水体的水质现状及变化趋势进行定性或定量的评定。按评价目的可分为趋势评价、现状评价和预警评价等；按照评价水体可分为河流水质评价、湖库水质评价和饮用水水源地水质评价等。地表水水质评价指标依据为《地表水环境质量标准》（GB 3838—2002）中的相关项目。湖库水质营养状态评价指标包括叶绿素 a、总磷、总氮、透明度和高锰酸盐指数等 5 项。

沿革 中国水环境质量评价起步于 20 世纪 70 年代，90 年代中国地表水水质的评价方法采用《全国环境质量报告书编写技术规定》(1991) 中的方法，评价标准执行《地表水环境质量标准》（GB 3838—1988），2003 年起评价标准执行《地表水环境质量标准》(GB 3838—2002)。2011 年环境保护部发布了“关于印发《地表水环境质量评价办法（试行）》的通知”，进一步规范全国地表水环境质量评价工作。随着监测指标的不断变化，水质评价参数也在不断地调整。

数据统计 周、旬、月评价时可采用一次监测数据评价；有多次监测数据时，应采用多次监测结果的算术平均值进行评价。季度评价时一般应采用两次以上（含两次）监测数据的算术平均值进行评价。年度评价时以每年 12 次监测数据的算术平均值进行评价，对于少数因冰封期等原因无法监测的断面（点位），一般应保证每年至少有 8 次以上（含 8 次）的监测数据参与评价。

水质现状评价方法 主要有河流水质评价方法和湖库水质评价方法。

河流水质评价方法 分为河流断面水质评价和河流流域水质评价，有时还要确定主要污染指标。

河流断面水质评价 采用单因子评价法，根据评价时段内该断面参评的指标中类别最高的一项来确定。描述断面的水质类别时，使用“符合”或“劣于”等词语。

当河流水质超标时，需要查找主要污染指标。①评价时段内断面水质为“优”或“良好”时，不评价主要污染指标。②断面水质超过Ⅲ类标准时，先按照不同指标对应水质类别的优劣，选择水质类别最差的前三项指标作为主要污染指标。③当不同指标对应的水质类别相同时，计算超标倍数，取超标倍数最大的前三项为主要污染指标。④当氰化物或铅、铬等重金属超标时，将其优先作为主要污染指标。确定了主要污染指标的同时，在指标后标注该指标浓度超过Ⅲ类水质标准的倍数，即超标倍数。对于水温、pH 和溶解氧等项目不计算超标倍数。

超标倍数=（某指标的浓度值-该指标的Ⅲ类水质标准）/该指标的Ⅲ类水质标准

河流流域水质评价 断面总数少于 5 个时，计算所有断面各评价指标浓度算术平均值，然后按照“断面水质评价”方法评价。断面总数≥5 个时，不做平均水质类别的评价，采用断面水质类别比例法，根据各水质类别的断面数占所有评价断面总数的百分比来评价其水质状况。

当河流水质超标时，需要查找主要污染指标：①将水质超过Ⅲ类标准的指标，按其断面超标率大小排列，一般取断面超标率最大的前三项作为主要污染指标。②断面数少于 5 个时，按河流断面的方法确定每个断面的主要污染指标。

断面超标率=某评价指标超过Ⅲ类标准的断面（点位）个数÷断面（点位）总数×100%

湖库水质评价方法 需要评价营养状态和水质。

营养状态评价 见水体营养状态监测与评价。

水质评价 ①湖泊、水库单个点位的水质评价，按照“河流断面水质评价”方法进行。②当一个湖泊、水库有多个监测点位时，计算湖泊、水库多个点位各评价指标浓度算术平均值，然后按照“河流断面水质评价”方法评价。③湖泊、水库多次监测结果的水质评价，先按时间序列计算湖泊、水库各个点位各个评价指标浓度的算术平均值，再按空间序列计算湖泊、水库所有点位各个评价指标浓度的算术平均值，然后按照“河流断面水质评价”方法评价。④对于大型湖泊、水库，可分不同的湖库区进行水质评价。⑤河流型水库按照河流水质评价方法进行。

水质变化趋势评价方法 河流（湖库）、流域（水系）、全国及行政区域内水质状况与前一时段、前一年度同期比较或进行多时段变化趋势分析。分析时，为保证数据的可比性，必须满足以下 3 个条件：①选择的监测指标必须相同；②选择的断面（点位）基本相同；③定性评价必须以定量评价为依据，主要包括不同时段水质变化趋势评价和多时段水质变化趋势评价。

不同时段水质变化趋势评价 包括定量比较和水质变化趋势评价两部分。

定量比较 同一断面、河流（湖库）、流域（水系）、全国及行政区域内的水质状况与前一时段、前一年度同期或某两个时段进行比较。比较方法有：单因子浓度比较和水质类别比例比较。①断面（点位）单因子浓度比较。评价某一断面（点位）在不同时段的水质变化时，可直接比较评价指标的浓度值，并以折线图表征其比较结果。②河流（湖库）、流域（水系）、全国及行政区域内水质类别比例比较。对不同时段的某一河流（湖库）、流域（水系）、全国及行政区域内水质的时间变化趋势进行评价，可直接进行各类水质类别比例变化的分析，并以图表表征。

水质变化趋势评价 对断面（点位）、河流（湖库）、流域（水系）、全国及行政区域内不同时段的水质变化趋势的分析，以断面（点位）的水质类别或河流、流域（水系）、全国及行政区域内水质类别比例的变化为依据，按下述方法评价。

按水质状况等级变化评价：①当水质状况等级不变时，评价为无明显变化；②当水质状况等级发生一级变化时，评价为有所变化（好转或变差、下降）；③当水质状况等级发生两级以上（含两级）变化时，评价为明显变化（好转或变差、下降、恶化）。

按组合类别比例法评价：设 ΔG 为后时段与前时段Ⅰ～Ⅲ类水质百分点之差，$\Delta G=G_2-G_1$；ΔD 为后时段与前时段劣Ⅴ类水质百分点之差，$\Delta D=D_2-D_1$。则有：①当 $\Delta G-\Delta D>0$ 时，水质变好；当 $\Delta G-\Delta D<0$ 时，水质变差；②当 $|\Delta G-\Delta D|\leqslant 10$ 时，则评价为无明显变化；③当 $10<|\Delta G-\Delta D|\leqslant 20$ 时，则评价为有所变化（好转或变差、下降）；④当 $|\Delta G-\Delta D|>20$ 时，则评价为明显变化（好转或变差、下降、恶化）。

多时段水质变化趋势评价 分析断面（点位）、河流（湖库）、流域（水系）、全国及行政区域内多时段的水质变化趋势及变化程度，应对评价指标值（如指标浓度、水质类别比例等）与时间序列进行相关性分析，可采用 Spearman 秩相关系数法，检验相关系数和斜率的显著性意义，确定其是否有变化和变化程度。变化趋势可用折线图表征。衡量环境污染变化趋势在统计上有无显著性，最常用的是 Daniel 的趋势检验，它使用了 Spearman 的秩相关系数。

发展趋势 优化地表水环境质量评价方法，例如，河流评价中增加河长或流量等权重，湖库评价增加点位所代表的湖库面积，在进行全国或区域评价时考虑每个断面所代表的河流长度及湖库面积，以全面反映全国或区域的水质状况。此外，还应研究开展流域综合评价、功能区评价、预警评价和健康风险评价等新的评价方法。（姚志鹏）

推荐书目

万本太. 中国环境监测技术路线研究. 长沙：湖南科学技术出版社，2003.

夏青，陈艳卿，刘宪兵，等. 水质基准与水质标准. 北京：中国标准出版社，2004.

李国刚，池靖，夏新，等. 环境监测质量管理工作指南. 北京：中国环境科学出版社，2010.

dianhuawu ceding

碘化物测定

碘化物测定 （determination of iodide） 对环境样品中碘化物进行定性定量分析的过程。常见的碘化物有碘化氢、碘化钠、碘化钾、四碘化碳和碘化银等。测定方法包括分光光度法、比色法、滴定法和气相色谱法。

硫酸铈催化分光光度法 适用于测定饮用水、地下水和清洁地表水中含碘量极微的水样。在酸性条件下，亚砷酸与硫酸高铈发生缓慢的氧化还原反应，碘离子对亚砷酸与硫酸铈的氧化还原反应具有催化能力而使反应加速，且反应速度随碘离子含量增高而加快，间隔一定时间后，加入硫酸亚铁铵还原剩余的高铈离子，残存的高铈离子与亚铁反应生成铁离子，铁离子与硫氰酸钾反应生成稳定的红色络合物，通过分光光度法间接测定碘化物含量。因银和汞离子抑制碘化物的催化能力、氯离子与碘离子有类似的催化作用而干扰测定。温度及反应时间对测定影响大，须严格按规定控制操作条件。

高浓度碘化物比色法 适用于生活饮用水及其水源水中碘化物的测定。在酸化的水样中加入过量溴水，碘化物被氧化为碘酸盐；用甲酸钠除去过量的溴，剩余的甲酸钠在酸性溶液中加热成为甲酸挥发逸失，冷却后加入碘化钾析出碘；加入淀粉生成蓝紫色复合物，通过比色定量计算碘化物含量。大量的氯化物、氟化物、溴化物和硫酸盐不会干扰测定，而铁离子会干扰测定。

高浓度碘化物滴定法 适用于生活饮用水及其水源水中碘化物的测定。在碱性条件下，高锰酸钾将碘化物氧化成碘酸盐，其在酸性条件下与过量碘化钾反应，定量生成 I_2；以 N-氯代十六烷基吡啶作为指示剂，用硫代硫酸钠溶液滴定 I_2，计算碘化物含量。六价铬干扰测定。

气相色谱法 适用于生活饮用水及其水源水中碘化物的测定。在酸性条件下，水样中的碘化物与重铬酸钾反应析出碘，其与丁酮生成3-碘丁酮-2，用气相色谱法进行定量测定。水样中余氯和有机氯化合物不干扰测定。

（孙骏）

dian-131 ceding

碘-131 测定 (determination of iodine-131)

对空气、水和生物样品等环境介质中的碘-131进行定性定量分析的过程。碘-131 是重要的裂变产物之一，在裂变反应中产额较高，半衰期较短，易挥发，可作为反应堆周围环境的监测指标和监测核爆的信号核素，《辐射环境监测技术规范》（HJ/T 61—2001）把环境样品中的碘-131 列为监测项目。碘-131 常用的分离和浓集方法有浸渍活性炭法、阴离子交换法、四氯化碳萃取法和碘化银沉淀法。

空气中碘-131 测定 用空气取样器收集空气中的碘，微粒碘被收集在玻璃纤维滤纸上，元素碘及非元素无机碘主要收集在活性炭滤纸上，有机碘主要收集在浸渍活性炭滤筒内，用低本底γ谱仪测量样品中碘-131 的能量为 0.364 MeV 的特征γ射线，用式（1）计算空气中碘-131 的浓度：

$$A_c = \frac{7.38\times10^{-11}N_s}{\eta_{\text{cou}}\cdot\eta_{\text{col}}\cdot q_e(1-e^{-\lambda t_1})(1-e^{-\lambda t_2})(1-e^{-\lambda t_3})} \tag{1}$$

式中，A_c 为空气中碘-131 的浓度，Bq/m^3；N_s 为计数时间内样品的净计数；η_{cou} 为计数效率，%；η_{col} 为收集效率，%；q_e 为平均流量，m^3/min；λ 为碘-131 的衰变常数，$5.987\times10^{-5}/min$；t_1 为采样时间，min；t_2 为采样结束至计数开始之间经过的时间，min；t_3 为计数时间，min。

水和生物中碘-131 测定 水和牛奶等生物样品中的碘，用阴离子交换树脂吸附、次氯酸钠溶液解吸；植物和动物甲状腺样品中的碘用 NaOH-KOH 固定后于 450℃灰化，用水浸提。解吸液或浸提液用四氯化碳萃取，在亚硫酸氢钠存在下用水反萃取制源碘化银沉淀。用低本底β测量装置或低本底γ谱仪测量。用低本底β测量装置测量时碘-131 浓度用式（2）、式（3）计算，用低本底γ谱仪测量时碘-131 浓度用式（4）、式（5）计算：

$$A_{^{131}\text{I}} = \frac{N}{E_f\cdot E\cdot Y\cdot V\cdot e^{-\lambda t}} \tag{2}$$

$$A_{^{131}\text{I}} = \frac{N}{E_f\cdot E\cdot Y\cdot W\cdot e^{-\lambda t}} \tag{3}$$

式中，$A_{^{131}\text{I}}$ 为样品中碘-131 的活度浓度，Bq/L 或 Bq/kg；N 为样品源净计数率，s^{-1}；E_f 为仪器的β探测效率；E 为碘-131 自吸收系数；Y 为碘化学回收率；V 为水样（牛奶）样品的体积，L；W 为生物样品质量，kg；λ为碘-131 的衰变常数，$5.987\times10^{-5}/min$；t 为从采样到测量所经过的时间，min。

$$A_{^{131}\text{I}} = \frac{N}{E\cdot Y\cdot V\cdot K\cdot e^{-\lambda t}} \tag{4}$$

$$A_{^{131}\text{I}} = \frac{N}{E\cdot Y\cdot W\cdot K\cdot e^{-\lambda t}} \tag{5}$$

式中，K 为 0.364 MeV 全能峰的分支比；其余符号同式（2）、式（3）。

γ谱仪测定法 如果样品中碘-131 浓度较高，可直接用γ谱仪测定样品中碘-131 能量为 0.364MeV 的特征γ射线，计算公式为：

$$A_{^{131}\mathrm{I}}=\frac{N}{E_f\cdot V\cdot \mathrm{e}^{-\lambda t}\cdot K} \quad (6)$$

$$A_{^{131}\mathrm{I}}=\frac{N}{E_f\cdot W\cdot \mathrm{e}^{-\lambda t}\cdot K} \quad (7)$$

式中，N 为碘-131 计数时间内样品的净计数率，s^{-1}；E_f为计数效率；其余符号同式（2）、式（3）和式（4）、式（5）。

现行碘-131 测定方法有《水中碘-131 的分析方法》（GB/T 13272—1991）、《植物、动物甲状腺中碘-131 的分析方法》(GB/T 13273 — 1991）、《牛奶中碘-131 的分析方法》（GB/T 14674—1993）、《空气中碘-131 的取样与测定》（GB/T 14584—1993）、《用半导体γ谱仪分析低比活度γ放射性样品的标准方法》（GB 11713—1989）。 （陈彬）

diandaofa

电导法

电导法 （conductometry） 通过溶液电导率测定待测物质浓度，或直接用溶液电导值表示测量结果的分析方法。通常电导率可反映水中电解质的量，溶解盐类越多，电导率越大。

原理 电解质溶液在外电场作用下，正负离子以相反的方向移动而具有导电能力，并且随着离子数量的增加导电能力增强。导电能力可用电导率来表示。当电解质溶液中离子浓度发生变化时，其电导率也随之改变，故可以通过测定溶液的电导率得到溶液中电解质浓度。对于强电解质，溶液较稀时，电导率近似与浓度成正比，是电导法定量分析的依据。

测定方法 可以分为直接电导法和电导滴定法两种。①直接电导法是根据溶液的电导率与待测离子浓度的关系进行分析的方法，主要用于水质纯度的鉴定以及生产中某些中间流程的控制及自动分析。②电导滴定法是一种容量分析方法，根据溶液电导率的变化确定滴定终点，滴定时，滴定剂与溶液待测离子生成水、沉淀或其他难离解的化合物，使溶液的电导率发生变化，在等当点时滴定曲线上出现转折点，指示滴定终点，以此进行定量分析的方法。电导法具有操作简单、快速和不破坏试样等特点，但是选择性差，测得的电导是溶液中所有离子的电导之和。

影响因素 主要有 3 个方面：①电极极化的影响。电解过程中，电极附近某离子浓度由于电极反应而发生变化，本体溶液中离子扩散的速度又无法及时弥补这种变化，导致电极附近溶液与本体溶液间存在浓度梯度，这种浓度差别引起的电极电势的改变称为浓差极化，浓差极化使溶液接触面之间存在不平衡状态，造成误差，影响电导的测量。另外，电解物在电极与溶液之间形成的电阻称为化学极化，对电导测量也会产生影响。消除浓差极化和化学极化的主要方法是用交流电源供电，也可在电极表面镀上一层粉末状的铂黑，增大表面积，电极间电流相对增加，使待测液电导率相对上升的数值与极化引起的电导率下降相抵消，从而减少测量误差。②电容的影响。电容会改变两个极片间的电阻，影响测量结果。消除方法一是加大两极片间距离，从而增加溶液电阻；二是加大电源的频率。③温度的影响。溶液电阻随温度升高而减小，即溶液浓度一定时，电导率随着温度升高而增加，从而影响电导测定。

应用 在环境水质监测中，电导率是反映水质的重要指标。该方法还用于水质纯度鉴定、强电解质溶液总浓度测定、土壤和海水的盐度测定等。在大气监测中，通常通过气体吸收液反应前后电导率的变化，间接反映气体的浓度，如二氧化硫、二氧化碳、氯化氢和氟化氢等。

（王爱一）

diandaolü ceding

电导率测定

电导率测定 （determination of conductivity） 利用电导率仪对水质样品电导率进行测定的过程。电导率是在特定条件下，规定体积（以 m^3 计）的水溶液相对面之间测得的电阻的倒数。电导率的标准单位是 S/m，一般实际使用单位为

μS/cm。电导率以数字表示溶液传导电流的能力，表示水样中可电离物质的浓度，常用于间接推测水中离子成分的总浓度。水溶液的电导率取决于离子的性质和浓度、溶液的温度和黏度等。

电导率的测定主要通过电导率仪，包括便携式和实验室电导率仪法（参见电导仪）。

便携式电导率仪法 原理是电阻随温度和溶解离子浓度的增加而减少，电导是电阻的倒数，当电导电极（通常为铂电极或铂黑电极）插入溶液中，可测出两电极间的电阻 R，根据欧姆定律，温度压力一定时，电阻与电极的间距 L（cm）成正比，与电极截面积 A（cm^2）成反比。即

$$R=\rho\frac{L}{A}$$

由于电极的 L 和 A 是固定不变的，即 L/A 是一常数，称电导池常数，以 Q 表示。其比例常数ρ为电阻率，ρ的倒数为电导率，以 K 表示。

$$K=\frac{Q}{R}$$

式中，Q 为电导池常数，cm^{-1}；R 为电阻，Ω；K 为电导率，μS/cm。当已知电导池常数 Q，并测出样品的电阻值 R 后，即可算出电导率。

实验室电导率仪法 原理同便携式电导率仪法。先测定 0.010 mol/L 标准氯化钾溶液电阻 R_{KCl}。用公式 Q=KR_{KCl} 计算电导池常数。对 0.010 mol/L 氯化钾溶液，在 25℃时，K=1 413 μS/cm。即 Q=1 413R_{KCl}，再测定样品的电阻 R，同时记录样品温度。

按下式，计算样品的电导率 K（当测试样品温度为 25℃时）。

$$K=\frac{Q}{R_s}=\frac{1\,413R_{KCl}}{R_s}$$

式中，R_{KCl} 为 0.010 mol/L 标准氯化钾电阻，Ω；R_s 为水样电阻，Ω；Q 为电导池常数。

当测定样品温度不是 25℃时，可按下式求出 25℃的电导率。

$$K_s=\frac{K_t}{1+\alpha(t-25)}$$

式中，K_s 为 25℃时电导率，μS/cm；K_t 为测定时 t 温度下电导率，μS/cm；α 为各离子电导率平均温度系数，取值为 0.022；t 为测定时溶液的温度，℃。

电导率仪法适用于饮用水、地下水、地表水、海水、大气降水和废水的测定。 （孙骏）

diandaoyi

电导仪

电导仪 （conductivity meter） 又称电导率仪。是测定电解质溶液电导或电导率的专用仪器。

原理 电导仪测量原理是基于电导率和电导池常数、电导的关系式，即

$$K=Q\cdot G$$

式中，K 为电导率，S/m；Q 为电导池常数，m^{-1}；G 为电导，S。在电导池的电极间施加稳定的交流电信号，测量电极间溶液电导，根据输入的电导池常数得到电导率。

结构与分类 电导仪由电导池系统和测量仪器组成。电导仪有实验室型、便携型和在线测量型（电导率水质自动分析仪）。

实验室型、便携型电导仪 按测量电导的原理不同，分为平衡电桥式、电阻分压式、电流测量式、电磁诱导式等类型。

早期的电导仪大多是交流平衡电桥式，测量精度高，但操作较烦琐。现在大多使用电阻分压式、电流测量式等直读式电导仪。电阻分压式电导仪工作原理见下图。

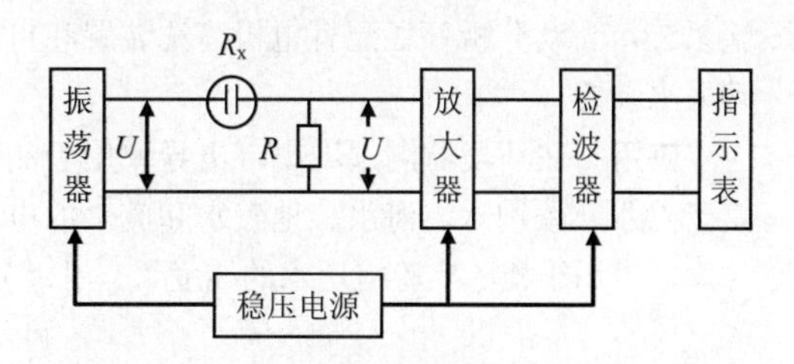

电阻分压式电导仪工作原理

待测溶液电阻 R_x 与分压电阻 R_m 串联，接通外加电源后，构成闭合回路，则 R_m 上的分压 U_m 为：$U_m=\frac{R_mU}{R_x+R_m}=\frac{R_mU}{\frac{1}{G_x}+R_m}$，因为输入电压

U和分压电阻 R_m 均为定值，故待测溶液的电阻 R_x 或电导 G_x 变化将导致输出电压 U 变化。通过测量 U_m 可知 R_x 或 G_x。

电导仪主要由电子单元和传感器单元两部分组成。电子单元通常包括信号发生器、测量单元（交流电桥或比例放大器）、检波器、读数部分等。此外，还有实现电导池常数调节、温度补偿和测温功能的单元。传感器单元主要包括电导池，通常还带有温度传感器，用以实现电信号在溶液和电子单元之间的传输，并测量溶液温度。电导测定受溶液温度、电极极化现象及电极分布电容等因素影响，因此电导仪一般采用补偿或消除措施。

电导率水质自动分析仪 通常可同时测量pH、溶解氧、浊度、总盐度和电导率等参数。测定原理是电极法，测量范围为 0～500 mS/m（0～40℃）。电导率自动分析仪由测量单元、信号转换器、显示记录、数据处理、信号传输等单元构成。测量单元由电导率测量池（简称“电导池”）、电极系统、温度补偿传感器和电极支持部分等构成。其中，电导池由合成树脂等构成；温度补偿传感器指铂镍热电偶等温度传感器；电极支持部分指固定电极的电极套管。信号转换器及显示器具有防水构造，电极与转换器的距离应尽可能短。显示记录单元具有将电导率值以等分刻度、数字形式显示记录、打印功能。数据传输装置有完整的数据采集、传输系统。自动分析仪还配有电极清洗装置和自动采水装置。

应用 在环境监测领域中，电导仪用于测定天然水、饮用水、海水、地表水和废水的电导率，也用于检验实验室用水的纯度。（孙骏）

diangan ouhe dengliziti fashe guangpuyi

电感耦合等离子体发射光谱仪 (inductively coupled plasma atomic emission spectrometer, ICP-AES)

以等离子体为激发光源，通过检测器探测电子轰击待测样品后发射的特征谱线，并检测其强度，定性定量分析元素浓度的仪器。

沿革 1960 年，工程热物理学家里德（Reed）设计了环形放电感耦合等离子体炬，指出等离子体是一种由自由电子、离子、中性原子和分子组成的、在总体上呈中性的气体，可用于原子发射光谱分析中的激发光源。1975 年，国际纯粹和应用化学联合会（IVPAC）把由高频电场产生的类火焰等离子体称为“等离子炬”，而电磁场通过感应线圈耦合至等离子体的等离子炬推荐采用“电感耦合等离子体”（ICP）。光谱学家法塞尔（V.A.Fassel）和格林菲尔德（S.Greenfield）将其用于发射光谱分析，研制了电感耦合等离子体光谱仪。

原理 当高频发生器接通电源后，高频电流通过感应线圈产生交变磁场。开始时，管内为高纯氩气不导电，需要用高压电火花触发。气体电离后，在高频交流电场的作用下，带电粒子高速运动碰撞，形成“雪崩”式放电，产生等离子体气流。在垂直于磁场方向产生感应电流（涡电流），其电阻很小，电流很大可达数百安，产生高温，将气体加热、电离，在管口形成稳定的等离子体焰炬。样品由载气（氩气）引入雾化系统进行雾化后，以气溶胶形式进入等离子体的轴向通道，在高温和惰性气体中被充分蒸发、原子化、电离和激发，发射出所含元素的特征谱线。根据特征谱线的存在与否，鉴别样品中是否含有某种元素（定性分析），根据特征谱线强度确定样品中相应元素的含量（定量分析）。

结构 等离子体发射光谱仪由高频发生器、等离子体炬管、雾化装置、色散系统、检测系统和数据处理系统等组成。高频发生器产生高频磁场，供给等离子体能量，应用最广泛的是利用石英晶体压电效应产生高频振动的他激式高频发生器，其频率和功率输出稳定性高，频率为 27～50 MHz，最大输出功率为 2～4 kW。雾化装置利用载气流将液体试样雾化成细微气溶胶状态并输入到等离子体中，由同心雾化器和雾化室组成。三层同心石英等离子体置于高频感应线圈中，等离子体工作气体从管内通过，试样在雾化器中雾化后，由中心管进入火焰。

色散系统通常采用棱镜或光栅分光，光源发出的复合光经色散系统分解成按波长顺序排列的谱线，形成光谱。检测系统为光电转换器，利用光电效应将不同波长光的辐射能转化成电信号，常见的光电转换器有光电倍增管和固态成像系统两类。仪器外部需要配冷却系统和气体控制系统。冷却系统包括排风系统和循环水系统，功能是有效地排出仪器内部的热量，循环水温度和排风口温度应控制在仪器要求范围内。气体控制系统须稳定正常地运行，氩气的纯度应不小于99.99%。

特点 ICP焰炬外形像火焰，但不是化学燃烧火焰而是气体放电，优点为：①温度高，惰性气氛，原子化条件好，有利于难熔化合物的分解和元素激发，有很高的灵敏度和稳定性。②“趋肤效应”好，涡电流在外表面处密度大，使表面温度高，轴心温度低，中心通道进样对等离子的稳定性影响小。有效消除自吸现象，线性范围宽（4～5个数量级）。③ICP中电子密度大，碱金属电离造成的影响小。④氩气产生的背景干扰小。⑤无电极放电，无电极污染。缺点为：对非金属测定的灵敏度低，仪器昂贵，操作费用较高。

应用 1970年至今，ICP-AES在环境监测领域中得到了广泛应用。早在1982年，美国环境保护局（EPA）200.7方法中就推荐了ICP-AES，并将其应用于水质监测和标准化的工作。目前我国在水、大气、土壤、生物等环境样品分析中，多采用ICP-AES测定铜、锌、铁等无机元素，《水和废水监测分析方法》（第四版增补版）中将其列为无机元素分析的推荐方法之一。低含量无机元素分析是目前ICP-AES在环境监测领域中的主要应用，该仪器可以实现一次进样同时测定多种元素，操作简单，满足了不断增大的样品测定量需求。对于样品含量极低不能直接测定的样品，可以采用化学前处理手段与ICP-AES相结合的方法，如溶剂萃取法、共沉淀法、离子交换法、流动注射分析法、色谱法、氢化物发生法以及活性炭富集法等，这些分离富集技术的应用不仅扩大了ICP-AES的应用范围，而且使分析的检出限、精密度和准确度有了很大的改善，并且减小了基体效应。

发展趋势 ICP-AES与其他技术联用具有广阔的发展前途，例如，气相色谱-电感耦合等离子体发射光谱（GC-ICP-AES）、高效液相色谱-电感耦合等离子体发射光谱（HPLC-ICP-AES）联用技术，在有机元素分析、高含量成分测定、元素化学形态分析上具有显著的优势。（张霖琳）

diangan ouhe dengliziti zhipuyi

电感耦合等离子体质谱仪 （inductively coupled plasma-mass spectrometer，ICP-MS）将等离子体（ICP）的高温电离特性和质谱（MS）结合在一起，对元素和同位素进行定性和定量分析的仪器。

沿革 自1983年第一台商品化的ICP-MS问世以来，由于它具有灵敏度高、稳定性好、线性范围宽及多元素同时测定等优点，在元素的痕量分析中得到广泛的应用。例如，环境水体（地下水和地表水）中重金属的分析等，其中金属元素的限量均小于10 μg/L。复杂基体带来的各种干扰，促进了ICP-MS仪器硬件的不断改进，例如，碰撞反应池技术是目前技术发展的前沿。

原理 样品溶液经过雾化由载气送入ICP炬焰中，经过蒸发、解离、原子化和电离等过程，转化为带正电荷的正离子，经离子采集系统进入质谱仪，质谱仪根据质荷比进行分离。对于一定的质荷比，进入质谱仪中的离子数与质谱积分面积成正比，即样品的浓度与质谱的积分面积成正比，通过测量质谱的峰面积来测定样品中元素的浓度。

结构 等离子体质谱仪主要由ICP焰炬和质谱仪两部分组成。

ICP焰炬 由电子、离子、基态中性原子和分子组成。ICP浓度与温度有关，被称作物质的第四态，与普通气体不同的是它有一定的电离度，是电离度大于0.1%的气体，也是电的导体。

通过电流加热气体或其他加热方式获得高温，形成等离子体。ICP 电离源由高频发生器（产生高频磁场以供给等离子体能量）、感应线圈（一般以圆铜管或方铜管绕成的 2～5 匝水冷线圈，当有高频电流通过线圈时，产生轴向磁场将能量耦合给等离子体，并维持等离子炬）、石英矩管和供气系统、试样引入系统组成。

质谱仪 根据带电粒子在电磁场中能够偏转的原理，按物质原子、分子或分子碎片的质量差异进行分离，并检测物质组成的仪器。电离后的分子因接受了过多的能量，进一步碎裂成较小质量的多种碎片离子和中性粒子，在加速电场作用下，获取具有相同能量的平均动能，进入质量分析器，质量分析器将不同质量的离子，按质荷比大小进行分离。分离后的离子依次进入离子检测器，采集放大离子信号，经计算机处理，绘制成质谱图。

特点 优点：①多元素快速分析：可在数十秒内定量分析几乎所有金属元素及一些非金属元素；②动态线性范围宽：可达 10^8～10^9；③背景低，灵敏度高，检出限低：检出限从第一代仪器的 1.0×10^{-11} 降低至小于 1.0×10^{-14}；④在大气压下进样，便于与流动注射、超声雾化、激光烧蚀、气相色谱、液相色谱、毛细管电泳等其他进样技术联用；⑤克服多原子离子干扰：采用冷等离子体、屏蔽炬、碰撞反应池等技术；⑥可进行同位素分析、单元素和多元素分析，以及有机物中金属元素的形态分析；⑦灵活的测定方式：可提供扫描、跳峰、扫描跳峰结合和单离子测定等方式；⑧分析精密度高：四级杆的短期精密度相对标准偏差为 1%～2%，长期精密度相对标准偏差优于 5%，同位素测定精密度可达 0.1%。

缺点：①运行费用高；②需要有好的操作经验；③样品介质的影响较大（总溶解性固体小于 0.2%）；④ICP 高温引起化学反应的多样化，经常使分子离子的强度过高，干扰测量。

干扰及消除 ①同量异位素干扰。通过测定同量异位素进行数据计算校正，目前仪器一般会自动校正。②丰度较大的同位素对相邻元素的干扰。通过调整质谱分辨率将干扰降至最低。③同量多原子（分子）离子干扰。采用适当的方法对所测定的数据进行校正。④物理干扰。内标法校正或降低可溶性固体总量。⑤记忆干扰。经常清洗样品导入系统以减少记忆干扰。

应用 世界各国政府及组织纷纷通过各种环境保护法规，对环境分析提出了越来越高的要求，具体体现在监测项目大量增加，浓度范围不断扩大，检出限要求越来越低，而 ICP-MS 正是由于具备了与这些要求相对应的高灵敏度、多元素检测能力、待测元素覆盖面广、线性范围宽等优点，从而成为水、大气、土壤和生物等多种环境介质中多元素超痕量分析非常有效的手段，在环境样品分析中的应用范围不断扩大。

发展趋势 近年来，ICP-MS 围绕着解决四极杆的多原子离子干扰新途径，以及提高同位素比值分析的精密度开展研究。如多接收器的高分辨磁扇形等离子体质谱仪和飞行时间等离子体质谱仪，使同位素分析的精密度大大改善；冷等离子体条件是四极杆 ICP-MS 的重要发展，可以改善碱金属和碱土金属元素的测量能力；动态碰撞反应池技术是解决 ICP-MS 多原子离子干扰的一个重要突破，通过与多原子离子进行碰撞或反应，以消除多原子离子。随着痕量元素形态分析在环境监测领域中越来越重要，激光熔蚀、氢化物发生、毛细管电泳和高效液相色谱等与 ICP-MS 联用，以及 ICP-MS/MS 技术是今后研究和发展的新方向。

（李焕峰　张霖琳）

dianhuaxuefa

电化学法

电化学法 （electrochemical method） 应用电化学的基本原理和实验技术，对物质组成及含量进行定性定量分析的方法。

沿革 电化学法是仪器分析的重要组成部分，早在 18 世纪就出现了电解分析和库仑滴定法，19 世纪出现了电导滴定法和高频滴定法，1922 年极谱法问世，标志着电化学法进入了一个新阶段。20世纪60年代，离子选择电极及酶固定化制作酶电极相继问世，70年代微电极伏安法的产生适应了生物分析及生命科学发展的需要，扩展了电分析化学研究的时空范围。随着电化学法的发展，其研究与应用范围更加广泛，内容涉及与生命科学相关的生物电化学，与能源、信息和材料等相关的电化学传感器测定，研究电化学过程的光谱电化学等。

原理 根据溶液的电化学性质（如电极电位、电流、电导和电量等）与待测物质的化学或物理性质（如电解质溶液的化学组成、浓度、氧化态与还原态的比率等）之间的关系，将待测物质的浓度转化为一种电学参数进行测量。

测定方法 电化学法一般根据所测量电学量的不同分为电导法、电位法、电解法、库仑法和极谱法。①电导法是根据溶液的电导性质进行分析的方法，包括直接电导法和电导滴定法；②电位法是用一个指示电极（其电位与待测物质浓度有关）和一个参比电极（其电位保持恒定），或采用两个指示电极，与试液组成电池，然后根据电池电动势（或指示电极电位）的变化进行分析的方法，包括直接电位法和电位滴定法；③电解法是使用外加电源电解试液，直接称量电解后在电极上析出的待测物质的质量进行分析的方法；④库仑法是使用外加电源电解试液，根据电解过程中所消耗的电量进行分析的方法，包括控制电流库仑法和控制电位库仑法；⑤极谱法是以电解为基础，以测定电解过程中的电流-电压曲线（伏安曲线）为特征的电化学分析方法的总称。

特点 ①分析速度快。电化学法一般都具有快速的特点，如极谱法一次可以同时测定数种元素。试样的前处理也比较简单。②灵敏度高。电化学法适用于痕量甚至超痕量组分的测定，最低检出限可达 10^{-12} mol/L。③准确度高。如库仑法和电解法的准确度很高，前者特别适用于微量成分的测定，后者适用于高含量成分的测定。④测量范围宽。电位法及微库仑法等可用于微量组分的测定；电解法、电滴定法及库仑法则可用于中等含量组分及纯物质的分析。⑤仪器设备较简单，价格低廉，仪器的调试和操作都较简单，容易实现自动化。⑥选择性好。离子选择性电极法、极谱法及控制阴极电位电解法选择性较高。

应用 该方法根据电学量进行分析，易于采用电子系统进行自控，故具有信号易传递、易于实现自动化和连续化等特点。在环境监测工作中，该方法广泛应用于大气和废气、水体、土壤和沉积物中特定指标（如pH、氟化物、氰化物、氨气、镉、铜、铅、锌和镍等）的测定；与其他分析方法结合，可以实现在线监测。

（王爱一）

dianjiefa

电解法 （electrolytic method） 用外加电源电解试液，通过电极反应将试液中的待测组分转变为固相析出，通过称量电极上析出物的质量，计算待测物质含量的定量分析方法。

沿革 电解法是建立在电解过程基础上的电化学法，也是最早出现的、经典的电化学法。1800年，意大利物理学家伏特（C. A. Volta）成功制造伏打堆电池，同年英国化学家卡莱尔（A. Carlisle）和尼科尔森（W. Nicholson）利用伏打电池实现了水的电解。1864年，吉布斯（J. W. Gibbs）首次利用铜的快速电解测定铜。1889年，克洛布科夫（N. Klobukhov）提出采用旋转阳极进行搅拌。1896年，H. Paweck使用网状杯形黄铜阴电极取代坩埚状电极提高效率。1899年，温克勒（C. Winkler）使用圆柱形网状铂电极，阳极为螺旋形铂丝，一直沿用至今。

原理 电解在电解池中进行，外加电源的正极和负极分别与电解池的阳极和阴极相连。电解过程中，阳极上发生氧化反应，阴极上发生还原反应。当施加于两极的电压大于理论分解电压、超电压和电解回路的电压降之和，待测金属离子以一定形态在阴极或阳极析出，这是电解法的定量基础。从析出的重量可求出溶液中金属离子的含量，所以此法也称为电重量法。

各种元素析出电位的差别是电解分离的关键，如果待测金属的析出电位相差很大，就可用电解法将其分离，如电解银和铜的混合溶液；如果析出电位相近，则共存离子将在电极上同时析出，不能将其分离，如电解铅和锡的溶液。

测定方法 根据电解过程，分为恒电流电解法、控制电位电解法、内电解法和汞阴极电解法。①恒电流电解法。在电解电流恒定情况下进行电解，直接称量电极上析出物质的质量进行分析的方法。这种方法也可用于分离，具有分析速度快、准确度高等优点，但选择性较差。②控制电位电解法。控制电极电位为一定值或在一定电位范围内的电解方法。包括控制阴极电位电解法和控制阳极电位电解法两种，其中控制阴极电位电解法较为常用。③内电解法。又称自发电解法，是无外加电压而借助于两个电极本身组成的原电池的电动势来进行电解，通过置换反应使待测金属离子在阴极上定量析出的电解方法。该方法具有较好的选择性，但完全电解所需时间较长。④汞阴极电解法。以汞或汞齐化铂为阴极，以铂为阳极的电解方法。

特点 该方法具有仪器简单、准确度高等特点，适合常量组分测定。用电解法分析时，不需要基准物质和标准溶液，是一种绝对分析方法，准确度高。该方法也是一种分离技术，可以分离待测物质或除去某些杂质。

应用 内电解法和汞阴极电解法因自身存在的缺陷，在环境监测领域应用较少。恒电流电解法电解时间短，但只能使一种还原电位正于氢的元素与还原电位负于氢的元素进行分离并加以测定，选择性较差，应用受到限制，目前主要用来测定锌、镉、钴、镍、锡、铅、铜、铋、锑、汞和银等。控制电位电解法因选择性高，可用于分离并测定银（与铜分离）、铜（与铋、铅、银、镍等分离）、铋（与铅、锡、锑等分离）和镉（与锌分离）等。此外，电解法在水质快速测定中应用较广。（王爱一）

dianre xiaojie zhuangzhi

电热消解装置 （electric heating digestion instrument） 将电能转化为热能，通过加热对样品进行湿法消解的装置。

早期的电热消解装置多为电炉、电热板，直接加热或经水浴、沙浴加热消解样品。目前，电热消解装置已实现自动化、智能化，称为电热消解仪。与电热板相比，电热消解仪不仅可直接经底板加热消解样品，还可以对样品容器环绕加热。电热消解仪在结构、外观、操作和性能等方面有很大的改进和发展，实现了全自动和智能化以及远程的操作。智能化电热消解仪基本结构包括：智能控制器、与智能控制器连接的加热器（板）、具有导温及防腐功能的炉体、加热器的保温绝缘层及安装加热器与保温绝缘层的炉壳等。消解罐内加热材质以铝合金和特氟龙、石墨为主，其导热性好、加热均匀、抗腐蚀且对样品无污染；消解罐外材质主要为聚四氟乙烯，具有耐高温、防腐蚀性强的特点。性能良好的电热消解仪无需进行样品转移，加酸、消解、赶酸、定容和摇匀全程实现无人操作设备。

电热消解装置在环境监测领域应用广泛，主要用于环境样品重金属分析等的消解处理。

（刘娟）

dianwei didingyi

电位滴定仪 （potentiometric titrator） 基于电位滴定法原理，在滴定过程中通过测量电位变化以确定滴定终点，进而对样品中待测物进行定量分析的仪器（参见电位法）。

原理 利用滴定过程中，溶液电位随滴定剂的加入而改变，在滴定终点时，电位产生突变的特性来指示滴定终点，从而确定滴定剂所消耗的体积。通常采用 3 种方法确定电位滴定终点，即电动势数值-滴定剂用量曲线法、一阶微商法和二阶微商法。

结构 主要包括滴定管、滴定池、指示电极、参比电极和搅拌器，见图。

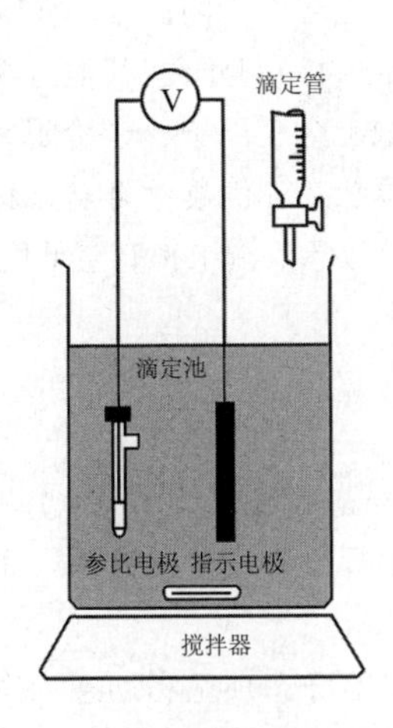

电位滴定仪

分类 分为手动电位滴定仪和自动电位滴定仪。前者通过手动控制滴加速度，绘制滴定曲线；后者通过电磁阀自动滴定，自动记录滴定曲线。

特点 与使用指示剂的滴定法相比，电位滴定法的优点有：①可用于有色或混浊溶液的滴定；②可用于浓度较稀的试液或滴定反应进行不够完全情况下的滴定；③灵敏度和准确度高；④可实现自动化和连续测定。缺点是分析时间较长，不如指示剂法直观、简单。

电极选择 使用电位滴定仪的关键是要选择合适的电极，应根据不同的滴定方法，选择不同的电极。①中和滴定法（酸碱滴定法）：使用甘汞电极为参比电极，玻璃电极或锑电极作指示电极；②沉淀滴定法：使用甘汞电极为参比电极，银电极或硫化银薄膜电极等离子选择电极作指示电极；③络合滴定法：使用甘汞电极为参比电极，汞电极、铂电极、银电极、氟离子或钙离子等离子选择电极作指示电极；④氧化还原滴定法：使用甘汞电极或玻璃电极为参比电极，铂电极作指示电极。（穆肃）

dianweifa

电位法 （potentiometric method） 用一个指示电极和一个参比电极与试液组成化学电池，在零电流条件下通过测量电极电位定量测定物质含量的电化学法。

沿革 自1906年克里默（Cremer）发现玻璃膜电位与溶液酸碱度有关的现象后，电位法得到了重视和研究。1930年出现了比较实用的pH玻璃电极，由于其干扰因素最少，此后在各个领域广泛应用。20世纪60年代中期，出现了电位差计分级补偿和电表读数结合的仪器，随着新型膜材料的开拓，离子选择电极迅速发展。

原理 通过在零电流条件下测定两电极（指示电极和参比电极）间的电位差（电池电动势），利用指示电极的电极电位与浓度之间的关系（能斯特方程），来获得溶液中待测组分浓度（或活度）信息。通过校正曲线法、标准加入法和直接比较法进行定量分析。指示电极和参比电极是电位法中的基本元素，常用的参比电极有标准氢电极与甘汞电极，指示电极有膜电极（即离子选择性电极）。

测定方法 分为直接电位法和电位滴定法。

直接电位法 通过测量电池电动势来确定待测离子活度的方法。该方法利用专用电极将待测离子的活度转化为电极电位后加以测定，如采用玻璃电极测定溶液中的氢离子活度，用氟离子选择性电极测定溶液中的氟离子活度等。常用的指示电极有5类：①金属-金属离子电极（第一类电极）可以指示溶液中的金属离子，如银电极可测定银离子浓度。②金属-金属难溶盐电极（第二类电极）是金属和其难溶盐及金属离子溶液达到平衡后构成的电极，在某些场合可作指示电极。③汞电极（第三类电极）在pH为2～11时可指示金属离子的活度或浓度，也可指示配位滴定的终点。④惰性金属电极（零类电极）不能作响应某种金属离子的电极，但可作氧化还原滴定的指示电极，如作为有关铁的氧化还原滴定的指示电极。⑤膜电极-离子选择性电极，最早的离子选择性电极是玻璃电极，后来发展了许多阴离子和阳离子选择性电极，电极类型主要有玻璃膜电极、晶体电极、流动载体电极、敏化电极和酶电极、生物电极、组织电极等。

电位滴定法 一种容量分析方法，根据滴定过程中指示电极电位的变化确定滴定终点，当滴定至等当点附近，由于待测物质的浓度产生突变，使指示电极电位出现突跃，以此来指示滴定终点进行定量分析的方法。电位滴定法通过滴定过程中指示电极电位的突变确定滴定终点，从滴定剂的体积和浓度来计算待测物质的含量，可以实现连续和自动滴定。该方法影响因素主要有：①测量温度。主要表现在对电极的标准电极电位、直线的斜率和离子活度等的影响。有的仪器可同时对前两项进行校正，但多数仅对斜率进行校正。温度波动可以使离子活度变化，影响测定准确性，因此在测量过程中应尽量保持温度恒定。②线性范围和电位平衡时间。一般线性范围为10^{-6}～0.1 mol/L，平衡时间越短越好。测量时可通过搅拌使待测离子快速扩散到电极敏感膜，以缩短平衡时间。③溶液离子强度、pH 和共存组分等特性。溶液总离子强度应保持恒定；溶液 pH 应满足电极的要求，避免对电极敏感膜造成腐蚀；干扰离子一方面能使电极产生一定响应，另一方面能与待测离子发生络合或沉淀反应。④电位测量误差。当电位读数误差为 1 mV 时，对于一价离子，由此引起的相对误差为 3.9%，对于二价离子，相对误差为 7.8%，故电位分析多用于测定低价离子。

直接电位法和电位滴定法的区别是：直接电位法只测定溶液中已经存在的自由离子，不破坏溶液中的平衡关系，可直接用于有色和混浊溶液的滴定；电位滴定法测定的是待测离子的总浓度。

特点 该方法的主要特点是简便快捷，电极可瞬时响应；应用范围广，可以测量有色、混浊液和黏稠液；所需仪器设备简单，操作简便且价格低廉；电位变化信号可供连续显示和自动记录，易于实现连续和自动处理。

应用 电位法测定的是离子的活度，可直接测定溶液 pH，也可用于化学平衡、动力学、电化学理论的研究及热力学常数的测定。在环境监测中，因其测定速度快，测定的离子浓度范围宽而广泛应用于阴离子、阳离子和有机物离子的测定，特别是一些其他方法较难测定的碱金属、碱土金属离子、一价阴离子及气体的测定。电位法在环境质量自动监测、污染源在线监测以及应急监测中都有重要应用。

（王爱一）

dingkong

顶空 （headspace） 一种分析固体或液体顶部气相中挥发性物质的方法。主要用于挥发性有机物分析。

顶空包括静态顶空和动态顶空。静态顶空是顶空技术的最早形态，将样品放置在密闭容器中，一定温度下气液两相达到平衡后，取气相部分分析，又称静态顶空或者一次气相萃取。顶空既可以避免溶剂浓缩时引起挥发性物质的损失，又降低了共提取物的干扰，减少了进样系统维护的时间和费用。同时，顶空不使用有机溶剂，减少了对环境的污染和分析人员的危害，也无溶剂峰干扰。样品性质、进样量、平衡温度、平衡时间以及与样品瓶有关的因素（如样品瓶特点、密封垫等）都会影响静态顶空分析结果。

静态顶空的主要缺点是有时必须进行大体积气体进样，挥发性物质色谱峰的初始展宽较大，影响色谱分离效能。如果样品中待测组分的含量较高，较少的气体进样量就可以满足分析需要时，静态法仍是一种非常简便而有效的分析方法。

动态顶空又称动态顶空浓缩法或吹扫捕集法（参见吹扫捕集）。

在环境监测领域，顶空主要用于水及固体废物、土壤和沉积物中挥发性有机物的前处理。

（刘娟）

dingkong jinyang zhuangzhi

顶空进样装置 （headspace sampling device） 密闭容器中的样品被置在一定温度一段时间后，样品中气、液两相达到平衡，将气相部分引入气相色谱分析的装置。顶空进样装置是气相色谱法（GC）或气相色谱-质谱法（GC-MS）中完成样品中挥发性有机物制备、实现自动进样的常用设备。它利用顶空技术实现样品的前处理，避免了繁杂的样品处理过程，用于气体、液体或者固体样品中挥发性组分的定性定量分析，具有方便、低成本、高效的特点。

自动进样分为三种进样类型，即注射器进样、压力静态顶空进样系统和压力控制定量管进样系统。①注射器进样。采用气密自动注射器和样品加热平衡模块，样品加热后达到热平衡状态，通过加热气密针将样品抽出，进样分析。样品从加热箱内抽出移动到进样口的过程中，温度不能发生改变，否则将造成样品在针筒内再凝结；加热气密针的温度设定要比顶空瓶高，可最大限度地减少压力差带来的误差；在两次进样间持续通惰性气体（氮气或氦气）吹洗进样针，避免样品之间交叉污染；通过位置记忆软件系统，确保进样针与气相色谱仪进样口位置的准确定位，使每次进样的位置一致。②压力平衡顶空进样系统。包括平衡和压力两个模块。平衡式加压即样品加热后达到热平衡状态，用导管通入载气加压，样品随载气一起进样。该进样方式环境密闭，整个进样过程中几乎没有可移动的部件，重现性好，但是绝对样品体积不易掌握。③压力控制定量管进样系统。使用六通阀将样品充满定量环，打入传输通道进样，进样量为定量环的体积。定量环可耐受高温，避免一些高分子或敏感化合物在管壁的吸收，重现性好。但进样量受定量环体积限制，同时存在交叉污染问题。无论是平衡式加压还是加压进样系统，当样品由顶空瓶抽出后，均通过传输管道进入色谱仪。

顶空进样装置和 GC、GC-MS 联用进行样品分析已经较为普遍，在食品、医药、环保及农业领域有着广泛的应用，如农药和聚合材料中溶剂残留、废水中挥发性有机物的测定、食品中异味成分分析和血液样品中挥发性组分测定等。（刘娟）

dingliang fenxi

定量分析 （quantitative analysis） 测定环境样品中一种或多种组分含量的过程。环境样品污染物成分已知时，可以直接定量分析；否则需先定性分析，在确定污染物成分后再定量分析。

分类 根据分析对象不同，分为无机分析和有机分析；根据分析方法的测定原理不同，分为化学分析和仪器分析。

化学分析法 依据化学反应的计量关系准确测定试样中待测组分含量的过程，称为定量化学分析，一般为常量分析。主要有滴定法（又称容量法）和重量法。

仪器分析法 使用仪器以物质的物理性质或物理化学性质为基础设计的分析方法。进行微量分析和痕量分析时，常采用仪器分析方法。仪器分析具有灵敏、快速、准确的特点，因而发展迅速，并具有广泛应用。主要包括电化学法、光学分析法、质谱法、色谱法和放射分析法等。

定量方式 一般仪器分析采用校准曲线法对待测物质进行定量（参见校准曲线）；滴定法和重量法的定量，见滴定法和重量法。

基本步骤 一般有以下几个步骤：取样、样品前处理（包括试样制备）、分析测定、数据处理和结果报出。

应用 在环境监测工作中，常用的定量分析方法包括：滴定法、重量法、电化学法、分光光度法、红外光度法、气相色谱法（GC）、高效液相色谱法（HPLC）、离子色谱法（IC）、原子吸收分光光度法（AAS）、原子荧光光谱法（AFS）、电感耦合等离子体发射光谱法（ICP-AES）、电感耦合等离子体-质谱法（ICP-MS）。方法及应用见表。

常用定量分析方法

监测方法		监测项目	
		水和废水	环境空气和废气
化学法	重量法	硫酸盐、悬浮物、全盐量、矿化度、石油类等	硫酸盐化速率、总悬浮颗粒物、PM_{10}、$PM_{2.5}$、降尘、烟（粉）尘、沥青烟、苯可溶物等
	容量法	酸碱度、二氧化碳、游离氯和总氯、高锰酸盐指数、总硬度、挥发酚、氨氮、化学需氧量、生化需氧量、溶解氧、硫化物、氰化物、氯化物等	氯化氢、CO_2、SO_2、硫化氢、氯气、光气
光谱法	紫外可见分光光度法	硫酸盐、色度、浊度、氨氮（非离子氨）、凯氏氮、总氮、亚硝酸盐氮、硝酸盐氮、游离氯和总氯、氟化物、氰化物、元素磷、总磷和磷酸盐、二氧化硅（可溶性）、碘化物、硫化物、二硫化碳、硼、砷、硒、铁、锰、铬、六价铬、银、镍、锑、铍、苯并[a]芘、硝基苯类、苯胺类化合物、挥发酚、阴离子表面活性剂、甲醛、三乙胺、肼	SO_2、硫酸盐化速率、NO_x、NO_2、臭氧、氟化物、氨、氰化氢、P_2O_5、硫化氢、硫酸雾、氯气、氯化氢、汞、六价铬、砷、锑、铍、铁、镉、镍、硝基苯类化合物、酚类化合物、苯胺类化合物、甲醛、甲基对硫磷、敌百虫、丙烯醛、丙酮、环氧氯丙烷、吡啶、异氰酸甲酯、肼和偏二甲基肼、二硫化碳、铬酸雾、光气
	原子吸收分光光度法	火焰：钾、钠、钙、镁、铜、铅、锌、镉、铁、锰、镍、银、钡、铬、锑、铝； 石墨炉：铜、铅、镉、硒、钒、铍、铊、铟	火焰：铅、镍、镉、铁、铜、锌、铬、锰； 石墨炉：镍、镉、锡、铅、砷、铍、铜、锌、铬、锰、硒
	等离子体发射光谱法	钾、钠、钙、镁、钒、铜、铅、镍、锰、锌、铬、铁、镉、钴、铍、铝、钡、砷	总悬浮颗粒物中金属和非金属
	原子荧光光谱法	砷、硒、锑、铋、汞	汞
	红外分光光度法	红外光度法测石油类和动植物油； 非分散红外吸收法测总有机碳	非分散红外吸收法测 CO、NO、SO_2； 红外光度法测饮食业油烟
	分子荧光光谱法	苯并[a]芘	苯并[a]芘
电化学法	电导法	电导率	
	电位法	pH、氟化物、氨氮、氯化物、硝酸盐氮	氟化物、氨
	库仑法	化学需氧量、可吸附有机卤素化合物	
色谱法	离子色谱法	氟化物、氯化物、硝酸盐氮、亚硝酸盐氮、硫酸盐、磷酸盐、可吸附有机卤素、钠、铵、钾、镁、钙	硫酸盐化速率、氨、氯化氢、硫酸雾、甲醛
	液相色谱法	酚类化合物、苯胺类化合物、阿特拉津、邻苯二甲酸酯类化合物、多环芳烃	苯酚类化合物、苯胺类化合物、酞酸酯类化合物、多环芳烃、苯并[a]芘、醛酮类化合物
	气相色谱法	苯系物、有机氯农药、有机磷农药、五氯酚、阿特拉津、挥发性卤代烃、氯苯类化合物、硝基苯类化合物、吡啶、丙烯醛、丙烯腈、有机汞、挥发性有机物、三氯乙醛、元素磷	氯丁二烯、挥发性卤代烃、总烃和非甲烷总烃、甲醇、苯系物、苯酚类化合物、氯苯类化合物、硝基苯类化合物、有机氯农药、多氯联苯、有机磷农药、氯乙烯、二硫化碳、有机硫化物（甲硫醇、甲硫醚、二甲二硫、硫化氢）、乙醛、丙烯醛、低分子醛、丙酮、环氧氯丙烷、丙烯腈、三甲胺、吡啶、肼和偏二甲基肼、苯胺类
	气相色谱-质谱法	多环芳烃、多氯联苯、酚类化合物、半挥发性有机物、挥发性有机化合物、挥发性卤代烃、有机氯农药、酞酸酯类、有机锡化合物	

（解军）

dingliang nongsuoyi

定量浓缩仪 (quantitative concentrator) 基于减压蒸馏原理，在负压的条件下，将批量样品定量浓缩制备的前处理装置。适用于不耐热或对氧不稳定化合物的前处理。

定量浓缩仪一般自动化程度较高，有时间和温度控制。定量浓缩仪定容方式有激光测定液位、红外线定容技术等，保证了样品能准确定容，避免被蒸干。部分定量浓缩仪还具有溶剂转换功能，实现了样品所用溶剂与分析仪器相匹配，避免仪器高背景与干扰。

定量浓缩仪主要由真空控制系统、温控模块、不同定量体积的样品瓶、溶剂回收系统等组成。不同的仪器采用冷却循环水和振荡模块或氮吹模块。基本原理是在一定真空度的条件下，降低溶剂的沸点，同时辅以加热和振荡（或气体吹扫）调节，加速溶剂蒸发，达到浓缩的目的。其关键技术参数是水浴温度、真空度和冷却水温（或氮吹流速），这些参数调节浓缩速度和目标化合物的回收率。

传统的旋转蒸发、氮吹等样品浓缩方法均存在过程烦琐、耗时长、回收率低、污染环境等缺陷，且重现性和准确性完全依赖人员操作。而定量浓缩仪一次可以处理大批样品，处理效率高；每个样品都进行独立的密封，不存在交叉污染；通过同时加热、摇动、抽真空，浓缩速度快；定量浓缩到固定体积后，浓缩自动停止，特别适用于热敏感样品的处理；自动化程度高，样品可以进行自动过夜处理；溶剂可以冷凝回收，不会造成污染。

定量浓缩仪在环境领域广泛应用于环境介质中半挥发性或不挥发性有机物萃取处理后的有机溶剂浓缩及其他溶剂浓缩过程。

（赵倩）

dingxing fenxi

定性分析 (qualitative analysis) 鉴定环境污染物由哪些元素、离子、官能团或化合物组成的过程。定性分析通常在定量分析之前进行，为选择定量方法提供技术支持。

分类 根据测定组分的不同，分为无机定性分析和有机定性分析；根据分析程序，分为系统分析和分步分析；根据分析方法，分为物理化学分析法和仪器分析法。

物理化学分析法 利用化学反应进行物质的定性分析，方法灵活，设备简单。根据分析的对象可分为无机定性化学分析和有机定性化学分析两类。

无机定性分析 一般步骤包括：①预备试验。初步观察——首先要尽可能详细地了解样品来源、价值、用途、分析目的和要求等情况。其次，仔细地观察样品的物理性质，例如，颜色、光泽、气味、硬度、密度等。如果是液体样品，除观察其颜色外还应试验其酸、碱性；对于非金属固体，可用放大镜仔细观察其颗粒、形状、结构、颜色等；对于矿石，还可用紫外灯检查。预测试验——通过灼烧试验、熔珠试验、颜色试验和溶解性试验，缩小待检出离子的分析范围。②阳离子的定性分析。利用阳离子与常用试剂的反应进行定性分析。用盐酸试验、硫酸试验、氢氧化钠溶液和氨水试验、硫化物试验、铬酸盐试验、磷酸盐试验和碳酸铵试验等初步试验逐步缩小范围，再选择适当的化学反应进行鉴定。③阴离子的定性分析。通过稀硫酸试验、浓硫酸试验、氯化钡试验、硝酸银试验、氧化剂和还原剂试验等初步试验，在此基础上，对于可能存在的或未得出结论的离子拟定合理的分析步骤，采用适当的化学反应直接分析。

有机定性分析 组成有机物的元素不多，但结构却相当复杂。有机定性分析不仅要求鉴定组成元素，更重要的是要进行官能团分析和结构分析，一般步骤包括：①初步试验。检查样品的物理状态、颜色与气味，进行灼烧试验，测定样品的物理常数（如熔点、沸点、密度、折射率和比旋光度等），对组成元素做定性定量分析。②分组试验。根据样品在某些溶剂中的溶解行为，或样品对某些试剂的显色反应进行分组试验。③官能团检验。根据官能团的特征，鉴别样品所含的官能团。④查阅文献。根据以上试验结果，参考文献记载，推测样品可能是哪几种化合物。⑤衍生物制备。制备样品的一种或几种合适的衍生物并测定其物理常数，将所得数据与由文献查到的各种可能化合物的相应衍生物的数值进行比较，可以推测出样品为何种化合物。

仪器分析法 仪器法进行定性分析较化学法有以下优势：分析时间短、速度快、灵敏度高、能一次完成定性全分析。常见的定性分析仪器法有：原子发射光谱法、X 射线荧光光谱法、电子能谱法、紫外可见吸收光谱法、红外光谱法、质谱法、核磁共振法和极谱法等。其中，在环境监测领域应用较广的有原子发射光谱法、质谱法、紫外可见吸收光谱法、红外光谱法和 X 射线荧光光谱法。

原子发射光谱法 无机定性最常用的仪器分析法，几乎能对所有元素进行定性，现代的原子发射光谱仪——电感耦合等离子体发射光谱仪，可以快速进行无机物的定性分析。

质谱法 通过测定样品离子碎片的质量和强度，分析成分和结构。在质谱图中，每个质谱峰表示一种质荷比的离子，质谱峰的强度表示该种离子含量。因此根据质谱峰出现的位置，可以进行定性分析；根据质谱峰的强度，可以进行定量分析。此法可以进行同位素分析、无机成分分析、有机结构分析、分子量和分子式的测定。被分析样品可以是气体、液体和固体。目前，在环境监测中，等离子体发射光谱-质谱、气相色谱-质谱、液相色谱-质谱等质谱联用技术在金属、有机污染物的定性定量分析中被广泛应用。

紫外可见吸收光谱法 可用于紫外可见光区有吸收的物质的鉴定。

红外光谱法 对有机和无机化合物的定性分析具有显著的特征性。每一功能团和化合物都具有其特征的红外光谱，其谱带的数目、频率、形状和强度均随化合物及其聚集态的不同而异。如同辨认人的指纹一样，根据化合物的光谱，可辨认各化合物及其功能团，能容易地分辨同分异构体、位变异构体、互变异构体。该方法具有分析时间短、需样品量少、不破坏样品、测定方便等优点。

X 射线荧光光谱法 通过测量一系列特征 X 射线荧光的波长，并排除其他谱线的干扰，推测出特征 X 射线荧光的波长是代表何种元素的方法。该方法不破坏样品，试样形式可多样化，可同时快速分析多个元素。

应用 目前，在环境监测中，由于环境样品非常复杂，往往是多组分的，因而定性分析占有重要的地位，特别是在突发环境污染事件的应急监测中作用更明显。 （解军）

推荐书目

夏玉宇. 化验员实用手册. 2 版. 北京：化学工业出版社，2005.

dong ceding

氡测定 (determination of radon)

对空气、水和土壤等环境介质中的氡定量分析的过程。氡一般指氡-222，是一种放射性惰性气体，半衰期 3.82 天，发射能量为 5.49 MeV 的α射线，广泛存在于人类活动的各个角落。氡及其子体一起对人产生的辐射剂量，占天然辐射源产生的总辐射剂量的 50%左右。氡及其子体是导致居民肺癌发生的重要原因之一，也是世界卫生组织认定的 19 种致癌物质之一。

氡子体是氡衰变后的几个短寿命子体核素，如钋-218（^{218}Po）、铅-214（^{214}Pb）、铋-214（^{214}Bi）、钋-214（^{214}Po）。悬浮在空气中的未结合态（单原子态）和结合态（气溶胶）氡子体，随着人的呼吸而沉积到支气管和肺部，给呼吸器官组织造成辐射损伤。

测量方法 空气中氡子体浓度较低，一般难以直接测量，通常采用带有采样泵的空气采样器将氡子体收集到滤膜上，然后测量滤膜上不同时段的α放射性计数，最后根据放射性衰变规律计算氡子体浓度。常用的测量方法有α径迹蚀刻法、活性炭盒法、脉冲电离室法、静电收集法。

α径迹蚀刻法 又称固体核径迹法，是测量环境中氡的主要方法。它是一种累积氡探测方法，测量原理是：将由有机高聚合材料制成的固体核径迹探测器置于一个杯形容器中，杯口用滤膜封闭，氡通过扩散进入杯内，杯内的氡及其衰变子体发射的α粒子轰击到固体核径迹探测器上，这些具有一定能量的α粒子在其入射路径上造成高分子链断裂、电离等过程，在探测器材料上留下微小的分子量级的损伤，称为潜径迹。将受照过的探测器置于高浓度的氢氧化钠（NaOH）或氢氧化钾（KOH）溶液中，溶液温度保持在 70℃左右，一段时间后潜径迹扩大为直径约数十微米的径迹，这个过程称作“蚀刻”。还有一种方法是将受照过的探测器预先蚀刻后，置于温度 70℃左右的高浓度的 NaOH 或 KOH 溶液中，并加上近千伏的交流电，一段时间后潜径迹扩大为直径约数百微米的径迹，这个过程称作“电蚀刻”。经过蚀刻或电蚀刻后的探测器可以通过光学显微镜、缩微胶片阅读器、径迹自动阅读装置测读径迹数。因为一个α粒子只能产生一个径迹，所以径迹密度与氡浓度和暴露时间成正比，通过计算可以得到氡浓度。

α径迹蚀刻法的特点是可以进行长期累积测量，直接得到被测场所氡的年平均浓度。优点是方法稳定，操作简便，测量结果重现性好，价格低廉，探测器的体积小，取样期间不需要电源，能够长久记录照射信息，适用于大批量样品的采集和分析。缺点是不能快速得到测量结果，测量环境空气中氡需至少累积 3 个月以上。

活性炭盒法　一种经典的环境中氡的测量方法，也是目前测量室内氡浓度最常用的被动式累积测量方法之一。活性炭采样器为塑料或金属制成的圆柱型小盒，内装一定量的活性炭，盒口放置滤膜，以阻挡氡子体进入。氡扩散进炭床内被活性炭吸附，被吸附的氡及其衰变的子体全部沉积在活性炭内。采样结束后可以用γ能谱仪或液体闪烁仪测量。用γ能谱仪测量活性炭盒的氡子体特征γ射线峰（609 keV）或峰群（294 keV、352 keV、609 keV）的强度。氡子体的γ特征峰群一般由四个特征峰组成，为了降低本底，测氡时一般只取其中能量较高的三个特征峰总面积。根据峰面积可计算出氡浓度。

活性炭吸附氡的能力很强，能用来提高测氡灵敏度。活性炭盒法一般取样时间为 2～7 d，因此它测定的是短期平均氡浓度。活性炭法的优点是代表性较好，适用于环境大面积布样测量，取样干扰较小，成本低；取样操作简单，不需要特殊技能；通过环境湿度、温度修正，能获得准确的结果。缺点是对湿度、温度比较敏感，不适合在室外和湿度较大的地区使用；采样后必须立即将取样盒密封，并尽快送回实验室分析，以防氡的衰变损失；易受钍射气的干扰。

脉冲电离室法　在电离室静电计测氡的基础上，随着核电子学进步而发展的一种测量方法。氡气通过过滤材料进入电离室，氡原子衰变出的α粒子使空气电离，产生大量电子和正离子，在电场的作用下这些离子向相反方向的两个不同的电极漂移，收集电极上形成电压脉冲，主要是正离子产生的慢脉冲，这些脉冲经电子学测量单元放大后由计数电路记录。记录的脉冲数与α粒子数成正比，即与氡浓度成正比。该方法的优点是灵敏度高，可以探测到环境水平，而且稳定性好，测量结果可靠。缺点是仪器较昂贵。

静电收集法　一种可瞬时或连续测量的方法。根据采样方式分为瞬时测量的主动式和扩散累积测量的被动式两种仪器，工作原理相同。环境空气中的氡经过滤膜过滤掉子体后进入收集室，收集室一般为半球形或圆柱形，在中心部位装有α探测器（半导体探测器、ZnS 闪烁探测器或固体核径迹探测器）。通过测量氡子体放出的α粒子计算氡浓度。这种方法还用于环境氡的连续测量。利用半导体金硅面垒型探测器的能量分辨特性，通过α能谱分析器，只测量 ^{218}Po 放射出的能量为 6.0MeV 的α粒子，消除了其他子体等产生的干扰，从而可实现周期大于 20 min 的连续监测。

静电收集法的优点是仪器体积小，便于携带，价格适中，测量时间短，不受大气压力变化的影响，现场可以得到测量结果，也可以连续监测环境氡浓度的变化，灵敏度相对较高。缺点是静电场受空气湿度的影响较大，需要进行除湿或湿度修正。

方法应用 环境中氡具有浓度水平变化大的特点，受时间、季节、通风和气象条件等因素影响，即使同一房间内，不同时间、不同测点位置氡浓度差异也很大。如果需要快速了解被测场所的氡浓度，可选用瞬时快速测量仪器，但此种方法单次测量的代表性不够；要了解氡浓度的变化，需要选择连续测量，但此种测量方法和仪器相对比较复杂，也比较昂贵；进行剂量估算或流行病学研究应选用长期累积测量，此类方法给出年平均浓度，代表性好，但不能及时得到结果。所以在实际监测中，应根据不同目的选择不同的测量方法与仪器。最常用的瞬时和连续的环境中氡测量方法主要为静电收集法、闪烁室法和脉冲电离室法等，长期累积的测量方法是α径迹蚀刻法，短期累积的测量方法是活性炭盒法。（丁逊）

dongtai xishiyi

动态稀释仪 (dynamic dilution system)

通过计算机控制将高浓度标准气体经由质量流量控制器，与稀释气体进行精确的混合及调配，从而得到低浓度标准气体的仪器。主要用于对测试环境空气、室内空气、作业场所空气、废气时所需的标准气体进行定量稀释配气，并可与气相色谱等分析仪器联机使用。

动态配气是将已知准确浓度的标气，以较小的流量，恒定不变地送入气体混合器中，净化的稀释气体以较大的流量恒定不变地通过混合室，与标气混合并将其稀释，稀释后的混合气体从混合室流出，供给使用。标气和稀释气的气流比即为稀释倍数，混合气体的浓度可根据稀释倍数计算，调节气流比可以得到所需浓度的标准气体。因此，动态配气时配气浓度的精确程度主要取决于标气和稀释气的流量稳定程度和测量精度。动态稀释仪采用质量流量计，由软件控制气体的流量。一般动态稀释仪被稀释气体的浓度范围是10^{-9}～10^{-6}和10^{-12}～10^{-9}，最大稀释比可达 1∶1 000，原料气和稀释气的流量范围可分别控制在 0～50 mL/min 和 0～5 000 mL/min。

为精确获得低浓度气体，稀释系统必须在平衡条件下工作。配气过程中，保持恒定的温度、流量和压力，才能使流入质量流量计的质量与流出的质量相等。由于不同的化合物具有不同的极性，因此，仪器达到平衡的时间也应根据配制的目标气体而定。通常极性较弱的物质，如苯系物、卤代烃等，只需要几分钟就能达到稳定；而含硫的化合物则需几小时。目前，动态稀释仪的流路系统大多由惰性材料制成，可以缩短配气平衡时间。（李红莉）

duxing qiti fenxiyi

毒性气体分析仪 (toxic gas analyzer)

定性定量测定大气中有毒有害气体，如 CO、H_2S、NO、NO_2、Cl_2、HCN、NH_3、PH_3 等的仪器。

沿革 毒性气体分析仪的主要部件是气体传感器或检测器，1964 年，威肯斯（Wickens）等人利用气体在电极上的氧化还原反应研制出了第一台气体传感器，1982 年英国的珀森德（A. D.Persaud）等提出利用气体传感器模拟动物嗅觉系统的结构，此后气体传感器和控制器件集成单参数毒性分析仪和多参数毒性分析仪，应用于气体泄漏检测和环境监测等方面。监测毒性的气体传感器主要有电化学传感器、红外吸收型传感器、催化燃烧传感器、光离子化检测器、固态传感器和半导体传感器等。目前研究的主要方向是提高传感器的敏感度、仪器智能化、延长在恶劣环境中的工作时间以及降低成本等。

原理 ①电化学式气体传感器。利用两个电极之间的化学电位差，一个测量气体浓度，另一个是固定的参比电极，采用恒电位电解方式和伽伐尼电池方式工作，包括液体电解质和固体电解质，而液体电解质又分为电位型和电流型。电位型是利用电极电势和气体浓度之间的关系进行测量；电流型采用极限电流原理，利用气体通过薄层透气膜或毛细孔扩散作为限流措施，获得稳定的传质条件，产生正比于气体浓度或分压的极限扩散电流。②红外吸收型传感器。当红外光通过待测气体时，气体分子对特定波长的红外光有吸收，其吸收关系服从朗伯-比尔定律，通过光强的变化测出气体的浓度。③光离子化检测器。使用一个紫外灯光源，将有机物分子电离成可被检测器检测的正负离子（离子化），检测器捕捉到离子化气体的正负电荷并将其转化为电流信号，实现气体浓度测量。当待测气体吸收高能量的紫外光时，气体分子受紫外光激发暂时失去电子成为带正电荷的离子。气体离子在检测器的电极上被检测后，很快与电子结合成为原来的气体分子。④声表面波（SAW）传感器。由压电材料基片和沉积在基片上不同功能的叉指换能器所组成，有延迟型和振子型两种振荡器。SAW传感器有一个振荡频率，当外界待测量变化时，会引起振荡频率的变化，从而测出气体浓度。⑤半导体传感器（电阻式和非电阻式）。电阻式半导体气敏组件根据半导体接触到气体时，其阻值的改变来检测气体的浓度；非电阻式半导体气敏组件根据气体的吸附和反应，使其某些特性发生变化，从而对气体进行直接或间接的检测。⑥绝缘体传感器（接触燃烧式和电容式）。接触燃烧式气体传感器原理是强催化剂使气体在其表面燃烧时产生热量，传感器温度上升，这种温度变化使贵金属电极电导随之变化。电容式气体传感器是根据敏感材料吸附气体后，介电常数发生改变导致电容变化的原理而设计。

分类 按检测原理分为四类：①电化学式有毒气体检测报警仪，检测 CO、H_2S、NO、NO_2、Cl_2、HCN、NH_3、PH_3 及多种有毒有机化合物；②光电离式有毒气体检测报警仪，检测离子化电位小于 11.7 eV 的有机和无机化合物；③红外式有毒气体检测报警仪，检测 CO 和 CO_2 等；④半导体式有毒气体检测报警仪，检测 CO 等。

按使用方法分为两类：①便携式有毒有害气体检测报警仪。将传感器、测量电路、显示器、报警器、充电电池、抽气泵等组装在一个壳体内，成为一体式仪器，小巧轻便、便于携带，采用泵吸式采样，可随时进行监测。袖珍式仪器是便携式仪器的一种，一般无抽气泵，采用扩散式采样、干电池供电，体积极小。②固定式有毒有害气体检测报警仪。固定在现场，连续自动检测相应有害气体（蒸气），有害气体超过限值则自动报警，有的还可自动控制排风机等。固定式仪器分为一体式和分体式两种。一体式固定有害气体检测报警仪与便携式仪器各组件组装于一个壳体中，安装在现场，220 V 交流供电，连续自动检测报警，多为扩散式采样。分体式固定有害气体检测报警仪的第一部分包括传感器和信号变送电路，组装在一个防爆壳体内，俗称探头，安装在现场（危险场所）；第二部分包括数据处理、二次显示、报警控制和电源，组装成控制器，俗称二次仪表，安装在控制室（安全场所）。探头扩散式采样检测，二次仪表显示报警。

结构 毒性气体分析仪的基本功能模块分为三大块：①数据采集。在单片机的控制下，使用功能传感器完成特定信号的测量和数据采集功能，传感器将采集到的信号和数据传输到单片机中。②结果显示。单片机将采集到的数据发送到液晶显示模块，并控制液晶显示模块按照一定的格式显示数据的功能。③操纵输入。操纵者或其他器件向单片机发送控制指令，用于控制仪器的模式。该指令一般通过键盘输入，单片机在控制指令的要求下，完成一定功能，如进行信号测量、数据显示等。

发展趋势 毒性气体分析仪的主要部件气体传感器向低功耗、多功能、集成化方向发展，一是提高灵敏度和工作性能，降低功耗和成本，缩小尺寸，简化电路，与应用整机相结合；二是增强可靠性，实现组件和应用电路集成化、多功能化，发展微机电系统（MEMS）技术，发展现场适用的变送器和智能型传感器。

（傅晓钦）

duohuanfangting ceding

多环芳烃测定 （determination of polycyclic aromatic hydrocarbons） 经过适当的样品采集和前处理后，选用合适的测定方法对环境介质中的多环芳烃（PAHs）进行定性定量分析的过程。PAHs又称多环性芳香化合物或多环芳香族碳氢化合物，是两个或两个以上苯环或环戊二烯稠合而成的化合物。按照苯环中碳原子是否被取代，PAHs可以分为杂环类多环芳烃和非杂环类多环芳烃。目前已知PAHs物质有数百种，很多具有致畸、致癌以及致突变性，对人类健康危害极大，在我国颁布的优先控制物名单中有7种PAHs物质。

PAHs是一种普遍存在的环境污染物，广泛存在于沉积物、土壤和水体中。尽管在任一介质中，PAHs都会发生光解、生物降解等反应，但由于其持久性的特性，可长时间停留在环境中并在不同介质间相互迁移转化。PAHs的来源既有天然源，也有人为源。陆地和水生生物、微生物的生物合成，森林、草原的天然火灾以及火山活动所形成的PAHs构成了其天然本底值。人为污染源很多，主要由各种化石燃料（如煤、石油、天然气等）、木材、纸以及其他含碳氢化合物的不完全燃烧或在还原气氛下热解形成，汽车尾气、橡胶、润滑油、烟草、燃料、农药中都存在PAHs。PAHs的监测包括样品采集、保存、前处理、分析等步骤。

样品的采集、保存与前处理 苯环数目比较少（如2～3个苯环）的PAHs蒸气压较高，在空气中主要分布在气相中；具有5～6个苯环的PAHs蒸气压较低，在空气中主要吸附于颗粒物表面；介于两者之间的含有3～4个苯环的PAHs在气相和固相中均有分布。应根据PAHs的性质，采用不同的样品采集及前处理方法。具体样品采集、保存及前处理方法参见半挥发性有机化合物测定。

测定方法 目前，PAHs的测定方法主要有气相色谱-质谱法（GC-MS）和高效液相色谱法（HPLC）。

气相色谱-质谱法 目前，GC-MS被广泛应用于PAHs检测中，可适用于地表水、地下水、废水、空气、废气、土壤、固废和生物体中PAHs的测定，检测范围在10^{-12}～10^{-9}。

高效液相色谱法 采用反相色谱柱分离分析、梯度淋洗，常用的固定相为十八烷基硅烷化键合相（ODS）固定相，可使一些GC不能分离的PAHs异构体很好地分离。由于绝大多数PAHs属于强荧光物质，而许多干扰物不具备荧光特征，采用荧光检测器可以排除许多干扰物的影响，提高了方法的选择性。而紫外、荧光检测器串联使用，可达到紫外辅助定性目的，减少样品“假阳性”。对于不具荧光特性的PAHs（如苊）采用紫外检测器。与GC-MS法相比，HPLC法测定PAHs，不需高温，具有分离效能高、选择性好、检测灵敏度高、分析速度快等优点，且柱后馏分可收集为他用，特别是对高环、大分子量的PAHs，具有其他方法不可替代的优势。因此，近年来HPLC已成为PAHs的标准分析方法，广泛用于PAHs的环境监测领域，尤其适用于PAHs含量较低的地表水等清洁水体的测定。

发展趋势 随着现代分析技术的飞速发展，PAHs的样品制备和前处理将会向微量化、自动化、无毒化、快速化和低成本方向发展，同时各种先进的检测方法也已被有效地应用到PAHs的分析测试中，如超高速液相色谱法（UPLC）、全二维气相色谱-质谱（GC×GC-MS）、气相色谱-三重四极质谱法（GC-MS/MS）、全二维气相色谱-飞行时间质谱（GC×GC-TOF-MS）等，这些技术的应用大大提高了PAHs的定性能力、方法灵敏度、检测限和检测覆盖范围。快速气相色谱法测定PAHs采用微型柱作为分离柱，能缩短分析时间，达到快速检测PAHs的目的。同时，研究前处理方法与高灵敏度、高专一性新型仪器组合的技术，实现萃取和进样自动化、智能化，也会使分析更加快速和简化。这些技术有其优越性，但是仪器复杂且花费较高，还不能完全替代目前常用的检测方法。

近年来的毒性研究表明，硝基取代多环芳

烃、卤代多环芳烃等 PAHs 的衍生物毒性强于未取代多环芳烃，也广泛存在于大气、土壤、底泥等多种环境介质中，对人体健康和生态环境存在潜在的威胁。然而，由于此类化合物的相对分子质量分布范围较宽且缺乏标准品，有关这类污染物的检测报道目前十分有限，今后可能成为新的研究热点。（邢冠华）

duolülianben ceding

多氯联苯测定 (determination of polychlorinated biphenyls) 经过适当的样品采集和前处理后，选用合适的测定方法对水、气、土壤等环境介质中的多氯联苯（PCBs）进行定性定量分析的过程。PCBs 是一类人工合成的有机物，是联苯环上的氢原子被氯原子取代后生成的一组化学性质极其稳定的氯代烃类化合物。我国习惯上按联苯环上被氯原子取代的个数（不论其取代位置）将 PCBs 分为三氯联苯（PCB_3）、四氯联苯（PCB_4）、五氯联苯（PCB_5）等，共有 209 种单体。在这些 PCBs 同类物中，如果邻位上无氯原子存在，两个苯环能够采取一种共平面的构型。共平面结构的 PCBs 具有远高于其他同类物的毒性，世界卫生组织规定了 12 种共平面 PCBs 的毒性当量因子，并制定了限量标准。PCBs 有致癌性，由于其难降解，可通过食物链富集而直接危害人类的健康，食物摄入是人类接触 PCBs 的主要途径。联合国全球环境监测规划/食品部分（GEMS/Food）中规定了 2,4,4′-三氯联苯（PCB28）、2,2′,5,5′-四氯联苯（PCB52）、2,2′4,5,5′-五氯联苯（PCB101）、2,3′,4,4′,5-五联氯苯（PCB118）、2,2′,3,4,4′,5′-六氯联苯（PCB138）、2,2′,4,4′,5,5,-六氯联苯（PCB153）和 2,2′,3,4,4′,5,5′-七氯联苯（PCB180）作为 PCBs 污染状况的指示性单体。

样品采集和前处理方法 根据环境样品介质不同，采用不同样品采集和前处理方法。

气体样品 采样装置由玻璃纤维滤膜、装有聚氨基甲酯泡沫（PUF）的玻璃采样夹和采样器组成，PUF 作为吸附剂。用中流量的采样泵（采样流速为 0.114～0.285 m^3/min）采样，吸附 PCBs 的 PUF 用含 10%乙醚的正己烷萃取。如含有酚类化合物，可用氧化铝柱净化消除干扰；如样品中同时含有有机氯农药和 PCBs，可用弗罗里硅土柱分离有机氯农药和 PCBs，然后分别测定。

水样 水样用玻璃瓶采集，应尽快分析，如不能及时分析，可在 4℃冰箱中贮存，但不得超过 7 天。通常可采用液液萃取或固相萃取两种萃取方式。液液萃取可选用石油醚或正己烷作溶剂，萃取液合并后用浓硫酸净化至硫酸层无色，再用 2%无水硫酸钠水溶液洗至中性；固相萃取可选用固相萃取圆盘，在 pH 为 2 的酸性条件下（水样经酸化后可提高 PCBs 的回收率）进行富集，依次用纯化水、30%甲醇洗涤圆盘，干燥后用 1∶1 的二氯甲烷和乙酸乙酯淋洗，淋洗液用弗罗里硅土柱或硅胶柱净化消除干扰。

固体样品 采集样品要用玻璃采样器或金属器械，样品装入玻璃瓶。真空冷冻干燥或风干后，去除 2 mm 以上的砂砾和植物残体，反复按四分法缩分，用玻璃研钵研磨后过 60 目金属筛，充分混匀。提取方法主要有索氏提取、加速溶剂萃取、超声波萃取和微波萃取等。提取液通常选用 1∶1 的石油醚和丙酮或 1∶1 的正己烷和丙酮，提取液的净化方式主要有浓硫酸净化或凝胶色谱净化。

测定方法 PCBs 标准物质可分为三类：第一类标准样品是 209 种 PCBs 单体标准，缺点是标准物质费用昂贵、基质复杂、干扰很多；第二类标准样品是 7 种 Aroclor 系列，每种 Aroclor 系列的含量，称为“总 PCBs 的含量”，方法比较成熟；第三类标准样品是将 Aroclor 和有代表性的单体 PCBs 标样混合，对 PCBs 的迁移、转化和毒理学研究有重要作用，缺点是分析步骤相对烦琐。目前分析 PCBs 的方法主要有气相色谱-电子捕获检测器法（GC-ECD）、气相色谱-质谱法（GC-MS）、生物学分析法和免疫法等。

气相色谱-电子捕获检测器法 ECD 是灵敏度较高的选择性气相色谱检测器，仅对电负性高的物质，如含有卤素、氮、氧和硫等杂原子的化合物有响应，广泛用于环境样品中 PCBs 的分析。PCBs 的物化性质与有机氯农药相似且两者常常会同时在环境样品中存在，因此，最好用双柱进行验证。一根选用非极性色谱柱，如 DB-5，另一根选用中等极性色谱柱，如 DB1701，以排除有机氯农药对 PCBs 测定的干扰。定性应通过比较样品峰与标准峰的形状的最佳匹配作为依据。定量时选择每一种 Aroclor 中的 3～5 个峰（一般为最高峰）作为定量峰，以平均值作为样品中 PCBs 的浓度值，亦可采用 PCBs 单体进行定量。

气相色谱-质谱法 采用 GC-MS 的选择离子方式（SIM）测定 PCBs，其灵敏度与 ECD 相当，并且具有质谱特有的初筛和抗干扰的特点，可以选择性地排除基质带来的干扰离子，避免假阳性样品的检出。目前用于分析 PCBs 的质谱离子源主要有：电子轰击源质谱（EIMS）、化学电离源质谱（CIMS）、高分辨电子轰击质谱（HREIMS）等。随着仪器分析技术的进步，气相色谱-串联质谱（GC-MS/MS）也被用于 PCBs 的检测，很大程度上提高了检测的灵敏度。测定过程中还可采用稳定性同位素稀释技术，在试样中加入 ^{13}C 标记的 PCBs 作为定量标准，获得更加准确的测定结果。

生物检测技术 不仅可测定环境样品中 PCBs 的总含量，还可对同系物的毒性及生物活性进行测定，简便快速、特异性好，特别适合大批量样品的筛查及常规的环境检测。目前生物检测技术主要有以下几类：基因重组法、生物传感器检测法、表面胞质团共振检测法以及以芳香烃受体为基础的生物分析法。

免疫测定法 以抗原与抗体的特异性反应为基础的一种分析技术。可以满足简单、快速、灵敏检测环境中 PCBs 的要求，有研究将其用来检测环境中毒性较大的共平面多氯联苯。酶联免疫法是使用最广泛的一种 PCBs 免疫测定法。此外，还有基于酶联免疫原理的荧光免疫、放射免疫、流动注射电位法免疫等多种 PCBs 测定方法。

发展趋势 固相微萃取（SPME）具有简单、快速、无需使用有机溶剂，集采样、萃取、浓缩和进样于一体的优点，可用于萃取固体样品中的 PCBs。整个过程以顶空萃取模式进行，分析物从水相挥发进入气相，再吸附到以聚二甲基硅烷（PDMS）作为萃取涂层的纤维上。此外，还有用在 SPME 基础上发展起来的搅拌棒吸收萃取技术（SBSE）测定水中的 PCBs，将 0.5 mm 厚度的 PDMS 涂在搅拌棒表面，在水中搅拌时富集有机相，再通过溶剂解吸或热解吸进行分析。

土壤样品中如含有色素、脂肪酸等干扰性物质，除了目前常用的浓硫酸净化和 GPC 净化方法外，固相萃取净化也逐步被采用。采用弗罗里硅土、石墨化炭黑以及氨基联合柱能去除样品中的杂质，以减小其对 ECD 检测器的干扰。

相当一部分 PCBs 具有手性结构，手性对应体在生物活性、代谢及毒理学特性方面的差异，造成了其在环境和生物体中产生不同的生态环境危害。随着手性环境化学的发展，这方面的研究已逐步深入，并建立了采用环糊精毛细管手性色谱柱分离、GC-MS 检测环境中低含量的手性 PCBs 的分析方法。 （蒋海威）

duotongdao zaosheng zhendong fenxiyi

多通道噪声振动分析仪 （multi-channel sound and vibration analyzer） 多通道噪声信号测量与分析的仪器，可以任意组合噪声及振动测量通道，实现噪声、加速度、速度、位移等物理量的实时监测，利用计算机的高速计算、大容量存储能力对采集到的信号进行时域、频域分析计算。该仪器配置不同的软件可实现不同的功能，如频谱分析、1/3 倍频程分析、声功率测量与分析、建筑声学测量、环境噪声与振动测量与分析等。

通常由传感器、程控放大器、A/D 转换板和计算分析软件包等部分组成（下图）。测试传声器将声信号变成电信号后，经过前置放大器的阻抗变换，将信号输入到测量放大板，在计算机软件的控制下进行适当的计权和放大，再经过抗混叠滤波，输入到 A/D 板上进行模数

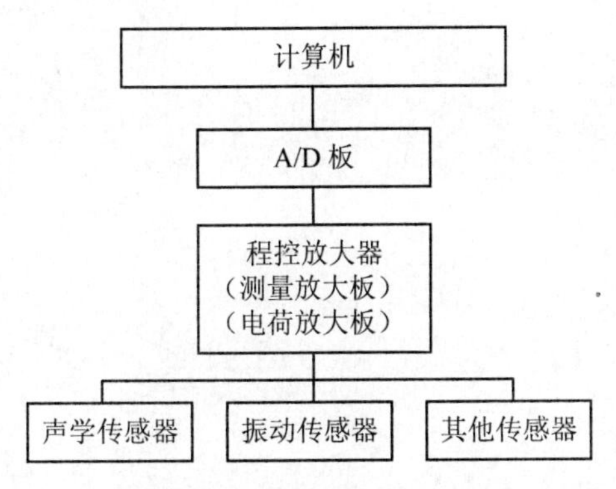

多通道噪声振动分析仪结构图

变换，最后通过 USB 接口送入计算机，计算机按照一定的规则和用户的要求，对接收到的数字信号进行处理，从而得到噪声信号的 1/3 倍频程频谱或快速傅里叶变换谱及 A 声级、C 声级和声压级等，精度较高。对于振动信号则需要采用加速度计进行测量。加速度计可以将振动的加速度转换成电荷的变化，由电荷放大板将电荷变化转换成电压的变化，再进行放大、抗混叠等处理后输入 A/D 板，以后的处理过程与噪声测量类似。加速度和速度的关系是一次积分，和位移的关系是二次积分，电荷放大板上设计了两个积分器，只要加入积分器即可以对振动的速度和位移进行测量。同理，只要给 A/D 板电信号，也可以对电信号进行波形显示和频谱分析。

多通道噪声振动分析仪广泛应用于环境噪声测量、环境振动测量、噪声源的快速频谱分析、实时频谱分析、建筑声学测量等，对采集的信号进行时域、频域的分析计算，具有精度高、功能强大、价格低、一机多用等优点，能够实现多通道并行测试，适合分布式、多测点、远距离的振动和噪声信号采集，可节约大量人力和物力，数据一致性好。可以连续大容量不间断采集数据，采样频率高，有助于捕捉偶发噪声，用于环境投诉监测中。（李宪同）

E

er'eyinglei ceding

二噁英类测定 (determination of dioxins)
经过适当的样品采集和前处理后，选用合适的测定方法对环境介质中的二噁英类物质进行定性定量分析的过程。二噁英类是多氯代二苯并二噁英(PCDDs)和多氯代二苯并呋喃(PCDFs)的统称，两者的结构式见图 1。它们是氯代三环芳烃化合物，具有相似的物理、化学性质和生物效应。由于氯原子的取代位置不同，构成了 75 种 PCDDs 和 135 种 PCDFs。在这 210 种化合物中，17 种（2,3,7,8 位全部被氯原子取代）被认为对人类健康有巨大的危害。其中 2,3,7,8-四氯代二苯并-对-二噁英（2,3,7,8-TCDD）在目前已知化合物中毒性最大，且动物实验表明其具有强致癌性。对二噁英类化合物进行毒性评价时，一般使用国际毒性当量系数（I-TEF）来表示，即以 2,3,7,8-TCDD 为基准，其他各异构体在相同浓度时的毒性为比较因子。将 TEF 系数与浓度相乘，就可换算成与 2,3,7,8-TCDD 毒性相当的浓度（TEQ）。用 TEQ 来表示二噁英类化合物的含量更能反映其污染的真实状况和对人体健康的影响程度。

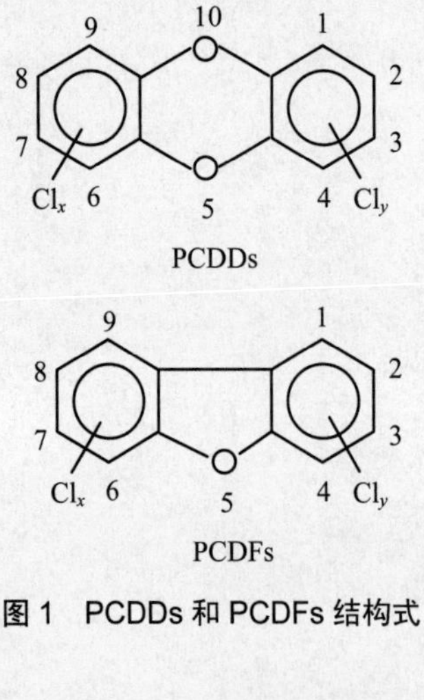

样品采集和保存 采集不同环境介质中二噁英类样品，应严格按照相对应的标准规范进行。对于土壤、沉积物等固体样品和水质样品，样品容器应使用对二噁英类无吸附作用的不锈钢或玻璃材质可密封器具，使用前用甲醇（或丙酮）及甲苯（或二氯甲烷）清洗。

采集环境空气和废气中的二噁英类物质需使用专门装置。环境空气中二噁英类采样装置如图 2 所示。过滤材料支架起支撑作用，可以

图 1 PCDDs 和 PCDFs 结构式

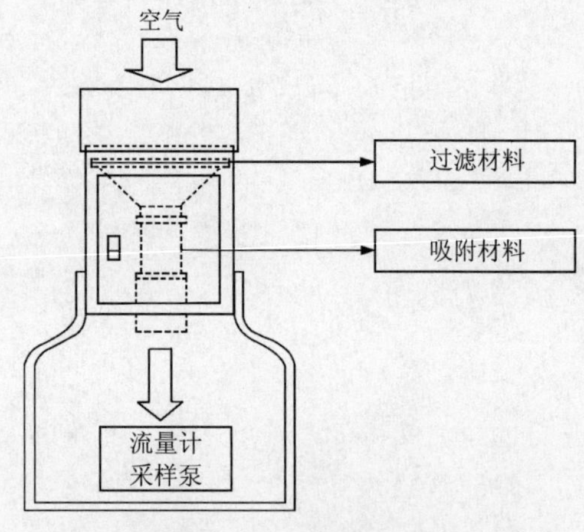

图 2 环境空气中二噁英类采样装置示意图

将滤膜等过滤材料不留缝隙地装上且不会损坏滤膜，可以和聚氨基甲酸乙酯泡沫（PUF）充填管连接，充填管为不锈钢或铝制。采样泵要求在装有滤膜的状态下，进行高或中等流速采样时，负载流量应分别能达到 800 L/min 或 400 L/min，并具有流量自动调节功能。

图 3 为废气中二噁英类采样装置示意图。采样管材质为硼硅酸盐玻璃、石英玻璃或钛合金属合金，内表面应光滑流畅。采样管应带有加热装置，能加热到 105～125℃，避免在采样过程中废气中的水分在采样管中冷凝。当废气温度高于 500℃时，应使用带冷却水套的采样管，使废气温度降低到滤筒正常工作的温度范围内。气相吸附单元可以是装填吸附材料的气相吸附柱或 PUF 充填管，也可以是冲击瓶和气相吸附柱相组合。采样泵要求空载抽气流量应不少于 6 L/min，当采样系统负载阻力为 20 kPa 时，流量应不低于 30 L/min。流量计量和控制装置用于指示和控制采样流量，能够在线监测动压、静压、计前温度、计前压力、流量等参数。采样结束后尽量在阴暗处拆卸采样装置，避免外界的污染。全部样品应低温保存并尽快送至实验室分析。

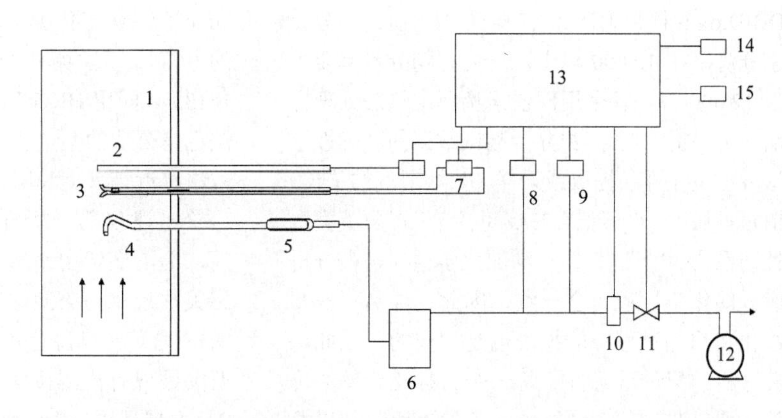

1. 烟道；2. 热电偶或热电阻温度计；3. 皮托管；4. 采样管；5. 滤筒（或滤膜）；6. 带有冷凝装置的气相吸附单元；7. 微压传感器；8. 压力传感器；9. 温度传感器；10. 流量传感器；11. 流量调节装置；12. 采样泵；13. 微处理系统；14. 微型打印机或接口；15. 显示器

图 3　废气中二噁英类采样装置示意图

样品前处理　环境样品中二噁英类浓度低，且组分复杂，干扰物质多，必须经过复杂的前处理才可以分析测定。样品的前处理技术是分析二噁英类的关键环节，典型的二噁英类前处理包括萃取、净化和浓缩。

萃取　通常采用液液萃取或索氏提取，在生物样品处理中也常用到固液萃取、半透膜萃取。近年来出现了一些替代索氏提取的新技术，如超声波萃取、超临界流体萃取、加速溶剂萃取、微波萃取法等。这些新方法缩短了萃取时间，大大减少了有毒有机溶剂的使用量。

净化　大多采用柱色谱法，目前主要采用的色谱柱有复合硅胶柱、碱性氧化铝柱和活性炭柱。还可以使用凝胶渗透色谱（GPC）、高压液相色谱（HPLC）和自动净化处理装置等净化样品。净化前可使用标准样品或标准溶液进行分离和净化效果试验，确认满足方法质量控制/质量保证要求。

浓缩　净化样品应进行微量浓缩。大体积浓缩时常使用旋转蒸发仪、电热套和 Kuderna-Danish（KD）浓缩仪，微浓缩时通常使用氮吹仪。

测定方法　包括高分辨气相色谱-高分辨质谱联用法、乙氧基-异吩唑酮-脱乙基酶（EROD）生物检测法和酶免疫吸附法。

高分辨气相色谱-高分辨质谱联用法　国际公认的标准方法是高分辨气相色谱-高分辨质谱（HRGC-HRMS）联用法，采用高分辨气相色谱将 17 种二噁英毒性同类物与其他毒性同类物及干扰物分离。常用色谱柱主要有 DB-5 和 SP-2331 或 SP-2330 柱。为了提高二噁英类定性分析的准确性，一些实验室也采用 DB-225 或 DB-Dioxin 柱来确认 2,3,7,8-TCDD。质谱部分要求分辨率在 10 000 以上，对内标物分辨率要求在 12 000 以上。采用同位素稀释定量法处理样品，可保证二噁英类分析测试数据的准确性。该方法是在样品提取或采样（如烟道气的采样）前定量加入 ^{13}C 标记 2,3,7,8-取代的二噁英类毒性同系物。由于 ^{13}C 标记物的化学性质与被分析组分的化学性质完全一致，因此在样品萃取、净化和浓缩过程中的损失也是相同的，以此保证分析结果的准确性。每一个目标化合物的确认要通过与同位素内标物一致的保留时间以及合适的同位素离子峰面积比（±15%）来实现。具体做法是，在一致的条件下，先注射校正标准溶液，设立标准曲线，采样内标法校正分析系统，以 ^{13}C 标记的定量内标化合物计算各目标化合物的相对响应因子。然后注射样品，用已校正的响应因子计算各个目标化合物的提取液浓度并进一步得到样品浓度。

EROD 生物检测法 主要用于环境样品中二噁英污染物的快速筛选。二噁英类对生物体内芳烃受体具有高度的亲和能力，能专一地诱导细胞色素 P450 酶。对 P450 酶的诱导作用可以通过 EROD 酶活性来测定，在一定浓度范围内具有线性的计量-效应关系。由于样品中其他共存干扰物的干扰，EROD 酶的分析结果往往偏高。

酶免疫吸附法 根据鼠单克隆抗体（DD3）与二噁英结合的特点而建立的竞争抑制酶免疫吸附方法。使用酶竞争配合物（HRP）和样品中二噁英共同竞争有限的 DD3 抗体的特异性结合位点，以一系列不同浓度的 2,3,7,8-TCDD 为标准物质，作出 2,3,7,8-TCDD 标样与对应样品的剂量-效应曲线，样品中二噁英毒性强度以计算出的 TCDD 毒性等价浓度间接表示。最终通过测定 DD3 与 HRP 螯合物的荧光强度来获取二噁英的 TEQ，螯合物的荧光强度与二噁英的 TEQ 成反比。该法简便、易操作，准确性一般优于 EROD 检测。

现状与发展趋势 目前二噁英的检测方法，通常包括两大类，即仪器法和生物分析法。20 世纪 90 年代美国环境保护局（EPA）公布的检测二噁英的标准方法（EPA Method 1613），即用 HRGC-HRMS 检测二噁英，该方法也是公认的鉴定和定量二噁英的“黄金标准”方法。近年来，我国二噁英类检测发展迅速，尽管上述仪器分析方法检测二噁英类准确度高，但测试费用昂贵、测试周期长，难以满足相关法规对污染源快速监测的需求，加之我国的二噁英污染源分布广泛，因此，二噁英检测要突破现有检测技术对资金、技术、人员等限制，发展适用于不同实验室需求的二噁英类简易分析方法。

生物检测方法普遍具有价格低廉、高通量和便于推广应用等特点，近年来在全球范围内得到了飞速的发展和应用。目前，国内部分科研机构已经开始使用二噁英生物检测方法，包括 EROD 生物检测法、酶联免疫吸附测定（ELISA）和基于报告基因的二噁英类生物检测等。但由于知识产权和技术本身不完善等方面的原因，目前这些技术局限于实验室研究的层面上，无法在我国环境监测领域全面推广和应用，因而我国急需研发具有自主知识产权的二噁英生物检测技术，以填补该方面的空白。

（张颖　许秀艳）

推荐书目

江桂斌. 环境样品前处理技术. 北京：化学工业出版社，2004.

齐文启，孙宗光. 痕量有机污染物的监测. 北京：化学工业出版社，2001.

eryanghualiu ceding

二氧化硫测定 （determination of sulphur dioxide） 对环境空气和废气中的二氧化硫进行定性定量分析的过程。二氧化硫（SO_2）主要来源于煤和石油的燃烧，小部分来源于火山爆发、冶炼、制硫酸工厂的废气等。二氧化硫在空气中经日光照射以及某些金属粉尘的催化作用，易氧化成三氧化硫，与水蒸气结合形成硫酸雾。硫酸雾是二氧化硫的二次污染物，对人类健康、生态环境、工农业生产都会造成严重的危害。二氧化硫是我国实施排放总量控制的指标之一。

样品采集与保存 见样品采集。主要有短时间采样和24 h连续采样等方式采样。样品采集、运输和保存过程中应避光，当气温高于30℃时，当天不能测定，应将样品保存于冰箱。当采用自动监测方法测定二氧化硫时，样品采集、保存与测定可以同时进行。

测定方法 常用方法有甲醛缓冲溶液吸收-盐酸副玫瑰苯胺分光光度法、四氯汞钾溶液吸收-盐酸副玫瑰苯胺分光光度法、碘量法、定电位电解法、非分散红外吸收法、溶液电导率法、紫外荧光法、紫外吸收法及差分吸收光谱法等。其中，非分散红外吸收法、紫外吸收法是固定污染源中二氧化硫测定的发展方向。

甲醛缓冲溶液吸收-盐酸副玫瑰苯胺分光光度法 适用于环境空气、污染源中二氧化硫的测定。二氧化硫被甲醛缓冲溶液吸收后，生成稳定的羟基甲磺酸加成化合物，在样品溶液中加入氢氧化钠使加成化合物分解，释放的二氧化硫与盐酸副玫瑰苯胺、甲醛作用，生成紫红色化合物，于577 nm或580 nm波长处测定其吸光度。用连接多孔玻板吸收管（内装吸收液）的空气采样仪采样。环境空气的小时值最低检出浓度为 0.02 mg/m^3，日均值最低检出浓度为0.03 mg/m^3；固定污染源中二氧化硫测定范围为2.5～500 mg/m^3。

四氯汞钾溶液吸收-盐酸副玫瑰苯胺分光光度法 适用于环境空气及无组织排放中二氧化硫的测定。二氧化硫被四氯汞钾溶液吸收后，生成稳定的二氯亚硫酸盐络合物，再与甲醛及盐酸副玫瑰苯胺作用，生成紫红色络合物，于575 nm波长处测定其吸光度。用连接多孔玻板吸收管（内装吸收液）的空气采样仪采样，以恒定流量采气 10～20 L 时，最低检出浓度为0.015 mg/m^3。

碘量法 适用于固定污染源排放废气中二氧化硫的测定。二氧化硫被氨基磺酸铵混合溶液吸收，用碘标准溶液滴定，亚硫酸根与碘发生反应，当碘被耗尽时，溶液由蓝色变为无色，反应到达终点，按滴定量计算二氧化硫浓度。测定范围为100～6 000 mg/m^3。

定电位电解法 适用于环境空气、无组织排放源、固定污染源排放废气中二氧化硫的测定。二氧化硫扩散通过传感器渗透膜，进入电解槽，在恒电位工作电极上发生氧化反应，由此产生极限扩散电流，在一定范围内，其电流大小与二氧化硫浓度成正比，根据极限电流测定二氧化硫浓度。环境空气及无组织排放废气中二氧化硫测定的范围为 0.003～6 mg/m^3；固定污染源排放废气中二氧化硫测定范围为15～11 440 mg/m^3。

非分散红外吸收法 适用于固定污染源排放废气二氧化硫的瞬时监测和连续监测。二氧化硫气体对6.82～9 μm波长红外光谱具有选择性吸收。一束恒定波长为7.3 μm的红外光通过二氧化硫气体时，其光通量的衰减与二氧化硫浓度符合朗伯-比尔定律，由此测定二氧化硫气体浓度，测定范围为28.6～7 150 mg/m^3。

溶液电导率法 适用于固定污染源排放废气中二氧化硫的测定。气体样品中的二氧化硫被硫酸酸化的过氧化氢溶液吸收后发生化学反应，使溶液的电导率发生变化，通过硫酸电导率的增加计算出二氧化硫的浓度。测定范围为57～12 870 mg/m^3。

紫外荧光法 适用于固定污染源排放废气、环境空气中二氧化硫的测定。二氧化硫吸收紫外光区的能量，受激发后从高能级返回基态时，产生荧光（240～420 nm），根据发射出的荧光强度，测定二氧化硫浓度。固定污染源排放废气中二氧化硫连续监测测定范围为28.6～7 150 mg/m^3；环境空气中二氧化硫的测定范围为 0～1.43 mg/m^3，最低检出限为5.7×10^{-3} mg/m^3。

紫外吸收法 适用于固定污染源排放废气中二氧化硫的连续测定。用紫外线照射二氧化硫分子，在280～300 nm波长附近的光被吸收，由此测定二氧化硫浓度。测定范围为 28.6～

7 150 mg/m^3。

差分吸收光谱法 适用于固定污染源排放废气中二氧化硫的连续测定。根据朗伯-比尔定律，利用窄带吸收特性来鉴别二氧化硫，光束穿过一定长度的待测二氧化硫气体环境后，由于二氧化硫气体对光的吸收作用，光能量将发生衰减，由光能量的衰减强度计算出二氧化硫的浓度。

方法应用 四氯汞钾法是国内外广泛采用的方法，方法灵敏度高、选择性好，但是只适用于监测低浓度二氧化硫，并且使用具有毒性的含汞溶液。甲醛法和四氯汞钾法的精密度、准确度、选择性和检出限等技术指标相近似，还可以监测固定污染源中的二氧化硫，避免了使用毒性大的含汞溶液，现在国内多采用甲醛法。定电位电解法简便、快速、重复性好、能进行连续监测，并且可与计算机联机进行数据处理与传输，但是目前该方法测定环境空气中的二氧化硫为试用方法，仅在固定污染源监测中使用。紫外荧光法灵敏度高、选择性好、分析速度快、不消耗化学试剂，已被世界卫生组织在全球监测系统中采用，目前广泛用于环境空气地面自动监测系统中。碘量法测定范围宽、设备简单、操作方便、易于掌握，但用碘量法测定烟道气中的二氧化硫时，二氧化硫在吸收液中不稳定，样品很快衰减，测定误差较大；此外，经过加热采样管进入采样瓶的烟气温度较高，在采样过程中，吸收液温度升高，对吸收效率也有影响。溶液电导率法、非分散红外吸收法、紫外吸收法都适用于废气中二氧化硫的测定，这些方法快捷、简便，仪器为便携式。《固定污染源废气　二氧化硫的测定　非分散红外吸收法》（HJ 629—2011），将非分散红外吸收法列为中国环境保护标准方法，应用于固定污染源排放废气的连续监测。　　（于学普）

推荐书目

国家环境保护总局《空气和废气监测分析方法》编委会. 空气和废气监测分析方法. 4版增补版. 北京：中国环境科学出版社，2007.

eryanghualiu fenxiyi

二氧化硫分析仪（sulfur dioxide analyzer）

通过化学或物理方法对环境空气和废气中的二氧化硫进行定性定量分析的仪器。在环境监测领域中，主要用于工业企业的监督性监测和烟气排放连续监测系统。

沿革 我国广泛采用碘量法监测二氧化硫，但是样品在吸收液中很快衰减，测量误差很大。1994年出现了电导率法二氧化硫分析仪，该仪器电极可长期使用，但是仪器笨重、外观粗糙且需要手工操作。1997年电导率法二氧化硫分析仪在小型化、自动化、智能化方面取得较大进展，实现了自动加液、自动清洗电极和吸收瓶、自动采样，具有显示二氧化硫浓度测定结果和数据存储的功能，在环境监测领域得到了广泛的应用。20世纪90年代中后期，研制出定电位电解法二氧化硫分析仪，此后该仪器经不断改进，使烟气的除尘、除湿系统以及传感器寿命短的问题得到了改善。近年来，非分光红外吸收法和紫外吸收法二氧化硫分析仪广泛应用于工业过程和环境监测等领域。

分类 根据检测原理不同，分为定电位电解法二氧化硫分析仪、非分散红外吸收法二氧化硫分析仪、紫外脉冲荧光二氧化硫分析仪、紫外吸收二氧化硫分析仪、电导率法二氧化硫分析仪和碘量法二氧化硫分析仪。目前中国常用的是前4种。

定电位电解法二氧化硫分析仪 具有小型、轻便、快捷等优点，在中国应用较多。

原理 待测气体经过除尘、去湿后，由气体采样泵将待测气体经采样管送至传感器的气室，通过渗透膜进入电解槽，电解液中扩散吸收的二氧化硫在规定的氧化电位下进行定电位电解，根据电解电流求出二氧化硫浓度。当工作电极达到规定的电位时，被电解质吸收的二氧化硫发生氧化反应，产生电解电流，在一定范围内与二氧化硫浓度成正比。

结构 一般由气路系统和电路系统两部分组成，包括采样管、加热装置、除湿装置、导气管、传感器、流量控制装置和采样泵，结构

见图 1。

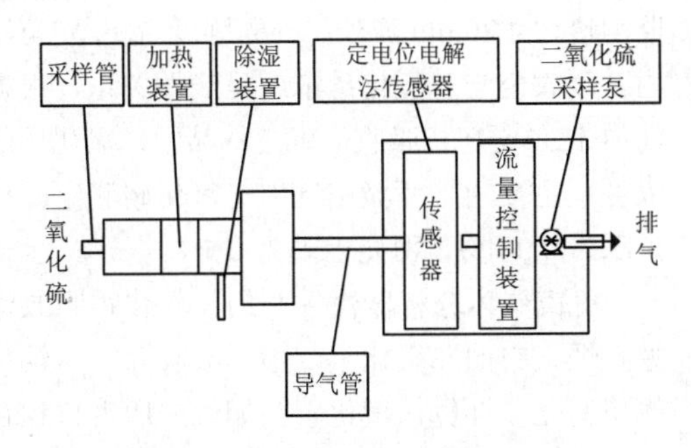

图 1　定电位电解法二氧化硫分析仪结构图

非分散红外吸收法二氧化硫分析仪　具有抗干扰能力强、受流量影响小、寿命长等特点。

原理　红外光源发出的红外光，经过光学滤波器调制频率后，进入测量气室，根据二氧化硫对红外光的吸收特性测定其浓度。进入测量气室的红外光被二氧化硫气体吸收，未被吸收的红外光进入检测器。检测器由前气室、后气室和微流传感器组成，前、后气室充满二氧化硫的气体。在红外光的作用下，气室中的气体发生膨胀，膨胀差异导致前、后气室之间产生微小的流量，微波传感器检测到该流量后，产生交流电压信号，信号经过处理后得到二氧化硫的浓度。

结构　由光源、光学滤波器、测量气室、检测器、微波传感器、放大器和显示器等部件组成。

紫外脉冲荧光二氧化硫分析仪　测定稀释后的样气，不用加热管路，可长距离输送样品气进入分析仪，易于维修和管理，具有灵敏度高、实时性强、检测范围宽和重复性好等优点。

原理　待测气体经过除尘、去湿后，由气体采样泵经采样管送至传感器的气室。待测气体中二氧化硫吸收紫外光区的能量，受激发从高能级返回基态时发出荧光，将荧光强度转换成电信号，通过电子线路将模拟信号放大测定二氧化硫的浓度。

结构　包括反应室部件、气路系统和电路部分，见图 2。其中，反应室主要组件有紫外光

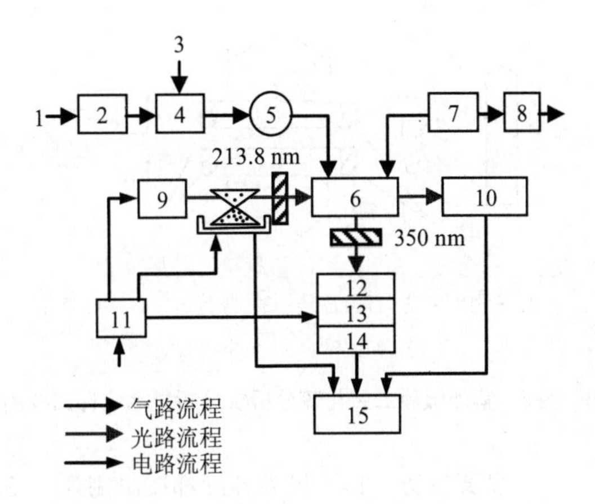

1. 环境空气；2. 空气过滤器；3. 样气进入；4. 阀模块；5. 尘过滤器；6. 荧光反应室；7. 流量计；8. 泵；9. 紫外灯；10. 参比检测器；11. 主电源；12. PMT；13. HV 电源；14. 前置放大；15. 电子线路

图 2　紫外脉冲荧光二氧化硫分析仪结构图

源、斩波器、同步发生器、反应室及加热器、光电倍增管（PMT，包括前置放大器）及冷却器和参比检测器（包括前置放大器）。气路系统包括粒子过滤器、碳氢化合物分离器、活性炭净化器和流动控制组件，主要完成烟气的采样、处理、输送等功能。电路部分包括电源、制冷和加热控制电路以及对 PMT 和参比通路部分的处理，电路系统完成光电转换、信号放大、数据处理及数据显示打印、仪器工作状态控制等功能。

紫外吸收二氧化硫分析仪　具有便携、快捷、简便、检测灵敏度高、实时性强等特点。

原理　样气经取样泵送入分析单元，在光室进行紫外线测量，二氧化硫在 280～300 nm 附近对紫外光有特征吸收，根据吸收强度测定二氧化硫浓度。

结构　由取样探头、取样恒温管路、样气冷却及保护装置和分析显示组件四部分组成。其中分析显示组件是仪器的重要组成部件，包括紫外灯、石英透镜、石英窗、样品池、参比池和光电二极管等部件，见图 3。

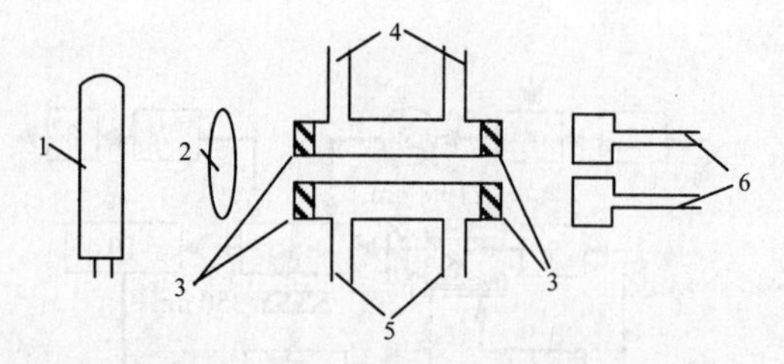

1. 紫外灯；2. 石英透镜；3. 石英窗；4. 样品池；5. 参比池；6. 光电二极管

图3 紫外吸收二氧化硫分析仪分析显示组件结构图

发展趋势 目前世界各国都在研制开发各种智能传感器、多功能传感器以及连续监测系统。电化学分析方法在二氧化硫的检测中得到了非常广泛的应用，但由于其响应速度慢、不能对待测物质进行在线实时监测、不能对气体进行遥感监测、干扰多，在环境监测工作中逐步被替代。光学分析的气体浓度检测技术可以探测的气体种类多、灵敏度高、选择性强、响应速度快，适合现场实时监测，其成本较低，是二氧化硫气体浓度检测的理想工具。二氧化硫分析仪的研究方向包括：①小型化、专用化、操作简单化；②通过蓝牙技术等现代无线通信方式实现二氧化硫的遥感监测；③随着微电子技术的不断发展，智能化成为二氧化硫分析仪发展的新方向；④将虚拟仪器技术用于二氧化硫分析测量。 （于学普）

eryanghuatan ceding

二氧化碳测定

（determination of carbon dioxide） 对环境空气和废气中二氧化碳进行定量测量的过程。二氧化碳是造成温室效应的主要来源，通常由有机物燃烧、细胞呼吸、微生物发酵等过程中产生。

样品采集与保存 见一氧化碳测定。

测定方法 常见测定方法有非分散红外吸收法、奥氏气体分析器法、气相色谱法、容量滴定法和检气管法。

非分散红外吸收法 二氧化碳对红外线具有选择性吸收。红外光源发射 1～20 μm 的红外光，通过一定长度的二氧化碳气室吸收后，再经 4.26 μm 波长窄带滤光片滤光，由红外传感器监测透过 4.26 μm 波长红外光强度。在一定范围内，吸收值与二氧化碳浓度呈线性关系，根据朗伯-比尔定律由吸收值确定样品中二氧化碳的浓度。主要用于环境空气中二氧化碳测定。检出限为 0.001%，测定上限为 0.5%。

奥氏气体分析器法 利用氢氧化钾吸收液吸收烟气中的二氧化碳，根据吸收前、后烟气体积变化，计算二氧化碳在烟气中所占体积百分数。测定范围为 0.5%以上，主要用于高浓度二氧化碳测定。

气相色谱法 二氧化碳经 GDX-102 色谱柱与气体中的其他成分分离后，进入气相色谱热导检测器的工作臂，使该臂电阻值的变化与参考臂电阻值的变化不相等，惠斯登电桥失去平衡而产生信号输出，在线性范围内，信号大小与进入检测器的二氧化碳浓度成正比，从而进行定性与定量测定。适用于环境空气中二氧化碳的测定，进样 3 mL 时，检出限浓度为 0.01%，测定上限为 0.4%。

容量滴定法 用过量的氢氧化钡溶液与二氧化碳作用生成碳酸钡沉淀，采样后剩余的氢氧化钡用标准草酸溶液滴定至酚酞试剂红色变为无色，从而测到空气中二氧化碳的浓度。适用于环境空气中的二氧化碳测定，当采样体积为 5 L 时，最低检出浓度为 0.001%，测定上限为 0.5%。需要注意的是空气中二氧化硫、氮氧化物及乙酸等酸性气体会干扰检测结果。

检气管法 将活性氧化铝吸附百里酚酞稀碱溶液（呈蓝色）制备成的指示粉装入检气管中。现场监测时，打开检气管两端，并将其中一端与注射器连接，使空气进入检气管。空气中二氧化碳使检气管中的指示粉褪色，测量褪色长度，在浓度标尺或者标准曲线上可直接读出二氧化碳浓度。注意酸、碱对测定有干扰。适用于环境空气中的二氧化碳测定，测定上限为 0.3%。

方法应用 非分散红外吸收法以其选择性好、精度和灵敏度高、操作简便等优点被广泛研究和使用，适用于低浓度二氧化碳监测；奥氏气体分析仪器法多用于高浓度二氧化碳的测定，其优点为测定范围广，能同时测定氧、一氧化碳等其他气体的浓度，缺点是所有的酸性化合物会干扰测定；检气管法是一种快速简便的监测方法，精度较低，且检气管适用期有限，多用于应急监测。除此之外，测定二氧化碳的方法还有红外光谱法、质谱法、极谱法、离子选择电极法、重量法等，在二氧化碳测定中尚未广泛使用。

发展趋势 近年来测定二氧化碳的方法有了新进展。如将二氧化碳经镍催化剂转化成甲烷后，用火焰离子化检测仪（FID）直接测定的气相色谱法，测定范围在0.000 6%～100%，并能同时测定一氧化碳；该法灵敏度高、重现性好、采样方便、快速准确。二氧化碳也可通过分子扩散作用被采样器中氢氧化钠浸渍滤纸所吸收，形成碳酸钠，经水洗脱后，用容量滴定法测定其含量。近年来新研发的红外吸收型传感器法具有测量范围宽、灵敏度高、响应时间快、选择性好、抗干扰能力强、成本低、安全可靠等优点。 （孟祥鹏）

eryanghuatan fenxiyi

二氧化碳分析仪 （carbon dioxide analyzer） 对环境空气和废气中的二氧化碳进行定性定量分析的仪器。一般具备定量监测和仪器直接读数等功能。

分类 目前应用较多的有非分散红外二氧化碳分析仪、奥氏气体分析仪和二氧化碳传感器分析仪等。

非分散红外二氧化碳分析仪 利用二氧化碳对红外辐射具有选择性吸收的特性，将待测二氧化碳气体连续不断地通过一定长度的气室后，从可以透光的气室一个端面入射一束红外光，然后在另一个端面测定红外光的辐射强度，依据朗伯-比尔定律，红外光的吸收与吸光物质的浓度成正比，计算出二氧化碳气体的浓度，并在仪器上直接读数。仪器结构参见一氧化碳分析仪。

奥氏气体分析仪 利用氢氧化钾吸收液吸收气体中的二氧化碳，以压缩空气为动力，由一个自动开闭的栓将压缩气体导入水准瓶，驱使水准瓶内液面升降，从而使得量气管中的二氧化碳压入吸收瓶中进行吸收，以被吸收的数值作为所含二氧化碳气体的体积，计算出二氧化碳所占体积的百分数。该仪器能够同时测定氧气和一氧化碳等气体的含量。根据不同的测试要求，吸收瓶的个数可增减。仪器结构参见一氧化碳分析仪。

二氧化碳传感器分析仪 主要包括非分散红外吸收二氧化碳传感器、固态电化学型二氧化碳传感器和热导式二氧化碳传感器等。

非分散红外吸收二氧化碳传感器 利用非分散红外原理对空气中存在的二氧化碳进行监测的通用智能传感器。主要包括光源及探测接收模块（传感头）、信号放大模块、低通滤波模块、A/D转换器以及微控制器和信号显示输出等模块。光源、滤光片及探测器是传感器的关键部件。从传感器出来的信号极微弱，必须对其进行放大和滤波，在获得较强信号的同时尽可能地消除噪声，达到较高的信噪比，为后续的信号处理提供真实有效的数据。微控制器负责信号运算和浓度换算、自动标定、实时显示跟踪以及与计算机的数据通信等，见图1。

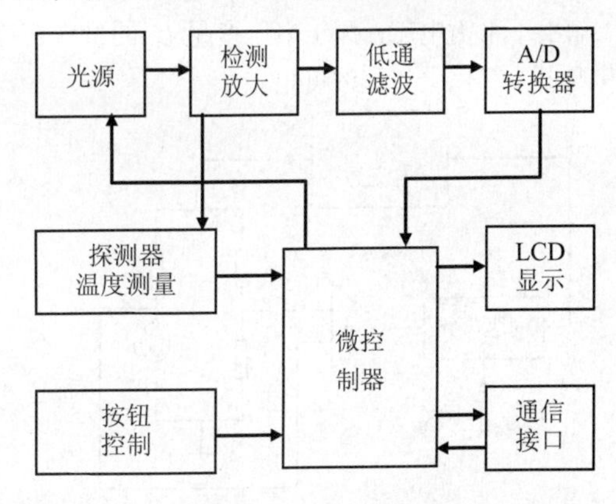

图1 非分散红外吸收二氧化碳传感器构成图

固态电化学型二氧化碳传感器 电化学型的气体敏感组件，两个电极之间充有阳离子固体电解质，阴极由锂碳酸盐和镀金材料制成，阳极是镀金材料。当该组件暴露在二氧化碳气体环境中时，产生电化学反应，反应式如下：

阴极反应方程：

$$4Li^{+}+2CO_2+O_2+4e^{-}=2Li_2CO_3$$

阳极反应方程：

$$4Na^{+}+O_2+4e^{-}=2Na_2O$$

总化学反应方程：

$$Li_2CO_3+2Na^{+}=Na_2O+2Li^{+}+CO_2$$

根据能斯特（Nernst）方程，通过监测两个电极间电势值（EMF），可得到二氧化碳浓度值。

热导式二氧化碳传感器 根据待测混合气体的热导系数随气体中成分及其含量不同而改变的原理制成，由监测单元和补偿组件配对组成电桥的两个臂，遇到二氧化碳气体时检测组件电阻变大，桥路输出电压变量与浓度成正比，补偿组件起参比及温度补偿作用。工作方式是在主气路上部设置测量室，待测气体通过扩散作用进入测量室，待测气体与主气路中的气体进行热交换，测量后经主气路排出。图 2 中 R_1、R_2、R_3 为桥臂电阻，r 为热导传感器，它们共同组成一个电桥，调节器 A、伺服电路、可变电流源与电桥共同组成一个闭环控制电路。检测二氧化碳气体时，由于气体的热传导作用，传感器的温度上升，阻值增加，电桥失去平衡，输出不平衡电压，测出电压变量 U_0 的量就可检测出二氧化碳气体浓度值。

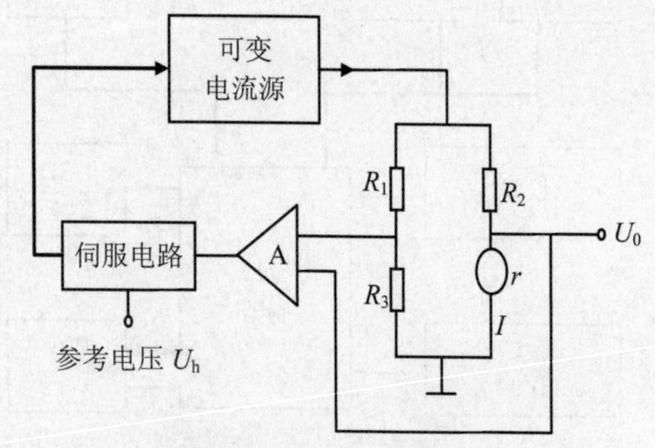

图 2 热导式二氧化碳传感器测试原理图

应用 非分散红外二氧化碳分析仪以其选择性好、检测速度快、精度和灵敏度高、可现场读数、操作简便、具有可选量程性、数据储存功能和用户可编程或改变报警设置等优点，在二氧化碳环境监测领域，特别是现场实时监测中得到越来越广泛的应用。奥氏气体分析仪结构简单，测定范围广，多用于测定高浓度的二氧化碳。二氧化碳传感器分析仪，减轻了测试系统的质量和体积，基本实现了二氧化碳测定的高精度、高稳定性、便携式、智能化，具备检测范围宽、可靠性高、安装方便、维护简单等优点。传感器网络化后可用于实时、远程监控。

发展趋势 我国的非分散红外仪器大多采用国际上 20 世纪 80 年代初的红外气体分析方法，如镍铬丝作为红外光源、电机机械调制红外光、薄膜电容微音器或锑化铟（InSb）等作为传感器。近年来，非分散红外二氧化碳测定技术研究正逐步深入，光源以及滤光片镀膜工艺是必须攻克的难关，2005 年非分散红外气体传感器技术研究取得新进展，但关键组件仍然需要进口。现行红外二氧化碳分析仪不仅价格昂贵，而且体积大，因此灵敏度高、选择性和稳定性好、小型化、便携式是二氧化碳分析仪的发展方向。（孟祥鹏）

推荐书目

国家环境保护总局《空气和废气监测分析方法》编委会. 空气和废气监测分析方法. 4 版增补版. 北京：中国环境科学出版社，2007.

F

faguangjun jianceyi

发光菌检测仪 （luminescent bacteria detector） 又称生物综合毒性检测仪，是利用发光菌作为测试体系，通过检测发光菌发光光谱，确定水质综合毒性的仪器。

沿革 自黑斯廷斯（Hastings）最先提出发光细菌的发光机制后，发光细菌在 20 世纪 30 年代首先用于快速评价药物的毒性作用。1978 年，美国使用明亮发光杆菌（*Photobacterium phosphoreum*）研制了 Microtox 系统，灵敏度可与鱼类 96 h 急性毒性试验相当，其快速、简便、费用低廉的优点，使发光细菌毒性测试技术在全世界范围内得到了广泛应用。随后利用 Microtox 系统，针对应急现场快速毒性分析，研发了 Deltatox 便携式发光菌检测仪。荷兰利用费希尔弧菌（*Vibrio fischeri*）作为测试菌种，研制了在线发光细菌毒性测定仪和便携式水质综合生物毒性分析仪，在欧洲多个国家的水体安全预警监测和水质毒性快速检测中应用。以色列等国家相继利用鳆鱼发光杆菌（*Photobacterium leiognathi*）研发出 ToxScreenIII 发光菌检测仪。随着发光菌法在环境监测，尤其是水质预警和水体污染应急中的广泛应用，我国利用特有的淡水发光菌——青海弧菌（*Vibrio qinghaiensis*）作为测试菌种，研发出了多款发光菌检测仪，如 LumiFox 2000～8000 系列发光细菌毒性检测仪和 BHP 9511～9515 系列水质毒性检测仪。

原理 污染物可以直接抑制参与生物发光反应的酶类活性，也可以抑制细胞内与生物发光反应有关的新陈代谢过程，从而对发光菌发光产生干扰和抑制。凡是能够干扰或破坏发光细菌呼吸、生长、新陈代谢等生理过程的任何有毒有害物质，都可以通过发光菌发光强度的变化来测定。将发光细菌作为受试生物，基于发光细菌相对发光度与样品溶液毒性组分总浓度呈显著负相关的关系，通过专门测量发光菌特异发光波长的光检测仪器，准确测定样品溶液的相对发光度，得出环境污染物的综合毒性。

结构 主要由样品室、检测器以及数据采集与处理几部分组成。

样品室 用于放置待测样品，要求密闭性好，能完全隔绝外界自然光。由于发光菌发光受到温度的影响，所以为了保证精确分析，样品室需要恒温控制装置。

检测器 仪器的核心部分，用于接收光子信号。主要部件是光电倍增管，将接收到的光子信号转换成电信号并加以放大。放大后的电信号通过测数装置测量，光子计数器具有灵敏度高、性噪比低的特点，因此应用最广泛。

数据采集与处理 检测器对光信号进行转换处理，仪器内置的数据处理系统利用读取的发光信号数据，直接计算出测试样品的相对发光强度值或光抑制率，还可以配置软件直接计算出样品的半最大效应浓度值（EC_{50}）及其毒理回归方程。

应用 根据应用领域的不同，目前发光菌检测仪主要分为实验室台式发光菌检测仪、便携式发光菌检测仪和水质在线发光菌检测仪三类。发光菌检测仪在河流污染毒性检测、河流水质状况监测、水排污口制度性监测、城市污水处理厂污水处理前后毒性检测、工业废水生物毒性监测以及在线自动化监测等多个环境监测领域都有重要的应用。

发展趋势 随着生物工程技术的迅速发展，多种水质毒性快速检测仪器研发成功并运用到水质检测。然而部分检测仪器存在缺陷，如使用的微生物种类与监测环境水质种类不符；很多发光菌检测仪使用海洋菌作为测试系统，缺少利用淡水菌的测试系统；某些高敏感性的低毒物质产生假阳性的检测结果干扰毒性评估；利用发光菌法检测毒性时，检测水体本身颜色和浑浊度对结果的干扰问题尚未系统解决。今后发光菌检测仪的研发将主要从以下三方面开展：①寻找更敏感的生物材料或微生物品种，利用分子生物学手段研发工程菌，匹配高度敏感、稳定的电子组件，进一步提高产品灵敏度和试验重现性；②开发专一性强的水质毒性检测仪器，如专门针对生活污水、不同种类工业废水、地表灌溉水的水质检测系统；③提高水质毒性检测速度，开发更加便携的检测仪器，以满足复杂环境条件下的快速检测。

（阴琨）

fangshexing wuzhi ceding

放射性物质测定 （radioactive material detection） 放射性物质产生的射线，如α粒子、β粒子、γ光子、中子等会与周围物质相互作用，直接或间接地产生电离或激发等效应，利用这些效应对环境中的放射性物质进行定性定量分析的过程。放射性物质主要来源于天然存在的放射性核素和人工放射性核素，与人类有关的活动主要是核试验、核能生产、医疗照射、核技术应用等。

测定方法 包括物理方法和化学方法。

物理方法 主要包括环境辐射场直接测量和环境样品测量。环境辐射场的直接测量主要是测量环境中放射性核素发射出的γ射线在空气中的吸收剂量率；如果环境中的核素主要发射β射线，也可以直接测量活度浓度。环境样品的测量是通过对各种环境介质中的核素的测量分析，获得核素在环境介质中活度浓度。

测量环境介质中的总α/总β放射性速度快、成本低，对大量放射性监测样品能起到快速筛选作用，节省大量人力和物力，是环境放射性监测的主要手段之一。

物理监测方法还包括对样品中存在的特定核素及含量进行分析和测量。由于大多数被分析的核素在其衰变过程中都发射γ射线，实验室γ能谱测量与分析技术在环境样品的放射性分析中得到了广泛的应用。

化学方法 利用核素或核反应的特性及化学分离和核辐射测量方法，进行核素或元素的分析。主要包括：天然放射性元素/核素的分析、裂变产物的分析、活化产物的分析、超铀核素的分析以及氚、碳-14 和氪-85 的分析等。

天然放射性元素/核素的分析 主要分析自然界中存在的放射性核素。这些放射性核素中铀和钍的寿命较长，铀-238 和钍-232 的半衰期可与地球的年龄（约 4.5×10^9 年）相比，由于它们衰变，又形成一系列放射性子体与之共存。此外，自然界中还有一些非天然放射系成员而半衰期很长的核素，如钾-40 等。对于铀的分析，可采用激光液体荧光法、分光光度法；钍的分析，普遍采用分光光度法；镭的分析，可以采用射气闪烁法或α能谱法测定水中镭-228，通过测量镭-228 衰变子体锕-228 的β放射性测定镭-228 含量；钋-210 和铅-210 的样品分析，可以通过两次铅-210 的自沉淀-α计数分别测定钋-210 和铅-210，通过铋-210 的自沉淀-β测定铅-210；钾-40 的分析，采用原子吸收分光光度法和火焰光度法测定。

裂变产物的分析 主要分析重原子核发生裂变反应时生成的产物。裂变产物通过反应堆或加速器产生以及核武器爆炸方式产生，其中锶-90、铯-137 和碘-131 等对人体危害较大。对

于锶-90 的分析，可以采用发烟硝酸沉淀法测定水中锶-90，也可以采用二-（2-乙基己基）磷酸萃取色层法测定水、生物和土壤中锶-90；铯-137 的分析，可以测量铯-137 的β放射性水平；碘-131 的分析，可以采用γ谱仪法测定空气中碘-131，用低本底β测量装置或低本底γ谱仪测量水和生物中碘-131 的含量。

活化产物的分析 主要分析在中子等粒子作用下发生核反应而产生的放射性核素。这些放射性核素主要有锰-55、钴-60、镍-63、铁-55、铁-59 和锌-65 等。锰-54 的分析，主要通过γ谱仪测量其发射的 835 keV 的γ射线强度；钴-60 的分析，可以用γ谱仪测定其发射的 1.173 MeV 和 1.332 MeV 的γ辐射，也可以通过放化分离出钴-60 后，用β计数器测量其最大能量为 0.318 MeV 的β辐射；镍-63 的分析，通过液体闪烁计数法测定；铁-59 和铁-55 的分析，铁-59 可发射β和γ辐射，既可以用γ谱仪测定，也可以通过放化法分离出铁-59 后，用β计数器测量其 0.27 MeV 的β射线来测定，铁-55 采用液体闪烁计数法测定。

超铀核素的分析 主要分析一些原子序数比铀大的核素，包括镎-237、钚-238、钚-239、钚-240 和镅-241。对于镎-237 的分析，可以采用放化处理后测量α计数来测定；钚-239 和钚-240 的分析，采用萃取或离子交换浓集后，用α能谱法测定；镅-241 的分析，通常用α计数法、α能谱法、γ能谱法和液体闪烁计数法测定。

氚、碳-14 和氪-85 的分析 可先经过放化处理，再用液体闪烁计数法进行测定。

发展趋势 放射性物质测定的发展方向上，应更加注重环境样品的采集和前处理环节的质量保证和标准方法研究，减少不确定度的最大潜在来源；引进在其他领域应用成熟的分析方法，如同位素质谱法进行痕量和超痕量放射性元素测定，进一步降低测量的下限；结合我国核能利用的快速发展，对核泄漏和核事故排放到空气中的放射性惰性气体氙和氪的测量方法进行研究；针对不同分析方法选择合适的数据统计方法。 （向元益）

推荐书目

潘自强. 电离辐射环境监测与评价. 北京：原子能出版社，2007.

feifensan hongwai fenxiyi

非分散红外分析仪

（non-dispersive infrared spectrometer） 又称不分光红外分析仪或非色散型红外分析仪，是基于不同物质对红外波长的电磁波能量具有特殊吸收特性的原理，对环境样品进行定性定量分析的仪器。

原理 利用异原子组成的气体分子在红外区域具有特征吸收光谱的性质，当红外光通过待测气体时，这些气体分子对特定波长的红外光有吸收，其吸收关系服从朗伯-比尔定律：$E=E_0e^{-KCL}$，E 为透过光能量，E_0 为入射光能量，K 为气体吸收系数，C 为气体摩尔浓度或质量/体积浓度，L 为气体层厚度。气体对红外辐射的吸收示意图见图 1。

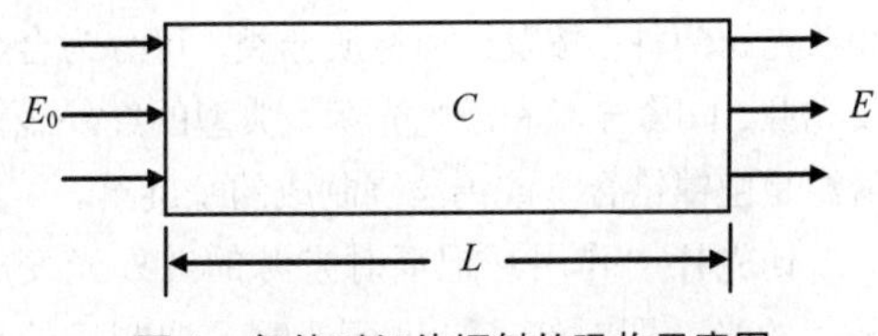

图 1　气体对红外辐射的吸收示意图

光束通过气体层后被吸收的能量为 $\Delta E=E_0-E=E_0$（$1-e^{-KCL}$）。当 KCL 的数值很小时，$e^{-KCL}\approx1-KCL$，$\Delta E=E_0-E=E_0KCL$，即气体浓度较小时，红外光吸收的能量 ΔE 与气体浓度呈线性关系，见图 2。

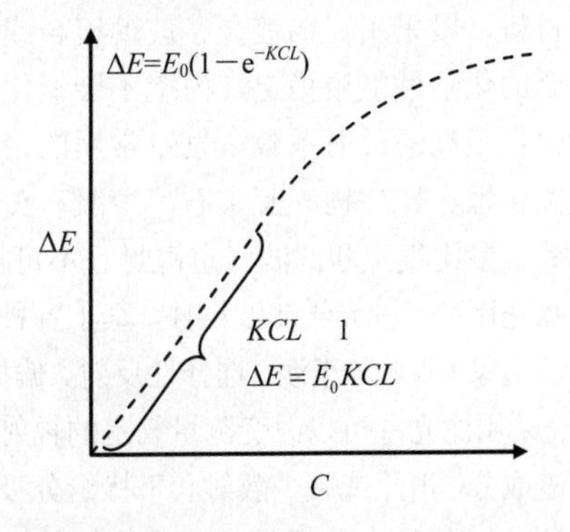

图 2　红外吸收能量与气体浓度的关系

当直接或间接测得 ΔE 时，便可知气体浓度 C。用人工的方法制造一个包括待测气体特征吸收峰波长在内的连续光谱辐射源，通过固定长度的含有待测气体的混合组分，在混合组分的气体层中，待测气体的浓度不同，吸收固定波长红外线的能量也不同，继而转换成的热量也不同。在一个特制的红外检测器中，将热量转换成温度或压力，测量这个温度和压力，就可以准确测量被分析气体的浓度。

结构 非分散红外分析仪由光源、切光片、气室、滤光片、检测器和数据处理系统等构成。

光源 作用是产生两束能量相等且稳定的平行红外光束。光源要具备以下条件：①辐射的光谱成分稳定；②辐射的能量大部分集中在待测气体特征吸收波段；③辐射光平行于气室中心入射；④寿命长；⑤热稳定性好；⑥抗氧化性好；⑦金属蒸发物少；⑧光源灯丝在加热过程中不释放有害气体。按光源的结构分类，可分为单光源和双光源两种；按发光体材质分类，可分为合金发光源、陶瓷光源和激光光源。典型的红外线辐射源是由镍铬合金或钨丝绕制成的螺旋丝。

切光片 作用是把辐射光源的红外光变成断续的光，即对红外光进行调制。调制目的是将检测器产生的信号转变为交流信号，通过放大器放大，同时改善检测器的响应时间。

气室 包括测量气室、参比气室和滤波气室，这三种气室结构基本相同，都是圆筒形，两端用芯片密封。气室要求内壁光洁度高、不吸收红外线、不吸附气体、化学性能稳定，气室的材料一般采用黄铜镀金、玻璃镀金或铝合金。金的化学性能极稳定，内壁不会氧化，所以能保持很高的反射系数。气室常用的窗口材料有氟化锂、氟化钙、蓝宝石、熔凝石英和氯化钠等。参比气室和滤波气室密封且不可拆。

滤光片 一种光学滤波组件，基于各种不同的光学现象（吸收、干涉、选择性反射、偏振等）工作。采用滤光片可以改变测量气室的辐射能量和光谱成分，消除或减少散射和干扰组分吸收辐射的影响，使具有特征吸收波长的红外辐射通过。其中干涉滤光片是一种带通滤光片，根据光线通过薄膜时发生干涉现象而制成。干涉滤光片可以得到较窄的通带，其透过波长可以通过镀层材料的折射率、厚度和层次等加以调整。

检测器 红外线分析仪的心脏器件，目前主要采用薄膜电容检测器、半导体检测器和微流量检测器等。

薄膜电容检测器 又称薄膜微音器。由金属外壳、薄膜电容、光窗材料和引线等组成的气室，其中薄膜电容的动片（金属薄膜）将气室隔成两个小检测室。当接收气室的气体压力受红外辐射能的影响而变化时，推动电容动片相对于定片移动，把待测组分浓度变化转变成电容量变化。薄膜微音器大多是双室检测电容器，结构如图 3 右侧和图 4 右侧所示。基本构造是由两个检测室和密封在壳体内的一个薄膜电容构成。图 3 中两个检测室为并列式，图 4 中两个检测室为串联式。特点为温度变化影响小、选择性好、灵敏度高。缺点是薄膜易受机械振动的影响，调制频率不能提高，放大器制作比较困难，体积较大等。

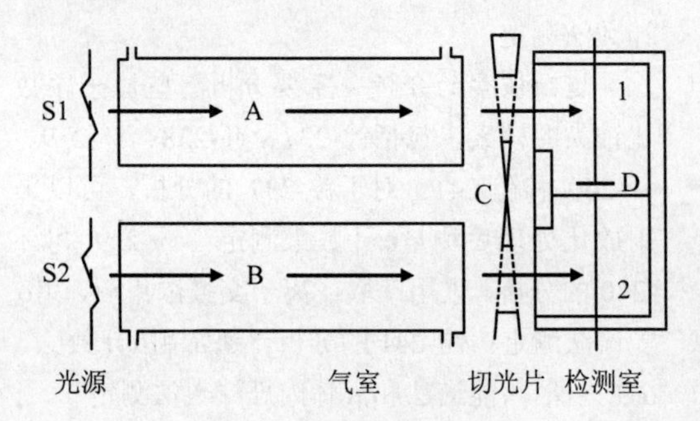

图 3 并列式检测室

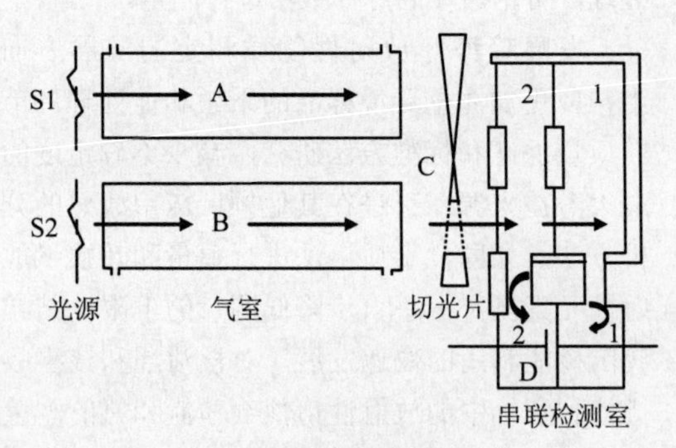

图 4 串联式检测室

半导体检测器　利用半导体光电效应的原理制成。当红外光照射到半导体（如锑化铟）上时，吸收光子能量使电子状态发生变化，产生自由电子或自由孔穴，引起电导率的变化，即电阻值的变化，所以又称光电导率检测器或光敏电阻。特点是结构简单、制造容易、体积小、寿命长、响应迅速。可采用更高的调制频率，使放大器的制作更为容易。与窄带干涉滤光片配合使用，可以制成通用性强、快速响应的红外检测器；改变测量组分时，只需改换干涉滤光片的通过波长和仪表刻度即可。缺点是受温度变化影响大。

微流量检测器　一种测量微小气体流量的新型检测器件，其传感组件是两个微型热丝电阻和两个辅助电阻构成的惠斯通电桥。热丝电阻通电加热至一定温度，当气体流过时，带走部分热量使热丝冷却，电阻变化通过电桥转变成电压信号。其特点是价格便宜，光学系统体积小，可靠性、耐振性等性能较高。

数据处理系统　信号经过测控系统，并经数字滤波、线性插值及温度补偿等软件处理后，得出气体浓度测量值。

应用　非分散红外分析仪作为一种快速、准确的气体分析技术在环境监测中应用十分普遍，可测定一氧化碳、二氧化碳、甲烷、二氧化硫、一氧化氮和二氧化氮等，主要用于环境空气监测、大气污染源监测（包括连续污染物监测系统）和汽车尾气监测等。

发展趋势　国内生产的非分散红外分析仪主要采用红外气体分析方法，如采用镍铬丝作为红外光源、电机机械调制红外光、薄膜电容微音器或锑化铟等作为传感器等。薄膜电容微音器作为传感器使得仪器对震动十分敏感，以锑化铟为材料的半导体受温度变化影响大，不适合便携测量。随着红外光源、传感器及电子技术的发展，非分散红外分析仪得到迅速发展。目前便携式、多组分测定、新型电源及传感器成为非分散红外分析仪发展及研究的主要趋势。　（张艳飞）

feijiawan zongting ceding

非甲烷总烃测定　（determination of non-methane hydrocarbons）　对环境空气和废气中除甲烷以外的碳氢化合物含量进行定量测定的过程。碳氢化合物又称为烃，是仅由碳和氢两种元素组成的有机化合物。甲烷在大气碳氢化合物中占 70%～80%，虽然浓度较高，但其反应活性相对较差，因此通常将除甲烷以外的所有可挥发的碳氢化合物（其中主要是 C_2～C_8）称为非甲烷总烃（NMHC）。当大气中的 NMHC 超过一定浓度时，除对人体健康有害外，在一定条件下经日光照射还能产生光化学烟雾，对环境和人类造成危害。

NMHC 的样品采集一般采用 100 mL 注射器抽取现场空气，冲洗注射器 3～4 次，采气样 100 mL，密封注射器口，样品应在 12 h 之内测定。

NMHC 的测定方法为气相色谱法。用气相色谱仪以氢火焰离子化检测器分别测定空气中总烃及甲烷烃的含量，两者之差即为非甲烷烃的含量。以氮气为载气测定总烃时，总烃的峰中包括着氧峰，气样中的氧产生正干扰。在固定色谱条件下，一定量氧的响应值是固定的。因此可以用除烃净化空气求出空白值，从总烃峰中扣除，以消除氧的干扰。当进样量为 1 mL 时，方法的检出浓度为 4×10^{-2} mg/m^3，定量范围为 0.12～32 mg/m^3（均以甲烷计）。

（陈多宏）

fen ceding

酚测定　（determination of phenol）　经过适当的样品采集和前处理，选用合适的测定方法对环境介质中酚类进行定性定量分析的过程。酚类是苯及其稠环的羟基衍生物，主要包含苯酚、甲酚、氨基酚、硝基酚、萘酚、氯酚等。根据其挥发性将沸点在 230℃以下的称为挥发酚，主要包括苯酚和甲酚；沸点在 230℃以上的称为不挥发性酚或半挥发性酚。酚类化合物是炼焦、炼油、染化、造纸、医药、化工等工业废水中的主要污染物，随着取代程度增加其毒性亦增加，大多数的硝基酚有致突变的作用，而酚的甲基衍生物不仅致畸，而且致癌。本条主要介绍半挥发性酚类的测定，挥发酚类的测定参见挥发酚测定。

样品采集、保存和前处理　根据介质不同，采用不同的样品采集和前处理方法。

气体样品　空气和废气中酚类化合物采用填充 XAD-7 吸附剂（GDX502 或 XAD-2）的采样管采集样品，4℃以下冷藏保存，14 天内测定。

水样品　采用棕色具塞硬质玻璃瓶，装满，瓶顶不能留有空间和气泡，4℃以下保存，加入抗坏血酸或硫代硫酸钠消除余氯干扰。气相色谱法前处理一般采用衍生化方法（衍生化试剂采用乙酸酐或溴代甲基五氟苯）；高效液相色谱法前处理采用酸性条件有机溶剂萃取；气相色谱-质谱法前处理采用酸性条件有机溶剂萃取，三甲基硅烷（BSTFA）衍生化处理。

测定方法　包括气相色谱法、气相色谱-质谱法和高效液相色谱法。

气相色谱法　主要适用于水中五氯酚的测定。在酸性条件下，将水样中的五氯酚钠转化为五氯酚，用正己烷萃取，再用 0.1 mol/L 的碳酸钠溶液反萃取，使五氯酚转化为五氯酚盐进入碱性水溶液中，在碱性溶液中加入乙酸酐（或溴代甲基五氟苯）与五氯酚盐进行乙酰化反应，最后用正己烷萃取生成的五氯苯乙酸酯，气相色谱-电子捕获检测器测定。衍生化方法适合环境水和废水中五氯酚的测定，方法检出限为 0.04 μg（水样体积 50 mL）。

气相色谱-质谱法　在 pH 为 2～3 酸性条件下，用二氯甲烷萃取浓缩后加入 BSTFA 衍生化，石英毛细管柱，全扫描方式定性，选择离子方式定量分析，适用于水中 2,4-二氯酚和五氯酚的测定。采样体积为 1 L 时，2,4-二氯酚和五氯酚的检出限分别是 0.7 ng/L 和 1.9 ng/L。

高效液相色谱法　通常采用反相高效液相色谱法，紫外光度或紫外-二极管阵列检测器。紫外光度检测器最大吸收波长在 260～310 nm，测定时采用单波长扫描；紫外-二极管阵列检测器应用自动波长切换的方法进行全波长扫描（220～300 nm）。反相高效液相色谱法常用十八烷基硅烷键合硅胶（ODS 柱）做填料，水-甲醇或水-乙腈做流动相，流动相中采用醋酸酸化以抑制氢离子的解离、改善峰形、消除拖尾现象。

水和废水测定的目标化合物为：对硝基酚、邻氯酚、2,4-二硝基苯酚、邻硝基酚、2,4-二甲酚、4-氯间甲酚、2,4-二氯酚、4,6-二硝基邻甲酚、2,4,6-三氯酚、五氯酚，各组分的最低检测量为 1～4 ng，当富集 1 L 水样、进样量 10 μL 时，酚类化合物的最低检出浓度范围为 0.6～1.5 μg/L。空气和废气测定的目标化合物为：2,4,6-三硝基苯酚、间苯二酚、甲酚、对氯苯酚、二甲酚、α-萘酚、β-萘酚，当采样体积为 25 L 时，目标化合物的最低检出浓度范围为 0.005 6～0.039 mg/m^3。

发展趋势　便携式仪器快速测定法、同步衍生化测定酚类物质是酚测定的主要发展方向。此外，随着流动相和固定相的研发以及色谱柱制造技术的优化，不同环境介质中酚类物质的测定方法将会逐步完善。　　（董捷）

fen dachangjunqun ceding

粪大肠菌群测定　（determination of fecal coliforms）　利用多管发酵法、滤膜法及酶底物法等方法检测水中粪大肠菌群数的过程。粪大肠菌群是总大肠菌群的一部分，是在 44.5℃下可生长并发酵乳糖、产酸产气的大肠菌群，主要来自粪便，其组成与总大肠菌群组成相同，但粪大肠菌群主要组成是埃希菌属，在此菌属中与人类生活密切相关的仅一个种，即大肠埃希菌（大肠杆菌），三者关系为总大肠菌群＞粪大肠菌群＞大肠埃希菌。通过提高培养温度，造成不利于来自自然环境的大肠菌群生长的条件，使培养出来的菌群主要为来自粪便的大肠菌群，可以准确地反映出水质受粪便污染的情况。

样品采集和保存　需单独采样，采样前容器灭菌处理，采样后样品冷藏保存。

测定方法　目前水中粪大肠菌群检测方法主要为多管发酵法、滤膜法和酶底物法。

多管发酵法 适用于地表水、地下水及废水中粪大肠菌群的测定。利用大肠菌群繁殖时使乳糖发酵并能使乳糖蛋白胨培养液变黄、产生气泡的原理，以最可能数表示试验结果，属于半定量测定。从理论角度考虑，这种方法检测结果有偏大的倾向，但随着每一稀释度试管重复数量的增加，这种差异逐渐减少。

滤膜法 适用于一般地表水、地下水及废水中粪大肠菌群的测定。将水样注入已灭菌的放有滤膜（孔径 0.45 μm）的滤器中，经过抽滤，细菌即被截留在膜上，然后将滤膜贴于 M-FC 培养基上，在 44.5℃温度下进行培养。粪大肠菌群菌落呈蓝色或蓝绿色，其他非粪大肠菌群菌落呈灰色、淡黄色或无色，计算滤膜上生长的此特性的菌落数，计算出每 1 L 水样中含有的粪大肠菌群数。

酶底物法 采用大肠菌群细菌能产生β-半乳糖苷酶分解邻硝基苯-β-D-半乳派喃糖使培养液呈黄色，以及大肠埃希菌产生β-葡萄糖醛酸酶分解甲基香豆基葡糖醛酸苷使培养液在波长 366 nm 紫外光下产生荧光的原理，来判断水样中是否含有粪大肠菌群。酶底物法可采用成品培养基及试剂，操作方便，检测时间较短，结果可靠。

发展趋势 见总大肠菌群测定。 （刘军）

fuhuawu ceding

氟化物测定 (determination of fluoride)

对水、气、土壤等环境介质中的氟化物进行定性定量分析的过程。氟是最活跃的非金属元素，在自然界分布较广泛，多以氟化物（金属氟化物、氟化氢、四氟化硅）形式存在。氟又是一种累积性毒物，动植物体内含氟超过一定程度可引起氟中毒。有色冶金、钢铁和铝加工、焦炭、玻璃、陶瓷、电子、电镀、化肥、农药等工厂的废水及含氟矿物的废水中常含有氟化物。空气中的氟化物主要来源于金属冶炼等行业，土壤中的氟化物也会随着飘尘等进入空气中。

氟化物的测定方法主要包括氟离子选择电极法、离子色谱法、氟试剂分光光度法、茜素磺酸锆目视比色法。

氟离子选择电极法 原理是以氟离子选择电极为指示电极，饱和甘汞电极为参比电极，与含氟化物溶液组成的原电池的电动势，随溶液中氟离子的活度的变化而变化。根据能斯特公式，当测得电池电动势后，即可求得溶液中氟离子的活度，保持试液和标准溶液的离子强度相同，可用浓度代替活度。氟离子选择电极法简便、快速、灵敏、选择性好、适用范围宽，被广泛用于地表水、地下水、工业废水、环境空气、污染源废气、土壤和固体危险废物浸出毒性中氟化物的测定。根据样品介质不同，测定时样品试液的制备方法也不同。

水质中氟化物 如果样品成分不太复杂，可直接取样分析。如果样品含有氟硼酸盐或污染严重，应预先蒸馏处理。

空气中氟化物 根据采样原理的不同分为石灰滤纸-氟离子选择电极法和滤膜-氟离子选择电极法。①石灰滤纸-氟离子选择电极法：采用经石灰悬浮液浸透、沥干过的定性滤纸进行采样，空气中的氟化物（氟化氢、四氟化硅等）与浸渍在滤纸上的氢氧化钙反应而被固定，用总离子强度调节缓冲液提取后，用氟离子选择电极法测定，求得石灰滤纸上氟化物的含量。该方法反映在放置期间空气中氟化物的平均污染水平，适用于环境空气中氟化物长期平均浓度的测定。②滤膜-氟离子选择电极法：选用经磷酸氢二钾溶液浸泡过的乙酸-硝酸纤维微孔滤膜进行采样，已知体积的空气通过磷酸氢二钾（碱性）浸渍的滤膜时，氟化物被固定或阻留在滤膜上，用盐酸溶液提取滤膜上的氟化物后，用氟离子选择电极测定其浓度。该方法测定空气中的氟化物，是存在于空气中的气态氟化物和溶于盐酸溶液中的颗粒态氟化物。

烟气中的氟化物 以气态和尘态两种形式存在。气态氟多以氟化氢、四氟化硅等形式出现；尘态氟多以颗粒状和雾滴状出现，其中包括水溶性氟、酸溶性氟和难溶性氟。使用滤筒、氢氧化钠溶液采集尘氟及气态氟，用盐酸溶液浸提制备成试样溶液，用氟离子选择电极测定。

该方法测定的氟化物是气态氟和尘氟的总量。

土壤中的氟化物 样品用氢氧化钠经高温熔融后，用热水浸提，并加入适量盐酸，使有干扰作用的阳离子变为不溶的氢氧化物，经澄清除去，然后调节溶液的 pH 至近中性，在总离子调节缓冲溶液存在的条件下，直接用氟离子选择电极法测定。

固体废物中的氟化物 在样品中加去离子水振荡浸出，如果浸出液成分不太复杂，可直接取样分析，如果浸出液含有氟硼酸盐或成分复杂，应预先蒸馏处理。

离子色谱法 利用离子交换的原理，连续对多种阴离子进行定性定量分析。样品注入碳酸盐-碳酸氢盐淋洗液并流经系列的离子交换树脂，基于待测阴离子对低容量强碱性阴离子树脂（分离柱）的相对亲和力不同而彼此分开。被分开的阴离子在流经电解膜抑制器时，被转换为高电导率的强酸，而淋洗液则转变成弱电导率的碳酸（清除背景电导），用电导检测器测量被转变为相应酸型的阴离子，与标准进行比较，根据保留时间定性，峰高或峰面积定量。离子色谱法简便、快速、相对干扰较少，已被国内外普遍使用。该方法适用于地表水、地下水、饮用水、降水、生活污水、工业废水以及固体废物中氟化物的测定。

水样采集后经 0.45 μm 微孔滤膜过滤，对有机物含量较高的样品，应先用有机溶剂萃取除去大量有机物，取水相进行分析；对污染严重、成分复杂的样品，可采用预处理柱法同时去除有机物和重金属离子。固体废物中的氟离子用去离子水超声波萃取，浸出液依次经过 0.22 μm 微孔滤膜和预处理柱将固体颗粒物、有机物以及大部分氯离子去除后进样分析。

氟试剂分光光度法 原理是在 pH 为 4.1 的乙酸盐缓冲介质中，氟离子与氟试剂（茜素络合酮）及硝酸镧反应生成蓝色的三元络合物，于620 nm波长处测得的吸光度，在一定范围内，与氟化物浓度成正比。该法适用于地表水、地下水、工业废水和固定污染源废气中氟化物含量的测定。测定水样中氟化物时，可直接取样分析，当干扰离子含量较高时，应通过直接蒸馏或水蒸气蒸馏消除后测定。测定烟气中氟化物时，使用滤筒及氢氧化钠溶液采集尘氟及气态氟，经水蒸气蒸馏处理后制备成样品溶液后测定。

茜素磺酸锆目视比色法 原理是在酸性溶液中，茜素磺酸钠与锆盐生成红色络合物，当样品中有氟离子存在时，能夺取该络合物中锆离子，生成无色的氟化锆离子，释放出黄色的茜素磺酸钠。根据溶液由红色变为黄色的色度不同与标准色阶对比定量。由于是目视比色，该法误差比较大。可用于饮用水、地表水、地下水和工业废水中氟化物的测定。高含量样品可经稀释后测定；较清洁地表水、地下水等样品，不需进行前处理，可直接取样显色测定；含较多干扰物质的水样，需蒸馏处理消除干扰。

氟化物的测定方法较多，不同方法各有优势。氟离子选择电极直接测定氟化物是一种较成熟的方法，其操作简便，设备简单，不需要进行分离处理便可直接测定，同时，测量的浓度范围宽，方法精密度较高，因此得到迅速发展和广泛应用。目前，通过选择合适的总离子强度调节缓冲剂，加上现代的计算机技术，该方法的准确度、灵敏度得到更大提高。离子色谱法是测定阴离子的一种主要手段，具有快速、灵敏、选择性好等优点，非常适合高纯水的分析。氟试剂分光光度法也被广泛应用于环境介质中氟离子含量的测定，并且在此方法的基础上发展了一些高灵敏度的新方法，如光纤传感器法、动力学光度法、流动注射动力学荧光光度法等，测定的灵敏度高、干扰少、重现性好。

（郑少娜）

fushe huanjing zhiliang jiance

辐射环境质量监测 （radiation environmental quality monitoring） 监测环境中放射性物质的分布、浓度以及各类电磁辐射装置综合场强水平和空间中电磁波传递能量大小的活动。定时、定点的辐射环境质量监测历史数据为辐射环境质量评价和辐射环境影响评价提供必要的依据，为辐射污染物迁移转化规律研究提供基础数据。通常包括电离辐射环境质量监测和电磁辐射环境质量监测。

沿革 《环境核辐射监测规定》（GB 12379—1990）正式实施以来，我国逐步开展了不同内容的辐射环境监测，辐射环境质量监测为其中重要的一项。根据辐射环境监测相关法律、国务院条例，国家相继颁布了《辐射环境监测技术规范》（HJ/T 61—2001）、《全国辐射环境监测方案（暂行）》、《辐射环境监测能力评估方案》等一系列法律法规、行业标准和监测作业指导文件。依据这些文件开展全国辐射环境质量监测。

目的 积累环境辐射水平数据，总结环境辐射水平变化规律，判断环境中放射性污染及其来源，报告辐射环境质量状况。

电离辐射环境质量监测 监测对象通常包括陆地γ辐射，空气（气溶胶、沉降物和空气中氚）、水（地表水、地下水、饮用水和海水）、底泥、土壤和生物（陆生和水生）环境质量中的电离辐射。监测内容主要包括点位布设、监测项目、监测频次、样品采集和分析测试等。

点位布设 ①陆地γ辐射监测点相对固定，连续监测点可设置在空气采样点处。②空气（气溶胶、沉降物、空气中氚）采样点位选择在不受树木、建筑物影响的开阔地，或建筑物的无遮盖平台上。③地表水采样点尽量考虑国控、省控监测点，饮用水在城市自来水管末端和部分使用中的深井设饮用水监测采样点，海水在近海海域设置海水监测采样点。④土壤监测点相对固定，设置在无水土流失的原野或田间。⑤陆生生物样品采集区和样品种类相对固定，采集的谷类和蔬菜样品选择当地居民摄入量较多且种植面积大的种类，牧草样品选择当地有代表性的种类，采集的牛（羊）奶选择当地饲料饲养的奶牛（羊）所产的奶汁；水生生物监测采样点尽量和地表水、海水的采样区域一致。

监测项目和频次 见表。

电离辐射环境质量监测项目和频次

监测对象	分析测定项目	监测频次
陆地γ辐射	γ辐射空气吸收剂量率 γ辐射累积剂量	连续监测或 1次/月 1次/季
氚（^{3}H）	氚化水蒸气	1次/季
气溶胶	总α、总β、γ能谱分析	1次/季
沉降物	γ能谱分析	1次/季
降水	^{3}H、^{210}Po、^{210}Pb	一次降雨（雪）期/年
水	U、Th、^{226}Ra、总α、除K总β、^{90}Sr、^{137}Cs	1次/半年
底泥和土壤	U、Th、^{226}Ra、^{90}Sr、^{137}Cs	1次/年
生物	^{90}Sr、^{137}Cs	1次/年

样品采集 各类环境介质的样品采集方法分别阐述如下。

空气 空气采样器一般由滤膜（纸）夹具、流量调节装置和抽气泵三部分组成。根据监测工作的实际需要确定采样流量，选择表面收集特性和过滤效率较好的过滤材料。

沉降物采样方法主要包括湿法采样和干法采样。①湿法采样：采样盘中注入蒸馏水，水深保持在 1～2 cm。收集样品时，将采样盘中采集的沉降物和水一并收入塑料或玻璃容器中封存。②干法采样：在采样盘内表面底部涂一薄层硅油（或甘油），用以黏结沉降物。收集样品时，用蒸馏水冲洗干净，将样品收入塑料或玻璃容器中封存。当降雨量大时，无论是湿法采样还是干法采样，为防止沉降物随水从盘中溢出，应及时收集水样，待采样结束后合并处理。

降水贮水瓶每天定时更换，暴雨时，应随时更换，以防发生外溢。采集好的样品，充分搅拌后用量筒量出总量，贮水瓶用蒸馏水充分清洗，以备下次使用。采集的雪样，要移至室内自然融化。

水 ①地表水用自动采水器或塑料桶采集水样，分析 ^{3}H 的样品不可用塑料桶采集。采样点的设置：在江河控制断面采样时，当断面水面宽≤10 m 时，在主流中心采样；当断面水面宽>10 m 时，在左、中、右三点采样。湖泊、水库水样须多点采样，水深≤10 m 时，在水面下 50 cm 处采样；水深>10 m 时，增加中间层采样。采样时用样水洗涤三次后采集。②饮用水、地下水采样设备同地表水。自来水水样取自来水管末端水，井水水样采自饮用水井，泉水水样采自出水量大的泉水。③海水采样设备同地表水，在潮间带外采集样品。

底泥　深水部位的底泥用专用采泥器采集，浅水处可用塑料勺直接采集。采集的底泥置于塑料广口瓶中，或装在食品袋内，再置于布袋中保存。

土壤　在相对开阔的未耕区采集垂直深 10 cm 的表层土，一般在 10 m×10 m 范围内，采用梅花形布点或根据地形采用蛇形布点（采点不少于 5 个）进行采样。将多点采集的土壤除去石块、草根等杂物，现场混合后取 2～3 kg 样品装在双层塑料袋内密封，再置于同样大小的布袋中保存。

生物　陆生生物：①谷类：以当地居民消费较多和（或）种植面积较大的谷类为采集对象，收获季节现场采集种植区的谷类干籽实。②蔬菜类：以普通蔬菜或者当地居民消费较多或种植面积较大的蔬菜为采集对象，在蔬菜生长均匀的菜地选 5～7 处采集样品。③牧草：在有代表性的畜牧区内均匀划分 10 个等面积区域，在每个区域中央部位取等量的样品。④牛（羊）奶：在奶牛（羊）场取新鲜的原汁奶。

水生生物：①淡水生物采集食用鱼类和贝类；②海水生物采集浮游生物、底栖生物、海藻类和附着生物。在捕捞季节于养殖区直接采集或从渔业公司购买确知捕捞区的海产品。

分析测试　包括样品前处理和分析。

前处理　①沉降物经除异物、蒸干、烘干至恒重等流程处理。②气溶胶根据滤膜的大小、材质，结合待测项目要求选择合理的处理方式。一般能用于直接测量的可不必经前处理步骤；对于纤维素滤膜可结合待测项目要求选择合适的温度进行炭化、灰化处理；对于玻璃纤维滤膜可结合待测项目要求选择合适的溶剂提取。③分析澄清水样时，过滤或静置后取上清液。④土壤及底泥样品除去沙石、杂草等异物，称重。摊开晾干，碾碎过筛，105℃恒温干燥至恒重，计算样品失水量。⑤生物样品，按照清洗、干燥和灰化等流程进行处理。

分析　选择分析方法时，优先选用国家标准，没有国家标准的选用行业标准，选用其他方法需报环境保护部批准。

电磁辐射环境质量监测　包括工频电磁场强度监测和射频综合场强监测。工频电磁场强度监测的对象主要是变电站、高压电线和家用电器等产生的电磁辐射，其主要特点是电磁场变化频率较低。射频综合场强监测的对象是环境中频率范围为 300 kHz～30 GHz 的电磁辐射。

点位布设　①典型辐射体监测布点：原则上以辐射体为中心，按间隔 45°的八个方位为测量线，每条测量线上选取距场源分别为 30 m、50 m、100 m 等不同距离定点测量，测量范围根据实际情况确定。②一般环境监测布点：例如，对整个城市电磁辐射进行监测时，根据城市地图，将全区划分为 1 km×1 km 或 2 km×2 km 小方格，取方格中心为测量位置。按上述方法在地图上布点后，实地考察，考虑地形地物影响，实际测点应避开高层建筑物、树木、高压线以及金属结构等，尽量选择空旷地方测试。允许对规定测点调整，测点调整最大为方格边长的 1/4，对特殊地区方格可以不测量。③需要对高层建筑物测量时，应在各层阳台或室内选点测量。

测量条件　气候条件应符合行业标准和仪器标准中规定的使用条件。测量高度距离地面 1.7～2 m，也可根据不同目的选择测量高度。取电场强度测量值>50 dBμV/m 的频率作为测量频率。测量时间为 5:00—9:00、11:00—14:00、18:00—23:00 等城市环境电磁辐射的高峰期。若 24 h 昼夜测量，昼夜测量点不少于 10 个点。测量间隔时间为 1 h，每次测量观察时间不小于 15 s，若指针摆动过大，应适当延长观察时间。

测量仪器　包括非选频式辐射测量仪和选频式辐射测量仪。①非选频式辐射测量仪是具有各向同性响应或有方向性探头的宽带辐射测量仪。②选频式辐射测量仪是专门用于电磁干扰测量的场强仪和干扰测试接收机，也可以使用自动测试系统测量。测量误差应小于±3 dB，频率误差应小于被测频率的 10^{-3} 数量级。

发展趋势 近年来，我国辐射环境质量监测技术水平和监测能力快速发展，监测技术体系日趋完善，颁布了多项有关监测技术规范以及针对各类监测对象的50余项辐射监测方法标准。全国各辐射监测机构也根据相应的监测能力，逐步开展了以国控点为重点的辐射环境质量监督性监测。

今后，为规范全国辐射环境监测工作，应按照辐射环境监测方案和技术规范要求，组织和落实监测技术规范、监测方法和监测标准。结合各地实际情况，科学选择监测点位和监测项目，制定符合本地区实际情况的辐射环境质量监测实施办法。逐步实现在线监测自动化、信息传播网络化和监测能力规范化。（张荣锁）

fushe jiance yiqi

辐射监测仪器 （radiation monitoring instrument）

用于监测环境中放射性物质的分布、浓度以及各类电磁辐射装置综合场强水平和空间中电磁波传递能量大小的仪器。

分类 根据监测对象，可分为个人监测仪器和区域放射性监测仪器。

个人监测仪器 外照射个人剂量监测是辐射监测的重要环节之一，用工作人员佩戴的剂量计进行测量并对测量结果做出解释。个人剂量计的选择与监测对象和监测目的密切相关。一般使用的剂量计有：①光子剂量计，仅能给出关于个人剂量当量 H_P（10）的信息；②β-光子剂量计，可给出关于个人剂量当量 H_P（0.07）和 H_P（10）的信息；③甄别型光子剂量计，除给出关于 H_P（10）的信息外，还给出某些关于辐射类型、有效能量以及高能电子探测方面的指示性信息；④肢端剂量计，对于β-光子辐射给出关于 H_P（0.07）的信息；⑤中子剂量计，给出关于 H_P（10）的信息。

个人监测仪器的类型主要包括：①胶片剂量计（可探测γ、β、n，量程为 0.001～100 Gy，剂量值永久记录，易受环境因素影响），热释光剂量计 TLD（可探测γ、β、n，量程为 0.001～10 mGy，可重复使用，能量响应好，普遍应用），辐射光子发光剂量计 RPL（又称为玻璃荧光剂量计，可探测γ，量程为 0.05～10 Gy，大范围γ剂量测量，可永久或长期累积数据、消退小），光致发光剂量计 OSL（可探测 X、γ、β，探测下限可达 1 μSv，辐射剂量范围宽，灵敏度高，测量过程简便，可以反复测量），个人和环境监测被动式累积剂量计，个人报警仪，直接式个人剂量当量仪等，内照射剂量监测有活体计数器等；②体表污染监测：包括便携式α、β表面污染仪，固定式体表污染监测装置等。

区域放射性监测仪器 主要包括：①场所监测：β、X、γ周围和定向便携式剂量当量率仪，高量程β、光子剂量和剂量率仪，中子周围剂量当量率仪，固定式 X、γ辐射剂量当量率仪和报警装置，固定式中子剂量当量率仪、报警装置和监测仪，便携式α、β表面污染仪，固定式洗衣房污染监测仪等；②环境和流出物监测：便携式可移动X、γ辐射剂量率仪，固定式X、γ辐射剂量当量率仪，移动式光子、中子辐射剂量仪，环境放射性惰性气体取样和监测设备，气载氚监测设备，大气放射性碘监测设备，放射性气溶胶监测设备，液态流出物和地表水监测设备，食物β核素比活度测量仪，食物γ核素比活度测量仪，就地γ谱仪，便携式α潜能测量仪，氡监测仪器，氡子体监测仪器等；③安保监测：袖珍式个人辐射报警装置，手持式γ核素探测识别机周围剂量当量率仪，可携式光子污染监测仪，手持式高灵敏放射性物质光子探测仪，手持式高灵敏放射性物质中子探测仪，固定式辐射监测仪，谱仪型门式监测仪，X 射线扫描系统等。

仪器类型 辐射监测的因子包括 X、γ、β、α、n、质子、高能粒子等。选择辐射监测仪器时应考虑监测目的、监测对象、辐射类型、使用环境和仪器性能指标等综合因素。主要包括：剂量率或活度浓度的范围，灵敏度，被监测同位素/辐射性质，报警阈值，电源及其备份，环境条件，测试、校准和易于维护，异常情况下的功能，过载响应，故障指示，其他核素对测量结果的潜在影响（特别在进行中子、氚和其他β辐射源监测时）。测量仪器的探测器类型主要包括：①气体探测器；②闪烁体探测器；③半导体探测器等。

气体探测器 气体探测器一般为圆柱形，外壳和中心电极相互绝缘。基于气体探测器的设计和两个电极间所加的电压，探测器可在三个区域内操作，Ⅱ为简单电离区，Ⅲ为正比区，Ⅴ为盖革穆勒区，复合区Ⅰ和有限正比区Ⅳ不作为操作区（见图）。

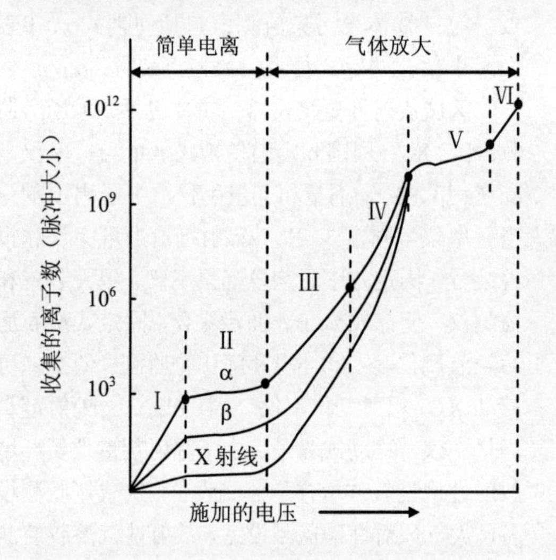

区域Ⅰ为复合区；区域Ⅱ为简单电离区；区域Ⅲ为正比区；区域Ⅳ为有限正比区；区域Ⅴ为盖革穆勒区；区域Ⅵ为连续放电区

被α，β和X辐射照射的气体电离室所产生的脉冲大小与电极上所施加电压之间的关系

监测仪器根据不同用途，有不同的形状和尺寸。气体一般为非负电气体，避免附着电子形成负离子，增加探测器收集时间，限制监测的剂量率。电荷收集时间的增加会导致离子移动的相对减慢，小于电子的三个量级，因此常使用惰性气体。β-γ监测仪器具有薄的端窗记录弱穿透辐射，这些探测器的γ效率只有百分之几（取决于外壳吸收），β响应接近100%。由于其高灵敏度，GM管γ监测仪比电离室类型探测器小很多。依赖于所用的电子学部件，探测可在脉冲模式或电流模式下工作，正比计数器和GM管一般在脉冲模式下工作。由于其记录一个脉冲后需要一定恢复时间达到正常状态，这些探测器在高强度辐射区域容易饱和，电离室在电流模式时更适合更高剂量率的测量。

电离室较为稳定，寿命长，量程宽，能量响应特性好；但要求极低弱电流测量，电子线路和环境条件要求较高，有些需预热，易受意外放电影响。正比计数器脉冲幅度大，灵敏度高，可做能谱测量；但易受外界因素干扰，对电源稳定性要求高。GM计数器结构简单，对线路和使用要求不高；但有阻塞效应，不能鉴别粒子和能量。中子探测器 BF_3 成本低、光子抑制能力强，氦-3灵敏度高、性能稳定但价格高，常见的慢化体结构有Bonner球（雷姆球）型和Andersson-Braun（A-B）型。

闪烁体探测器 属于固体探测器，利用闪烁体原子分子激发后退激时会发出荧光的原理，将光信号变为电脉冲来实现探测辐射粒子。闪烁体有无机闪烁体和有机闪烁体之分，高原子序数一般用来测量γ射线，塑料闪烁体一般测量β射线。光电倍增管（PMT）光学耦合到闪烁体将光脉冲转换为电脉冲，有些区域放射性监测仪器用二极管代替PMT。所有闪烁体探测器可用于能谱测量，分辨率适中，较为经济；但受使用环境，如温度、湿度影响较大。

半导体探测器 半导体探测器属于固体探测器，工作原理与气体探测器类似，都是用载流子在外电场作用下发生漂移运动而产生输出信号，气体探测器是利用离子对，半导体探测器室利用电子-空穴对。与气体探测器相比，其密度大，为小型化提供了条件；并且平均电离能小，半导体中产生一个电子-空穴对需3 eV左右，而在气体中产生一个离子对则需要 30 eV左右。常见的半导体探测器有PN结型半导体探测器、锂漂移型半导体探测器和高纯锗半导体探测器。半导体探测器能量测量的分辨率较闪烁体探测器高10倍以上，其高能量分辨率是最突出的优点；但价格高、辐射损伤严重、需要液氮或电制冷。一般不用来测量中子。

（马永福　以恒冠　梁梅燕）

推荐书目

Micheal F. L'Annunziata. 放射性分析手册. 2版. 翻译组，译. 北京：原子能出版社，2006.

潘自强. 辐射安全手册. 北京：科学出版社，2011.

Fuliye hongwai guangpuyi

傅里叶红外光谱仪　（Fourier transform infrared spectrometer）　基于对干涉后的红外光进行傅里叶变换的原理，对样品进行定性定量分析的红外光谱仪。

沿革　红外光谱仪的研制可追溯至20世纪初期。1908年，科布伦茨（Coblentz）研制了用氯化钠晶体为棱镜的红外光谱仪；1910年，伍德（Wood）和特鲁布里奇（Trowbridge）研制出小阶梯光栅红外光谱仪；1918年，斯利特尔（Sleator）和兰德尔（Randall）研制出高分辨仪器。20世纪40年代，研制出双光束红外光谱仪。现代红外光谱仪的发展经历了三个阶段：第一阶段是棱镜式红外分光光度计，基于棱镜对红外辐射的色散而实现分光，缺点是光学材料制造麻烦，分辨本领较低，而且仪器要求严格的恒温恒湿；第二阶段是光栅式红外分光光度计，基于光栅的衍射而实现分光，与第一代相比，分辨能力大大提高，且能量较高，价格便宜，对恒温、恒湿要求不高；第三阶段是基于干涉调频分光的傅里叶红外光谱仪，它的出现为红外光谱的应用开辟了新的领域。傅里叶变换催生了许多新技术，例如，步进扫描、时间分辨和红外成像等。这些新技术拓宽了红外的应用领域，使红外技术的发展产生了质的飞跃。20世纪90年代，芬兰、德国和美国等国家陆续推出小型化便携式傅里叶红外光谱仪。

原理　如图1所示，光源发出的光被分束器分为两束，一束经透射到达动镜，另一束经反射到达定镜。两束光分别经定镜和动镜反射再回到分束器，动镜以一恒定速度做直线运动，因而经分束器分束后的两束光形成光程差，产生干涉。干涉光在分束器会合后通过样品池，含有样品信息的干涉光到达检测器，通过傅里叶变换对信号进行处理，最终得到透过率或吸光度随波数或波长变化的红外吸收光谱图。

结构　傅里叶红外光谱仪主要由红外光源、光阑、干涉仪、样品室、检测器和计算机组成。

红外光源　发射出连续的宽频红外光，分为中红外光源、远红外光源和近红外光源。光源类型主要有碳化硅光源、改进型碳化硅光源、陶瓷光源、能斯特灯光源和白炽线圈光源等。

光阑　红外光源发出的红外光经椭圆反射镜反射后，先经过光阑，再到达准直镜。光阑的作用是控制光通量的大小。傅里叶红外光谱仪光阑孔径的设置分为两种：一种是连续可变光阑，另一种是固定孔径光阑。

干涉仪　傅里叶红外光谱仪光学系统中的核心部分，将来自光源的红外光调制成干涉光。仪器分辨率和其他性能指标主要由干涉仪决定。干涉仪内部主要包含动镜、定镜和分束器三个部件（图2）。常用的便携式傅里叶红外光谱仪根据干涉仪中相位变化特征分类，分为迈克尔逊干涉仪型便携式傅里叶红外光谱仪和非线性迈克尔逊干涉仪型便携式傅里叶红外光谱仪。

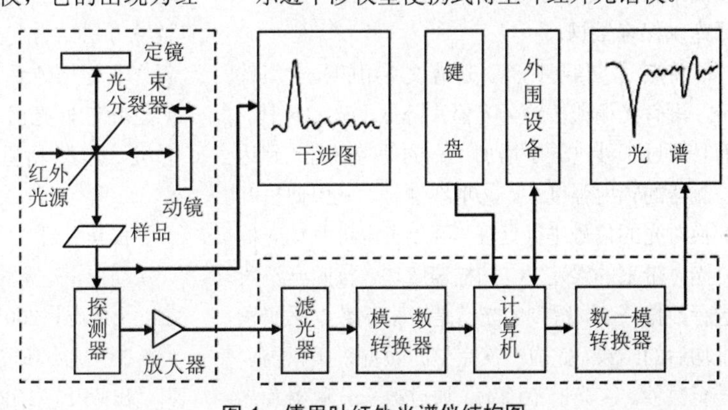

图1　傅里叶红外光谱仪结构图

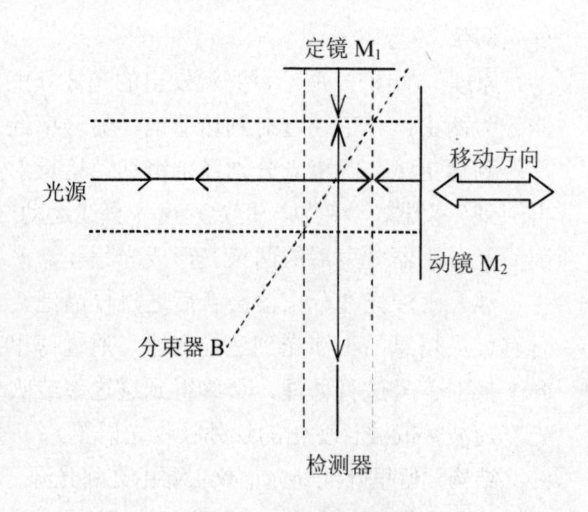

图 2　光干涉原理图

样品室　用于放置测量样品，一部分波长的红外光在此被样品吸收。傅里叶红外光谱仪能分析各种状态（气、液、固）的试样，根据所测样品不同和制样方式不同，样品室也有所不同。

检测器　作用是监测红外干涉光通过红外样品后的能量。检测器需要具备灵敏度高、响应速度快和测量范围宽等特点。目前测定中红外光谱使用的检测器可以分为两类：一类是热电检测器（DTGS 检测器），将红外的辐射热能转化为电能，从而检测电信号来测量红外线的强弱；另一类是光检测器（MCT 检测器），利用红外线的热能使得检测器的温度发生改变，从而使其导电性发生变化，通过测量电阻来衡量红外信号的强弱。

计算机　用于安装红外光谱仪专用软件，设定采集参数，处理谱图，运算数据，建立数据库以保存数据。

特点　①信噪比高。光谱仪所用的光学组件少，没有光栅或棱镜分光器，降低了光的损耗，而且通过干涉进一步增加了光的信号，因此到达检测器的辐射强度大。②重现性好。采用傅里叶变换对光的信号进行处理，避免了电机驱动光栅分光时带来的误差。③扫描速度快。按照全波段进行数据采集，得到的光谱是对多次数据采集求平均后的结果，完成一次完整的数据采集只需要一至数秒。④光谱范围宽。通过改变分束器和光源就可以研究整个红外区的光谱。

应用　傅里叶红外光谱仪可对固、液、气三态样品进行分析。在水质监测中，傅里叶红外光谱仪用于测定氯苯、丁醚、水杨醛等有机化合物；测定生产废水中的硝基苯、二氯苯、苯胺；地表水中的石油烃类；如果扫描波数在 200～800 cm^{-1}，也可用于测定艾氏剂、滴滴涕、七氯等有机氯农药；利用色谱-傅里叶红外光谱仪联用可鉴别溢油污染源。在气体监测中，可用于填埋场总甲烷排放的测定，工业炉窑烟气中一氧化氮、二氧化硫、一氧化碳等测定；应用显微 FTIR（傅里叶变换红外光谱计）与环炉法相结合，可测定大气飘尘中的铅、车间空气中的三氯乙烯等。随着便携式傅里叶红外光谱仪的产生与发展，它在生产现场、野外作业以及污染事故中污染物的分析和检测中发挥越来越重要的作用，如气态烃类混合物、苯、苯乙烯、二硫化碳、丙烯腈、苯胺、溴甲烷、光气、一氧化碳、甲苯和二甲苯等气体的检测。

发展趋势　随着科技的发展，傅里叶红外光谱仪在理论及实际应用上都得到了快速的发展，主要方向有：①稳定性的提高；②分辨率的提高；③波长精度的提高；④灵敏度和分析速度的提高；⑤智能性和方便性的提高。此外，傅里叶红外光谱仪与其他多种测试手段联用，构成更高级的分析系统，是傅里叶红外光谱仪发展的另一个重要方向。如色谱-傅里叶红外光谱联机，为深化认识复杂的混合物体系中各种组分的化学结构创造了机会；红外光谱仪与显微镜方法结合起来，形成红外成像技术，用于研究非均相体系的形态结构。此外，还有质谱-傅里叶红外光谱联机、傅里叶红外光谱-Raman 联机、热重-傅里叶红外光谱联机等。

（余海　周贤杰）

推荐书目

翁诗甫. 傅里叶变换红外光谱仪. 北京：化学工业出版社，2005.

齐文启. 环境监测实用技术. 北京：中国环境科学出版社，2006.

G

gaomengsuanyan zhishu ceding

高锰酸盐指数测定 （determination of permanganate index） 对水质样品中高锰酸盐指数进行定量分析的过程。高锰酸盐指数是在一定条件下，用高锰酸钾氧化水样中的某些有机物或无机还原性物质，由消耗的高锰酸钾量计算相当的氧量，测定结果以氧（O_2）计，浓度单位为mg/L。水中的亚硝酸盐、亚铁盐、硫化物等还原性无机物和在此条件下可被氧化的有机物，均可消耗高锰酸钾，因此，高锰酸盐指数常被作为地表水体受有机污染物和还原性无机物质污染程度的综合指标。在日本、德国等国家的水质监测项目中，高锰酸盐指数均是必须监测的水质指标。我国2006年颁布的《生活饮用水卫生标准》（GB 5479—2006）中，将高锰酸盐指数列为例行监测项目。

目前高锰酸盐指数测定的方法主要有酸性法、碱性法、双波长分光光度法、紫外分光光度法和流动注射分析法。

酸性法 适用于饮用水、水源水和地表水的测定，测定范围为 0.5～4.5 mg/L。不适用于测定工业废水中有机污染的负荷量，如需测定可用重铬酸盐法测定化学需氧量。其原理是样品中加入已知量的高锰酸钾和硫酸，在沸水浴中加热 30 min，高锰酸钾将样品中的某些有机物和无机还原性物质氧化，反应后加入过量的草酸钠还原剩余的高锰酸钾，再用高锰酸钾标准溶液回滴过量的草酸钠，通过计算得到样品高锰酸盐指数。

高锰酸盐指数（I_{Mn}）以每升样品消耗毫克氧数来表示（O_2，mg/L），按式（1）计算。

$$I_{Mn}=\frac{\left[(10+V_1)\dfrac{10}{V_2}-10\right]\times C\times 8\times 1\,000}{100} \tag{1}$$

式中，V_1 为样品滴定时，消耗的高锰酸钾溶液体积，mL；V_2 为标定时，所消耗高锰酸钾溶液体积，mL；C 为草酸钠标准溶液的浓度，0.01 mol/L。

如样品经稀释后测定，按式（2）计算。

$$I_{Mn}=\left\{\left[(10+V_1)\frac{10}{V_2}-10\right]-\left[(10+V_0)\frac{10}{V_2}-10\right]\times f\right\}\times C\times 8\times 1\,000/V_3 \tag{2}$$

式中，V_0 为空白试验时，消耗高锰酸钾溶液体积，mL；V_3 为测定时，所取样品体积，mL；f 为稀释样品时，蒸馏水在 100 mL 测定用体积内所占比例。

碱性法 当水样中氯离子浓度高于 300 mg/L 时，应采用碱性法测定高锰酸盐指数。其原理是水样加入氢氧化钠呈碱性后，加一定量高锰酸钾溶液于水样中，加热一定时间以氧化水中的还原性无机物和部分有机物。加酸酸化后，用过量草酸钠溶液还原剩余的高锰酸钾，再以高锰酸钾溶液回滴至微红色。监测结果的计算同上述“酸性法”。

双波长分光光度法 适用于地表水、自来水、生活污水等各种水质的高锰酸盐指数的测定。在酸性条件下，过量的高锰酸钾氧化水样中还原物质，剩余的高锰酸钾和碘化钾反应，选择双波长测定反应液的吸光度，并计算实验结果。

紫外分光光度法 基于高锰酸钾特有的紫红色在波长 525 nm 处有最大吸收峰的特性。测定时，在酸性条件下，用定量且过量的高锰酸钾氧化水体中的还原性物质，过量的高锰酸钾采用紫外-可见分光光度仪测定吸光度，从而建立高锰酸盐指数和吸光度的标准曲线，通过曲线计算出待测水样的高锰酸盐指数。实验研究表明，紫外分光光度法测定高锰酸盐指数具有良好的线性关系、精密度和准确度。相比标准分析方法，该法具有灵敏度高、精密度好、成本低、用量少、快速省时、易实现在线监测等特点。

流动注射分析法 适用于地表水和地下水中高锰酸盐指数的测定。样品与酸性高锰酸钾溶液混合，通过加热氧化，在 520 nm 下测量。流动注射分析法灵敏度高、检出限低、精密度和准确度较好、操作快速简便，在大批量环境样品的分析过程中具有显著优势。

高锰酸盐指数测定的传统方法（酸性法）存在样品和试剂用量大、耗时长、能耗高、实验条件较苛刻、难以批量分析等缺点。随着环境监测任务的日益繁重，微波消解技术被用于高锰酸盐指数测定，该方法简单快捷，利于批量分析。此外，分析方法的自动化（如采用流动注射仪）和在线监测，也是高锰酸盐指数监测技术发展的趋势。（郑璇）

推荐书目

国家环境保护总局《水与废水监测分析方法》编委会. 水与废水监测分析方法. 4 版. 北京：中国环境科学出版社，2002.

gaoxiao yexiang sepuyi

高效液相色谱仪

（high performance liquid chromatograph，HPLC） 基于高效液相色谱法原理，利用色谱柱将混合物定性分离，通过检测器对分离组分进行测定，进而实现对环境样品定性定量分析的仪器。高效液相色谱仪使用粒径均匀细致的固定相填充色谱柱，提高了色谱柱的塔板数，以高压驱动流动相，使经典液相色谱需要数日乃至数月完成的分离工作在几个小时甚至几十分钟内完成。

沿革 20 世纪初，俄国科学家茨维特（M. S. Tswett）发明经典液相色谱法，但是由于分离速度慢、分离效率低，长时间未引起广泛重视。20 世纪 60 年代，气相色谱的理论和方法被重新引入经典液相色谱，并开发了世界上第一台 HPLC。早期的色谱柱使用的填充粒大于 100 μm，提高柱效面临着困境，后来采用微粒固定相来突破这一瓶颈。薄壳型固定相的开发实现了高速传质，为 HPLC 的发展奠定了稳固的基础。20 世纪 70 年代，往复式双柱塞恒流泵取代了气动放大泵、注射泵和低流量往复式柱塞泵。柯克兰（Kirkland J. J.）制备出全多孔球形硅胶，平均粒径只有 7 μm，具有极好的柱效，并逐渐取代了无定形微粒硅胶。键合固定相使柱稳定性大为提高，多次使用成为可能。20 世纪 80 年代，改善分离的选择性成为色谱工作者的主要问题，人们认识到改变流动相的组成是提高 HPLC 选择性的关键。

原理 流动相被高压泵打入系统，样品溶液经进样器进入流动相，被流动相载入色谱柱（固定相）内，由于样品溶液中的各组分在两相中具有不同的分配系数，在两相中做相对运动时经过反复多次的吸附-解吸分配过程，各组分在移动速度上产生较大的差别，被分离成单个组分依次从柱内流出，通过检测器时，样品浓度被转换成电信号传送到记录仪，数据以图谱形式打印出来。

仪器结构 由输液系统、进样系统、色谱柱、检测器和数据处理系统等部分组成。

输液系统 由过滤器、贮液装置、脱气装置、高压泵、梯度淋洗装置和压力脉动阻尼器等组成。过滤器阻止流动相中固体微粒或机械杂质进入泵体，损坏高压泵或单向阀，造成输液管路阻塞。贮液装置一般为玻璃或不锈钢容器，用于储存液体流动相。脱气装置脱除溶解在液体中的空气，防止溶解气在柱后由于压力下降而脱出形成气泡，影响检测器正常工作。高压输液泵将流动相在高压下连续不断地输入色谱系统，是液相色谱仪的重要组成部件之一。根据排液性质和工作原理，分为恒压泵和恒流泵。梯度淋洗装置分为两类：常压下溶剂按一定比例混合后，由高压泵输入色谱柱，称为低压梯度或外梯度；用高压泵将溶剂输入色谱柱前混合器，混合后送入色谱柱，称为高压梯度或内梯度。压力脉动阻尼器用以保证稳定的液流。

进样系统　将分析样品送入色谱柱的装置。分为隔膜式进样口注射器进样、进样阀手动进样和自动进样三种方式。

色谱柱　液相色谱仪的核心部件。色谱柱的材料、长度和内径、填装技术等对色谱柱柱效具有很大的影响。

检测器　用于连续监测经色谱柱分离后各组分的量。目前常用商品化的检测器有紫外检测器、荧光检测器、示差折光检测器和电化学检测器。①紫外检测器。一种选择性浓度型检测器，分为可变波长扫描紫外检测器（VWD）和二极管阵列检测器（DAD）。几乎所有的液相色谱仪都配备有紫外检测器。具有高选择性和高灵敏度，对温度不敏感，适用于梯度洗脱，对待测物质无破坏作用。②荧光检测器。基于在激发光下测定待测组分（荧光物质）所发射的荧光强度来确定物质浓度的检测器。灵敏度比紫外检测器高 2～3 个数量级，选择性高、干扰小，对温度和压力的变化不敏感，适合痕量分析。③示差折光检测器。通过连续检测参比池和色谱柱流出液之间折射率之差，测定洗出液中样品浓度。由于每种物质都有各自的折射率，因此示差折光检测器对所有物质均有响应，是一种通用型检测器。但其对流速波动敏感，不适用于梯度洗脱，除非选用折光指数完全一样的溶剂。④电化学检测器。用于检测具有电化学氧化还原性质的化合物，主要有安培检测器、电导检测器和极谱检测器。

数据处理系统　现代的 HPLC 大多是多功能、全自动的操作系统，设有微机过程控制系统和数据分析、处理系统。能够选择和控制各种实验参数，如自动进样、恒温、恒流、恒压、洗脱梯度、流速梯度、测量保留时间、测量峰高、峰面积、定量分析等，并能在显示器上显示和打印所需的各种图谱、实验参数和分析报告。

特点　①高压。压力可达 150～300 kg/cm^2。②高速。流速为 0.1～10.0 mL/min，通常分析一个样品在 15～30 min，有些样品甚至在 5 min 内即可完成。③高效。塔板数可达 5 000 m，在一根柱中同时分离成分可达 100 多种。可选择固定相和流动相以达到最佳分离效果；用一根色谱柱可分离不同的化合物。④高灵敏度。紫外检测器灵敏度可达 0.01 ng，荧光和电化学检测器可达 0.1 pg。⑤样品量少，容易回收。样品经过色谱柱后不被破坏，可以收集单一组分或做制备。

应用　HPLC 只要求样品能制成溶液，不受样品挥发性的限制，流动相可选择的范围宽，固定相的种类繁多，因而可以分离热不稳定和非挥发性的、离解的和非离解的以及各种分子量范围的物质，如大气、水体、土壤和沉积物等环境介质中的多环芳烃类、胺类、酚类、无机阴离子、化肥和农药的残留物及其代谢产物等。

发展趋势　HPLC 以分析为主，向分析、分离并重的方向发展。随着对分离效果及分析速度的要求不断提高，超高效液相色谱仪得到快速发展。虽然各个厂家采用的科技路线有所不同，但在超高效液相色谱柱的研制上却有共同的特点，即采用了粒度在 1.7～2.2 μm 的微粒固定相和小内径（1～2 mm）的色谱柱，这也是其柱效高的根本原因。由于液相色谱定性能力较差，因此将其作为分离手段与分析手段联合，成为 HPLC 发展的又一个重要方向，例如，高效液相色谱-质谱（HPLC-MS）、高效液相色谱-原子吸收光谱（HPLC-AAS）、高效液相色谱-化学发光、高效液相色谱-核磁共振、高效液相

色谱-红外光谱等联用技术。（李焕峰）

gaoya mibi xiaojieguan

高压密闭消解罐 （high pressure digestion tank） 为难溶物质提供高温、高压、密闭环境，以实现对其有效消解的密闭容器。原理是将难溶物质置于密闭罐体内，加入强酸或强碱，并对其加热，使其在高温、高压下快速消解。

高压密闭消解罐一般由反应器（衬里）、保护外套和密封盖三部分组成，即带盖的聚四氟乙烯内杯和能够旋紧密封的不锈钢外套。

高压密闭消解罐消解样品，避免了敞开式加热消解易受外界环境影响，且消解程度难以保障的缺陷，提高了分析稳定性；其密封系统使待测组分的挥发损失降到最小，提高了测定的准确性。高压密闭消解的优点：①高温高压和密闭环境，显著缩短样品消解时间，利于一些难溶解物质的消解；②由于处于密封环境，不但试剂用量大为减少、样品空白降低，而且减少了有毒气体的排放；③减少了砷、汞、锑、硼、硒和锡等挥发性物质的挥发损失；④可代替铂坩埚，解决高纯氧化铝中微量元素分析的干扰问题。

高压密闭消解罐可用于原子吸收分光光度法、原子荧光光度法和等离子体发射光谱法等样品的前处理，也可用于小剂量的合成反应。

（刘娟）

ge ceding

镉测定 （determination of cadmium） 对水、气、土壤等环境介质中的镉及其化合物进行定性定量分析的过程。镉（Cd）是现代工业生产中不可替代的金属之一，同时也是具有很强毒性和生物活性的重金属元素。在自然界中常以化合物状态存在，一般含量很低，正常环境状态下，不会影响人体健康。当环境受到镉污染后，镉在生物体内富集，通过食物链进入人体引起慢性中毒。镉被人体吸收后，在体内形成镉硫蛋白，主要积蓄在肾脏，引起泌尿系统的功能变化；镉会对呼吸道产生刺激，长期暴露会造成嗅觉丧失症、牙龈黄斑或渐成黄圈，还可导致骨质疏松和软化。水中含镉 0.1 mg/L 时，可轻度抑制地表水的自净作用；农灌水中含镉 0.007 mg/L 时，即可造成污染；农灌水中含镉 0.04 mg/L 时，土壤和稻米受到明显污染。20 世纪 80 年代镉被美国毒物和疾病登记署（ATSDR）列为第 7 位危害人体健康物质，日本的痛痛病即镉污染所致，我国也将其列为实施排放总量控制的指标之一。镉的主要污染来源是电镀、采矿、冶炼、染料、电池和化学工业等行业。

样品采集、制备与前处理 见样品采集和样品前处理。

测定方法 常用的测定方法有分光光度法、火焰原子吸收分光光度法、阳极溶出伏安法、示波极谱法、电感耦合等离子体发射光谱法（ICP-AES）和电感耦合等离子体质谱法（ICP-MS）等。

分光光度法 测定镉的分光光度法主要有对-偶氮苯重氮氨基偶氮苯磺酸分光光度法、双硫腙分光光度法等。

对-偶氮苯重氮氨基偶氮苯磺酸分光光度法 适用于固定污染源排放废气中镉的测定。在弱碱性溶液中，存在非离子表面活性剂条件下，镉离子与对-偶氮苯重氮氨基偶氮苯磺酸作用生成稳定的红色络合物。

双硫腙分光光度法 适用于天然水和废水中镉的测定。在强碱溶液中，镉离子与双硫腙生成红色螯合物，用三氯甲烷萃取后，于 518 nm 波长处进行分光光度法测定。

火焰原子吸收分光光度法 适用于地表水、地下水、工业废水、固体废物浸出液、土壤、海洋沉积物、环境空气及固定污染源废气中镉的测定（参见原子吸收分光光度法）。

阳极溶出伏安法 适用于饮用水、地表水、地下水、河口水和海水中镉的测定（参见极谱法）。

示波极谱法 适用于工业废水和生活污水中镉的测定，饮用水、地表水和地下水需要富集后测定（参见极谱法）。

电感耦合等离子体发射光谱法 适用于地表水、工业废水、生活污水、土壤和植物以及固定污染源废气样品中镉的测定（参见原子发射光谱法）。

电感耦合等离子体质谱法 适用于地表水、工业废水、生活污水、土壤和植物以及环境空气样品中镉的测定（参见电感耦合等离子体质谱仪）。

发展趋势 新型电化学传感器在阳极溶出伏安法中的应用降低了仪器的检测限，开发了现场快速检测仪。痕量元素镉的形态分析将是未来研究的热点，与色谱联用的在线分离与分析新技术是无机、有机形态镉的定性定量分析的主要手段。 （于学普）

ge ceding

铬测定 （determination of chromium） 对水、气、土壤等环境介质中的铬及其化合物进行定性定量分析的过程。铬（Cr）在环境介质中价态有二价、三价和六价，二价铬不稳定极易被氧化成高价铬。水体中，铬化合物常见价态有三价和六价，六价铬一般以CrO_4^{2-}、$Cr_2O_7^{2-}$、$HCrO_4^-$形式存在；铬化合物在空气中呈气溶胶态；在湿润气候区和富含有机质的酸性土壤中，铬化合物呈胶体状态或被吸附固定在有机和无机胶体上。铬是生物体必备元素之一，但浓度过高又成为有毒元素，六价铬毒性比三价铬毒性高 100 倍。铬污染物主要来自矿石加工、金属表面镀铬、皮革鞣制和印染等行业。水体中六价铬浓度为 1 mg/L 时呈淡黄色并有涩味，铬是判定水体污染的一项重要指标物。

样品采集、制备与前处理 见样品采集和样品前处理。

测定方法 铬的测定包括六价铬、总铬及三价铬的测定。

六价铬测定 应用较多的方法为二苯碳酰二肼分光光度法。该方法适用于地表水和工业废水的测定。在酸性溶液中，六价铬与二苯碳酰二肼反应，生成紫色化合物，最大吸收波长为 540 nm。

总铬测定 包括高锰酸钾氧化-二苯碳酰二肼分光光度法、火焰/无火焰原子吸收分光光度法、硫酸亚铁铵滴定法、电感耦合等离子体发射光谱法和电感耦合等离子体质谱法等。

高锰酸钾氧化-二苯碳酰二肼分光光度法 适用于地表水、工业废水、河口和近岸海水、土壤及植物中总铬的测定。水质样品采用高锰酸钾等前处理，土壤、植物样品采用硫酸、高氯酸等处理，将样品中三价铬氧化成六价铬后，二苯碳酰二肼分光光度法测定总铬。

火焰原子吸收分光光度法 适用于地表水、工业废水、固体废物浸出液、土壤和环境空气中总铬的测定。样品经前处理后，火焰原子吸收分光光度法测定，参见原子吸收分光光度法。

无火焰原子吸收分光光度法 适用于海水中总铬的测定。一定的 pH 条件下，低价态的铬被高锰酸钾氧化后，同二乙氨基二硫代甲酸钠螯合，用甲基异丁酮萃取，无火焰原子吸收分光光度计测定（参见原子吸收分光光度法）。

硫酸亚铁铵滴定法 适用于地表水、废水、固体废物浸出液和高浓度（大于 1 mg/L）总铬测定。在酸性溶液中，以银盐作催化剂，用过硫酸铵将三价铬氧化成六价铬，以苯基代邻氨基苯甲酸作指示剂，用硫酸亚铁铵溶液滴定，使六价铬还原为三价铬，溶液呈绿色为终点。

电感耦合等离子体发射光谱法 适用于地表水、工业废水、生活污水、土壤及植物样品中总铬的测定（参见原子发射光谱法）。

电感耦合等离子体质谱法 适用于地表水、工业废水、生活污水、土壤及植物样品中总铬的测定（参见电感耦合等离子体质谱仪）。

三价铬测定 先将总铬和六价铬分别测出，然后采用差减法求得三价铬的含量。

发展趋势 由于试剂和试样消耗少、精密度高、快速、自动化程度高等优点，流动注射-分光光度法测定六价铬的方法得到了积极推广。连续回流-二苯碳酰二肼分光光度法用于水质六价铬的自动在线监测；联用技术的发展，使得高效液相色谱-电感耦合等离子体发射光谱法及高效液相色谱-电感耦合等离子体质谱法在水中铬的在线监测中获得了广泛的应用。

（孟祥鹏）

gongye qiye changjie huanjing zaosheng jiance

工业企业厂界环境噪声监测 （monitoring of industrial enterprises noise at boundary） 测量工业企业和固定设备厂界以及对外环境排放噪声的机关、事业单位、团体等单位的噪声排放值，并评价是否达标的过程。

监测布点 根据工业企业声源、周围噪声敏感建筑物的布局以及毗邻的区域类别，在工业企业厂界布设多个测点，其中包括距噪声敏感建筑物较近以及受待测声源影响大的位置。一般情况测点选在工业企业厂界外 1 m，高度 1.2 m 以上，距任一反射面不小于 1 m 的位置；当厂界有围墙且周围有受影响的噪声敏感建筑物时，测点应选在厂界外 1 m，高于围墙 0.5 m 以上的位置；当厂界无法测量到声源的实际排放，如声源位于高空、厂界设有声屏障等，应在一般测点以外，另在受影响的噪声敏感建筑物户外 1 m 处设置测点。当噪声敏感建筑物与厂界距离小于 1 m 时，厂界环境噪声应在噪声敏感建筑物的室内测量。室内噪声测量时，室内测量点位设在距任一反射面至少 0.5 m 以上，距地面 1.2 m，在受噪声影响方向的窗户开启状态下测量。固定设备结构传声至噪声敏感建筑物室内，在噪声敏感建筑物室内测量时，测点应距任一反射面至少 0.5 m 以上，距地面 1.2 m，距外窗 1 m 以上，窗户关闭状态下测量。被测房间内的其他可能干扰测量的声源（如电视机、空调机、排气扇以及镇流器较响的日光灯、运转时出声的时钟等）应关闭。

监测时间 分别在昼间、夜间两个时段测量。夜间有频发、偶发噪声影响时同时测量最大声级。如果被测声源是稳态噪声，采用 1 min 的等效声级。如果被测声源是非稳态噪声，测量被测声源有代表性时段的等效声级，必要时测量被测声源整个正常工作时段的等效声级。背景噪声测量的声环境条件应与被测声源一致，且不受其影响，测量时段应与被测声源测量的时间长度相同。

结果修正 评价前先要修正测量结果，当背景噪声值比噪声测量值低 10 dB（A）以上时，噪声测量值不做修正；当噪声测量值与背景噪声值相差在 3～10 dB（A）时，噪声测量值与背景噪声值的差值取整后，按噪声测量值修正表进行修正；当噪声测量值与背景噪声值相差小于 3 dB（A）时，应采取措施降低背景噪声；若无法使噪声测量值高于背景噪声值 3 dB（A）以上，应按环境噪声监测技术规范的有关规定执行。

评价方法 工业企业厂界环境噪声不得超过相应标准规定的排放限值。夜间频发噪声的最大声级超过限值的幅度不得高于 10 dB（A），夜间偶发噪声的最大声级超过限值的幅度不得高于 15 dB（A）。工业企业若位于未划分声环境功能区的区域，当厂界外有噪声敏感建筑物时，由当地县级以上人民政府参照《声环境质量标准》（GB 3096—2008）确定厂界外区域的声环境质量要求，并执行相应的厂界环境噪声排放限值。当噪声敏感建筑物与厂界距离小于 1 m 时，厂界环境噪声应在噪声敏感建筑物的室内测量，并将所在功能区的限值减 10 dB（A）作为评价依据。

当固定设备排放的噪声通过建筑物结构传播至噪声敏感建筑物室内时，噪声敏感建筑物室内分别规定了等效声级限值和倍频带声压级限值，我国《工业企业厂界环境噪声排放标准》（GB 12348—2008）对此做出了相关规定。室内限值的制定与敏感建筑物所处声环境功能区和房间功能有关。以睡眠为主要目的，需要保证夜间安静的房间（A 类房间），包括住宅卧室、医院病房、宾馆客房等，噪声控制更加严格。主要在昼间使用，需要保证思考与精神集中、正常讲话不被干扰的房间（B 类房间），包括学校教室、会议室、办公室、住宅中卧室以外的其他房间等，噪声限值比 A 类房间略高。

测量结果评价时，各个测点的测量结果应单独评价，同一测点每天的测量结果按昼间、夜间进行评价，最大声级 L_{max} 直接评价。

（汪赟　郭平）

gong ceding

汞测定 （determination of mercury）　对水、气、土壤等环境介质中的汞及其化合物进行定性定量分析的过程。汞（Hg）俗称水银，汞及其化合物属于剧毒物质，并且可在生物体内积蓄，能够沿食物链富集。摄入过量的汞可引起慢性汞中毒或急性汞中毒，慢性汞中毒时汞被血液吸收并送到大脑，严重损害中枢神经系统；急性汞中毒会危害呼吸系统、消化系统和泌尿系统。有机汞对人类健康危害极大，其中以烷基汞毒性最大（如甲基汞、乙基汞），这类化合物易溶入细胞膜和脑组织的类脂中，一旦进入脑细胞很难排出，从而损伤中枢神经系统。烷基汞还有遗传性损害功能，它们可以穿过胎盘屏障进入胎儿组织，毒害胎儿。汞污染物主要来源于原生汞生产、含汞试剂生产、氯化汞触媒生产、电石法聚氯乙烯生产、废汞触媒回收处理、含汞锌粉生产、浆层纸生产、电池生产、电光源生产、体温计生产、血压计生产、铅锌冶炼和铜冶炼等行业。汞是我国实施排放总量控制的指标之一。

样品采集、制备与前处理　见样品采集和样品前处理。

测定方法　分为总汞和有机汞的测定。

总汞测定　主要有双硫腙分光光度法、冷原子吸收分光光度法、原子荧光光谱法和电感耦合等离子体质谱法等。

双硫腙分光光度法　适用于生活饮用水及其水源水、生活污水、工业废水和受汞污染的地表水中的总汞测定。样品经高锰酸钾和过硫酸钾消解后，用盐酸羟胺将过剩的氧化剂还原。在酸性条件下，汞离子与双硫腙生成橙色螯合物，用有机溶剂萃取，再用碱溶液洗去过剩的双硫腙，分光光度计测定。该方法测定范围宽，但操作复杂，要求严格，适用于高浓度汞污染物的测定。

冷原子吸收分光光度法　适用于地表水、地下水、大洋、近岸及河口区海水、生活污水、工业废水、固定污染源废气、土壤及固体废物浸出液、河口、近岸、大洋沉积物及海洋生物体中总汞的测定。样品经前处理后，在酸度条件下，用氯化亚锡等还原剂，将汞离子还原为单质汞，形成汞蒸气，利用汞蒸气对波长 253.7 nm 紫外线的吸收作用，测量吸收值，求得试样中汞的含量。该方法灵敏度高、快速准确、干扰少，适于痕量汞的测定。

原子荧光光谱法　适用于地表水、地下水、海水、工业废水、环境空气、固定污染源废气、固体废物、土壤、沉积物及海洋生物体中总汞的测定。基本原理参见硒测定。该方法选择性好、灵敏度高、干扰性小。

电感耦合等离子体质谱法　适用于地表水、地下水、固体废物浸出液中总汞的测定（参见电感耦合等离子体质谱仪）。

有机汞测定　采用气相色谱法测定。适用于地表水、污水、固体废物浸出液烷基汞（甲基汞、乙基汞）的测定。用巯基棉富集水或前处理样品溶液中的烷基汞，用盐酸氯化钠溶液解吸，然后用甲苯萃取，用带电子检测器的气相色谱仪测定，方法的最低检出浓度随仪器的灵敏度和水样基体效应而变化。

发展趋势　随着新显色试剂的开发，分光光度法测定汞的应用增多。高效液相色谱、离子色谱等与原子荧光光谱仪、电感耦合等离子体质谱等联用，具有方法选择性好、灵敏度高等特点，是测定汞形态的发展方向。（翟继武）

guti feiwu caiyangqi

固体废物采样器 （solid waste sampler）　用于采集固体废物样品的装置。从一批固体废物中采集具有代表性的样品，用于特性鉴别和分类、环境污染监测、综合利用或处置、污染环境事故调查分析等。

主要包括采样探子、采样钻、气动和真空探针、取样铲、尖头钢锹、钢锤、带盖样品桶或内衬塑料薄膜的样品袋等。根据采样目的、采样条件、物料状况（批量大小、几何状态、粒度、均匀程度、特性值的变异性分布）确定使用采样器类型。

采样探子 由一根金属管构成，根据采样需要，材质可以是钢、铜、合金等。管子的一端为一个T型手柄，另一端是一个锥形钝点，管子的一侧切掉，使金属管成U形，其长度依需要而定。分为末端开口的采样探子、末端封闭的采样探子、可封闭的采样探子和关闭式采样探子。适用于粉末、小颗粒和小晶体等固体化工产品采样。

采样钻 关闭式采样钻由一个金属圆筒和一个装在内部的旋转钻头构成，适用于较坚硬的固体采样。

气动和真空探针 气动探针由软管将一个装有电动空气提升泵的旋风集尘器和一个由两个同心管组成的探子连接构成（下图）。真空探针由一个真空吸尘器，通过装在采样管上的探针把物料插入样品容器中。适用于粉末和细小颗粒等松散物料的采样。

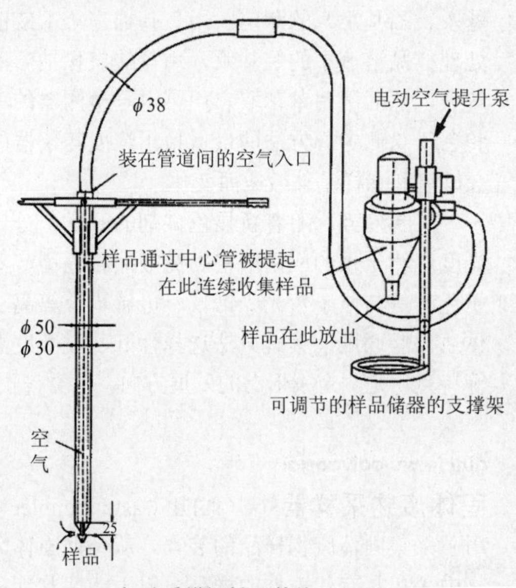

气动采样探针（单位：mm）

（王琪）

guti feiwu jiance

固体废物监测 （solid waste monitoring）

测定固体废物的物理和化学性质，并对其环境影响及资源化利用情况进行监测的过程。根据《中华人民共和国固体废物污染环境防治法》中的定义，固体废物，是在生产、生活和其他活动中产生的丧失原有利用价值或者虽未丧失利用价值但被抛弃或者放弃的固态、半固态和置于容器中的气态的物品、物质以及法律、行政法规规定纳入固体废物管理的物品、物质。其分类方法很多，按化学性质分为有机废物和无机废物；按形态分为固态废物、半固态废物和液态（气态）废物；按污染特性分为危险废物和一般废物；按来源分为工业固体废物（指矿业、冶金工业、石油化工业、能源工业、轻工业等行业产生的固体废物）、农业废弃物和城市生活垃圾。

沿革 中国固体废物监测从“七五”期间启动，在全国开展污染调查时，对有害废物的定义、分类、性质和危害认识不足，仅粗略地罗列冶炼废渣、化工废渣等简单几项。1986年编制出版了《工业固体废物有害特性试验与监测分析方法（试行）》，在全国有害废物的毒性鉴别中起到了重要作用。随后，中国环境监测总站组织翻译、出版了美国国家环境保护局（USEPA）和固体废物办公室编写的《固体废弃物试验分析评价手册》。1989—1992年，中国环境监测总站开展了“固体废物采样及监测方法的研究”，对采样、制样、浸出毒性、生物毒性监测方法等方面进行研究。“八五”期间，在前期研究和吸取国外先进经验与技术基础上，对无机有害废物的采样、制样方法，浸出毒性及有关分析方法进行了更为深入的研究；同时对固体废物的有机污染物监测方法进行了相关研究。

目的和意义 主要体现在五个方面：①通过对固体废物监测，判断是否含有危险组分，调查其环境污染状况，评价对环境及人类健康的影响程度，为开展有关的环境医学、环境化学及环境治理等学科研究，提供科学的分析测试手段和监测数据。②为进一步制定和完善固体废物环境污染控制的卫生标准和排放标准提供科学依据。③为监督有关环境法规与标准的执行情况提供技术支持，为实施固体废物的总量控制计划提供科学依据，推进固体废物环境管理制度的实施，响应有关的地区或国际公约等。如准确获得废物处理处置方面的资料与数据，判断处理处置方法是否符合技术标准，判断是否符合相关的环境排放标准限值等。④为突发性固体废物环境污染事故处理处置措施的制定以及事故纠纷的仲裁提供科学的判断依据。⑤可获得固体废物在收集、运输及处理等过程的监测数据，以防止事故和灾害，为固体废物的综合利用潜力与效果的评估提供依据。可用于对处置效果的技术评价与咨询，获得处理处置设施正确的设计资料，为处理处置设施维护管理提供完整的资料数据。对废物堆进行定期监测，特别是对一些尚未控制的复杂废物堆的鉴定以及对废物堆释放出来的有害物质进行监督监测，了解潜在危害，估计废物堆的危险程度以及对环境的污染情况。

监测内容　包括样品采集和制备（参见样品采集）、前处理（参见样品前处理）、样品测定和结果评价，其中结果评价常使用的方法是与执行标准限值比较，评价是否超标。固体废物的例行监测频次为2次/a，特殊目的监测可根据实际情况增加监测频次。以下为危险废物监测、一般固体废物监测、固体废物处理处置过程中污染控制监测的监测内容。

危险废物监测　危险废物是列入《国家危险废物名录》或者根据国家规定的危险废物鉴别标准和鉴别方法认定的具有危险特性的废物。危险特性通常指易燃性、腐蚀性、反应性、放射性、浸出毒性、急性毒性（包括口服毒性、吸入毒性和皮肤吸收毒性）以及其他毒性（包括生物积累性、刺激性或过敏性、遗传变异性、水生生物毒性和传染性等）。凡具有一种或多种以上危险特性者，即可称为危险废物。

判定固体废物是否属于危险废物主要包括6种试验。①急性毒性初筛试验：急性毒性的初筛试验常用小白鼠进行试验，通过半数致死量或浓度表达其综合急性毒性。②易燃性试验：通过测定固体废物闪点鉴别是否具有易燃性。③腐蚀性试验：一种测定方法是测定pH，pH≥12.5或pH≤2.0时，判定具有腐蚀性；另一种是在55℃时，测定20号钢材腐蚀率是否大于等于6.35 mm/a。④反应性试验：测定方法包括撞击感度测定、摩擦感度测定、差热分析测定、爆炸点测定、火焰感度测定等五种。⑤浸出毒性试验：采用规定方法浸出水溶液，然后对浸出液进行分析。中国对浸出物质浓度进行限制的项目包括Hg、Cd、As、Cr、Pb、Cu、Zn、Ni、Sb、Be、氟化物、氰化物、硫化物和硝基苯类化合物。⑥毒性物质含量鉴定试验：固体废物中含有剧毒物质名录、有毒物质名录、致癌物质名录、致突变物质名录、生殖毒性物质名录、持久性有机污染物名录中某物质或某类物质，且含量在该类物质总含量中达到一定数值时，判定该物质为危险废物。

一般固体废物监测　按照规定方法，测定固体废物中的物质含量，并与排放标准或质量标准等比较，评价是否超标。目前中国已发布的固体废物监测分析方法有19项，主要是重金属监测分析方法。

固体废物处理处置过程中污染控制监测　与焚烧设施有关的监测分析包括排气分析的技术手段、排水分析的技术手段、焚烧残余物分析的技术手段；与填埋设施有关的监测分析包括填埋场排放废气分析的技术手段、渗滤液及其处理排水分析。

发展趋势　中国对固体废物的监测起步较晚，与发达国家差距还较大，需采用现代毒性鉴别试验与分析测试技术，加强监测规范和标准的制定。以危险废物和城市生活垃圾填埋厂、焚烧厂等重点处理处置设施的在线自动监测为主导，以重点污染源排放的固体废物的手工采样——实验室例行监测分析为基础，逐步建立并形成完善的固体废物毒性试验与监测分析方法的技术体系，使我国环境监测系统具备全面执行固体废物相关法规和标准要求的监测技术支撑能力，是固体废物监测的发展方向。

（王琪）

推荐书目

邓益群，彭凤仙，周敏. 固体废物及土壤监测. 北京：化学工业出版社，2006.

石光辉. 土壤及固体废物监测与评价. 北京：中国环境科学出版社，2008.

guxiang cuiqu

固相萃取

（solid phase extraction，SPE）一种基于液固分离萃取样品的方法。包括固相（具有一定官能团的固体吸附剂）和液相（样品，含有基质、目标化合物和干扰化合物），由液固萃取和柱液相色谱技术结合发展而来。

沿革 20 世纪 70 年代末首次提出固相萃取，随后第一根商用固相萃取柱问世。20 世纪 80 年代固相萃取在线联用技术出现，克服了离线萃取的多项缺点，使分析数据更可靠，重现性好，操作更简便。随后膜片式固相萃取技术出现，解决了大体积液体样品的萃取问题。固相萃取吸附剂的种类也日渐增多，使固相萃取技术更为成熟，应用范围更广泛。

原理 液态样品在正压、负压或重力作用下，通过颗粒细小的多孔固相吸附剂，吸附剂选择性地定量吸附溶液中的目标化合物或干扰化合物，达到分离、净化的目的。根据吸附的化合物不同，分为目标化合物吸附模式（见图）和杂质吸附模式。若是目标化合物吸附在萃取剂上，再用体积较小的另一种溶剂或热解吸的方法解吸，可达到分离、富集目标化合物的目的。

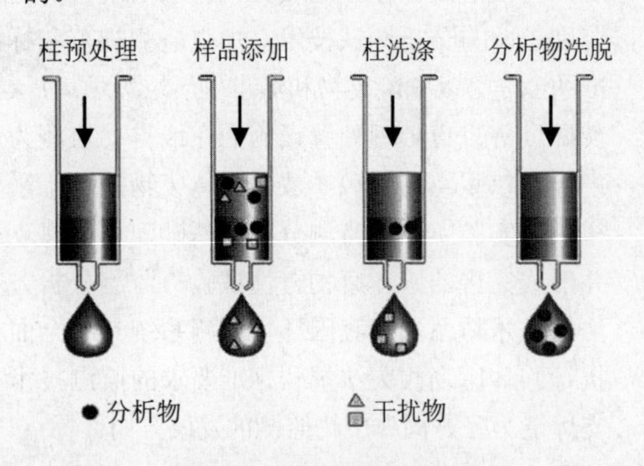

目标化合物吸附模式分离图

特点 与传统的液液萃取相比，固相萃取技术在富集倍数和无相分离方面具有明显优点：①富集倍数大。很多体系的富集倍数达到几百倍，少数体系可达到几千甚至几万倍。②有机溶剂消耗小。一般用量仅为数毫升，减少了有机溶剂中杂质对目标化合物的影响。③无相分离操作，克服了液液萃取需大量使用有机溶剂、易乳化和相分离慢的缺点。

影响因素 主要包括吸附剂类型与用量、洗脱溶剂性质、样品体积和样品流速等。

吸附剂类型与用量 目前常用的吸附剂有正相吸附剂、反相吸附剂、离子交换吸附剂和抗体键合吸附剂等，应尽量选择与目标化合物极性相似的吸附剂，其用量大小与目标物性质（极性、挥发性）及其在水样中的浓度直接相关，一般萃取的目标化合物质量不超过 SPE 填料的 5%。

洗脱溶剂性质 根据目标化合物物理、化学性质及使用的吸附剂，选择极性和洗脱强度相当的有机溶剂。洗脱溶剂体积应以淋洗完全为前提，体积最小的为最佳，可通过多次洗脱法，根据回收率的变化曲线找到最佳的洗脱液体积。根据固相萃取柱的规格不同，洗脱溶剂的最小用量一般为 0.25～2.5 mL。

样品体积 是固相萃取的关键因素之一，它代表了进行痕量富集时能有效处理的水样体积。根据色谱分析仪的最小检出量和水样中有机物的浓度，可以估算待富集的最小水样体积。

样品流速 流速的控制对固相萃取至关重要，流速过大可导致萃取柱穿漏，流速太小则处理速度太慢。柱前处理过程中流速适中，保证溶液充分湿润吸附剂即可；加样和洗脱过程则要求流速尽量慢些，以使分析物尽量保留在柱内或达到完全洗脱，否则会导致分析物流失，影响回收率。尤其是离子交换过程，应采用较低的流速（0.5～2.0 mL/min）。

应用 20 世纪 80 年代初，固相萃取技术逐步应用于食品分析、环境监测、临床检验、司法鉴定、药物研发和蛋白质分离等诸多领域。我国环境监测领域将固相萃取技术应用于对松花江、黄浦江和太湖等水体中卤代烃、有机磷农药、含氯农药、多氯联苯、多环芳烃、酞酸酯等项目的测定。近年来，已经颁布多个固相萃取技术的国家和行业分析方法标准。

发展趋势 经过30多年的发展，固相萃取技术及理论日益成熟。近年来，出现了商业化或非商业化的新型固相萃取技术，突破了传统固相萃取技术要求样品是流动性的范畴。传统固相萃取技术要求样品是流动性液体，基质固相分散萃取（MSPD）方法和分散固相萃取（d-SPE）方法的提出，将固相萃取样品的范围拓展至固体、半固体和黏稠样品，而固相微萃取（SPME）则实现了对气体、液体、固体和生物等样品中各类挥发性或半挥发性物质的非溶剂选择性萃取。MSPD 是将样品与固相吸附剂一起研磨，使样品成为微小的碎片分散在固相吸附剂表面，然后将此混合物装入空的固相萃取柱或注射针筒中，用适当溶剂将目标化合物洗脱下来。d-SPE 是将样品切至小块后冷冻并在低温下匀浆，将匀浆样品和有机溶剂于离心管中离心，取有机溶液并加入吸附剂再次离心，即得到萃取溶液。 （南淑清）

guxiang cuiqu zhuangzhi

固相萃取装置

（solid phase extraction instrument） 基于固相萃取技术原理，利用固体吸附剂将目标化合物吸附，与样品基体及干扰化合物分离，然后用洗脱液洗脱，以分离和富集目标化合物的装置。

原理 将样品中的待测物吸附在萃取柱（盘）上，利用样品在固相（吸附剂）和液相（溶剂）之间的分配进行分离。保留或洗脱的机制取决于目标物与吸附剂表面的活性基团，以及目标物与液相之间的分子作用力。洗脱模式有两种：一种是目标物与吸附剂之间比干扰物与吸附剂之间的亲和力更强，因而被保留，洗脱时采用对目标物亲和力更强的溶剂；另一种是干扰物与吸附剂之间比目标物与吸附剂之间的亲和力更强，则目标物被直接洗脱。通常采用前一种洗脱模式。

结构 固相萃取装置主要由固相萃取柱（盘）和过滤装置（动力装置）组成。①固相萃取柱（盘）：固相萃取装置的核心。商品化的固相萃取柱外形类似于一个注射器针筒，柱体一般由玻璃、聚四氟乙烯或聚丙烯制成，与高效液相色谱在线联用的固相萃取装置的柱体通常用不锈钢制成，可以耐受较高的压力。固相萃取柱的体积为 1～50 mL，最常用的为 1～6 mL，填充 0.1～0.5 g 吸附剂。在填料的上、下端各有一个筛板，材料为聚乙烯、聚丙烯、聚四氟乙烯或不锈钢等，以防填料的流失。②过滤装置：在加样过程中，采用适当的方法使样品溶液通过固相萃取柱，使目标物吸附在填料上；洗脱过程中使溶剂通过萃取柱，使目标物解吸。以上过程需借助固相萃取过滤装置完成，采用柱前加正压或柱后加负压的方式实现，加快过滤速度，使溶液易于进入固定相的孔隙，有利于样品溶液与固定相更紧密接触，从而提高萃取效率。加压操作可通过在液体样品储液槽的上方用高压空气或氮气施加一定的压力来实现。如果样品溶液少，也可以用手动加压的方式进行。负压抽吸是在固相萃取柱出口，用注射器手动抽负压或与水泵或真空泵相连，通过抽吸使样品溶液通过固相萃取柱。

分类 常用的固相萃取装置有圆盘固相萃取装置、真空多歧管固相萃取装置和全自动固相萃取仪等。

圆盘固相萃取装置 又称膜片式固相萃取装置。固相萃取圆盘外观上类似于过滤膜，它是将固定相固载在聚四氟乙烯、聚氯乙烯或多孔玻璃纤维基体上，经紧密压制后形成直径 4～96 mm、厚度 0.5～1 mm 的膜状结构。圆盘固相萃取装置包括固相萃取圆盘和过滤装置。

真空多歧管固相萃取装置 目前市场上有 12 孔、24 孔或 96 孔等不同型号的真空多歧管固相萃取装置。装置的上层为萃取板，固相萃取柱通过密封的入口堵头与收集箱相连。收集箱一般为玻璃缸，便于观察萃取过程，收集箱内安装了可调节的收集架系统，适应于不同类型的收集器。

全自动固相萃取仪 分为基于固相萃取柱的自动固相萃取系统、基于固相萃取盘（膜）的自动固相萃取系统以及基于固相萃取吸嘴的自动固相萃取系统。不管是哪种类型的自动固相萃取仪，都由主机和控制系统组成。自动化的方法结果重现性好，便于方法的实验室间转移和建立标准。

特点 ①简单、快速，缩短了样品前处理时间；②处理过的样品易于贮藏、运输，便于实验室间进行质控；③可选择不同类型的吸附剂和有机溶剂处理不同种类的有机物；④不出现乳化现象，提高了分离效率；⑤有机溶剂用量少；⑥易于与其他仪器联用，实现自动化在线分析。

应用 固相萃取装置广泛应用于水中痕量有机物的富集分析。从 20 世纪 80 年代开始，在我国松花江、黄浦江、太湖等的水质监测中，广泛采用固相萃取装置测定卤代烃、有机磷农药、含氯农药、氯苯、多氯联苯、多环芳烃、酞酸酯等。国家标准方法及行业标准方法中，将固相萃取技术作为样品前处理的手段，例如，国家标准《水果和蔬菜中 405 种农药及相关化学品残留量的测定　液相色谱-串联质谱法》（GB/T 20769 —2008）和《原料乳与乳制品中三聚氰胺检测方法》（GB/T 22388—2008），环境保护部行业标准《水质　多环芳烃的测定　液液萃取和固相萃取高效液相色谱法》（HJ 478 —2009），农业部行业标准《水产品中孔雀石绿残留量的测定　液相色谱法》（SC/T 3021 —2004）等。

发展趋势 一次性的固相萃取商品柱于 20 世纪 70 年代末首次出现，开创了现代意义上的固相萃取技术。20 世纪 80 年代出现的固相萃取在线联用仪克服了离线萃取的许多缺点，使分析数据更可靠，重现性好，操作更简便。随后出现的膜片式固相萃取装置，解决了大体积液体样品的萃取困难。随着固相萃取技术的发展，其仪器装置也不断更新，主要表现为仪器操作更加简便，自动化程度提高，固相萃取剂种类增多，选择性增强。固相萃取装置的发展方向：①开发新型固相萃取材料；② 自动化，高通量，以适应各种日常监测分析的需求；③小型化、简单化；④多种前处理技术的结合。（彭华）

推荐书目

陈小华，汪群杰. 固相萃取技术与应用. 北京：科学出版社，2010.

李攻科，胡玉玲，阮贵华，等. 样品前处理仪器与装置. 北京：化学工业出版社，2007.

guxiang weicuiqu

固相微萃取 （solid phase microextraction，SPME） 根据相似相溶原理，结合待测物质的沸点、极性和分配系数，通过具有不同涂层材料的纤维萃取头，使待测物质在涂层和样品基质中达到分配平衡，实现采样、萃取和浓缩样品的方法。样品解吸后与气相色谱、液相色谱等分析仪器联用，分析气、液和固体等环境介质中挥发性和半挥发性有机物。

沿革 加拿大学者 1989 年提出了一种新型非溶剂型选择性萃取样品前处理方法，即固相微萃取技术。最初利用具有很好耐热性和化学稳定性的熔融石英纤维作为吸附层进行萃取，后来将气相色谱固定液涂渍在石英纤维表面，以提高萃取效率。1993 年推出了商品化固相微萃取装置，此装置采用目前应用最广泛的纤维固相微萃取技术。

原理 固相微萃取是复杂的多相平衡过程。萃取开始时，目标化合物吸附在涂层与样品基体的界面上，再大量扩散到涂层中。若目标化合物在固定相中的扩散系数很高，萃取以吸收的方式进行，可在两相间完全分开；若扩散系数较低，以吸附的方式附在涂层表面。其定量分析理论发展有两个，一是早期的平衡理论，另一是近年发展起来的非平衡理论。平衡理论认为，目标化合物在介质相或溶液与顶空相及萃取纤维相分配，在一定条件下达到动态平衡时，涂层吸附待测物质的量与样品中的浓度成正比，成为定量分析的依据；非平衡理论则认为在一定时间内，由于慢传质过程，平衡未完全达到，但在严格条件下可以获得可靠、稳定的响应值与浓度之间的线性关系，即可准确定量。

应用 随着固相微萃取技术的发展，目标化合物从挥发性、半挥发性有机物，扩展到非挥发性的大分子物质，联用技术从气相色谱扩展到液相色谱、电感耦合等离子体质谱仪等多项技术，在环境样品分析、精细化工、食品检测及药物检测方面均有应用。在环境监测领域可应用于水、气、土壤、沉积物和生物等样品的分析，若与便携仪器联用，可应用于应急监测。

环境水样 用于各种农药、除草剂、灭菌剂残留，挥发性有机物、苯系物、多环芳烃、多氯联苯、芳香胺化合物和酚类化合物等环境污染物的测定，均具有较宽的线性范围和较高的灵敏度。除了有机化合物的测定，固相微萃取技术还被用于水中无机离子的分析，如根据吡咯的离子交换特性，用聚吡咯涂层可萃取水中 Cl^-、F^-、Br^-、NO_3^-、PO_4^{3-}、SO_4^{2-}、SeO_4^{2-} 和 SeO_3^{2-} 等多种无机阴离子。

气体样品 主要用于气体样品中挥发性有机物的测定，克服传统气体样品采集及后续处理步骤烦琐、分析背景值高和不利于痕量组分分析的缺点。但不同浓度的标准气体难制备，不利于工作曲线的绘制，是固相微萃取技术用于气体样品分析的难点。

固体样品 固体样品一般不能直接进行固相微萃取操作，可加热样品，使易挥发的目标化合物进入顶空后，采用顶空方式萃取；也可以通过适当的浸提液浸提，将不易挥发的目标化合物转移到液相，再按照水样的条件进行固相微萃取。

发展趋势 纤维固相微萃取技术经过二十余年的发展，已比较成熟，目前研究的重点在萃取头的纤维、涂层及涂层技术改良方面。纤维研究方面，致力于以金属类和碳素类等材料改善熔融石英易折断、寿命短及选择性差的缺点。涂层材质研究集中在开发性质更稳定、容量更大、萃取速度更快、目标化合物范围更宽的新涂层。涂层方法在原有直接涂层基础上，开发了溶胶-凝胶技术。

在传统固相微萃取技术不断改良的同时，也有新型固相微萃取技术出现。毛细管固相微萃取技术（又称涂层毛细管微萃取），将涂有固定相的气相色谱毛细管柱用于样品萃取，目标化合物富集在毛细管内壁上，较纤维固相微萃取技术有更大的萃取表面和更薄的萃取相膜，易于解吸，该技术与液相色谱联用在强极性化合物和热不稳定性化合物的测定方面具有极大优越性。固相微萃取搅拌棒技术，在磁力搅拌子外涂渍涂层，制成固相微萃取搅拌棒，置于液相介质中萃取目标化合物，该技术富集倍数大，适用于痕量组分分析。 （南淑清）

guxiang weicuiqu zhuangzhi

固相微萃取装置

固相微萃取装置 （solid phase microextraction instrument） 基于固相微萃取原理，利用少量色谱固定相作为涂层吸附目标化合物，与样品的基体及干扰化合物分离，然后热解吸或溶剂解吸，以分离和富集目标化合物的装置。

原理 以少量色谱固定相作为萃取介质，利用样品基质中组分与固定相涂层之间的分配平衡进行分离、富集。

分类 固相微萃取装置分为纤维固相微萃取装置、内部冷却固相微萃取装置、现场采样固相微萃取装置、管内固相微萃取装置和针头捕集装置。

纤维固相微萃取装置 由微量进样器改装而来的固相微萃取装置，包括针头、针筒、推杆帽、涂层、纤维和不锈钢微管等。选择外径适当的不锈钢微管，穿过针头及微量进样器内的密封垫，将涂有长约 1 cm 涂层的纤维穿入不锈钢微管，固定不锈钢微管及纤维，并粘固于推杆帽内。以此为基础推出的商用固相微萃取装置，分为手柄和萃取头两部分，两者通过推杆右端的螺母与萃取头弹簧左端的螺栓连接。

内部冷却固相微萃取装置 由内毛细管，外毛细管，液态 CO_2 进、出口，针筒，外针和萃取涂层等部分组成。冷却系统由一端熔融密闭的外毛细管和插至外毛细管顶端的内毛细管组成。液态 CO_2 由内毛细管通入，用于冷却附着于外毛细管封闭端表面的萃取涂层。气化后的 CO_2 由外毛细管开口端溢出。

现场采样固相微萃取装置 ①主动型现场采样固相微萃取装置：从结构上看，装置的萃取头不能更换；在装置中增加了硅胶垫及其紧固件，在萃取结束收回萃取头后，密封垫结合外针形成封闭的空间，能够防止在运输、储存过程中萃取物从萃取头流失。②主动/被动两用型现场采样固相微萃取装置：包括保护套组件、萃取头固定件、萃取头内针、萃取头外针、内针伸缩控制筒、萃取涂层和可更换的特氟龙盖等。当处于储存、运输状态时，保护套件向右推入，特氟龙盖与萃取头外针形成一个体积很小的密闭空间，防止萃取组分的流失，也可避免二次污染。通过内针伸缩控制筒来调节萃取涂层的位置，根据萃取涂层的位置确定是主动采样方式还是被动采样方式工作。

管内固相微萃取装置 包括萃取涂层附着于毛细管内壁或将吸附剂填充在毛细管内等几种形式。由于管内固相微萃取能够承载比传统的纤维固相微萃取更多的萃取涂层，因此萃取能力显著增强。

针头捕集装置 将主动采样技术与固相微萃取技术结合的新型固相微萃取技术。利用注射针头内的填充物充当捕集介质，通过主/被动采样方式，采集气体中的化学成分，直接将针头插入气相色谱的进样口进行热解吸。

特点 ①无溶剂萃取；②采样和富集同步进行；③能与多种现代分析仪器联用；④萃取的量很小，不会对样品体系的原始平衡造成影响；⑤适合现场或野外分析；⑥属于动态平衡萃取，应用广泛。

应用 固相微萃取装置主要用于空气、水和土壤样品中微量或痕量目标化合物的分离和富集。

发展趋势 随着固相微萃取技术的不断发展，固相微萃取装置也不断改进。通过萃取头的形状结构、涂层材料和萃取模式的不断创新，与气相色谱和高效液相色谱等分析仪器的高通量、自动化联用，进样接口的完善和商品化，目前的固相微萃取装置可实现对气、液、固等多种基质的样品进行快速、高效和高灵敏度的萃取分析。今后发展趋势主要表现在以下几个方面：①研发用于活体生物分析的固相微萃取装置；②研发具有高选择性、高萃取率、生物兼容、性能稳定、重现性好且可实现批量生产的萃取相；③研发小型专用的固相微萃取场地分析仪；④研发高选择性和高效涂层的新型填料。

（彭华）

推荐书目

吴采樱. 固相微萃取. 北京：化学工业出版社，2012.

李攻科，胡玉玲，阮贵华，等. 样品前处理仪器与装置. 北京：化学工业出版社，2007.

guanghuaxue yanghuaji ceding

光化学氧化剂测定

（determination of photochemical oxidants） 对大气中光化学氧化剂含量进行定量测定的过程。大气中除氧以外，具有氧化性质的全部物质称为总氧化剂，通常能氧化碘化钾为碘，包括臭氧、二氧化氮、过氧酰基硝酸酯、过氧化氢和过氧自由基（如过氧烷基 RO_2）等。光化学氧化剂是大气中除氮氧化物以外的能氧化碘化钾为碘的物质，主要是大气光化学反应的产物，是衡量大气环境质量的指标之一。由于一般情况下，臭氧占光化学氧化剂总量的 90%以上，故常以臭氧浓度计量光化学氧化剂的含量。

测定光化学氧化剂使用硼酸碘化钾分光光度法。采样时在吸收管前安装三氧化铬-石英砂氧化管，将一氧化氮等低价氮氧化物氧化成二氧化氮。分析时，先用硼酸碘化钾分光光度法测定样品中的总氧化剂浓度，再扣除氮氧化物的浓度，即为光化学氧化剂浓度：光化学氧化剂=总氧化剂−0.269×氮氧化物（0.269 为二氧化氮的校正系数）。当采样体积为 30 L 时，最低检出浓度为 0.006 mg/m^3。 （陈多宏）

guangpufa

光谱法 (spectrometry)

根据物质受热能或电能激发后所发出的特征光谱，进行化学元素的定性分析和定量分析的方法。一般而言，物质具有其特征谱线或谱带，据此确定物质所含元素的种类，称为光谱定性分析；利用特征谱线或谱带的强度确定物质所含元素的量，称为光谱定量分析。

沿革 1858—1859年，德国化学家本生（R. W. Bunsen）和物理学家基尔霍夫（G. R. Kirchhoff）奠定了一种新的化学分析方法——光谱法的基础，被公认为光谱法的创始人，他们还设计制造了第一台以光谱分析为目的的分光镜，预言用此法可检测出自然界中存在的少量元素。

原理 基于物质与辐射能作用时，光矢量能使分子或原子发生量子化的能级之间的跃迁，对产生的发射、吸收或散射辐射的波长和强度进行分析。分子光谱原理：分子中存在3种运动形式，即电子绕原子核的转动、原子核的转动和振动。通常分子处于低能量的基态，从外界吸收能量后，能引起分子能级的跃迁，能级跃迁是量子化的，根据量子理论朗伯-比尔（Lambert-Beer）定律，不同频率的光会产生相应的能级跃迁，从而产生特征谱图。原子光谱原理：原子吸收一定波长的光，由基态跃迁到激发态，当由激发态回到基态时，发射同一波长的光。由于原子可能被激发到的能级很多，而由这些能级可能跃迁到的能级也很多，所以原子被激发具有许多不同的波长。每个单一波长的辐射，对应一条谱线，因此原子光谱是由许多谱线组成的线状光谱。

分类 根据电磁辐射的本质，分为原子光谱和分子光谱；根据光谱产生的过程，分为发射光谱和吸收光谱；根据光谱波长的不同，分为可见光谱、紫外光谱、红外光谱、X射线荧光光谱和γ能谱等；根据光谱分析的类型，分为分光光度分析和非分光光度分析。表1列出了不同光谱区及对应的光谱法。

表1 光谱区及对应的光谱法

光谱区	波长范围	光谱法	量子化跃迁型式
γ射线	0.000 5～0.14 nm	γ射线光谱法，穆斯堡尔光谱法	原子核
X射线	0.01～10 nm	X射线光谱法：X射线荧光法、X射线吸收法、X射线散射法、X射线光电子能谱	内层电子跃迁
真空紫外线	10～200 nm	远紫外吸收光谱	价电子
紫外可见光	200～780 nm	紫外光可见光吸收、发射和荧光光谱	价电子
红外线	780～3×10^5 nm	红外光吸收光谱，拉曼散射光谱	转动/振动的分子
微波	3×10^5～10^9 nm	微波吸收	分子的转动
电子自旋共振	3 cm	电子自旋共振波谱	磁场中的电子自旋
无线电波	0.6～10 m	核磁共振波谱	磁场中的核自旋

特点 优势：①分析速度较快，原子发射光谱可在1～2 min内，同时得到几十种元素的分析结果；②操作简便，有些样品不经化学处理，即可直接进行光谱分析，在毒剂报警、大气污染监测等方面，采用分子光谱法遥测，不需采集样品，在数秒钟内，便可发出警报或检测出污染程度；③不需纯样品，只需利用已知谱图，即可进行光谱定性分析；④可同时测定多种元素或化合物，省去复杂的分离操作；⑤选择性好，可测定化学性质相近的元素和化合物，如测定铌、钽、锆和混合稀土氧化物，它们的谱线可分开而不受干扰；⑥灵敏度高，可利用光谱法进行痕量分析，相对灵敏度可达到十亿分之一至千万分之一；⑦样品损坏少，可用于古物以及刑事侦察等领域。

局限性：光谱定量分析建立在相对比较的基础上，必须有一套标准样品作为基准，而且要求标准样品的组成和结构状态应与待测样品基本一致。

应用 光谱法是常用的灵敏、快速、准确的近代仪器分析方法之一。在环境监测中，紫外光谱、可见吸收光谱、原子吸收光谱和原子发射光谱等多用于金属和无机项目分析，分子光谱多用于有机项目分析。表 2 列出了各种光谱法的应用范围。

表 2 光谱法的应用范围

方法名称	绝对检出限/g	相对检出限/（μg/g）	相对标准偏差/%	主要用途
原子发射光谱法	—	10^{-4}～10^{2}	1～20	微量多元素连续或同时测定
原子吸收分光光度法	10^{-15}～10^{-9}（非火焰）	10^{-3}～10^{1}（火焰）	0.5～10	微量单元素分析
原子荧光光谱法	10^{-15}～10^{-9}	10^{-3}～10^{1}	0.5～10	微量单元素分析
紫外可见吸收光谱法	—	10^{-3}～10^{2}	1～10	有机物定性定量
分子荧光光谱法	—	10^{-3}～10^{4}	1～50	有机物定性定量
红外光谱法	—	10^{3}～10^{6}	5～20	结构分析及有机物定性定量
拉曼光谱	—	10^{3}～10^{6}	5～20	结构分析及有机物定性定量
核磁共振波谱法	—	10^{1}～10^{5}	1～10	结构分析
顺磁共振波谱法	10^{-9}～10^{-6}		半定量	结构分析
X 射线荧光法	—	10^{-1}～10^{2}	0.1～10	常量多元素同时测定
俄歇电子能谱法	—	10^{3}～10^{5}	5～20	表面及薄层分析
穆斯堡尔光谱法	—	10^{1}～10^{3}	半定量	结构分析
中子活化法	—	10^{-3}～10^{-1}	2～10	微量分析
电射探针	—	10^{2}～10^{4}	10～50	微区分析
电子探针	—	10^{2}～10^{3}	5	微区分析
离子探针	—	10^{-1}～10^{0}	半定量	微区分析

（张霖琳）

推荐书目

柯以侃，董慧茹. 分析化学手册：第三分册 光谱分析. 2 版. 北京：化学工业出版社，1998.

guangwuran jiance

光污染监测 （light pollution monitoring）

对影响自然环境，影响人类正常生活、工作、休息和娱乐，损害人们观察物体的能力，引起人体不舒适感和损害人体健康的各种光的监测过程。虽然一些国际组织提出了光污染防治技术规定和技术指南，从照明设计的角度对亮度和照度等给予限制，但是还没有统一的光污染监测技术标准，使光污染的界定难以量化，其监测与治理缺乏依据。中国对光污染的研究处于初步阶段，主要集中在光污染现象、危害和防治对策几方面，尚未提出光污染监测技术标准和监测方法。

目前，能够同时测量天空辉光、光入侵和眩光三种光污染的方法是户外照明网络性能（OSP），该方法是由美国照明研究中心提出的综合性的预测和测量光污染方法。OSP 以照度为计算单位，通过测量所有离开待测区域的光线计算天空辉光，通过测量穿越待测区域光线的相关照度峰值计算光入侵，通过光源来预测不适眩光。该方法将常见的夜间照明应用场所分为四种：停车场、道路、运动场和广场。测量过程中需要记录以下信息：空间每一个面的面积，空间每一个面的平均照度，空间垂直面的最大照度。当前，国际上对眩光的评价方法还包括：眩光指数系统、视觉不舒适概率、统一眩光评价系统、眩光值和阈值增量等。

（张守斌）

guangxue xianweijing

光学显微镜

光学显微镜 （optical microscope） 对生物切片、生物细胞、细菌以及活体组织培养、流质沉淀、透明或者半透明物体以及粉末、细小颗粒等进行观察和研究的光学仪器。

沿革 早在公元前 1 世纪，人们就已发现通过球形透明物体去观察微小物体时，可以使其放大成像。后来逐渐对球形玻璃表面能使物体放大成像的规律有了认识。1590 年，荷兰和意大利的眼镜制造者研制出类似显微镜的放大仪器。1610 年，意大利的伽利略（Galileo Galilei）和德国的开普勒（Johannes Kepler）在研究望远镜的同时，改变物镜和目镜之间的距离，得到合理的显微镜光路结构。1665 年，胡克（Robert Hooke）在显微镜中加入粗动和微动调焦机构、照明系统和承载标本片的工作台，并于 1673—1677 年制成了单组元放大镜式的高倍显微镜。这些部件经过不断改进，成为现代显微镜的基本组成部分。19 世纪，高质量消色差浸液物镜的出现，使显微镜观察微细结构的能力显著提高，1827 年阿米奇（G. B. Amici）第一个使用了浸液物镜。19 世纪 70 年代，德国人阿贝（E. K. Abbe）奠定了显微镜成像的古典理论基础。显微镜制造和显微观察技术的迅速发展，为 19 世纪后半叶科赫（Robert Koch）、巴斯德（Louis Pasteur）等生物学家和医学家发现细菌和微生物提供了有力的工具。在显微镜本身结构发展的同时，显微观察技术也在不断创新。1850 年出现了偏光显微术，1893 年出现了干涉显微术，1935 年荷兰物理学家泽尔尼克（F.Zernicke）创造了相衬显微术，并于 1953 年获得了诺贝尔物理学奖。最初的光学显微镜只是光学组件和精密机械组件的组合，以人眼作为接收器来观察放大的像。后来在显微镜中加入了摄影装置，以感光胶片作为可以记录和存储的接收器。现代普遍采用光电组件、电视摄像管和电荷耦合器等作为显微镜的接收器，配以微型电子计算机后构成完整的图像信息采集和处理系统。

原理 光线的折射和折射率、透镜的性能、凸透镜的五种成像规律三方面原理集成应用。

基本结构 显微镜的基本结构可分为光学系统、光源照明系统和机械装置三部分。其中光学系统主要包括物镜、目镜、聚光镜和光源系统 4 个主要部件，其次还包括滤光片、载玻片和盖玻片。光源照明系统供给照亮标本用的光线，分自然光源和电光源。自然光源系统只有 1 个反射镜，安装在聚光镜下的镜臂上，其作用主要是改变室内光线的方向，使光线射向聚光镜。电光源系统由光源灯电路、光源、透镜、反射镜、聚光镜等组成，全部安装在灯座内。机械装置是为光学系统服务的，主要包括镜座与镜臂、镜筒、物镜转换器、载物台与移动器、粗动调焦机构、微动调焦机构等。

常用类型及特点 包括明场显微镜、暗场显微镜和体视显微镜等 9 种。

明场显微镜 采用明视野观察被染色的切片，广泛用于常规镜检、病理和检验，所有显微镜均具备此功能。优点是视野亮度高、均匀，应用范围广，操作简单，价格低，物镜适用于荧光观察。缺点是透明标本对比度低，标本没有立体感。

暗场显微镜 采用暗视野的原理进行微小粒子、细菌形态的观察，是进行细菌记数，透明标本观察等的仪器，需要的特殊附件是暗视野聚光镜。优点是暗视野观察的分辨率远高于明视野观察，能观察到极其微小物体，分辨率可达 0.004～0.02 μm（明场仅为 0.4 μm）。缺点是只能观察到物体存在、运动和外部形态，不方便调节，标本要求高（盖片、载片不能有灰尘）。

体视显微镜 又称实体显微镜、立体显微镜或解剖显微镜。由双筒目镜和物镜构成，放大 7～80 倍，利用侧上方或下方显微镜灯照明，是一种具有正像立体感的显微镜，被广泛地应用于生物学、医学、农林、工业及海洋生物各部门，在环境监测中常用于观察体型较大的生物（如底栖生物）。

相差显微镜 又称位相显微镜。采用相差原理把透过标本的可见光的光程差变成振幅差，从而提高各种结构间的对比度，使各种结构变得清晰可见。用于观察无色透明活体标本的细微结构，检查、鉴定活体细胞。优点是鉴定活体细胞最实用、最经济；缺点是需要光强高，切片不能太厚（5～10 μm），盖片和载片需符合标准，最好配用单色滤光镜，操作较麻烦，荧光效果不如明场物镜（相差物镜的镜头内有相差环）。

倒置显微镜 普通显微镜的物镜镜头向下接近标本，倒置显微镜的物镜镜头则处于垂直向上的位置，载物台面积较大，组织培养瓶和培养皿可以直接放在载物台上，进行不染色新鲜标本及活体、细胞的形态、数量和动态观察，在环境监测方面主要用于观察生物活体。

微分干涉显微镜 采用微分干涉（DIC）原理观察无色透明活体标本的细微结构、无色荧光标本、染色标本等。优点是可以使被检物体产生三维立体感觉，观察效果更直观，无须特殊物镜，与荧光观察配合更好，可以调节背景和物体的颜色变化而达到理想的效果；缺点是需要光强高，双折射物质不能达到 DIC 镜检效果，不能用于塑料容器培养物的观察，镜检灵敏度有方向性，调节较复杂。

浮雕相衬显微镜 采用浮雕相衬（RC）原理观察所有类型的细胞、组织（活体、染色或未染色）、晶体表面细节、透明聚合物、玻璃和其他类似材料。优点是提高未染色标本的可见性和对比度，图像显示阴影或近似三维结构而不会产生光晕，可检测双折射物质（岩石切片、水晶、骨头）和玻璃、塑料等培养皿中的细胞、器官和组织等，聚光镜的工作距离可以设计的更长，RC 物镜可用于明场、暗场和荧光观察。缺点是观察效果与标本方向密切相关，操作较复杂，必须有多组件、结构复杂的高数值孔径 RC 物镜，观察荧光效果不如明场物镜。

荧光显微镜 采用荧光原理观察物体构造（荧光素），通过荧光的有无、色调比较进行物质判别（抗体荧光等），通过发荧光量的测定对物质定性定量分析。优点是检出能力高（放大作用），对细胞的刺激小（可以活体染色），能进行多重染色。缺点是标本制作比较复杂，荧光容易淬灭。

偏光显微镜 采用波动光学原理观察和精密测定标本细节，或透明物体改变光束的物理参数，以此判别物质结构。用于鉴别矿物质、化学物品、纤维、染色体、淀粉粒、细胞中晶体、植物病理检验、骨骼、牙齿、胆固醇、神经纤维、肿瘤细胞、横纹肌和毛发等。优点是可以检测各向同性或各向异性的物质，如双折射体，光速度、折射率、吸收和振动面、振幅随照射方向不同的晶体、纤维等；缺点是需要偏光专用聚光镜和无应力物镜，看普通样品效果不好。

应用 在环境监测领域中，光学显微镜在环境微生物、水生物群落和环境生物危害分析中占有重要地位，体现在两个方面：①通过环境微生物、水生生物的分类鉴别和计数，对环境微生物清洁度、外来物种入侵、水体富营养化与生物多样性进行监控；②通过环境毒物、辐射的生物遗传学、胚胎学以及形态学损伤和变异测定，对环境生物危害进行监控，可通过荧光原位杂交（FISH）的方法，来监控环境微生物染色体或基因的突变或异位。通过激光共聚焦的检测，效果会更加精确。

发展趋势 随着现代科学技术的发展，光学显微镜也在迅速地发展与改善，主要表现在集成化、数字化和智能化：①集成化。显微镜作为研究细胞生物学的常规仪器，种类繁多，要实现某一功能需要多台显微镜的使用和配合，万能显微镜的出现，极大地方便了在同一台显微镜上加各种不同的观察方法和应用。②数字化和智能化。由于微电子技术的进步，仪器仪表产品进一步与微处理器、PC 技术融合，数字化、智能化水平不断得到提高。如摄影显微镜具有自动卷片、自动测光、自动控制曝光、自动测量和调整色温以及倒易律失效的补偿等功能，采用电子计算机自动控制，可以进行黑白感光片、彩色负片和彩色幻灯片的投照，对活体标本进行定时定格或连续的摄影记录。数字化和智能化，是显微镜技术创新的新方向，更是社会科学技术发展的未来趋势。

（厉以强）

guolü

过滤 （filtration） 在重力或其他外力作用下，用滤纸或其他多孔材料等过滤介质分离悬浮在液体或气体中固体或胶体颗粒的方法。其目的是通过过滤介质分离流体和颗粒。根据过滤过程机理，分为表面过滤（又称滤饼过滤）和深层过滤；根据提供过滤动力的方式，分为重力过滤、加压过滤、真空过滤和离心过滤；按过滤流体分为气体过滤与液体过滤。

表面过滤使用织物、多孔材料或膜等作为过滤介质。过滤介质的孔径不一定要小于最小颗粒的粒径。过滤开始时，部分小颗粒可以进入甚至穿过介质的小孔，但很快由于颗粒的架桥作用使介质的孔径缩小形成有效的阻挡。被截留在介质表面的颗粒形成称为滤饼的滤渣层，透过滤饼层的则是被净化了的滤液或气体。随着滤饼的形成真正起过滤介质作用的是滤饼本身，因此称为滤饼过滤。滤饼过滤主要适用于含固体量较大（＞1%）的情况。深层过滤一般使用介质层较厚的滤床（如沙层、硅藻土等）作为过滤介质。颗粒小于介质空隙进入到介质内部，在长而曲折的孔道中被截留并附着于介质之上。深层过滤无滤饼形成，主要用于净化含固体量很少（＜0.1%）的流体，如水的净化、烟气除尘等。

在环境监测中，气体过滤主要用于环境空气和废气中各种粒径颗粒物的样品采集。如在环境空气质量监测中，可选用玻璃纤维滤膜、石英滤膜等无机滤膜或聚氯乙烯、聚丙混合纤维素等有机滤膜，采集颗粒物（TSP、PM_{10}或$PM_{2.5}$）等。在废气监测中，根据烟道和烟尘、烟气温度等情况，使用合适材质的滤筒，采集废气中颗粒物。

在环境监测中，液体过滤广泛应用于从样品采集到样品分析的许多过程，如测定水体中可溶态化合物时，需过滤除去水中颗粒物；仪器分析时，样品进样前需过滤除去其中的颗粒物，防止颗粒物堵塞仪器管路；重量法测定化合物浓度时，需过滤后称量沉淀物质重量等。

（邓力）

H

haiyang huanjing jiance

海洋环境监测 （marine environmental monitoring） 使用统一规范的采样和检测手段，获取海洋空间内水、空气等环境介质的质量数据以及水文气象数据，在此基础上阐明各环境介质中污染物的时空分布、变化规律以及与人类活动关系的全过程。

沿革 中国海洋环境监测由1958年开始的全国海洋大普查带动并逐步发展，基本分为初始期（1958—1972 年）、形成期（1972—1983 年）、扩展期（1983—1999 年）和提高期（1999 年至今）。

初始期 在国家科委海洋组的统一协调下，以第一次大规模全国近海海洋综合普查为标志，掌握了当时我国海洋环境基本状况，建立了国家海洋基本数据和图集，海洋环境监测工作从此开始起步。根据形势发展需求，国家环境保护主管部门、海洋主管部门、渔业和海事等主管部门逐步组建了一系列海洋环境监测站和海洋研究机构。

形成期 1972 年联合国人类环境会议之后，中国将海洋污染监测纳入到调查监测工作中，并以海洋污染基本状况调查为基础开展了系列工作，基本掌握了近海海域的污染范围、程度以及主要污染物来源，奠定了开展海洋环境监测的基础。随后陆续开展了断面调查、针对特定海域的业务化污染监测和一系列专项调查，对海洋自然要素的观测逐步形成了更大规模的网络。1979 年，环境保护部门实施《海洋污染调查暂行规范》，标志着我国海洋环境污染调查监测工作走上规范化道路。

扩展期 1983 年实施了《中华人民共和国海洋环境保护法》，海洋环境监测在网络发展、系统建设、业务管理能力和技术水平等方面都有了长足的进步，形成了由国家、省（区域）、市和县为主体的监测业务机构体系。1984 年国家海洋局、城乡建设环境保护部、交通部、水电部、中国海洋石油总公司、海军以及沿海省（自治区、直辖市）环境保护部门组成了“全国海洋环境污染监测网”。1988 年组建国家环境监测网络，有 25 个环境监测站承担海洋监测任务，1992 年调整为 29 个。1994 年原国家环境保护局正式成立了近岸海域环境监测网，有 65 个成员单位，共布设 360 多个水质监测点位，2004 年近岸海域环境监测网调整为 74 个成员单位，并设立了 7 个分站。该时期制定了《海洋监测规范》《海洋调查规范》等海洋监测相关方法和规范，研制了标准溶液、水质重金属标准物质、生物标准样品和沉积物标准样品等一系列标准物质，使我国海洋环境监测工作在标准化、规范化道路上迈出了关键一步。

提高期 随着我国沿海经济的迅速发展和海洋资源开发利用的不断深化，海洋环境面临的压力也越来越大。在此形势下，重新修订的《中华人民共和国海洋环境保护法》于 2000 年 4 月 1 日正式实施。严峻的海洋环境形势及不断完善的法律法规，对海洋环境监测提出了更高的要求，海洋环境监测机构、网络、技术体系和管理体系建设因此得到了进一步加强，由国家、省（自治区、直辖市和计划单列市）、市、县海洋监测机构构成的四级海洋环境监测体系不断加强和完善，海洋监测装备和仪器设备不断得到补充，监测质量和技术水平进一步提高，海洋环境监测工作不断得到深化。

意义 ①海洋环境监测是保护海洋环境的关键。通过对海洋实施长期、定点、连续和多要素的监测，及时了解和掌握海域的环境质量状况及其变化趋势，为海洋环境保护中涉及的立法、规划、标准、评价、管理、治理、恢复以及建设等各方面工作提供必要的资料和依据，有效地保护海洋环境。②海洋环境监测是海洋资源利用和海洋综合管理的基本需求。通过海洋环境监测，认识和掌握海洋资源与环境两者间关系和动态变化，有利于不断调整资源开发策略，有效开展海洋综合管理，维护海洋环境的正常状态，保证海洋资源开发的良性发展。③海洋环境监测是沿海经济与社会可持续发展的基础。高效实施海洋环境监测并进行科学研究，掌握海洋环境自身规律，使开发利用的经济活动与海洋环境的客观规律相适应，是制订和实施发展规划、保证可持续发展的基础。

监测内容 海洋环境监测主要包括海水水质监测、沉积物监测、海洋生物和微生物监测、海洋大气环境监测、放射性指标监测、海洋生态监测和海洋水文气象监测。

海水水质监测 对海水中重要理化参数、营养盐类和有毒有害物质进行监测，按照《海水水质标准》（GB 3097—1997），主要包括pH、盐度、溶解氧、化学需氧量、磷酸盐、亚硝酸盐氮、硝酸盐氮、氨氮、总汞、铜、镉、铅、砷、油类和悬浮物等。

沉积物监测 对海底沉积物中有关物理参数和有毒有害物质进行监测，主要包括总汞、铜、镉、铅、砷、滴滴涕、多氯联苯、油类、硫化物、有机质、二丁基酞酸酯、二异丁基酞酸酯、二乙基己基酞酸酯、萘、菲、蒽、荧蒽和芘等。

海洋生物和微生物监测 对海洋生物体中有关生物学参数、生物残毒及生态特征进行监测，主要包括石油烃、总汞、镉、砷、铅、六六六、滴滴涕、多氯联苯、粪大肠菌群、异养菌总数量、腹泻性贝毒和麻痹性贝毒等。

海洋大气环境监测 分为海洋大气悬浮颗粒物监测和海洋大气降水监测，前者主要包括大气中的总悬浮颗粒物、铜、铅、镉、锌、硝酸盐、亚硝酸盐、硫酸盐和磷酸盐等，后者主要包括电导率、pH、硝酸盐、亚硝酸盐、铵盐、硫酸盐和磷酸盐等。

放射性指标监测 包括水中锶-90、铯-137、总铀、总β，沉积物中总β、主要人工与天然核素γ谱分析，生物体中总β、主要人工与天然核素γ谱分析。

海洋生态监测 对海洋生态压力、生态效应有关指标进行监测，包括叶绿素a、浮游植物、浮游动物、底栖生物、海洋环境污染指标（生物残毒、生物体微生物）、营养化指标（溶解氧、氮磷、化学需氧量）、生境改变指标（沉积物粒度、栖息地范围）、环境压力指标（捕捞、养殖、排污）、初级生产力、生物多样性和群落结构等。

海洋水文气象监测 包括水文项目和气象项目。水文项目包括潮汐、海浪、表层海水温度、表层海水盐度、海发光和海冰等；气象项目包括风、气压、空气温度和湿度、海面有效能见度、降水量和雾等。

发展趋势 海洋是人类生存与发展的重要支持系统，对其环境开展的监测，不论是发展中国家还是发达国家，不论是全球合作计划还是区域合作计划，目前都呈现出跨学科、跨地区、跨部门的发展趋势。①跨学科：1992 年巴西里约热内卢联合国环境与发展大会后，各国相继提出了自己的经济社会可持续协调发展目标，海洋资源环境的承载力、海洋生态环境保护等也逐步纳入各国海洋环境监测的计划之中。目前的海洋环境监测，已经成为一个跨不同学科、不同专业、不同领域的综合性了解认识海洋的基本手段。②跨部门：多部门合作构建共同的监测系统是国外海洋环境监测发展的一个重要趋势。国内海洋环境监测通常是单一部门为某一明确的目标开展的监测，比如，航运管理部门为海上航行安全开展监测，渔业生产部门为提高捕获量开展监测，海洋地质部门为石油开采开展勘探等，虽然部分监测的对象和内容相同，但部门间监测方法不一致，造成资源浪费。③跨地区：跨地区合作也是当今海洋环境监测的一个重要趋势。由于海洋本身具有流动性，一个地区出现的环境问题，将随着海水的不断交换和流动，或早或晚地传播至另一地区。因此，全球性或区域性合作开展海洋环境监测是当前较为普遍的方式。 （李俊龙）

推荐书目

王菊英，韩庚辰，张志锋. 国际海洋环境监测与评价最新进展. 北京：海洋出版社，2010.

蔡先凤. 海洋生态环境安全：监测评价与法治保障. 北京：法律出版社，2011.

暨卫东. 中国近海海洋环境质量现状与背景值研究. 北京：海洋出版社，2011.

henliang fenxi

痕量分析

（trace analysis） 对环境样品中相对含量小于 0.01%的痕量物质成分及其含量的分析过程。

样品采集和制备 样品采集应根据分析要求、样品性质、均匀程度和数量多少等具体实施。由于待测物质在样品中含量很低且分布不均匀，特别是环境样品，往往随时间、空间变化波动很大，需确保代表性和保证一定的样品量。样品制备目的在于得到均匀性好、代表性强的样品。土壤、沉积物和固废等固体样品一般采用“风干、研磨、过筛和四分法缩分”的方法来制备试样；食品、生物类样品应根据分析目的和要求，取合适部分粉碎并搅拌均匀制备试样。样品保存应根据样品种类和检验项目的保存要求，选择适宜容器，根据需要加入保存剂，并置于适宜环境中保存，确保分析测试前待测组分的性质和量不发生变化。

样品前处理 使待测组分转化为适于测量的形式，富集痕量组分，提高方法灵敏度，消除基体和其他组分对测定的干扰。常见的前处理方法包括消解或提取、分离、富集和掩蔽等。

测定方法 根据样品的性质、组成、待测组分的含量和对分析结果准确度的要求，以及实验室具体情况选择适宜的分析方法，并采用最优化的条件进行分析测试。痕量分析主要采用以下仪器分析方法：①光谱法，包括分光光度法、原子吸收分光光度法、原子发射光谱法、原子荧光光谱法、X 射线荧光光谱法和化学发光法等；②电化学方法，包括极谱法、电位法和库仑法等；③色谱法，包括气相色谱法、液相色谱法、离子色谱法和超临界流体色谱法等；④质谱法，包括电感耦合等离子体质谱法、二次离子质谱法、火花源质谱法、气相色谱-质谱法和液相色谱-质谱法等；⑤放射化学法，包括中子活化法、同位素稀释法和放射性标记分析法等。

影响因素 痕量分析中待测组分含量极低，在样品分析的全过程（包括样品的采集、保存、前处理和分析测定）中，必须避免沾污或者使待测组分损失。痕量分析应进行空白试验和加标回收试验。分析过程中沾污的来源主要包括：实验室环境、实验人员、容器及材料、水和试剂。为避免沾污，应注意：①实验室环境干净整洁，空气经过净化，室内装饰材料吸附性弱、无污染，密封性好，恒温恒湿。②实验人员进入实验室更换实验室专用的衣服、鞋子、帽子，戴手套。③选择化学稳定性好、纯度高、热稳定性好的容器及材料。容器清洗应根据容器的材质、待测组分和欲清洗污染物的性质选用合适的清洗方法，常用的清洗方法有蒸气清洗法、超声清洗法和酸浸泡清洗法。④使用石英亚沸蒸馏水或超纯水机制备实验室用水。⑤使用高纯度试剂或对试剂进行纯化。

发展趋势 痕量分析是现代分析化学的重要组成之一。随着分离、富集等科学技术发展，特别是联机技术运用，痕量分析的灵敏度和选择性逐步提高，在环境监测领域日益广泛，研

究热点有环境中有毒有害物质的分析、重金属元素的形态分析、污染物在环境中的迁移和转化机理等。（岳太星）

hongwai ceyouyi

红外测油仪 （infrared oil analyzer） 基于红外分光光度法和非分散红外光度法原理，对水、土壤等环境介质中的油类物质进行定性定量分析的仪器。

原理 油类物质分子中的某些基团对红外光具有特征吸收，红外分光光度法测油仪是测定样品溶液在波数分别为 2 930 cm^{-1}、2 960 cm^{-1}、3 030 cm^{-1} 处的吸光度值 A_{2930}、A_{2960}、A_{3030}，根据朗伯-比尔定律，吸光度与测定的油含量成正比，计算得到该样品溶液中的油类物质的含量或浓度。非分散红外光度法测油仪是利用油类物质的甲基（$—CH_3$）和亚甲基（$—CH_2—$）在近红外区（波数 2 930 cm^{-1} 或波长 3.4 μm）的特征吸收进行定量测定。

构造 组成部件包括光源、样品池、单色器、检测器和记录仪等，基本结构见图。

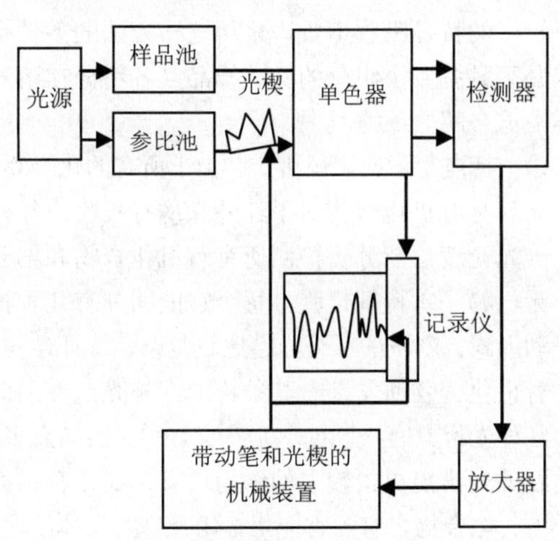

红外测油仪基本结构示意图

光源 通常是一种惰性固体，用电加热使之发射高强度的连续红外辐射光，常用的是能斯特灯或硅碳棒。能斯特灯是用氧化锆、氧化钇和氧化钍烧结而成的空心棒或实心棒，在约 1 700℃高温下导电并发射红外线，具有发射强度高、稳定性较好的优点。硅碳棒由碳化硅烧结而成，坚固、发光面积大、在室温下是导体，工作前不需要预热，工作温度在 1 200～1 500 ℃，使用寿命长。

样品池 不同状态的样品采用不同的样品池，如液体样品采用液体吸收池。样品池采用可透过红外光的氯化钠、溴化钾、碘化铯等材料制成窗片，使用时需注意防潮。

单色器 由色散组件、准直镜和狭缝构成。色散组件常用几块常数不同的光栅自动更换，使测定的波数范围更宽且能得到更高的分辨率。

检测器 常用的有热释电检测器和碲镉汞检测器。热释电检测器利用硫酸三甘肽（TGS）作为检测组件。TGS 是铁电体，其极化强度与温度有关，温度升高，极化强度降低。当红外辐射光照到 TGS 薄片电极上时，引起温度升高，TGS 极化度改变，表面电荷减少，相当于“释放”了部分电荷，经放大转变成电压或电流的方式进行测量。碲镉汞检测器（MCT）由半导体碲化镉和化合物碲化汞混合制成。MCT 利用入射光的光能与监测材料的电子能态作用产生载流子的特性，或利用不均匀的半导体受光照时，在某一位置产生电位差输出信号的特性进行检测。MCT 对光波的响应速度极快，灵敏度比 TGS 高 10 倍。

记录仪 红外光产生的电信号经放大后，记录仪自动记录所测样品的吸收强度随波数变化的红外吸收光谱图。

应用 红外测油仪可以分别测定以甲基（$—CH_3$）、亚甲基（$—CH_2—$）和芳香环（—Ar）的形式存在的油，并且能矫正脂肪烃和芳香烃的相互影响，适用于不同来源或种类的油类物质的分析，测量数据具有可比性高、抗干扰性强等特点，在许多国家对水体、土壤等环境介质油污染的测定中得到广泛使用。1996 年起，中国使用该仪器测定水和土壤中的石油类、动植物油、废气中油烟等污染物，目前多使用全息光栅作为光学组件，能进行全谱扫描，分辨率较高，仪器价位适中，便于维护，主要缺点是扫描速度慢。随着光谱技术的不断发展，使用大口径振动凹面光栅或多通道检测器，红外光谱仪的扫描速度与傅里叶变换型光谱仪接近，而且还出现了便携式红外光谱仪。

（郑少娜）

hongwai fenguang guangdufa

红外分光光度法 （infrared spectrophotometry） 又称红外光谱法。通过测定物质在波长 2.5～25 μm（按波数计为 4 000～400 cm^{-1}）的红外光区范围内光的吸收程度，对物质进行定性定量分析的方法。

原理 光照射物体时，会引起物体内分子运动状态变化，并产生特征能级跃迁。因为红外光的辐射能量较小，样品在它的辐射下，只能激发分子内产生振动和转动，分子和与其振动频率相同的红外辐射发生作用，吸收红外辐射能量，发生能级跃迁，产生红外光谱。不同化合物具有不同的分子特征振动和转动频率，可通过这种特征使用红外光谱鉴定化合物和官能团。红外吸收与物质浓度在一定范围内符合朗伯-比尔定律，是红外分光光度法定量分析的基础。

定性分析 首先将整个红外光谱由高频区至低频区分几个波数区段，检查吸收峰存在的情况。初步确定该化合物是无机物还是有机物，是饱和的还是不饱和的，是脂肪族、脂环族、芳香族、杂环化合物还是杂环芳香族。根据存在的基团进一步确定为哪一类化合物及可能存在的结构单元，然后按类细致查阅各类化合物的特征吸收谱带的特征频率表，并考虑影响特征频率移动的各种因素进一步研究结构细节。与相关化合物的标准谱图或者用标准化合物在同样条件下绘制的红外谱图进行对照。通常需要结合质谱、核磁共振波谱和元素分析等结果推断化合物结构。

定量分析 常用的定量分析测定方法有：①直接计算法。适用于组分简单、特征吸收带不重叠且浓度与吸光度呈线性关系的样品。从谱图上读取透过率数值，按 $A=\lg(I_0/I)$（A 为吸光度，I_0 为入射光强度，I 为透射光强度）的关系计算出 A 值，再按朗伯-比尔定律算出组分含量 c，从而推算出质量分数。这一方法的前提是需用标准样品测得 A 值。分析精度要求不高时，可用文献报道的 A 值。②工作曲线法。适用于组分简单、特征吸收谱带重叠较少，而浓度与吸光度不完全呈线性关系的样品。将一系列浓度的标准样品的溶液，在同一吸收池内测出需要的谱带，计算出吸光度值作为纵坐标，再以浓度为横坐标，绘制相应的工作曲线。由于是在同一吸收池内测量，故可获得吸光度-浓度的实际变化曲线。由于工作曲线是从实际测定中获得的，它真实地反映了被测组分的浓度与吸光度的关系。因此即使被测组分在样品中不符合朗伯-比尔定律，只要浓度在所测的工作曲线范围内，也能得到比较准确的结果。这种定量方法的分析波数选择非常重要，只能选在被测组分的特征吸收峰处。溶剂和其他组分在这里不应有吸收峰出现，否则将引起较大的误差。③解联立方程法。运用的对象是组分众多而波带又彼此严重重叠的样品，通常无法选出较好的特征吸收谱带。采用这一方法的条件是必须具备各个组分的标准样品且各组分在溶液中符合朗伯-比尔定律。

特点 ①应用范围广。由于所有的化合物，尤其是有机化合物对于红外光均有吸收，红外分光光度法能分析检测所有有机化合物和部分无机物。②特征性强。每个官能团都有几种振动形式，产生的红外光谱比较复杂，特征性强；有机化合物通常都有其独特的红外光谱，因此红外光谱具有很强的鉴别意义。③提供信息多。红外光谱能提供较多的结构信息，如化合物类别、化合物含有的官能团、化合物的立体结构、取代基的位置及数目等。④不受物态限制。可以检测气体、液体和固体，扩大了分析范围。⑤不破坏样品。

应用 红外光谱常用于中红外区有机化合物的结构鉴定。通过与标准谱图比较，可以确定化合物的结构。对于未知样品，通过官能团、顺反异构、取代基位置、氢键结合以及络合物的形成等结构信息可以推测其结构。红外分光光度法是目前测定水中石油类的主要方法之一，油的含量由波数分别为 2 930 cm^{-1}（CH_2 基团中 C—H 键的伸缩振动）、2 960 cm^{-1}（CH_3 基团中 C—H 键的伸缩振动）和 3 030 cm^{-1}（芳香环中 C—H 键的伸缩振动）谱带处的吸光度计算得到。便携式傅里叶变换红外气体分析仪能够同时分析多组分气体，利用标准谱图定性，物质吸收峰的峰高或峰面积定量，在大气环境监测和应急监测中应用广泛。在水污染事故中利用顶空技术，采用傅里叶变换红外多组分气体分析仪，可快速定性水体中主要污染物，再选用标准方法定量分析污染物浓度。

发展趋势 在现代分析测试技术中，用于复杂试样的微量和痕量组分分离分析的多功能红外联机检测技术代表了新的发展方向。现已实现联机的有气相色谱-红外、高效液相色谱-红外、超临界流体色谱-红外、薄层色谱-红外、显微镜-红外及气相色谱-红外-质谱等，提高了分离分析能力。随着傅里叶红外变换红外光谱技术的发展，远红外、近红外、偏振红外、高压红外、红外遥感技术、变温红外、拉曼红外、色散光谱等技术也相继出现，使红外分光光度法成为鉴定和分析物质结构的有效方法。

（卢益）

推荐书目

方惠群，于俊生，史坚. 仪器分析. 北京：科学出版社，2002.

huaxue faguangfa

化学发光法 （chemiluminescent method）

化学反应产生能量（激发能），被激发的原子或分子由激发态回到基态时产生光辐射，以发光强度与反应物的浓度间的线性关系定量测定待测物质含量的方法。

原理 在特殊的化学反应中，由于吸收反应释放的化学能，处于电子激发态的反应中间体或反应产物，由激发态回到基态时产生一种光辐射，即化学发光。化学发光包括吸收化学能和发光两个过程。化学发光的强度取决于反应物分子或催化剂的浓度，根据化学发光反应在某一时刻的发光强度或发光总量，确定反应中相应组分的含量。

分类 ①按反应过程分类，可分为直接化学发光和间接化学发光，前者待测物质作为发光反应物之一参与化学反应，后者待测物质不参与化学反应，但参与发光过程。②根据反应体系分类，可分为气相化学发光反应、液相化学发光反应和生物发光反应。气相化学发光主要有 O_3、NO、SO_2、S 和 CO 的化学发光反应，用于监测空气中的 O_3、NO、NO_2、H_2S、SO_2 和 CO 等。液相化学发光法中常用的发光物质有鲁米诺、光泽精、洛酚碱、没食子酸和过氧草酸盐等，其中鲁米诺是最常用的发光试剂。使用 H_2O_2、ClO^-、I_2、$K_3Fe(CN)_6$、MnO_4^-、Cu^{2+} 等氧化剂，鲁米诺化学发光反应法可测定银、铅、铬、砷等重金属以及敌敌畏等有机污染物；用光泽精-H_2O_2-甲醇或光泽精-H_2O_2-EDTA 体系可测定 Cr^{3+}；用洛酚碱-H_2O_2 体系可测定 Cr^{6+}等。生物发光反应，与酶反应结合，可以分析葡萄糖、乳酸和氨基酸等。③根据化学发光反应的类型，可以分为 6 种：自身化学发光反应，待测物作为反应物直接参加化学反应释放能量激发产生光辐射；敏化化学发光，加入某种能量接受体导致激发态产物发光，如罗丹明 6G-抗坏血酸-铈（Ⅳ）体系；偶合化学发光，定量生成或定量消耗某一化学发光反应的反应物或催化剂，如用 $Ru(phen)_3^{2+}$- Ce（Ⅳ）化学发光体系检测吲哚乙酸；光解化学发光，待测物质在强光源作用下分裂成分子碎片，其后发生化学反应产生光辐射，如二氧化氮的光解化学发光机理；火焰化学发光，待测物质在高温作用下成为气态分子碎片，碎片间发生化学反应产生化学发光，如大气中含硫、含氮、含磷等污染物监测；电致化学发光，电解的氧化还原产物之间或与体系中某种组分进行化学反应产生的化学发光，如草酸的测定，$Ru(bipy)_3^{2+}$在铂电极或碳电极上被氧化，与 CO_2^- · 自由基阴离子反应，发射出橘红色光。

方法应用 化不发光法已广泛应用于环境

监测、矿物岩石分析、材料分析、药物分析和临床分析等领域，具有仪器设备简单、操作方便、灵敏度高、线性响应范围宽等显著优点。作为一种有效的痕量分析及超痕量分析技术手段，液相色谱化学发光检测法常被用于分析环境样品中的复杂、低含量组分。　　（陈素兰）

huaxue xuyangliang ceding

化学需氧量测定　（determination of chemical oxygen demand）　对水质样品中化学需氧量进行定量分析的过程。化学需氧量（COD）是在一定条件下，经氧化处理时，水样中的溶解性物质和悬浮物所消耗的氧化剂相对应的氧的质量浓度，测定结果以氧（O_2）计，单位为 mg/L。COD 反映了水体受还原性物质污染的程度，水中还原性物质包括有机物、亚硝酸盐、亚铁盐、硫化物等。但 COD 只能反映被氧化的有机物污染，不能反映多环芳烃、多氯联苯、二噁英类等的污染状况。

测定方法　COD 可因加入氧化剂浓度、反应溶液的酸度、反应温度和时间以及催化剂的有无而获得不同的结果，因此 COD 是一个条件性指标，必须严格按操作步骤进行。中国目前使用的 COD 测定方法主要为重铬酸盐法，在此基础上，根据不同的测试需求发展了快速消解分光光度法、氯气校正法、碘化钾碱性高锰酸钾法、电化学法、化学发光法和原子吸收分光光度法。

重铬酸盐法　适用于各种类型的 COD 值大于 30 mg/L 的水样，不适用于含氯化物浓度大于 1 000 mg/L（稀释后）的含盐水。其原理是在水样中加入已知量的重铬酸钾溶液，并在强酸介质下以银盐作催化剂，经沸腾回流 2 h 后，以试亚铁灵为指示剂，用硫酸亚铁铵滴定水样中未被还原的重铬酸钾，由消耗的硫酸亚铁铵的量换算出消耗氧的质量浓度。在硫酸银催化作用下，酸性重铬酸钾可有效氧化直链脂肪族化合物，但芳烃及吡啶难以被氧化。该方法测定结果准确、重现性好，但也存在不足：①回流时间长，耗电量高，测定速度慢、效率低；②药品价格昂贵，为消除氯离子干扰而加入毒性很强的硫酸汞，从而带来较严重的二次污染。

快速消解分光光度法　用于地表水、地下水、生活污水和工业废水中 COD 的测定。对未经稀释的水样，其氯离子浓度不应大于 1 000 mg/L，对于 COD 大于 1 000 mg/L 或氯离子含量大于 1 000 mg/L 的水样，须经适当稀释后进行测定。其原理是在试样中加入已知量的重铬酸钾溶液，在强硫酸介质中，以硫酸银作为催化剂，经高温消解后，用分光光度法测定 COD 值。该方法测试速度快，耗电量较少，无需冷却水，取样量少，操作方便，利于批量分析。

氯气校正法　适用于氯离子含量小于 20 000 mg/L 的高氯废水中 COD 的测定，适用于油田、沿海炼油厂、油库和氯碱厂等废水中 COD 的测定。其原理是在水样中加入已知量的重铬酸钾溶液及硫酸汞溶液，并在强酸介质下以硫酸银作催化剂，经 2 h 沸腾回流后，以 1,10-邻菲啰啉为指示剂，用硫酸亚铁铵滴定水样中未被还原的重铬酸钾，由消耗的硫酸亚铁铵的量换算出消耗氧的质量浓度，即表观 COD。将水样中未络合而被氧化的那部分氯离子所形成的氯气导出，再用氢氧化钠溶液吸收后，加入碘化钾，用硫酸调节 pH 至 2～3，以淀粉为指示剂，用硫代硫酸钠标准滴定溶液滴定，消耗的硫代硫酸钠的量换算成消耗氯气的质量浓度，即为氯离子校正值。表观 COD 与氯离子校正值之差，即为所测水样真实的 COD。该方法回流时间长，耗电量高，测定速度慢、效率低，操作复杂，难以批量分析。

碘化钾碱性高锰酸钾法　原理是在碱性条件下，加一定量高锰酸钾溶液于水样中，并在沸水浴上加热反应一定时间，以氧化水中的还原性物质。加入过量的碘化钾还原剩余的高锰酸钾，以淀粉作指示剂，用硫代硫酸钠滴定释放出的碘，换算成氧的浓度，用 $COD_{OH\text{-}KI}$ 表示。该方法适用于油气田和炼化企业，氯离子含量高达几万至十几万毫克/升高氯废水中 COD 的测定。由于目前各排放标准均为 COD_{Cr}，要实

现 COD_{OH-KI} 和 COD_{Cr} 的换算较复杂，影响了该方法的推广。

电化学法 目前主要有库仑法、电位法和极谱法等电化学法。其中，库仑法是我国的试行方法，方法原理是以重铬酸钾为氧化剂，在硫酸介质中回流氧化，过量的重铬酸钾用电解产生的亚铁离子进行库仑滴定，根据电解产生亚铁离子所消耗的电量，按照法拉第电解定律计算 COD_{Cr}。该方法操作简便、测定范围宽，可基本实现分析半自动化，但所使用的电化学传感器的稳定性和使用寿命还有待于进一步提高。

化学发光法 原理是酸性重铬酸钾氧化水体中还原性物质产生的 Cr^{3+}，催化鲁米诺-过氧化氢（Lumino-H_2O_2）体系产生强的化学发光，且产生的化学发光强度与 Cr^{3+}的量成良好的线性关系。该方法把高灵敏度的化学发光方法引入 COD 的测定中，消解时间短，不需要外加催化剂，易于实现自动化。若将该方法与微波消解和流动注射方法联用，将为开发一种快速、准确、结构简单的 COD 自动在线监测仪开辟一条全新的途径。

原子吸收分光光度法 原理是在酸性介质中，利用萃取剂萃取重铬酸钾还原产物 Cr^{3+}或剩余的 Cr^{6+}，用原子吸收分光光度法测定，间接计算 COD 值。目前使用的萃取剂主要有三正辛胺（TOA）和磷酸三丁酯（TBP）。原子吸收分光光度法本身的灵敏度较高，但由于使用了耗时较长的溶剂萃取操作，该方法的应用受到了很大的限制，若能与流动注射分析法结合，必将扩大该法的应用范围。

发展趋势 传统的重铬酸盐法测定 COD，回流时间长、能耗高、易产生二次污染，因此简便、快捷、准确、低碳、无二次污染的 COD 监测分析方法是环境监测的发展方向。微波消解技术应用于COD消解过程，使操作简单快捷、能耗低、利于批量分析。在检测技术方面，开发各类仪器对 COD 进行自动检测，也是 COD 测定的另一个重要的发展方向（参见化学需氧量测定仪）。此外，水质 COD 在线监测方法，对及时掌握水质状况、快速发现异常、迅速准确地做出水质污染预报、及时跟踪污染源、为环境保护部门提供可靠的决策依据具有十分重要的作用。 （郑璇）

推荐书目

国家环境保护总局《水与废水监测分析方法》编委会. 水与废水监测分析方法. 4 版. 北京：中国环境科学出版社，2002.

huaxue xuyangliang cedingyi

化学需氧量测定仪 （chemical oxygen demand analyzer） 对水质样品中的化学需氧量（COD）进行定量分析的仪器。主要有重铬酸钾消解-氧化还原滴定仪、重铬酸钾消解-分光光度测定仪、重铬酸钾消解-库仑滴定仪、羟基自由基氧化-电化学测量仪、臭氧氧化-电化学测量仪以及紫外分光光度测定仪。紫外分光光度测定仪仅适用于特定废水，应用局限性大，故以下不予介绍。

重铬酸钾消解-氧化还原滴定仪 主要包括消解仪和滴定池，原理参见化学需氧量测定中的“重铬酸盐法”内容。

重铬酸钾消解-分光光度测定仪 主要包括消解仪和分光光度计，原理参见化学需氧量测定中的“快速消解分光光度法”内容。

重铬酸钾消解-库仑滴定仪 主要包括消解池、滴定池和磁力搅拌器，原理参见化学需氧量测定中的“电化学法”内容。

羟基自由基氧化-电化学测量仪 主要由三电极传感器测量系统组成。其原理基于特殊电极电解产生的羟基自由基具有很强的氧化能力，可同步迅速氧化水中有机物，工作电极上电流随之发生变化，当工作电极电位恒定时，电流的变化与水中有机物的含量成正比，由此可测定 COD 值。

臭氧氧化-电化学测量仪 主要由臭氧发生器、反应室、光电探测部分以及计算机控制和数据处理部分组成。测量时，首先用臭氧探头测定溶解臭氧的浓度，水样和溶有臭氧的稀释水同时进入反应室并发生氧化反应，然后，第二个探头测定反应室内残余臭氧浓度。控制污水和稀释水的混合比，使臭氧的消耗尽量维持在恒定的低水平上，通过标定污水和稀释水混合比率，计算水样COD值。

与手工分析相比，化学需氧量测定仪测定快速、操作简单、干扰因素少，适用于地表水、污水在线监测，应急监测和抽查抽测。采用重铬酸钾消解-氧化还原滴定仪、分光光度测定仪或库仑滴定仪均存在铬、汞的二次污染问题，废液需要特别处理；而羟基自由基氧化-电化学测量仪、臭氧氧化-电化学测定仪不需进行样品消解，避免了铬、汞的二次污染，且干扰因素较少，具有更广阔的应用前景。（郑璇）

huanjing biaozhun yangpin

环境标准样品 （environmental reference materials，ERM） 又称环境标准物质或环境参考物质，是具有一种或多种规定特性，足够均匀和稳定，并充分确定了特性量值、通过技术评审且附有使用证书的环境样品或材料。主要用于校准和检定环境监测分析仪器、评价和验证环境监测分析方法或确定其他环境样品的特性量值。

我国标准物质和标准样品术语对应的英文表达均为“Reference Material，RM”，有证标准物质和有证标准样品术语对应的英文表达均为“Certified Reference Material，CRM”。标准物质和标准样品分别由国家计量和标准化行政管理部门归口管理。

国家环境标准样品（CERM）是通过国家环境保护主管部门组织的专家进行技术评审，由国家标准化主管部门批准、发布、授权生产并附有国家标准样品证书的环境标准样品，一种或多种特性量值采用可溯源程序确定，并附有规定置信水平的不确定度。

沿革 1972年斯德哥尔摩人类环境大会以来，世界各国普遍重视环境问题，制定了环境保护法和各类环境标准，同时环境监测作为监督环境保护法实施的主要手段之一得到快速发展。为了提高环境监测标准化程度和环境计量的准确性和可靠性，各国相继开展了对环境标准物质的研制，使环境监测具有计量学保证。例如，美国国家标准局（NBS）不仅把环境标准物质列为重点研究项目，而且与美国环境保护局（EPA）合作，制备了若干种生物材料标准物质和几十种标准气体，为其他国家研制环境标准物质提供了经验。20世纪70年代中期，其他发达国家如日本、英国、加拿大，以及国际机构如欧洲经济共同体标准局（BCR）、国际原子能机构（IAEA）等也相继研制了各种环境标准物质。目前NBS用于环境监测的标准物质有数百种，包括水、空气、汽车尾气、土壤、底泥、燃料（煤、汽油等）和动植物组织等。

20世纪80年代，标准物质的发展进入了在全世界范围内普遍推广的阶段。环境标准物质不仅是环境监测中传递准确度的基准物质，而且是实验室分析质量控制的物质基础。目前中国已研制出水、气、土壤、粉尘、底泥、固体废物和生物等多种介质覆盖无机污染物、有机污染物和微生物等多个指标的近千种环境标准物质。

基本特征 标准样品以特性量值的均匀性、稳定性和准确性等为主要特征。因此，标准物质应满足以下基本条件：材质均匀、量值稳定、认定量值准确、附有特定的证书、可批量生产、具有与待测物质相近的组成和特性。

分类与分级 按照样品的属性进行分类，包括化学成分分析标准物质、物理特性与物理化学特性测量标准物质和工程技术特性测量标准物质三类。其中，化学成分分析标准物质包括钢铁、有色金属、建材、核材料与放射性物质、高分子材料、化工产品、地质矿产、环境化学物质、临床化学物质、药品、食品、煤炭和石油等。按照标准物质的级别进行分类，包括国家标准样品、行业标准样品、地方标准样品和企业标准样品。其中，国家级标准样品包括一级标准物质和二级标准物质。一级标准物质代号为GBW，用绝对测量法或两种以上不同原理、准确可靠的方法定值，在只有一种定值方法的情况下，多个实验室以同种准确可靠的方法定值；准确度具有国内最高水平。二级标准物质代号为 GBW（E），用与一级标准物质进行比较测量的方法或一级标准物质的定值方法定值，准确度和均匀性未达到一级标准物质的水平，但能满足一般测量的需要。

应用 通常用于构建实验室质量保证体系，是量值传递和质量保证的基础。应用范围主要包括实验室内部质量控制、环境监测分析方法研究和环境仲裁监测。

实验室内部质量控制 ①绘制标准曲线。采用有证标准物质（标准溶液）绘制标准曲线，与未知样品同时分析，可以减少时间、提高效率和数据准确性。②仪器校准/检定和仪器验收。检验仪器性能（波长、吸光率、熔点等），通过环境标准样品把仪器设备溯源至国家基准。③环境样品分析的质量控制。样品分析时采用与待测物质相近浓度的标准样品同时测定，根据标准样品测定结果的准确度对测定全过程进行控制。④分析人员的分析水平考核。在实验室资质认定、实验室认可监督评审以及监测人员持证上岗考核时，通常以标准样品作为未知样品进行考核，以检验实验室和分析工作者的分析水平。⑤实验室间比对。环境标准样品不仅具有最接近真值的保证值，且具有追溯性，不同实验室对同一保证值的标准物质进行比对测定，可以实现不同时间和空间的监测数据的可比性和一致性，从而保证各实验室质量体系的有效运行。

环境监测分析方法研究 ①方法确认。旧的国标分析方法被替代时，需要采用标准物质分析对现行有效的新方法进行确认。②分析测量不确定度。采用标准物质进行方法测量不确定度的评定，出具测量不确定度的评定报告，其扩展不确定度应满足有证标准物质的测量不确定度要求。③评价和验证环境监测新方法。对于某一物质的非标方法测定，通过有证标准物质测定，验证该方法的准确度、精密度、方法检出限，使其满足测定要求。

环境仲裁监测 当企业或业主对监测数据提出异议或者双方有争议时，使用具有权威性的有证标准物质进行验证分析，做出正确的仲裁。

发展趋势 我国无机污染物成分标准样品研制已逐步完善，而有机污染物标准样品研制还处于起步阶段，大气、河流底质、海洋沉积物、土壤和生物等环境介质的有机污染物标准物质的研发需进一步加大力度。此外，多指标混合标准样品、实际环境基体标准样品也是当前环境监测与质量管理的迫切需要。

（解军　孙自杰）

huanjing fushe diaocha

环境辐射调查

（environmental radioactivity investigation） 又称环境放射性水平调查或环境放射性背景调查，是对指定范围内的放射性水平进行测量、分析和评价的活动。

沿革 自 20 世纪 60 年代以来，世界上已有 23 个国家和地区进行了不同规模的天然放射性水平调查，其中多数以估算天然辐射所致居民剂量为目的。我国于 1978 年对部分地区进行了调查。

1983 年，我国开展了以摸清环境天然放射性现状水平、分布及其规律为主要目的的全国环境天然放射性水平调查。1983—1990 年，在全国调查了环境陆地（原野、道路和建筑物室内）γ辐射剂量率，同时测定土壤和水体中铀-238、镭-226、钍-232 和钾-40 含量，在核设施周围和可能造成污染的地区进行了加密布点调查，在 15 个省 21 个城市对局部地区室内、外空气中氡及其子体浓度做了调查，获得了反映我国环境天然放射性现状水平、分布及其规律的基础资料。

分类 按监测目的分为环境放射性水平普查和核设施周边放射性水平调查。

环境放射性水平普查 对于大范围环境放射性水平普查，普查范围通常是一个国家（例如，在 20 世纪 80 年代原国家环境保护局组织开展的全国环境天然放射性水平调查）或一个地区。调查对象可以是广泛的，如环境介质中放射性核素含量和贯穿辐射水平，也可以是针对某一特定项目的调查，如对氡水平进行普查。普查的目的是获得平均水平，如公众平均接受的陆地γ剂量率和地面附近宇宙射线以及环境和室内氡水平等。

核设施周边放射性水平调查 针对特定核与辐射设施的放射性水平调查，是辐射环境管理中最常见的一种环境水平调查。例如，核电站等核设施，在首次装料前必须完成连续 2 年以上的背景调查。

核设施周边放射性水平调查的主要目的是：①评价核设施运行释放到环境中的放射性物质，或辐射对人产生的实际或潜在的照射水平，或估计这种照射的上限；②评价核与辐射设施的地理范围内，天然放射性水平状况；③确定由于大气层核试验、核电站事故以及其他邻近核与辐射设施产生的人工放射性影响，这种影响包括环境介质中放射性核素含量及其引起的辐射剂量；④判断环境辐射现状水平处于正常范围还是存在异常；⑤确定背景基线，以便与今后运行时产生的环境影响作比较；⑥为核及辐射设施开展退役的环境影响评价提供基础资料。

调查内容 评价一个设施引起的环境影响时，除要考虑该设施向环境可能排放的放射性物质，即流出物之外，还需考虑气、液流出物在环境中的传输、弥散，以及人口分布、食谱和土地利用等，因此，环境辐射调查还应包括相关的气象、水文、土地利用、人口分布和饮食习惯等内容。

调查之前编制调查大纲是做好环境辐射调查的首要环节。在调查大纲中应明确调查内容，地理范围，调查方法，监测或取样频次，监测仪器仪表，调查的组织管理，数据处理，调查的资源保证以及质量保证等。

从制定调查的大纲到形成调查报告，都要考虑并执行质量保证要求，即质量保证贯穿于调查的始终。比如，调查大纲内容要周全，监测频次要合理，以确保数据处理顺利进行；调查时监测与取样点位选择要合理，使调查具有代表性；所用仪器足够灵敏和准确；测量仪器必须定期校准，校准时所用的标准源应能追溯到国家标准，当有重要元件更换或工作位置变动或维修后，必须重新校准，并做好记录；测量仪器在测量前，应检查本底，并记入质量控制图中；实验室必须建立严格的质量控制体系；测量人员须经过专业培训；对异常数据要认真分析，不能轻易取舍；实验室参加比对有助于提高调查结果的可靠性。

调查报告 调查结果的评价要根据调查目的进行。为评价公众暴露的剂量，必须根据有关模式、参数估算出公众剂量，并将与相关剂量限值进行比较。

如果调查目的是估计放射性物质在环境中的积累情况，调查结果应以比活度表示，并与运行前背景调查和以往调查结果或测量结果相比较，评价变化趋势。

如果调查目的是检查污染源向环境的排放是否满足所规定的排放限值，调查结果应同时给出排放浓度和排放总量，并与规定的排放导出限值和年排放量限值总量进行比较。

调查报告还应包括取样或现场测量地点的几何位置，调查核素的种类，分析测量方法和测量结果及误差等。

发展趋势 随着汽车、航空、通信、卫星定位、地理信息数字化以及核探测等科学技术的不断发展，车载测量、航空测量、自动连续采样和测量以及大批量测量等方法逐步替代简单、繁重的手工分析测量，提高了环境辐射调查的效率。调查范围逐步由地面向空中、海洋等方面拓展，调查内容更加注重核事故应急、核恐怖袭击所关注的主要放射性核素。测量仪器灵敏度不断提高，使环境辐射调查的事故预警功能不断提升。 （倪士英）

huanjing jisu ceding

环境激素测定 （determination of environmental hormone） 经过适当的样品采集、制备和前处理后，选用合适的测定方法对水、气、土壤及沉积物等环境介质中的环境激素物质（EDCs）进行定性定量分析的过程。EDCs 又称内分泌扰乱性化学物质、外因性内分泌干扰物质，这类化学物质对生物的正常行为及生殖、发育相关的正常激素的合成、贮存、分泌、体内输送、结合及清除等过程产生妨碍作用。环境激素的主要来源与种类包括农药及其降解产物，如除草剂2,4-D、杀虫剂滴滴涕等；医药医疗品，如雌二醇、双酚A等；化学工业品，如邻苯二甲酸酯类物质；重金属，如铅、镉等；以及焚烧或焦化过程中的有害副产品，如二噁英等。1996年美国环境保护局共列出了60种环境激素类污染物，世界野生动物基金会于1997年列出了68种，1999年日本发布的环境激素类物质共75种。

测定方法 环境激素分析以样品基质复杂、化合物性质差异大和检测浓度低为特点，是一种复基体中痕量和超痕量组分分析技术，标准分析方法有限。此外，环境激素的分析结果涉及食品安全、商品贸易、环境保护等国民经济的重大领域，对分析方法的可靠性有非常高的要求。环境激素分析方法按原理可分为仪器法，包括极谱法、色谱法及其联用技术；免疫法，如放射性免疫测定法、酶联免疫吸附测定法、荧光免疫测定法等；生物测定法，如微生物学测定法、放射受体测定法等。按分析目的大致可分为筛选分析法、常规分析法和确证分析法。在工作中应根据有关组织或法规对环境激素的限量要求及环境激素物质的性质，选用合适的检测仪器，建立分析方法。

筛选分析法 一般只提供待测物是否存在或浓度是否超标的初步信息，仅具有一定的定性或半定量能力，但灵敏、便捷、快速。筛选分析中一般不会出现假阴性结果，但假阳性结果的概率会升高，设计方法时需要对假阳性率进行控制。通常可以认定筛选分析法的阴性结果，但对阳性结果必须用确证分析法进行确认。各种免疫测定法、微生物测定法都可以作为筛选分析法，但更多的筛选分析法通常由常规分析法或确认分析法简化、发展而来，如气相色谱-质谱（GC-MS）检测时用选择离子检测方式进行筛选，对检出的阳性样品再用质谱全扫描进行确认。

常规分析法 主要用来做定量分析，要求具有准确的定量分析能力，但不一定具有准确的定性分析能力。实验室中建立和使用的多数分析方法均属于此类，如常用的气相色谱-氢火焰离子化检测（GC-FID）、高效液相色谱-紫外检测（HPLC-UV）等，其分析结果能够满足一般科研和生产用途。常规分析法中阴性检测结果是可靠的，但阳性结果在理论上仍存在相当的不确定性，对于可能引起严重后果（如仲裁监测等）的阳性样品必须用确证分析法进行确认。

确证分析法 用常规分析法检测时，为防止分析结果出现假阳性，特别是含有与待测样品没有关系的环境激素物质，或者是待测样品环境激素含量超过最高限值时，在作出判断前，必须进行确证实验。可按以下方式进行：①使用一种可靠的基准进行确证分析。在检测中选用质谱分析方法，质谱分析能提供待测化合物的结构特征，是鉴定一个化合物最肯定的证据。采用GC-MS进行定性与定量分析，是环境激素物质检测中比较可靠的确证方法，对于热不稳定性和难挥发的环境激素，可用高效液相色谱-质谱（HPLC-MS）等技术进行确证。②采用几种分析仪器或分析方法进行确证。可采用不同的色谱分离条件进行确证，如用双柱双检测器技术；根据待测化合物不同的化学特征选用不同的检测器进行确认，如选用二极管阵列、紫外、荧光和电化学检测器配以色谱分离方法进行确证分析。欧盟国家已经采用色谱分离与放射技术的联用和免疫亲和色谱等技术，来分析动物组织中的激素、兽药残留等物质，不但灵敏度高，而且能同时取得定性和定量的确证测定结果。

发展趋势 环境激素测定引起越来越多的关注，其测试的发展方向主要有两个方面。①环境激素多组分分析。对环境激素进行多组分同时测定，提高分析方法的选择性是关键，其途径主要包括综合考虑待测组分和基体结构，选择相应前处理方法；色谱双柱分离，优化分离操作及进样条件；优化电子轰击源（EI源）操作如多离子选择、自建库；选择特殊的离子源如串联质谱、化学源飞行质谱；采取分离手段将不同性质环境激素物质分组进行分析。如采用一系列固相萃取（SPE）步骤进行萃取，将萃取物分成 3 组，利用双塔自动进样、双毛细管柱和保留时间锁定结合技术，可做到水中 201 种农药同时分析。②应用生物技术进行大量样品的筛选分析，如发现阳性则进一步进行仪器法测定成为环境激素测定的发展趋势。主要生物测试技术包括酶联免疫吸附测定技术（ELISA）、放射免疫测定技术、生物传感器技术、酶抑制技术、基因芯片技术等，其中酶联免疫吸附测定技术应用较为成熟。较多的测定环境激素 ELISA 方法，都是制成试剂盒的形式，使用方便，经验证分析结果与仪器法分析结果基本一致。药物类试剂盒如雌激素类、雄激素类等，农药类如有机磷类、氨基甲酸酯类等均已进行商品化应用。（吕怡兵）

推荐书目

陈正夫，朱坚，周亚康，等. 环境激素的分析与评价. 北京：化学工业出版社，2004.

齐文启，孙宗光. 痕量有机污染物的监测. 北京：化学工业出版社，2001.

huanjing jiance

环境监测 （environmental monitoring） 监视、检测和评价对人体健康和生态系统产生影响的环境变化，分析其影响过程和程度，评价环境质量和污染排放现状及变化趋势的科学活动。环境监测是环境科学的一个分支学科，随着全球面临日益严重的环境污染、生态破坏的挑战而发展起来。环境科学的所有分支学科，如环境化学、环境物理学、环境地学、环境工程学、环境医学、环境管理学、环境经济学以及环境法学等，都需要在了解环境质量和污染排放状况及其变化趋势的基础上开展相关工作。环境监测是环境管理的重要技术手段，是环境规划和环境评价的重要数据基础，是环境执法和排污收费的主要依据，是污染治理工程设计和环境设施运行效果评估的技术支撑，是环境经济和生态补偿量化的凭据，还可为人类健康和公共安全提供预报预警。

目的 准确、及时、全面地反映环境质量与污染排放现状及发展趋势，为环境决策、规划和监督管理提供技术支持，最终达到保护人类健康、保护生态环境、合理使用自然资源、促进经济和环境协调发展的目的。具体包括：①了解自然环境质量背景，收集本底数据，积累长期资料，分析环境质量现状和发展变化趋势，研究环境质量变化的历程和原因；②追踪寻找污染源，调查污染分布，判断污染物类型，确认污染物成分，查明污染物性质和数量及排放规律，以实现对污染源的监督管理；③寻求控制、治理污染的途径，检查相关污染物处理的效果，判断技术方法优劣和有关管理手段的有效性；④应用环境监测数据，进行环境影响评价，预测预报环境质量，制订环境规划，为科学制定环境保护法律法规提供依据。

沿革 工业发达国家环境监测发展主要经历了三个阶段。①20 世纪 50 年代，主要针对污染事故和环境问题调查进行的被动性监测。初期对污染事件发生的原因和机制不明，政府部门不得不有目的地组织技术人员进行调查监测，以搞清事件真相。由于陆续出现的环境污染事件主要由危害较大的化学毒物引起，因此产生了对环境样品进行化学分析，以确定其组成和含量的迫切需求。由于环境污染物通常为痕量，并且基体复杂、流动变异性大，涉及空间分布和变化，对分析的灵敏度、准确度、分辨率和速度提出了更高要求，由此在分析化学基础上，催生了环境分析化学。②20 世纪 70 年代，基于空气、水、土壤环境质量和污染源排放的常规性、主动性监测。由于污染事件造成较大国际影响和巨大经济损失，加之民众的不断抗议，一些环境保护法律相续颁布，有效限制了企业排污，促进了污染源监测的发展。这一时期，人们认识到某一化学毒物的含量仅是影响环境质量的因素之一，环境中各种污染物之间，污染物与其他物质、其他因素之间还存在着协同和拮抗效应。因此，环境监测逐渐从单一学科发展到多学科，从点源监测发展到面源监测。同时，人们还认识到影响环境质量的不仅是化学因素，还有噪声、光、热、电磁辐射和放射性等物理因素；用生物（动物、植物）的受害症状及变化来判断环境质量往往更为可靠，于是在分析化学的基础上发展了物理测试和生物监测等。③20 世纪 80 年代，主要以连续自动监测和大区域环境质量监测为特点。受采样手段、频次、数量以及分析、数据处理速度等限制，手工监测不能完全满足及时监视环境质量现状和预测变化趋势的要求。发达国家相继建立了连续自动监测系统，并使用了卫星遥感等辅助手段，用有线或无线方式传输数据，可在短时间内观察到空气、水体污染的浓度变化，预测预报未来环境趋势。当污染程度接近或超过环境标准限值时，发布紧急应对指令。在进入信息时代的当今，环境监测一方面在技术方法上向更先进、更高层次的多学科方向发展，另一方面在范围上向更宏观和更微观两个不同方向拓展。

20 世纪 70 年代，中国环境监测随着“三废”管理工作的开展而逐渐起步，“六五”和“七五”期间得到较大发展，“七五”末期到“八五”期间日趋成熟，初步形成了以环境质量为核心的监测网络。20 世纪末，逐步开展了地表水和城市环境空气自动监测及污染源在线监测。我国环境监测工作较发达国家起步晚，但发展较快，目前已初步具备了组织机构网络化、监测分析技术体系化和监测能力标准化，但综合水平与国际先进水平尚有差距。主要表现为监测的环境因子较少，监测手段不全，分析方法不配套，全程序质量保证与质量控制技术不完善，监测科研的前瞻性不够，环境质量表达形式单一等。

特点　环境监测活动具有生产性、综合性、溯源性、持续性、社会性和艰巨性等特点。环境监测的基本产品是监测数据，环境监测具备生产过程的基本环节：投料（布点和采样）、加工制作（前处理和分析测试）、成型（数据收集和汇总）、总装调试（综合评价）和检验（质量保证）等，每个环节都关系到监测结果的代表性、准确性、时效性。环境监测手段是化学的、物理的、生物的以及多种方法的结合，监测对象包括水、气、声、土壤、固体废物和生物等，对环境质量进行综合评价涉及自然科学、社会科学和人文科学等多个领域。环境监测对象大多成分复杂、时空变化大、干扰因素多、浓度范围广，监测数据由多人、多手段和多次测试得出，需要量值溯源体系保证数据的准确性。环境监测需要在野外进行布点和采样，需接触各种污染源，实验室检测类型多、样品杂、质量要求高，是一项艰苦细致的科学技术活动。环境与生态的变化往往是缓慢且长期的，环境监测数据累积时间越长越珍贵，空间的可比性越大越好，因此长期持续开展环境监测工作是其主要特点之一。随着政府和公众对环境质量的重视，环境监测成果不仅为政府管理部门决策、规划管理和目标责任考核等提供技术支持，也是满足公众环境知情权和保障环境安全等的重要内容之一。

内容与分类　环境监测活动的主要内容通常包括方案制订、点位布设、样品采集、样品保存与运输、分析测定、数据收集和综合评价报告与发布等过程，即计划—采样—分析—综合获得信息的过程。按监测介质或对象分为水质监测、空气监测、噪声和振动监测、固体废物监测、土壤监测、放射性监测、电磁辐射监测、热监测、光监测等；按监测目的分为例行监测、监督性监测、科研监测、应急监测和服务咨询监测等；按监测方式分为手工监测和自动监测（含在线监测）。

例行监测　又称常规监测，是环境监测部门或企业单位定期、长时间对区域空气、水质、噪声、土壤、企业排污状况等指定的监测项目进行的监测，包括环境质量监测和污染源常规指标的监测。

监督性监测　环境管理部门定期、长时间对污染源的污染物浓度、排放总量和污染趋势等的监测。例行监测和监督性监测是为确定环境质量及污染源状况，评价控制措施的效果，衡量环境标准实施情况和环境保护工作的进展而进行的监测，是环境监测活动中工作量最大、面最广的工作。

科研监测 为解决监测实践中的问题和发展环境监测学科本身而进行的标准分析方法研究、标准物质研制，针对特定研究目的，如持久性有机物对环境和动植物的影响、危害剂量-效应关系等，以及其他学科与环境科学交叉发展过程中所进行的各种多学科合作的研究性监测。

应急监测 针对环境污染事故要进行的监测，以查明污染物种类、污染程度和范围以及污染发展趋势，为科学评价污染事故、控制污染扩散、制定污染治理方案提供科学依据。这类监测常采用现场快速监测与实验室分析相结合的方式进行。

服务咨询监测 为政府部门、科研机构和生产单位提供的服务性监测。例如，建设项目环境影响评价、区域环评和规划环评，需要按照评价要求进行监测；工程设计参数选取，需要进行环境现状监测等。

发展趋势 环境监测随着环境保护需求而不断深化和扩展。①在分析项目上，由常规综合指标向有毒有害污染物监测发展，特别是要将对生物体有毒有害的“三致”物质列为重点监控的目标。②在监测分析的精度上，向痕量分析、超痕量分析的方向发展。科学研究表明，许多有毒有害物质，其浓度虽然很低，但对人体危害极大，因此控制这类污染物质，应发展痕量和超痕量分析技术。③在监测分析方法上，由国内标准化向国际统一化方向发展。分析技术向实验室连续自动化和现场快速分析技术方向发展，实验室分析技术的发展规律是先由经典的化学分析过渡到仪器分析，而仪器分析又由手工操作发展为连续自动化操作；对于大多数污染事故和污染物排放源的监测，往往急需回答的不是某种污染物准确浓度，而是污染物类别和大致含量，这需要发展现场定性或快速半定量的分析技术。④监测分析仪器向小型化和复合化的趋势发展。便携式、操作简单和分析速度快的仪器设备在突发性环境污染事件和污染纠纷的现场监测中得到广泛应用。将不同类型仪器串联，并采用计算机控制，可集中不同类型仪器的优点，拓宽监测领域，深化监测层次，提高分析水平。⑤质量保证与质量控制向监测全过程系统化展开，这是提高监测信息的代表性、精密性、准确性、可比性和完整性的重要保证。⑥新技术应用。在现代化的分析实验中，分析仪器采用计算机控制操作程序，制作工作曲线，处理原始数据，绘制分析结果的图表，大大提高了监测数据的准确度和分析水平；激光技术在监测分析领域得到应用，激光作为光源，特点是良好的单色性、方向性和高功率，是高分辨率、高灵敏度分析的重要手段；地理信息系统、遥感和卫星定位系统等技术应用于大区域环境质量监测工作，可以实现区域环境质量变化规律研究和变化趋势预测预报。⑦污染物的形态和综合毒性监测。由于污染物在环境中存在的形态不同，其毒性差异很大；污染物在环境中存在协同、增强和拮抗作用，往往单独存在时毒性不明显，而通过协同或增强作用毒性会大大增加，因此以生物技术为基础的综合毒性监测发展较快。⑧全球性重大环境问题的监测研究，如酸雨、沙漠化、全球气候变化及生物多样性减少等。 （官正宇）

huanjing jiance baogao

环境监测报告 （environmental monitoring report） 按照环境监测技术规范，对环境监测活动中取得的环境监测数据进行汇总和分析，对各环境要素状况进行判断和评价，包括表、图、文字的表征和结果的表述。环境监测报告是对环境监测数据分析的综合表达，是行政决策与环境管理的依据，是信息发布的重要技术支撑。

沿革 1980 年 12 月，原国务院环境保护领导小组办公室召开第一次全国环境监测工作会议，会议发布了《关于建立“环境质量报告书”制度的意见》，标志着我国环境监测报告制度的建立。1982 年，中国环境监测总站编写了第一本国家级环境质量报告书《中国部分地区城市环境质量基本状况》。1991 年，原国家环境保护局颁布了《全国环境监测报告制度（暂行）》

及配套的《环境质量报告书编写大纲》《环境质量报告书编写技术规定》，规范和统一了全国环境监测报告的编写工作，并于当年组织了第一次环境质量报告书的评比。1996 年 11 月，原国家环境保护局发布了《关于发布〈环境监测报告制度〉的通知》，强化了环境监测报告的监督与管理，明确了各级环境保护局、监测站在编报监测报告工作中的职责和任务，根据环境管理工作的需要和环境监测技术规范的内容、周期、频率，规定了编制与呈报监测报告的类型、时间和范围。同时，对环境监测数据资料和报告的管理做了明确规定。

编写原则 报告编写应遵循如下原则：①准确性原则。各类监测报告要提供准确的环境质量信息，必须实事求是、准确可靠、数据详实和观点明确。②及时性原则。环境监测通过各类监测报告为环境决策和环境管理服务，应建立和实行切实的报告制度，运用先进的技术手段，保证报告的时效性。③科学性原则。编制监测报告不是简单的数据资料汇总，而是运用科学的理论、方法和手段，阐释监测结果及环境质量变化规律，为环境管理提供科学依据。④可比性原则。监测报告的表述应统一、规范，内容和格式应遵守统一的技术规定，评价标准、指标范围和精度应相对统一稳定，结论应具有时间的连续性，成果的表达形式应具有时间空间的可比性。⑤社会性原则。监测报告尤其是监测结果的表述，要便于读者理解，容易被社会各界接受和利用，使其在各个领域广泛地发挥作用。

分类和内容 按编制单位责任范围，分为县级、地市级、省级和全国 4 个等级的环境监测报告。按环境要素，分为水环境、大气环境、近岸海域、噪声、生态、辐射和土壤等环境质量专项环境监测报告，以及综合性的环境质量监测报告。按内容和周期，分为环境监测快报、环境监测月报、环境监测季报、环境质量年报、环境质量报告书及污染源监测报告等。

环境监测快报 采用文字型一事一报的方式，报告重大污染事故、突发性污染事故和对环境造成重大影响的自然灾害等的应急监测情况，以及在环境质量监测、污染源监测过程中发现的异常情况及其原因分析和对策建议。

环境监测月报、季报 环境监测月报反映每月环境质量，季报反映每季度环境质量。全国各级环境监测机构应根据具体需求，按时编写各环境要素和综合性的环境监测月报、季报并上报，市级、县级监测站定期将月度、季度环境监测报告报到各省、自治区、直辖市环境监测站；各省、自治区、直辖市环境监测站将本辖区环境监测月报、季报报到同级环境保护厅（局）、中国环境监测总站；中国环境监测总站定期将全国环境监测月报、季报上报环境保护部。

环境质量年报 对各级编制单位责任区域全年环境监测数据结果和环境质量状况的反映，包括各个环境要素的环境质量年报和综合性的环境质量年报。各级环境监测站应于每年一月将上年度的环境质量年报报到本省、自治区、直辖市环境监测站，各省、自治区、直辖市环境监测站将本辖区环境监测年报报到同级环境保护厅（局）、中国环境监测总站，中国环境监测总站将全国环境质量年报上报环境保护部。

环境质量报告书 各级人民政府环境保护行政主管部门向同级人民政府及上级人民政府环境保护主管部门定期上报的环境质量状况报告。环境质量报告书是对编制单位责任区域环境质量的综合反映，体现了环境监测数据与环境管理统计数据相结合，评价环境质量现状与预测未来变化相结合，分析污染原因与提出对策建议相结合。环境质量报告书按编制时间周期，分为年度环境质量报告书和五年环境质量报告书两种，五年环境质量报告书的编写年度不再编写年度环境质量报告书。

污染源监测报告 进行污染源监测时出具的报告。根据污染源监测工作的需要，这类监测报告可以是针对部分污染源的报告，也可以是针对某一污染源的报告；可以针对多个指标，也可以针对某一特定指标；可以是定期的监测

报告，也可以是抽检的报告。 （史宇）

huanjing jiance chizheng shanggang zhidu

环境监测持证上岗制度 （certification system of environmental monitoring） 各级环境监测机构中，从事环境监测、数据评价、质量管理以及其他与环境监测活动相关的人员，必须经过国家、省级环境保护行政主管部门或其授权部门考核认证，取得上岗合格证的制度。持有合格证人员，方能从事相应的监测工作；未取得合格证人员，应在持证人员的指导下开展工作，监测质量由持证人员负责。

对环境监测人员进行持证上岗考核是考察从事监测活动的人员是否具备与其承担工作相适应的技术水平及能力的手段。环境监测人员接受相应的教育和培训，通过考核取得合格证，是保证监测活动顺利开展和监测数据准确可靠的必要人员保证措施。持证上岗考核内容根据被考核人员的工作性质和岗位要求确定，包括基本理论、基本技能和样品分析。上述考核均合格，则评定为该项目考核合格，其中之一不合格则评定为该项目不合格。

国家级环境监测机构监测人员的合格证由环境保护部颁发，省级环境监测机构监测人员的合格证由中国环境监测总站和环境保护部辐射环境监测技术中心颁发，其他环境监测机构监测人员的合格证，由各省级环境保护厅（局）颁发。合格证有效期为5年。 （米方卓）

huanjing jiance dianwei

环境监测点位 （environmental monitoring sites） 为获取有代表性的监测数据而设置的样品采集位置或场所。主要包括环境质量监测点位和污染源监测点位。河流、湖泊等水环境监测点位也称环境监测断面。环境监测点位是环境监测工作的基础，是开展环境监测活动的基本单元，应客观反映全国或区域、流域环境质量状况及变化趋势，了解污染物排放及其对环境质量的影响，评价环境污染控制工作成效，预警潜在环境风险。

沿革 20世纪70年代，我国处于以工业废水、废气、废渣为主要监测对象的“三废”监测阶段，监测点位局限于地表水、环境空气以及污染源。80年代末，环境监测点位逐步扩展至降水酸度、地下水、海洋、噪声和辐射等。1986年国家发布了《环境监测技术规范》，对水、气、噪声等监测布点进行了规范，环境监测点位逐步完善，覆盖范围不断扩大，布点也更加科学合理。2000年以来，环境监测点位数量持续增加，空间覆盖面越来越大，对地表水、城市环境空气、噪声、近岸海域等环境要素的监测点位进一步优化调整，分别发布了各环境要素的监测技术规范，2011年8月发布了《环境质量监测点位管理办法》，实施环境监测点位的统一管理。“十一五”后，进一步优化污染源监测点位，并实施污染物减排监测体系建设，开展全国国控重点污染源在线监测。

分类和分级 从用途上分为环境质量监测点位和污染源监测点位。环境质量监测点位又可以分为环境质量评价监测点位和专项工作监测点位。环境质量评价监测点位用于评价全国或区域、流域环境质量状况，分为国家、省、市、县四级，分别由同级环境保护主管部门负责管理。专项工作监测点位是针对专项环境保护工作而设立的，可与环境质量评价监测点位重叠，监测数据共享。

从监测介质上，可分为水、大气、生态、生物、土壤、固废、声、振动、辐射等监测点位。

设置原则 环境监测点位应具有代表性、科学性、可行性和前瞻性。①代表性：能够客观反映一定空间范围内的环境污染水平和变化规律；②科学性：监测点位在空间分布上应重复性小、代表性好，同时保证有足够的信息量反映区域环境质量；③可行性：点位应保证实施监测采样的可能性；④前瞻性：监测点应能兼顾未来发展需要，具有相对的长远性和稳定性。

设立和调整 设立环境监测点位应经过科学论证，以确保全面、客观地反映环境质量状况。环境监测点位应设置明确标识，任何单位和个人不得干预、阻挠环境监测点位的设立。

国家环境监测点位的设立、变更、撤销由国务院环境保护主管部门批准；地方环境监测点位的设立、变更、撤销由同级人民政府环境保护主管部门批准，并报上一级人民政府环境保护主管部门备案。（张殷俊）

huanjing jiance fang'an

环境监测方案（environmental monitoring project） 为客观、系统、全面掌握环境质量状况和污染物排放情况及其变化规律，在开展环境监测活动前制订的工作计划。

分类 根据环境监测所涉及的行政区域，分为国家环境监测方案、省级环境监测方案和市级环境监测方案；根据监测目标的性质可分为环境质量监测方案、污染源监测方案，以及为不同需求开展的监测，如建设项目竣工环境保护验收监测方案、区域污染溯源和跟踪环境监测方案、突发性污染事故环境应急监测方案等。

原则 编制环境监测方案应遵循以下原则：①遵守国家、行业和地方的环境保护法规、环境质量标准及污染物排放标准的相关规定。②科学性、实用性的原则。应保证全面、准确、可靠、实用的获取监测数据；过度监测会带来浪费，甚至带来更多的污染，因此监测数据满足需要即可。③根据目的和需要确定监测项目。优先监测的污染物一般应具有相对可靠的测试手段和分析方法，或者等效性采用的监测分析方法，能获得比较准确的测试数据，能对监测数据做出正确的解释和判断。④全面规划、合理布局。环境问题的复杂性决定了环境监测的过程十分复杂，要对监测布点、采样、分析测试及数据处理做出合理安排。现今环境监测技术发展的特点是监测布点设计最优化、自动监测技术普及化、遥感遥测技术实用化、实验室分析和数据管理计算机化，以及综合观测体系网络化。应视不同情况，采取不同的技术路线，发挥各自技术路线的长处。

内容 包括背景情况、监测范围、监测项目、点位布设、监测时间、监测频次、分析方法、质量保证与质量控制措施、评价标准、结果分析、数据报送等。监测要素不同，监测方案也有差别。例如，水和气的监测方案应强调优化布点、样品采集、保存与传输等，而噪声监测只有点位布设，相对水、气监测方案要简单得多。（李茜）

huanjing jiance jiliang renzheng

环境监测计量认证（environmental monitoring metrology accreditation） 对提供环境监测数据的检测机构的基本条件和能力是否符合法律和行政法规的规定，对其执行的环境监测技术规范或标准实施情况进行评价和承认的活动。计量认证是中国国家认证认可监督管理委员会（CNCA，简称“国家认监委”）和地方质量监督部门依据有关法律、行政法规的规定，对为社会提供公证数据的产品质量检验机构的计量检定、测试设备的工作性能、工作环境和人员的操作技能和保证量值统一、准确的措施及检测数据公正可靠的质量体系能力进行的考核。计量认证是实验室资质认定的一种形式，由国家认监委统一管理和监督，依据《实验室资质认定评审准则》进行评审。计量认证证书有效期为 3 年。

沿革 环境监测计量认证工作始于 1991 年，以原国家环境保护局与国家技术监督局联合发文《关于成立国家计量认证环保评审组及其有关工作的通知》为标志，其中规定凡环保产品质量监督检验中心、环境监测站及对外出具环保公证数据的其他各类环保检测机构，都必须进行计量认证，并规定了各级环境监测机构的完成时间。国家计量认证环保评审组（简称“环保评审组”）作为国家认监委计量认证行业评审组之一，负责指导并组织省级以上环境监测机构以及相同级别的其他各类环保检测机构的计量认证评审。省级以下环境监测机构的计量认证工作由省级计量行政部门负责组织实施和管理。各级环境监测机构在计量认证评审准则的总框架下，赋予环境监测工作技术特点，建立了以监测项目为检测参数的评审模式，通过质量管理体系在实际监测工作中发挥的规范和监督作用，推动环境监测工作日趋完善。

认证程序 按照《中华人民共和国计量法实施细则》的规定，环境监测机构计量认证分为国家级和省级两级认证。省级以上（含省级）环境监测机构可申请国家级计量认证。国家级计量认证在国家认监委统一指导下开展工作。

国家级计量认证程序：①申请认证的环境监测机构向国家计量认证环保评审组提出书面申请；②环保评审组受理申请，向国家认监委报送本年度评审计划；③国家认监委编制并下达评审计划；④环保评审组与被认证机构确定现场评审时间，并对被认证机构提交的《实验室资质认定申请书》进行初审；⑤环保评审组向国家认监委提交《实验室资质认定申请书》及评审人员建议名单；⑥实施现场评审；⑦被认证机构整改，整改后经评审组检查确认，向环保评审组报送评审材料；⑧环保评审组审核被认证机构计量认证评审材料，加盖印章后报国家认监委；⑨国家认监委审核、批准；⑩国家认监委组织制作“资质认定　计量认证证书”、“资质认定　计量认证证书附表”及刻制“CMA”印章。

省级计量认证程序：省级以下环境监测机构可向各省（自治区、直辖市）计量行政主管部门提出申请并按照相关工作程序进行认证。

（杨婧　池靖）

推荐书目

国家认证认可监督管理委员会编. 实验室资质认定工作指南. 北京：中国计量出版社，2007.

李国刚，池靖，夏新，等. 环境监测质量管理工作指南. 北京：中国环境科学出版社，2010.

huanjing jiance jishu guifan

环境监测技术规范 （technical specifications for environmental monitoring） 为实施环境监测而制定的包含布点、采样、样品保存与运输、前处理、分析测试、质量保证和质量控制、数据处理、结果评价及报告编写等要求的规范性技术文件。

沿革 20 世纪 70 年代是环境监测起始阶段，各地开始探索监测技术的规范化建设，但没有形成全国统一的环境监测技术规范。1986 年，在总结我国实际经验并借鉴国外先进经验的基础上，原国家环境保护局颁布了《环境监测技术规范》，包括地表水和废水、空气和废气、噪声和生物（水生生物）四部分，这是我国首次颁布的全国统一、较为系统的环境监测技术规范。随着环境监测不断发展，环境监测技术规范进一步扩展。目前，我国已形成较为全面的环境监测技术规范体系，涉及领域包括地表水、地下水、大气、噪声、生态、土壤、辐射、突发环境事件和污染源等。

制定原则 把握以下 3 条基本原则：①科学性原则。总结、借鉴、吸收国际先进技术和我国环境监测的经验和科研成果，经得住实践检验、科学验证。②实用性原则。技术规范是监测行为的准则和指南，监测实践的每一步都要按规范操作，因此环境监测技术规范应是成熟的技术和方法，在保持前瞻性的同时又具有可操作性。③时效性原则。环境监测随着环境管理的要求和科学技术水平的提高而不断发展，监测技术规范也要不断完善以适应环境监测的发展需要。

分类 分为环境质量监测类、污染源监测类、建设项目竣工环境保护验收类和报告编写类以及其他相关类别。

环境质量监测类技术规范 规定了环境质量监测的适用范围、引用标准、定义、采样布点与现场监测、样品管理、监测项目与分析方法、质量保证与质量控制、数据处理与监测报告等内容。如《地表水和污水监测技术规范》《地下水环境监测技术规范》《近岸海域环境监测规范》《环境空气质量自动监测技术规范》（自 2013 年 8 月 1 日起废止）、《环境空气质量手工监测技术规范》《室内环境空气质量监测技术规范》《酸沉降监测技术规范》《环境噪声监测技术规范》《辐射环境监测技术规范》《突发环境事件应急监测技术规范》等。

污染源监测类技术规范 规定了各类污染

源或污染物监测的适用范围、引用标准、定义、采样布点与现场监测、样品管理、监测项目与分析方法、质量保证与质量控制、数据处理与监测报告等内容。如《固定污染源烟气排放连续监测技术规范（试行）》《固定源废气监测技术规范》《水污染物排放总量监测技术规范》《工业污染源现场检查技术规范》《危险废物（含医疗废物）焚烧处置设施二噁英排放监测技术规范》等。

建设项目竣工环境保护验收类技术规范 规定了建设项目中环保设施和排放监测的范围、引用标准、定义、采样布点、最高允许排放浓度限值、监测工况等内容。如《大气污染物综合排放标准》《恶臭污染物排放标准》《锅炉大气污染物排放标准》《危险废物焚烧污染控制标准》《污水综合排放标准》《制浆造纸工业水污染物排放标准》等。

报告编写类技术规范 规定了环境监测报告的适用范围、引用标准、定义、总体要求、分类与结构、组织与编制程序、编写提纲等内容。如《环境质量报告书编写技术规范》等。

其他标准 此类标准通常可作为环境质量评价的依据。如《环境空气质量标准》《地表水环境质量标准》《地下水质量标准》《海水水质标准》《渔业水质标准》《声环境质量标准》《土壤环境质量标准》等。 （林兰钰）

huanjing jiance jishu luxian

环境监测技术路线

（environment monitoring technical route） 在一定的时期内，对拟了解、掌握、评估的环境质量或污染源的排放状况所采取的监测技术手段和途径。

沿革 我国环境监测制度建立初期，存在技术路线不完善甚至不明确的问题。1994 年，原国家环境保护局在《关于进一步加强环境监测工作的决定》中指出："根据我国环境保护工作的需要和与国际接轨的要求，研究制定我国环境监测技术路线。" 2003 年出版了《中国环境监测技术路线研究》，第一次形成了包含空气、地表水、噪声、污染源、生态、固体废物、土壤、生物、环境辐射的系统性环境监测技术路线。此后，根据环境管理需求和技术发展，在监测项目、监测频次、分析技术等方面不断改进，基本形成较为完善的、适应环境管理需求的环境监测技术路线。

制定原则 ①当前需求与长远发展相结合。由于技术路线应保持相对稳定，制定时不仅要满足当前环保工作需要，同时还要考虑长远发展需求，使技术路线具有较强的生命力。②先进性与可行性相结合。环境监测是一项科研活动，环境监测技术路线必须科学地反映环境监测的先进管理理念和技术水平，同时要立足国情，充分考虑现有基础、发展阶段、经济支撑能力和人员管理水平。③完整性和适用性相结合。环境监测技术路线应具有完整性，具有完成监测任务必备的所有内容。同时，每个区域经济发展水平、经济实力和人员素质等不同，采取的监测手段和方法应因地制宜。

主要内容 环境监测技术路线通常应包含以下 6 方面内容。

目的 开展环境监测所获得的信息，既能为说清环境质量现状、趋势和潜在风险提供数据支撑，又能满足环境管理需求，服务社会和公众。

目标 根据拟实施监测工作的需求，分为近期目标、中期目标和远期目标。

技术手段 结合监测现状和发展趋势、兼顾地区发展差异，分层次、分阶段地制定环境监测技术手段和途径。监测技术手段采取传统分析与新技术分析相结合，自动监测与手工监测相结合，连续监测与定期监测相结合，地面监测与遥感监测相结合的原则。

项目和频次 适应地区发展要求，因地制宜，不同地区监测项目和频次应有所不同；监测项目和频次也应随污染状况、技术能力和经济发展水平等条件进行动态调整。

设备与分析方法 规定监测指标的监测方法和仪器，通常提供多种方法和仪器供监测人员选择。

可行性分析 从技术、经济、管理和人员等方面对监测技术路线进行论证，分析其可行性，找出技术路线需要突破的难点和为实现该技术路线采取的保障措施等。

发展趋势 ①2003 年以来，部分环境要素的监测技术路线逐步形成并得到不断改善，但仍无法适应环境监测快速发展的需求，各要素技术路线亟需系统完善。尚缺乏有关农村环境、饮用水水源地、海洋、光等要素的监测技术路线。②不同地区经济发展水平、监测技术水平、环境污染特征和环境管理重点不同，环境监测技术路线也应充分考虑地区差异，建立适应区域特征的监测技术路线是今后的发展方向之一。③现有的环境监测技术路线有关质量控制和质量保证的措施手段不足，质量管理在环境监测技术路线中的地位需加强。④监测数据传输、信息发布常停留于传统技术方法和模式，建立高效、通畅的信息采集与传输系统是保证环境监测及时有效服务环境管理需求、服务公众的重要手段。（李名升）

huanjing jiance shiyanshi renke

环境监测实验室认可 （environmental monitoring laboratory accreditation） 专门机构对检测实验室和校准实验室有能力分析环境样品做的正式承认过程。

沿革 1947 年澳大利亚成立了世界上第一个认可机构——澳大利亚国家检测机构协会（NATA）。20 世纪 60 年代，英国、美国等发达国家先后开展了实验室认可活动。20 世纪 90 年代，中国等发展中国家也加入了实验室认可行列。1994 年 10 月正式成立中国实验室国家认可委员会（CNACL）。1996 年成立中国国家出入境检验检疫实验室认可委员会（CCIBLAC）。2002 年 7 月，CNACL 与 CCIBLAC 合并，组成唯一的实验室认可机构——中国实验室国家认可委员会（CNAL）。2006 年 3 月，CNAL 和中国认证机构国家认可委员会（CNAB）合并组建中国合格评定国家认可委员会（CNAS），统一负责实施对认证机构、实验室和检查机构的认可工作。

CNAS 是国际认可论坛（IAF）、国际实验室认可合作组织（ILAC）、亚太实验室认可合作组织（APLAC）和太平洋认可合作组织（PAC）的正式成员。CNAS 及其国家认可制度在国际认可活动中占有重要的地位，其认可活动已经融入国际认可互认体系，并发挥着重要作用。目前中国与其他国家和地区的 54 个质量管理体系认证和环境管理体系认证的认可机构以及 74 个实验室认可机构签署了互认协议。截至 2011 年 12 月 31 日，累计认可检测实验室达 4 102 家，其中认可的环境监测实验室达到 118 家。

意义 ①表明具备了按相应认可准则开展检测服务的技术能力；②增强市场竞争能力，赢得政府部门、社会各界的信任；③获得签署互认协议方国家和地区认可机构的承认；④有机会参与国际间合格评定机构认可双边、多边合作交流；⑤可在认可的范围内使用 CNAS 国家实验室认可标志和 ILAC 国际互认联合标志；⑥列入获准认可机构名录，提高知名度。实验室认可工作是环境监测质量管理与国际接轨的最直接的途径，可以提高中国环境监测水平，与国际先进技术接轨，对加入 WTO 后的环境监测工作具有十分重要的意义。

依据 环境监测实验室申请实验室认可需满足《检测和校准实验室能力认可准则》（CNAS-CL01：2006，ISO/IEC 17025：2005）和《检测和校准实验室能力认可准则在化学检测领域的应用说明》（CNAS-CL10：2012）要求。生物监测项目还需满足《检测和校准实验室能力认可准则在微生物检测领域的应用说明》（CNAS-CL09：2006）要求。《检测和校准实验室能力认可准则》包括管理要求和技术要求。管理要求共 15 个要素，即组织，管理体系，文件控制，要求、标书和合同评审，检测和校准的分包，服务和供应品的采购，服务客户，投诉，不符合检测或校准工作的控制，改进，纠正措施，预防措施，记录控制，内部审核，管理评审。技术要求共 10 个要素，包括总则、人员、设施和环境条件、检测和校准方法及方法的确认、设备、测量溯源性、抽样、检测和校准物品（样品）的处置、检测和校准结果质量的保证、结果报告。

程序 根据国家有关法律法规和国际规范，实验室认可是自愿的。依据有关认可准则的要求，CNAS 仅对申请人申请认可的范围实施评审并做出认可决定。申请人必须满足下列条件：①具有明确的法律地位，具备承担法律责任的能力；②符合 CNAS 颁布的认可准则；③遵守 CNAS 认可规范文件的有关规定，履行相关义务；④符合有关法律法规的规定。环境监测实验室认可的流程与其他检测机构一样，分为认可申请、认可评审、认可评定和认可后的监督管理。

认可申请 实验室满足下列要求可向 CNAS 申请认可：①按认可规则和认可准则的相关应用说明建立了质量体系，并至少运行 6 个月，进行了完整的内部审核和管理评审；②可以在 3 个月内接受现场评审；③具有申请认可范围内的检测能力；④具有独立支配开展业务工作所需资源的权力。

认可评审 CNAS 接受实验室的认可申请后，在规定的时间内派现场评审组到实验室现场重点对三个方面进行评审：①质量体系运行与认可规则、政策、准则及其应用说明的符合性；②申请认可范围内的检测技术能力；③授权签字人的资格条件。现场评审结束后，评审组长向 CNAS 提交现场评审报告。

认可评定 CNAS 评定委员会依据评审组长提交的评审报告及相关文件，对申请实验室与认可条件的符合性进行评定。对经评定合格的实验室将颁发认可决定通知书和认可证书，认可证书有效期为 3 年。

认可后的监督管理 分为定期监督评审、不定期监督评审和复评审。（冯丹）

推荐书目

中国实验室国家认可委员会编. 实验室认可与管理基础知识. 北京：中国计量出版社，2003.

huanjing jiance shuju fenxi yu pingjia

环境监测数据分析与评价（environmental monitoring data analysis and assessment） 根据特定目的，选择具有代表性、可比性、可操作性的评价指标和方法，参照相关环境质量标准和评价标准，对所获得环境监测数据进行定性或定量的分析和判别，进而运用系统分析方法分析环境与经济、社会、自然等要素的相互关系，并对未来环境质量变化趋势进行预测分析的过程。环境监测数据分析与评价是环境监测有效性应用的重要环节，是全面客观反映环境质量现状及变化发展趋势的手段。通过综合社会、经济发展状况，对环境质量和与环境质量密切相关的系统进行全面评估、协调，探究既有利于经济发展，又能保护环境的途径与手段，推动经济、社会和环境的可持续发展。

沿革 我国的环境监测工作起步于 20 世纪 70 年代，环境质量评价工作随之开展。1980 年，原城乡建设环境保护部颁布了《关于建立“环境质量报告书”制度的意见》，创建了环境质量报告书的编写模式，环境质量评价工作开始了系统化的探索。1981 年，环境质量报告书中偏重于工业污染造成的环境问题分析，社会环境部分只反映城市社会环境状况，采用的表示方法较为简单，如平均值、超标率、最大值超标倍数、超标面积等，以单因子评价为主。1983 年，原城乡建设环境保护部颁布《全国环境监测管理条例》，建立了报告制度，规范了环境监测数据分析与评价的程序并将其系统化。1991 年，原国家环境保护局颁布相关文件详细规定了各类环境质量报告编制的要求，为环境监测数据分析与评价提供执行依据。1996 年原国家环境保护局颁布的《关于发布〈环境监测报告制度〉的通知》和 2004 年原国家环境保护总局颁布的《国家环境保护总局关于加强环境质量分析工作的通知》，都要求丰富环境质量评价的内容。环境监测数据分析与评价工作从无到有，从手工单一的表征手段到多元化高科技技术的结合，从最初的测什么、评什么到今天的关联性综合性分析，充分发挥了环境监测的技术支撑作用。

目的 ①了解环境质量变化趋势。通过分析各环境要素的质量，了解区域环境质量状况及变化趋势与特征规律，查找环境问题，为综合评价提供基础数据。②实现经济生产的合理布局。从经济活动所在区域的整体出发，全面分析、评价和预测经济活动对环境的影响，进行比较和取舍，从源头控制生态破坏和环境污染的发生。③指导环境保护措施的设计，强化环境管理。综合分析针对环境质量变化趋势，综合考虑人类活动特征和环境特征，找出环境质量变化的源头，制定相对合理的环境保护对策和措施，把因人类活动而产生的环境污染或生态破坏限制在最小的范围内。④为区域发展规划提供依据。通过综合分析，研究环境的有利条件和不利条件，研究环境的自净能力和环境容量，可从环境保护角度提出区域发展方向、规模、产业结构、合理布局等。⑤为环境质量预测预警提供依据。通过综合分析区域环境问题，发现环境风险点，找出环境保护薄弱环节，并通过建立数理模型等对未来环境质量变化进行预测。

评价步骤 主要包括区域概况、监测数据概括、监测数据分析、要素评价、规律总结、关联分析、原因分析、预测预警和对策建议等。

区域概况 环境质量具有明显的区域性特点，环境所在的区域状况是影响环境质量的重要因素。进行环境质量综合评价首先要了解影响环境质量的区域特征，包括气象气候、地形地貌、水利水文、经济发展、产业布局、人口分布、城镇建设等。

监测数据概括 主要方法有：①频数分布概括法，如百分位数法、条图法和直方图法；②“中心趋势”概括法，如算术平均值、中位数、众数和几何均数；③分散度概括法，如全距和标准差；④地理或空间综合概括法，如绘制等浓度线地图。

监测数据分析 主要包括：①数据分布规律的分析，掌握实际数据服从的分布规律，用有限的数据表达完整的数据集；②数据的时间序列分析，如采用滑动平均值法或把时间间隔分成相等的两部分，将两个时期内的统计量的算术平均值进行比较；③对照环境条件的分析，运用相关和回归分析技术，确定环境污染监测数据与同步环境条件数据之间的关系；④污染变化趋势的定量分析，衡量环境质量变化趋势在统计上有无显著性。

要素评价 按照各环境要素所对应的评价方法，逐一对各环境要素的质量进行评价，判断监测数据与环境质量标准的符合程度，对比不同时空的污染状况，找出主要污染物。包括空气环境质量评价、水环境质量评价、**生态环境质量评价**、海洋环境质量评价、声环境质量评价和辐射环境质量评价等。

规律总结 在对环境质量进行综合评价的基础上，从宏观上把握环境质量变化特点，从环境监测数据分布规律、环境质量时间变化规律和空间分布规律、区域宏观上的普遍规律与微观上的特殊规律、区域内部污染作用规律与外部污染输入规律、区域整体分布规律与分布规律等方面，全方位归纳总结环境质量的变化的规律。

关联分析 分析与环境质量密切相关的经济发展、产业结构、空间布局、人口、城市建设、能源消费、机动车增长、工业企业污染排放等要素的发展和变化，分析这些要素与环境质量变化的相互影响。

原因分析 结合社会、经济、自然、人口、能源、环境保护政策措施及重要工作、重大环境事件、污染排放等相关因素对环境质量变化的原因进行合理的分析，重点阐述污染排放、污染减排与环境质量三者之间的相互关系。

预测预警 依据现有监测数据和环境质量变化趋势，通过归纳演绎、建立模型等方法对未来环境质量变化进行定性或定量的测算，并指出未来可能出现的环境问题和潜在的环境风险，最大限度地避免环境污染带来的危害。

对策建议 根据区域环境质量问题、环境质量变化的原因、潜在的环境风险、影响环境质量的主要因素等，对改善区域环境质量提出有针对性和可行性的建议，为环境管理提供支持。

评价标准 按适用的地域范围，环境质量评价标准可分为国家环境质量标准和地方环境质量标准。国家环境质量标准在全国范围内实行；对于国家环境质量标准中已做规定的项目，可制定严于国家环境质量标准的地方环境质量标准。另外，环境质量标准一般是针对环境要素分别制定的，据此可以将环境质量标准划分为水环境质量标准、空气环境质量标准、声环境质量标准、土壤环境质量标准等。

水环境质量标准 又称水质量标准，是为保护人体健康和水的使用功能而对水体中污染物或其他物质的最高容许浓度所作的规定。按照水体类型，可分为地表水环境质量标准和地下水环境质量标准；按照水资源的用途，可分为生活饮用水水质标准、渔业用水水质标准、农业用水水质标准、娱乐用水水质标准、各种工业用水水质标准等。

空气环境质量标准 规定了环境空气中的各种污染物在一定的时间和空间范围内的容许含量。环境空气质量标准是环境空气保护的目标值，也是评价污染物是否达到排放标准的依据。

声环境质量标准 规定了各类声环境功能区的环境噪声限值及测量方法，适用于环境噪声质量评价与管理，是评价声环境质量优劣的客观尺度，也是制定其他噪声排放标准的基础和科学依据。

土壤环境质量标准 对污染物在土壤中的最大容许含量所作的规定。土壤质量标准中所列的主要是在土壤中不易降解和危害较大的污染物。

其他 如生态环境质量标准、城市区域环境振动标准、核辐射与电磁辐射环境保护标准等。

发展趋势 我国环境监测数据分析的发展方向应立足于以下几个方面：①改进环境质量评价方法，缩小环境质量评价结果与公众感受的差异；②建立环境监测生态生物综合评价技术理论，强调多学科、多层次的综合评价；③开展监测数据深度加工研究，为环境管理提供前瞻性技术支持，增强环境管理决策技术支撑能力。 （林兰钰 李名升）

推荐书目

吴忠勇. 环境监测综合技术概论. 北京：中国环境科学出版社，1992.

中国环境监测总站. 中国环境监测方略. 北京：中国环境科学出版社，2005.

huanjing jiancewang

环境监测网

（environmental monitoring network） 在特定区域内由若干个对某一环境要素和污染源进行监测分析的子系统（站或点）组成的环境监测数据生产系统。环境监测网的监控节点是监测点位（断面），运行管理单元是环境监测机构（环境监测站），一个运行管理单元可以运作一个或多个环境监测点位（断面）监测分析子系统，各个运行管理单元联合协作，开展各项环境监测活动，汇总数据并综合分析，向各级政府及公众报告环境质量和污染源状况。环境监测网包括环境质量监测网和污染源监测网，本条目主要对环境质量监测网进行介绍，污染源监测网的内容参见污染源监测。

沿革 我国环境质量监测网始建于20世纪80年代。1982年由环境保护部门牵头组建环境质量监测网，根据环境保护重点工作的需要逐步发展，功能不断优化更新并趋于完善。80年代初期建立的350余个城市空气监测站是最早的环境质量监测网；1982—1984年，原国家环境保护局开展了全国酸雨调查，建立了酸雨监测网；1988年确定了由108个监测站及其运行管理的353个河流断面和26座湖库组成的国家地表水监测网络。90年代初，优化城市空气监测站，形成了由103个重点城市的环境监测站组成的国家空气质量监测网络；1993年，通过重新审核与认证地表水国控点位（断面），确定了135个监测站及其运行管理的313个地表水国控断面的地表水环境监测网。1994—1996年，相继成立了长江、辽河、淮河、海河、太湖、巢湖、滇池水域专业监测网。1996年，根据三峡工程建设与运行的需要，由原国家环境保护局、水利部等9个部门的监测机构组成“长江三峡工程生态与环境监测网”。

环境监测网在“十五”期间快速发展，空气和地表水环境监测网进一步优化。2000年，原国家环境保护总局根据各城市大气污染状况，划定了113个“十五”期间的大气污染防治重点城市，开展空气质量日报和预报工作；2001年，根据沙尘暴污染控制要求，成立了由72个站(点)组成的国家沙尘暴监测网络；2002年调整了地表水国控断面，确定了759个地表水国控断面，覆盖318条河流、26个湖库，运行管理机构扩展到262个环境监测站。“十一五”期间，覆盖全国、涵盖环境监测各要素的环境监测网不断发展。“十二五”期间，区域性大气污染控制的珠三角、长三角和京津冀空气污染联防联控监测网络体系正在逐步形成。

分类 根据组织管理结构，环境质量监测网分为国家、省级、市级和县级环境监测网，还包括跨部门/行业环境监测网，涉及水利部、海洋局、农业部等相关部门。①国家环境监测网承担国家环境监测任务，由国家投资建设、运行和统一监督管理。具体由环境保护部审批，中国环境监测总站开展技术指导，编制能力建设规划和实施日常监管；省级或市级监测站具体承担国家环境监测网的任务，并接受统一管理。②省级环境监测网是在省辖区范围内由环境监测站（点）组成的环境监测数据生产系统，网络的节点是辖区内监测点位或断面。省级环境监测网由省级地方人民政府环境保护主管部门组织建设和管理，以省级环境监测部门为业务牵头单位，承担省级环境监测任务，开展辖区内各环境要素的监测工作。③市级和县级环境监测网分别承担市级和县级的环境监测任务。市级和县级地方人民政府环境保护主管部门分别负责市级和县级环境监测网的组织建设和管理，市级和县级环境监测站分别为市级和县级环境监测网的业务牵头单位。

根据环境监测对象，环境监测网分为空气、地表水、近岸海域、声、生态、土壤、辐射等各环境要素监测网，饮用水水源地、酸沉降、沙尘天气、温室气体与空气背景等专项监测网。

主要任务 实现“三个说清”，即说清环境质量及其变化趋势，说清污染源排放情况，说清潜在的环境风险。①空气环境质量监测网主要是说清空气质量状况、空气背景质量状况、典型区域空气质量状况、酸沉降状况、重点区域特殊空气污染物状况；②地表水环境质量监测网主要是说清地表水（包括河流、湖库）水质状况，主要饮用水水源地水质情况；③近岸海域环境监测网主要是说清全国近岸海域、重要港湾及人类活动频繁海域的海水水质状况，监测人类活动频繁的重要海域赤潮、溢油事件，开展海洋沉积物和生物监测；④国家生态环境质量监测网主要是说清全国生态环境质量状况及重要区域生态功能变化情况；⑤土壤环境质量监测网主要是开展土壤环境质量监测，研究土壤环境监测指标、监测频次和评价方法，说清土壤环境质量现状及变化情况；⑥声环境质量监测网主要是开展区域噪声、道路交通噪声和功能区噪声监测；⑦辐射环境质量监测网是说清特定环境（区域）的辐射情况。

发展趋势 在全国或区域范围内建成一网联通、功能齐全、布局合理、内容全面、运行高效的网络体系是环境监测网建设的必然趋势，它也将随着环境管理需求、经济发展水平而不断完善。如完善环境监测点位布设技术，科学布局、合理优化环境监测点位，实现环境监测点位的空间全覆盖；优化环境监测指标和监测频次，提高监测点位的代表性；提升环境监测网的自动监测能力。（李茜）

huanjing jiance zhiliang guanli

环境监测质量管理 （environmental monitoring quality management） 为保证环境监测质量而实施的一系列管理、协调活动和措施。其作用是：宏观上不断提高环境监测水平，使环境监测结果具有科学性、客观性、经济性和时效性；微观上提高环境监测数据的代表性、准确性、精密性、可比性和完整性，从而达到保证和提高环境监测质量的目的。

沿革 20 世纪 70 年代末，中国环境监测工作开始有组织地推动环境监测质量保证和质量控制，普及质量保证和质量控制基本知识，制定环境监测技术规范，建立环境监测标准，研制环境标准样品和质控样品，进行质量控制考核和技术培训。1984 年《环境水质监测质量保证手册》正式出版发行，1986 年颁布实施了《环境监测技术规范》，1987 年编辑出版了《环境空气监测质量保证手册》。至此，质量保证在全国监测工作中得到系统实施。20 世纪 90 年代初制定的一系列制度，包括《环境监测质量保证管理规定（暂行）》《环境监测人员合格证制度（暂行）》和《环境监测优质实验室评比制度（暂行）》等，标志着质量保证工作步入制度化和规范化发展轨道。进入 21 世纪，全国性实验室质量控制考核、数据比对、持证上岗考核、优质实验室评比以及计量认证和实验室认可等活动的开展，使环境监测质量管理体系日臻完善。

内容 环境监测质量管理包括质量管理体系、质量保证和质量控制。质量管理体系是推行质量管理的组织、程序、资源的系统化、标准化与规范化，是实施质量管理的组织保证，从属于质量管理的一个概念。质量保证和质量控制是实施质量管理时在组织内采用的具体实施方式和手段。

建立质量管理体系是通过一定的制度、规章、方法、程序、组织机构等，把质量保证活动系统化、标准化和制度化。质量管理体系不仅包括组织机构、职责及组织体制、程序等“软件”内容，还包括资源，即体系文件等“硬件”内容。体系文件一般包括质量手册、程序文件、作业指导书及质量或技术记录等四层次内容（参见质量管理体系文件）。质量控制是通过配套实施各种质控技术和管理规程，达到确保环境监测各个环节（如采样、实验室分析测试等）工作质量的目的。分析测试的质量管理是环境监测中重要的环节，所以狭义的质量控制一般指针对这一环节的质量管理活动，包括实验室内部质控和实验室间质控。质量保证是一种质量管理手段，其管理的对象就是成果质量。质量保证一方面是使人们确信监测机构能满足质量要求而在质量体系中开展的、按需要进行证实的、有计划和有系统的全部活动；另一方面，“保证”就是使用者相信监测机构具有保证质量的能力，又分为内部质量保证和外部质量保证。内部质量保证主要向监测机构最高领导提供信任，需要开展质量审核、质量体系复审、质量评价等活动。外部质量保证主要向使用者提供信任。要研究使用者对质量的要求，并向使用者提供有关质量体系能满足要求的证据。主要方式有：接受第三方客观、公正评价的计量认证，提供完备的质量手册、程序性文件、作业指导书、质量记录、鉴证材料等。（贾静）

huanjing jiance zhiliang kongzhi shiyanshi

环境监测质量控制实验室 （quality control laboratory of environmental monitoring） 开展环境监测质量控制技术、质量控制指标与质量控制评价等研究的实验室。主要任务是通过采取各种质量控制措施控制监测人员的实验误差，以保证测试结果的精密度和准确度，达到规定的质量要求。

20 世纪 80 年代初期，为了全面提升环境监测质量，配合实验室质控考核、持证上岗考核和优质实验室评比等工作，部分环境监测机构相继建立质量控制实验室，从事质量控制样品研究和配制、监测仪器性能测试和比对、质量控制技术研究等工作。环境保护部于 2011 年提出将中国环境监测总站质量控制实验室列为环境监测基础能力工程，同时通过多项措施鼓励和推动省级机构的质量控制实验室建设。

环境监测质量控制实验室的首要目标是持续改善环境监测数据质量，其业务范围覆盖各类环境要素、全部监测程序和多种技术手段。环境要素主要包括水、空气、土壤、噪声和振动等。全部监测程序包括监测方案制定、点位布设、样品采集、样品保存和运输、样品前处理、分析测试和数据处理等。多种技术手段包括手工采样—实验室分析、水质或空气自动监测以及污染源在线监测等。

环境监测质量控制实验室的主要任务包括：研究并实施环境监测的量值传递，研究和配制质量控制样品，编制环境监测专用仪器检定或校准规程，编写质量控制技术手册或指南，组织质量控制考核和技术交流，研究质量控制技术，实施监测仪器性能测试和比对等。

（楚宝林）

推荐书目

李国刚，池靖，夏新，等. 环境监测质量管理工作指南. 北京：中国环境科学出版社，2010.

huanjing kongqi keliwu jiance

环境空气颗粒物监测 （particulate matter monitoring in ambient air） 采用手工方法或利用自动监测仪器，定量测定大气颗粒物质量浓度、数浓度、成分组成等一系列物理、化学信息的过程。

空气颗粒物是分散在大气环境中的固态或液态颗粒状物质的总称。根据颗粒物的空气动力学等效直径分为降尘、总悬浮颗粒物（TSP）、可吸入颗粒物（PM_{10}）、粗颗粒物（$PM_{2.5\sim10}$）和细颗粒物（$PM_{2.5}$）等。降尘是靠自身的重量较快沉降到地面的大气颗粒物，粒径范围为100～1 000 μm。总悬浮颗粒物指空气动力学等效直径小于等于 100 μm 的颗粒物。可吸入颗粒物是空气动力学等效直径小于等于 10 μm 的颗粒物的总称，可以通过呼吸进入呼吸道。粗颗粒物是空气动力学等效直径小于等于 10 μm，且大于 2.5 μm 的颗粒物的总称。细颗粒物是空气动力学等效直径小于等于 2.5 μm 的颗粒物的总称。

颗粒物污染是影响人群身体健康的主要环境危害之一，与人群健康效应关系密切，如环境颗粒物浓度水平与心肺系统的健康效应之间存在相关性。颗粒物污染还直接影响植物生长，破坏自然生态系统，影响大气能见度，影响气候变化等。

沿革 1982 年中国制定了《大气环境质量标准》（GB 3095—1982），规定了总悬浮微粒和飘尘的浓度限值，部分城市开始监测总悬浮微粒和飘尘。1996 年颁布了《环境空气质量标准》（GB 3095—1996），将颗粒物名称修改为总悬浮颗粒物和可吸入颗粒物。1996—2001 年，在全国范围内监测可吸入颗粒物。2012 年颁布的《环境空气质量标准》（GB 3095—2012）规定了 TSP、PM_{10} 和 $PM_{2.5}$ 的浓度限值，在全国范围内开始监测这些指标。

监测方法 分为手工监测方法和自动监测方法。

手工监测方法 主要是重量法，通过具有一定切割特性的采样器，以恒速提取定量体积的空气，空气中的颗粒物被截留在已衡重的滤膜上，根据采样前、后滤膜重量之差及采样体积，计算大气中颗粒物的浓度。通过更换不同切割特性的采样头，可实现对 TSP、PM_{10} 和 $PM_{2.5}$ 的测定。手工监测方法的相关标准有《环境空气 总悬浮颗粒物的测定 重量法》（GB/T 15432—1995）和《环境空气 PM_{10} 和 $PM_{2.5}$ 的测定 重量法》（HJ 618—2011）。

自动监测方法 主要包括β射线吸收法、微量振荡天平法、压电微量天平法和光散射法等。

β射线吸收法 利用β射线衰减量测试采样期间增加的颗粒物质量。环境空气由采样泵吸入采样管，经过滤膜后排出，颗粒物沉积在滤膜上，当β射线通过捕集了颗粒物的滤膜时，能量将发生衰减，通过测量衰减量计算出颗粒物浓度。由于空气中水分对测量结果影响较大，故采样管必须加装动态加热系统，以保证受测量气流的湿度稳定在合适的测量水平，最大限度地减少水分对颗粒物监测的影响。

微量振荡天平法 在质量传感器内使用一个振荡空心锥形管，在空心锥形管振荡端安装可更换的滤膜。当采样气流通过滤膜时，颗粒物沉积在滤膜上，滤膜质量的增加导致锥形管振荡频率下降，频率变化和质量变化遵循一定规律，通过测量振荡频率的变化计算出沉积在滤膜上的颗粒物质量，再根据采样流量、采样现场环境温度和大气压计算出该时段大气中的

颗粒物浓度。该方法对空气湿度较为敏感，为降低湿度的影响，一般对样气和振荡天平室进行 50℃加热，但这样会损失一部分不稳定物质。为了补偿挥发的损失，可在微量振荡天平增加膜动态测量系统（FDMS），修正振荡天平法的测量结果。

压电微量天平法 利用静电沉降法或冲击法将颗粒物沉积在压电晶体上，压电晶体在施加交流电压时会产生机械共振，机械共振的频率响应是质量的函数，可以通过测量晶体的频率实现对沉积在晶体上颗粒物质量的连续监测。由于每微克石英晶体的灵敏度可以达到几百赫兹，所以石英晶体可以满足一般的环境颗粒物的连续监测要求。

光散射法 当空气中的颗粒物通过激光照射的测量区时，颗粒会散射入射的激光，散射光的强度与颗粒的直径有关，测量一定时间内散射光强的脉冲数以及光强的大小，并已知空气流量，可得到单位体积空气中颗粒物的数量；根据米散射（Mie Scattering）理论，由散射光强得到颗粒尺寸，在颗粒密度已知的情况下，可以得出颗粒物的质量浓度。

发展趋势 颗粒物自动监测广泛应用于环境空气质量监测，但主要侧重于质量浓度监测，应进一步开展颗粒物化学组分、粒径谱和来源解析以及危害特征等方面的研究，为开展大气颗粒物污染防治提供技术支持。近年来，利用气溶胶飞行时间质谱技术在线测量颗粒物化学成分、利用在线离子色谱技术在线测量颗粒物中水溶性阴离子和阳离子、利用 X 射线荧光技术在线测量颗粒物中重金属等研究性监测工作已经逐步开展。 （杜丽　潘本锋）

huanjing kongqi zhiliang jiance

环境空气质量监测

（ambient air quality monitoring） 又称大气环境质量监测，是对环境空气中主要污染物质进行定期或连续监测，评价环境空气质量背景水平、区域空气质量状况及变化趋势，判断其是否满足国家或地方环境空气质量标准要求的活动。目前开展的监测主要有城市环境空气质量监测、区域（农村）空气监测、环境空气背景监测，以及酸沉降监测、沙尘天气环境空气质量监测和城市源区温室气体监测等。

沿革 20 世纪 80 年代初，中国建立了环境空气质量标准，逐步开展监测技术和方法的标准化工作。目前，已形成相对完善的方法标准、技术规范及质量标准体系。80 年代中后期，环境空气质量监测网络以城市环境监测站为基础建设起来。90 年代初，通过二次优化，形成了由 103 个城市环境监测站组成的全国空气质量监测网络。截至 2012 年，经国家批复认证的地级以上城市（包括部分州、盟所在地的县级市）空气质量监测点位由 338 个城市 1 436 个监测点组成，国家环境空气背景点 14 个，国家区域（农村）空气监测点 31 个，国家酸沉降监测点 440 个，沙尘天气影响城市环境空气质量监测点 82 个，城市源区温室气体监测点 32 个。1997 年，全国 46 个环境保护重点城市开始上报城市环境空气质量周报，1998 年 1 月开始向社会公开发布。2000 年开展城市环境空气质量日报工作，2001 年开展环保重点城市环境空气质量预报工作。截至 2012 年，全国 325 个地级以上城市实现了城市环境空气质量日报，92 个城市开展了环境空气质量预报。目前，许多地级以上城市采用空气自动监测系统进行环境空气质量监测，部分省区和重点城市开展了监测站点的联网工作。

监测流程 主要包括点位布设、样品采集、分析测试、质量保证与质量控制、数据处理和结果发布 6 个部分。

点位布设 科学设置监测点位是确保监测数据代表性、及时性和准确性的基础。在充分考虑监测数据代表性的基础上，以本地区多年的环境空气质量状况和变化趋势、产业和能源结构特点、人口分布情况、地形和气象条件等因素为依据确定。布设的原则包括：①覆盖全部监测区域。②污染源集中、主导风向明显时，污染源下风向是主要监测区域。③工业集中地区多布点，农村少布点；人口密度大的地区多布点，密度小的地区少布点。④采样地周围开阔，无局地污染源。⑤超标地区多布点，未超标地区少布点。⑥采样高度根据监测目的而定。

环境空气监测点位优化布设可采用网络实测统计法、模式模拟计算法、人口和功能区布点法、同心圆布点法、扇形布点法以及特殊点位布设等方法。其中，城市空气质量监测点位依据人口和功能区布点法确定。

样品采集 分为手工监测和自动监测。手工监测在监测点位用采样装置采集一定时段的环境空气样品，将采集的样品在实验室处理和分析。自动监测在监测点位采用自动监测仪器对环境空气质量进行连续的样品采集、处理和分析。

分析测试 2000 年以来，我国环境监测标准逐步完善，目前已基本建立了系统的环境空气质量监测分析方法体系。监测指标参照相关环境空气质量规范；空气自动监测的必测指标有二氧化硫（SO_2）、二氧化氮（NO_2）、可吸入颗粒物（PM_{10}）、一氧化碳（CO）、臭氧（O_3）和细颗粒物（$PM_{2.5}$）等。

质量保证与质量控制 贯穿于整个环境空气监测过程，即“全程序质量保证与质量控制”。内容包括：制订监测工作计划，确定监测数据的质量要求和控制目标，规定样品的采集、前处理及实验室分析测试方法，自动监测的定期校准，统一数据处理和评价要求及方法等。

数据处理 数据处理是对数据的采集、存储、检索、加工、变换和传输。环境空气质量监测数据处理基本步骤包括原始数据的检查登记、数据分布与统计量计算、数据统计分析和空气质量评价。原始记录包括采样记录和监测数据报表；常用统计方法包括频数分布、百分位数、均数与标准差、正态分布与正态性检验、对数正态分布、置信区间和移动平均值；数据表示法包括列表法、图示法、污染浓度变化趋势分析和监测数据相关分析等；环境空气质量评价指数包括环境空气污染指数（API）、环境空气质量指数（AQI）、环境空气质量分指数（IAQI）、格林空气污染综合指数、橡树岭大气质量指数（ORAQI）、密特空气质量指数（MAQI）、白勃考空气质量指数（PINDEX）、极限指数（EVI）、加拿大空气质量指数（EQI）和美国污染物标准指数（PSI）；空气质量评价中常用的制图方法有符号法、定位图标法、等浓度线法和网格法；常用大气扩散模式有高斯模式和萨顿扩散模式等。

结果发布 目前，公开发布的环境空气质量信息包括：环境状况公报、环境质量报告、环保重点城市空气质量日报和预报以及重点城市空气质量实时监控数据。

发展趋势 主要包括 6 方面内容：①建设完善的环境空气自动监测网络系统，提高城市空气质量预测、预报水平；②以 GIS 系统为基础，建设功能完善的国家、省、市三级环境空气监测数据库、信息传输网络系统和信息标准化体系；③完善环境空气监测技术路线体系、技术规范体系、分析方法体系、质量评价技术体系、标准样品研制体系和监测质量管理体系；④增加空气中有机污染物和 $PM_{2.5}$ 的前体污染物监测；⑤开展环境空气监测新技术、新方法的开发和应用研究；⑥在完善 $PM_{2.5}$ 监测的基础上，逐步推进超细颗粒物（$PM_{1.0}$）的监测。

（张欣　杜丽）

huanjing kongqi zhiliang pingjia

环境空气质量评价　（ambient air quality assessment）　根据不同目的和要求，按照一定的原则和评价标准，用一定的评价方法对环境空气质量的优劣进行定性或定量的评价，并对不同时间、空间环境空气质量状况进行比较的过程。

沿革 环境空气质量评价以环境空气质量标准为依据。随着环境空气质量标准的不断更新，监测技术、评价技术和人体健康学等多个领域的技术进步，中国环境空气质量评价得到了快速的发展，在环境管理和公共服务方面发挥的作用日益明显。

20 世纪 80 年代，中国开始制定环境空气质量标准，并基于刚组建的国家环境空气质量监测网络，开始了全国空气质量评价工作。监测和评价的污染物主要有降尘、二氧化硫、氮氧化物和总悬浮颗粒物。降尘监测每月 1 次，其他指标每季度 1 次。此阶段环境空气质量评价的内容和形式较为单一，主要根据环境空气质量标准进行达标评价，还没有建立起具有时效性的公共服务职能。

20 世纪 90 年代，随着全国环境监测能力的逐步提高，环境空气质量标准和评价体系逐渐完善。1996 年，发布《环境空气质量标准》（GB 3095—1996），确定了环境空气质量评价的基本依据。随后，环境空气质量评价的公共服务职能明显加强。1998 年，全国 46 个环保重点城市每周通过媒体发布空气质量周报信息，使公众能够及时了解空气质量状况。

2000 年随着自动监测技术的推广，42 个城市实现了环境空气质量日报功能，每天向公众发布空气质量信息。必测指标包括二氧化硫、二氧化氮和可吸入颗粒物，选测指标包括臭氧和一氧化碳。从 2001 年开始，上述城市还开展了空气质量预报工作。

2012 年修订《环境空气质量标准》（GB 3095—2012），同时发布的还有《环境空气质量指数（AQI）技术规定（试行）》（HJ 633—2012）。新标准对污染物项目和浓度限值提出了新规定，空气质量指数更加注重为公众提供实时的健康指引。

分类 按照评价目的、评价项目、评价范围和评价时段等进行分类。

按照评价目的分类 分为空气质量现状评价、空气质量回顾性评价、空气质量预警评价和空气质量健康风险评价。①空气质量现状评价主要是分析当前空气质量状况，判断一定区域范围内的空气质量是否满足相应的法定国家标准，并据此采取相应的污染防治措施。②空气质量回顾性评价是对历史空气质量变化过程的分析，用于判断一定区域范围内不同监测时段空气质量的相对变化情况，评价污染防治措施的成效并指导下一步工作方案。③空气质量预警评价是预测未来空气质量的状况，并向公众发布未来空气质量健康信息。④空气质量健康风险评价是评价空气污染暴露对人体健康的影响，以及经济损失评估和污染防治措施的经济效益分析。

按照评价项目分类 分为单指标评价和多指标综合评价。①单指标评价是针对某一项污染物的评价，判断该项污染物的浓度水平、达标情况和变化趋势。②多指标综合评价是对监测的多个污染物进行整体评价，反映空气质量的综合状况。由于不同污染物对人体健康危害的作用原理和阈值不同，在进行多指标综合评价时往往采用指数法以便于比较。例如，AQI 和空气污染指数（API）就是根据不同污染物对人体健康危害的等价关系，确定各污染物的污染分指数，进而计算综合评价的污染指数。多指标综合评价结果通常需要给出首要污染物、超标污染物等信息。

按照评价范围分类 分为单一监测点位评价、城市多点位评价、大尺度区域评价。①单一监测点位评价适用于评价一个监测点位代表的空间范围的空气质量。②城市多点位评价用于评价多个监测点位所覆盖的较大范围内的空气质量，按照不同功能区分别评价，通常包括城市背景空气质量状况、城市整体平均状况和城市最大污染状况等。③大尺度区域评价涵盖的空间范围更广阔，包括多个城市群和广大农村地区，通常也按不同功能区分别评价。

按照评价时段分类 分为小时评价、日评价和年评价，评价时段以及评价项目主要依据环境空气质量标准确定。①小时评价用于评价污染物的急性毒性作用，评价项目主要包括二氧化硫、二氧化氮、一氧化碳和臭氧等具有急性毒性的污染物。②日评价用于反映 24 h 周期内的人体暴露情况，评价项目较多，除上述污染物外还包括颗粒物以及颗粒物中的铅、苯并[a]芘等有害物。③年评价主要反映污染物对人体的长期慢性毒害作用以及急性毒害作用发生的频率，评价项目既包括引起慢性毒性效应的污染物，也包括具有急性毒性效应的污染物。

评价方法 主要由评价目的决定，还与评价标准、评价项目、评价区域范围和评价时段等因素有关，通常采用定性评价与定量评价相结合的方法。评价方法主要包括空气质量级别法、空气质量指数法、趋势分析法和健康风险评价法。

空气质量级别法 将空气质量状况根据一定的标准划分为不同的级别，从而给出定性定量评价结果，是空气质量达标评价中最常用的评价方法。空气质量标准是判断空气质量级别的依据，在 GB 3095—2012 中，标准浓度限值分为两个级别，即小时评价、日评价、月评价和年评价的评价结果只有满足标准或不满足标准，且各功能区执行各自的标准。

空气质量指数法 采用无量纲的指数形式表征空气污染的程度或空气污染对人体健康的影响程度。根据使用目的不同，指数法可以分为两大类，一类用于评估环境空气污染物的短期污染对人体健康的影响，如空气污染指数（API）和空气质量指数（AQI）。这种指数法建立了空气污染物短期暴露浓度与健康危害间的对应关系，可及时告知公众空气质量健康信息，是国外普遍采用的方法。另一类用于评价中长期时段内的空气质量状况，包括最大污染指数和综合污染指数等，计算方法是直接将污染物浓度除以对应的标准浓度限值，指数大于 1 即表明不满足标准。当多个监测指标进行整体评价时，最大污染指数是其中最大的分指数，综合污染指数是所有指标的指数之和。

趋势分析法 用来比较和判断空气质量的变化趋势，主要用于环境空气质量同比、环比以及长期（如 5 年、10 年）变化趋势分析。环境空气质量同比和环比是两个时段间的比较，对于污染物浓度可直接使用浓度变化率或浓度变化绝对值来表征。长期的变化趋势分析是对多个时段组成的时间序列进行分析，最终评价污染物浓度变化趋势。主要采用斯皮尔曼（Spearman）秩相关系数法评价。

健康风险评价法 对空气污染造成的人体健康效应终点进行定性定量表征的方法。健康风险评价的对象是人体，其评价方法是首先通过危害识别过程确定主要的污染物和健康效应终点，再通过监测或模拟等手段得到污染物浓度的时空分布规律，根据人体暴露评价分析结果确定人体的暴露剂量，最后通过污染物的暴露-剂量效应关系确定健康效应终点发生的概率。评价结果是给出一定区域内各种健康效应终点（如死亡率、呼吸系统疾病的发病率）。该方法是确定环境空气质量标准浓度限值的重要依据，通过研究不同污染物浓度水平下的人群死亡率和发病率，可以确定污染物浓度的安全阈值。健康风险评价过程涉及化学、毒理学、流行病学和环境监测等多个领域，是一个非常复杂和费时的工作，目前主要应用于科学研究领域，在环境监测业务工作中还较少使用。

发展趋势 环境空气质量评价的发展主要集中在以下几方面：

优化评价指标 随着中国经济的快速发展，空气污染形势发生了巨大转变，城市空气污染从单一煤烟型污染向复合型污染转变。目前，针对煤烟型污染的评价指标已不能全面反映空气污染状况，造成空气质量评价结果与公众感受不一致，因此在环境空气质量评价中必须增加反映区域复合型大气污染特征的指标（如臭氧、$PM_{2.5}$、挥发性有机污染物和细微颗粒物的前体物质等），并修改评价方法。

调整统计方法 当评价区域范围内含有多个监测点位时，评价代表整体空气质量状况的统计方法有两种。一种是区域范围内空气质量达标，是每个监测点位都要达标，即污染最严重的点位（最大浓度）满足标准浓度限值的要求，也称最大浓度法。另一种是用区域范围内污染物平均浓度代表区域空气质量状况，也称平均浓度法。目前，美国和欧盟等均采用最大浓度法，中国主要采用平均浓度法作为达标评价和趋势分析的统计方法。今后，最大浓度法将逐渐应用于环境管理中。

达标统计要求的研究和制定 达标统计要求是标准浓度限值的超标统计方法。国外的环境空气质量标准中均对达标统计要求作出了明确规定，例如，美国规定 $PM_{2.5}$ 的年均值达标是该监测点位连续三年的年均值的加权平均小于等于标准浓度限值，$PM_{2.5}$ 的日均值达标是该监测点位连续三年的日均值 98 百分位数的平均值不超过标准浓度限值。欧盟规定可吸入颗粒物的日均值标准一年不能被超过 35 次。这种达标统计要求是考虑了由于受到极端天气或大尺度不良气候条件影响导致的超标情况，以及污染物浓度的统计分布特征和健康影响而制定的。虽然中国环境空气质量标准规定了污染物不同平均时间的浓度限值标准，但并没有明确标准浓度限值的达标统计要求，特别是日均值标准和小时均值标准。

评价结果应用研究 目前，中国环境空气质量评价结果主要用于空气质量达标评价和变化趋势评价，今后应注重对人体健康危害的度量，加强人体健康风险评价方面的研究，使环境空气质量评价更好地为环境管理和公众健康服务。 （王帅 孟晓艳）

huanjing tongji

环境统计 （environmental statistics） 采用统计学方法对环境监测中涉及的数据资料进行搜集、整理、归纳和分析，提供统计结果信息和咨询，实行统计监督的过程。环境统计是环境保护的基础工作和重要组成部分，是环境规划和环境管理的依据。它涉及范围广、内容多、技术性强，为了保障这项工作顺利开展，我国建立的管理制度包括：环境统计体系考核、环境统计联合会审、环境统计标准化建设、环境统计数据使用管理和环境统计信息管理等。

沿革 1979 年，原国务院环境保护领导小组办公室首次组织了全国 3 500 多个大中型企业环境基本状况调查。20 世纪 80 年代初，为了加强环境管理，制定环保政策，编制环保规划，我国针对县及县以上工业“三废”排放及其治理情况开展了环境统计，正式建立了环境统计报表制度。由此开始，中国的环境统计进入制度化和规范化的快速发展时期。1997 年，在乡镇污染源调查工作基础上，增加了乡镇工业企业统计，同时还增加了对社会生活及其他污染主要指标统计。2001 年，扩大了危险废物集中处置情况统计范围，细化了对城市污水处理状况的统计，增加了对城市垃圾无害化处理情况的统计调查。2003 年，取消了对城市垃圾无害化处理情况的统计调查，个别指标有微调。2006 年，原国家环境保护总局在分析总结“十五”环境统计工作基础上，制定了“十一五”环境统计报表制度。2011 年，为适应环境保护面临的新形势、新任务，环境保护部研究制定了“十二五”环境统计报表制度，将农业源和垃圾处理场纳入统计范围，指标调整幅度较大。

对象 主要包括环境质量、环境污染及其防治、生态保护、核与辐射安全、环境管理及其他有关环境保护事项的数据资料内容。环境统计的主要产品是环境统计数据，即由环境保护部依据相关统计制度，通过普查和调查等方法形成的汇总数据（不包括调查单位的原始数据）。

工作程序 ①制定环境统计技术路线。技术路线的主要内容包括：调查范围、调查方法、上报程序、污染物核算方法以及数据审核细则等。②依据技术路线进行数据采集。③数据汇总。从县（区）级环境保护部门开始数据采集、录入、审核，然后上报至地市级环境保护部门，审核之后再逐级上报至省级环境保护部门和环境保护部，通过审核、反馈、核定等环节最终确定全国各级环境统计数据库。④环境统计数据审核。为确保环境统计数据的真实性、准确性、完整性和及时性，依照审核原则和方法对环境统计数据开展审查核实。环境统计调查单位按照要求如实填报数据并开展自审，各级环保部门组织总量、污防、环评、监测、监察等相关业务部门以及行业协会等，对辖区内统计数据开展联合汇审和交叉审核。⑤环境统计数据发布。目前环境统计数据发布形式包括环境统计年报、环境统计提要、环境统计公报和环保投资分析报告。环境统计年报指对每年的环境统计数据进行分类汇总、整理和编辑，形成完整的年度报告和数据表；环境统计提要指对每年的环境统计数据进行初步汇总和整理，仅选取较重要的环境统计指标，形成数据汇编的简本；环境统计公报指对前一年环境污染排放、治理和环境管理情况进行简明扼要的叙述性公报；环保投资分析报告指以环境统计、环境评价、城建等部门的数据为基础，每年对社会各有关投资主体用于环境保护的资金进行成本-效益分析，以识别环保投资的来源、变化趋势及其在区域、行业等分布的分析报告。

（董文福　王鑫　周冏）

huanjing tongji baobiao

环境统计报表　（environmental statistics report）按照统一的表格形式、统一的指标、统一的报送程序和报送时间，自下而上地逐级向国家和各级环保部门提供环境保护基本统计资料的一种数据资料统计结果的表征格式。根据报告时间，环境统计报表分为年报报表和定期报表。其中年报报表含 10 张基层表和 18 张综合表，定期报表含 6 张基层表和 6 张综合表。环境统计报表是国家或地方政府定期取得环境统计资料的一种基本调查组织具体表现形式。

年报报表　实施范围为有污染物排放的工业企业、农业源、城镇生活源、机动车，以及实施污染物集中处置的污水处理厂、生活垃圾处理厂（场）、危险废物（医疗废物）集中处理（置）厂等。环境统计年报表按源分为基层表和综合表。其中，工业源基层表 6 张，包括《工业企业污染排放及处理利用情况》《火电企业污染排放及处理利用情况》《水泥企业污染排放及处理利用情况》《钢铁企业污染排放及处理利用情况》《造纸企业污染排放及处理利用情况》和《工业企业污染防治投资情况》；工业源综合表 8 张，包括《各地区工业污染排放及处理利用情况》《各地区重点调查工业污染排放及处理利用情况》《各地区非重点调查工业污染排放及处理利用情况》《各地区火电行业污染排放及处理利用情况》《各地区水泥行业污染排放及处理利用情况》《各地区钢铁冶炼行业污染排放及处理利用情况》《各地区制浆及造纸行业污染排放及处理利用情况》和《各地区工业污染防治投资情况》。农业源基层报表 1 张，即《规模化畜禽养殖场/小区污染排放及处理利用情况》；综合表 2 张，包括《各地区规模化畜禽养殖污染排放及处理利用情况》和《各地区农业污染排放及处理利用情况》。城镇生活源综合表 2 张，包括《各地区城镇生活污染排放及处理情况》和《各地区县（市、区、旗）城镇生活污染排放及处理情况》。机动车综合表 2 张，包括《各地区机动车污染源基本情况》和《各地区机动车污染排放情况》。集中式污染治理设施基层报表 3 张，包括《污水处理厂运行情况》《生活垃圾处理厂（场）运行情况》和《危险废物（医疗废物）集中处置厂运行情况》；综合表 3 张，包括《各地区城市污水处理情况》《各地区垃圾处理情况》和《各地区危险废物（医疗废物）处理情况》。环境管理综合表 1 张，即《各地区环境管理情况》。

定期报表　为季报制度，实施范围为国家重点监控工业企业和污水处理厂。环境统计季报报表含 6 张基层报表，包括《工业企业污染排放及处理利用情况》《火电企业污染排放及处理利用情况》《水泥企业污染排放及处理利用情况》《钢铁冶炼企业污染排放及处理利用情况》《制浆及造纸企业污染排放及处理利用情况》和《污水处理厂运行情况》；环境统计季报含 6 张综合表，包括《各地区工业污染排放及处理利用情况》《各地区火电行业污染排放及处理利用情况》《各地区水泥行业污染排放及处理利用情况》《各地区钢铁冶炼行业污染排放及处理利用情况》《各地区制浆及造纸行业污染排放及处理利用情况》和《各地区污水处理厂运行情况》。　（董广霞）

huanjing tongji diaocha

环境统计调查　（environmental statistics survey）根据环境管理的需求，对需要了解掌握的工作对象开展数据获取和资料搜集的过程。包括确定调查范围与调查对象，选取合适的调查方法，收集满足相应需求的污染物产生、排放、治理及环境管理等相关数据信息资料的过程。目的是收集原始数据资料，即直接从各调查单位收集反映个体特征的数据资料，通过汇总整理、归纳分析个体数据资料，掌握总体污染产生和排放等相关信息的状态和趋势，并发现存在的问题。实际工作中通常按照调查组织方式分为全面调查、重点调查和专项调查。

全面调查 国家统计系统和各个业务部门为了定期取得系统的、全面的基本统计资料，按一定要求和表式自上而下统一布置，自下而上提供资料的一种统计调查方法。全面调查一般可分为两种形式：一种是经常的、持续性的全面统计调查；另一种是在一定时间内一次性的普遍调查，即普查。全面调查的调查对象范围广、单位多、内容比较全面，但一般需要耗费大量的人力、物力和时间，我国环境统计工作中，对部分类别的调查对象实施全面调查。污染源普查是为了解各类企事业单位与环境有关的基本信息、建立健全各类重点污染源档案和各级污染源信息数据库、为制定经济社会政策提供依据，由国家或地区专门组织的一次性、大规模的全面调查。污染源普查能够收集某些不适宜用定期的全面调查报表收集的信息资料，常用于获得一定时期内的污染源总体情况。2007年开展第一次全国污染源普查。

重点调查 在调查对象中选择一部分对全局具有决定性作用的重点单位进行调查，所取得的统计数据能够反映环境状况及环境管理发展变化的基本趋势，是一种非全面调查。组织方式有两种：专门组织的一次性调查和利用定期统计报表对一些重点单位进行的经常性调查。重点调查的前提是总体中确实存在举足轻重、能够代表总体特征和主要发展变化趋势的重点单位，选择的重点单位应保证足够的代表性，且重点单位尽可能管理比较健全、统计工作较好。我国环境统计工作中，对工业、企业和机动车实行重点调查。

工业企业按照污染物的产生排放情况确定重点对象。如“十二五”重点调查工业企业的确定原则为：重点调查工业企业按地市级行政单位为基本单元进行筛选，主要污染物排放量占各地市辖区范围内全年工业源排放总量 85%以上的工业企业。各地市级行政单位若有个别区县无重点调查企业，地市级环保部门可根据当地情况适当补充重点调查工业企业。各地市级环保部门应动态调整重点调查工业企业名录库：删除关闭企业，根据实际情况纳入当年通过环保验收的企业，以及由于各种原因未通过环保验收，但已进入生产或试生产并有实际排污的新建、改扩建企业。

专项调查 为某一特定目的，专门组织的搜集特定资料的统计调查。其形式主要有问卷调查、电话调查、媒介调查、走访调查、发表调查和座谈等。专项调查不是单纯的信息资料收集，而是包括了专项调查设计、专项调查资料收集和整理、专项分析研究和撰写专项调查报告等的一个完整过程。 （王军霞）

huanjing tongji zhibiao

环境统计指标 （environmental statistics indicator） 用于研究和反映环境状况，直接或间接表征环境优劣程度和发展变化趋势，以及与之相关的自然、社会、经济、资源等指标的调查因子。环境统计指标具有范围广、综合性强和易受社会经济等因素影响的特点。环境统计指标由联合国统计司于 1977 年提出，其设计与确定一般采用“压力—状态—反应”模式，环境压力反映环境的因素和自然资源的利用（按部门分类）；环境状态反映人们赖以生存的自然环境状况（按自然类型和环境媒介分类）；环境反应是国家和人类对自然和环境的保护等。

分类 从广义和狭义两个角度进行分类。

广义分类 一般称资源环境统计指标，目前使用的是由国家发改委、环保部、住建部、水利部、国家统计局、国家林业局、国家海洋局等部门联合制定的中国资源环境统计指标，分为资源类、环境类、生态类和应对气候变化类四大类指标，每大类指标下又细分为一级指标和二级指标。另一套可称为广义环境统计指标的是环境保护部《“十一五”环境统计指标体系研究报告》中提到的指标，共分为五大类：社会经济指标、资源生态指标、污染排放及处理利用指标、环境质量指标和环境管理指标。其中社会经济指标分为社会发展和经济发展指标；资源生态指标分为资源和生态指标；污染排放及处理利用指标分为污染排放和污染治理设施运行指标；环境质量指标分为水环境、空气环境、噪声环境和辐射环境指标；环境管理指标分为自身机构建设、环境信访与环境法制、环境监测、排污费征收、环境影响评价、建设项目竣工环境保护验收、突发环境事件和环境宣传教育等有关指标。

狭义分类 环境统计指标是依据环境统计调查目的，按照环境统计调查内容，在污染源具体开展的污染物产生、排放及处理利用的调查因子。从环境统计调查范围角度，环境统计指标分为工业源、农业源、城镇生活源、移动源（当前仅限机动车）、集中式污染治理设施和环境管理等指标；按调查因子性质可分为调查对象基本信息、台账、治理设施及运行情况、污染源产生排放情况等指标。

常用指标 现行环境统计报表制度中的环境统计指标是狭义范围的，包括工业源、农业源、城镇生活源、移动源、集中式污染治理设施和环境管理等指标。

工业源指标 反映工业污染源污染物产生、排放及处理利用情况的指标。工业污染源指《国民经济行业分类》（GB/T 4754—2011）中采矿业、制造业以及电力、燃气和水的生产和供应业3个门类中39个行业的全部工业企业（不含军队企业）。现行“十二五”环境统计指标体系中，工业源分为一般工业源和重点工业源。一般工业源指标分为基本信息、资源消耗台账、废水情况指标、废气情况指标、一般工业固体废物和危险废物情况指标；重点工业源指火电、钢铁、水泥和造纸四个重污染行业的全部企业，统计指标除包括上述一般工业源的全部指标外，还包括行业的特征指标以及用于企业内部污染治理的投资情况指标。工业源指标的数据来自于调查对象，其含义、统计口径和范围、统计办法和计算方法均在工业源统计技术要求和指标解释中说明。

农业源指标 反映农业污染源污染物产生、排放及处理利用情况的指标。按现行“十二五”环境统计报表制度，农业源指标分为种植业指标、水产养殖业指标和畜禽养殖业指标，每部分指标均包含核算辅助台账指标、污染物产排指标、污染治理设施投资及运行情况指标。农业源环境污染统计始于2007年第一次全国污染源普查。农业源指标的辅助台账信息数据来自于农业部门，其含义、统计口径和范围与农业部门相同，农业源污染物产排量指标的统计办法和计算方法均在农业源统计技术要求和指标解释中说明。

城镇生活源指标 反映城镇生活污染源产生、排放情况的指标。城镇生活污染源是城镇人口活动产生的污染，城镇人口是居住在城镇范围内的全部常住人口。生活源统计指标主要包含城镇人口活动参数指标，如城镇人口煤炭、天然气等能源消耗情况指标；居民家庭用水量、公共服务用水量等用水情况指标；生活污水及主要污染物指标；生活废气及主要污染物指标。生活源指标的城镇人口活动参数数据来自于统计部门和城建部门，其含义、统计口径和范围均与统计部门或城建部门相同，城镇生活源污染物产排量指标的统计办法和计算方法均在城镇生活源统计技术要求和指标解释中说明。

移动源指标 反映移动源污染物产生和排放情况的指标。由于现行的环境统计报表制度中仅涉及机动车污染物的产生、排放情况，其他移动源暂未纳入环境统计报表制度，故移动源指标均为机动车相关指标。机动车指标包括机动车数量相关指标和机动车污染物排放量指标。机动车数量相关指标包括调查年度不同车型、使用不同燃料、执行不同排放标准的新注册车辆数、转入车辆数、注销车辆数、转出车辆数和机动车保有量数。机动车污染物排放量指标包括总颗粒物、氮氧化物、一氧化碳和碳氢化合物排放量。机动车相关数据来自于交通管理部门，其含义、统计口径和范围均与交管部门相同，机动车污染物产排量指标的统计办法和计算方法均在机动车统计技术规范和指标解释中说明。

集中式污染治理设施指标 反映集中式污染治理设施污染物去除、产生和排放情况的指标。按照现行的环境统计报表制度，集中式污染治理设施主要包括污水处理厂、垃圾处理场和危废（医废）处置场。集中式污染治理设施指标的数据来自于调查对象，其含义、统计口径和范围、统计办法和计算方法均在集中式污染治理设施统计技术要求和指标解释中说明。

环境管理指标 反映环保系统自身能力建设、业务工作进展及成果等的指标，在以往环境统计报表制度中专业年报基础上简化而来，主要有环保机构数/人数、环境信访与环境法制、环境保护能力建设投资、环境污染源控制与管理、环境监测、污染源自动监控、排污费征收、突发环境事件、环境宣传教育、自然生态保护与建设、环境影响评价、建设项目竣工环境保护验收情况12个方面的内容，其含义、统计口径和范围、统计办法和计算方法均在环境管理统计技术要求和指标解释中说明。（董广霞）

huanjing yaogan jiance

环境遥感监测

（environmental remote sensing monitoring） 用遥感技术对水、空气、土壤等环境要素的现状、动态变化和发展趋势进行监测的过程。具体地说，利用光学的、电子学的遥感仪器，从高空或远距离处接收地球表面被测物体的反射或辐射电磁波信息，经过加工处理成为能识别的图像或信息，以揭示大气环境、陆地环境、海洋环境等的污染状况及其变化规律。环境遥感监测是一种综合技术，同地理信息系统、全球定位系统相结合，为区域和全球资源与环境动态研究提供了现代化的技术手段。

沿革 1962年，国际科技文献首先提出“环境遥感”一词。1964年，美国航空航天局、美国科学院和美国海军海洋局联合提出了一个以地球为目标的空间观测计划，从空间研究地球环境。1972年，美国发射了第一颗陆地资源卫星（1号）。1975—1978年又相继发射了陆地资源卫星2号和3号。之后环境遥感技术不断发展和应用，卫星携带的遥感仪器种类越来越多，覆盖了紫外、可见光、红外和微波等波段，地面分辨率由千米级发展到米级、厘米级，波谱分辨率由几百纳米发展到几个纳米，重访周期由几个月发展到几小时、几十分钟。

我国环境遥感监测起步于20世纪70年代末，大致可分为四个阶段：第一阶段是20世纪70年代末至80年代初，以学术探讨、调研实验和技术模仿为主，主要开展土地利用遥感分类等方面工作。第二阶段是80年代至90年代，主要特征为土地分类精度提高，遥感监测对象从海洋扩大到内陆水体、大气、土壤以及城市固体废物等。第三阶段是90年代中期至21世纪初，环境遥感技术进入实用化阶段，在资源、环境领域遥感的基础上，实施多层次遥感数据获取、数据分析处理、遥感数据综合应用及综合研究等。第四阶段是21世纪初至今，深层次发展的阶段。我国先后发射了中巴资源卫星、北京一号小卫星以及环境与减灾小卫星。国外高分辨率遥感卫星的普及化，以及数据处理技术的提高，使环境遥感应用领域越来越广泛。

分类 按应用对象不同，可分为生态环境遥感、水环境遥感、大气环境遥感和土壤环境遥感等，目前主要应用于前三方面。根据环境遥感平台可分为太空遥感平台和空中遥感平台。太空遥感平台包括飞船、航天飞机和人造地球卫星；空中遥感平台包括高空、中空和低空的遥感飞机。根据使用技术不同分为图像类型和非图像类型。

生态环境遥感监测 ①利用遥感技术开展区域生态环境遥感调查，动态反映区域土地覆盖和生物物理参数等的时空变化；②利用遥感技术收集区域生态环境、国家自然保护区、重点生态功能保护区以及国家生态安全预警方面的信息；③对国家重大工程和重大开发项目（如三峡工程、南水北调工程、青藏铁路工程等）的环境影响进行动态监控和评估；④动态监控国家生态保护治理工程效果，监测指标包括区域土地覆盖、生物物理参数、天然植被、土地退化和草原沙化等。

利用遥感技术可以提取的生态遥感数据主要包括植被指数、植被覆盖度、叶面积指数、光合有效辐射比率、植被生化组分、植物生物量、植被初级生产力、地表反照率、地表温度、地表蒸散和土壤含水量等。

水环境遥感监测 主要是利用经验/半经验、分析/半分析模型，定量反演水体中物理或化学组分及其空间分布特征。水环境遥感监测指标包括水体污染状况，以大型水体叶绿素、悬浮物、可溶性有机物、水温、透明度等指标为重点。目前，利用遥感技术，开展流域与湖泊富营养化和水华遥感监测、流域水生态遥感监测与评价、饮用水水源地水体水质遥感监测与评价、近岸海域赤潮与溢油遥感监测以及近岸海域水质遥感监测。

大气环境遥感监测 以研究性监测为主，大气环境组分为重点，主要包括以下三方面内容：①以大气微量气体为对象，利用遥感影像监测大气微量气体的变化，这些微量气体包括臭氧、二氧化硫、二氧化氮、甲烷和二氧化碳等，仍处于探索阶段；②以大气中微粒为对象，开展大气气溶胶、可吸入颗粒物、雾、霾和沙尘暴遥感监测研究，通过定量反演大气气溶胶光学厚度、可吸入颗粒物、雾分布、霾分布及光学厚度、沙尘分布范围及等级，来反映大气污染程度；③以区域环境空气质量为对象，通过结合天地协同监测资料，建立区域环境空气质量评价模型，评价区域环境空气质量等级、污染状况及对人体健康影响。目前大气环境遥感主要以美国陆地卫星的专题绘图仪（TM）/增强型专题制图仪（ETM）/陆地成像仪（OLI）/热红外传感器（TIRS），美国地球观测系统的中分辨率成像光谱仪（MODIS），美国气象卫星的高级甚高分辨率辐射仪（AVHRR），中国风云系列卫星（FY）和环境一号（HJ-1）等卫星遥感数据为基础。

遥感图像分析方法 遥感数据处理和信息提取是遥感监测的重要环节，通过人工解译或使用计算机对遥感数据进行处理分析，提取有用的信息。主要包括遥感图像分类方法、遥感图像融合方法、遥感变化检测方法和定量遥感方法。

遥感图像分类方法 ①基于统计分析的遥感图像分类。通常包括监督分类和非监督分类。监督分类是一种常用的精度较高的统计判别分类，常用的监督分类方法是最大似然法；非监督分类方法包括超空间分类算法、循环集群法、主成分分析算法、正交子空间投影方法和基于夹角余弦的相似系数聚类方法等。②基于人工神经网络的遥感图像分类。人工神经网络是基于生物神经系统的分布存储、并行处理及自适应学习等现象构造出的具有一些低级智慧的网络系统。BP网、三维Hopfield网、径向基函数神经网络和小波神经网络等被应用于遥感图像的分类。③基于多源数据融合的遥感图像分类。将多源信息（遥感和非遥感数据）按照一定的方法融合可以提供更多信息，从而提高遥感数据的分类精度。④基于专家知识和地学知识的遥感图像分类。这种方法是尝试利用地学知识并将其形式化、知识化、逻辑化，进行信息判别或用计算机模拟地学专家对遥感影像进行综合解译和决策分析。由于遥感图像数据复杂，因而在实践中往往结合实际情况，采用多种方法进行分类。

遥感图像融合方法 分为像元级融合、特征级融合、决策级融合三个层次。①像元级融合是直接在原始数据上进行融合，对各种传感器的原始数据进行综合和分析。这是最低层次的融合，能尽可能多的保持现场数据，提供其他融合层次所不能提供的细微信息。其局限性表现为：所需处理的数据量大，处理成本高，时间长，实时性差。像元级融合通常用于多源图像复合、图像分析和理解，同类（同质）雷达波形的直接合成，以及多传感器数据融合等。②特征级融合是中间层次融合，首先对来自传感器的原始信息进行特征提取（特征是目标的边缘、方向和速度等），然后对特征信息进行综合分析和处理。一般来说，提取的特征信息就是像元信息的充分表示量或充分统计量，然后按特定信息对多传感器数据进行分类、汇集和综合。特征级融合可分为目标状态数据融合和目标特性融合两大类。③决策级融合是一种高层次融合，其结果为指挥控制决策提供依据，融合结果直接影响决策水平，因此决策级融合必须从具体需求出发，充分利用特征级事例提取的测量对象的种类特征信息，采用适当的融合技术实现。决策级融合具有很高的灵活性，能有效地反映环境或目标各个侧面的不同类型信息；缺点是前处理成本高。

图像融合的方法主要包括：普通的 HIS 图像融合、改进的 HIS 图像融合、子像素图像融合的金字塔算法、基于演化计算的像素级图像融合、基于神经网络的像素级融合、基于神经网络的特征级融合、基于神经网络的数字图像目标自动标识、图像融合的小波方法、基于树状小波的图像融合、基于树状小波分解的图像融合、特征级模糊图像融合、依赖时/空范围信息和频谱信息的模型融合、多传感器图像模糊融合算法、多传感器多层次图像融合模糊算法、基于期望值最大算法的图像融合和基于区域分割的多传感器图像融合。其中，HIS（H 表示色调，I 表示亮度，S 表示饱合度）是一种图像的数字表达方式，另一种是 RGB（R 表示红，G 表示绿，B 表示蓝），在融合中常将 RGB 变成 HIS，然后对其中的 I 进行多种处理，形成了多种图像融合方法。

图像融合时，为了得到随时间变化目标状态的综合信息，通常采用时空序列过程融合，包括时间融合、空间融合、时间-空间融合和空间-时间融合。

遥感变化检测方法 主要用于从遥感监测得到的多种变化信息组分中区分目标变化信息，是遥感信息提取应用和研究的重要技术环节，也是当前遥感数据处理技术的发展方向。遥感变化检测应遵循的原则是：①目标变化分离原则，即从各种变化中提取目标的变化信息，排除系统噪声和自然变化韵律等干扰；②变化最大原则，即选择目标变化最大的时间段、正确的光谱波段和合适的空间分辨率；③低分辨率配准原则，即在选用遥感数据和其他空间数据时，应按低分辨率的影像配准，不可将低分辨率影像初值放大，进而导致变化信息失真；④合理效率原则，遥感检测变化受时间、传感器和地表覆盖分类等多种因素制约，必须注意检测效率和精度。

利用多光谱遥感数据进行变化信息提取和检测，可以分为：①光谱类型特征分类方法。主要基于不同时相遥感影像的光谱分类和计算，确定变化信息的分布和类型特征，分为直接比较法和分类后比较法。直接比较法是对同一区域不同时相影像的光谱特征差异进行比较，确定变化信息发生的位置，在此基础上，再采用分类的方法确定发生变化的类型；分类后比较法首先对研究区的不同时相的影像进行各自分类，然后比较影像同一位置的分类结果，进而确定变化信息的位置和类型。②多光谱变化向量分析方法。基于不同时相图像之间的辐射变化，着重对各波段的差异进行分析，确定变化的强度与方向特征。测量不同时间的遥感图像的光谱，每个像元可以生成一个具有变化方向和变化强度两个特征上的变化向量。对于每一像元来说，其变化方向反映了该点在每个波段的变化是正向还是负向，根据变化向量的方向和夹角，综合确定地物的变化类型。③其他如交叉相关分析法和卡方变换法。交叉相关分析法用来进行遥感变化信息的提取及动态检测，这种方法在以前分类图的基础上用当前的遥感图像检测发生变化的区域；卡方变换法是通过卡方变换将 TM 的 6 个波段融合在一起形成一个变化图像。

定量遥感方法 主要对观测电磁波信息中，定量提取地表参数的技术和方法进行研究，区别于仅依靠经验判读的定性识别地物的方法。遥感信息定量化的对象是从各种应用模型中计算和反演对现实应用有价值的地球物理参量。现在越来越多的模型相继出现，如植被指数模型、地球化系统模型、深度指数模型、作物估产模型、农田蒸散模型、土壤水分监测模型、作物缺水指数模型、干旱指数模型、归一化温度指数模型、水体叶绿素估算模型、矿物指数模型、森林积蓄量估算模型、大气参量反演模型、气溶胶模型、大气校正模型、水土流失评价模型、融雪径流预报模型、雷达后向散射模型、介电常数计算模型等，其中在环境遥感监测中应用最广泛的是植被指数模型和气溶胶模型。

植被指数模型　植被指数广泛用于定性定量评价植被覆盖及其生长活力，常用的遥感植被指数有归一化差分植被指数（NDVI）、垂直植被指数（PVI）、土壤调整植被指数（SAVI）、修改型土壤调整植被指数（MSAVI）、植被状态指数（VCI）、转换型土壤调整植被指数（TSAVI）、抗大气植被指数（VARI）、增强型植被指数（EVI）、差值植被指数（DVI）、比值植被指数（RVI）、全球环境监测指数（GEMI）、多时相植被指数（MTVI）等。NDVI 是植物生长状态以及植被空间分布密度的最经典的植被指数，与植被分布密度呈线性相关，它具有植被检测灵敏度高、植被覆盖度检测范围宽、可以消除地形和群落结构的阴影和辐射干扰、削弱太阳高度角和大气所带来的噪声等优点。PVI、SAVI、MSAVI 和 TSAVI 指数削弱了土壤背景的影响，VARI 和 GEMI 削弱了大气因素的影响，N^*与植被覆盖度呈现接近 1∶1 的关系，VCI 反映植被覆盖度随年际气候变化的波动，EVI（DVI）对 15%～25%的植被覆盖度敏感，RVI 对大于 50%的植被覆盖度敏感。

气溶胶模型　卫星遥感反演气溶胶（光学厚度）的方法主要包括单通道和多通道遥感法、反差减少法、多角度多通道遥感法及偏振特性遥感法四大类。①单通道遥感法和多通道遥感法只限于如海洋等低反射率表面。单通道遥感法利用可见光通道对大气中的气溶胶进行反演和分析，并成功地用于海洋上空对流层和平流层气溶胶的分布研究。多通道遥感法以使用可见光和近红外波段建立两波段的模式最为常见。②反差减少法是利用同一地区不同时相影像的“模糊效应”反演相对气溶胶光学厚度。③多角度多通道遥感法扩展了上述单通道和多通道及反差减少遥感反演方法。④偏振特性遥感法是从太空利用偏振特性遥感反演气溶胶的方法，利用这种方法可以同时反演气溶胶光学厚度和气溶胶粒子的有效粒径。但是由于实际气溶胶粒子是非均一和非球形的，气溶胶的偏振特性与方法假定的均一球形粒子的特性不一致，加上地表偏振特性的影响，限制了这种方法的应用。

发展趋势　①环境遥感监测的传感器将向着高分辨率、高光谱、多模式、多角度的方向发展。目前环境遥感图像空间分辨率由千米级向米级和亚米级发展，遥感图像的波段从几个波段发展到几百个波段。微波遥感具有很强的穿透性，能全天候全天时观测地面环境，特别是在溢油、水灾、水环境污染等方面发挥重要作用。微波遥感由单极化向多极化发展，由单一观测模式向多模式发展，观测角度由单一角度向多角度发展。②环境遥感卫星将向着小型化、星座化、系统化方向发展。③环境遥感监测将向着天地一体化、协同化、集成化的方向发展。将遥感监测与地面监测集成起来，充分发挥各自优势，协同应用，通过地理信息系统技术，建立各种复杂环境模型，重建与模拟环境演变过程、污染扩散过程，来评价区域环境质量状况、环境安全、环境风险等，预测及预警环境变化趋势。　（董贵华）

推荐书目

陈述彭. 地球信息科学. 北京：高等教育出版社，2007.

王文杰，蒋卫国，王维，等. 环境遥感监测与应用. 北京：中国环境科学出版社，2011.

huanjing yingji jiance

环境应急监测　（environmental emergency monitoring）　又称突发性环境污染事件监测，是针对一定区域内突然发生的、对环境产生明显污染和破坏的事件和灾难而展开的环境影响调查监测。环境应急监测旨在查明污染物种类、污染程度和范围以及污染发展趋势，为科学评价污染事故、控制污染扩散、制定污染治理方案提供科学依据。突发性环境污染事件往往在短时间内造成人员伤亡、经济损失、社会不安定和局部地区生态破坏等严重后果，是环境监测的重点。

沿革　20 世纪 90 年代以前，中国无专门的环境应急监测组织机构。1995年，在原国家环境保护局领导下成立了全国环境保护系统环境污染与生态破坏事故的应急机构。同年，中国环境监测总站发布《关于全国突发性环境污染事故应急监测“九五”规划研讨会情况的通报》和《关于开展环境污染事故的应急监测方法研究筛选和验证的通知》，力争用1～2年的时间，建立一套适合我国国情的应急监测方法。随后，我国浙江省、江苏省、辽宁省和河南省等地监测站先后建立各自的突发性环境化学污染事故应急监测工作手册、工作指南或响应预案，在应急监测系统、污染物扩散模型、污染源调查信息系统、化学污染物毒性数据库、监测方法数据库、处理处置技术数据库和生态风险预警系统等研究方面取得了一些进展。2006年国务院颁布《国家突发性环境事件应急预案》后，各地政府相继成立专门的环境应急处置组织，各级环境保护部门也成立突发性环境污染事件专门机构；各级环境监测部门建立了应急监测队伍，制订了应急监测预案，实施应急监测，撰写应急监测报告和风险评价报告，形成了一支专职和兼职相结合的专业应急监测队伍。

应急监测制度 目前，我国已经建立了比较完善的应急监测制度。各级政府定期或不定期地组织由公安、卫生和环保等多个部门参加的应急处置演练，环境保护部组织全行业环境应急监测演练，各级监测部门开展常态化演练。各地根据当地的污染源特点和潜在环境风险，配置相应的处置物资，包括车辆、通信、仪器设备、监测防护物资等。各级监测部门配备专人负责应急监测仪器日常维护、质量保证和质量控制，保障仪器正常工作。建立应急监测刚性值班制度。

应急监测预案 根据当地的经济发展状况、产业结构特色、环境风险、环境管理目标和环境监测队伍的实际情况制订应急监测预案，是应急监测任务顺利实施的重要保证。应急监测预案主要包括应急监测工作原则与适用范围、组织机构与职责分工、工作基本程序、技术支持系统、后勤与保障、演练与培训等内容。其中，技术支持系统包括国家相应法律、法规和规定，环境监测技术规范支持系统，当地危险源调查数据库支持系统，各类化学品基本特性数据库支持系统，突发性环境污染事件应急处置技术支持系统，专家支持系统等。

应急监测实施 环境应急监测一般由属地监测部门实施。为科学、及时开展突发性环境污染事故应急监测，各级监测部门应针对当地有害物质生产、使用情况，储存数量和地点，运输方式和路线等，制定相应预案。在环境应急监测实施过程中，一般按照应急启动、制定应急监测方案、现场采样和监测、测试分析、报告报送以及应急监测终止等程序开展。

点位布设 现场监测的点位布设及监测频次有一定的灵活性，可根据国家相应标准及现场实际情况确定。一般以事件发生地点及其附近为主，根据污染物的扩散速度和事件发生地的气象、水文条件以及地域特点估算污染物的扩散范围，并在此范围内布设相应数量的监测点位。例如，河流监测应在事故地点及其下游布点采样，同时要在事件发生地点的上游采对照样；湖库采样点布设以事件发生地点为中心，按水流方向在一定间隔的扇形或圆形范围内布点采样，同时采集对照样品。此外，在污染事件发生初期，应根据事件发生地的监测能力和突发事件的严重程度，按照尽量多布点的原则进行监测，并根据污染物的扩散情况和监测结果的变化趋势进行适当的调整。

项目选择 若突发性环境污染事件的污染物为已知污染物，可以立即根据污染物的特点，确定监测项目。若污染物未知，一般可先根据事件的性质（爆炸、泄漏、火灾、非正常排放、非法丢弃等）、现场调查情况（危险源资料，现场人员提供的背景资料，污染物的气味、颜色、人员与动植物的中毒反应等）初步确定可能存在的污染物及需要现场监测的项目；若根据已有信息也难以判断可能的污染物时，可利用检测试纸、快速检测管、便携式检测仪等分析手段，确定可能存在的污染物；有时需要几种方法并用，对获得信息的系统综合分析，判断出污染事故现场需要监测分析的项目。

方法选择 污染事故发生后，在已有调查资料的基础上，应充分利用现场快速检测方法和实验室现有的分析方法进行鉴别，确保能尽快给出污染物种类、浓度、污染范围等方面的信息。目前现场应急监测主要通过各类便携式仪器实现，现场检测设备应易于保管、方便携带，不受地点和天气等因素限制，且通常以太阳能电池或便携式电源提供动力；操作简便、易于掌握，能够快速给出污染物的定性定量（或半定量）信息；监测结果直观易懂；成本符合我国经济发展现状，以利于大范围推广。主要设备有：检测管、试剂盒、便携式紫外可见分光光度计、便携式红外光谱仪、便携式气相色谱仪、便携式气相色谱-质谱联用仪、便携式重金属仪、便携式生物急性毒性仪、便携式辐射仪、便携式毒性气体检测仪。近年来，部分环境监测部门先后构建了应急监测决策支持系统，可根据突发性污染事件中污染物种类自动检索出污染物理化性质、防护措施、应急监测方法等信息。

结果报告 分析结束后，对数据进行汇总分析，编写应急监测分析报告。一般包括以下内容：事件发生的时间、地点及周边环境情况，事件现场必要的水文及气象参数，现场监测时间、监测点位、监测频次及检测方法，评价标准，污染事件主要污染物的种类、浓度、排放量、污染程度及污染范围，污染事件的发生原因及损失情况，应急监测的执行人及负责人信息等。

跟踪监测 重大污染事件发生后的一段时间，应定期做好跟踪监测，以观察事件对生态环境的中长期影响，为生态修复和应急终止提供科学依据。监测的指标与应急监测基本相同，监测频次按实际需要而定。

发展趋势 目前，我国环境应急监测的进展主要体现在以下四个方面。①应急监测技术方法研究。随着环境污染事故对监测技术的需求日益迫切，现场应急监测设备和分析测试技术方法有较大发展，如关注现场样品前处理技术的小体积萃取技术、固相微萃取技术和液液分散微萃取技术等，关注便携式气相色谱-质谱联用仪、便携式红外光谱仪、便携式重金属仪、便携式分光光度计等便携仪器的测试方法等。②应急监测质控技术研究。质控技术是对整个应急监测过程实行全面质量管理，实现应急监测数据快速性、准确性、可靠性、代表性和时效性的重要保证，主要包括现场样品采集质控技术、现场快速监测质控技术，以及应急监测仪器的校准维护保养、检测方法的确认、人员的培训及演练等。③加强环境污染事件风险评估、跟踪监测研究，为事件的处理和损失的确定以及事件终止的确立提供科学依据。④应急监测标准体系研究。一般包括应急监测预案编制导则、应急监测方法标准规范、应急监测设备维护导则、应急监测质量控制技术体系。

（胡文翔　吕怡兵）

推荐书目

奚旦立，孙裕生. 环境监测. 4版. 北京：高等教育出版社，2010.

李国刚. 环境化学污染事故应急监测技术与装备. 北京：化学工业出版社，2005.

huanjing zaosheng zidong jiance xitong

环境噪声自动监测系统　（environmental noise automatic monitoring system）　利用连续自动监测仪器对环境噪声进行连续的数据采集、处理和分析的系统。与手工环境噪声监测方法相比，噪声自动监测系统对噪声的实时监控具有更好的时间代表性，监测数据更真实全面地反映监测点位的噪声水平；同时噪声自动监测节省人力，避免了人为因素对噪声监测结果的影响，有利于监测结果的质量保证与质量控制。该系统虽然在监测方法、测量参数、仪器精度等级上与手工方法相类似，但是两者仍存在较大差别，主要体现在：①无人值守长期监测，对仪器稳定、可靠性要求较高；②全天候监测，对仪器的各种天候、气象适应性要求较高；③依靠数据通信传输数据，对通信环境有要求；④要求稳定的电力供应及备用电源；⑤在子站、架杆、传声器等设备和设施上有特殊要求。

原理 被测声信号经过传声器转变为电信号，由前置放大器实现小信号放大和阻抗匹配，经放大和检波电路后由 A/D 变换器将电模拟信号转变为数字信号，经过高速信号处理实现有效值检波、频率计权、时间计权、声压级和频带声压级测量等功能，经过微机统计分析、存储数据，最后通过通信模块把数据传输给管理控制中心的服务器和数据库系统。

结构 主要由噪声自动监测子站和管理控制中心组成。自动监测子站由噪声监测终端、传感器、各种选配部件、不间断电源、数据传输设备和固定站等构成。其中，噪声监测终端和传感器是环境噪声自动监测系统最主要的模块，应具备以下条件：①指向性，要采用接收声源的指向性为 90°的传声器；②环境特性，要适应我国南北方大部分区域、冬夏气候变化的工作温度、湿度，且应有较小的温度和湿度影响系数；③一定的抗风特性；④远程自检（校准）功能。

噪声监测终端除了需要满足一般噪声测试仪器性能和要求以外，还需具备以下要求：基于网络技术的远程数据传输能力；故障自动恢复能力；前端数据存储能力；可靠的较大容量的备用电源系统。

管理控制中心主要由数据通信服务器、数据存储服务器、噪声计算工作站、管理系统和信息发布系统等构成。

布点 噪声自动监测系统可以安装在平地、屋顶、墙面等地方，安装的方式可以是垂直立杆式（平地、屋顶）或水平支架式（墙面）等，安装时一般应注意以下问题：①安装地点的声学环境应符合测量的目的，如声环境质量测点附近不应有对测量产生不合理影响的固定或流动声源，噪声源测点的噪声应与该被测声源有较强的相关性。②传声器距离任意反射面应有要求，且有较开阔的受声面。③传声器尽量避开树叶茂密的乔木，减小受风雨、虫鸣等自然噪声的影响。④安装地点便于连接电源（使用太阳能除外）和通信，采用无线通信时应保证无线通信信号良好，采用有线通信时应能便捷架设和连接通信线路。

应用 环境噪声自动监测系统主要应用于声环境质量监测中的功能区监测和道路交通监测，以及噪声重点源监测，而对于区域声环境质量监测、工业企业建设项目竣工环保验收监测和工业企业厂界噪声监测等，由于具有临时性、监测时间短或监测点位多等特点，不宜采用噪声自动监测系统。（李宪同）

huanjing zhendong jiance

环境振动监测 （environmental vibration monitoring） 测量振动源引起环境振动的污染水平，评价环境振动状况的过程。环境振动，指特定环境条件引起的所有振动，通常是由远近许多振动源产生的振动组合，属于一种无规则的随机振动。按照国内相关标准的规定，环境振动监测通常的测量频率范围为 1～80 Hz。《城市区域环境振动标准》（GB 10070—1988）和《城市区域环境振动测量方法》（GB 10071—1988）是目前环境振动监测的主要依据。

分类 按振动源类型，分为稳态振动监测、冲击振动监测和无规振动监测以及铁路、道路、轨道等引起的交通环境振动监测。

监测内容 主要包括布点、采样、测定和评价等。

布点 监测点位按照 0～4 类环境振动功能区进行布点，测点设在影响区域敏感点的建筑物室外 0.5 m 以内，必要时测点置于建筑物室内地面中央或振动敏感处。

采样和测定 对于稳态振动，每个测点测量一次即可；对于冲击振动，测量每次冲击过程中的最大值，重复出现的冲击振动，测量 10 次取算术平均值；对于无规振动，每个测点等间隔的读取瞬时示数，采样间隔不得大于 5 s，连续采样时间不得小于 1 000 s；对于铁路振动，读取每次列车通过过程中的最大值并连续测量 20 次列车；测量轨道交通环境振动时需连续采样 1 000 s。

评价 稳态振动取 5 s 的平均振级为评价量，冲击振动取冲击过程中的最大值为评价量，重复出现的冲击振动取 10 次读数的算术平均值为评价量，无规振动取 1 000 s 测量数据的累计百分振级 VL_Z10 值为评价量，铁路振动取 20 次列车最大值的算术平均值为评价量。

环境振动评价标准主要依据功能区类型和

昼夜差别划分。特殊住宅区昼、夜间限值均为65 dB；居民、文教区昼间限值为 70 dB，夜间限值为67 dB；混合区、商业中心区昼间限值为75 dB，夜间限值为 72 dB；工业集中区昼间限值为 75 dB，夜间限值为72 dB；交通干线道路两侧昼间限值为75 dB，夜间限值为72 dB；铁路干线两侧昼、夜间限值均为80 dB。每日发生几次的冲击振动，其最大值昼间不允许超过标准值 10 dB，夜间不超过 3 dB。

发展趋势 我国环境振动监测工作在标准体系、法律法规等方面与先进国家存在一定差距，今后发展方向主要有以下三个方面：①建立健全环境标准体系，完善环境质量标准、扩展监测项目和拓展评价技术等。②加强环境振动监测的能力建设和技术人员的培训，提高我国环境振动监测技术水平。③开展振动污染现状调查，为环境振动监测提供数据支撑。

（李宪同）

huanjing zhendong jianceyi

环境振动监测仪 （environmental vibration monitor） 又称测振仪，是测量振动对人体影响的仪器，还有的测振仪可以分析振动频谱。

原理 振动传感器拾取的振动信号经电荷放大器，将电荷信号转变为电压信号送到积分器，经两次积分后，分别产生相应的速度和位移信号。来自积分器的信号送到高低通滤波器，滤波器的上下限截止频率由开关选定，然后信号送到检波器，将交流信号变换为直流信号。检波器可以是峰值检波或有效值检波，在一般情况下，测加速度时选峰值检波，测速度时选有效值检波，测位移时选峰-峰值检波。检波后信号被送到表头或数字显示器，直接读出待测振动的加速度、速度或位移值。目前，环境振动监测仪都内置有滤波器，可以进行倍频程和1/3 倍频程频谱分析。

结构 一般由振动传感器、放大器和衰减器、频率计权、带限频率电路、检波-平均、指示器等部分组成。有的环境振动测量仪器在内部或外部加数据处理单元，对测量数据进行统计分析并将结果打印出来。

振动传感器 又称拾振器，是测量系统中最主要的部分，将振动信号变换成与振动加速度成正比的电信号。按照不同原理分为三类：①按机械接收原理分为相对式和惯性式；②按机电变换原理分为电动式、压电式、电涡流式、电感式、电容式、电阻式和光电式；③按所测机械量分为位移传感器、速度传感器、加速度传感器、力传感器、应变传感器、扭振传感器和扭矩传感器。目前常用的是压电式加速度传感器。

放大器和衰减器 将微弱电信号进行放大，将电信号较大的（高振级）进行衰减，以扩大测量范围。通常测量范围为 60～140 dB。

频率计权 环境振动测量一般使用垂向频率计权以测量振级，使用平直频率响应测量振动加速度级。

带限频率电路 由高通与低通滤波器组成，限制振级测量的频率范围在 1～80 Hz，即只允许 1～80 Hz 范围内的信号不衰减通过，其余信号均被衰减，以保证测量结果不受其他频率信号的干扰和影响。

检波-平均 对放大后的交流信号进行检波，检波-平均输出的直流信号与输入交流信号的有效值成比例。振动仪应具有时间常数为 1 s 的指数平均，以测量瞬时振级，也可通过开关选择至少 10 s 的线性积分均方平均，以测量等效连续振级。

指示器 指示待测环境振级值，单位为 dB，一般用数字显示。

仪器校准 是对振动传感器的校准。应用最广的压电式加速度传感器的校准方法分为绝对法、相对法和校准器法三种。

绝对法 包括激光干涉法和互易技术，一般应用于专门的振动测定实验室。

相对法 将被校准的传感器与已知的标准传感器相比较，得到被校准传感器灵敏度和频率特性曲线的方法，一般在实验室进行。

校准器法 使用已知振级的振动激励器（校准器）进行校准的方法。适用于现场校准，不仅可以校准传感器的灵敏度，还可以分析整个测量系统的灵敏度，方便且通用性强。

（李宪同）

huanjing zhiliang jiance

环境质量监测 （environmental quality monitoring） 为准确、及时、全面地获得各环境要素代表性指标数据，对各环境要素进行的环境监测活动。主要目的是掌握和评价环境质量状况及其变化趋势，为环境管理、污染源控制、环境规划等提供科学依据。

沿革 1973 年第一次全国环境保护大会以后，中国环境监测事业随之起步，最早仅限于废水、废气、废渣的监测。1980 年第一次全国环境监测会议，首次提出了环境质量监测的指导思想和全国监测站机构建设方针，并决定开展编制环境质量报告书等工作。1981 年第二次全国环境监测会议，提出环境监测的主要任务是掌握全国环境质量变化趋势，主要成果是环境质量报告书。"八五"期间，我国制定了环境监测工作基本方针，在管理上提出了监测点位网络化、采样布点规范化、分析方法标准化、数据处理计算机化、质量保证系统化的目标，初步形成了以环境质量监测为核心的监测网络。"九五"期间，环境监测能力建设、环境监测网络进一步发展。进入 21 世纪，国家环境监测网功能、范围不断扩大，业务领域不断拓展，为全面反映环境质量提供技术支持。

目的和任务 ①按照预先设计的方案和监测网络，对指定的监测项目进行长期、定期监测，以积累监测数据，确定污染物的种类、浓度，分析评价环境质量和污染源的现状和变化趋势，评价污染控制效果、环境标准实施情况和环境保护工作进展等。②突发性环境污染事件发生后，为及时有效确定污染物种类、浓度和污染扩散范围，以及对事故影响后评估而进行的监测。③针对科学研究等特定目的而进行的环境质量监测，研究污染机理、污染物的迁移转化规律、环境受到污染的程度、需要关注的新污染物等，开展环境污染的预测预报。④通过收集环境本底数据，积累长期环境监测信息，开展综合评价，为研究环境容量、实施总量控制和完善环境质量体系提供基础数据。

分类 按照监测对象，可分为环境空气质量监测、水环境质量监测、海洋环境质量监测、生态环境质量监测、土壤环境质量监测、生物监测以及声环境质量监测、辐射环境质量监测等物理要素质量监测。

环境空气质量监测 对环境空气中的主要污染物定点、连续或定期监测，以掌握环境空气质量基础数据，定期编报环境空气质量报告，为研究环境空气质量变化规律和发展趋势以及污染预测和预报，提供科学依据。

水环境质量监测 为了解水体水质现状，掌握水体水质的变化规律，采用物理、化学和生物等分析技术，对江、河、湖、库等地表水体和地下水体的质量进行监测的过程。

海洋环境质量监测 使用统一规范的采样和检测手段，获取海洋空间内水、空气等环境介质的质量数据，在此基础上阐明各环境介质中污染物的时空分布、变化规律以及与人类活动关系的全过程。

生态环境质量监测 以生态学原理为理论基础，运用可比的和较成熟的方法，对不同尺度的生态系统和生态系统组合体的类型、结构和功能进行系统测定，为评价和预测人类活动对生态系统的影响，合理利用资源、改善生态环境提供依据。

土壤环境质量监测 监测土壤中污染物的种类、浓度及变化趋势，评价土壤环境质量状况的过程。

生物监测 通过监测环境质量及其变化对生物个体、种群或群落产生的反应和影响，阐明环境污染的性质、程度和范围，从生物学角度评价环境质量状况的过程。生物监测能连续地反映各种污染因素对环境作用的综合效应和变化，说明污染物对生物繁殖和生长的影响，以及污染物的迁移、富集、转化和归宿。

声环境质量监测 为掌握城市声环境质量状况，开展的城市区域声环境质量监测、城市道路交通噪声监测和城市各类功能区声环境质量监测。

辐射环境质量监测 监测环境中放射性物质的分布和浓度以及各类电磁辐射装置综合场强和空间中电磁波传递能量大小的活动。

发展趋势 中国环境质量监测的发展重点应在以下几个方面：① 完善国家环境质量监测网络。应包括环境各要素的监测业务网络（环境空气、地表水、地下水、近岸海域、噪声、生态、土壤、生物等环境监测网络）、监测管理网络（国家、省、市、县四级管理网络）、监测信息网络（数据报告、信息传输和在线监控网络系统）。②完善环境监测技术体系。主要包括增加重金属和有机物等监测项目，拓展生物、沉积物等环境要素监测，深入开展生物监测技术、遥感监测技术、自动监测技术以及评价技术的研究与应用。 （史宇）

huanjing zhiliang zidong jiance

环境质量自动监测

（environmental quality automatic monitoring） 运用自动监测仪器（或技术）自动对不同环境介质进行样品采集、测试分析和数据处理及传输的过程。

环境质量自动监测主要由环境自动监测系统实现，应用自动控制技术、分析技术、通信技术和计算机软件技术，对环境质量监测中的某些指标，从样品采集、前处理、分析到数据传输全过程实现自动化的系统，称为自动监测系统。环境自动监测系统一般由监测设备、数据采集传输系统和数据查询发布系统组成，系统可以按照预定的采样周期，定时采样分析，并实现数据的传输和存储。

按照监测的环境要素，环境质量自动监测系统分为水质自动监测系统（参见水质自动监测）、环境空气质量自动监测系统和环境噪声自动监测系统。 （梁霄）

huihua

灰化

（ashing） 又称干法消解，指环境样品在较高温度下与氧作用，其中的有机物氧化分解成二氧化碳、水和其他气体而挥发，剩下无机成分留在干灰中，然后用稀酸加热溶解，供测定用。常用灰化方法包括高温灰化法、低温灰化法和燃烧分解法。

高温灰化法 将样品置于坩埚中加热，使其中的有机物脱水、炭化、分解、氧化，再置于高温炉中灼烧灰化，直至残灰为灰白色或浅灰色为止。该法操作简单，适合处理大批量样品，由于方法不加或很少加入试剂，故空白值较低；大多样品经灼烧后体积很小，因而能处理较多样品，降低检测下限。但高温易造成某些易挥发元素的损失，同时坩埚对待测组分有吸附作用，致使测定结果和回收率降低。因此，灰化温度不能太高，必要时可加助灰化剂。

低温灰化法 又称氧等离子体灰化法。将样品放在低温灰化炉内，尽量使样品摊开成薄层，密闭后将空气抽至 0～133.3 Pa，然后不断通入氧气，用射频照射产生氧等离子体，产生的原子态氧 O^+、O^-可在低于 150℃下使样品完全灰化。该方法样品量一般控制在 0.2～10 mg。其优点是灰化较彻底，能较好地克服高温挥发和器壁吸留，污染较少；缺点是灰化时间较长，取样量少，且设备昂贵，不易普及。

燃烧分解法 将样品置于充满常压或高压氧气的密闭容器中，燃烧使样品分解。燃烧后，待测元素以氧化物或气态形式被容器内吸收液吸收，利用吸收液测定样品中待测元素。燃烧法可使样品中有机物迅速分解，由于氧气是唯一的试剂且可采用高纯氧，因此可消除消解时试剂带来的潜在污染。燃烧分解法可分为氧瓶燃烧法和氧弹燃烧法。氧瓶燃烧法操作简便，无需特殊设备，但不适合分解含有机物较多的样品，且样品处理量有限，不能多于 100 mg。氧弹燃烧法常用于样品中硫、卤素及微量元素的前处理，优点是待测元素无挥发、喷溅损失，无外环境污染；缺点是样品处理量有限，不能多于 1 g。

应用 在环境监测领域，高温灰化法多用于固态样品如沉积物和土壤样品的分解。用于水样消解时，应先把样品放入铂、石英或瓷蒸

发皿中，在水浴或红外线下蒸干，再放入高温炉中使有机物灰化。低温灰化法和燃烧分解法较少用于环境样品的分析。（贾静）

huifafen ceding

挥发酚测定 （determination of volatile phenolic compounds） 经过适当的样品采集和制备技术处理后，选用合适的测定方法对空气和水等环境介质中的挥发酚进行定量分析的过程。挥发酚指沸点在230℃以下，在蒸馏时能与水蒸气一并挥发的酚类化合物，主要包括苯酚和甲酚。

样品采集和保存 水样品用硬质玻璃瓶采集。在采样现场，用淀粉-碘化钾试纸检测样品中有无游离氯等氧化剂的存在，若试纸变蓝，加入过量的硫酸亚铁去除氧化剂。样品采集后立即加磷酸酸化至pH=4.0，并加入适量硫酸铜以抑制微生物对酚类的生物氧化作用，同时冷藏，在采集后24 h内进行测定。气体样品可用氢氧化钠溶液吸收采集。

测定方法 常用的测定方法包括：滴定法、分光光度法、流动注射-分光光度法以及色谱法。色谱法测定水和废水及废气中的挥发酚类化合物主要有气相色谱法、高效液相色谱法和气相色谱-质谱法等。但由于色谱法操作步骤较为复杂、分析成本较高，而且挥发酚具有挥发性，可与水蒸气一并蒸出，采用有机溶剂萃取浓缩时极易随溶剂蒸发，低浓度样品测定时回收率难以保证，使色谱法的应用受到限制。因此，目前挥发酚的测定仍以经典的滴定法和分光光度法为主。

滴定法 利用挥发酚与过量溴（溴酸钾和溴化钾）反应生成溴代三溴酚，剩余的溴与碘化钾作用释放出游离碘的同时，溴代三溴酚与碘化钾反应生成三溴酚和游离碘，用硫代硫酸钠滴定游离碘，从而计算得到挥发酚的含量。该方法适用于高浓度废水中挥发酚的测定，检出限为0.1 mg/L。

分光光度法 包括4-氨基安替比林直接光度法、4-氨基安替比林萃取光度法、流动注射4-氨基安替比林光度法。

4-氨基安替比林直接光度法 采用蒸馏法将挥发酚类化合物蒸馏出，与干扰物质和固定剂分离，被蒸馏出的酚类化合物于pH为10.0±0.2的介质中，被铁氰化钾氧化，生成的醌类物质与4-氨基安替比林反应，形成黄色的缩合物，在510 nm处比色测定。适用于废水和废气中挥发酚的测定。该方法优点是操作简便、干扰易消除，显色物质稳定性好。

4-氨基安替比林萃取光度法 方法原理和预蒸馏步骤与“4-氨基安替比林直接光度法”相同，区别是采用三氯甲烷对黄色缩合物萃取后在460 nm处比色测定。

流动注射4-氨基安替比林光度法 方法原理与“4-氨基安替比林直接光度法”相同，具体操作采用蒸馏、流动注射4-氨基安替比林直接比色法联用技术测定水和废水中的挥发酚，测定波长500 nm，方法检出限为0.002 mg/L。该方法优点是线性范围宽，可同时满足地表水、地下水和废水中挥发酚的测定，同时不引入有机溶剂三氯甲烷。但若悬浮物含量较高时，样品需过滤，否则易引起管路堵塞。高浓度含酚废水应进行稀释，且测定后需反复冲洗管路以减少对低浓度样品测定的影响。

（董捷）

huifaxing ludaiting ceding

挥发性卤代烃测定 （determination of volatile halogenated hydrocarbon） 对水、气、土壤及沉积物等环境介质中的挥发性卤代烃进行定性定量分析的过程。挥发性卤代烃通常指沸点在200℃以下的卤代化合物。有机卤代烃被广泛用作溶剂、工业和民用清洗剂，环境介质中的卤代烃除极少部分来自于天然的生物代谢外，主要来源于人为污染。各种卤代烃均有特殊气味并具有毒性，可通过皮肤接触、呼吸或饮水进入人体。此外，卤代烃还可对臭氧分解起到催化剂的作用，破坏大气臭氧层。因此，各国都十分重视挥发性卤代烃的监测工作。美国129种水环境优先控制污染物和189种重点控制空气中有毒污染物名单中分别包括 26 种和 27 种挥发性卤代烃；中国“水中优先控制污染物”的名单中也包括 10 种挥发性卤代烃。

样品采集与保存 见挥发性有机化合物测定。

测定方法 挥发性卤代烃沸点较低、种类较多。根据样品介质不同，测定时采用不同的前处理方法。①水样中挥发性卤代烃可选用溶剂萃取、顶空和吹扫捕集等前处理方法；②气体样品中挥发性卤代烃的前处理方法有活性炭吸附二硫化碳解吸和热脱附；③土壤和沉积物样品中的挥发性卤代烃测定可采用吹扫捕集前处理方法。分析仪器一般选用气相色谱-电子捕获检测器（GC-ECD）和气相色谱-质谱仪（GC-MS）。

顶空气相色谱法 将水样置于密封的顶空瓶中，平衡一定时间后，水中的挥发性卤代烃逸至上部空间，并在气液两相中达到动态平衡。取液上气体样品用带有电子捕获检测器（ECD）的气相色谱仪进行色谱分析。ECD 是一种高灵敏度、高选择性检测器，对电负性物质特别敏感；化合物分子中卤素原子数量越多，方法灵敏度越高。该方法灵敏度较高、适用范围较广，可用于地表水、地下水、饮用水、海水、工业废水以及生活污水的测定。方法测定下限为 0.08～24.5 μg/L。

顶空气相色谱-质谱法 将在恒温密闭的顶空瓶中达到平衡的液上气体样品引入气相色谱中分离，用质谱仪检测。通过与待测目标物标准质谱图比较和保留时间作对照进行定性，内标法定量。对于土壤和沉积物固体样品，需加入少量的氯化钠，然后将样品密封在顶空瓶中，达到气液固三相平衡后，取气相样品进入气相色谱-质谱仪进行检测。当样品量为 5 g，用标准四级杆质谱进行全扫描分析时，方法测定下限为 6.8～9.6 μg/kg。适用于组分浓度较高的地下水、地表水、污水以及土壤和沉积物等固体样品的测定。

吹扫捕集气相色谱-质谱法 水样品中的挥发性卤代烃用氦气（或氮气）吹扫出来，吸附于捕集管中，将捕集管加热并以氦气（或氮气）反吹，捕集管中的挥发性卤代烃被热脱附出来，经气相色谱分离后，采用质谱仪检测。通过与待测目标物标准质谱图比较和保留时间作对照进行定性，内标法定量。方法的最低检出浓度为 0.03 μg/L。对于土壤和沉积物样品，经水或甲醇浸提后将样品中挥发性有机物引入吹扫管中进行吹扫捕集。当样品量为 5 g，用标准四级杆质谱进行全扫描分析时，方法测定下限为 0.84～1.28 μg/kg。相比于顶空气相色谱-质谱法，吹扫捕集气相色谱-质谱法的方法灵敏度较高，适用于较为清洁地下水、地表水、土壤以及沉积物等固体样品的测定。

活性炭吸附二硫化碳解吸气相色谱法 用活性炭管吸附气体样品中的挥发性卤代烃，二硫化碳解吸。取解吸液注入气相色谱仪，用 ECD 检测。该方法检测范围较宽，当采样体积为 10 L 时，方法测定下限为 1.2×10^{-4}～0.04 mg/m^3。适用于环境空气中挥发性卤代烃的测定。

热脱附进样气相色谱法 用多层碳吸附剂填装的不锈钢或玻璃吸附管吸附气体样品中的挥发性卤代烃，用加热的方法将挥发性卤代烃从吸附剂上脱附，然后用载气将挥发性卤代烃带入色谱柱中进行分离分析，用 ECD 检测。该方法灵敏度高、不需使用有机试剂。适用于环境空气和污染源废气中挥发性卤代烃的测定。当采样体积为 2 L 时，方法测定下限为 1.2×10^{-3}～0.172 mg/m^3。

发展趋势 ①扩展监测指标。环境介质中存在的卤代烃种类很多，根据管理需要和分析技术能力的不同，监测对象也不断扩大。饮用水氯化消毒是中国及世界上许多国家和地区采用的消毒方法，产生的三卤甲烷类化合物（THM）具有致癌致突变性。THM 是甲烷的 3 个氢原子被 Cl、I、Br 等卤族原子取代而生成的有机卤化物的总称。目前饮用水中三卤甲烷的分析方法仅局限于含氯、含溴有机卤化物，而毒性最大的含碘有机卤化物现阶段还难以分析。随着样品前处理技术和分析技术的发展，对挥发性卤代烃监测的种类将越来越多。采用经硅烷化处理的不锈钢罐采样和 GC-MS 分析测定是目前较为先进的分析方法，可以做到大气中挥发性有机物的全分析，但由于成本较高、采样罐不便携带等原因，不适合进行例行监测。②环境空气自动监测。为了实时了解城市环境空气中挥发性有机物的浓度水平，大气中挥发性有机物自动监测越来越多地被使用，将环境大气通过采样系统采集后，进入浓缩系统，在空毛细管捕集柱中被冷冻捕集，然后快速加热解吸，经色谱柱分离后被氢火焰离子化检测器（FID）和质谱检测器（MS）检测。③现场快速测定。主要方法包括气体速测管和便携式气相色谱法。气体速测管法是根据变色环（柱）部位所示的刻度位置对一些种类的挥发性卤代烃进行定量或半定量分析；便携式气相色谱内置恒流采样泵采集一定体积空气样品，并经内置预浓缩器预浓缩解吸后进入色谱柱进行分离，通过与纯品的保留时间比较定性，峰面积定量，实现挥发性卤代烃的快速检测。（李红莉）

huifaxing youji huahewu ceding

挥发性有机化合物测定 (determination of volatile organic compounds) 对水、气、土壤及沉积物等环境介质中的挥发性有机化合物（VOCs）定性定量分析的过程。世界卫生组织将 VOCs 定义为：沸点在 50～260℃，室温下饱和蒸气压超过 133.32 Pa 的有机化合物的总称。按其化学结构，挥发性有机物分为 8 类：烷烃类、芳烃类、烯烃类、卤代烃类、酯类、醛类、酮类和其他。其中苯系物和低分子量的卤代烃均已列入环境优先监测污染物，其毒性主要表现在对人体具有致癌、致突变和致畸等作用。

样品采集与保存 ①水质样品用棕色玻璃瓶采集。采集样品时，倾斜采样器和样品瓶，将样品缓慢地从采样器导入样品瓶，直至满瓶，避免由于搅动引起 VOCs 逸出，避免将空气气泡引入采样瓶。地下水样品采集，要按要求进行全孔清洗或微扰清洗。如从自来水或有抽水设备的出口管处取水时，应先放水 5～10 min，然后将水样缓慢收集于采样瓶中，满瓶避免气泡。样品采集后立即进行测定，不加保存剂，如需保存，可加入浓盐酸使 pH 小于 2，冷藏保存 14 天；如有余氯存在，加入硫代硫酸钠去除。②环境空气样品可用填充吸附剂的不锈钢或玻璃吸附管吸附气体样品中的 VOCs，或用经特殊处理的不锈钢罐或采样袋采集样品。③土壤和沉积物 VOCs 样品的采集参考相关技术规范，用棕色瓶装满冷藏，7 天内完成分析测试。

测定方法 根据样品介质，采用不同的前处理方法处理后测定。水样中 VOCs 可选用树脂吸附、顶空、溶剂萃取、固相微萃取和吹扫捕集等前处理方法；气体样品中 VOCs 有固相吸附/溶剂解吸、热脱附、固相微萃取、预冷冻浓缩等前处理方法；土壤和沉积物样品中 VOCs 的测定可采用溶剂萃取、顶空、吹扫捕集和固相微萃取等前处理方法。仪器最常用的是气相色谱仪（GC）与气相色谱-质谱仪（GC-MS）。环境样品中 VOCs 的分析大多采用 GC 或 GC-MS。

树脂吸附法 采用一种以芳香族高聚物为主的离子交换树脂，对水样中的 VOCs 进行富集，然后用溶剂洗脱树脂中的目标组分，经浓缩后注入到 GC 或 GC-MS 中测定。该方法可富集水环境中μg/L 级痕量挥发性有机物，回收率达 90%～100%。

顶空法 将样品注射到管形瓶等封闭系统中，在一定温度下放置，样品中的挥发性组分向容器的液上空间挥发，产生蒸气压，在一定条件下，当气液两相间达到热力学动态平衡时，取气相样品注入到 GC 或 GC-MS 中测定。该方法适用于监测石油化工、焦化、油漆、农药、制药等行业排放的废水，也可用于地表水中 VOCs 的测定。

溶剂萃取法 依据“相似相溶”原理，用溶剂萃取水样中的 VOCs，萃取液经浓缩后注入 GC 或 GC-MS 中进行检测。常用的萃取剂有二硫化碳、甲醇、乙醚、乙腈、丙酮、环己烷、正己烷等。该方法适用于石油化工、焦化、油漆、农药、制药等行业排放废水的石油类测定。

吹扫捕集法 将惰性气体氦气（或氮气）通入水样，把水样中低水溶性的挥发性有机物及加入的内标、标记化合物吹扫出来，捕集在装有适当吸附剂的捕集管内。吹扫程序完成后，捕集管被加热并以高纯氦气或氮气反吹，将所吸附的组分解吸进入气相色谱中，用质谱仪检测。通过与待测目标物标准质谱图比较和保留时间作对照进行定性，内标法定量。对于土壤和沉积物样品，经水或甲醇浸提后将样品中挥发性有机物引入吹扫管中进行吹扫捕集。适用于地下水、地表水、污水以及土壤和沉积物样品的测定。

固相吸附/溶剂解吸法 用填充吸附剂的吸附管捕集试样，再用溶剂萃取法将待测组分提取出来。溶剂解吸法分析 VOCs 时，广泛使用活性炭作吸附剂，用二硫化碳解吸，再用气相色谱仪分析。其他可供选择的吸附剂还有合成树脂、硅胶、石墨化炭黑以及炭分子筛，洗脱液根据吸附剂的类型确定。该方法灵敏度较低，但不需特殊的前处理设备，适用于污染源废气和环境空气中 VOCs 的测定。

热脱附法 用填装吸附剂的不锈钢或玻璃吸附管吸附气体样品中的 VOCs，将吸附管放入热解吸仪中，以与吸附相反方向通入惰性气体，带走管中的水蒸气、氧气和臭氧等气体，加热器对吸附管进行加热，脱附气体被冷阱捕集进行二次聚集，再对冷阱闪蒸加热，使待测组分快速通过一根加热的传输线直接导入气相色谱仪完成分析过程。与传统的溶剂解吸法相比，热脱附技术具有操作方便，富集浓缩效率高，可以实现全部进样，不使用有机、有毒溶剂等优点，是现代样品前处理的一项重要技术，适用于环境空气和污染源废气中 VOCs 的测定。

固相微萃取法 在特制微量注射器的针上涂上某种固定液，然后将注射器针放入待测溶液，溶液中待测化合物选择性地被吸附到固定液上。然后将注射器注入气相色谱进样口，固定液中吸附的化合物在气化室高温下被解吸下来，再被载气带到毛细管中进行分离。该方法可避免溶剂的影响，操作简单快速，缺点是重现性有待改进。

预冷冻浓缩法 样品进入预浓缩装置的第一级冷阱中（内装玻璃微球，-170～-150℃）冷凝浓缩，之后冷阱被加热到 10～20℃，保持此温度同时通入高纯氦气。用高纯氦气或氮气将 VOCs 从第一级冷阱吹到第二级冷阱（内装吸附剂填料）中，第二级冷阱被加热至 180℃并反吹将其中捕集的 VOCs 进一步聚焦到第三级冷阱（一个小体积低温捕集管，-170℃）中。再将第三级冷阱加热，载气将 VOCs 带入气相色谱柱分离后由质谱检测。该方法优点在于可以避免采用吸附剂时的穿透、分解及解吸，并且可以同时进行多组分分析，灵敏度高、重现性好。适用于室内空气和环境空气中 VOCs 的测定。

方法应用 在样品前处理方面，水、土壤和沉积物样品的溶剂萃取方法由于具有耗时长、使用大量溶剂、高成本和回收率不稳定等缺点逐渐被顶空、吹扫捕集和固相微萃取等方法取代。顶空法免除了溶剂萃取等步骤，大大降低甚至消除了溶剂及其他有机物干扰，但是顶空是一种非浓集型气体分析方法，只有挥发性物质在顶空气相中具有足够的浓度时，才能得到良好分析结果；吹扫捕集法具有灵敏度高、重复性好、取样少、方便、快速、可自动化等特点，且不使用有机溶剂，避免了潜在的环境污染，比顶空法测量更低的痕量组分，被广泛用于地表水、地下水、饮用水和废水中挥发性有机物的检测；固相微萃取法是一种快速、简便，集萃取、浓缩、进样于一体的样品前处理技术，具有分析时间短、灵敏度高、无需有机溶剂的优点，越来越受到分析人员的青睐。大气环境样品的固相吸附/溶剂解吸法由于采样时间长，难以测定低浓度的 VOCs，洗脱用的溶剂大多是有毒有害溶剂等缺点逐渐被热脱附、预冷冻浓缩等方法取代。采用经硅烷化处理的不锈钢罐采样和 GC-MS 分析测定是目前较为先进的大气中 VOCs 监测方法。由于是被动采样，不需要借助任何工具，可以做到大气中挥发性有机物的全分析。缺点是分析仪器成本过于昂贵，分析成本较高；而且采样罐不便携带，采集的样品量受到限制，如果只对 VOCs 中特定组分如苯系物等进行分析，不如热脱附等方法经济。

在分析仪器方面，环境样品中 VOCs 的分析大多采用 GC 或 GC-MS。GC 具有操作简便、选择性高、分离效能高、灵敏度高、分析快速以及应用范围广等特点，采用 GC 分析 VOCs 的检测器主要有氢火焰离子化检测器（FID）和电子捕获检测器（ECD）。用质谱检测可以更为准确地定性，但方法检出限比 FID 和 ECD 高。在色谱柱选择方面，近年来，毛细管色谱柱实现了由不锈钢以及玻璃作为材料到以熔融石英为材料的技术进步的转变。这不但提高了毛细管气相色谱分析的精密度准确度，而且大大增加了进样量，进一步提高了灵敏度。

在快速分析领域，有很多便携式分析仪器，在应对环境污染事故中起到快速检测的目的。例如，挥发性有机物检测仪可以检测出挥发性有机物的总量，但对于具体组分无法定量。傅里叶变换红外光谱仪对于纯度较高的样品可进行定性分析。光离子化气体检测仪虽然无法对气体组分进行分离，但其响应速度快，可对 10^{-6} 浓度水平的苯、甲苯、二甲苯等 30 多种挥发性有机化合物进行快速检测。配置光离子化检测器、氦离子化检测等新型检测器的便携式气相色谱仪以及便携式气相色谱-质谱仪能够在事故现场进行快速定性定量分析，在处理环境污染事故中得到很好的应用。（吕怡兵）

huoyan guangdufa

火焰光度法 （flame photometry）

以火焰作为激发光源，使待测元素的原子激发，用光电检测系统测量被激发元素发射的特征辐射强度，从而进行元素定量分析的方法。火焰光度法属于原子发射光谱法，即以电弧、电火花或电火焰为激发光源得到原子光谱的分析方法。火焰光度法的测量仪器为火焰光度计。

分析方法 包括标准曲线法和标准加入法。其依据是自吸现象忽略时，特征谱线强度与待测物质浓度成正比。

标准曲线法 测定一系列标准溶液的特征谱线强度，以强度为纵坐标，以浓度为横坐标绘图，即得标准曲线。在相同条件下测定待测溶液的强度值，从标准曲线上查得浓度值。该方法简便、快速，适用于大批量样品分析，但基体的影响较大。

标准加入法 等体积两份待测溶液，在其中一份中加入一定量已知浓度的标准溶液，然后稀释至相同体积，并在相同操作条件下测定特征谱线强度，比较加入前后样品的浓度。加入标准溶液后的浓度将比加入前的高，其增加的量应等于加入的标准溶液中所含的待测物质的量。如果样品中存在干扰物质，则浓度的增加值将小于或大于理论值。该方法主要适用于低含量样品以及基体复杂的样品测定。

应用 火焰光度法可以作为一种光化学分析方法独立使用，测定土壤、沉积物、植物等环境样品中的钾、钠、钙等碱金属、碱土金属；也可以作为光检测器，与气相色谱仪联用，测定水和土壤中的有机磷农药，气体样品中的硫化氢、甲硫醇、甲硫醚和二甲二硫；还可以作为一种试样原子化装置，用于原子吸收分光光度法中。（吴庆梅）

huoyan guangduji

火焰光度计 （flame photometer）

以火焰作为激发光源，使待测元素的原子激发发光，用光电检测系统测量被激发元素所发射的特征辐射强度，并根据能量强弱进行元素定量分析的仪器。

火焰光度计是按罗马金公式进行定量分析的，即 $I=aC^b$，式中，I 是特征谱线强度；C 是待测物浓度；a 是与元素激发电位、温度及试样成分有关的参数（用火焰作为激发光源时，因燃烧稳定，且组分在火焰中分散度好，此时 a 为常数）；b 是自吸情况参数，当 C 很低时，$b=1$，此时自吸现象可忽略，即特征谱线强度与待测物浓度成正比。

仪器主要由燃烧系统、色散系统和检测系统组成。①燃烧系统：由供气系统、喷雾器和燃烧器组成，为试样蒸发、离解成气态原子和原子激发提供能量。②色散系统：包括单色器、透镜、光圈和快门。单色器采用滤光片，透镜使火焰中待测元素的谱线更集中地照射到单色器及光电转换器件上，以提高测定的灵敏度。③检测系统：为光电转换部分，将光能转换为电能，包括硒光电池（或硅光电池）和检流计。

火焰光度计具有准确、简单快速、灵敏度高、取样量少的优点，但用火焰作为激发光源，温度较低，只能激发碱金属、碱土金属等激发能低、谱线简单的元素，对难激发的元素测定较困难。在环境监测领域，用于检测碱金属含量，土壤中钾含量，硅酸盐、矿物、富矿石中钠含量等。现代火焰光度计可以进行多元素同时分析测试，并且带有读数指示系统、记录器或数字显示装置，也可配带微型专用计算机。

（吴庆梅）

J

jichang zhouwei feiji zaosheng jiance

机场周围飞机噪声监测 （monitoring of aircraft noise around airport） 为了控制飞机噪声对周围环境的危害，评价机场周围飞机通过所产生噪声影响的区域及危害程度，对飞机起飞、降落或低空飞越时所产生噪声进行的测量，并对机场周围不同土地利用类型区域的飞机噪声提出控制要求的过程。现行的机场周围噪声测量及评价标准是《机场周围飞机噪声环境标准》（GB 9660—1988）和《机场周围飞机噪声测量方法》（GB 9661—1988），其中规定采用国际民航组织（ICAO）推荐的计权等效连续感觉噪声级 L_{WECPN} 作为评价指标。

布点 在主航道下按不大于 1 km 的间隔、侧向按不大于 500 m 划成网格，在网格内取户外开阔平坦处为测点。

测量仪器 精度不低于 2 型的声级计或机场噪声监测系统及其他适当仪器。声级计的性能要符合《电声学 声级计 第 1 部分：规范》（GB/T 3785.1—2010）的规定。

测量方法 在机场周围测量飞机噪声时可采用精密测量和简易测量两种方法。

精密测量 需要记录一段时间的噪声信号用作频谱分析。传声器通过声级计将飞机噪声信号送到测量录音机并记录在磁带上，然后在实验室按原速回放录音信号并对信号进行频谱分析。测量前应进行从传声器到录音机系统的校准和标定。录音时，根据飞机噪声级的高低适当调整声级计衰减器的位置（并记录其位置），使录音信号不至过载或太小。当飞机飞过测量点时，通过声级计线性输出录下飞机信号的全过程，录音时要使起始和结束的录音信号声级小于最大噪声级 10 dB 以上。测量过程中应记录测量条件，如测量日期、测量点位置、气温和 10 m 高处风向和风速，以及测量飞行时间、飞行状态、飞机型号等。

简易测量 只需测量经频率计权的噪声声级。声级计接声级记录器，或用声级计和测量录音机，读 A 声级或 D 声级最大值。测量仪器校准：对一系列飞行事件的飞行噪声级测量前后，应该利用能在一已知频率上产生一已知声压级的声学校准器，对整个测量系统的灵敏度作校准。当声级计与声级记录器连用并做绝对测量时两者必须一起校准和标定。读取一次飞行过程的 A 声级最大值，一般用慢响应；在飞机低空高速通过及离跑道近的测量点用快响应。当用声级计输出与声级记录器连接时，记录器的笔速对应于声级计上的慢响应为 16 mm/s，快响应为 100 mm/s。没有声级记录器时可用录音机录下飞行信号的时间历程，然后在实验室进行信号回放分析。测量过程中应记录测量条件，如测量日期、测量点位置、气温和 10 m 高处风向和风速，以及测量飞行时间、飞行状态、飞机型号、最大噪声级等。

应用以上两种方法测量时，传声器位置和方向应安装在开阔平坦的地方，高于地面

1.2 m，距其他反射面 1 m 以上，注意避开高压电线和大型变压器。所有测量都应使传声器膜片基本位于飞机标称飞行航线和测点所确定的平面内，即是掠入射。在机场的近处应当使用声压型传声器，其频率响应的平直部分要达到 10 kHz。

信号分析处理 根据精密测量记录的信号，由频谱计算有效感觉噪声级 L_{EPN}。根据简易测量的信号，由测量的一次飞行噪声的 A 声级或 D 声级最大值，以及持续时间 T_d，计算有效感觉噪声级 L_{EPN}。而一段监测时间内的连续噪声级，是由 N 次飞行的有效感觉噪声级的能量平均值，以及对白天、傍晚和夜间飞行次数的加权计算，得到的计权有效连续感觉噪声级 L_{WECPN}。

评价方法 采用一昼夜的计权等效连续感觉噪声级作为评价量，用 L_{WECPN} 表示，单位为 dB。不同划定区域的标准值为：一类区域即特殊住宅区、居住、文教区的标准值为≤70 dB；二类区域是除一类区域以外的生活区，适用的区域地带范围由当地人民政府划定，标准值为≤75 dB。

通常要绘制机场周围飞机噪声等值线图，系统评价机场周围飞机产生的噪声影响。其制作方法是在机场周围布置测量点，记录不同时间段的飞行次数。按上述的测量、分析、处理方法求出各点的 L_{WECPN}。航班周期为一周的机场，一般监测一周，求出平均一昼夜的 L_{WECPN}。不定期飞行机场，求出飞行期间平均一昼夜的 L_{WECPN}。然后，按 5 dB 间隔画等噪声级线，绘制机场周围飞机噪声等值线图。最低等值线的噪声级应小于或等于 70 dB。

现状与发展趋势 L_{WECPN} 能够体现飞机噪声的特点，对昼夜飞行量进行计权，同时考虑飞机噪声纯音的修正，用于评价机场噪声具有合理性。但该评价量的缺点是指标生僻、计算复杂、不能直接测量，不便于理解和执行。因此，虽然 ICAO 推荐采用 L_{WECPN}，但是许多发达国家并未采用该评价量，例如，美国采用昼夜等效声级（L_{DN}）；欧盟国家以前使用的评价量很多，如英国采用噪声-事件数指数（NNI），法国采用等干扰指数（IP），德国采用烦恼度指数（$\overline{Q}$），现在基本统一成 L_d（昼间等效声级）、L_n（夜间等效声级）、L_{DEN}（昼间-傍晚-夜间等效声级）；日本以前采用 L_{WECPN}，现在也修改为 L_{DEN}。有学者认为，我国也可能将机场周围飞机噪声监测的评价量修改为 L_d、L_n。

（汪赟　郭平）

jipufa

极谱法

极谱法 （polarography） 通过测定样品中待测物质电解过程中极化电极的电流-电压（或电位-时间）曲线，确定其浓度的分析方法。主要用于溶液中无机金属元素及部分有机化合物的测定。

沿革 1922 年，捷克化学家海洛夫斯基（J. Heyrovsky）建立极谱法。1925 年，他与人合作发明了第一台可以自动照相记录的极谱仪，并获得了铅、锌和硝基苯的极谱图。1934 年，捷克人尤考维奇（Ilkovic）提出扩散电流理论，并导出著名的尤考维奇方程式，揭示了极限扩散电流及其浓度间的关系，奠定了经典极谱定量分析理论基础。1935 年海洛夫斯基和尤考维奇共同努力，推出极谱波的方程式，从理论上解释了极化剂的半波电位与其浓度无关。1948 年，兰德尔斯（Randles）建立了单扫描极谱法。1952 年，巴克（G. C. Buck）首先提出方波极谱电流理论，通过放大电流提高测定灵敏度；但对于不可逆波，灵敏度不高，要求支持电解质浓度较高，试剂纯度特别高，最主要的是毛细管噪声电流阻止进一步提高灵敏度。脉冲极谱法是方波极谱法的发展，比方波极谱法灵敏几倍，支持电解质浓度也较低，是目前灵敏度最高的极谱法，常用于电极过程和吸附现象研究。1975 年后，滕正志等提出半微分极谱法，并将半微分极谱法应用于悬汞电极阳极溶出伏安法，并从理论上解决了波高、峰电位及半峰宽度的表达式，使半微分极谱法灵敏度进一步提高。其后，滕正志又将半微分极谱法应用于汞膜阳极溶出分析，使方法灵敏度达到更高水平。总之，极谱法发展了极谱催化波、示波极谱、脉冲极谱、方波极谱和溶出伏安法。

基本原理 施加于滴汞电极与甘汞电极（参比电极）上的外加直流电压达到足以使被测电活性物质在滴汞电极上还原分解，待测物质开始在滴汞电极上还原，产生极谱电流，此后极谱电流随外加电压增高而急剧增大，并逐渐达到极限值（极限电流），不再随外加电压增高而增大。得到的电流-电压曲线，称为极谱波。极谱波的半波电位（$E_{1/2}$）是待测物质的特征值，可用来定性分析。扩散电流依赖于待测物质从溶液本体向滴汞电极表面扩散的速度，其大小由溶液中待测物质的浓度决定，据此可进行定量分析。

分析方法 极谱法分为控制电位极谱法和控制电流极谱法。此外，还有催化极谱法、溶出伏安法。

控制电位极谱法 电极电位是被控制的激发信号，电流是被测定的响应信号。控制电位极谱法包括直流极谱法、交流极谱法、单扫描极谱法、方波极谱法、脉冲极谱法等。

直流极谱法 又称恒电位极谱法。通过测定电解过程中得到的电流-电位曲线确定溶液中被测组分浓度。特点是分析速度慢、灵敏度和分辨率均较低。目前已较少应用。

交流极谱法 将一个小振幅（几到几十毫伏）的低频正弦电压叠加在直流极谱的直流电压上，通过测量电解池电流得到交流极谱波。

单扫描极谱法 又称直流示波极谱法。在一个汞滴生长的后期，其面积基本保持恒定时，在电解池两个电极上快速施加一脉冲电压，同时用示波器观察在一个汞滴上所产生的电流-电压曲线。特点是灵敏度比直流极谱法高1～2个数量级，分辨率高，抗干扰能力强。

方波极谱法 在缓慢改变的直流电压上，叠加一个低频率小振幅（≤50 mV）方形波电压，并在方波电压改变方向前的一瞬间记录通过电解池的交流电流成分。方波极谱波呈峰形，峰电位 E_p 和直流极谱的 $E_{1/2}$ 相同，峰电流与待测物质浓度成正比。通过放大电流提高灵敏度，检测下限可达到 10^{-9}～10^{-8} mol/L。特点是分辨率高，抗干扰能力强，但毛细管噪声电流较大，限制了灵敏度进一步提高。

脉冲极谱法 在汞滴生长到一定面积时，在直流电压上叠加一小振幅（10～100 mV）脉冲方波电压并在方波后期测量脉冲电压产生的电流。依脉冲方波电压施加方式不同，分为示差脉冲极谱和常规脉冲极谱。前者是直流线性扫描电压上叠加一个等幅方波脉冲，得到的极谱波呈峰形；后者施加的方波脉冲幅度随时间线性增加，每个脉冲的电流-电压曲线与直流极谱的电流-电压曲线相似。

控制电流极谱法 电流是被控制的激发信号，电极电位是被测定的响应信号。控制电流极谱法为示波极谱法。与直流示波极谱法一样，需要使用示波器观察极谱曲线，不同之处是在电解池两个电极上快速施加交流电压。

催化极谱法 电活性物质的电极反应与反应产物的化学反应平行进行。化学反应生成的电活性物质，又在电极上还原，形成循环。催化电流比电活性物质的扩散电流大得多，并与被测组分浓度在一定范围内有线性关系。化学反应的速率常数愈大，催化波愈灵敏。极谱催化波分为三类：平行催化波、催化氢波和络合吸附波。

溶出伏安法 又称反向溶出极谱法、反向溶出伏安法。由极谱法发展而来，是将富集和测定结合在一起的电化学分析方法。伏安法和极谱法的区别在于，伏安法使用的极化电极是固体电极或表面不能更新的液体电极，而极谱法使用的是表面能够周期更新的滴汞电极。溶出伏安法使待测组分，在待测离子极谱分析产生极限电流的电位下电解一定时间，然后改变电极电位，使富集在该电极上的物质重新溶出，根据溶出过程中的伏安曲线进行定量分析。溶出伏安法包括阳极溶出伏安法和阴极溶出伏安法，环境监测领域常用阳极溶出伏安法分析金属离子。该方法富集效果与初始浓度无关，溶出电流与富集和溶出过程有关。影响溶出电流的因素包括富集时间、搅拌速度和电位扫描速率、富集电位和温度等。其灵敏度较高，在环境监测中主要用于现场快速分析。

应用 目前，极谱法在环境监测领域，主要用于测定水中铅、镉、砷、锌、钒、硒、钛、二硝基甲苯、硝化甘油；农药定量分析时，可用于对硫磷、甲基对硫磷、杀螟硫磷、氯硫磷、马拉硫磷、敌百虫、六六六、滴滴涕、灭菌丹、百草枯等几十种常用农药的测定；沉积物中，可测定砷、硒等。随着静汞电极推广使用，仪器分辨率及分析灵敏度均有很大提高；由于仪器便携性、稳定性和抗干扰能力改善，加之多元素连续测定的优势，极谱法在现场快速测定及在线连续监测应用方面获得了极大推进。

（陈素兰 王爱一 余海）

jipuyi

极谱仪 (polarograph) 根据物质电解时所得到的电流-电压曲线，对样品中某些金属离子、阴离子和有机化合物进行定量测定的电化学分析仪器。

沿革 1922年，捷克化学家海洛夫斯基（J. Heyrovsky）建立极谱法。1925年，他与人合作发明了第一台可以自动照相记录的极谱仪，并测得铅、锌和硝基苯的极谱图。我国第一代极谱仪诞生于20世纪50年代，这种连续快速滴汞的仪器至今仍用于教育与演示极谱仪的基本原理。20世纪60年代，仿制国外开发了单扫极谱仪，其分析速度快、重复性好、适应基础实验室需求，在地矿、冶金实验室大量装备；但无法详细观察波形、功能单一，仅用于单扫极谱分析。20世纪80年代，国内先后成功研制溶出分析仪、示波极谱仪等，实现了由单板机控制向PC机控制的转变，仪器灵敏度不断提高、应用范围不断扩大。

原理 见极谱法。

结构 主要由一个工作电极、一个参比电极以及具有电压调节的电解池和电流测量装置组成。基本构造见图。

工作电极 大多为滴汞电极，其电极由铂等惰性金属制成，如微铂电极。电极特点：①汞滴不断下滴，电极表面吸附杂质少，表面经常保持新鲜，测定的数据重现性好。②氢在汞上的超电位较大，滴汞电极的电位负至1.3 V不会有氢气析出，在酸性溶液中也可进行极谱分析。③许多金属可以与汞形成汞齐，降低金属离子在滴汞电极上的还原电位，使之更易电解析出。④汞易提纯。高纯度汞保证极谱法具有很好的重现性和准确度。⑤汞能被氧化，滴汞电极不能用于比甘汞电极正的电位。⑥滴汞电极上的残余电流较大，限制了测定的灵敏度。⑦汞易挥发且有毒，阳极溶出伏安法通常使用的工作电极是静止汞电极，包括悬汞电极、卧汞电极、汞膜电极和玻璃碳汞膜电极等。

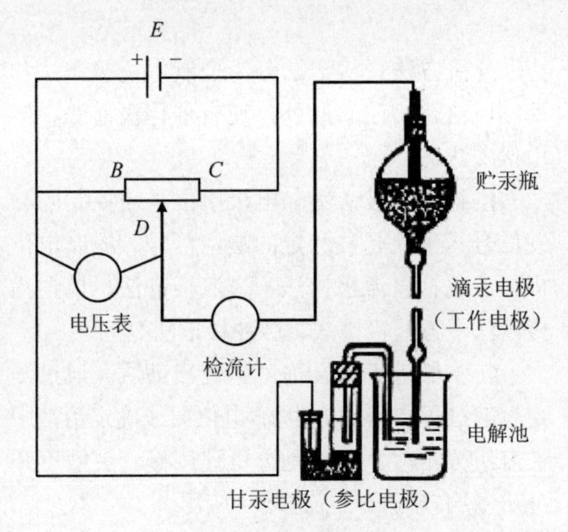

极谱仪基本构造图

参比电极 是去极化电极，其电位不随外加电压的变化而变化，通常用饱和甘汞电极，使用时起盐桥作用。甘汞电极由金属汞和Hg_2Cl_2及KCl溶液组成，电极电势与氯离子浓度相关。

应用 极谱仪可用于从痕量到常量的无机离子和有机物分析，在地质、冶金、土壤、卫生防疫、理化检验等方面已形成诸多国家标准、行业标准和地方标准，环保行业标准方法较少，但极谱测定方法研究和应用较多。基于溶出伏安法的水质重金属自动监测系统及便携式重金属测定仪，前者实现了水中铅、锌、砷、锑等重金属元素自动监测，后者适当前处理后，可测定水中铜、铅、锌、镉、砷和汞。采用不同材料修饰玻璃电极后，溶出伏安法可测定硫酸渣及蔬菜中铊，茶叶中痕量锡、镉，水样中痕量银、镉、铅、汞、铜、三价砷等无机污染物以及对苯二酚、邻苯二酚、间苯二酚等有机污染物。示波极谱法用于水中痕量氨、微量苯胺、微量氰化物、微量汞、铬和甲基橙、硫化物等测定。催化极谱法用于土壤中有效钼、大气飘尘中的锰和镍、水中铅和硒等测定，方法灵敏度高、检测限低，基本满足相关质量标准及排放标准要求。

发展趋势 固体电极的表面不能经常保持新鲜状态，每次电解后可能有析出的金属残留或吸附生成的气体，改变了电极表面性质，因而分析不能保证良好的再现性，不能满足质控要求；每次分析需预先处理电极，操作相对烦琐；加之滴汞电极有一定毒性，而且痕量金属及有机物污染物的分析有其他分析仪器可替代，这些因素使极谱仪在环境监测中的应用未能得到推广。随着静汞电极推广使用，仪器分辨率、灵敏度大大提高。此项技术拓宽了极谱分析应用范围，在传统的单扫描极谱、脉冲极谱、方波极谱、交流极谱等极谱分析基础上，开发了电位极谱。极谱仪正沿着稳定性好、抗干扰能力强、多元素同时测定及适合现场快速测定、自动监测的方向发展。

（陈素兰　皮宁宁）

jiabiaoyang fenxi

加标样分析

（standard recovery analysis）　将同一样品分成两份，其中一份作为原样测定待测组分，向另一份中加入一定量的目标物质，与样品在相同条件下分析测试并计算回收率的过程。目的是通过计算回收率，与加标值比较，以评价或判断测试结果或检测方法的可靠程度，同时检查测定过程中待测物质是否存在损失。加标样分析的比例按质量控制计划确定，样品较少时，每批样品应至少做一次加标样分析。对于已知物质，可使用有证标准物质（参见环境标准样品）或实验室自行配制的质控样。

分析方法 同一样品分成两份，其中一份作为原样测定待测组分；与此同时，根据原样测定值和加标回收分析的控制条件，在另一份样品中加入一定量的目标物质，并在与原样测定条件相同的情况下进行测定。加标样测定值与原样测定值的差值除以标准物质加入量（加标量）即为样品加标回收率。

加标回收率=（加标样测定值−原样测定值）/加标量×100%

分析要求 ①加入已知物质的形态应和待测组分的形态相同。②已知物质的加入量与样品中待测组分的含量相等或相近，并注意对原样品体积/质量的影响；待测组分的含量小于方法检出限时，可按检测下限加标，若待测组分含量较高，则加标后的测定值不宜超过方法线性范围上限的 90%，任何情况下，加标量不得大于待测组分含量的 3 倍。③加标样和原样的测定应同时进行，确保实验条件一致。

对于需要蒸馏、消解、浓缩等前处理的水样，标准物质应在前处理前加入，以全面反映实验过程的污染和损失情况，否则即使回收率合格，亦不能真实反映测试数据的准确性。

（刘军）

jiasu rongji cuiqu

加速溶剂萃取

（accelerated solvent extraction，ASE）　在较高的温度（50～200℃）和压力（1 000～3 000 psi，1 psi≈6.895 kPa）下，用有机溶剂萃取固体或半固体样品的方法。1995 年，里克特（Richter B.）等首次提出了加速溶剂萃取，随后商品化加速溶剂萃取仪面世并应用于环境监测领域。

原理 在密闭的容器内，通过升高压力提高溶剂沸点，使萃取能在高于溶剂沸点的温度、溶剂仍保持液态的状态下进行。提高温度可以使溶剂溶解待测物的容量增加，减弱溶质与基体之间的相互作用力，减小溶剂进入样品基体的阻滞，有利于待萃取物与溶剂的接触。增加压力能使溶剂在较高的温度下仍保持液态，而液体对溶质的溶解能力远大于气体对溶质的溶解能力。

影响因素 主要包括萃取压力、萃取时间和循环次数、冲洗体积、预热时间和加热时间、吹扫时间以及萃取溶剂性质和萃取温度等。

萃取压力 区别于传统溶剂萃取技术的一个主要参数，萃取压力一般在 10～15 MPa。在一定压力条件下，较低的温度时，萃取溶剂仍然可以保持液态，从而实现低温萃取。另外，在较高的萃取压力下，萃取溶剂更容易进入样品基质（包括基质中的水封孔隙或更小的气孔）中，加快样品基质和萃取溶剂之间的质量传输过程。

萃取时间和循环次数 不同的样品基质和待萃取物要求的萃取时间不同，一般选择 3～5 min 为宜。在优化萃取参数过程中设定萃取时间往往与循环次数综合考虑。通常情况下，单次萃取时间最好不要过长，一般选择 5 min 以内为宜，如果实验结果不理想，可以考虑增加循环次数，以更好地提高萃取效率。一般的萃取次数多采用 2～3 次。

冲洗体积 冲洗指萃取结束后，萃取仪自动使用一定体积的干净萃取溶剂淋洗样品的过程。冲洗操作可以在循环次数之间，用干净萃取溶剂置换萃取池中的萃取液，因此增加冲洗体积有助于改善萃取的效果。冲洗体积一般设定为萃取池体积的百分比数，一般选择在 40%～60%。

预热时间和加热时间 预热步骤在加载液体之前，主要目的是在加入萃取溶剂以前加热萃取池（内含样品但没有萃取溶剂），以提高萃取效率。只有在有特殊要求时才对样品进行预热处理，如在分析生物样品时为了增加酸的溶解性可对样品提前加热。加热时间应能保证样品萃取池（包括内装样品以及萃取溶剂）与加热炉之间达到热平衡。由于萃取仪的感温探头检测的是加热炉的实时温度，而不是萃取池以及样品被加热的温度，因此在萃取流程里利用加热时间来保证萃取池的温度达到炉温，这一步骤在加载液体（压力达到设定值后）后开始计时。

吹扫时间 加速溶剂萃取仪中的氮气吹扫主要目的是萃取操作执行完成后，用氮气把流路中（包括萃取池）所有的萃取溶剂吹扫到收集瓶中，从而保证较高的萃取回收率。通常情况下，易挥发的萃取溶剂，吹扫时间 60 s 即可，对于水相溶剂或醇类或乙腈，最好设定 100 s 左右，以确保吹扫完全。

此外，萃取溶剂性质和萃取温度等也是重要影响因素。

特点 与索氏提取、超声、微波、超临界和经典的分液漏斗振摇等方法相比，加速溶剂萃取具有以下优点：①有机溶剂用量少，10 g 样品一般仅需 15 mL 溶剂；②快速，完成一次萃取全过程一般仅需 15 min；③基体影响小，对不同基体可用相同的萃取条件；④萃取效率高，选择性好；⑤自动化程度高。

应用 在环境分析中，广泛用于土壤、沉积物、大气颗粒物、粉尘和动植物组织等样品中的多氯联苯、多环芳烃、有机磷（或氯）、农药、苯氧基除草剂、三嗪类除草剂、总石油烃、二噁英和呋喃等半挥发或难挥发有机物的萃取。目前加速溶剂萃取技术已逐步应用于国家、行业和地方标准方法，范围不断扩展。

（彭华）

推荐书目

朱屯，李洲. 溶剂萃取. 北京：化学工业出版社，2008.

张兰英，饶竹，刘娜，等. 环境样品前处理技术. 北京：清华大学出版社，2008.

jiaquan ceding

甲醛测定 （determination of formaldehyde）

经过适当的样品采集和前处理后，选用合适的测定方法对空气和水中甲醛进行定性定量分析的过程。甲醛一种无色、易燃、有强烈刺激性气味的气体，具有致癌性，属于高毒物。甲醛是一种重要的有机原料，主要用于人工合成黏结剂。35%～40%的甲醛水溶液叫作福尔马林，具有杀菌和防腐能力，可浸制生物标本，其稀溶液（0.1%～0.5%）在农业上可用来浸种，给种子消毒。甲醛是室内空气中的主要污染物之一，其来源广泛，各种人造板材（刨花板、密度板、纤维板、胶合板等）中由于使用了脲醛树脂黏合剂，因而含有甲醛；新式家具制作及墙面、地面的装饰铺设，使用的黏合剂中有甲醛释放。此外，某些化纤地毯、油漆涂料也含有一定量的甲醛。甲醛还可来自化妆品、清洁剂、杀虫剂、消毒剂、防腐剂、印刷油墨、纸张、纺织纤维等多种化工产品。

样品采集与保存 水样品用玻璃瓶或聚乙烯瓶采集。在样品采样现场，样品采集后立即加 1 mL 浓硫酸酸化抑制甲醛分解，24 h 内进行测定。气体样品根据方法要求采用特定吸收液或活性炭吸附柱进行样品采集，2～5℃保存，48 h 内进行测定。

测定方法 包括分光光度法、色谱法和传感器法等。

分光光度法 主要包括乙酰丙酮法、铬变色酸法、酚试剂法、副品红法和 4-氨基-3 联氨-5-巯基-1,2,3-三氮杂茂法。

乙酰丙酮法 在过量铵盐存在下，甲醛与乙酰丙酮作用生成稳定的黄色化合物，在 414 nm 最大吸收波长处比色测定。水和废水中甲醛测定检出限为 0.05 mg/L，环境空气中甲醛测定检出限为 0.015 mg/m^3，废气中甲醛测定检出限为 0.05 mg/m^3。该方法优点是操作简便、不受乙醛干扰，显色物质稳定性好；缺点是灵敏度较低，显色反应时间较长。

铬变色酸法 甲醛在浓硫酸溶液中，与变色酸（1,8-二羟基萘-3,5-二磺酸）作用，沸水浴加热生成紫色化合物，在 580 nm 最大吸收波长处比色测定，方法检出限为 0.02 mg/L。该方法步骤简单，但由于需在浓硫酸介质中进行反应，不易控制，且醛类、烯类化合物和二氧化氮等干扰测定。

酚试剂法 甲醛与酚试剂（3-甲基-2-苯并噻唑腙盐酸盐，MBTH）反应生成嗪，嗪在酸性溶液中被铁离子氧化成蓝色，室温下经 15 min 后显色，在最大吸收波长 630 nm 处比色测定。酚试剂法操作简便，灵敏度高，水中检出限为 0.02 mg/L，环境空气和室内空气检出限较适合微量甲醛测定，但脂肪族醛类和二氧化硫干扰测定，使结果偏低。酚试剂的稳定性较差，显色剂在 4℃冰箱内仅可以保存 3 d，显色反应受显色时间与显色温度影响，多用于检测居室空气中的甲醛。

副品红法 原理是甲醛与 4-[(4-氨基苯基)(4-亚氨基-2,5-环己二烯-1-亚基)甲基]苯胺单盐酸盐（俗称副品红）在浓硫酸存在条件下反应生成蓝紫色物质，在 570 nm 波长处比色测定，方法检出限为 0.05 mg/L。该方法操作简便、测定范围宽、干扰少，但其显色物质不稳定，显色反应受温度影响较大，低浓度甲醛测定时差异较大，测定重现性较差。

4-氨基-3 联氨-5-巯基-1,2,3-三氮杂茂法 甲醛与 4-氨基-3 联氨-5-巯基-1,2,3-三氮杂茂（AHMT）在碱性条件下缩合，经高碘酸钾氧化成紫红色化合物，在 550 nm 最大吸收波长处比色测定，方法检出限为 0.01 mg/m^3。该方法特异性和选择性均较好，在大量乙醛、丙醛、丁醛、苯乙醛、二氧化硫和二氧化氮等物质共存时不干扰测定，但操作步骤烦琐，显色随时间逐渐加深，重现性较差，多用于居室中对甲醛的检测。

色谱法 主要包括离子色谱法、直接气相色谱法、衍生化气相色谱法和高效液相色谱法。

离子色谱法 空气中的甲醛经活性炭富集后，在碱性介质中被过氧化氢氧化成甲酸。用具有电导检测器的离子色谱仪测定甲酸的峰高，以保留时间定性、峰高或峰面积定量，间接测定甲醛浓度。采样体积为 48 L 时，方法检出限为 0.03 mg/m^3。

直接气相色谱法 直接法方法简单、快速、直接，避免了经典分析中需要样品前处理、操作烦琐、试剂消耗量大、方法选择性差等缺点。样品经柱分离后，用氢火焰离子化检测器检测，方法检出限为 0.01 mg/m^3。多用于空气中甲醛的测定。

衍生化气相色谱法 2,4-二硝基苯肼（DNPH）的硫酸溶液与含有甲醛的样品反应，生成 2,4-二硝基苯腙，采用正己烷萃取生成物经无水硫酸钠除水后，用电子捕获检测器检测。方法检出限为 0.01 mg/mL。该方法优点是灵敏度高，对低分子量醛的分离非常有效；缺点是对仪器设备要求很高，测定范围较小，难以解决衍生物同分异构体的分离问题。

高效液相色谱法　甲醛与 DNPH 反应生成醛腙，生成的醛腙用有机溶剂萃取富集后，在一定温度下蒸发、浓缩，再以甲醇或乙腈溶解或稀释，最后进行色谱测定。用四氯化碳萃取，乙腈稀释，高效液相色谱分离后，用紫外检测器于 308 nm 波长处检测，方法的检测限为 0.3 μg/L。

传感器法　包括电化学传感器、光学传感器和光生化传感器等。电化学传感器结构简单、成本低，测定范围和分辨率基本可达到室内环境检测的要求；缺点是受干扰物质多，且由于电解质与被测甲醛气体发生不可逆化学反应而被消耗，工作寿命较短。光学传感器价格高、体积大，不适合实时分析，应用范围较小。光生化传感器选择性高，但由于酶的活性受周围环境影响较大而缺乏实用性。

发展趋势　甲醛作为世界卫生组织确认的致畸、致癌物质，其污染问题主要集中于居室、纺织品、食品中，对于不同的易感人群其诱变浓度差异较大。高浓度甲醛通常采用滴定法和电化学方法进行测定，但目前已逐步被分光光度法和色谱法替代。但分光光度法受水浴、浓硫酸等操作条件限制，色谱法受仪器设备的限制，传感器法受干扰物质、检测成本、仪器寿命的限制。因此研制简便、快速、抗干扰、灵敏、直观、准确的甲醛测定方法和仪器是今后的发展方向。　（董捷）

jia-40 ceding

钾-40 测定　(determination of potassium-40)

对环境样品中钾-40 定量分析的过程。钾是碱金属元素，在周期表中属第一主族。天然同位素有钾-39、钾-40 和钾-41，其中只有钾-40 是放射性同位素。钾-40 原子核不稳定，可以自发衰变成氩-40，半衰期 1.248×10^9 年，是岩石和土壤中天然放射性本底的重要来源之一。

由于钾-40 在天然钾中丰度只有 1.18×10^{-4}，比活度为 31.5 Bq/g，用放射化学法测量很困难，因此环境样品中的钾-40 除了用γ能谱法测量外，一般都采用化学分析方法测定样品中的钾含量，然后换算成钾-40 的活度。

现行国家标准为《水中钾-40 的分析方法》（GB 11338—1989），水中钾-40 的测定方法主要有原子吸收分光光度法、火焰光度法和离子选择电极法。

原子吸收分光光度法　用乙炔-空气火焰原子吸收仪测定水样中元素钾。利用钾基态原子吸收来自钾空心阴极灯发射的共振线，且其吸收强度与钾原子成正比。将水样导入火焰原子化器中使钾离子原子化后，在其灵敏共振线 766.5 nm 处测吸光度，与标准系列比较定量。钾含量高时，可采用其次灵敏共振线 404.5 nm。

该方法适用于环境水样（河水、湖水、泉水、海水、井水、自来水和废水）中钾-40 的测定。测量范围为 2.0×10^{-4}～1.0×10^{-2} g/L（6.2×10^{-3}～3.1×10^{-1} Bq/L）。

火焰光度法　样品溶液喷入火焰时，钾原子受激发，电子由基态跃迁至较高能级的轨道上。当电子由较高能级的轨道恢复到基态时，发射出具有固定波长 766 nm 的辐射线，经单色仪照到光电池上，产生光电效应，从而把被测元素的谱线光强转换成电讯号，通过测量电流大小间接得到钾的含量。

当钠、铯离子浓度大于 10^{-3}mol/L，钙离子浓度大于 10^{-2}mol/L 时，产生正干扰。

该方法适用于环境水样（河水、湖水、泉水、海水、井水、自来水和废水）中钾-40 的测定。测量范围为 7.0×10^{-5}～2.0×10^{-2} g/L（2.2×10^{-3}～62 Bq/L）。

离子选择电极法　试样 pH 在 3.5～10.5 范围内，钾离子电极与参比电极在溶液中组成化学电池。采用离子选择电极法测定钾的浓度。

该方法适用于环境水样（河水、湖水、泉水、海水、井水、自来水和废水）中钾-40 的测定。测量范围为 8.0×10^{-5}～3.9 g/L（2.5×10^{-3}～1.2×10^2 Bq/L）。　（王莉莉）

jiance zhibiao junzhi

监测指标均值 （average value of monitoring index） 一定时间或空间范围内有效环境监测数据的平均值。为了判断污染水平、观测污染的变化趋势以及进行不同地域环境质量对比，需要对原始监测数据进行“中心趋势”的概括。监测指标均值说明一组同质监测数据的平均水平或集中趋势，在水环境质量监测、环境空气质量监测和污染源监测等工作中经常使用，如小时均值、日均值、月均值、年均值等。由于原始数据的分布不同，数据组的平均水平采用各种不同的平均值表示，环境监测中常用的包括算术平均值、几何平均值和中位数，污染源统计中还会用到加权平均值。

算术平均值 一组同质的监测数据的总和与该组样本量相除所得之商。适用于符合正态分布的数据统计。计算公式为：

$$\bar{x}=\frac{x_1+x_2+\cdots+x_n}{n}=\frac{\sum_{i=1}^{n}x_i}{n}$$

式中，$\bar{x}$ 为算术平均值；Σ为求和符号；n 为样本量。

几何平均值 对于有 n 个监测数据的一组数据而言，其几何平均值即指组内所有监测数据乘积的 n 次方根。适用于偏态分布的数据及组内少数数据偏差较大时的均值统计。计算公式为：

$$\bar{x}_G=\sqrt[n]{x_1x_2\cdot\cdot x_n}=\sqrt[n]{\prod_{i=1}^{n}x_i}$$

式中，$\bar{x}_G$ 为几何平均值；Π为连乘符号；n 为样本量。

中位数 指一组同质的监测数据按大小顺序排列，居于中间位置的数值。如果数据个数 n 是奇数，则中位数是第（n+1）/2 个观测值；如果数据个数 n 是偶数，则中位数是第 n/2 和第（n+2）/2 的平均值。适用于偏态分布数据、一端或两端有不确定数值分布数据以及分布情况不清数据的均值统计。

加权平均值 将原始数据按照数据权重进行计算得到的算术平均值。在环境监测数据统计中，加权均值常在大样本数据的算术平均值计算过程中使用。在实际计算时，先建立监测数据的频数分布表，将所有数据分组，用各组的组中值代表各组的实际数据，各组的频数为相应组中值的权进行计算。加权法以各组的组中值为新的数值。由于数据在各组段出现的频数不同，相当于各组中值在总平均中所占的“权”数不一样，所以将各组段的频数当作权数。计算公式为：

$$\bar{x}=\frac{f_1x_1+f_2x_2+\cdots+f_kx_k}{\sum f}=\frac{\sum fx}{\sum f}$$

式中，x_k 为各组的组中值；f_k 为每组频数；k 为分组的组数；Σf 为各组频数之和。 （范庆）

jianchuxian

检出限 （detection limit，DL） 某一特定分析方法在给定的置信度内，可从样品中检出待测物质的最小浓度或最小量。所谓“检出”是定性检出，即判定样品中存在浓度高于空白的待测物质。检出限的意义在于可以对一个给定的分析方法，在低浓度水平的检测能力进行准确评估。

分类 检出限分为方法检出限（MDL）和仪器检出限（IDL）。

方法检出限 用特定分析方法（包括前处理等样品分析的全过程）在给定的置信度内，可从样品中定性检出待测物质的最小浓度或最小量。方法检出限不仅与仪器的噪声有关，还取决于样品测定的整个环节，如取样量、提取分离以及测定条件的优化等。

仪器检出限 分析仪器能够检测的待测组分的最低量或最低浓度，这个浓度与特定的仪器能够从背景噪声中辨别的最小响应信号有关。仪器检出限不考虑任何样品制备步骤的影响，比方法检出限低。仪器检出限一般用于不同仪器的性能比较。

计算方法 各组织或方法中规定的检出限计算方法并不一致。

《全球环境监测系统水监测操作指南》中规定：给定置信度为 95%时，样品测定值与零浓度样品的测定值有显著性差异即为检出限。这里的零浓度样品是不含待测物质的样品。

$$DL=4.6\sigma \quad (1)$$

式中，σ为空白平行测定（批内）标准偏差（重复测定 20 次以上）。

国际纯粹与应用化学联合会（IUPAC）对检出限 DL 做如下规定：对各种光学分析方法，可测量的最小分析信号 χ_L 以下式确定：

$$\chi_L=\bar{\chi}_b+k'S_b \quad (2)$$

式中，$\bar{\chi}_b$为空白多次测得信号的平均值；S_b为空白多次测得信号的标准偏差；k'为根据一定置信水平确定的系数。

与 $\chi_L-\bar{\chi}_b$（即 $K'S_b$）相应的浓度或量即为检出限：

$$DL=(\chi_L-\bar{\chi}_b)/k=k'S_b/k \quad (3)$$

式中，k 为方法的灵敏度（即校准曲线的斜率）。

为了评估 $\bar{\chi}_b$和 S_b，实验次数必须足够多，例如，至少 20 次。

1975 年，IUPAC 建议对光谱化学分析法取 $k'=3$。由于低浓度水平的测量误差可能不遵从正态分布，且空白的测定次数有限，因而与 $k'=3$ 相应的置信水平大约为 90%。此外，尚有将 k' 取为 4、4.6、5 及 6 的建议。

国际标准化组织（ISO）对检出限的规定：在给定概率 P=95%，显著性水平为 5%时，能够定性检出的最低浓度或量。

ISO 对检出限的估算方法（VBx 法）是根据校准曲线的截距、剩余标准差、斜率及线性工作范围这些反映曲线的各类误差和回归特性的参数定量描述的。当一条校准曲线作成后，对应曲线上每一个浓度点的置信限，每一个信号值的置信限都可以确定，经统计推导，得到检出限。VBx 法一般只需要根据一条校准曲线计算检出限，随着校准曲线的参数（条件）变化，检出限发生变化，因而仅仅是个参考值，并不代表一种分析方法所能达到的最佳值。

《环境监测　分析方法标准制修订技术导则》（HJ 168—2010）中规定：当空白试验中检测出目标物质时，按照样品分析的全部步骤，重复 n（n≥7）次空白实验，计算 n 次测定的平行标准偏差，计算方法检出限：

$$MDL=t_{(n-1,0.99)}\times S \quad (4)$$

式中，n 为样品的平行测定次数；t 为自由度为 $n-1$，置信度为 99%时的 t 分布（单侧）；S 为 n 次平行测定的标准偏差。

美国环境保护局（EPA）对方法检出限的描述为：能够被检出并在待测物质浓度大于零时能以 99%置信度报告的最低浓度。计算方法与式（4）相同。

空白试验中未检测出目标物质时，检出限获得参考《环境监测　分析方法标准制修订技术导则》（HJ 168—2010）。（张迪）

jianqiguanfa

检气管法　(method of gas-detection tube)　使用气体检测管快速测定空气中有害气体浓度的定性或半定量方法。检气管法适用于测定空气中的气态或蒸气态物质，但不适合测定形成气溶胶的物质。检气管便于携带，具有现场使用简便、测定快速且有一定准确度等优点。

沿革　在一些作业环境里，有害气体的浓度往往会在很短时间内产生较大波动，为了能及时反映现场情况，要求有一种既快速简便，又有一定准确度和灵敏度的分析手段来代替实验室里常规、费时、烦琐的化学分析方法。检气管法满足这些要求，问世后得到了迅速发展和推广。1919 年，美国研究人员发明了第一支检气管。随着科学技术的发展，20 世纪 60 年代，美国、日本等发达国家从品种和数量上大规模扩展了这项技术的应用。我国煤炭行业从 20 世纪 50 年代开始引进检气管技术，60 年代末一些大专院校和科研机构开始正式生产检气管。目前，检气管已经成为一种重要的环境监测工具。

原理　在一个有限长度、内径的玻璃或聚乙烯管内，装填一定量的检测剂（即指示粉），用塞料固定，再将玻璃管的两端密封制成检气管。指示粉一般由载体和化学试剂组成，化学试剂涂覆在载体表面上，形成最大比表面积，能够迅速与待测气体发生反应并改变颜色，以此可确定检气管的检测目标和量程范围。当被测气体以一定流速通过检气管时，待测组分与试剂发生显色反应，根据生成有色化合物的颜色深度或填充柱的变色长度，可确定待测气体的浓度。

测定方法 包括直接检气管法（速测管法）和吸附检气管法。①直接检气管法（速测管法）是将检测试剂放置于一只细玻璃管中，两端用脱脂棉或玻璃棉等堵塞，再将两端熔封。使用前将检气管两端割开，连接抽气泵抽入空气样，观察颜色的变化并比较变色长度和深浅，以确定污染物的类别和含量。在检气管外壁或说明书中绘制有浓度刻度标尺以定量，使用方便、结果直观。②吸附检气管法是将一支细玻璃管的前端放置吸附剂，后端放置封装的试剂，中间用玻璃棉等惰性物质隔开，两端用脱脂棉或玻璃棉等堵塞，再将两端熔封。使用前将检气管的两端割开，用抽气泵抽入空气使其吸附在吸附剂上，再将试剂安瓿瓶破碎，让试剂与吸附剂上的污染物发生反应，观察吸附剂的颜色变化，与标准色板比较以确定污染物的浓度。

特点 检气管法作为环境污染现场快速检测的方法，具有以下优点：①操作简单，参照使用说明或简单培训即可使用；②分析快速，大多数检气管只需要几十秒至几分钟即可得到分析结果；③可信度较高，精确度和灵敏度均高于试纸法；④适应性好，可以检测的气体多种多样，每种气体的测量范围可以由零点几微克/米^{3}到数十万毫克/米^3；⑤现场使用安全，用检气管进行测定时无需热源、电源，可确保现场使用安全；⑥无需维护、价格低廉、携带方便。

检气管在环境监测中的应用也有一定局限性：①一种检气管能够检测的污染物种类有限，多数情况下一种检气管仅可对一种污染物进行定性、半定量分析；②一般只能测定瞬时浓度，不能用于连续检测，对化学性质相似的复杂物质，不能很好地区分，只能显示其浓度总和；③检气管仅限于检测常见化合物，很多化合物还没有相应的检气管；④各种检气管都有一定的有效期，超出期限很难达到预期的检测效果。

应用 检气管法可以快速检测空气中的有毒有害气体，被广泛用于生产设备点火前和进入密闭设备前的安全分析、生产设备管道泄漏情况检查以及环境空气和废气中污染物的监测。目前，环境应急监测中采用检气管法测定环境空气中的氯气、硫化氢、氯化氢、一氧化碳、氰化氢、光气、氟化氢和氨气等。（王琪）

jianyi bisefa

简易比色法 (simple colorimetric method)

不借助仪器设备，采用人眼比较试样溶液或试纸与标准色列的颜色深度，进行定量或半定量分析的方法。

沿革 见比色法。

原理 见比色法。

分类 常用的有目视比色法、试纸比色法和检气管法。

目视比色法 将不同浓度待测物质的标准溶液分别制成标准色列（或标准色阶），然后取一定体积试样，用与标准色列相同方法和条件显色，再用目视方法与标准色列比较，确定试样中待测物质的浓度。该方法操作和所用仪器简单，由于比色管长、液层厚度高，比较适用于显色过程中颜色变化较明显的物质的比色测定。表 1 为目视比色法测定几种大气污染物时所用试剂及颜色变化。

表 1 目视比色法测定污染物时所用试剂及颜色变化

待测物质	主要试剂	颜色变化
氮氧化物	对氨基苯磺酸、盐酸萘乙二胺	无色→玫瑰红色
二氧化硫	品红、甲醛、硫酸	无色→紫色
硫化氢	硝酸银、淀粉、硫酸	无色→黄褐色
氟化氢	硝酸锆、茜素磺酸钠	紫色→黄色
氨	氯化汞、碘化钾、氢氧化钠	红色→棕色
苯	甲醛、硫酸	无色→橙色

试纸比色法 常用的试纸比色法有两种：一种是将待测水样或气样作用于被试剂浸泡的滤纸，使试样中的待测物质与试纸上的试剂发

生化学反应而产生颜色变化，再与一系列标准色列比较定量，适用于能与试剂迅速反应的物质，如空气中硫化氢、汞等气态和蒸气态有害物质及水样的 pH 等；另一种是通过空白滤纸，使待测物质吸附或阻留在滤纸上，然后在滤纸上滴加或喷洒显色剂，根据显色后颜色的深浅与标准色比较定量，适用于显色反应较慢的物质和空气中的气溶胶。表 2 列出了一些试纸比色法的显色剂和颜色变化。

表2　试纸比色法测定污染物时所用试剂及颜色变化

待测物质	主要试剂	颜色变化
一氧化碳	氯化钯	白色→黑色
二氧化硫	亚硝基五氰络铁酸钠＋硫酸锌	浅玫瑰色→砖红色
二氧化氮	邻甲联苯胺（或联苯胺）	白色→黄色
光气	二甲基苯胺＋对二甲氨基苯甲醛＋邻苯二甲酸二乙酯	白色→蓝色
	硝基苯甲基吡啶＋苯胺	白色→砖红色
硫化氢	醋酸铅	白色→褐色
氰化氢	对二甲氨基偶氮苯胂酸	棕色→红色
氯化氢	甲基橙	黄色→红色
臭氧	邻甲联苯胺	白色→蓝色
汞	碘化亚铜	奶黄色→玫瑰红色
铅	玫瑰红酸钠	白色→红色
二氧化锰	*p,p′*-四甲基二胺基二苯甲烷＋过碘酸钾	紫色→蓝色

试纸比色法以滤纸为介质进行化学反应，滤纸的质量（如致密性、均匀性、吸附能力及厚度等）影响测定结果的准确度，一般选用纸质均匀、厚度、阻力适中的层析滤纸，也可用致密、均匀的定量滤纸。滤纸使用前一般要经过处理，因为滤纸含有微量杂质，可能会对测定产生干扰，如测铅的滤纸要预先用稀硝酸除去所含的微量铅。试纸比色法简单、方便、快速，易携带，但准确度差，只适合半定量分析。

检气管法　利用检气管检出或测定痕量气体的方法。检气管是一种利用简易比色原理制成的装置（参见检气管法）。

应用　自 20 世纪 70 年代以来，多种针对水质、空气污染的简易比色设备及方法相继开发出来，扩展了该方法在环境监测领域的应用。例如，在地表水和地下水监测中，大量采用目视比色法来测定色度、pH 及部分无机项目等。在环境应急监测中，常采用试纸法或检气管法，快速定性和半定量事故现场的硫化氢、氯化氢、二氧化硫等有毒有害气体。

发展趋势　随着环境污染事故频发，各种基于简易比色法的环境应急监测方法和设备被相继开发，简易比色法可分析的项目越来越多，方法也更趋于简便、快速、准确。例如，基于目视比色原理，用于水中 30 多种有机物、无机物快速监测的水质检测管及配套的标准方法即将颁布；用于饮用水及食品中的抗生素、苏丹红、瘦肉精等残留的快速检测盒的开发也屡见报道。简易比色法作为一种可以脱离专业实验室及检测人员的快速方法，将在环境监测快速测定中发挥越来越重要的作用。（陈纯）

jianshe xiangmu jungong huanjing baohu yanshou jiance

建设项目竣工环境保护验收监测　（acceptance monitoring on the environmental protection for the construction projects）　简称验收监测，是在建设项目竣工试生产期间，对建设项目的环境保护设施建设、管理、运行及其效果和污染物排放情况进行全面的检查和测试，是建设项目竣工环境保护验收的主要技术依据。

沿革　我国建设项目竣工环境保护验收监测起步于 1995 年，2000 年原国家环境保护总局发布了《关于建设项目环境保护设施竣工验收监测管理有关问题的通知》，提出了验收监测的技术规定，此阶段验收监测的内容主要是围绕环保设施、外排污染物的达标监测。

针对建设项目环境保护设施竣工验收出现的许多新问题和面临的新形势，原国家环境保护总局于 2001 年发布了《建设项目竣工环境保护验收管理办法》(国家环境保护总局令 13 号)，将验收对象调整为建设项目竣工后的全面环境保护验收，扩大了验收范围，明确了验收监测不仅对环境保护设施进行验收，同时还应对生态保护等环保措施的落实情况进行核查并验收，强化了生态保护及其相应环境保护措施的监督管理。配合验收工作的发展，拓展验收监测内容，增加了物料分析、总量控制等指标，并在环境管理检查中加强了污染源在线监测仪、企业日常监测制度、污染扰民事件检查、生态影响调查、公众意见调查等内容。

工作程序 建设项目进入试生产后，建设单位委托有相应资质的验收监测单位开展验收监测。验收监测单位在规定时间内开展验收监测工作，包括收集有关资料、现场勘察、编制验收监测方案、现场监测、编制验收监测报告，经技术审查后的验收监测报告提交给建设单位。

资料收集和现场勘察 通过资料收集和现场勘察，了解建设项目完成工程全貌，以便有针对性地制定验收监测方案。主要工作内容包括：①项目归属、工程所在地理位置和自然条件；②项目立项、环境影响报告书（表）和建设项目《初步设计》等有关技术和批复的文件；③项目涉及的各项生产设施及其应建设和实际完成情况；④项目的主要污染源、相应环保措施或设施的应建设和实际完成情况；⑤工程变更、试生产及其他有关情况等。

编制监测方案 验收监测方案应包括以下内容：①简述内容：包括任务由来、依据，尤其要阐明环境影响报告书（表）结论建议、环保对策、措施及环境影响报告书审批文件的要求。②建设项目工程实施概况：工程基本情况，生产过程污染物产生、治理和排放流程，环保设施建设及其试运行情况。③验收监测执行标准：列出应执行的国家或地方环境质量标准、污染物排放标准的名称、标准编号、标准等级和限值，环境影响报告书（表）批复中的特殊限值要求，建设项目《初步设计》（环保篇）中的环保设施设计指标或要求等。④验收监测的内容：按废水、废气、噪声和固废等分类，全面简要地说明监测因子、频次、点位或断面的布设情况，并附示意图；采样、监测分析方法；验收监测的质量控制措施。⑤对企业环境保护管理检查的内容。⑥公众意见调查方式及内容。

监测因子 ①环境影响报告书（表）和建设项目《初步设计》（环保篇）中确定的需要测定的污染物。②建设项目投产后，在生产中使用的原辅料、燃料，产生的产品、中间产物、废物（料），以及其他涉及的特征污染物和一般性污染物。③现行国家或地方污染物排放标准中规定的有关污染物。④国家规定总量控制的污染物。⑤厂界噪声。⑥生活废水中的污染物及生活用锅炉（包括茶炉）废气中的污染物。⑦影响环境质量的污染物，包括：环境影响报告书（表）及其批复意见中明确规定或要求考虑的影响环境保护敏感目标环境质量的污染物；试生产中已造成环境污染的污染物；地方环境保护行政主管部门提出的，对当地环境质量已产生影响的污染物；负责验收的环境保护行政主管部门根据当前环境保护管理的要求和规定而确定的对环境质量有影响的污染物。⑧对环境影响评价中涉及电磁辐射和振动内容的，应将电磁辐射和振动列入应监测的污染因子。

监测频次 ①有明显生产周期、污染物排放稳定的建设项目，污染物的采样和测试频次一般为 2～3 个周期，每个周期 3～5 次。②无明显生产周期，稳定、连续生产的建设项目，废气采样和测试频次一般不少于 2 天、每天采 3 个平行样；废水采样和测试频次一般不少于 2 天、每天 4 次；厂界噪声测试一般不少于连续 2 昼夜（无连续监测条件的需 2 天、昼夜各 2 次）；固体废物（液）采样和测试频次不少于 6 次。③污染物排放不稳定的建设项目，必须适当增加采样频次。④若需进行环境质量监测时，水环境质量测试一般为 1～3 天、每天 1～2 次；空气质量测试一般不少于 3 天；环境噪声测试一般不少于 2 天。⑤若需进行环境生态状况调查，工作内容、采样和测试频次按审批该建设项目环境影响报告书（表）的环境保护行政主管部门的要求进行。

评价标准 主要以环境影响评价时采用的标准和环境影响报告书（表）及其批复的要求为依据，还应考虑以下因素：环境保护行政主管部门根据环境保护需要所规定的特殊标准限值；根据国家和地方对环境保护的新要求，经负责验收的环境保护行政主管部门批准，可采用验收监测时现行的国家或地方标准作为参照标准；国家和地方对国家规定的污染物排放总量控制指标中的总量控制要求；对国家和地方标准中尚无规定的污染因子，应以环境影响报告书（表）和建设项目《初步设计》（环保篇）等的要求或设计指标为依据进行评价，也可参考国内其他行业标准和国外标准，但应附加必要说明。

现场监测 根据验收监测方案及相关监测技术规范，对建设项目环境保护设施运行效率和污染物排放情况进行监测，考核建设项目环保设施运行效率，废气、废水、噪声、固体废物等污染物达标排放情况，以及总量控制污染物的排放情况。

环境管理检查 根据《建设项目环境保护管理条例》（国务院令第 253 号）和《建设项目竣工环境保护验收管理办法》（国家环境保护总局令第 13 号），主要包括以下几项检查内容：①检查建设项目从立项到试生产各阶段环境保护法律、法规、规章制度的执行情况；②环境保护审批手续及环境保护档案资料是否齐全；③环保组织机构及规章管理制度是否健全；④环境保护设施建成及运行记录；⑤环境保护措施落实情况及实施效果；⑥“以新带老”环保要求的落实情况；⑦环境风险防范及应急措施的制定；⑧排污口规范化，污染源在线监测仪的安装、测试情况；⑨施工期和试运行期扰民现象的调查；⑩生态影响调查。

公众意见调查 通过走访咨询、问卷调查、座谈讨论等方法，了解直接和间接受影响群体对项目建设的基本态度、调查项目建设全过程各方面影响程度、征求目前遗留问题的意见和建议。被调查公众一般包括受建设项目直接或间接影响的单位和个人。

监测报告 应根据验收监测结果和环保验收工作的需要编制。前言、验收监测的依据、建设项目工程概况、环境影响报告书（表）意见及其批复的要求和验收监测评价标准的编写，应在验收监测方案的基础上，加入需要补充的内容。此外，验收监测报告还应包括以下内容：监测期间工况分析、监测分析质量控制和质量保证、验收监测结果及评价、国家规定的总量控制污染物的排放情况、环境管理检查结果、公众意见调查结果分析和验收监测结论与建议。 （李曼）

推荐书目

国家环境保护总局环境影响评价管理司，中国环境监测总站. 建设项目竣工环境保护验收监测实用手册. 北京：中国环境科学出版社，2010.

jianzhu cailiao fangshexing ceding

建筑材料放射性测定 （determination of building materials radioactivity） 对各种无机非金属建筑材料中的天然放射性核素镭-226、钍-232、钾-40 放射性强度分析的过程。无机非金属材料主要有两类：一类是原生的花岗岩、石灰岩、砂岩、石膏、石英砂、黏土等；另一类是以天然土石或燃煤工业废渣或工业尾矿加工制成的水泥、砖、砌块、混凝土等。

沿革 对建筑材料进行全面的放射性检测，建立建筑材料的放射性核素限量，以及确立建筑材料对人体健康危害评估体系的工作，始于 20 世纪 70 年代。我国自 1986 年起，相继颁布了《建筑材料放射卫生防护标准》（GB 6566）、《建筑材料用工业废渣放射性物质限制标准》（GB 6763）和《天然石材产品放射防护分类控制标准》（JC 518）。2001 年颁布《建筑材料放射性核素限量》（GB 6566—2010），同时废除上述三个有关标准。

测定方法 根据《建筑材料放射性核素限量》（GB 6566—2010）规定，采用低本底的多道γ能谱仪对无机非金属建筑材料进行镭-226、钍-232 和钾-40 比活度测定。天然放射性核素在发射α、β射线的同时还发射γ射线。在能谱中，根据入射射线的能量和全吸收峰的道址成正比，对样品进行定性分析；根据与探测器相互作用的能量的γ射线数和全吸收峰下的净峰面积成正比，对样品进行定量分析。γ射线作用于探测器使晶体接受γ射线后产生的光电效应强弱和能谱的差异经线性放大和前级放大，可在记录仪表上显示出不同能谱的道址峰，通过特征峰道址位置和峰面积，定性定量测量核素及其放射性强度。

测定步骤 包括样品制备、建立标准谱数据库、能量刻度和放射性检测。

样品制备 将样品磨碎，磨细至粒径不大于0.16 mm。称重后将其放入与刻度谱仪的体标准源相同形状和体积的样品盒中，密封后待测。

建立标准谱数据库 测量时间根据被测标准源或样品的强弱而定，常规情况下测量时间为1 h，即创建1 h标准谱数据库。根据建库程序自动将测得的单核素标准谱数据扣除本底，并经归一化处理存入数据库，因此建库时必须先测量、保存本底谱，再按天然刻度源提供的参数依次进行测量、并增加到数据库。在改变本底谱后，需重新进行单核素标准谱数据的输入操作。

能量刻度 采用能谱仪测量放射性活度必须确定峰位或谱线位置对应的能量，因此要用已知的标准源进行能量刻度。能量刻度是利用标准源刻度谱仪系统的γ射线能量和道址间的对应关系。具体做法是测量已知能量的标准源，按软件要求在能量刻度子菜单中输入峰位（道址）-能量，由软件自动完成能量刻度。

放射性检测 当待检建材中天然放射性衰变链基本达到平衡后，在与标准样品测量条件相同情况下，采用低本底多道能谱仪对其进行镭-226、钍-232和钾-40比活度测量。

（何必胜）

jianzhu shigong changjie huanjing zaosheng jiance

建筑施工场界环境噪声监测 （construction side noise monitoring） 为了控制建筑施工的噪声排放而围绕建筑施工场界进行的噪声监测。建筑施工是工程建设实施阶段的生产活动，是各类建筑物的建造过程，包括基础工程施工、主体结构施工、屋面工程施工、装饰工程施工（已竣工交付使用的住宅楼进行室内装修活动除外）等，其场界是由有关主管部门批准的建筑施工场地边界或建筑施工过程中实际使用的施工场地边界。在建筑施工过程中产生的干扰周围生活环境的声音被称为建筑施工噪声。建筑施工场界噪声监测适合进行自动监测，目前国内外已经开始应用自动监测系统监测建筑施工噪声。

监测方法 测量应在无雨雪、无雷电天气，风速为5 m/s以下时进行。根据施工场地周围噪声敏感建筑物位置和声源位置的布局，测点应设在对噪声敏感建筑物影响较大、距离较近的位置。测点可布设在建筑施工场界外1 m、围墙上0.5 m、敏感建筑物户外或室内，依据现场情况判断适合的位置。施工期间，测量连续20 min的等效声级，夜间同时测量最大声级。背景噪声测量的声环境条件应与被测声源一致，且不受其影响。稳态噪声测量1 min的等效声级，非稳态噪声测量20 min的等效声级。

评价方法 评价前，先要对测量结果进行修正。建筑施工过程中场界环境噪声不得超过规定的排放限值：昼间为70 dB（A），夜间为55 dB（A）。夜间噪声最大声级超过限值的幅度不得高于15 dB（A）。当场界距噪声敏感建筑物较近，其室外不满足测量条件时，可在噪声敏感建筑物室内测量，并将相应的限值减10 dB（A）作为评价依据。各个测点的测量结果应单独评价，最大声级L_{max}直接评价。

（郭平　汪赟）

jiaozhun quxian

校准曲线 （calibration curve） 用于描述待测物质的浓度（量）与相应测量仪器的响应值之间定量关系的曲线。包括工作曲线（绘制校准曲线的标准溶液的分析步骤与样品分析步骤完全相同）和标准曲线（绘制校准曲线的标准溶液的分析步骤与样品分析步骤相比有所省略，如省略样品的前处理）。应用校准曲线的分析方法，在样品测得信号值后，从校准曲线上查得其含量（或浓度）。因此，校准曲线直接影响到样品分析结果的准确性和方法测定范围。

曲线制作 ①大多数情况下，校准曲线是分析方法的直线范围，根据方法的测量范围（直线范围），配制一系列浓度的标准溶液，系列的浓度值应较均匀地分布在测量范围内，系列点≥5个（不包括零浓度）。

②以仪器测定值扣除零浓度值为纵坐标，以样品浓度为横坐标，绘制校准曲线。

③校准曲线通常用最小二乘法线性拟合而成，因此通常也称作一元线性回归方程（直线）。

线性方程：$y=a+bx$。式中，x为自变量；y为因变量；a为直线方程的截距；b为回归直线的斜率，也称回归系数。其中，斜率$b=\dfrac{\sum_{i=1}^{n}(x_i-\bar{x})(y_i-\bar{y})}{\sum_{i=1}^{n}(x_i-\bar{x})^2}=\dfrac{S_{xy}}{S_{xx}}$。式中，$y_i$（$i$=1，2，…，$n$）为自变量$x$取某一值$x_i$（$i$=1，2，…，$n$）时因变量$y$的对应值；$\bar{x}$、$\bar{y}$分别为自变量$x_1$，$x_2$，…，$x_n$和因变量$y_1$，$y_2$，…，$y_n$的算术平均值。截距$a=\frac{1}{n}\sum_{i=1}^{n}y_i-b\cdot\frac{1}{n}\sum_{i=1}^{n}x_i=\bar{y}-b\bar{x}$。相关系数$r=\dfrac{S_{xy}}{\sqrt{S_{xx}\cdot S_{yy}}}$。

④基体效应对分析方法影响较大，应使用含有与实际样品类似基体的标准溶液绘制校准曲线。

⑤当样品的前处理较复杂，使污染或损失不可忽略时，应和样品同样处理后再测定，此时应做工作曲线。

曲线使用 测定方法具有准确测定待测物质或能够满足测定误差要求的测定范围。由于受化学反应机理和仪器的测定范围等因素的限制，大多数分析方法都很难做到从零至饱和溶液全部范围内都呈良好的线性关系。因此，待测物质浓度或含量与仪器响应信号值呈线性关系是有一定范围的，这个范围就是校准曲线直线部分。大多数情况下，校准曲线只能在其线性范围内使用，不得在高浓度端任意外推。

使用一元线性回归绘制校准曲线时，首先，待测物质浓度或含量与分析仪器响应值之间应呈线性关系或者通过变量的数学转换后呈线性关系。物质浓度与信号值之间是否为线性关系，可用两者的散点图作粗略估计。其次，测定范围内各点满足齐方差要求，对于存在拐点或线性不好的测定方法，可以采用分段回归或非线性回归来解决。最后，实际应用中，测定范围内各点方差不宜过大，以便用较少的测定次数就能得到可信度较高的结果。另外，检测下限也不宜小于仪器的最小单位刻度值。

统计检验 包括精密度检验、截距检验和斜率检验三个部分。

精密度检验 已知自变量x_i，通过回归方程可以估算因变量y_i，但不能准确计算y_i的值。测量值y_i与估算值$\hat{y}_i$的差别反映了回归直线的精密度。在一元线性回归中，可以用剩余标准差S_E描述回归直线的精密度，进而估算y的近似区间。剩余标准差S_E计算公式如下：

$$S_E=\sqrt{\frac{1}{n-2}\sum_{i=1}^{n}(y_i-\hat{y}_i)^2}=\sqrt{\frac{(1-r^2)S_{yy}}{n-2}}$$

对于测量范围内的每个x值，有95.4%的y值落在平行直线$y'=a+bx-2S_E$与$y''=a+bx+2S_E$之间，有99.7%的y值落在平行直线$y'=a+bx-3S_E$与$y''=a+bx+3S_E$之间。

截距检验 在实验室内，回归得到的校准曲线常不通过原点，造成这一现象可能是某种系统性的原因，或是测量中的各种随机作用。因此，截距检验是检验截距a是否与某一定值a_0相等，即检验校准曲线是否通过原点，空白的测量值是否确实存在。具体过程包括：

①计算统计量t。

$$t=\frac{a-a_0}{S_E\sqrt{\frac{1}{n}+\frac{\bar{x}^2}{S_{xx}}}}$$

②确定显著性水平α。

③查 t 分布临界值 $t_{\alpha(n-2)}$。

④若$|t|\geqslant t_{\alpha(n-2)}$，$a$ 与 a_0 存在显著差异；若$|t|< t_{\alpha(n-2)}$，a 与 a_0 差异不显著。

斜率检验 检验斜率 b 是否与某一定值 b_0 相等，即检验方法的灵敏度是否等于某已知量，以及多水平下测定的两组数据间是否存在系统差异。具体过程包括：

①计算统计量 t。

$$t=\frac{b-b_0}{s_E\sqrt{\frac{1}{S_{xx}}}}$$

②确定显著性水平α。

③查 t 分布临界值 $t_{\alpha(n-2)}$。

④若$|t|\geqslant t_{\alpha(n-2)}$，$b$ 与 b_0 存在显著差异；若$|t|< t_{\alpha(n-2)}$，b 与 b_0 差异不显著。 （胡冠九）

推荐书目

齐文启. 环境监测实用技术. 北京：中国环境科学出版社，2006.

jin'an haiyu huanjing jiance

近岸海域环境监测 （offshore environmental monitoring）

由环境监测机构按照统一的标准、规范和方法，对受陆源环境影响明显的近岸海域开展的环境监测，以评价近岸海域环境质量状况及变化趋势的过程。包括近岸海域环境质量监测和陆源污染物入海监测以及在近岸海域发生的陆源海洋污染事件应急监测。

沿革 新中国成立后，我国沿海城市陆续开展了近岸海域环境监测工作，但没有统一的组织机构。1984 年，我国成立全国海洋监测网，统一组织海洋环境监测。1994 年，我国成立了专业的近岸海域环境监测网络（以下简称“近海网”），并纳入国家环境监测网络管理，由近海网统筹开展我国近岸海域环境监测工作。2003 年，近海网进行了点位调整，形成了全国 301 个近岸海域环境质量国控点位的格局。2006 年，近海网将陆源污染物入海监测纳入近岸海域环境监测范围，基本形成目前的近岸海域环境监测网络。

监测内容 主要包括确定监测项目、布点、采样、分析测定和评价等过程。

监测项目 近岸海域环境质量监测包括水质、底质和生物等监测对象。①水质监测项目参照《海水水质标准》（GB 3097—1997）中所涉及的全部监测项目，包括水温、pH、溶解氧、化学需氧量、无机氮、活性磷酸盐和石油类等。②底质监测项目参照《海洋沉积物质量》（GB 18668—2002）中的全部项目，包括汞、镉、铅、锌、铜、有机碳和石油类等。③生物监测包括生物群落监测、生物指标监测以及生物体质量监测。生物群落监测项目包括浮游植物、浮游动物和底栖生物种类、数量和密度等；生物指标监测包括叶绿素 a、粪大肠菌群、细菌总数、生物毒性试验和赤潮毒素等生物污染指标；生物体质量监测包括铜、铅、锌、镉和石油类等项目。

入海河流监测包括《地表水环境质量标准》（GB 3838—2002）表 1 中全部项目：水温、pH、溶解氧、高锰酸盐指数、化学需氧量、五日生化需氧量、氨氮、总磷、铜、锌、氟化物、硒、砷、汞、镉、六价铬、铅、氰化物、挥发酚、石油类、阴离子表面活性剂、硫化物、粪大肠菌群，以及硝酸盐、铁、锰和盐度等；直排海污染源监测项目依照污染源执行的排放标准开展监测。

近岸海域陆源环境污染应急监测按照污染类型选择相关监测项目。

布点 近岸海域环境质量监测以掌握近岸海域环境质量现状和变化趋势为目的，监测点位布设要考虑广泛的代表性，按照网格布点与功能加密的基本原则，确保监测结果能代表近岸海域水质状况，特别是海滨浴场、港口、港湾河口区的水质与生态变化趋势。

陆源污染源入海监测以掌握陆源污染物入海通量为目的，包括点源污染监测和面源污染监测。目前陆源污染源入海监测以点源污染监测为主，包括入海河流监测和直排海污染源（日排放量＞100 m^3 的直排海污染源）监测。①入海河流监测点位设置在入海河口盐度＜3‰的区域，若入海河流通过分支入海，则应在每个分支设置入海监测点位；②直排海污染源监测点位，按照排放污染物类型不同，设置在车间或车间处理设施排放口或排污单位排放口，具体参照《污水综合排放标准》（GB 8978—1996），入海河口监测点位下游的污染源排放口属于直排海污染源监测。

近岸海域陆源环境污染应急监测以掌握污染事件中特征污染物浓度现状和时空变化趋势为目的。布点集中在污染事件发生区域，以发生环境污染事件的区域为核心，沿污染物扩散的路径设置监测点位；同时，在污染物扩散的上游设置少量对照点位。与环境质量监测相比，应急监测布点密度相对较高。

采样 近岸海域环境质量监测采样应代表监测点位垂向水体环境质量，根据监测点位水深的不同设置采样层次。底质采样使用专用底质采样器进行。生物采样分为水样和网样，水样随水质采样共同进行，网样使用专用生物采样网具按照规范采样。陆源污染源入海监测采样参照《地表水和污水监测技术规范》（HJ/T 91—2002）和《水污染物排放总量监测技术规范》（HJ/T 92—2002）执行。近岸海域陆源环境污染应急监测采样参照近岸海域环境质量监测采样开展。

分析测定 选择分析方法时，应首先选择国家标准分析方法，统一分析方法或行业标准方法。对于尚无“标准”和“统一”分析方法时，可采用国际标准化组织（ISO）、美国环境保护局（EPA）和日本工业标准（JIS）方法体系等其他等效分析方法，但应经过验证合格。分析方法的选用可参照《海水水质标准》（GB 3097—1997）、《地表水环境质量标准》（GB 3838—2002）、《海洋沉积物质量》（GB 18668—2002）和《近岸海域环境监测规范》（HJ 442—2008）。监测单位根据自身条件尽量选择检出限较低并不受海水基体干扰的分析方法。

评价 水质评价和底质评价均采用单因子评价法。根据监测的具体情况，选择相应的项目，按照《海水水质标准》（GB 3097—1997）、《地表水环境质量标准》（GB 3838—2002）和《海洋沉积物质量》（GB 18668—2002）等国家标准进行评价，原则上应包括所有监测项目，但水温等非污染指标以及色、嗅、味等不易评级的主观性指标可不参与评价。直排海污染源评价参照相应排放标准开展。

发展趋势 经过几十年的发展，我国近岸海域环境监测工作取得了一定进展，但监测标准体系、法律法规、制度政策等方面与先进国家仍有差距。今后近岸海域环境监测的发展重点是：①增加监测指标，随着近岸海域社会经济活动日益频繁，监测的污染因子应随之增加。仅就石油相关活动而言，增加 C_{20} 以上有机污染物及多环芳烃类的监测十分必要。②建立健全近岸海域环境评价体系，在此基础上完善我国近岸海域环境监测体系。③加强遥感监测、生物监测等技术在近岸海域环境监测中的应用，综合评价近岸海域环境状况。④探索陆源面源污染入海监测和近岸海域大气沉降监测。⑤利用自动监测技术，积极探索建立近岸海域环境预警监测体系。（李婴）

jinti

浸提 （leaching） 用溶剂浸渍固体混合物以分离可溶组分及残渣的方法。

原理 用溶剂将固体样品中的可溶性组分溶解，利用各组分在溶剂中的不同溶解度，使易溶的组分进入液相，即可与固体残渣分离。浸提操作包括 5 个主要内容：①溶剂与固体物料密切接触，使可溶组分转入液相，成为浸出液；②浸出液与不溶固体（残渣）的分离；③用溶剂洗涤残渣，回收附着在残渣上的可溶组分；④浸出液的提纯与浓缩；⑤从残渣中回收有价值的溶剂。

分类 按原理可分为物理浸提和化学浸提。物理浸提是单纯的溶质溶解过程，所用的溶剂有水、醇或其他有机溶剂；化学浸提通过化学反应将某些组分溶出，常用的溶剂为酸、碱及一些盐类的水溶液。按浸提工艺可分为常压浸提和热压浸提。按浸提的介质可分为水浸提、酸浸提、碱浸提和盐浸提。

样品制备 固体样品在浸提前应进行样品制备，方法有：①粉碎。以提高浸提率和浸提过程的速率，但过度粉碎会影响过滤。若可溶组分被不能渗透的物质包围，应磨碎到暴露可溶组分为止。②干燥。用有机溶剂浸提时，物料宜先经干燥除去水分，以提高浸出液品质。③火法加工。经过焙烧，固体样品发生碳酸盐分解、氧化或硫酸化以及氯化等反应，使其中所含的难溶组分转化为易溶的物质。

应用 广泛应用于化学工业、湿法冶金、食品和医药等领域，环境监测中可用于土壤和沉积物样品以及固废样品的提取。（孙静）

K

kaifangshi changguangcheng jiance jishu

开放式长光程监测技术　(long open-path monitoring technology)　基于差分吸收光谱法（DOAS），以空气中的痕量污染物对紫外及可见光波段的特征吸收光谱为基础，鉴别环境空气中污染物的类型和浓度的分析技术。开放式长光程监测技术是一种实时、在线的监测方法，可同时对多种气体进行连续监测。该方法可以快速实时分析空气中各种污染物的含量，实现对环境空气的完全非接触自动监测。

沿革　开放式长光程监测技术起源于差分吸收光谱法，最早由德国的普拉特（U. Platt）提出，用于城市、地下通道和工业矿区的有害气体的监测。随着应用范围的不断扩大，DOAS在烟气排放监测领域也得到广泛应用。主动DOAS方面，瑞典于1986年成功地将DOAS技术应用于Hg分析；1990年，阿克塞尔森（Axelson）等人采用了卡塞格伦（Cassegrain）结构，将接收和发射装置安装在同一望远镜系统，该系统被沿用至今。被动DOAS方面，已经逐步实现了从地基观察到空中监测，再到星载遥测的发展。2001年，瑞典科学家研发出mini-DOAS设备，其便携性和简便性使该技术被迅速应用到污染气体检测中，最初多用于火山喷发气体的测量，随着技术的发展，该技术现在被应用于发电厂、造纸厂等污染源排放集中区域的污染物测定。

原理　基于朗伯-比尔定律，位于光源和接收器之间、长的开放光程上的气体对光强的吸收，是长光程开放光路监测技术的基础。在开放大气中实际测量时，还应该考虑由消光引起的损失，这些消光过程包括瑞利散射、米散射，由光源发出的没有任何大气吸收和消光影响的光强很难准确测得，该问题可以用差分吸收来解决。差分吸收光谱法认为，气体分子产生的吸收是吸收光谱中的快速变化部分。为了确定随波长的变化而快速变化的、由痕量气体吸收引起的光强变化，利用特殊的数字滤波器，将气体的吸收截面分成随波长慢速变化部分和快速变化部分。由于每种分子、每种气体都具有自己独特的吸收光谱特性，使得DOAS有可能同时测量同一光程上多种气体的浓度。该技术只适用于具有窄带吸收特性的气体。

仪器设备　典型的开放式长光程监测系统包括一个光源、一个位于大气中的开放光程以及一个由接收器、光谱仪和探测器组成的接收系统。①光源。辐射随波长缓慢变化，理想的光源为“白”光源。热灯光源是常用的光源，如白炽灯和弧光灯。激光具有较大的光谱亮度以及较小的发散角，但其辐射波段或调谐区间很难观察到分子的振动波段。测量也可以使用来自大气层外的光源，如太阳光、月亮光或星光。②开放光程。大气中的开放光程位于光源到接收器之间，使用适当的光学器件可以使光程从几百米到数千米。光源发出的光被位于光程另一端的望远镜系统聚焦，测量的是整个光程上痕量气体的平均浓度。大气中开放光程的另一种设计是使用一个反射器，使来自光源的光被反射到接收器，达到双光程，也可以使用多次反射装置使光源发射的光在被研究的气体中多次反射。③接收系统。接收器接收到的光通过光纤送入高品质的光谱仪，光谱仪利用光栅将接收到的光分成窄带光谱，带有狭缝的扫描装置对窄带光谱进行快速扫描。扫描后的光谱进入探测器，被转换为电信号，经 A/D 转换送入计算机进行处理，形成光谱图。可使用的探测器包括非色散的半导体或光电倍增管探测器、光电二极管阵列探测器等。

应用 开放式长光程监测技术主要用于城市、农村和工业区的环境空气质量监测，已被广泛应用于氮氧化物、二氧化硫、氨、汞、水蒸气、二氧化碳、氯化氢、氟化氢、臭氧以及挥发性有机物（如苯、甲苯、甲醛）等的监测。

发展趋势 ①扩展监测指标。开放式长光程监测技术对于大气中痕量气体以及自由基的监测是一种有效的技术，但是许多物质由于吸收太弱而不能被 DOAS 探测到，因此增强技术性能扩大监测指标非常重要。②新设备开发。由于不同待测物质的最佳光程不同，要同时实现多组分监测，要求安装多个光程和接收装置，因此研发带有折叠光程的装置和二极管阵列探测器是重要的发展方向。（申进朝）

Kaishi dan ceding

凯氏氮测定

（determination of Kjeldahl nitrogen） 以凯氏（Kjeldahl）法分析水中氮含量的过程。土壤分析中，利用凯氏法测得的含氮量被称为全氮。该方法测得的氮主要包括氨氮和在此条件下能被转化为铵盐的有机氮化合物，此类有机氮化合物主要是蛋白质、肽、胨、氨基酸、核酸、尿素及其他合成的氮为负三价态的有机氮化合物，不包括叠氮化合物、连氮、偶氮、腙、硝酸盐、亚硝基、硝基、亚硝酸盐、腈、肟和半卡巴腙类的含氮化合物。凯氏氮是评价湖泊和水库富营养化的一个指标。

凯氏氮的测定方法主要包括蒸馏-光度法或滴定法、气相分子吸收光谱法和仪器法。针对传统方法消解测试过程复杂的问题，开发了多种规格的凯氏定氮仪。

蒸馏-光度法或滴定法 水中加入硫酸并加热消解，使有机物中的胺基氮转变为硫酸氢铵，游离氨和铵盐也转为硫酸氢铵。消解时加入适量硫酸钾提高沸腾温度，以增加消解速率。为了缩短消解时间，还需加入催化剂，目前进行水环境质量凯氏氮测定时，常以硫酸铜为催化剂；生活垃圾渗沥液等污染源常以汞盐为催化剂。消解后将溶液调成碱性并蒸馏出氨，吸收于硼酸溶液中。然后以滴定法或光度法测定氨含量（参见*氨氮测定*）。该方法的适用范围较广，凯氏氮含量较低时，可取较多量的水样，选用光度法测量；凯氏氮含量较高时，则减少取样量，并用滴定法测量。

气相分子吸收光谱法 消解过程除催化剂可以使用硫酸铜或硫酸汞外，与蒸馏-光度法或滴定法基本相同。消解后的溶液调至中性，加入次溴酸钠氧化剂，将铵盐氧化成亚硝酸盐，然后以亚硝酸盐氮的气相分子吸收光谱法测定水样中的凯氏氮含量（参见*氨氮测定*）。该方法主要适用于湖泊、水库和江河等水环境中凯氏氮的测定。

仪器法 通常利用以上两种方法，通过合理设计，制作成测定过程简便的凯氏氮自动测定仪，简称凯氏定氮仪。但是某些类型凯氏定氮仪使用的试剂和方法，也与上两种方法存在差异，例如，使用其他类型催化剂；将水蒸气蒸馏改为吹入空气分离出氨；用电导率测定法代替滴定法和气相分子吸收光谱法等。仪器法的适用范围通常根据其原理确定。

（牛航宇）

keliwu zidong jianceyi

颗粒物自动监测仪

（particulate matter automatic monitor） 用来测定环境空气中颗粒物浓度的自动监测仪器。目前颗粒物自动监测仪主要监测的是粒径在 10 μm 以下的颗粒物

（可吸入颗粒物，PM_{10}）和在 2.5 μm 以下的颗粒物（细颗粒物，$PM_{2.5}$）。根据测量原理不同主要分为微量振荡天平法、β射线吸收法和光散射法，在环境监测中常用的是前两种。

微量振荡天平法 仪器由采样头、滤膜动态测量系统、采样泵和仪器主机组成。

环境空气样品经过采样头和切割器后，进入配置有滤膜动态测量系统的微量振荡天平仪主机，在主机中微量振荡天平传感器主要部件是一个一端固定、另一端装有滤膜的振荡空心锥形管。样品气流通过滤膜后，颗粒物被收集在滤膜上。在工作时，空心锥形管处于往复振荡的状态，它的振荡频率会随着滤膜上收集的颗粒物的质量变化发生变化，仪器通过准确测量振荡频率的变化得到沉积在滤膜上的颗粒物质量，然后根据流量、温度、气压和采样体积，计算出样品中颗粒物的质量浓度。

β射线吸收法 仪器由采样头、样品动态加热系统、采样泵和仪器主机组成。利用β射线衰减的原理，环境空气由采样泵吸入采样管，经过滤膜后排出，颗粒物沉淀在滤膜上，当β射线通过滤膜时，能量发生衰减，通过对衰减量的测定便可计算出颗粒物的浓度。

环境空气样品经过采样头和切割器后，进入样品动态加热系统中，样品气体的相对湿度被调整到 35%以下，样品进入仪器主机后颗粒物被收集在可以自动更换的滤膜上。在仪器中滤膜的两侧分别设置了β射线源和β射线检测器。随着样品采集的进行，在滤膜上收集的颗粒物越来越多，颗粒物质量也随之增加，此时β射线检测器检测到的β射线强度会相应地减弱。由于β射线检测器的输出信号能直接反映颗粒物的质量变化，仪器通过分析β射线检测器的颗粒物质量数值，结合相同时段内采集的样品体积，最终得出采样时段的颗粒物浓度。

（陈多宏）

kongbai shiyan

空白试验

（blank test） 采用与实际样品相同的操作步骤，对不含待测组分的参比物质进行的试验。空白试验的测定结果称为空白值，反映了测试仪器的噪声、试剂中的杂质、环境及操作过程中的沾污等因素对样品测定产生的综合影响。空白试验直接影响测定结果的准确性，将空白值从样品分析结果中扣除，可以消除以上干扰因素造成的系统误差。

空白试验可分为全程序空白试验、现场空白试验、实验室空白试验、方法空白试验和仪器空白试验等。

全程序空白试验反映实验环境、样品采集和分析全过程可能给分析结果带入的干扰，用于评价每批样品由采集、运输到分析全过程受影响的情况。

现场空白试验是在采样现场以纯水或惰性气体作样品，与样品一起在同等条件下采集、保存、运输、交送到实验室分析，用于反映采样过程中操作步骤、采样设备和环境条件对样品分析产生的影响。

实验室空白试验是将纯水或惰性气体经与样品完全一样的步骤进行处理与分析，用于反映实验室环境以及所用仪器、器皿和试剂中是否存在目标化合物及其他干扰物。

方法空白试验是在样品制备和分析全过程中，加入与分析样品相同体积或等比例的纯水或惰性气体，用于评价分析方法对样品分析产生的干扰。若方法空白满足以下任一条件，即可判定该分析方法是适用的：①方法空白值低于方法检出限；②方法空白值低于待测物质回收率的 5%；③方法空白值低于样品测试浓度的 5%。

仪器空白试验反映分析样品的仪器设备的清洁程度。分析完样品后，通常会对仪器设备进行清洗或净化，从而去除仪器设备中残留的样品。

（李娟）

kongqi junluo zongshu ceding

空气菌落总数测定

（determination of total bacterial in air） 对空气中菌落总数进行定量分析的过程。空气菌落总数是在人体呼吸带采集一定数量含微生物的空气，微生物在普通营养琼脂培养基上，于37℃培养48 h后生长出的菌落数。由于受人为的采样方法和单一的培养条件限制，有些细菌不能采集到或培养出，所得到的“细菌总数”只能说明空气受到生物污染的相对程度。

细菌是体积微小、表面带负电荷、有生命现象的生物，在室内以气溶胶形式不均匀地分布在各处空间，时空变化较大。测定空气中细菌总数方法有撞击法和自然沉降法。

撞击法 采用撞击式空气微生物采样器采样，通过抽气动力作用，使空气通过狭缝或小孔而产生高速气流，从而使悬浮在空气中的带菌粒子撞击到营养琼脂平板上，经37℃、48 h培养后，计数求得空气中的菌落总数。撞击法对细菌捕获率较高，受监测场所气流影响小，定量相对准确，但需特殊仪器，影响了方法的推广使用；另外，采气量受电流、电压的变化影响，现场采样面积小，采样时间短，致使测定结果的代表性不够强。

自然沉降法 用直径9 cm的营养琼脂平板在采样点暴露5 min，经37℃、48 h培养后，计数求得空气中的菌落总数。自然沉降法测定的细菌总数数量比撞击法多，但该法对大颗粒含菌粒子捕获率较高，对小颗粒含菌粒子及气溶胶捕获率却较低，易受气流影响，重复样品偏差比撞击法大，因此适用范围较小，主要用于测定气流微弱的较洁净的室内场所中空气细菌总数。（厉以强）

kongqi wuran zhishu

空气污染指数

（air pollution index，API）将例行监测的几种空气污染物浓度简化成为单一的指数值，并分级表征空气污染程度和空气质量状况，用于反映和评价空气质量的指标。1997年开始在中国用于发布空气质量日报、空气质量周报，表示城市短期的空气质量状况和变化趋势。

计算方法 首先应计算空气中各污染物项目的空气污染分指数，污染物项目P的空气污染分指数按式（1）计算：

$$I_P = \frac{I_j - I_i}{C_j - C_i}(C_P - C_i) + I_i \quad (j>i) \qquad (1)$$

式中，C_P为污染物项目P的质量浓度值；C_j为与C_P相近的污染物浓度限值的高位值；C_i为与C_P相近的污染物浓度限值的低位值；I_j为与C_j对应的空气污染指数分指数；I_i为与C_i对应的空气污染指数分指数。

根据各污染物项目的空气污染分指数计算空气污染指数，空气污染指数按式（2）计算，以空气污染分指数最大的污染物为首要污染物。

$$\text{API} = \max(I_1, I_2, I_3, \cdots, I_n) \qquad (2)$$

式中，I为各污染物项目的空气污染分指数；n为污染物项目数。

级别划分 目前中国空气污染指数中规定了5个污染物项目的空气污染指数的分级浓度限值，包括二氧化硫（SO_2）日均值、二氧化氮（NO_2）日均值、可吸入颗粒物（PM_{10}）日均值、一氧化碳（CO）小时均值和臭氧（O_3）小时均值，见表1。空气污染指数的范围及相应的空气质量类别见表2。

表1 空气污染指数对应的污染物浓度限值

空气污染指数（API）	污染物浓度限值/（μg/m³）				
	SO_2日均值	NO_2日均值	PM_{10}日均值	CO小时均值	O_3小时均值
50	50	80	50	5	120
100	150	120	150	10	200
200	800	280	350	60	400
300	1 600	565	420	90	800
400	2 100	750	500	120	1 000
500	2 620	940	600	150	1 200

表 2　空气污染指数范围及相应的空气质量类别

空气污染指数（API）	空气质量指数级别	空气质量状况	对健康影响情况	建议采取的措施
0～50	Ⅰ级	优	可正常活动	—
51～100	Ⅱ级	良		
101～150	Ⅲ$_1$级	轻微污染	易感人群症状有轻度加剧，健康人群出现刺激症状	心脏病和呼吸系统疾病患者应减少体力消耗和户外活动
151～200	Ⅲ$_2$级	轻度污染		
201～250	Ⅳ$_1$级	中度污染	心脏病和肺病患者症状显著加剧，运动耐受力降低，健康人群中普遍出现症状	老年人和心脏病、肺病患者应停留在室内，并减少体力活动
251～300	Ⅳ$_2$级	中度重污染		
＞300	Ⅴ级	重污染	健康人群运动耐受力降低，有明显强烈症状，提前出现某些疾病	老年人和病人应当留在室内，避免体力消耗；一般人群应避免户外活动

（赵熠琳　李亮）

kongqi zhiliang yubao

空气质量预报　（air quality forecast）　对某一地区未来某时段内环境空气质量状况的预测预报。预报方法主要包括统计预报法和数值预报法。

统计预报法以污染物浓度观测资料和气象观测资料为基础，通过因子初选和相关性分析，应用逐步回归法、一元线性回归分析和自然正交分解等统计方法，建立大气污染预报方程。该方法相对简单且易于推广，是目前城市尺度空气质量预报的主要方法。

数值预报法以大气动力学理论为基础，基于对大气物理过程和化学过程的认识，建立大气污染物在空气中的输送、扩散和转化的数值模型，模拟大气污染物在空气中的动态浓度分布，从而预测空气质量状况。由于数值预报方法能够处理较大空间范围污染物浓度逐时变化，因而预报功能更加强大。

2001 年，我国 47 个环境保护重点城市开展空气质量预报工作，主要采用统计预报法。目前，我国的空气质量预报处于快速发展阶段，数值预报方法已经成为未来空气质量预报的主流技术，同时多种预报方法综合应用也将成为未来的发展趋势；预报的污染物种类将不断增加，包括臭氧、细颗粒物等；以城市预报为主的方式将逐步过渡到区域尺度预报与城市尺度预报相结合的方式。

（王晓彦　王帅）

kongqi zhiliang zhishu

空气质量指数　（air quality index，AQI）　定量描述空气质量状况的指标。AQI 的数值越大、级别越高，说明空气污染状况越严重，对人体的健康危害也就越大。单项污染物的空气质量指数称为空气质量分指数（IAQI）。AQI 应用于环境空气质量指数日报和实时报，《环境空气质量指数（AQI）技术规定（试行）》（HJ 633—2012）规定了其工作要求和程序。

空气污染指数（API）和空气质量指数（AQI）两者设计原理相同，无本质区别，都是为发布日空气质量状况而设计的一种易于理解的空气质量表达方式。但两者表述角度不同，AQI 较 API 更加强调空气质量状况，可以对空气质量的优、良或污染程度进行恰当的表征。2013 年以前，我国采用 API 发布空气质量日报。2013 年起，逐渐采用 AQI 发布空气质量日报。

分级方案　HJ 633—2012 规定了 10 个污染物项目的空气质量指数的分析方案和分级浓度限值，见表 1。

计算方法　每个监测点位应各自计算并发布空气质量分指数和空气质量指数。污染物项目 P 的空气质量分指数按式（1）计算：

$$\mathrm{IAQI_P}=\frac{\mathrm{IAQI_{Hi}}-\mathrm{IAQI_{Lo}}}{\mathrm{BP_{Hi}}-\mathrm{BP_{Lo}}}(C_\mathrm{P}-\mathrm{BP_{Lo}})+\mathrm{IAQI_{Lo}}\quad(1)$$

式中，$\mathrm{IAQI_P}$ 为污染物项目 P 的空气质量分指数；C_P 为污染物项目 P 的质量浓度值；$\mathrm{BP_{Hi}}$ 为与 C_P 相近的污染物浓度限值的高位值；$\mathrm{BP_{Lo}}$ 为与 C_P 相近的污染物浓度限值的低位值；

$IAQI_{Hi}$为与BP_{Hi}对应的空气质量分指数；$IAQI_{Lo}$为与BP_{Lo}对应的空气质量分指数。

空气质量指数按式（2）计算：

$$AQI = \max(IAQI_1, IAQI_2, IAQI_3, \cdots, IAQI_n) \quad (2)$$

式中，IAQI 为空气质量分指数；n 为污染物项目数。

级别划分 空气质量指数的级别划分见表 2。

表 1 空气质量指数及对应的污染物项目浓度限值

空气质量指数（AQI）	污染物项目浓度限值									
	二氧化硫（SO_2）24 小时平均/（$\mu g/m^3$）	二氧化硫（SO_2）1 小时平均/（$\mu g/m^3$）(1)	二氧化氮（NO_2）24 小时平均/（$\mu g/m^3$）	二氧化氮（NO_2）1 小时平均/（$\mu g/m^3$）(1)	颗粒物（粒径≤10μm）24 小时平均/（$\mu g/m^3$）	一氧化碳（CO）24 小时平均/（mg/m^3）	一氧化碳（CO）1 小时平均/（mg/m^3）(1)	臭氧（O_3）1 小时平均/（$\mu g/m^3$）	臭氧（O_3）8 小时滑动平均/（$\mu g/m^3$）	颗粒物（粒径≤2.5μm）24 小时平均/（$\mu g/m^3$）
0	0	0	0	0	0	0	0	0	0	0
50	50	150	40	100	50	2	5	160	100	35
100	150	500	80	200	150	4	10	200	160	75
150	475	650	180	700	250	14	35	300	215	115
200	800	800	280	1 200	350	24	60	400	265	150
300	1 600	(2)	565	2 340	420	36	90	800	800	250
400	2 100	(2)	750	3 090	500	48	120	1 000	(3)	350
500	2 620	(2)	940	3 840	600	60	150	1 200	(3)	500
说明	（1）SO_2、NO_2和 CO 的 1 小时平均浓度限值仅用于实时报，在日报中需使用相应污染物的 24 小时平均浓度限值。 （2）SO_2 1 小时平均浓度值高于 800 $\mu g/m^3$时，不再进行其空气质量分指数计算，SO_2空气质量分指数按 24 小时平均浓度计算的分指数报告。 （3）O_3 8 小时平均浓度值高于 800 $\mu g/m^3$时，不再进行其空气质量分指数计算，O_3空气质量分指数按 1 小时平均浓度计算的分指数报告。									

表 2 空气质量指数及相关信息

空气质量指数	空气质量指数级别	空气质量指数类别及表示颜色		对健康影响情况	建议采取的措施
0～50	一级	优	绿色	空气质量令人满意，基本无空气污染	各类人群可正常活动
51～100	二级	良	黄色	空气质量可接受，但某些污染物可能对极少数异常敏感人群健康有较弱影响	极少数异常敏感人群应减少户外活动
101～150	三级	轻度污染	橙色	易感人群症状有轻度加剧，健康人群出现刺激症状	儿童、老年人及心脏病、呼吸系统疾病患者应减少长时间、高强度的户外锻炼
151～200	四级	中度污染	红色	进一步加剧易感人群症状，可能对健康人群心脏、呼吸系统有影响	儿童、老年人及心脏病、呼吸系统疾病患者避免长时间、高强度的户外锻炼；一般人群适量减少户外运动
201～300	五级	重度污染	紫色	心脏病和肺病患者症状显著加剧，运动耐受力降低，健康人群普遍出现症状	儿童、老年人和心脏病、肺病患者应停留在室内，停止户外运动；一般人群减少户外运动
＞300	六级	严重污染	褐红色	健康人群运动耐受力降低，有明显强烈症状，提前出现某些疾病	儿童、老年人和病人应当留在室内，避免体力消耗；一般人群应避免户外活动

与空气污染指数（API）的区别 ①评价污染物不同。API分级计算参考的标准是《环境空气质量标准》（GB 3095—1996）（2016年1月1日废止），评价的污染物仅为 SO_2、NO_2 和 PM_{10} 三项。AQI分级计算参考的标准是新修订的《环境空气质量标准》（GB 3095—2012）（2016年1月1日生效），参与评价的污染物除上述三项外，还增加了 $PM_{2.5}$、O_3、CO三项。②增加表征空气质量状况的级别。新标准的AQI将空气质量分为六个级别，而修订前标准的API只有五个级别。③评价时间段不一样。AQI可衡量小时空气质量和日空气质量，而API只做每天12时至次日12时的空气质量评价。④评价结果不同。如一天的 NO_2 浓度如果是100 μg/m^3，用AQI评价为三级，为超标；但用API评价是Ⅱ级，是达标的。（参见空气污染指数）

（孟晓艳）

kulunfa

库仑法

（coulometry） 根据法拉第电解定律，通过电解过程中消耗的电量进行定量分析的方法。

沿革 1935年卡尔·费休（Karl Fischer）首先提出了利用容量分析测定水分的方法，这种目测法只能测定无色液体物质的水分。随着科技的发展，将库仑计与滴定法结合起来推出库仑法。20世纪40年代初，与电解时产生的试剂能迅速反应的物质，都可用库仑滴定测定，如酸碱滴定、沉淀滴定法、配位滴定、氧化还原滴定法等。在随后的近二十年中，由于仪器性能等原因实际很少应用。进入70年代初期，电子技术迅速发展，库仑法得到广泛的应用。

原理 法拉第电解定律是库仑法的理论依据。在电解过程中，电极上起反应的物质量与通过电解池的电量成正比，即与电流和时间的乘积成正比，因此根据电解过程中所消耗的电量，可求得待测物质的含量。

测定方法 根据电解方式分为控制电位库仑法、恒电流库仑滴定法和动态库仑法。

控制电位库仑法 采用控制电极电位的方法进行电解，然后通过测定电解时所耗电量，计算电极上发生反应的待测物质的量。由法拉第电解定律可知，当物质以100%的电流效率进行电解反应时，可通过测量进行电解反应所消耗的电量，求得在电极上起反应的物质量，这是库仑法的先决条件。所谓100%的电流效率，是电解时电极上只发生主反应，而无副反应发生。但是，在实际应用中要实现100%的电流效率很困难。影响电流效率的主要因素有：①溶剂的电极反应；②电解质中的杂质在电极上的反应；③溶液中可溶性气体的电极反应；④电极的自身反应；⑤电解产物的再反应。

控制电位库仑法具有很高的选择性，灵敏度和准确度也较高。该方法不仅可以测定在电极上能沉淀为金属或氧化物的金属离子，还可以测定进行均相反应的物质，也可用于有机物的分析。

恒电流库仑滴定法 在恒电流作用下，利用辅助物质（发生电解质）在电极上发生反应产生滴定剂（电生滴定剂，相当于化学滴定中的标准溶液）并与待测物质发生化学反应，用化学指示剂或电化学方法确定终点，由恒电流值和到达终点所需时间计算出所耗电量，从而测量出待测物质的量。该法的误差主要来源于5个方面：①电解过程中不能保证100%的电流效率；②电解过程中电流的波动；③测量电流的误差；④测量时间误差；⑤由于化学计量点与滴定终点间的差别而产生的滴定误差。

恒电流库仑滴定法可以测定电解时在电极不能全部定量反应的物质，或根本不在电极上发生反应的物质，而控制电位库仑法却只能测定在电极上全部定量反应的物质，因此恒电流库仑滴定法的应用更为广泛。

动态库仑法 又称微库仑法，是在库仑滴定基础上发展起来的一种动态库仑技术。利用指示电极电位信号，经过放大后，控制工作电极的电解电流，借以控制电生滴定剂的量。当待测物质进入微库仑滴定池后，消耗掉一定量的电生滴定剂，此时指示立即响应，产生信号推动电解系统工作。工作电极电生适量的滴定剂，以补充消耗掉的电生滴定剂，因此整个微库仑滴定系统可视为某元素（或离子）浓度自动调试器。具有灵敏、快速、方便等特点。

应用 库仑法简便、快速、准确、灵敏，因此在环境监测中得到了广泛的应用，如测定废水中的铬、砷、化学需氧量、挥发酚、甲醛、可吸附有机卤素和抗坏血酸，地表水中的氰化物，大气中的二氧化硫、氮氧化物、一氧化碳、臭氧和总氧化剂等。

发展趋势 利用库仑法的基本理论开发的新方法是主要的发展方向，如电解色谱和库仑电位谱法、预示库仑法、电压扫描库仑法、示差控制电位库仑法等。 （叶翠）

kulunyi

库仑仪

（coulomb meter） 根据法拉第电解定律，通过电解过程中消耗的电量，对待测物质进行定量分析的仪器。

原理 法拉第电解定律是库仑仪工作的理论依据，表达了物质在电极上析出的量与通过电解池电量之间的关系，即在电解过程中阴极上还原物质析出的量，与所通过的电流和通电时间成正比。

分类 根据不同电解原理，分为控制电位库仑仪、恒电流库仑滴定仪和微库仑仪。

控制电位库仑仪 采用控制电位库仑法原理的仪器，在控制电位电解分析的线路中，串联一个能测量通过电解池电量的库仑计，构成控制电位库仑分析的装置。控制电位库仑仪主要由电解池（包括电极）、恒电位仪和库仑计构成。库仑计是电量的测量装置，也是控制电位库仑分析的一个重要装置，主要有银库仑计（重量库仑计）、氢氧库仑计（气体库仑计）、滴定库仑计（化学库仑计）、库仑式库仑计和电子积分仪等。

恒电流库仑滴定仪 采用控制电流电解过程的库仑法仪器。

微库仑仪（动态库仑仪） 采用微库仑法原理的仪器。

应用 库仑仪具有快速、灵敏、选择性高以及自动指示终点等优点。微库仑仪是近年发展起来的一种微库仑分析新技术，具有跟踪滴定的性质，且响应速度较快，可与气相色谱联用，作微库仑鉴定器，目前广泛应用于环境监测、石油化工、有机元素（物）分析等领域。在环境监测方面，主要用于测定废水中的化学需氧量、可吸附有机卤素等。 （叶翠）

L

lei ceding

镭测定 （determination of radium） 对水、土壤、生物、气体等环境介质中镭含量定量分析的过程。镭化学符号 Ra，原子序数 88，是碱土金属和天然放射性元素。天然镭与铀、钍矿共存，在矿石受地下水浸蚀时易被浸出。在铀、钍矿区的环境水和生物样品中，镭含量较高。环境样品中镭含量一般很低，对其测量通常是先分离，然后采用化学浓集-射气闪烁法、γ 能谱法或α放射性核素法测定。

化学浓集-射气闪烁法 可采用氢氧化铁-碳酸钙载带法和硫酸钡共沉淀法两种化学富集方法，最后均用射气闪烁法测定。①氢氧化铁-碳酸钙载带法：将氢氧化铁-碳酸钙作为载体吸附载带水中镭，沉淀用盐酸溶解，溶解液封闭于扩散器中积累氡，再放入闪烁室测量，计算镭-226 含量。②硫酸钡共沉淀法：水中镭与硫酸钡共沉淀，沉淀用乙二胺四乙酸二钠（EDTA-2Na）碱性溶液溶解，溶解液封闭于扩散器中积累氡，放入闪烁室测量，计算镭-226 含量。两种方法均适用于天然水、铀矿冶排放废水和矿坑水中镭-226 的测定。

γ能谱法 方法原理是γ能谱中依据全吸收峰下的净面积和与探测器相互作用的该能量的γ射线数成正比。测量镭-226 可用子体铅-214 的 351.9 keV（37.09%）和铋-214 的 609.3 keV（46.1%）、1 120.3 keV（15.0%）γ射线。样品制备过程：固体、土壤样品须经烘干、粉碎、过筛、混匀、压实并密封于样品盒；气溶胶滤膜按固定尺寸平整展开后压紧密封于样品盒；大气沉降物水样经过滤和蒸干水分后取余下的粉末密封于样品盒；水样在多数情况下需经过浓缩后测量；生物样经烘干、灰化、压实并密封于样品盒。测量前样品需放置 20 d 以上，以保证镭-226 与其子体间放射平衡。测量时记录镭-226 特定子体的γ射线特征峰的净面积和测量时间。方法优点是样品处理程序简单，装进样品盒后即可测量。可用于土壤、沉积物、气溶胶、大气沉降物、水样、生物以及岩石、大理石、水泥等固体中镭-226 的测定。

α放射性核素法 适用于地表水、地下水和铀矿废水中镭的α放射性核素的测定。其原理是用氢氧化铁-碳酸钙作载体，沉淀水中的镭，沉淀物用硝酸溶解。在柠檬酸存在下，再以硫酸铅钡为混合载体共沉淀镭，与其他α放射性核素分离。沉淀用硝酸溶液洗涤净化，并溶于 EDTA-2Na 碱性溶液中。加冰乙酸重新沉淀硫酸钡（镭）以分离铅。用低本底α探测装置测量，计算结果。 （邵亮）

liziji

离子计 （ion meter） 用电极把溶液中离子活度变成电信号直接显示出来的装置，以浓度或电动势显示测定结果。

原理 20 世纪 60 年代末膜电极技术出现后，相继研制出多种具有良好选择性的指示电极，即离子选择性电极。该方法的出现，大大促进了电位法的发展，其关键是能够准确测量电极电位，由电极电位值求出待测物的含量。一般所说的电位是与标准氢电极做比较得到的相对值（也可用甘汞电极或 Ag/AgCl 电极作参比电极）。因此，测量电极电位实际上是测量参比电极和指示电极组成的电池电动势（参见电位法）。

测定过程 由定位装置先抵消电极信号的 K 值，然后进入阻抗转换器，将高阻信号转换成低阻信号后将其输入到放大与斜率校正装置进行处理，信号经温度补偿达到在任何温度下，均以一定的电位值代表 1 pX。经温度补偿后的信号输入到量程扩展装置中，将大于 100 mV 的信号抵消掉，抵消掉的数值由量程旋钮的位置指示出来，剩余的尾数信号（小于 100 mV 或 1 pX）由读数电表读出，量程读数与表头读数之和即为测量结果。

测量条件 包括输入阻抗、测量精度和量程、定位以及温度和电极斜率补偿 4 个方面。

输入阻抗 离子选择性电极的内阻可高达 $10^8\ \Omega$，仪器的输入阻抗必须与之相匹配，输入阻抗越大，越接近零电流的测试条件，测量的准确度就越高。一般要求仪器的输入阻抗在 $10^{11}\ \Omega$以上。

测量精度和量程 仪器的精度是以仪器所能读出的最小量来衡量的，常以“mV/格”、“pH/格”（酸度计）来表示。仪器精度直接关系到测量的误差，是仪器性能的主要指标。为了保证测量的精度，仪器的最小分格不能太大，离子计的电位测量精度比酸度计要高。每 0.1 pH 单位的测量误差相当于 6 mV 的变化，为了保证离子选择性电极测定活度的相对误差在 1 以内，仪器的最小读数应达到 0.1 mV。仪器量程即测量范围，由于受读数表头的限制，精度高，量程就会小。故一般仪器都设有量程选择电路，既保证高精度性又保证足够的量程。仪器直接显示 pX 值时，测量范围一般在 0～14 pX。离子选择性电极输出电动势的变幅在-1 000～1 000 mV，所以离子计的测量范围不应超出此范围。

定位 通过下式定位：$E = K \pm S \lg a_i$，式中，E 为电池电动势；K 为电极系统的截矩电位，在一定条件下，可看作一常数；S 是与气体常数、法拉第常数、离子价数和溶液绝对温度等有关的一个常数；a_i 为离子活度。为了使测量标准化，必须校正公式中的 K 值，通过调节定位器，校正外参比电极电位、内参比电极电位、液接电位等因素的影响，使测得的电池电动势与待测离子活度的对数成简单的线性关系。

温度和电极斜率补偿 为了使电池电动势 E 与对应离子的活度对数 $\lg a_i$ 的关系不受温度的影响，必须有温度补偿装置。由于电极老化或其他原因，实际斜率与理论斜率不符；另外，在不同体系的溶液中，电极的斜率也不尽相同，所以必须对电极的斜率进行补偿后，才能使测量标准化。温度和斜率的补偿都是为了校正电极斜率的变化。温度补偿是补偿因溶液温度引起电极斜率的变化，斜率补偿是补偿电极本身斜率与理论值的差异。有的仪器将两者合并成一个，成为“斜率”、“电极系数”或“灵敏度”旋钮。

特点 选择性好，在多数情况下，共存离子干扰小，对组成复杂的试样通常不需分离处理就可直接测定；灵敏度高，直接电位法的检出限一般为 10^{-8}～10^{-5} mol/L，适用于微量组分的测定。

（傅晓钦）

lizi sepufa

离子色谱法 （ion chromatography，IC）

以低交换容量的离子交换树脂为固定相，对环境样品中离子态污染物进行分离，通过检测分离物电导变化，得到待测组分浓度的一种色谱方法。

沿革 1975 年，斯莫尔（H. Small）等人发明了双柱离子色谱法（又称抑制型离子色谱法）。使用一根离子交换柱分离样品，另一根抑制柱除去大部分洗脱液中的离子，以便在检测时能消除流动相离子的干扰，用电导检测器连续检测柱流出物，标志着现代离子色谱法的诞生。1979 年，耶尔德（D. T. Gjerde）等用弱电解质作流动相（弱电解质自身电导较低，不必使用抑制柱），开发了单柱离子色谱法，又称非抑制型离子色谱法。经过数十年的发展，离子色谱法已经成为了分析离子型物质的常用方法。

原理 离子色谱的分离机理主要是离子交换，有三种分离方式，即高效离子交换色谱（HPIC）、离子排斥色谱（HPIEC）和离子对色谱（MPIC）。三种分离方式柱填料的树脂骨架基本都是苯乙烯-二乙烯基苯的共聚物，但树脂的离子交换功能基团和容量各不相同。HPIC 用低容量的离子交换树脂，HPIEC 用高容量的树脂，MPIC 用不含离子交换基团的多孔树脂。三种分离方式各基于不同分离机理：HPIC 的分离机理主要是离子交换，HPIEC 主要为离子排斥，而 MPIC 则主要基于吸附和离子对的形成。当流动相将样品带动到分离柱时，离子交换树脂上可以离解的离子和流动相中具有相同电荷的溶质离子之间进行可逆交换，由于样品离子对离子交换树脂的相对亲和能力不同而得到分离。由分离柱流出的各种不同离子，经电化学或光学检测器检测，即可得到其色谱峰，然后用色谱定性定量方法进行分析。

分析方法 包括定性分析方法和定量分析方法。

定性分析 定性主要采用标准对照定性，即样品色谱图中某组分峰的保留时间与标准色谱图中该组分峰的保留时间一致。

定量分析 ①校正因子定量。单位峰面积所对应的待测物质的浓度（或含量），可由样品组分的峰面积与相同条件下该组分标准物质的校正因子相乘得到。②归一化法。将所有组分的峰面积分别乘以它们的校正因子后求和而得。方法的前提条件是样品中所有成分都能从色谱柱上洗脱下来，并能被检测器检测。③标准曲线法。将待测组分的标准物质配制成不同浓度的标准溶液，经色谱分析后制作一条标准曲线，即物质浓度与其峰面积（或峰高）的关系曲线，根据样品中待测组分的色谱峰面积（或峰高），从标准曲线上查得样品浓度。④内标法。将已知浓度的标准物质（内标物）加入到未知样品中，通过比较内标物和待测组分的峰面积，确定待测组分的浓度。

特点 ①对离子可以实现快速分析，且灵敏度高，选择性好。②可同时分析多种离子化合物，与光度法、原子吸收分光光度法相比，离子色谱可同时检测样品中的多种成分。③分离柱的稳定性好，离子色谱柱填料的高 pH 稳定性允许用强酸或强碱作淋洗液。

应用 离子色谱法主要应用于大气、酸雨、水体、土壤和生物等方面的监测。离子色谱法最初应用于水中痕量阴、阳离子的分析，随着离子色谱的分离技术和检测水平的提高，该法不仅可以分析无机离子，还可以分析有机离子，采用柱后衍生可以分析重金属和过渡元素，采用安培检测可以分析糖类及氨基酸和抗生素等。欧美、日本等已将离子色谱法列为标准分析方法，我国也将离子色谱法作为酸雨的统一分析方法以及水和废水监测分析方法。

发展趋势 整体式色谱柱的发展，使离子色谱法的分析速度和灵敏度进一步提高；可变波长紫外检测器与电导检测器串联有助于鉴定未知峰和分辨重叠峰；离子色谱和质谱（MS）、原子发射光谱仪（AES）和原子吸收分光光度计（AAS）等技术的联用，可实现高灵敏度的定性和定量。今后在选择新的洗脱液、合成新的低交换容量离子交换树脂和高灵敏度的检测器等方面有很广阔的发展前景。（李焕峰）

lizi sepuyi

离子色谱仪

（ion chromatograph，IC） 基于离子色谱原理，分离、分析样品中阴、阳离子的一种液相色谱仪器。

沿革 1975 年斯莫尔（H. Small）及其合作者将第二支柱子（后来称为抑制器）连接于离子交换分离柱后，通过在抑制柱中发生的化学反应，在测定分离的离子前，将淋洗液转变成低电导形式，降低流动相的背景电导，提高待测离子的电导响应值。据此，制造出第一台离子色谱仪。离子色谱仪一经诞生就立即商品化，美国于20世纪70年代中期生产了离子色谱仪，中国在1983年6月生产了第一代离子色谱仪。

原理 离子色谱的分离机理主要是离子交换，有三种分离方式：高效离子交换色谱（HPIC）、离子排斥色谱（HPIEC）和离子对色谱（MPIC）。用于三种分离方式的柱填料树脂骨架基本都是苯乙烯-二乙烯基苯的共聚物，但树脂的离子交换功能基和容量各不相同。HPIC用低容量的离子交换树脂，HPIEC 用高容量的树脂，MPIC 用不含离子交换基团的多孔树脂。三种分离方式各基于不同分离机理：HPIC 是离子交换，HPIEC 是离子排斥，而 MPIC 则是基于吸附和离子对的形成。

仪器结构 由淋洗液输送系统、进样系统、分离系统、抑制系统或衍生系统、检测系统和数据处理系统组（见图）。

淋洗液输送系统 包括储液罐、高压输液泵和梯度淋洗液发生装置。储液罐可以储存足够数量并符合要求的淋洗液；高压输液泵是离子色谱的重要部件，将流动相输入到分离系统，使样品在柱系统中完成分离过程；梯度淋洗液发生装置一般只在氢氧根离子或甲基磺酸根的淋洗液中，采用抑制电导检测时才能实现。离子梯度淋洗发生装置可分为低压梯度、高压梯度和特殊的淋洗液发生器三种。

进样系统 离子色谱的进样方式分为三种类型：手动、气动和自动进样。手动进样采用六通阀；气动阀采用氦气或氮气气压作动力，通过两路四通加载定量管后，进行取样和进样；自动进样是在色谱工作站控制下，自动进行取样、进样、清洗等一系列操作，操作者只需将样品按顺序装入样品盘中。

分离系统 是离子色谱的核心和基础，而离子色谱柱是离子色谱仪的“心脏”。离子色谱柱的填料一般在5～25 μm，其颗粒一般为单分散且呈球状。一般色谱柱内径为 4 mm 或 4.6 mm，长度为 100～250 mm，柱子两头采用紧固螺丝。高档仪器特别是阳离子色谱柱，一般采用聚四氟乙烯材料，以防止金属对测定的干扰。

抑制系统 对于抑制型（双柱形）离子色谱系统，抑制系统是极其重要的一个部分。抑制器分为树脂填充抑制柱、纤维抑制器、微膜抑制器、电解抑制器、抑制胶抑制器和其他类型抑制器。

衍生系统 目前比较常见的柱后衍生采用柱后膜反应器。在反应器中，一根可渗透试剂的特殊空心纤维管，绕在柱后衍生器的轴上，从分离柱出来的洗脱液在纤维管中由上向下流动，柱后反应试剂在管外。

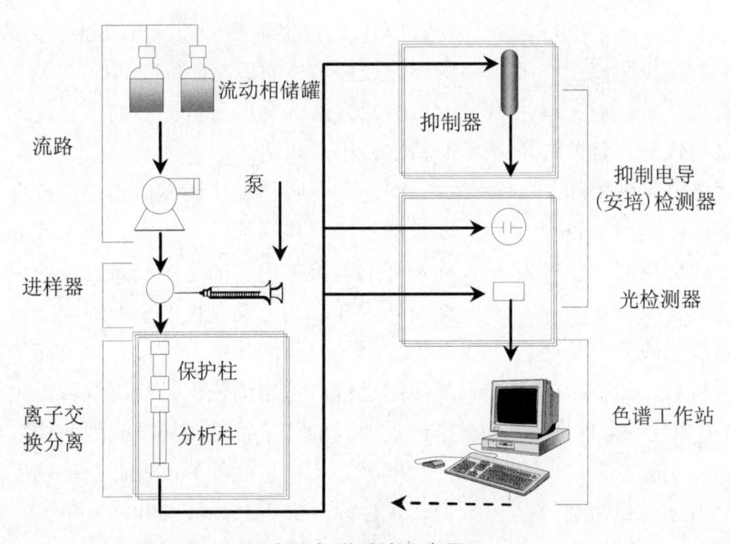

离子色谱系统示意图

检测系统 电导检测是离子色谱检测方式中最主要的一种。由于电导池中等效电容的影响，施加到电导池上的电压和电流之间的关系是非线性的，给测量电导值带来很大困难。目前采用较多的方法有双电脉冲化学抑制型电导检测和五电极电导检测等技术。此外，离子色谱还可以采用安培、紫外可见、二极管阵列、荧光和质谱等高效液相色谱常用的检测器。

数据处理系统 分为记录仪、自动积分仪和数据工作站三种方式。目前，前两种方式已不多见，绝大部分采用数据工作站来处理。通过 A/D 转换，将数据采集于电脑，然后通过对采集的数据进行分析，得到相关的色谱信息，既能有效保存实验数据，又可方便地对数据进行处理和交换。

特点 离子色谱在对元素不同价态的分析、在线浓缩富集和基体消除方面有其优势。在强碱性介质中，单糖和低聚糖以阴离子方式存在，用安培检测器，直接进样检测浓度可达 10^{-12}mol/L。离子色谱可用于氨基酸分析，无须衍生，用安培检测器，检测浓度可达 10^{-12}mol/L。采用多维分离柱（离子交换、离子对、反相分离机理），可同时分离离子型和非离子型化合物。与常规高效液相色谱相比最明显的差异在于：①离子色谱由于其淋洗液采用酸或碱，流路一般采用聚醚醚酮（PEEK）材料；②在检测器之前一般带有抑制器，离子交换色谱柱主要是树脂，具有很高的交联度和较低的交换容量，进样体积很小，用柱塞泵输送淋洗液通常对淋出液进行在线自动连续电导检测。

应用 离子色谱可测定大气、水、土壤、沉积物和植物等环境样品中的无机阴离子、阳离子、金属络合物和有机阴离子等，对某些污染物的价态分析也具有明显的优势。目前环境监测部门已广泛使用离子色谱测定酸雨和空气污染物中的阴、阳离子。近年来，极性有机物、重金属和过渡金属等污染物的分析测定也开发了离子色谱的方法。

发展趋势 目前离子色谱已成为一种比较成熟的分析技术。但随着新材料、新技术的出现，离子色谱仪向一体化、小型化等方向发展，如具有阴离子和阳离子交换功能的混合色谱柱，以及寿命长、抗污染能力强的色谱柱等。近年来，离子色谱发展重点之一是围绕电化学技术，其中一项以水的电解技术为基础，另一项技术是脉冲安培检测技术。随着脉冲安培检测技术的完善并与高效的树脂柱结合，建立了可以用于糖类、氨基酸、抗生素等大分子生物化合物分析的生物液相色谱分析系统。离子色谱联用技术是离子色谱发展的另一个方向，其应用范围和检测灵敏度有了很大的提高，如离子色谱-原子吸收（发射）光谱、离子色谱-电感耦合等离子体发射光谱，离子色谱-电感耦合等离子体质谱的联用已有不少报道。 （李焕峰）

liangzhi suyuan

量值溯源 （measurement traceability）

测量结果通过具有适当准确度的中间比较环节，逐级往上追溯至国家计量基准或国家计量标准的过程。量值溯源使测量结果与国家计量基准或国家标准通过一条具有规定不确定度的、不间断的比较链联系起来，从而为测量结果的一致性和准确性提供技术保证。

量值溯源系统 目前，中国已经建立了以中国计量科学研究院、中国测试技术研究院和国家标准物质研究中心为最高等级校准实验室的国家量值溯源网络，建立了国家计量基准和各个等级的工作计量标准，形成了完整的量值溯源系统。中国实验室国家认可委员会（CNAL）在承认国际计量局（BIPM）框架下，签署互认协议（MRA）并能证明可溯源至国际单位制（SI）的国家或经济体的最高计量基（标）准。

溯源方法 实现量值溯源的主要技术手段有检定、校准和测试。

检定 查明和确认计量器具是否符合法定要求的程序，包括检查、加标记和（或）出具检定证书。检定的目的是对测量器具的计量特性及技术要求进行强制性的全面评定，这种全面评定属于量值统一的范畴，是自上而下的量值传递过程。检定的依据是检定规程，主要评定计量器具的计量特性（如准确度、稳定度和灵敏度等基本计量性能）以及影响准确度的其他计量性能（如零漂、线性和滞后等）。检定的对象是强制检定的计量器具。检定具有法制性，属于法制计量管理范畴的执法行为。检定结论具有法律效力，检定证书属于具有法律效力的技术文件。

校准 在规定条件下，为确定测量装置、测量系统所指示的量值，以及实物量具、参考物质所代表的量值，由标准复现的量值之间的关系，而进行的一组操作。校准的目的包括：①确定示值误差，明确是否在其允差范围内；②得出标称值偏差的报告值，调整测量仪器或对示值加以修正；③给任何标尺标记赋值或确定其他特性值，给参考物质特性赋值；④确保仪器给出的量值准确，实现溯源性。校准的依据是校准规范或校准方法，通常统一规定，特殊情况下也可自行制定。校准的对象是强制检定之外的测量装置，其周期根据校准对象和使用周期确定。校准后，应做好校准记录和校准标识。

随着与国际准则的接轨，在加强检定法制建设的同时，校准成为实现单位统一和量值准确可靠的主要方式，以检定取代校准的现象正在扭转。环境监测实验室通过开展校准工作，一方面可以提升技术能力，确保环境监测工作的一致性和准确性；另一方面，能降低量值溯源成本，保护自身权益。

测试 除检定和校准之外，计量检定机构有时还会出具测试证书或测试报告。测试是对给定的产品、材料、设备、生物体、物理现象、过程或服务，按照规定的程序确定一种或多种特性或性能的技术操作。检定与校准的目的是为了保证测量仪器准确可靠，而测试是为了确定产品的性能或特性而进行的测量或试验，因而测试的对象更广。与检定的区别在于开展检定工作必须经有关计量主管部门审核批准，而测试通常是具有一定试验（探索）性的测量，一般无严格的规程可循，也无需计量主管部门审批，但测试单位对出具的测试结果或数据负有相应的责任。

实施 为确保相关检测和（或）校准结果能够溯源至国家基准，实验室应制定和实施仪器设备的校准和（或）检定（验证）、确认的总体要求。对于设备校准，应绘制能溯源到国家计量基准的量值传递方框图（适用时），以确保测量仪器设备量值符合计量法制规定。

实验室制定设备检定/校准的计划主要包括：①在使用对检测、校准的准确性产生影响的测量、检测设备之前，应按照国家相关技术规范或者标准进行检定/校准，以保证结果的准确性。②实验室自行开展检定的强检项目（如小容量检定、风洞实验室等），必须经法定计量部门认可、授权（计量建标）。③校准人员经过授权部门的培训、考核，持证上岗，保存所有的校准记录，接受授权部门的监督审查。④对非强检仪器设备、器具进行自校时，应符合有关技术规定，并能证实其具备从事校准的能力，自校的方法必须形成文件（校准规程）并经过评审和确认。

实验室根据自身情况建立标准物质溯源图。使用的标准物质必须追溯至SI测量单位或有证标准物质，提供者应是国务院计量行政部门批准的机构，如国家标准物质研究中心、环境保护部标准物质研究所。实验室应根据规定的程序对参考标准和标准物质进行期间核查，以保持其校准状态的置信度。实验室应建立安全处置、运输、存储和使用参考标准和标准物质的程序，以防止污染或损坏，确保其完整性。

检测结果不能溯源到国家基（标）准的，实验室应提供设备比对、能力验证结果的满意证据。验证方法主要包括：①参加适当的实验室间的比对或能力验证计划；②使用有资格供应商提供的有证标准物质进行量值传递；③使用被各方接受的规定方法或标准。

（姚亚伟　解军）

推荐书目

国家认证认可监督管理委员会编. 实验室资质认定工作指南. 北京：中国计量出版社，2007.

liudong zhushe fenxifa

流动注射分析法

（flow injection analysis，FIA）　把一定体积的试样溶液注入到流动着的、非空气间隔的试剂溶液（或水）载流中，注入的试样溶液流入反应盘管，并与载流中的试剂混合、发生反应（或进行渗析、萃取），生成某种可以检测的物质，再进入检测器进行测定分析及记录的一种方法。

沿革 流动注射分析法的发展大致经历了3个时期，即20世纪50年代的程序式、60年代末期的连续自动分析、70年代初的连续流动分析。后来美国出现了最早的自动分析仪，其基本原理也未脱离程序式传统的完全平衡的观念。1974年丹麦化学家鲁齐卡（J. Ruzicka）和汉森（E. H. Hansen）在上述的基础上提出了一种新型的连续流动分析技术，与传统的建立在平衡体系基础上的分析方法不同，新技术是在物理和化学非平衡的动态条件下进行测定的另一类分析方法。通过近几十年的发展，由于分析速度快，准确度和精密度高，可与各种检测技术、分离技术结合等优点，流动注射分析逐渐发展成为一种新型的微量、高速和自动化的分析技术。根据系统自动化程度的高低，将流动注射分析技术的发展历程分为5个阶段：连续流动分析技术、流动注射分析技术、顺序注射分析技术、流动注射-可更新表面技术和微全分析系统。

测定方法 使用FIA分析样品可分为3个过程。①物理混合过程。将一定体积的试样以“塞子”的形式，间歇地注入到处于密闭、具有一定组成的流动液体载流中。在输送过程中，试样分子与载流之间将产生分子扩散和对流扩散，这些扩散将直接影响信号峰的形状。试样和试剂的分散是FIA的核心问题。在流动注射分析中，对流扩散与分子扩散作用的强弱取决于载流流速、管道内径、留存时间、试样和试剂分子的扩散系数。为了描述“试样塞”与载流之间分散混合的程度，引入了分散度的概念，即产生分析读数的液流组分在扩散过程发生前后的浓度比值。②化学反应过程。由于试样和试剂在管道中混合、分散和化学反应不完全，往往物理和化学过程同时存在。一般而言，分散度随距离或时间延长而变大，样品被稀释，信号降低；但如果存在化学反应，信号可能会增强，所以应将物理和化学反应综合考虑。如果想要增加反应物浓度而不使分散度有太大的增加，除选择更快的化学反应外，还可以降低载流流速甚至使试样停止在管道中，延长留存时间，又不会使分散度降低太多。③能量转换过程。该过程通过检测器完成。

特点 ①仪器设备结构较简单；②操作简便、易于自动连续分析；③分析速度快、精密度高，相对标准偏差一般可达1%以内；④试剂、试样用量少，适用性较广，可以完成复杂的萃取分离、富集过程。

影响因素 ①进样体积；②载流流量或流速；③管道长短、管径大小；④加热器温度；⑤系统压力；⑥显色剂浓度和注入量；⑦检测波长及灵敏度。

应用 FIA可与多种检测手段联用，既可以完成简单的进样操作，又可以实现在线溶剂萃取、在线柱分离及在线消化等复杂溶液操作自动化，适用于大批量样品分析和多组分同时测定，因此被许多标准方法采用。

FIA与高效液相色谱联用可使样品的净化、预富集步骤自动化，能节约试剂，改善分析过程的灵敏度和选择性等。FIA与荧光、化学发光法联用，可作为一种高灵敏度的分析手段，测定肼类、有机胺类及部分芳香烃类有机物。FIA还可以作为一种进样和在线富集的方法，与原子吸收、电感耦合发射光谱法联用，显著提高测定灵敏度和扩大分析范围，进行元素的形态分析。例如，采用流动注射-电极法可以测定雨水中的氟离子，用F^-选择电极作为流动注射分析的检测器，检测限为15 ng/mL，标准偏差小于3%，分析速度为每小时60次。采用流动注射-磷钼蓝分光光度法可以分析河水、海水及井水中的PO_4^{3-}离子，检测限达0.01 μg/mL，分析速度每小时30次。传统的FIA对悬浮物及藻类含量高的复杂样品，存在取样不均匀或者堵塞管路等现象。新的FIA加入了高效萃取模块、过滤模块和匀质模块等，能较好地避免样品不均匀或堵塞管路的现象发生。

发展趋势 简易化和小型化是FIA发展的主要方向。小型化的研究重点是装置微型化，制成集成化的微流控芯片，通过控制试样溶液和试剂溶液在芯片通道网络中的有序流动，完成整个分析过程。在环境监测领域，将 FIA 与现有各种标准方法关联起来，建立全自动的环境样品分析系统，进行多参数的同时自动监测，是该技术的发展方向。随着 FIA 与各种先进检测手段的联用技术的不断发展，结合新的液体停流技术、在线分离与富集技术、反相技术、固定化酶技术和增敏技术,FIA 将在监测分析领域中有着更深更广的发展。（陈纯）

推荐书目

方肇伦. 流动注射分析法. 北京：科学出版社，1999.

liuliang ceding

流量测定 （determination of flow rate） 对单位时间内通过一定截面积流体（气体或液体）总量的测定过程。流量可表示为断面（气体、液体）平均流速和断面面积的乘积，即 $Q=VA$，式中 Q 为通过某断面流量，V 为断面（气体、液体）平均流速，A 为断面面积。流量是一个动态量，处于运动状态的流体内部不仅存在着黏性摩擦作用，还会产生不稳定的旋涡和二次流等复杂流动现象。

测定方法 主要包括速度法、差压法、容积式流量计法、质量流量法、面积-流速仪法和堰板法。①速度法是流体的一元流动连续方程，截面上的平均流速与体积流量成正比，因此与流速有关的各种物理现象都可用来度量流量。②差压法是利用伯努利方程基本原理，通过测量流体差压信号，来反映流量的差压式流量测量法。③容积式流量计法是测定单位时间排出流体的体积。④质量流量法是测量流体的体积流量，根据测量得到的流体的压力、温度等状态参数对流体密度的变化进行补偿；或测量与流体质量流量有关的物理量（如动量、动量矩等），从而间接得到质量流量。⑤面积-流速仪法基于液体横断面上的流速分布是不均匀的，用积分法求得通过全断面的流量。⑥堰板法是利用一定几何形状的插板，拦住液体流形成溢流堰，量得插板前后的液体位差而计算液体量。

应用 目前，在污染源废水排放监督性监测中，最常用的手工测量废水流量方法主要是面积-流速仪法和堰板法。两种流量测定方法测定结果无显著性差异，可以相互通用，为等效方法。现场监测时，可以根据测点条件灵活选用其中一种测流量方法。在水质监测中，应当根据测定范围、待测水路的形状、坡度或流体压力、排水的腐蚀性、水头损失允许量、仪器的稳定性以及维修费用等条件来综合考虑，选择适当的测流装置。目前环境监测部门广泛使用的旋转式流速计限用于测定较清洁水流量，且需定期利用堰式或压差式等标准流量计进行校准。

在环境空气监测中，为了保持采样系统流量恒定，不受电压变化、滤料阻力增加等因素的影响使流量发生脉动，需要在气路中安装流量控制阀、精密限流孔等流量控制装置。同时，用流量计测量气体流量时，其测量值与气体的密度有关。压力和温度变化，会引起气体密度变化，应根据使用时的情况对流量计的读数进行必要的修正。在污染源废气监测中，采用单位时间内通过某一断面气体体积或重量的方法测量废气流量。采用的流量计有瞬时流量计和累积式流量计两类。同时，为了修正流量，在流量计前应安装温度计和测压装置，测量通过流量计的气体温度和压力，从而将流量计上显示的读数修正为实际流量。（刘丽）

liuliangji

流量计 （flow meter） 测量管道和明渠中流体（气体或液体）流量的仪器。测量原理根据类型不同而异，除了堰式流量计只能用于液体流量的测定外，其他流量计如动压流速计、节流流量计、叶轮流量计、面积流量计、容积流量计、电磁流量计、涡轮流量计和超声波流量计等，均可用于气体或液体两类流体的测量。此外，还可以采用各种流速计，通过测定平均流速，乘以待测流体通过截面的面积，得到流量值。流量一般以 m^3/h 或 L/min 表示，河流水流量常用 m^3/s 表示。

分类 流量计种类繁多，分类方法也很多。按测量对象分，包括封闭管道流量计和明渠流量计两大类；按测量目的分，包括总量表和流量计，用于总量测量和流量测量。环境监测领域中，包括水流量计和气体流量计两大类。

水流量计 由传感器和转换器两部分构成。基于法拉第电磁感应定律工作，测量电导率大于 5 μS/cm 导电液体的体积流量，是一种测量导电介质体积流量的感应式仪表。除可测量一般导电液体的体积流量外，还可用于测量强酸、强碱等强腐蚀液体和泥浆、矿浆、纸浆等均匀的液固两相悬浮液体的体积流量。广泛应用于石油、化工、冶金、轻纺、造纸、环保、食品等工业部门及市政管理、水利建设等领域的流量计量。

气体流量计 用于环境空气采样的流量计主要有皂膜流量计、孔口流量计、转子流量计、湿式流量计以及临界孔稳流器和质量流量计等。在废气监测中，流量计有瞬时流量计和累积式流量计。常用的瞬时流量计有转子流量计和孔口流量计；常用的累积式流量计是滑瓣式气表，内部装有皮革或塑料制成的气囊，囊壁能随气体的进入或排出而伸缩，通过滑瓣连接到记录仪表，以记录流过气体的累积体积。累积式流量计分为干式和湿式两种，分别用于负压和正压状态的采样系统。

应用 流量计在环境监测中广泛用于测定地表水、工业废水、生活污水、废气等的流量。

发展趋势 中国现有流量计的品种、规格、精密度和可靠性尚不能满足国内市场的需求，涡街流量计、旋进旋涡流量计、射流流量计等新型流量计与国际先进水平有较大差距，超声波流量计的研究与开发还处于起步阶段，是今后的发展方向。 （刘丽）

liuhuawu ceding

硫化物测定 （determination of sulphide）

对环境空气和废气、水、沉积物等样品中硫化物进行定量分析的过程。环境样品中的硫化物主要包括可溶性 H_2S、HS^-、S^{2-}，存在于悬浮物中的可溶性硫化物、酸溶性的金属硫化物以及未电离的有机类、无机类硫化物，这些硫化物一般都转化为 H_2S 或 S^{2-}后测定。硫化物毒性很大，散逸于空气中的 H_2S 产生臭味，人体吸入后可造成细胞组织缺氧，危及人的生命。H_2S 除自身能腐蚀金属外，还可被污水中的微生物氧化成硫酸，进而腐蚀下水道等。在厌氧条件下，由于细菌作用，地下水（特别是温泉水）和生活污水中的硫酸盐被还原，或含硫有机物分解而产生硫化物。大部分硫化物来源于工矿企业排放，如焦化、造气、选矿、造纸、印染和制革等。

前处理 主要有乙酸锌沉淀-过滤法、酸化-吹气法和过滤-酸化-吹气法。

乙酸锌沉淀-过滤法 水样中含有少量硫代硫酸盐或亚硫酸盐等干扰物质时，将现场采样并已固定的水样，用中速定量滤纸或玻璃纤维滤膜进行过滤，然后按含量高低选择适当方法，经前处理后测定沉淀中的硫化物。

酸化-吹气法 水样中存在悬浮物或浑浊度高、色度深时，将现场采集固定后的水样加入一定量磷酸，使水样中的硫化锌转变为硫化氢气体，利用惰性气体将硫化氢吹出，用乙酸锌-乙酸钠溶液或2%氢氧化钠溶液吸收，再测定。

过滤-酸化-吹气法 若水样污染严重，不仅含有不溶性物质及影响测定的还原性物质，并且浊度和色度都较高时，宜用此法。将现场采集且固定的水样，用中速定量滤纸或玻璃纤维滤膜过滤后，按酸化-吹气法进行前处理。

测定方法 包括亚甲基蓝分光光度法、直接显色分光光度法、流动注射分析-分光光度法、碘量法、间接火焰原子吸收分光光度法、气相分子吸收光谱法、气相色谱法、离子选择电极法等。

亚甲基蓝分光光度法 适用于地表水、地下水、工业废水、海水、海洋沉积物、环境空气和污染源废气中硫化物的测定。水样中硫化物的测定原理为：在含高铁离子的酸性溶液中，硫离子与对氨基二甲基苯胺作用生成亚甲基蓝，以一定波长比色测定吸光度，计算硫化物含量。水样中干扰硫化物测定的物质有SO_3^{2-}、$S_2O_3^{2-}$、SCN^-、NO_2^-、NO_3^-、CN^-、I^-等，Cu^{2+}、Pb^{2+}、Hg^{2+}等部分重金属离子以及悬浮物、色度和浊度，可采用乙酸锌沉淀-过滤法、酸化-吹气法和过滤-酸化-吹气法消除干扰。对于环境空气和污染源废气，用氢氧化镉-聚乙烯醇磷酸铵溶液吸收硫化氢，生成硫化镉胶体沉淀，采样后加显示剂测定。该方法为硫化物测定的经典方法，具有灵敏度高、选择性好及速度快等特点，但精密度和稳定性差。

直接显色分光光度法 适用于水中硫化物或环境空气中硫化氢的测定。原理为：将水样酸化后，硫化物转化成硫化氢，或直接将环境空气中的硫化氢气体用“硫化氢吸收显色剂”吸收，发生显色反应，生成一种可稳定5～7天的棕黄色化合物，通过测定吸光度计算硫化物含量。该方法具有灵敏度高、选择性好、速度快及操作简便等特点。

流动注射分析-分光光度法 适用于地表水、地下水、生活污水和工业废水中硫化物的测定。原理为：将一定体积的样品注射到以一定流速连续流动的载流试剂中，样品与试剂在分析模块中按选定的顺序和比例混合、反应，其化学反应原理与亚甲基蓝分光光度法基本相同，不同的是样品通过在线蒸馏处理释放的硫化氢气体被氢氧化钠溶液吸收，然后进入流动检测池，以一定波长进行光度检测，定量测定样品中待测物质的含量。由于该分析方法的测试原理和使用的试剂与亚甲基蓝分光光度法基本相同，因此遇到的干扰基本一致，去除干扰的方法也相同。在样品保存方面，为避免产生硫化锌沉淀导致仪器管路堵塞，宜采用氢氧化钠-抗坏血酸保存样品；在试剂保存方面，应注意对氨基二甲基苯胺开封后尽量贮存在干燥器中；在分析过程方面，如果连续出现毛刺峰，应更换脱气管，如果出现双峰或肩形峰，应更换扩散池的膜。该方法具有自动化程度高、分析速度快、重现性好、消耗低、适应性广泛的显著优点。

碘量法 适用于环境水和废水、污染源废气以及近海、河口和港湾污染较重的沉积物中硫化物的测定。水样中硫化物的测定原理为：在酸性条件下，硫化物与过量的碘作用，剩余的碘用硫代硫酸钠溶液滴定，由硫代硫酸钠溶液消耗的量，间接求出硫化物的含量。试样含有的SO_3^{2-}、$S_2O_3^{2-}$等能与碘反应的还原性物质会产生正干扰，悬浮物、色度、浊度及Cu^{2+}、Pb^{2+}、Hg^{2+}等部分重金属离子也干扰测定，干扰消除方法见亚甲基蓝分光光度法。对于烟气中的硫化物，用乙酸溶液采集硫化氢，生成硫化锌沉淀后测定；对于沉积物样品，在酸性介质中，硫化物转化为硫化氢，同水蒸气一起蒸出，被乙酸锌溶液吸收，生成硫化锌沉淀后测定。该方法具有测量范围广、选择性好等特点。

间接火焰原子吸收分光光度法 适用于环境水和废水中硫化物的测定。原理为：将水样酸化后，硫化物转化成硫化氢，用氮气带出，被含有定量且过量的铜离子吸收液吸收，分离沉淀后，通过测定上清液中剩余的铜离子，对硫化物进行间接定量测定。当样品基体成分较简单（如地下水或饮用水等）时，可不用吹气，直接测定。该方法无明显干扰，灵敏度高。

气相分子吸收光谱法 适用于各种水样中硫化物的测定。原理为：水样酸化后，硫化物转化成硫化氢，用空气将其载入气相分子吸收光谱仪的吸收管中，以一定波长定量测定样品中待测物质的含量。主要干扰成分有SO_3^{2-}、$S_2O_3^{2-}$及产生吸收的挥发性有机物气体，可采用H_2O_2氧化、快速沉淀过滤与吹气分离的双重手段消除。该方法具有自动化程度高、分析速度快、操作简便、测量范围广、准确度高及精密度较好等优点。

气相色谱法 适用于环境空气和污染源废气中有机硫化合物的测定。原理为：用真空采气瓶采集无组织排放恶臭气体或环境空气样品，以聚酯塑料袋采集排气筒内恶臭气体样品。硫化物含量较高的气体样品，可直接用注射器取样注入气相色谱仪分析；直接进样体积中硫化物绝对量低于仪器检出限时，需以浓缩管浓缩，再进行定量分析。该方法具有灵敏度高、选择性好、速度快及操作简便、重现性好、自动化程度高等特点。

离子选择电极法 适用于近岸海水和海洋沉积物中硫化物的测定。原理为：硫离子选择电极在溶液中产生的电极电位与硫离子活度的负对数呈线性关系。CN^-会使电极中毒干扰测定，可加入甲醛掩蔽，加入量视 CN^-浓度而定。海水中硫含量大于 160 μg/L 时，直接取样测定；含量小于 16 μg/L 时，加入乙酸锌溶液使硫离子形成沉淀，再将沉淀溶解于碱性乙二胺四乙酸（EDTA）-抗坏血酸络合溶液后测定。分析沉积物样品时，海洋沉积物中的硫化物以多种形态存在，对于某些难溶硫化物，用 EDTA 溶出硫离子后测定。该方法具有样品保存方便、测定快速、简便、可现场直接测定等优点。

发展趋势 硫化物测定方法众多，除了上述常用的传统测定方法外，近年来，不论是在样品的前处理还是在测定方法等方面都有了较大发展。在前处理方面，色谱技术是一种效果理想的分离手段，被广泛应用于痕量硫化物分析领域，如离子色谱-电化学法、反相光谱-光度法等。在测定方法方面，流动注射分析法具有实现分析操作自动化、分析速度快、重现性好、节省样品与试剂、可以与不同类型的检测器联用等优点，近年来被广泛用于硫化物的测定。电化学法包括阴极溶出伏安法、电催化氧化法和抑制型生物传感器法等，具有快速、价廉、灵敏度高、操作简单、可发展成微型化的传感器等优点，在硫化物测定领域具有广阔的应用前景。此外，各种联用技术也得到较广泛的应用，如流动注射-化学发光法、流动注射-荧光光度法和流动注射电化学法等。这些方法的应用与发展不仅提高了测定方法的灵敏度和选择性，对自动操作也具有重要意义。

（郑少娜）

liusuanyan ceding

硫酸盐测定 （determination of sulfate） 对水质样品中可溶性硫酸盐进行定量分析的过程。可溶性硫酸盐在自然界水体中大量存在，某些生产行业（柠檬酸、制糖、味精、淀粉、酵母、麦迪霉素和钛白粉等）、电力行业、采矿行业、石油行业和电镀行业都会产生硫酸盐废水。

测定方法 包括重量法、比浊法、滴定法、分光光度法、火焰原子吸收分光光度法、离子色谱法、电感耦合等离子体发射光谱法和离子选择电极法。

重量法 适用于地表水、地下水、含盐水、生活污水和工业废水中可溶性硫酸盐的测定。其原理为：在盐酸溶液中，水中可溶性硫酸盐与加入的氯化钡溶液反应，形成硫酸钡沉淀，通过称量硫酸钡的重量计算硫酸盐含量。

比浊法 适用于生活饮用水及水源地水中可溶性硫酸盐的测定。其原理为：在氯化钠/盐酸/丙三醇/乙醇稳定体系中，水中可溶性硫酸盐和加入的氯化钡溶液反应生成浑浊液，其浑浊程度与水样中硫酸盐含量成正比，用浊度仪测定浊度或在 420 nm 波长处测定吸光度，计算硫酸盐含量。

滴定法 适用于地表水、地下水、含盐水、生活污水和工业废水中可溶性硫酸盐的测定。其原理为：用过量的氯化钡溶液将水样中的可溶性硫酸盐沉淀完全，用乙二胺四乙酸二钠盐（EDTA-2Na）溶液滴定过量的钡，间接求出硫酸盐含量。滴定法一般选择络合滴定法，应用最多的是钡-EDTA 滴定法。

分光光度法 适用于测定含量较低的地表水和地下水中可溶性硫酸盐的含量。其原理为：在酸性溶液中，铬酸钡与水中可溶性硫酸盐反应生成硫酸钡沉淀，并释放出铬酸根离子；在碱性条件下，铬酸根离子呈现黄色，通过测定吸光度计算硫酸盐含量。

火焰原子吸收分光光度法 适用于地表水、地下水和饮用水中可溶性硫酸盐的测定。其原理为：在水-乙醇的氨性介质中，可溶性硫酸盐与铬酸钡悬浊液反应，生产硫酸钡沉淀，用原子吸收分光光度法测定反应释放出的铬酸根，间接计算出硫酸盐含量。Pb^{2+}和 PO_4^{3-}对测定可能造成干扰。

离子色谱法 适用于测定地表水、地下水、降水、生活污水、工业废水、生活饮用水及其水源水中可溶性硫酸盐的含量。根据离子色谱法原理，对可溶性硫酸根离子进行定量分析。

电感耦合等离子体发射光谱法 适用于地表水、地下水和饮用水中含量较低的可溶性硫酸盐的测定。其原理为：在样品溶液中加入过量 Ba^{2+}，使 SO_4^{2-}成为硫酸钡沉淀，从体系中除去，用电感耦合等离子体发射光谱仪测定剩余 Ba^{2+}含量，间接测定 SO_4^{2-}含量。

离子选择电极法 适用于地下水、饮用水、清洁地表水和海水中硫酸盐的测定。其原理为：离子选择电极与参比电极之间产生电动势，通过电动势与硫酸盐离子浓度的定量关系确定硫酸盐含量。

应用与发展趋势 重量法和滴定法测定准确度高、设备价格较低、易于普及，但难以测定微量成分，对沉淀形式要求较高，操作烦琐、费时，现已逐渐被其他分析方法取代。火焰原子吸收分光光度法测定范围较宽，但前处理步骤复杂。随着环境监测的需要和分析技术的发展，先后形成了离子选择电极法、流动注射分析法和电感耦合等离子体发射光谱法。离子选择电极可测定μmol/L 浓度水平的硫酸盐，流动注射分析法分析速度快，电感耦合等离子体发射光谱法简便、快捷、精密度高、选择性好，均能符合硫酸盐测定未来发展的需要。

（南淑清）

liuliuliu ceding

六六六测定

（determination of hexachlorocyolohexane） 经过适当的样品采集和前处理后，选用合适的测定方法对环境介质中的六六六进行定性定量分析的过程。六六六，化学名为六氯化苯，又称六氯环己烷，简称 HCH 或 BHC。有八种异构体，分别为甲体、乙体、丙体、丁体、戊体、己体、庚体和辛体，或称为 α-HCH、β-HCH 和γ-HCH 等。

六六六是一种有机氯杀虫剂，效力强而持久，属高残留农药品种。进入水体中的农药，可被水中的悬浮物（包括泥土、有机颗粒及浮游生物等）吸附；进入水体和土壤表面的农药也可通过挥发而进入到地面表层的大气中，而进入空气中的农药又可随气流中的尘埃飘流携带到一定距离，沉降于底质环境中；土壤中的农药也可通过渗透从土壤上层渗透到土壤下层，进而污染地下水。环境中的六六六可以通过食物链产生生物富集作用，调查表明富集作用最强的是β-六六六。六六六进入机体后主要蓄积于中枢神经和脂肪组织中，并具有很强的致癌性。中国于 1983 年宣布停止生产六六六。

样品的采集、保存和前处理 见半挥发性有机化合物测定。六六六的净化方法有浓硫酸净化法、柱层析净化法和凝胶色谱净化法等。其中，浓硫酸净化法最为常用，该方法利用浓硫酸的氧化性质使杂质破坏、溶解到硫酸层中，通过分层除去杂质，可用于农产品和土壤样品的净化。

测定方法 包括化学分析和色谱分析两类方法。

化学分析 化学分析方法简易方便，用于六六六的定性分析。主要包括：①苯胺钒酸反应。六六六与过量苯胺作用，生成的二苯胺和二氯二苯胺混合物，遇钒酸呈紫色。②定苯环法。六六六经脱氯后生成苯，苯与硝化剂作用生成间二硝基苯，间二硝基苯在碱性溶液中产生紫色。

色谱分析 分为气相色谱法（GC-ECD）、气相色谱-质谱法（GC-MS）和薄层色谱法。

气相色谱法 见有机氯农药测定。该方法对水样中六六六的方法检出范围为 0.005～0.020 μg/L；土壤样品中六六六方法检出范围为 1.8×10^{-5}～8.0×10^{-5} mg/kg。

气相色谱-质谱法 见有机氯农药测定。

薄层色谱法 原理为：试样中六六六经有机溶剂提取，并经硫酸处理，除去干扰物质，浓缩，点样展开后，用硝酸银显色，经紫外线照射生成棕黑色斑点，与标准物质比较可定量。由于该方法分离效率低，定量误差大，现已较少使用。（刘文丽）

lü ceding

氯测定 (determination of chloride) 定量测定样品中氯含量的过程。氯有多种价态，常见的化合物包括离子态氯（可溶性氯化物和氯化氢）、分子态氯（氯气）和氧化态氯（总氯、游离氯和氯的含氧酸盐）等。离子态氯常见于自然界各种天然水体、生活污水和工业废水，如制造纯碱和烧碱工业、矿石冶炼、食品工业和渔业、钢铁、染料、医药和合成有机氯化合物等行业。分子态氯即氯气，主要来源于电解食盐、造纸、印染和自来水消毒等行业。氧化态氯主要存在于加氯（或漂白粉等）处理的饮用水、医院污水、造纸废水、印染废水以及纺织印染、电镀、橡胶和油漆等行业废水。

离子态氯的测定方法包括滴定法、离子色谱法和分光光度法，分子态氯的测定方法为分光光度法，氧化态氯的测定方法包括滴定法、碘量法、分光光度法和离子色谱法。

硝酸银滴定法 适用于测定天然水体中的氯离子，也适用于测定经过适当稀释的高矿化废水（咸水、海水等）及经过各种前处理的生活污水、工业废水和溶于碱性吸收液的气态氯化氢。其原理为：在中性或弱碱性溶液中，以铬酸钾为指示剂，用硝酸银滴定氯化物。溴化物、碘化物和氰化物会干扰测定。低于 10 mg/L 的样品，滴定终点不易掌握，可采用离子色谱法。

电位滴定法 常用于测定地表水、地下水和工业废水中的氯化物。原理为：以氯离子电极为指示电极，以玻璃电极或双液接参比电极为参比电极，用硝酸银标准溶液进行滴定。水样有颜色、浑浊均不影响测定，因此，该方法多用于污染源监测。

离子色谱法 适用于地表水、地下水、降水、生活污水和工业废水等水中氯离子、氯的含氧酸盐（次氯酸盐、亚氯酸盐、氯酸盐和高氯酸盐）以及溶于碱性吸收液的气态氯化氢的测定。原理为：利用离子交换原理，对氯离子进行定性定量分析。该方法是测定氯离子非常普及而且简单易行、灵敏度高的一个方法，测定氯化氢时应防止空气微尘中氯化物的干扰，高含量氯离子严重干扰氯酸盐的测定。

硫氰酸汞分光光度法 适用于测定环境空气、固定污染源有组织排放和无组织排放废气中的氯化氢。原理为：用碱性溶液吸收空气和废气中的氯化氢气体生成氯化物，样品溶液中加入硫氰酸汞生成橙红色硫氰酸铁络离子，用分光光度法测定含量。该方法灵敏、简便，但选择性差，且汞盐有剧毒，对环境及人体有一定危害。

硫酸亚铁铵滴定法 适用于测定经加氯处理的饮用水和废水中的游离氯和总氯。游离氯又称游离余氯（活性游离氯、潜在游离氯），以次氯酸、次氯酸盐离子和单质氯的形式存在于水体中。总氯又称总余氯，即游离氯和氯胺、有机氯胺类等化合氯的总称。原理为：游离氯在 pH 为 6.2～6.5 时与 *N*,*N*-二乙基-1,4-苯二胺（DPD）直接反应生成红色化合物，用硫酸亚铁铵溶液滴定来测定游离氯。测定总氯可在过量碘化钾存在时进行。氧化锰和化合氯以及一些氧化剂对测定有干扰。

碘量法 适用于测定经加氯处理的饮用水和废水中的总氯。原理为：氯在酸性溶液中与碘化钾作用，释放出定量的碘，以淀粉为指示剂，再用硫代硫酸钠溶液滴定。亚硝酸盐、高铁和锰对测定产生正干扰。

DPD 分光光度法 适用于测定经加氯处理的饮用水、医院污水、造纸废水和印染废水等的游离氯。原理为：游离氯在 pH 为 6.2～6.5 时与 DPD 直接反应生成红色化合物，用分光光度法进行测定。

甲基橙分光光度法 适用于测定固定污染源有组织排放和无组织排放中的氯气。原理为：含溴化钾、甲基橙的酸性溶液能和氯气反应，氯气将氯化钾氧化成溴，溴能破坏甲基橙的分子结构，在酸性溶液中将红色减退，用分光光度法测定氯气含量。二氧化硫对测定产生负干扰，游离溴和氮氧化物产生正干扰。

（胡文翔）

推荐书目

国家环境保护总局《水与废水监测分析方法》编委会. 水与废水监测分析方法. 4版. 北京：中国环境科学出版社，2002.

luohe didingfa

络合滴定法（complexometric titration）

又称配位滴定法、螯合滴定法，是基于络合反应的滴定分析方法。络合反应是金属离子和中性分子或阴离子（称为络合体）络合，形成络合物的反应，络合反应具有极大的普遍性，广泛应用于分析化学的各种分离与测定中，许多显色剂、掩蔽剂等都是络合剂。常用的氨羧络合剂有氨三乙酸（NTA）、乙二胺四乙酸（EDTA）、环己烷二胺四乙酸（DCTA）、三乙四胺五乙酸（DTPA）和乙二醇二乙醚二胺四乙酸（EGTA）。这些氨羧络合剂对许多金属有很强的络合能力，在碱性介质中能与钙和镁化合生成易溶而又难于离解的络合物。

沿革 瑞士的施瓦岑巴赫（G. K. Schwarzenbach）于1945年首先提出用EDTA二钠盐滴定钙和镁以测定水的硬度，奠定了络合滴定法的基础。95%以上的络合滴定是用EDTA二钠盐作为络合剂。

原理 酸碱的电子理论指出，酸碱中和反应是碱的未共用电子对跃迁到酸的空轨道中而形成配位键的反应。在配位反应中，配位剂EDTA供给电子对是碱，中心离子接受电子对是酸。所以从广义上讲，络合反应也属于酸碱反应的范畴。

指示剂 络合滴定使用的指示剂多为金属指示剂。这些金属指示剂必须要与金属络合后呈相当深的颜色。常见的金属指示剂有：①铬黑T（BT或EBT），属于*O,O′*-二羟基偶氮类染料，化学名称是1-(1-羟基-2-萘偶氮)-6-硝基-2-萘酚-4-磺酸钠，使用时最适宜的pH范围是9～11。②钙指示剂（也称NN指示剂或钙红），化学名称是2-羟基-1(2-羟基-4-磺基-1-萘偶氮)-3-萘甲酸。其水溶液在pH<8时为酒红色，pH为8～13.67时呈蓝色，pH为12～13与Ca^{2+}形成酒红色络合物，指示剂自身呈纯蓝色。③二甲酚橙（XO），属于三苯甲烷类显色剂，化学名称是3,3′-双[*N,N*-二(羧甲基)-氨甲基]-邻甲酚磺酞。常用的是二甲酚橙的四钠盐，为紫色结晶，易溶于水，在pH>6.3时呈红色，pH<6.3时呈黄色，它与金属离子络合呈红紫色。因此，它只能在pH<6.3的酸性溶液中使用。④1-(2-吡啶偶氮)-2-萘酚（PAN），纯PAN是橙红色晶体，难溶于水，可溶于碱或甲醇、乙醇等溶剂中。在pH为1.9～12.2时呈黄色，与金属离子的络合物呈红色。⑤磺基水杨酸（SSA），无色晶体，可溶于水，在pH为1.5～2.5时与Fe^{3+}形成紫红色络合物$FeSSA^{+}$，作为滴定Fe^{3+}的指示剂，终点由红色变为亮黄色。

测定方法 主要包括直接滴定法、间接滴定法、返滴定法和置换滴定法。

直接滴定法 络合滴定中最基本的方法。将待测物质处理成溶液后，调节酸度，加入指示剂（有时还需要加入适当的辅助络合剂及掩蔽剂），直接用EDTA标准溶液进行滴定，然后根据消耗的EDTA标准溶液的体积，计算试样中待测组分的含量。

间接滴定法 有些金属离子（如Na^{+}、K^{+}等）和一些非金属离子（如SO_4^{2-}、PO_4^{3-}等），由于不能和EDTA络合或与EDTA生成的络合物不稳定，不便于络合滴定，这时可采用间接滴定的方法进行测定。例如，测定PO_4^{3-}时，将PO_4^{3-}沉淀为$MgNH_4PO_4$，过滤后将沉淀溶解，调节溶液的pH为10，用铬黑T作指示剂，以EDTA标准溶液来滴定沉淀中的镁，由镁的含量间接计算出磷的含量。

返滴定法 适用于无适当指示剂或与EDTA不能迅速络合的金属离子的测定。将待测物质制成溶液，调好酸度，加入过量的EDTA标准溶液，再用另一种标准金属离子溶液，返滴定过量的EDTA，计算两者的差值，即与待测离子结合的 EDTA 的量，由此得出待测物质的含量。作为返滴定法的金属离子，它与 EDTA 络合物的稳定性要适当，既应有足够的稳定性以保证滴定的准确度，又不宜比待测离子与 EDTA 的络合物稳定，否则在返滴定的过程中，它可能将待测离子从其络合物中置换出来，造成测定结果偏低。

置换滴定法 在一定酸度下，在待测试液中加入过量的 EDTA，用金属离子滴定过量的 EDTA，然后再加入另一种络合剂，使其与待测定离子生成一种络合物，这种络合物比待测离子与EDTA生成的络合物更稳定，从而把EDTA释放（置换）出来，最后再用金属离子标准溶液滴定释放出来的 EDTA，根据金属离子标准溶液的用量和浓度，计算出待测离子的含量。这种方法适用于多种金属离子存在条件下其中一种金属离子的测定。

应用 络合滴定法测定金属离子具有快速、准确、简便等优点。对于有色或混浊溶液，或指示剂不够灵敏时，可采用间接滴定法或返滴定法；在有多种金属离子存在的情况下，可使用置换滴定法测定其中一种金属离子的含量。在环境监测领域主要用于测定水中的钡、钙、氯化物以及钙和镁的总量等。（穆肃）

M

meng ceding

锰测定

（determination of manganese） 对水、气、土壤等环境介质中锰及其化合物进行定性定量分析的过程。锰（Mn）是微量元素中丰度最大的，也是生物必需的微量元素之一。地下水中由于缺氧，锰以可溶态的二价锰形式存在，地表水中以可溶性三价锰的络合物和四价锰的悬浮物形式存在。锰盐毒性不大，但水中锰可使衣物、纺织品和纸留下斑痕，因此一般工业用水锰含量不允许超过 0.1 mg/L。大气中的锰以气溶胶形态存在，锰的氧化物和其他金属氧化物一起，能催化二氧化硫转化为硫酸和硫酸盐，受锰污染的酸性土壤可使某些植物发生锰中毒。锰的污染物主要来源是黑色金属矿山、冶金和化工等行业。

样品采集、制备与前处理 见样品采集和样品前处理。

测定方法 包括分光光度法、火焰原子吸收分光光度法、电感耦合等离子体发射光谱法（ICP-AES）及电感耦合等离子体质谱法（ICP-MS）等。

分光光度法 包括高碘酸钾分光光度法、甲醛肟分光光度法等。

高碘酸钾分光光度法 适用于饮用水、地表水、地下水及工业废水中可滤态锰和总锰的测定。样品经过过滤或消解后，用高碘酸钾将低价锰氧化为高锰酸盐，于波长 525 nm 处测量吸光度。

甲醛肟分光光度法 适用于饮用水及未受严重污染的地表水中总锰的测定，不适宜于高度污染的工业废水的测定。在碱性溶液中，二价锰被氧化成为四价锰，与甲醛肟生成棕色络合物，于波长 450 nm 处测量吸光度。

火焰原子吸收分光光度法 适用于地表水、地下水、工业废水、土壤、环境空气及固定污染源废气等中锰的测定。样品经前处理后，用火焰原子吸收分光光度计测定（参见原子吸收分光光度法）。

电感耦合等离子体发射光谱法 适用于地表水、地下水、工业废水、土壤及固定污染源废气等样品中锰的测定。样品经前处理后，用 ICP-AES 测定（参见原子发射光谱法）。

电感耦合等离子体质谱法 适用于地表水、地下水、工业废水、土壤及环境空气样品中锰的测定。样品经前处理后，用 ICP-MS 测定（参见电感耦合等离子体质谱仪）。（于学普）

mimayang fenxi

密码样分析

（code sample analysis） 质量管理人员将密码样交付检测人员，与待测样品一起测试并对测试结果进行分析、评价和判断，用于检查或控制测定结果的可靠性和精密度的过程。

密码样有两种类型：①密码平行样。质量管理人员按一定比例随机抽取样品编为密码平行样，交付检测人员进行测定。若平行样测定偏差超出规定允许偏差范围，应在样品有效保存期内补测；若补测结果仍超出规定的允许偏差，说明该批次样品测定结果失控，应查找原因，纠正后重新测定，必要时重新采样。②密码质量控制样和密码加标样。质量管理人员使用有证标准样品（或自行配制标准物质）编为密码质量控制样品。密码加标样由质量管理人员向随机抽取的待测样品中加入适量标准样品/标准物质制成，交付检测人员进行测定。如果密码质量控制样和密码加标样的测定结果在给定的不确定度范围内，说明该批次样品测定结果受控。反之，该批次样品测定结果作废，并查找原因，纠正后重新测定。

采用密码样分析进行质量控制时，质量管理人员根据实际情况，按一定比例安排密码样，交付检测人员测试，密码样的测定方法和测定条件应与实际样品一致。（刘军）

mianyi cedingfa

免疫测定法 （immunoassay，IA） 基于免疫亲和结合（抗体与抗原的结合）的原理，检测环境样品中微量污染物的方法。

沿革 现代免疫学测定技术源于标记技术的发展，20 世纪 40 年代以前，免疫测定技术基本上是定性或半定量测定方法，50 年代末 60 年代初，耶洛（Yalow）等创立了放射免疫分析（RIA）技术，但由于其试剂半衰期短、实验废液难以处理、污染环境等缺点，现已被逐步淘汰，而采用非同位素标记物建立的标记免疫测定技术成为发展主流。1966 年美国和法国学者同时建立了酶免疫测定技术（EIA），包括酶免疫组化技术、固相酶免疫测定[如酶联免疫吸附测定（ELISA），蛋白印迹（western blotting）]和均相酶免疫测定（又称酶放大免疫分析技术，EMIT）。随着免疫学测定技术的飞速发展，其技术应用分为两部分：一部分是检测具有免疫活性的细胞、抗原、抗体等免疫相关物质，另一部分是测定人体、环境、材料和产品中的微量物质。

分类 分为非标记免疫测定技术和标记免疫测定技术。

非标记免疫测定技术 遵循经典试剂分析的思想，在分析过程中检测相不需要与过量试剂分离，但是抗体缺乏高灵敏性试剂应具备的分析信号反差，灵敏度非常低，一般只能用于定性或半定量测定，因此不是现代免疫测定发展的主流。

标记免疫测定技术 当前免疫诊断技术中最为活跃、发展最快的一个领域。基本原理是利用抗原与抗体结合反应的特异性，加上各种标记物的可测量性，测定各种微量生物活性物质等。标记物有同位素、荧光素、酶发光剂和胶体等。标记免疫技术主要包括酶标记免疫分析技术、放射性核素标记免疫分析技术、化学发光免疫分析技术、时间分辨荧光免疫技术。环境监测中应用较多的是酶标记免疫分析技术。酶标记免疫分析技术又称酶免疫测定，是利用酶标记物与待测样品中相应的抗原或抗体结合，成为带有酶的免疫复合物，再加入酶的底物，通过酶的催化作用，使无色的底物产生水解、氧化或还原等反应，形成有色的或电子致密的、可溶的或不溶性产物，用肉眼或显微镜进行观察或用分光光度计测定的技术。其特点是既具有抗原抗体反应的特异性，又具有酶促催化反应的高敏感性，是免疫反应和酶的催化放大作用相结合的技术，而且酶标记物稳定性好，试剂价格低廉，操作简单。

应用 在环境监测中，免疫测定技术主要用于农药残留、微囊藻毒素、环境激素类污染物以及重金属铅等的测定。用于残留农药测定的 ELISA 试剂盒种类很多，主要测定土壤、水中残留的有机氯、有机磷、甲苯胺、涕灭威、多菌灵、百草枯、拟除虫菊酯、三嗪类等杀虫剂、除草剂等；胶体金商品试剂盒主要用于测定水、土壤中有机磷（甲基对硫磷、乙基对硫磷）、杀螟硫磷、毒死蜱、呋喃丹等农药。免疫测定技术测定二噁英物质类和水中微囊藻毒素分别见二噁英类测定和微囊藻毒素测定。

发展趋势 近年来，随着基因工程在抗原和抗体制备以及各种新型标记物的研究应用，免疫测定技术无论是在方法上还是在测定模式上均发展很快，大大提高了免疫测定的敏感性和特异性。高灵敏、高特异以及标准化、自动化、简便化将是免疫测定的发展方向。

（解军）

mianyuan wuran jiance

面源污染监测 （non-point source pollution monitoring） 又称非点源污染监测，是对面源污染的监测和实验模拟过程。面源污染（NSP）狭义指溶解性或固体污染物在大面积降水和径流的淋溶和冲刷作用下，汇入受纳水体引起的污染。NSP 的来源主要包括农业化肥流失、畜禽排放的污染物、农村生活和城市径流、矿山矿井径流和排放物、大气沉降以及水土流失。面源污染强度相对较小，排污成因复杂多变，且排污范围广，无固定排污口，因而监控难度大。

随着面源污染日益加重，面源污染监测日趋重要。2002 年美国相关研究显示，农业活动已经成为河流污染的主要来源。美国《清洁水法》提出了面源污染监测，主要目的是提高人们对面源污染的认识，并科学评价面源污染治理措施的有效性。在中国，根据第一次污染源普查统计，农业源污染物排放占化学需氧量排放总量的 43.7%，占总氮、总磷排放总量的 57.2%和 67.4%，而且随着点源污染控制力度不断增强，面源污染所占的比例将进一步上升。2007 年 11 月、2008 年 1 月国务院先后转发了原国家环境保护总局、发改委、财政部等部门的《关于加强农村环境保护工作意见的通知》《关于加强重点湖泊水环境保护工作意见的通知》，提出“在做好农业污染源普查工作的基础上，着力提高农业面源污染的监测能力”，“逐步开展农业面源污染监测体系建设”的要求。目前，广东省、山东省、青海省、湖北省等地方环境保护部门都开展了面源污染监测工作。

按照污染源类型划分，面源污染监测主要包括农业面源污染监测、城市面源污染监测、农村生活面源污染监测和林地草地等天然源监测，其中农业面源污染监测包括种植业面源污染监测和养殖业面源污染监测。

虽然在中国许多地方已经开展了面源污染监测的研究和实践，但目前尚未建立统一的监测标准和规范，如何建立科学、系统的面源污染监测体系，适应国家面源污染管理的需要，是今后面源污染监测的主要工作。 （汪太明）

N

nengli yanzheng

能力验证 (proficiency testing) 通过实验室间比对确定实验室检测能力的活动。实验室间比对指按照预先规定的条件，由两个或多个实验室对相同或类似待测样品进行检测的组织、实施和评价过程。包括实验室间量值比对、检测比对、分割样品检测比对、定性比对、已知值比对和部分过程比对等。

参加能力验证可为实验室提供评价出具数据可靠性和有效性的客观证据，主要作用为：①评价实验室是否具有胜任所从事的检测工作的能力，确保实验室维持较高的检测工作水平，包括由实验室自身、实验室客户以及认可或法定机构等其他机构进行的评价；②为实验室提供有效的外部质量控制，识别实验室存在的问题并制定相关的补救措施，补充、纠正和完善实验室的质量控制及管理；③是对实验室内部质量控制程序的补充；④直接展示实验室技术能力，提高实验室可信度，增强实验室的自信心；⑤增加客户对实验室能力的信任。

能力验证一般由国家或区域的认可机构、合作组织、政府、行政组织或提供正式能力验证计划的商业提供者运作。目前，国际上的能力验证组织者有：①实验室认可国际合作组织，如亚太实验室认可合作组织（APLAC）和欧洲认可合作组织（EA）；②国际和区域性计量组织，如国际计量委员会（CIPM）和亚太计量规划组织（APMP）；③国际权威组织，如世界卫生组织（WHO）、联合国环境规划署（UNEP）和联合国粮食及农业组织（FAO）。在中国，中国国家认证认可监督管理委员会（CNCA）、中国合格评定国家认可委员会（CNAS）、各省级质量技术监督局、各直属出入境检验检疫局和有关行业主管部门、行业协会，都可以在一定范围组织开展能力验证工作。 （吴晓凤）

nie ceding

镍测定 (determination of nickel) 对水、气、土壤等环境介质中的镍进行定性定量分析的过程。镍（Ni）是人体所需的微量元素，但过量会引起中毒，甚至致癌。镍的主要污染来源是采矿、冶炼、电镀和工艺品等行业。

样品采集、制备与前处理 见样品采集和样品前处理。

测定方法 主要有分光光度法、原子吸收分光光度法、电感耦合等离子体发射光谱法、电感耦合等离子体质谱法和示波极谱法。

分光光度法 主要有丁二酮肟光度法及丁二酮肟-正丁醇萃取分光光度法。

丁二酮肟光度法 适用于工业废水及受到镍污染的环境水。在氨性溶液中，有氧化剂碘存在时，镍与丁二酮肟作用，形成酒红色可溶性络合物，在530 nm波长处测定。

丁二酮肟-正丁醇萃取分光光度法 适用于大气固定污染源有组织和无组织排放中镍及其化合物的测定。样品经前处理后，丁二酮肟-正

丁醇萃取分离，在氨性溶液中，有氧化剂碘存在时，镍与丁二酮肟作用，形成酒红色可溶性络合物，在440 nm波长处测定。

原子吸收分光光度法 包括火焰原子吸收分光光度法和石墨炉原子吸收分光光度法（参见原子吸收分光光度法）。

火焰原子吸收分光光度法 适用于地表水、地下水、工业废水、固体废物浸出液、土壤、海洋沉积物、环境空气及固定污染源废气中镍的测定。样品经前处理后，用火焰原子吸收分光光度计测定。

石墨炉原子吸收分光光度法 适用于清洁地表水、地下水和海水中镍的测定。样品经前处理后，用石墨炉原子吸收分光光度计测定。

电感耦合等离子体发射光谱法 适用于地表水、工业废水、生活污水、土壤、植物和固定污染源废气及固体废物样品中镍的测定（参见原子发射光谱法）。

电感耦合等离子体质谱法 适用于地表水、工业废水、生活污水、土壤、植物、环境空气以及固体废物样品中镍的测定（参见电感耦合等离子体质谱仪）。

示波极谱法 适用于饮用水、地表水、地下水、工业废水和生活污水中镍的测定。镍与氨形成稳定的络合离子，该络合离子具有良好的还原极谱波，根据极谱波测定镍的浓度（参见极谱法）。

发展趋势 随着原子吸收分光光度计氙灯连续光源的开发，动态分析范围不断扩大，可快速同时分析镍等多种元素。 （雷明丽）

ningjiao shentou sepufa

凝胶渗透色谱法

（gel permeation chromatography，GPC） 又称体积排阻色谱法，是以有机溶剂为流动相，化学惰性的多孔物质（如凝胶）为固定相进行分离的色谱法。

GPC的原理类似于分子筛，待分离组分进入凝胶色谱后，依据分子量的不同，不进入凝胶孔隙的分子很快随流动相洗脱，进入凝胶孔隙的分子则需要较长时间才能流出固定相，从而分离各组分。调整固定相使用凝胶的交联度可以调整凝胶孔隙的大小；改变流动相的溶剂组成会改变固定相凝胶的孔隙大小，获得不同的分离效果。GPC的分离不依赖于流动相、固定相和溶质分子三者之间的作用力，可以有效分离组成和性质十分接近、分子量有明显差异的大分子物质，弥补了液相色谱中吸附、分配和离子交换等分离方法的不足。

在环境监测中，GPC主要用于土壤、生物组织等富含色素、脂肪等大分子物质的提纯、分离和净化，以及低分子有机物、高聚物的分析等。 （董捷）

ningjiao shentou sepuyi

凝胶渗透色谱仪

（gel permeation chromatograph，GPC） 基于凝胶渗透色谱原理，将样品组分按分子量分离并测定其含量的仪器。利用该仪器可表征高分子聚合物分子量及其分布。

沿革 凝胶渗透色谱是液相色谱的一种，与液相色谱所包括的液固吸附色谱、液液分配色谱和离子交换色谱的差别，仅在于固定相（填料）不同，仪器的其他部分几乎完全一样。早期的凝胶渗透色谱仪在泵压力、流动相流速和检测器灵敏度方面，与高效液相色谱仪有明显差距，但20世纪70年代中期后这些差别基本消失。经过30多年的发展，凝胶渗透色谱仪在进样系统、色谱柱、检测器以及软件控制等方面都有了迅速发展。现阶段的设备可以全程序自动化处理；分离测定方法出现了再循环技术、吸收比技术、大规模GPC制备技术和高温GPC技术等新型技术；检测器从最初的示差折光检测器、单波长紫外吸收检测器，发展到紫外检测器、荧光检测器、激光光散射检测器、红外分光检测器和原子吸收光谱检测器等。

原理 分离基础主要依据溶液中分子体积（流体力学体积）的大小。待分离组分在进入凝胶色谱后，根据分子量的不同决定其是否进入固定相凝胶的孔隙中。不进入凝胶孔隙的分子会很快随流动相洗脱，而能够进入凝胶孔隙的分子则需要更长时间的冲洗才能够流出固定相，从而实现了根据分子量差异对各组分的分离。调整固定相使用凝胶的交联度可以调整凝胶孔隙的大小；改变流动相的溶剂组成会改变固定相凝胶的溶胀状态，进而改变孔隙的大小，获得不同的分离效果。

仪器结构 主要由四部分构成：输液系统（包括溶液储存器、输液泵、进样器等）、色谱柱系统（包括色谱柱和柱温控制箱）、检测器和数据收集处理系统（包括模数转换器、计算机、打印机/绘图仪等）。

输液系统 包括溶液储存器、脱气装置和高压泵，使流动相（溶剂）以恒定的流速流入色谱柱。泵的工作状况好坏直接影响最终数据的准确性，越是精密的仪器，要求泵的工作状态越稳定，流量的误差应该低于 0.01 mL/min。

色谱柱系统 是 GPC 分离的核心部件，在一根不锈钢空心细管中，加入孔径不同的微粒作为填料。每根色谱柱都有一定的相对分子质量分离范围和渗透极限，色谱柱有使用的上限和下限。当聚合物最小的分子尺寸比色谱柱中最大的凝胶尺寸大时，高聚物进入不了凝胶颗粒孔径，全部从凝胶颗粒外部流过，不仅达不到分离不同相对分子质量的高聚物目的，还可能堵塞凝胶孔、影响色谱柱的分离效果、降低其使用寿命。当聚合物中最大尺寸的分子链比凝胶孔的最小孔径小时，也达不到分离目的。所以在使用凝胶色谱仪测定相对分子质量时，必须首先选择与聚合物相对分子质量范围相配的色谱柱，根据所使用的溶剂选择色谱柱填料，对填料最基本的要求是不能被溶剂溶解。常用填料包括交联聚苯乙烯凝胶（适用于有机溶剂，可耐高温）、交联聚乙酸乙烯酯凝胶（最高可耐 100℃高温，适用于乙醇、丙酮等极性溶剂）、多孔硅球（适用于水和有机溶剂）、多孔玻璃、多孔氧化铝（适用于水和有机溶剂）等。

检测器 分为通用型检测器和选择型检测器。前者适用于所有高聚物和有机化合物的检测，如示差折光仪检测器。后者适用于对该检测器有特殊响应的高聚物和有机化合物，包括紫外、红外、荧光和电导检测器等。

特点 GPC 分离样品中待测组分不依赖于流动相、固定相和溶质分子三者之间的作用力，可以有效分离组成和性质十分接近、分子量有明显差异的大分子物质，弥补了其他净化或分析方法单纯依靠吸附、分配或离子交换的不足。

应用 在环境监测中，农药残留样品中的有机磷、有机氯及多环芳烃、酞酸酯等有机物萃取后均可采用 GPC 净化，把目标物从各种复杂基质中分离出来。 （董捷）

推荐书目

成跃祖. 凝胶渗透色谱法的进展及其应用. 北京：中国石化出版社，1993.

nongcun huanjing jiance

农村环境监测 （environmental monitoring in rural areas） 对从事农业生产人群的生活聚居地和生产活动区的各环境要素的质量状况及变化趋势进行定期或连续监测的活动。

农村环境问题是开展农村环境监测的动因，这些环境问题一般可归结为三类：一是生态破坏问题，主要是由于不合理开发利用农业自然资源，造成生态失衡。二是农业自身的污染问题，如农业的集约化、产业化对农药、化肥、农膜、调节剂、饲料添加剂等的高量投入以及养殖业发展带来的畜禽粪便污染等。三是外源污染问题，主要指乡镇企业、公路交通、城市工业“三废”的转入及农村社区生活垃圾。

重点监测内容主要有：农村饮用水水源地水质监测、农村地表水水质监测、农村土壤环境质量监测、农村环境空气质量监测、农村污染源监测，以及农业初级产品，主要是粮食、蔬菜的污染状况监测等。监测技术方法执行国家现行的空气、土壤、地表水、饮用水水源地等相应的技术标准规范。

质量评价主要包括分要素评价和综合质量评价，分要素评价是分别评价农村水质、空气质量、土壤质量及环境噪声，综合质量评价是在分要素评价的基础上，对农村环境整体质量进行综合性的评价。具体的评价方法主要有数理统计法和环境质量指数法：①数理统计法是对环境监测数据进行统计分析，求出有代表性的统计值，然后对照标准，作出环境质量评价。数理统计法得出的统计值可以反映各污染物的平均水平及其离散程度、超标倍数和频率、浓度的时空变化等。②环境质量指数法又称环境污染指数法，是将大量监测数据经统计处理后求得其代表值，以环境质量标准作为评价标准，换算成无量纲数值。环境质量指数法适用于综合评价某个环境因素乃至几个环境因素的总体环境质量。（赵晓军）

P

pH ceding

pH 测定 （determination of pH） 对水质样品 pH 进行测定的过程。pH 是水中氢离子活度的负对数（$pH = -\lg \alpha_{H^+}$），反映了水溶液酸性或碱性程度。水在标准状况下（温度为 0℃，压力为 101.3 kPa）自然电离出的氢离子浓度与氢氧根离子浓度的乘积（水的离子积常数）始终是 1×10^{-14}，所以 pH 是一个介于 0 和 14 之间的数。在环境监测中，水质 pH 是控制指标之一。通常在配制分析测试用试剂时需调节溶液的酸碱度，因而需测定水体或试剂溶液的 pH。土壤、固体废物的 pH 测定一般是经水或溶液浸提后，通过测定溶液的 pH 来实现。

测定溶液 pH 通常有 pH 试纸法、玻璃电极法、便携式 pH 计法等。pH 试纸法简便但只能半定量，精确测定溶液 pH 要使用玻璃电极法、便携式 pH 计法。

pH 试纸法 一般的 pH 试纸中含有甲基红[pH 4.2（红）～6.2（黄）]、溴甲酚绿[pH 3.6（黄）～5.4（绿）]、溴百里香酚蓝[pH 6.7（黄）～7.5（蓝）]，这些混合的酸碱指示剂适量配合可以制得 pH 试纸，用于测定溶液的 pH。pH 试纸分为广泛和精密 pH 两种试纸。广泛 pH 试纸的变色范围是 pH 为 1～14、9～14 等，不能精确确定溶液的 pH；精密 pH 试纸精度稍高些，其变色范围是 2～3 个 pH 单位，有 pH 为 1.4～3.0、0.5～5.0、5.4～7.0、7.6～8.5、8.0～10.0、9.5～13.0 等多种。实际测定时，可根据待测溶液的酸碱性选用某一范围的试纸。

玻璃电极法 以玻璃电极为指示电极，饱和甘汞电极为参比电极组成电池，在 25℃理想条件下，氢离子活度变化 10 倍，使电动势偏移 59.16 mV，根据电动势的变化测量出 pH。由于不同温度下电极电位改变不同，为适应各种温度状态下 pH 的测量，许多 pH 计上有温度补偿装置，用以校正温度对电极的影响，温度的补偿范围通常在 5～60℃。用于常规水样监测可准确和再现至 0.1 pH 单位，较精密的仪器可准确到 0.01 pH 单位。为提高测定的准确度，校准仪器时选用的标准缓冲溶液的 pH 应与水样的 pH 接近（参见 pH 计）。

便携式 pH 计法 以玻璃电极为指示电极，以 Ag/AgCl 等为参比电极合在一起组成复合电极。利用 pH 复合电极电动势随氢离子活度变化而发生偏移来测定水样的 pH。复合电极均有温度补偿装置，用以校正温度对电极的影响。

（胡冠九）

pH ji

pH 计 （pH meter） 又称酸度计，是利用溶液的电化学性质测量氢离子浓度，以确定溶液 pH 的一种仪器。

原理 pH 计利用电位法测量 pH，电位法所用的电极称为原电池。原电池的作用是将化学反应产生的能量转换为电能。原电池电压称为电动势（EMF），由两个半电池构成，其中一个半电池是测量电极，它的电位与特定的离子活度有关，如 H^+；另一个半电池是参比半电池，通常称参比电极，一般与测量溶液相通，且与测量仪表相连。利用电位法测量 pH 的原理来源于能斯特公式，该公式建立了离子活度与电动势之间的关系。pH 计通过测量原电池的电流进行 pH 的测量。

分类 pH 计按测量精度可分为 0.2 级、0.1 级、0.01 级或更高精度；按仪器体积及用途分为笔式（迷你型）、便携式、台式、在线连续监控式等。

构造 pH 计主要由三个部件构成：参比电极；玻璃电极，其电位取决于周围溶液的 pH；电流计，能在电阻极大的电路中测量出微小的电位差。

参比电极 维持一个恒定的电位，作为测量各种偏离电位的对照。甘汞电极、银-氧化银电极等是目前 pH 测定中常用的参比电极。

玻璃电极 建立一个对所测量溶液的氢离子活度发生的变化做出反应的电位差。把对 pH 敏感的电极和参比电极放在同一溶液中，组成一个原电池，该电池的电位是玻璃电极和参比电极电位的代数和，$E_{电池}=E_{参比}+E_{玻璃}$。如果温度恒定，电位随待测溶液的 pH 变化而变化。一般钠玻璃膜的电极在 pH 为 1～9 的范围内准确；当 pH＞9 时，测得的 pH 比实际值偏低；当 pH＜1 时，测得的 pH 比实际值偏高。锂玻璃膜的玻璃电极可测定的 pH 范围为 0～14。

电流计 将原电池的电位放大若干倍，放大了的信号通过电表显示出来，电表指针偏转的程度表示信号强度。pH 电流表表盘刻有相应的 pH 数值，而数字式 pH 计则直接以数字的形式显示 pH。（胡冠九）

pi ceding

铍测定

（determination of beryllium） 对水、气、土壤等环境介质中的铍及其化合物进行定性定量分析的过程。铍（Be）是最轻的碱土金属元素，铍及其化合物毒性极强，即使是极少量也会由于局部刺激而伤害皮肤、黏膜或者中毒，使结膜、角膜等发生炎症，引起肺气肿、肺炎等，吸入较高量铍还会中毒死亡。铍主要用于电信、电气、电子器件、陶瓷产品、耐火材料、火箭等的结构材料、原子反应堆的中子源和反应堆的中子减速剂。铍的污染来源主要有冶炼、采矿及特种材料、工具和仪器的生产行业。

样品采集、制备与前处理 见样品采集和样品前处理。

测定方法 包括分光光度法、原子吸收分光光度法、电感耦合等离子体发射光谱法和电感耦合等离子体质谱法等。

分光光度法 主要有桑色素荧光分光光度法、铬菁 R 分光光度法和活性炭吸附-铬天菁 S 光度法。

桑色素荧光分光光度法 适用于生活饮用水、水源水及环境空气中铍的测定。在碱性溶液中，铍离子与桑色素作用生成络合物，在紫外光的照射下，产生黄绿色荧光，用荧光分光光度计测定。

铬菁 R 分光光度法 适用于地表水、污水、大气污染源有组织排放中铍的测定。在缓冲溶溶中，铍离子与铬菁 R 生成紫红色络合物，用分光光度计测定。

活性炭吸附-铬天菁 S 光度法 适用于地下水、地表水及含铍废水的测定。在 pH 为 5 的六次甲基四胺缓冲介质中，铬天菁 S、氯化十六烷基吡啶与铍生成蓝色络合物，于 618 nm 波长处测定。

原子吸收分光光度法 主要有火焰原子吸收分光光度法和石墨炉原子吸收分光光度法。

火焰原子吸收分光光度法 适用于固体废物浸出液中铍的测定。浸出液经消解处理后，用火焰原子吸收分光光度计测定（参见原子吸收分光光度法）。

石墨炉原子吸收分光光度法 适用于地表水、污水、环境空气、土壤及固体废物样品中铍的测定。样品经前处理后，用石墨炉原子吸收分光光度计测定（参见原子吸收分光光度法）。

电感耦合等离子体发射光谱法 适用于地表水、工业废水、生活污水、土壤、植物和固定污染源废气以及固体废物样品中铍的测定（参见原子发射光谱法）。

电感耦合等离子体质谱法 适用于地表水、工业废水、生活污水、土壤、植物和环境空气以及固体废物样品中铍的测定（参见电感耦合等离子体质谱仪）。

发展趋势 由于自然环境中铍的含量极低，针对痕量和超痕量铍的高灵敏度、操作简便、快速的测定方法研究备受关注，如示波极谱法结合流动注射的化学发光法。微电极传感器法是一种处于研究中的高选择性和高灵敏度二价铍测定方法，可用于铍的现场快速测定。

（雷明丽）

pingxing shiyan

平行试验

（parallel test） 同一实验室内，分析人员、分析设备和分析条件都相同时，用同一分析方法对同一样品进行双份或多份平行样品测定的过程。平行试验的结果可反映分析方法或测量系统存在随机误差的大小，用于检查或控制测定结果的精密度。环境监测中通常采用平行双样试验。

采样时，按一定比例采集平行双样，用作现场质控样。对均匀样品，凡能做平行双样的分析项目，每批样品须按一定比例分析平行双样；样品较少时，每批样品应至少做一份样品的平行双样，平行双样可采用密码或明码方式编入。

相对偏差=|平行样1测定值−平行样2测定值|/|平行样1测定值+平行样2测定值|×100%

当平行试验测定结果的相对偏差符合允许偏差时，最终结果以双样测定结果的平均值报出；若测定结果相对偏差超出允许偏差，在样品保存期内，应加测一次，取相对偏差符合规定的两个测定值报出，否则该批次测试数据失控，应重测。 （刘军）

po-210 ceding

钋-210 测定

（determination of polonium-210） 对水、空气、生物、土壤、沉积物等环境介质中钋-210 定性定量分析的过程。钋（Po）广泛存在于自然界，来源于铀矿和钍矿，通过呼吸、饮水和食品从环境进入人体。钋是人类天然辐射本底的重要组成部分，人体内各种组织所受到的天然辐射内照射剂量有 30%来自钋最重要的同位素钋-210。固体样品经过消化等前处理变成溶液状态，水样品则通过自沉淀等分离处理，盐酸溶解后，利用α谱仪测量。

样品制备 主要采用湿法消解进行前处理，根据分析对象，采用不同的酸体系，如 HNO_3-$HClO_4$、HNO_3-$HClO_4$-H_2SO_4、HNO_3-H_2SO_4、HNO_3-H_2O_2-$HClO_4$、HNO_3-H_2O_2-HCl 等。空气滤膜样品宜采用 HNO_3-$HClO_4$-H_2SO_4 消解。

钋-210 最显著的特性之一是它的挥发性，因此不同酸化方式和不同形态下挥发数据不完全相同。在有硝酸存在的湿式灰化中，尽管温度达 203℃（高氯酸沸点），钋-210 无明显挥发损失。在用盐酸湿式灰化尿样时，由于剧烈的煮沸，可能导致高温下生成易挥发的 $PoCl_6^{2-}$，损失达 40%。在样品前处理时，钋-210 的挥发应引起足够重视。

前处理 主要有自沉淀法、共沉淀法、溶剂萃取法、离子交换法以及挥发和层析法，其中自沉淀法最常用。

自沉淀法 样品经过消解等前处理变成溶液状态便可以直接沉淀，也有经过离子交换、萃取、蒸馏挥发和共沉淀等方法预分离后再沉淀的。该方法选择性高，制备方便，适用于制备α计数的均匀薄层样源。

共沉淀法 在氯化亚锡或冷磷酸钠的存在下，钋被碲载带而共沉淀，再用溴饱和盐酸溶解沉淀，还原剂存在下（如联氨），碲沉淀而钋留在溶液中，从而实现碲、钋分离。

用作钋的载带剂的还有同族元素硒、碲酸铅、二氧化锰、氢氧化物（铁、铋、铝和镧等氢氧化物）等。由于自沉淀法能简便地得到薄层无自吸收样源，所以共沉淀法直接铺样测量较少使用，通常用共沉淀法浓集或预分离钋，用自沉淀法进一步分离和纯化钋-210。

溶剂萃取法 很多有机溶剂能萃取钋。二异丙基甲醇和三异丁基甲醇能有效地从6 mol/L HCl中萃取钋，在4 mol/L盐酸中实现反萃取。在3 mol/L盐酸和0.5 mol/L KI溶液中用二异丙酮能萃取97%的钋，二异丙酮可以在12 mol/L H_2SO_4中全部萃取钋，而和其他天然放射性核素分离。甲基异丁酮可以从卤素酸溶液中在一定的酸度范围内完全萃取钋。二乙醚或异丙醚也是钋的优良萃取剂。用溶于氯仿的*N*-苯酰羟胺（BPHA），从已彻底消化后的高氯酸溶液中萃取钋，用1 mol/L盐酸反萃取，高氯酸浓度在0.1～3.6 mol/L萃取达96%～97%。和共沉淀法一样，萃取法作为浓集或预分离钋的一种手段，最后仍需用自沉积法获得测量的样源。

离子交换法 钋在阳离子交换树脂Dowex-50柱上，先用硝酸淋洗柱，除去碲和铋，然后用盐酸淋洗钋，产额70%。钋能从硝酸溶液中强烈地吸附在阳离子树脂上，在0.1 mol/L硝酸中分配系数为1 000，在5 mol/L硝酸中分配系数为3，在盐酸溶液中钋则强烈地吸附在强碱性阴离子交换树脂上。采用Dowex-1柱在0.5 mol/L盐酸中分配系数为1.5×10^5，在12 mol/L盐酸中分配系数为2×10^4。为了分离混合物，可先用2～3 mol/L盐酸淋洗铅-210，再用浓盐酸淋洗铋-210，最后用7 mol/L硝酸淋洗钋-210，可成功地将三种核素分离，每一种纯度达99%。

挥发和层析法 早期曾用真空蒸馏法从硫化物中分离钋，700℃时钋在真空中升华，用铂和钯箔凝结钋，但此法效率低，装置复杂且昂贵。简便的方法是将土壤中钋转变成氯化物形式，在500℃下，将蒸馏挥发的四氯化钋气体收集在玻璃纤维上，再用0.5 mol/L盐酸从纤维上回收钋。该法设备简单，适于现场分析土壤中的钋-210。

纸上层析法能有效方便地分离硒、碲、钋和铋，用49%的盐酸、100 mL甲基乙烯酮作展开溶液，在试验纸上分离，4个元素在2～3 h内完全分离，钋产额为100%。（曹钟港）

Q

qiti caiyangqi

气体采样器 （gas sampler） 采集环境空气或废气样品的装置。根据有害物质在气体中存在状态、浓度、物理和化学性质及所用分析方法的灵敏度，选择合适的采样器采集空气或废气样品。

分类 气体采样器主要分为直接采样法采样器、有动力采样法采样器和被动式采样法采样器。

直接采样法采样器 当空气中待测组分浓度较高，或所用的分析方法灵敏度很高时，可选用直接采取少量气体样品的方法。直接采样法采样器具有简单、方便的特点，测量结果是瞬时或者短时间的平均浓度。常用的容器有注射器、塑料袋和固定容器。

注射器 用100 mL的注射器直接连接一个三通活塞，见图1。采样后样品存放时间不宜过长，一般要当天分析完。

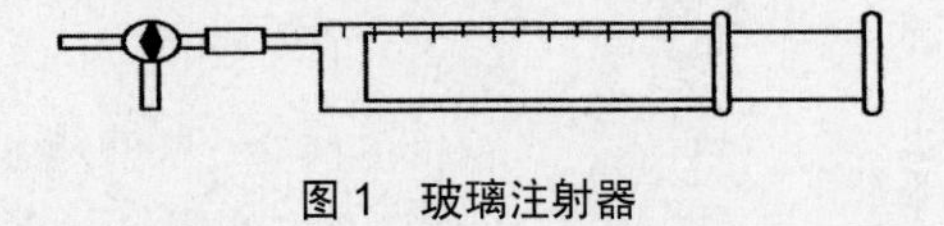

图1 玻璃注射器

塑料袋 常用的塑料袋有聚乙烯、聚氯乙烯和聚四氟乙烯袋等，用金属衬里（铝箔等）的袋子采样，能防止样品的渗透，使用前要做气密性检查。

固定容器 采集少量气体样品的方法，常用的设备有两类。一种是用耐压的玻璃瓶或不锈钢瓶，采样前抽至真空，见图2。采样时打开瓶塞，空气自行充进瓶中。真空采样瓶必须进行严格的漏气检查和清洗。另一种是以置换法充进待测空气的真空采样管，采样管的两端有活塞，见图3。

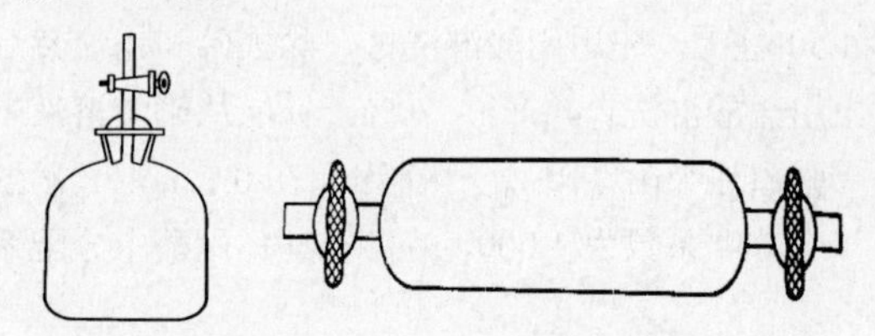

图2 真空采气瓶　　图3 真空采气管

有动力采样法采样器 用一个抽气泵，将空气样品通过吸收瓶（管）中的吸收介质，使空气样品中的待测物质浓缩在吸收介质中的采样器。吸收介质通常是液体和多孔状的固体颗粒物，不仅浓缩了待测物质，提高了分析灵敏度，还有利于去除干扰物质和选择不同原理的分析方法。可分为溶液吸收法采样器、填充柱采样法采样器和低温冷凝法采样器。烟气采样器也是一种有动力采样器（参见烟气采样器）。

溶液吸收法采样器 利用浓缩采样法原理采集气态和蒸气态的污染物，采样器的构造见图4。根据气体样品的性质，选择气泡吸收管、多孔玻板吸收管、多孔玻柱吸收管、多孔玻板吸收瓶或冲击式吸收管等。多孔玻板吸收管不仅对气态和蒸气态污染物的吸收效率高，对气溶胶也有很高的采样效率。

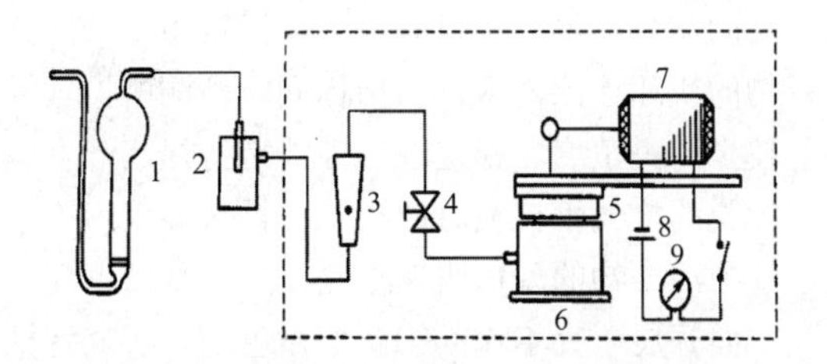

1. 吸收瓶；2. 滤水井；3. 流量计；4. 流量调节阀；5. 抽气泵；6. 稳流器；7. 电动机；8. 电源；9. 定时器

图4　溶液吸收法采样器构造

填充柱采样法采样器　当空气样品以一定流速被抽过填充柱时，气体中待测组分因吸附、溶解或化学反应等作用被阻留在填充剂上。采样器由套管和填充剂组成，常用玻璃管或钢管，内装颗粒状或纤维状固体填充剂，见图5。填充剂可以用吸附剂，或在颗粒状或纤维状担体上涂渍某种化学试剂。这种采样器具有采样时间长、采样效率高、稳定性好和操作方便等特点。

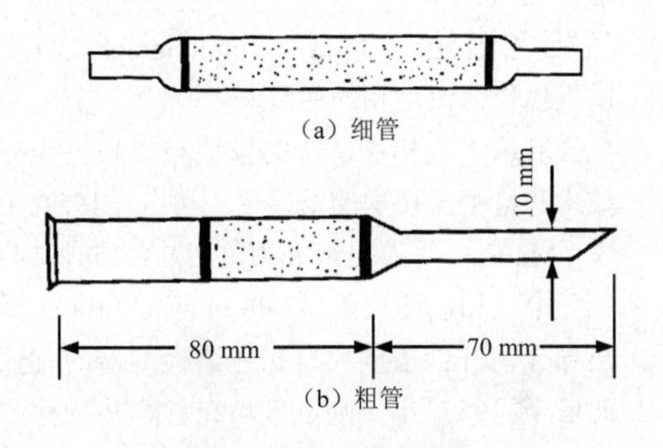

（a）细管

（b）粗管

图5　填充柱采样管

低温冷凝法采样器　空气中某些沸点比较低的气态物质，在常温下用固体吸附剂很难完全采集，用制冷剂将其冷凝下来，浓缩效果较好。用低温冷凝法采集空气样品，比常温下用填充柱法采气量大很多，浓缩效果较好，对样品的稳定性更有利。在应用低温冷凝法浓缩空气样品时，进样口需接某种干燥管（内填过氧酸镁、烧碱石棉、氢氧化钾或氯化钙等），以除去空气中的水分和二氧化碳，见图6。

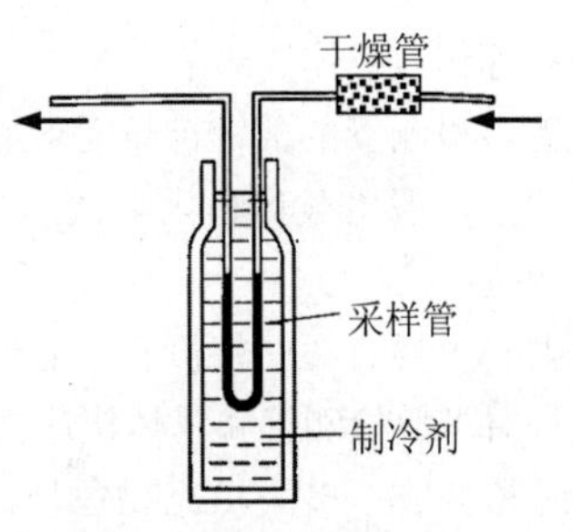

图6　低温冷凝法采样器

被动式采样法采样器　基于气体分子扩散或渗透原理，采集空气中气态或蒸气态污染物的仪器，由于不用任何电源或抽气动力，也称无泵采样器。该采样器体积小、重量轻，可制成一支钢笔或一枚徽章大小，可用于个体接触剂量评价监测，也可放在监测场所，连续采样，间接用于环境空气质量评价的监测。

发展趋势　无论是空气质量监测还是排放源的监测，多采用现场采样，将样品带回实验室进行分析。但是空气中或污染源排放污染物浓度，随气象条件和工况条件随时在变，手工采样—实验室分析方式的监测频率低，时间代表性差，不能很好地反映污染物的实时变化。因此，发展空气质量自动监测系统以及固定污染源在线连续监测系统，可实时监测环境空气质量状况、工业生产过程及排放污染物的浓度。

（黄江荣）

qiti jianceguan

气体检测管

（gas detection tube）　简称检气管，一种迅速对气体中有害成分进行定性或半定量分析的设备。优点是操作简单、迅速，缺点是精度较低。

原理　在一个有限长度内径的玻璃或聚乙烯管内，填装一定量的检测剂（即指示粉），用塞料加以固定，再将玻璃管的两端密封加工而成。将某些能与待测物质发生化学反应并可以改变颜色的化学试剂，吸附在固体载体颗粒表面上，制成检测剂。化学试剂的选择和它在载体上的化学浓度比决定了检测管的物质成分和量程范围。检测剂一般以硅胶、活性氧化铝、玻璃颗粒等作为载体。

构造 检测管的关键部分是装在玻璃管中的指示粉，一般由载体和化学试剂组成。检测管的结构见图。

分类 主要有短时检测管、长时检测管、直读式长时扩散检测管和气体快速检测箱等。

短时检测管 多为填充显色型，用于短时间内测定气体化合物。短时检测管与相应配件联合使用时，可在现场迅速可靠地对气体或蒸气、水体和土壤样品中易挥发性污染物进行检测，还可用于管道、容器、储罐等泄漏及火灾时大气气溶胶中气态化合物的现场检测。

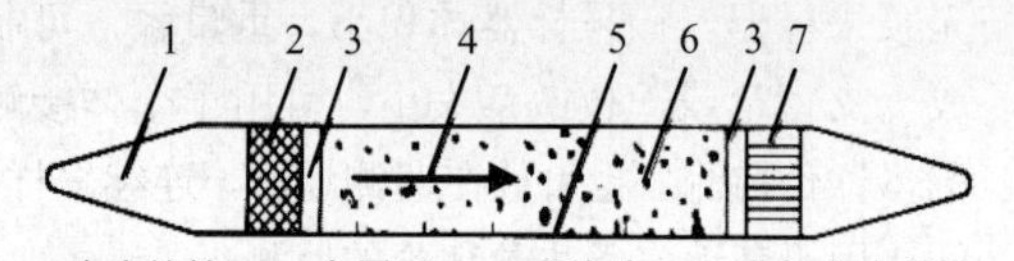

1. 玻璃外管；2. 金属网；3. 丙纶片；4. 进气方向箭头；5. 浓度标尺标签；6. 指示剂；7. 八棱玻璃柱

检测管结构图

长时检测管 用于长时间（8 h）内连续监测。长时检测管与相应配件联合使用时，可进行 8 h 的测量并给出污染物的时间加权平均浓度。污染物通过扩散进入检测管并直接通过颜色变化来指示污染物的量。长时检测管也可测定一段时间内（1～8 h）污染物的平均浓度，用于检测有机及无机气体或蒸气。

直读式长时扩散检测管 根据气体扩散原理，污染物分子通过扩散进入检测管而无需泵入。若长时间监测（8 h 或更长），则测定的是时间加权平均浓度。这类检测管不需要泵，小巧轻便、高效快速，可以方便地测定时间加权平均浓度，用于检测有机、无机气体或蒸气。

气体快速检测箱 根据污染的类型、性质（如火灾、爆炸、泄漏等）和监测目的，将若干种检气管及所需配件组装在一种特制的检测箱中，便于携带和现场进行多项目监测。主要由气体采样部分、气体检测部分和个人防护部分等组成。

发展趋势 传统的气体检测管虽然有数百种之多，且在检测精度和选择性方面都具有较高的质量，但仍难以满足环境污染中复杂污染物的快速检测需求，多指标同时检测的检气管较少，灵敏度、稳定性等性能有待提高，有些种类的检气管检测时间较长。针对环境污染事件中污染物的现场快速检测，主要从以下几个方面开展研究工作：①新型显色剂。研究特异性好、灵敏度高的显色剂，提高检测的准确性和灵敏度等检测参数和污染物定性检测效率，研发能够对不同污染物显示不同颜色的多指标显色剂，拓展检测管检测的种类范围。②新型填料。寻找好的填料，能够与待测物质充分接触，使污染物和显色剂尽快发生反应，缩短检测时间。③新型制作工艺。改进检测管制作工艺，扩大其检测范围及检测量程，提高稳定性。④新型检气管的配套装备。有些检测管需要样品采集配件或配套检测仪器等装备，才能实现较好的快速检测功能，提高结果的可信度。

（王琪）

qixiang sepufa

气相色谱法

（gas chromatography，GC） 以气体作为流动相的色谱法。

沿革 气相色谱法的发展与气相色谱分离技术和检测器技术的发展密不可分。1951 年马丁（Martin）等人提出气相色谱法，同时发明了第一个气相色谱检测器。1954 年雷（Ray）提出热导计，开创了现代气相色谱检测器的时代。此后至 1957 年，则进入填充柱、热导检测器（TCD）的年代。1958 年高雷（M. J. E. Gloay）首次提出毛细管，同年麦克威廉（Mcwillian）和哈利（Harley）发明了火焰离子化（FID），洛夫洛克（Lovelock）发明了氩电离检测器（AID）使检测方法的灵敏度提高了 2～3 个数量级。20 世纪六七十年代，随着环境科学等学科的发展，提出了痕量分析的要求，又陆续出现了一些高灵敏度、高选择性的检测器。同时，由于电子技术的发展，原有的检测器在结构和电路上作了重大的改进，从而使性能有所提高。进入 20 世纪 90 年代，电子技术、计算机和软件的飞速发展使质谱检测器（MSD）生产成本和复杂性下降，稳定性和耐用性增加，从而成为最通用的气相色谱检测器之一。目前，快速GC和全二维GC等快速分离技术的迅猛发展，也促使快速GC检测方法逐渐成熟。

原理 按色谱分离原理来分，气相色谱法可分为吸附色谱和分配色谱两类。气固色谱属于吸附色谱，气液色谱属于分配色谱。在气相色谱分析过程中，流动相载着样品通过固定相，样品中的组分在流动相和固定相之间连续移动多次进行重复分配平衡，由于各组分的物化性质和几何结构不同而特有的偶极距，决定了在两相间的分配比（又称分配系数）不同。各组分在两相中重复进行溶解、吸附、解吸、离子交换等形式的作用，各组分沿着色谱柱运动的速度也就不同。经过适当长度的色谱柱后，各组分会按照先后排列次序从色谱柱后流出，最后达到各组分分离的目的。

分析方法 包括定性和定量分析，一般从柱长、柱内径、柱温、载气流速、固定相、进样等方面考虑对分离的影响。

定性分析 主要方法有：①用保留值定性。在给定的条件下，物质在色谱柱内移动速度的调整保留时间（t）是判断物质组分的指标，即某组分在给定条件下的t值是定值。为了避免载气流速、柱长和固定液用量等操作条件对使用t值的影响，可以用组分相对保留值（α）或组分保留指数（I）进行定性分析。将样品进行色谱分析后，按同样的实验条件用纯物质做实验，把两者所得的定性指标（α值、t值或I值）相比较，通过比较样品和纯物质是否都有与定性指标数值一致的色谱峰，判断样品与纯物质是否一致。②用化学反应和物理吸附定性。样品进入色谱之前，和被选定的某些特征性试剂反应，生成新的衍生物进入色谱。通过色谱图上某化合物的位置发生变化，如消失、提前或拖后，鉴定化合物的存在。③用不同类型的检测器定性。利用两种检测器对化合物检测的灵敏度差别和选择性特征进行定性分析。④与其他仪器联用定性。将气相色谱和质谱、光谱、红外、核磁等仪器联用。

定量分析 一般常用的有外标法、归一化法、内标法等。①外标法。在进样量、色谱仪器和操作等分析条件不变的情况下，先用组分含量不同的纯样等量进样，进行色谱分析，求得含量与色谱峰面积的关系，进而计算组分含量。②归一化法。利用组分的色谱峰面积与各组分的定量校正因子分析组分含量。该方法的优点是简便，进样量与载气流速的影响不大；缺点是样品中的组分必须在色谱图中都能给出各自的峰面积，并且知道各组分的校正因子。③内标法。向样品中加入内标物后，通过色谱分析对组分进行定量。

特点 ①分离效率高，分析速度快。例如，可将汽油样品在2 h内分离出200多个色谱峰。②样品用量少和检测灵敏度高。用适当的检测器能检测出 10^{-11}～10^{-6} 含量的组分。③选择性好。可分离、分析恒沸混合物，沸点相近的物质，某些同位素，顺式与反式异构体，同分异构体，旋光异构体等。④应用范围广。虽然主要用于分析各种气体和易挥发的有机物质，但在一定的条件下，也可以分析高沸点物质和固体样品。

应用 气相色谱法广泛应用于水体、大气、降水、土壤和沉积物监测中，如飘尘中检测多环芳烃、硝基多环芳烃、正构烷烃等有机物；环境空气中检测碳氢化合物、苯系物和有机硫化合物等；废气和环境空气中检测碳氢化合物、芳香族的烃、醇、醛、酮、酸和多环芳烃、氯代二苯并二噁英和氯代二苯并呋喃等；降水中检测一些阴离子、阳离子及SO_2、NO_2、有机酸等化合物。水质监测中，我国将气相色谱法作为分析水中六六六、滴滴涕、硒、苯系物、挥发性卤代烃、氯苯类、有机磷农药、有机氯农药、三氯乙醛和硝基苯类等污染物的标准方法。双机联用、多机组合、多维技术组合可有效地分离测定清洁水和废水中数百种有机污染物。在土壤和沉积物中主要检测有机氯农药、杂环化合物和多环芳烃等。还可用于海洋油污染监测。（钮少颖）

qixiang sepuyi

气相色谱仪 (gas chromatograph，GC)

基于气相色谱法原理，利用色谱柱将混合物定性分离，然后通过检测器对分离组分进行测定，进而实现对环境样品定性定量分析的仪器。

沿革 1952 年，詹姆斯（James）和马丁（Martin）提出气相色谱法，同时发明了第一台气相色谱检测器，将一个滴定装置接在填充柱出口，用来检测分离的脂肪酸，用滴定溶液体积对时间作图，得到积分色谱图。1954 年雷（Ray）提出热导计，开创了现代气相色谱检测器的时代。此后至 1957 年，进入填充柱、热导检测器（TCD）的年代。1958 年高雷（Gloay）首次提出毛细管；同年，麦克威廉（Mcwillian）和哈利（Harley）同时发明了氢火焰离子化检测器（FID）；洛夫洛克（Lovelock）发明了氩电离检测器（AID），使检测方法的灵敏度提高了 2～3 个数量级。20 世纪六七十年代，由于气相色谱技术的发展，柱效大大提高。20 世纪 80 年代，弹性石英毛细管柱的快速广泛应用，对检测器提出了体积小、响应快、灵敏度高、选择性好的要求。计算机和软件的发展，使 TCD、FID、电子捕获监测器（ECD）和氮磷检测器（NPD）的灵敏度和稳定性均有很大提高，TCD 和 ECD 的检测池体积显著缩小。进入 20 世纪 90 年代，由于电子技术、计算机和软件的飞速发展，质谱检测器（MSD）生产成本和复杂性下降，稳定性和耐用性增加，成为最通用的气相色谱检测器之一。

原理 当气化后的试样被载气带入色谱柱中后，利用试样中各组分在气相和固定液相间的分配系数不同，在两相间反复多次分配，由于固定相对各组分的吸附或溶解能力不同，各组分在色谱柱中的运行速度不同，经过一定的柱长后，彼此分离并按一定顺序离开色谱柱进入检测器，产生的离子流讯号放大后，在记录器上描绘出各组分的色谱峰，依据色谱峰的移动速度和大小来取得组分的定性定量分析结果。

仪器结构 由气路系统、进样系统、分离系统、检测系统和数据处理系统组成（见图）。

气路系统 指载气及其他气体（燃烧气、助燃气）流动的管路和控制、测量组件。所用的气体从高压气瓶或气体发生器逸出后，通过减压和气体净化干燥管，用稳压阀、稳流阀调节到所需流量。载气的性质、净化程度及流速对色谱柱分离效能、检测器的灵敏度、操作条件的稳定性均有很大影响。

进样系统 包括进样口和气化室。进样是把样品快速、定量加到色谱柱柱头。进样口分为气体进样口、液体进样口、热裂解进样口等多种类型。样品从进样口进入后，在气化室瞬间气化并随载气进入色谱柱。进样量、进样时间和试样气化速度等都会影响色谱分离效率和

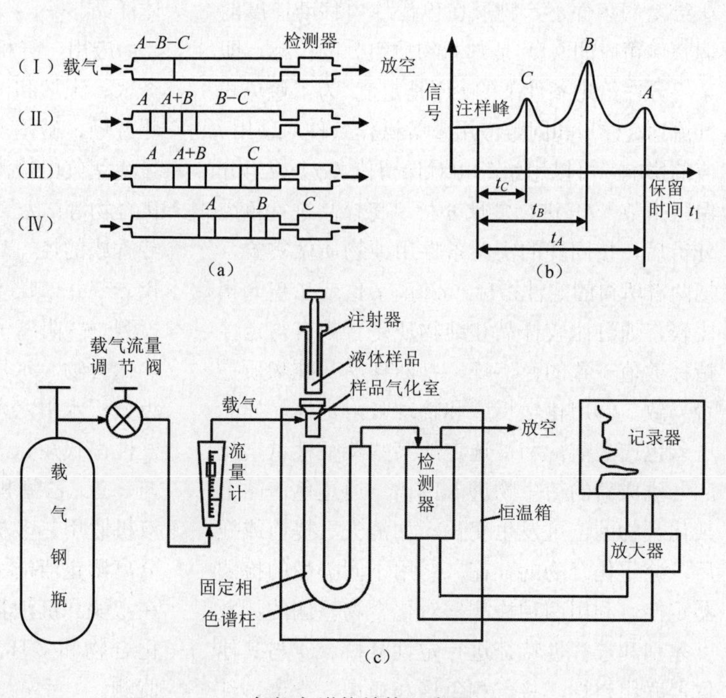

气相色谱仪结构示意图

定量结果的准确度和重现性。

分离系统 包括色谱柱和色谱柱箱。色谱柱是分离系统的核心，分为填充柱和毛细管柱两类，作用是根据样品和色谱柱性质将样品中多个待测组分分离，依次进入检测器。色谱柱箱为色谱分离提供精确的温度控制，以达到良好的分离效果，其要求是使用温度范围宽、控温精度高、热容小、升降温速度快、保温好。

检测系统 包括检测器、微电流放大器和记录仪。检测器的作用是将被色谱柱分离的样品组分根据其特性和含量转化成电信号，经放大器放大后由记录仪记录成色谱图。检测器分为放电离子化检测器（DID）、电子捕获检测器（ECD）、火焰亮度检测器（FPD）、氢火焰离子化检测器（FID）、霍尔电导检测器（HECD）、氦离子化检测器（PDHID）、氮磷检测器（NPD）、质谱检测器（MSD）、光离子化检测器（PID）、脉冲放电检测器（PDD）、热能分析器（TEA）和热导检测器（TCD）等，实际操作中根据待测组分选择检测器。

数据处理系统 简单的数据处理部件是积分仪，新型的气相色谱仪都有微处理机或色谱数据工作站。

操作条件 影响气相色谱仪分析效果的因素主要包括操作温度、色谱柱和流动相。

操作温度 包括进样口、气化室、色谱柱和检测器温度。进样口温度根据进样方法和样品而定，气化方式进样时，气化温度既要使组分充分气化，又不会分解（裂解进样除外）。进样口、气化室温度需稍高于样品沸点且稍高于柱温，检测器温度以稍高于进样口温度为宜，避免组分冷凝或产生其他问题。色谱柱温度需综合考虑固定相使用温度范围、分析时间长短、便于定性和定量测定等因素。最好能在恒温下操作，沸程很宽的样品采用程序升温操作。最佳的操作温度须由实验获得。

色谱柱 其性能由固定液和色谱柱长度及内径决定。一般按相似相溶原理选择固定液。分析非极性样品时宜用非极性固定液，分析强极性样品时宜用极性强的固定液。色谱柱的长度和内径应根据测定样品组分的性质选择。

流动相 即载气，可用氮气、氦气、二氧化碳和氢气等。载气的选择与纯化的要求取决于所用的色谱柱、检测器和分析项目的要求，如有些固定相不能与微量氧气接触，对热传导池检测器宜用氢气作载气；对电子捕获检测器须除去载气中负电性较强的杂质，以提高检测器的灵敏度；用分子量小的气体作载气时可用较高的线速度，柱效下降小且缩短了分析时间。

应用 见气相色谱法。

发展趋势 近年来，气相色谱仪在技术创新方面体现在色谱参数控制能力增强、研发出专业化色谱柱和灵活多变的功能模块等。电子流量和温度控制系统技术已作为基本配置在气相色谱仪上安装，从而为色谱条件的再现、优化和自动化提供了更可靠、更完善的支持；高选择性固定液、细内径毛细管色谱柱、耐高温毛细管色谱柱应用于分析工作；新的选择性检测器，如原子发射检测器（AED）、脉冲火焰光度检测器（PFPD）等得到应用，极大提高了分析速度和分析范围；色谱工作站功能不断增大，还可实现气相色谱仪的远程操作。

新型气相色谱技术开始应用于商品化仪器。快速气相色谱技术的应用，使便携式气相色谱仪商品化并应用于应急监测。全二维气相色谱（GC×GC）技术是近年出现并飞速发展的气相色谱新技术，样品在第一根色谱柱上按沸点进行分离，通过一个调制聚焦器，每一时间段的色谱流出物经聚焦后进入第二根细内径快速色谱柱上，按极性进行二次分离，得到的色谱图经处理后为三维图。（钮少颖）

qixiang sepu-zhipu lianyongyi

气相色谱-质谱联用仪

（gas chromatograph-mass spectrometer，GC-MS） 通过接口技术将气相色谱与质谱技术串联，对有机化合物进行定性定量分析的仪器。

沿革 20 世纪 50 年代期间，戈尔克（R. Gohlke）和麦克拉弗蒂（F. McLafferty）首先开发质谱仪作为气相色谱检测器。当时所使用的敏感质谱仪体积庞大、容易损坏，只能作为固定的实验室装置使用。经济且小型化的计算机的开发，极大地缩短了分析时间，为这一仪器的推广提供了帮助。1964 年，在研发四极杆质谱仪的芬尼根（R. E. Finnigan）的指导下，美国电子联合公司开发了计算机控制的四极杆质谱仪，并于 1968 年向斯坦福大学和普渡大学发送了第一批 GC-MS。

原理 气相色谱-质谱联用仪由两个主要部分组成，即气相色谱部分和质谱部分。气相色谱使用毛细管色谱柱，其关键参数是柱的尺寸（长度、直径、液膜厚度）以及固定相性质（极性、弱极性）。当试样流经色谱柱时，根据各组分分子的化学性质的差异而得到分离。分子被柱子保留，然后在不同时间（保留时间）流出柱子。下游的质谱检测器依次俘获流出柱子的分子，离子化、加速、偏向，最终分别测定离子化的分子。质谱仪是通过把每个分子断裂成离子化碎片并通过其质荷比来进行测定的。典型的质谱检测有两种模式：全程扫描和选择性离子监测。典型的 GC-MS 能够根据仪器的设定，分别地或同时地执行这两种功能。

仪器结构 主要由 4 部分组成：气相色谱部分、接口、质谱部分和数据处理系统。气相色谱部分和一般的气相色谱仪基本相同，但不再有色谱检测器，而是利用质谱仪作为色谱的检测器。气相色谱仪在常压下工作，而质谱仪需要高真空。如果色谱仪使用填充柱，必须经过接口装置——分子分离器，将色谱载气去除，使样品气进入质谱仪。如果色谱仪使用毛细管柱，可将毛细管直接插入质谱仪离子源。

气相色谱部分 见气相色谱仪。

接口 作用是使经气相色谱分离出的各组分依次进入质谱仪的离子源。解决气相色谱仪常压工作条件与质谱仪真空工作条件的匹配问题，是将色谱柱流出的载气除去，保留或浓缩待测组分，使近似大气压的流量转为粗真空，并协调气相色谱仪与质谱仪的工作流量。接口一般满足：①不破坏离子源的高真空，也不影响色谱分离的柱效；②使色谱分离后的组分尽可能多地进入离子源，流动相尽可能少地进入离子源；③不改变色谱分离后各组分的组成和结构。

质谱部分 由真空系统、离子源、质量分析器、检测器和工作站等组成。

真空系统　所有的质谱都是用来检测离子的，检测原理是利用离子在电场、磁场或电磁场中的运动特性，使具有不同质荷比的离子加以区分并检测。离子要在电场、磁场或电磁场中飞行一定的时间和空间，如果在这些时间和空间中存在大量的气体，会使离子很快淬灭而不能到达检测器，所以为了减少离子与背景气体的碰撞淬灭，要抽真空使背景气体分子数量大大减少，以维持足够的离子平均自由程。一般质谱都是二级真空：机械泵和涡轮分子泵。机械泵一般是前级真空，在机械泵把真空降到一定水平后才启动涡轮分子泵，以保护分子泵。

离子源　主要作用是使待测组分实现离子化，尤其是中性物质带上电荷，并对离子进行引出、加速和聚焦。离子源的性能在很大程度上决定了整个仪器的灵敏度、分辨率和分析的准确度等。样品本身性质的差异，决定了不存在万能离子源，所以离子源的类型也是多种多样的。离子源主要有电子轰击源（EI）和化学电离源（CI）。

质量分析器　质谱仪的核心部件，将带电离子根据其质荷比加以分离，用于记录各种离子的质量数和丰度（参见质谱仪）。

检测器　将来自质量分析器的离子束进行放大并进行检测。目前应用较广的是光电倍增器。

数据处理系统 作用是快速准确地采集和处理数据，监控质谱及色谱各单元的工作状态；对化合物进行自动定性定量分析，按用户要求自动生成分析报告。

应用 见色谱-质谱联用技术。

发展趋势 气相色谱-质谱联用仪的技术难点主要是接口技术和质谱的扫描速度，也是一直以来发展的主要方向。磁质谱是最古老的质谱技术，它具有重现性好、分辨率高和灵敏度高的特点。四极杆质量分析器由于其经济实用，目前是最为通用的质量分析器，占气相色谱-质谱分析仪总数的 80%～90%。随着追求更低检测限和更高分辨率的应用日趋增长，其他类型的质量分析器也在迅速增长。离子阱质量分析器因其高灵敏度和易维护的特点，得到了广泛的认可。飞行时间质量分析器，由于其分辨率高、质量范围宽、扫描快和灵敏度高等优点，成为一个重要的发展方向。（李焕峰）

qiche weiqi jiance

汽车尾气监测 （automobile emission monitoring） 对机动车排放尾气中有害气体进行定性定量监测的过程。尾气中有害物质包括碳粒、一氧化碳、碳氢化合物和氮氧化物等。

沿革 1983 年我国颁布了第一批机动车尾气污染物排放标准，包括《汽油车怠速污染物排放标准》《柴油车自由加速烟度排放标准》《汽车柴油机全负荷烟度排放标准》三个限值标准和《汽油车怠速污染物测量方法》《柴油车自由加速烟度测量方法》《汽车柴油机全负荷烟度测量方法》三个测量方法标准。1989—1993 年，相继颁布了《轻型汽车排气污染物排放标准》《车用汽油机排气污染物排放标准》两个限值标准和《轻型汽车排气污染物测试方法》《车用汽油机排气污染物试验方法》两个工况法测量方法标准，至此，我国形成了一套较为完整的汽车尾气排放标准体系。北京市《轻型汽车排气污染物排放标准》（DB 11/105—1998）的出台和实施，推进了我国新一轮尾气排放法规的制定和实施，2000 年实施《汽车排放污染物限值及测试方法》（GB 14761 —1999）。2011 年我国对车用压燃式发动机、车用及装用点燃式发动机、重型车用汽油发动机、摩托车和轻便摩托车、非道路移动机械用柴油机等制定了 20 个机动车污染物排放标准及测量方法。

监测方法 我国目前使用的方法主要有怠速法/双怠速法、工况法/简易工况法、自由加速法和遥感检测法。

怠速法/双怠速法 怠速法采用简易的便携式排气分析仪，测量机动车在怠速工况下污染物的排放浓度。双怠速法是指发动机由怠速工况加速至 0.7 额定转速，维持 60 s 后降至高怠速工况（即 0.5 额定转速）时排放测量结果。双怠速法适用于测量因化油器量孔磨损或者因催化转化器效率低造成的汽车尾气排放状况。怠速法/双怠速法均适用于装有汽油发动机、最大总质量大于 400 kg、最大设计车速大于等于 50 km/h 的道路用汽油车，两种方法均属于无负载检测方法，优点是测试价格便宜、试验方法简单快捷，缺点是不能反映机动车在道路上行驶时的实际排放状况。

工况法/简易工况法 工况法是模拟机动车在道路上实际的运行工况（如怠速、加速、等速、减速），同时测量其污染物的排放量，测量结果基本可以反映该机动车的实际排放情况。但工况法设备昂贵，试验条件严格且时间较长，一般只用于对新定型机动车和新生产机动车的排放检测。

简易工况法是让机动车按规定车速在底盘测功机上“行驶”，同时测量其污染物排放量。所采取的工况和测试设备都比工况法简单，常用于在用车的污染物排放检测。简易工况法主要有瞬态工况法、稳态工况法和简易瞬态工况法。①瞬态工况法是在底盘测功机上进行怠速、加速、等速、减速、减速和离合器脱开、换挡、怠慢等测试运转循环，循环结束时间为 195 s。该方法是一种技术含量高的检测方法，设备费用昂贵，维护比较复杂，对检测人员有较高的要求。②稳态工况法是在底盘测功机上的测试运转循环由稳态加载加速模拟 ASM 5025 和 ASM 2540 两个工况组成。该方法最大的优点是设备简化，可使用在怠速法中广泛使用的直接取样浓度分析仪，缺点是方法基于污染物排放浓度而不是排放质量。③简易瞬态工况法吸取了瞬态工况法测量稀释排气量最终可得出污染物排放质量的优点，也吸取了稳态工况法直接利用简便式尾气分析仪就可对各个污染物浓度进行测试的长处，采用一个被称为“气体流量分析仪”的装置来测量汽车的排气流量，经处理计算，最终也可得出每种污染物每公里的排放质量。简易瞬态工况法试验循环包含了怠速、加速、匀速和减速工况，能反映车辆实际行驶时的排放特征。

自由加速法 用于柴油车烟度测量，柴油发动机处于怠速状态，将油门踏板迅速踏到底，维持4 s后松开，定义为自由加速工况。自由加速法分为滤纸式烟度计检测法和不透光式烟度计检测法。①滤纸式烟度计检测法是在自由加速工况下，采用滤纸式烟度计，从排气管中抽取一定量的排气，让排气将清洁的滤纸染黑，再用规定的光学检测器测量滤纸染黑的程度，确定该试验车辆的烟度排放是否满足标准。②不透光式烟度计检测法是在自由加速工况下，采用不透光式烟度计，从排气管中抽取一定量的排气（或者全部的排气），通过不透光式烟度计的平行光源，检测黑烟对平行光照射的阻挡程度，判定车辆的烟度排放是否满足标准。自由加速法也属于无负载检测方法，优点是测试价格便宜、试验方法简单快捷，缺点是不能反映机动车在道路上行驶时的实际排放状况。

遥感检测法 利用分子对不同波段的吸收光谱特性进行检测的方法。当遥测设备的光源发生器发出红外光（或激光）和紫外光光束时，道路对面的红外线（或激光）和紫外光反光镜将其反射回设备的光源检测器，道路上行驶的机动车通过这些光束时，排出的尾气会吸收红外光（或激光），红外线发射接收器通过分析接收光光谱的变化情况计算出机动车行驶中一氧化碳、二氧化碳、碳氢化合物及氮氧化物的排放浓度；同时通过类似电子眼的高速拍照（车辆辨别）系统记录下车辆的车牌，速度传感器测量其车速和加速度；气象仪器记录环境参数。该方法检测效率高，不影响车辆正常行驶，能较真实地反映车辆道路实际排放状况。遥感检测法作为传统机动车排气检测方法的补充手段，被广泛应用于高排放车筛选、低排放车豁免、机动车排放调查和检测/维修项目评估等方面。 （申进朝）

qiche weiqi jianceyi

汽车尾气监测仪 （automobile exhaust monitor） 监测机动车尾气中各种有害气体含量的仪器。机动车发动机正常运转时，可用汽车尾气监测仪分析排放的尾气，从而判断机动车排出有害气体是否超出标准。

原理 汽车尾气监测仪常用的测试原理主要有不分光红外吸收法、电化学法、氢火焰离子化法和化学发光法等。

不分光红外吸收法 特定气体分子（含原子）有特定的红外线吸收波长，利用这一特征对气体进行定性分析；其吸收关系服从朗伯-比尔定律，且在恒定条件下吸收量与气体的浓度成正比，从而定量分析一氧化碳（CO）、二氧化碳（CO_2）和碳氢化合物等气体的浓度。

电化学法 检测器是电化学式的。当有气体通过时，由于发生化学反应而产生与气体浓度呈良好线性关系的电流，其电流强度与排气中存在的污染物的质量流量成正比。用于测量氧气（O_2）、一氧化氮（NO）和二氧化硫（SO_2）等气体的浓度。

氢火焰离子化法 当含有机物的载气接触氢火焰时，裂解产生自由基，与外面扩散进来的激发态原子氧或分子氧发生反应，继而与大量水分子碰撞发生分子离子反应，产生微电流。在一定范围内，微电流的大小与进入离子室的待测组分质量成正比。多用于高精度测量。在中国主要用于机动车尾气中碳氢化合物测定、机动车与发动机的研究开发、机动车生产一致性认证与检查。

化学发光法 主要通过内置转换器将二氧化氮（NO_2）还原成NO，再通过监测NO来反映总氮氧化物（NO_x）浓度。原理是NO与臭氧反应产生光子，其光子强度与污染物的质量流量成正比，利用光电倍增管监测某一红外波长光子的量子产率，即可检测到NO浓度。该方法具有灵敏度高、反应速度快、线性好的特点。

结构 主要由主机、取样系统、过滤系统和转速夹等部分组成。

主机 即检测器（光学平台），是仪器的心脏部分。内部的光源辐射出来的光被调制成一定频率的光束，此光束通过采样气室（检测室），穿过滤光片进入检测器，样品检测器接收到这些光信号，转换成电信号输出，系统进行数据处理，从而获得待测气体的相应浓度。

取样系统 主要由取样管和采样枪组成。取样管长度在 5 m 左右，采样枪插入排气管的深度应不小于 400 mm。

过滤系统 主要有滤纸和前置过滤器。过滤系统对尾气监测影响很大，在仪器使用一段时间后应及时更换。

转速夹 用于测量汽车发动机转速的怠速、双怠速检测法中。转速夹在使用中要注意夹在点火线圈的位置要合适，否则测定的转速不稳。

分类 基于不同原理的监测单元组合成尾气监测仪，可实现对不同尾气污染物的监测，目前汽油车尾气监测仪主要有两气、四气和五气等类型，柴油车主要是烟度分析仪。

两气尾气分析仪 用来测量机动车尾气排放中 CO 和碳氢化合物的体积分数。如果排气管或尾气分析仪的测量管路有泄漏，CO 和碳氢化合物的测量值受稀释影响将降低，不能反映尾气的真实含量。目前，国内所用的两气尾气分析仪大多不具备检查自身泄漏的功能，不能真实反映出尾气排放情况。

四气尾气分析仪 随着装有三元催化转化器和电子控制系统汽车的增多，汽车的排放标准也更加严格。四气尾气分析仪不仅具备两气尾气分析仪的所有功能，而且还能进行故障诊断和分析。除了测量 CO 和碳氢化合物外，还能测量 CO_2、O_2、发动机油温、转速以及计算过量空气系数和空燃比等。不仅作为环保检测仪器使用，还可作为发动机故障分析的诊断工具，提供发动机转速和发动机温度参数。

五气尾气分析仪 可同时测定 CO、碳氢化合物、CO_2、O_2 和 NO_x 的排放浓度。

烟度分析仪 分为不透光式烟度计和滤纸式烟度计，均由采样系统和测量系统构成。采样系统包括采样探头和抽气装置等；前者的测量系统由烟室、光源、接收器和测量室等构成，后者的测量系统由光电反射头、指示器和试样台组成。

应用 用于环境监测部门的路检抽检、尾气净化装置的快速检验及汽车尾气相关研究等。通过对机动车的尾气排放情况进行监测，判断污染物是否合格或超标，对化油器式车辆进行检测，调整空燃比处于合理水平，提高燃烧效率，降低污染排放；对电喷车检测诊断，监测其电控系统、燃烧系统、催化转化系统工作是否正常，检测汽车排放系统是否存在泄漏、破损。此外，还可以检查燃烧情况、点火能量、进气效果、供油情况、机械情况等诸多发动机故障。

发展趋势 新标准和法规的出现，提出了新的监测参数和监测方法，通过研制开发新的监测设备与仪器，加速汽车尾气监测技术的进步，如应用光电技术和计算机图像处理技术、高精度传感器和发展显示技术等方面的研究与开发。总之，汽车尾气监测仪的多功能化和智能化及流动在线将是未来的发展方向。

（申进朝）

qian ceding

铅测定 (determination of lead) 对水、气、土壤等环境介质中的铅（Pb）及其化合物进行定性定量分析的过程。常见铅的化合物有 PbO、Pb_3O_4、$PbSiO_3$、PbF_2、PbF_4、PbO_2、$PbCl_4$、$Pb(NO_3)_4$ 以及有机铅等。铅具有不可降解性，在环境中长期存在，可在人体和动物组织中蓄积，能导致贫血、神经机能失调和肾损伤等，尤其对婴幼儿及学龄前儿童智力发育危害极大。铅的污染物主要来自矿山开采、冶炼、橡胶生产、染料、印刷、陶瓷、铅玻璃、焊锡、五金、机械、蓄电池、电镀工业等行业以及含铅汽油的燃烧。近年来，我国工业和交通业迅猛发展，铅污染日趋严重，多表现为儿童血铅超标、铅中毒等，所以铅测定尤为重要。我国已将铅和四乙基铅作为集中式生活饮用水地表水源地特定项目之一，铅是我国实施排放总量控制的指标之一。

样品采集、制备与前处理 见样品采集和样品前处理。

测定方法 分为无机铅和有机铅两类污染物测定方法。无机铅测定方法主要有双硫腙分光光度法、原子吸收分光光度法、阳极溶出伏安法、示波极谱法、电感耦合等离子体发射光谱法和电感耦合等离子体质谱法等；有机铅主要是测定四乙基铅，测定方法主要有分光光度法。

双硫腙分光光度法 适用于地表水、地下水、废水和环境空气中痕量铅测定，以及生活饮用水及水源水中四乙基铅的测定。在氯化钠存在下，四乙基铅可由三氯甲烷萃取，再与溴反应，生成物与硼酸生成硼酸铅。在一定pH范围内，铅与双硫腙形成可被三氯甲烷萃取的淡红色的双硫腙铅络合物，该络合物在530 nm波长处有最大吸收，且吸光度值与铅浓度在一定范围内符合朗伯-比尔定律。

原子吸收分光光度法 主要有火焰原子吸收分光光度法、吡咯烷二硫代氨基甲酸铵-甲基异丁基甲酮（APDC-MIBK）萃取及KI-MIBK萃取火焰原子吸收分光光度法、在线富集流动注射-火焰原子吸收分光光度法和无火焰原子吸收分光光度法等（参见原子吸收分光光度法）。

火焰原子吸收分光光度法 适用于地表水、地下水、工业废水、固体废物浸出液、土壤、海洋沉积物、环境空气及固定污染源废气中铅的测定。样品经前处理后，用火焰原子吸收分光光度计测定。

APDC-MIBK萃取火焰原子吸收分光光度法 适用于地下水、清洁地表水、近海、沿岸和河口水中铅的测定。APDC在一定的pH范围内与待测试样中的铅离子螯合后萃入MIBK中，用火焰原子吸收分光光度计测定。

KI-MIBK萃取火焰原子吸收分光光度法 适用于土壤、沉积物中铅的测定。铅离子与碘离子形成稳定的缔合物，可被MIBK萃取，萃取液采用火焰原子吸收分光光度计测定。

在线富集流动注射-火焰原子吸收分光光度法 适用于地下水、地表水、饮用水等中铅的测定。在一定的pH范围内，铅与NP多胺基磷酸树脂螯合，在强酸性条件下，又重新释放出来。此分离富集过程通过流动注射在线进行，试液直接进入火焰原子吸收分光光度计测定。

无火焰原子吸收分光光度法（GFAAS） 适用于清洁地表水、地下水、海水、土壤、沉积物及海洋沉积物、环境空气中铅的测定。样品经前处理后，用石墨炉原子吸收分光光度计测定。

阳极溶出伏安法（ASV） 适用于饮用水、地表水、地下水、河口水和海水中铅的测定（参见极谱法）。

示波极谱法 适用于工业废水和生活污水中铅的测定，饮用水、地表水和地下水需要富集后测定。在盐酸-乙酸钠缓冲溶液-抗坏血酸溶液中，通过线性变化的电压，铅可在滴汞电极（DME）上还原或氧化，在示波极谱图上产生特征还原峰（电流）或氧化峰（电流），在相应的电流-电压曲线图上可求出试液中铅的含量（参见极谱法）。

电感耦合等离子体发射光谱法（ICP-AES） 适用于地表水、工业废水、生活污水、土壤、植物和固定污染源废气以及固体废物样品中铅的测定（参见原子发射光谱法）。

电感耦合等离子体质谱法（ICP-MS） 适用于地表水、工业废水、生活污水、土壤、植物和环境空气以及固体废物样品中铅的测定（参见电感耦合等离子体质谱仪）。

发展趋势 目前我国利用分光光度法、阳极溶出伏安法等原理，已经发展了现场快速检测及在线检测技术，由此开发了便携式重金属监测仪。四乙基铅萃取后使用气相色谱-质谱法检测，方法快速灵敏。固相萃取、色谱、毛细管电泳等与电感耦合等离子体发射光谱法、电感耦合等离子体质谱法的联用可以提高分析的选择性和灵敏度，降低测定干扰，从而实现对超痕量铅的快速准确检测。 （孟祥鹏）

qinghuawu ceding

氰化物测定 (determination of cyanide) 经过适当的样品采集和制备技术处理后，选用合适的测定方法对环境介质中的各种氰化物进行定量分析的过程。氰化物属于剧毒物质，危害极大，可在数秒之内出现中毒症状。对人体的毒性主要是与高铁细胞色素氧化酶结合，生成氰化高铁细胞色素氧化酶而失去传递氧的作用，引起组织缺氧窒息。氰化物污染主要来自小金矿开采、合成纤维、医药、杀虫剂、化肥、冶金及电镀等行业的“三废”排放。

氰化物在环境中主要以三种形式存在：简单氰化物、络合氰化物和有机腈类。其中简单氰化物包括碱金属氰化物、铵的氰化物和其他金属的氰化物；络合氰化物包括锌氰络合物、铁氰络合物、镍氰络合物、铜氰络合物、钴氰络合物等碱金属-金属氰化物，其毒性虽然比简单氰化物小，但由于受环境介质的pH、温度、日光照射等影响，易分解成为简单氰化物，潜在毒性较大。这些氰化物可作为易释放氰化物和总氰化物分别加以测定。易释放氰化物指在pH为4的介质中，在硝酸锌存在下加热蒸馏，能形成氰化氢的氰化物。易释放氰化物包括全部简单氰化物（多为碱金属和碱土金属的氰化物）和锌氰络合物，不包括铁氰化物、亚铁氰化物、铜氰络合物、镍氰络合物、钴氰络合物。总氰化物指在磷酸和乙二胺四乙酸（EDTA）存在下，pH小于2的介质中，加热蒸馏能形成氰化氢的氰化物。总氰化物包括全部简单氰化物（多为碱金属和碱土金属的氰化物，铵的氰化物）和绝大部分络合氰化物（锌氰络合物、铁氰络合物、镍氰络合物、铜氰络合物等），不包括钴氰络合物。

样品采集与保存 采集用于氰化物分析的水样后，立即加氢氧化钠固定。当水样酸度较高时，则酌量增加固体氢氧化钠的加入量，使样品的pH大于12，并将样品保存于聚乙烯瓶中。当水样中含有大量硫化物时，应先加碳酸镉或碳酸铅固体粉末，除去硫化物，再加氢氧化钠调节pH。采集的样品应及时测定。否则，将样品存放于约4℃的暗处，并在采集后24 h内测定。固体样品应用密封袋采集，避光保存。空气样品采集时吸收液需加入过量的碱。

测定方法 包括滴定法、分光光度法和流动注射-分光光度法。

滴定法 经蒸馏得到的碱性馏出液，用硝酸银标准液滴定，氰离子与硝酸银作用生成可溶性的银氰络合离子$[Ag(CN)_2]^-$，过量的银离子与试银灵指示剂反应，溶液由黄色变为橙红色，即为滴定终点。当水样中氰化物含量在1 mg/L以上时，可用该方法进行测定。检测上限为1 000 mg/L，适用于测定受污染的地表水、生活污水和工业废水。

分光光度法 包括异烟酸-吡唑啉酮分光光度法和吡啶-巴比妥酸分光光度法，常用于浓度低于1 mg/L的饮用水、地表水、生活污水、工业废水中氰化物的测定。①异烟酸-吡唑啉酮分光光度法是在中性条件下，样品中的氰化物与氯胺T反应生成氯化氰，再与异烟酸作用，经水解后生成戊烯二醛，最后与吡唑啉酮缩合生成蓝色染料。其色度与氰化物的含量成正比，在638 nm波长处进行光度测定，最低检出浓度为0.004 mg/L，测定上限为0.25 mg/L。②吡啶-巴比妥酸分光光度法是在弱酸条件下，水样中氰化物与氯胺T作用生成氯化氰，然后与异烟酸反应，经水解生成戊烯二醛，最后再与巴比妥酸作用生成蓝色复合物，在一定浓度范围内，其色度与氰化物含量成正比，于600 nm波长处测其吸光度，与标准系列比较，即可得到样品中氰化物的含量，最低检出浓度为0.001 mg/L。

流动注射-分光光度法 将流动注射分析仪与分光光度计联用，测定原理和使用的试剂与分光光度法基本相同。流动注射-异烟酸-吡唑啉酮分光光度法的测定下限为0.004 mg/L；流动注射-吡啶-巴比妥酸分光光度法的测定下限为0.008 mg/L。流动注射分析技术具有分析时间短，分析速度快，准确度、精密度高，重现性好，检出限低，检测浓度范围大，自动进样，自动稀释，操作简单，样品和试剂消耗量小等特点；且样品全封闭蒸馏、吸收和检测，减少了氰化物对环境的污染和对人体的危害，尤其在检测大批量的样品上有突出的优势，是现今水质检测中比较先进的检测手段，国内现已逐步开始推广使用。

发展趋势 我国早在1987年分别发布了采用容量滴定法、异烟酸-吡唑啉酮比色法和吡啶-巴比妥酸比色法测定氰化物和总氰化物的3个国家标准方法。2009年，修订了氰化物测定标准方法，新标准整合了已颁布的3个标准，并新增了异烟酸-巴比妥酸分光光度法。其他环境介质，如土壤、空气中的氰化物，其常见测定原理虽然与水质基本相同，但在前处理等过程方面还有许多不同，因而应制定相关的标准测试方法。

色谱法能测定简单氰化物、总氰化物和络合氰化物，尤其对络合氰化物的测定具有优势；以无氰化钠等作流动相实现无毒化操作，也符合未来分析发展的趋势。 （郑少娜）

quanqiu daqi guance

全球大气观测 (Global Atmospheric Watch，GAW) 由世界气象组织（WMO）建立的观测大气化学成分的全球气候观测系统，为全球大气监测活动及其数据评估提供框架设计、标准、标定对比，并收集数据。

目的和任务 协调有关成员国的监测站网开展大气监测，提供全球大气化学成分及大气物理特征长期变化的数据和资料，对引起各种大气化学成分变化的自然和人为因素进行科学评估，进一步认清大气、海洋和生物圈之间的相互作用，了解和控制人类活动对全球大气的影响。GAW主要承担以下几方面任务：一是减少环境的社会风险并满足环境公约的要求，二是加强在天气、气候和环境空气质量等方面的预测能力，三是为环境政策提供科学的评估。

沿革 进入20世纪，人类面对的是全球性大气环境问题，如平流层臭氧耗损和紫外线辐射增加，相关大气成分特别是温室气体、臭氧（O_3）和气溶胶在气候变化方面对人类的影响，空气污染物长距离传输、沉积对人体健康造成的危害。为了在全球范围内应对这些挑战，WMO从50年代末开始开展大气化学及空气污染气象学方面的监测计划。

1957年，WMO成立了全球臭氧观测系统，建立了全球统一的臭氧观测标准程序。20世纪60年代末，WMO建立了大气本底污染监测网，主要监测降水化学物质、气溶胶、二氧化碳（CO_2）等，专门研究大气清洁程度与气候的关系，陆续建立了区域监测站，并在美国成立WMO世界数据中心。1989年，在上述两个监测网的基础上，WMO批准实施了全球大气观测网计划。

组织结构 超过80个国家的监测站与WMO大气科学委员会监督下的专家小组和其他中心机构共同组成了GAW系统，组织结构包括科学咨询组、质量保证/科学活动中心、GAW世界和区域标定（校准）中心、WMO世界数据中心、GAW站网。

科学咨询组（SAG） 主要职责包括提供国际环境污染和大气化学计划（OPAG-EPAC）评估有关的指导和建议；在综合性全球大气化学观测（IGACO）和区域需要的基础上，制定GAW战略计划；监督监测网络的运行，并对网络发展、观测方法和技术改进提出科学的建议；开发标准工作程序，提供高质量的监测数据。GAW计划已经建立了覆盖7个领域的科学咨询组，包括气溶胶、温室气体、O_3、降水化学物质、紫外线辐射、反应气体和城市环境气象项目。

质量保证/科学活动中心（QA/SAC） 用于保证数据质量以及完整地描述全球大气状态的时间和空间分布，全球共有4个质量保证/科学活动中心，分别位于德国、瑞士、美国和日本。通过建立适用于所有监测站的测量准则和标准测量程序，对各种相关数据信息进行详细记录，及时对世界数据中心的数据进行独立的审查和评估，建成有效的GAW质量保证体系。

GAW世界和区域标定（校准）中心（WCCs/RCCs） 包括CO_2、臭氧总量、地面臭氧、臭氧垂直廓线、太阳辐射、降水化学物质、一氧化碳（CO）、气溶胶、大气光学厚度和大气放射性的测量仪器标定（校准）中心，主要作用是提供仪器校准并进行相应的培训。

WMO **世界数据中心**（WDC） 各监测站的观测数据资料保存在世界数据中心，分别为意大利 Ispra（欧盟负责）世界气溶胶资料中心、日本世界温室气体和其他痕量气体资料中心（WDCGG）、美国世界降水化学资料中心、俄罗斯世界辐射资料中心、挪威世界地面臭氧资料中心和加拿大世界臭氧和紫外辐射资料中心（WOUDC）。这些数据中心由各自所在国家的相关机构运行和维护，收集、记录和保存全球范围内监测站的大气观测数据，同时对数据进行汇总和分析，并免费提供数据及其产品。

GAW **站网** 根据空间代表尺度、监测要素及观测目的，分为全球监测站、区域监测站和自愿联络站。目前，GAW 共有 28 个全球监测站、410 个区域监测站和 81 个自愿联络站，分布如图所示。全球站和区域站均属所在国家所有，并由各国气象部门或科研组织运行管理。

全球监测站 一般分布在偏远地区，大气污染物的本底浓度水平较低，站点具有较大尺度的地域代表性，通常以与气候变化和平流层臭氧减少有关的要素为主。

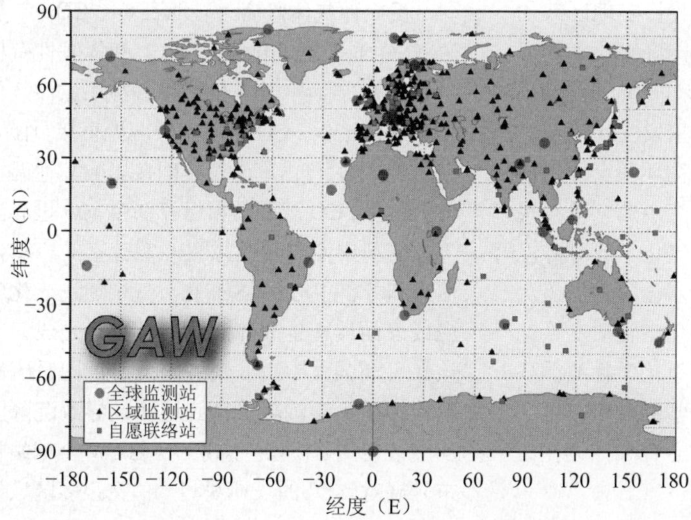

区域监测站 代表较小尺度的地域范围，要求不受近距离交通、工业和农业等污染源的影响，观测数据主要应用于更具区域性的环境问题，如酸沉降、微量气体和气溶胶的输送以及紫外辐射等。

自愿联络站 参与 GAW 计划，并向世界数据中心报送数据的监测站。

监测内容 包括造成气候变化的温室气体（CO_2、甲烷、氟氯烃、一氧化二氮）、对气候和生物具有影响的 O_3、降水化学物质、气溶胶，形成城市光化学烟雾的反应性气体（CO、二氧化硫、氮氧化物），以及紫外线等太阳辐射。

温室气体监测 对 CO_2、甲烷（CH_4）、氟氯烃（CFCs）、一氧化二氮（N_2O）等具有温室效应的微量气体的监测。

CO_2 监测 CO_2 对全球气候变化具有较大的潜在影响，在 GAW 计划中，大气 CO_2 是全球监测站的必测项目之一，如夏威夷的 Manuo Loa 站、澳大利亚的 Cape Grim 站等全球站已积累了相当多的实测数据。CO_2 监测数据保存在美国橡树岭二氧化碳信息及分析中心，被广泛用于碳循环过程的研究，如大气与海洋间的交换过程或生物圈的碳吸收，以及 CO_2 增加所造成的长期气候变化的预测研究等。

GAW 站网分布

CH_4 监测 CH_4 是温室效应很强的气体，其监测资料可以说明全球 CH_4 的收支情况，如大气负荷、年度总排放量，并可结合大气化学输送模式得到其源和汇的分布。CH_4 资料保存在 WDCGG。

CFCs 监测 CFCs 是一类人工合成的化合物，广泛用作制冷剂、工业溶剂和清洗剂等。CFCs 在平流层中受光解作用而释放出氯原子，催化损耗臭氧层，同时 CFCs 也具有温室效应，因此根据蒙特利尔议定书及气候的补充条约，CFCs 已停止生产。CFCs 是 GAW 全球站的基本监测项目之一，由于其在大气中的寿命很长，在偏远地区能够测出本底水平，监测得到的数据既可用于气候研究，也可用于平流层臭氧损耗的研究。在 GAW 区域站，局地源会对本底浓度的测量造成干扰，但其监测结果可用于估算区域排放量以及源和汇的评估等。CFCs 监测资料保存在美国橡树岭二氧化碳信息和分析中心，1990 年后，还同时保存在 WDCGG。

N_2O 监测　N_2O 既有天然源，又有人为源，其对温室效应的贡献约为 6%，在平流层的光化学转化过程也会损耗臭氧。N_2O 在大气中的寿命很长，GAW 全球站监测其本底浓度。N_2O 监测资料保存情况与 CFCs 相同。

O_3 监测　90%的 O_3 分布在平流层，这些 O_3 是吸收紫外辐射的重要物质，保护地表生态系统免受过量紫外辐射伤害。地球表面的 O_3 是污染物的二次反应生成的，对人、植物和动物都会产生危害。O_3 吸收太阳紫外辐射也会影响大气热力过程，进而影响大尺度的大气环流，因此 O_3 也是影响气候变化的重要因子。O_3 监测最初由全球臭氧观测系统实施，后成为 GAW 站网的一部分。O_3 监测资料保存在 WOUDC。

降水化学物质监测　在世界许多地区（如东欧、北美、东南亚和欧洲），降水化学物质是主要的环境问题之一。近年来，由于酸沉降、富营养化和微量金属沉积的频繁发生，以及对生态系统健康、生物地球化学循环和全球气候的持续关注，降水化学物质研究由原来单纯关注湿沉降，扩展到干沉降、大气化学成分浓度和表面空气交换等多方面。降水化学物质监测可提供大气与陆地、海洋之间化学物质交换的信息，是了解硫、氮和其他痕量化学物质循环的重要环节。目前世界降水化学物质资料中心与美洲质量保证和科学活动中心合并，设在纽约阿尔伯尼的纽约州立大学。

气溶胶监测　主要目的是确定与环境空气质量变化有关气溶胶的时空分布特征。气溶胶对人体健康和环境有多方面的影响，气溶胶的质量及毒性与人体慢性呼吸道和急性心血管等病症有关；气溶胶与能见度、酸雨和全球各地城市的雾霾现象有密切关系；气溶胶通过直接和间接效应，影响大气能量收支，直接效应是通过对太阳辐射的散射和吸收，影响行星反照率和气候系统，间接效应是气溶胶浓度的增加使云凝结核数量上升，云滴谱的数浓度发生改变，并造成云反照率的增高，最终影响地球的辐射收支。

GAW 所属的全球监测站基本覆盖了不同类型的气溶胶源区：清洁的和受污染的大陆、海洋、极地、沙漠和自由对流层等。区域站通常仅需测量部分指标，包括光学厚度、不同粒径范围的粒子质量浓度和主要化学成分以及光散射系数等。全球站测量指标一般比较全面，除了区域站测量的指标外，还包括不同波长的光散射和半球后向散射、光吸收系数、气溶胶数浓度、过饱和浓度为 0.5%时的云凝结核浓度、散射日射、总日射和直接日射。此外还对一些指标进行间断性补充观测，如气溶胶的粒径分布、化学成分随粒径的详细分布、气溶胶特性与相对湿度的关系、不同过饱和状态下云凝结核的浓度分布以及气溶胶特性的垂直分布等。气溶胶观测资料保存在 WDCA。

反应性气体监测　对地表 O_3、CO、二氧化硫（SO_2）、氮氧化物（NO_x）和挥发性有机物（VOCs）的监测。①CO 可以参与还原性气体光化学氧化过程，CO 对温室效应无直接贡献，但会影响 HO 自由基含量，间接影响其他温室气体的含量。CO 观测数据保存在 WMO 世界温室气体资料中心和美国橡树岭实验室的二氧化碳信息和分析中心。②SO_2 在大气中通过光化学反应或表面反应生成硫酸盐，硫酸盐是成云凝结核，可增强太阳短波辐射的反射，同时硫酸盐颗粒经干、湿沉降降落到地面，导致沉降区域的酸性增加，损害生态系统。GAW 全球站目前未开展对 SO_2 的长期观测，但在很多区域站，已开展了 SO_2 的观测。监测数据保存在 WDCGG。③NO_x 是一氧化氮和二氧化氮的总和，普遍存在于对流层大气中。NO_x 对大气中 O_3 浓度的变化起着决定性的作用，对酸沉降也有一定贡献。由于 NO_x 化学转化过程很快，且受人为活动影响较大，目前 GAW 全球站尚未开展 NO_x 的常规观测。④VOCs 是对流层 O_3 和其他大气氧化剂的重要前体物，对流层中的 VOCs 和 NO_x 在阳光照射下发生反应，生成 O_3 和光化学氧化剂，导致光化学烟雾。VOCs 是 GAW 全球站的推荐观测项目之一，目的是监测 VOCs 的大气含量，确定不同化合物的来源，评估其在对流层 O_3 生成过程中所起的作用。VOCs 的观测数据存放在 WDCGG。

紫外线辐射监测 紫外辐射可以直接影响生命及生态系统，或间接通过化学反应影响人类生活质量，因此有代表性的、长期的紫外线辐射测量，有助于确定影响全球气候及其变化的能量吸收和传输机制，对于加强环境评估和为公众提供环境信息具有重要的意义。世界紫外辐射数据中心位于加拿大多伦多。

发展趋势 GAW 的发展主要集中在增加监测站点数量、扩展监测项目、加强地区间合作等方面。

增加监测站点数量 目前 GAW 的监测站在南美洲、非洲、亚洲和大洋洲的数量仍然不足。以我国为例，20 世纪 80 年代开始，在世界气象组织的支持下，我国先后在北京市上甸子（1982 年）、浙江省临安（1983 年）和黑龙江省龙凤山（1991 年）建立了 3 个区域大气本底监测站，1993 年在青海瓦里关建立了我国唯一的全球大气本底监测站，构成了我国大气本底监测网的基本框架。除上述 4 个大气本底监测站外，我国纳入 GAW 监测站的还包括云南省昆明、西藏自治区拉萨、青海省共和、河北省香河 4 个自愿联络站。此外，我国在南极建立的中山站也作为自愿联络站，纳入全球大气观测网。但是这些监测站点还不足以支撑区域大气观测，因此要增加监测站数量。

扩展监测项目 随着全球环境形势的变化，GAW 的监测内容也在不断发展，如对持久性有机污染物、重金属、区域气候特征的监测。①持久性有机污染物。作为一类化学性质稳定的有机化合物，易于在生物体内富集，危害人体健康和生态环境。持久性有机污染物通过干湿沉降从大气中清除，一般经过长距离输送，大气层是其输送和沉降到水体和土壤中的最重要通道，因此评估其沉降、排放通量和表面交换过程等有重要作用。②重金属。以欧洲监测和演变计划的项目为例，对重金属的监测可分为重要的（包括汞、镉、铅）和次重要的（包括铜、锌、砷、铬、镍）监测。研究和评估重金属人为源的排放、输送及在大气、海洋和陆地的重金属含量水平。③区域气候特征。要正确解释全球大气观测结果，必须了解和描述站点所处的气候、地形和生态特征，尤其是上风向区域的气候特征。区域气候特征要求对季节性变化、极值和长期变化进行研究，要求有足够的时空一致性，以确保全球大气监测的结果在时空尺度上具有最大限度的外延性。要能够识别局地性因素对区域气候特征的影响，同时考虑到一些源和汇的位置对观测的影响，保证观测到的浓度能反映区域大气状况。

加强地区间合作 目前，GAW 与区域降水监测网络建立了合作，这些监测网包括：重要微量元素的生物地球化学沉积监测网、美国全球降水化学计划、加拿大空气和降水监测网、欧洲污染物长距离传输检测和评估合作计划、东亚酸沉降监测网和美国国家大气沉降计划等。但这种合作还不能满足工作需要，应进一步加强。 （丁俊男 李健军）

quanlei ceding

醛类测定 （determination of aldehydes） 经过适当的样品采集和前处理后，选用合适的测定方法对水、气等环境介质中的醛类进行定性定量分析的过程。环境中的醛类污染物主要包括甲醛、乙醛、丙烯醛和三氯乙醛等。甲醛主要来自有机合成、化工、合成纤维、染料、木材加工等行业，对人体的皮肤和黏膜具有刺激作用；乙醛主要用于生产乙酸、乙酸乙酯和乙酸酐，会刺激人体上呼吸道，若高浓度吸入有致幻作用；丙烯醛一般用于合成树脂和药物等，有特别辛辣刺激性气味；三氯乙醛是制造滴滴涕、敌百虫、敌敌畏等杀虫剂的有机合成原料，对皮肤和黏膜有强烈的刺激作用。

样品采集和保存　见挥发性有机化合物测定。

测定方法　主要包括分光光度法、气相色谱法（GC）、高效液相色谱法（HPLC）、离子色谱法（IC）等。

分光光度法　主要用于测定气体样品和水样中的甲醛和丙烯醛。包括酚试剂分光光度法、乙酰丙酮分光光度法、变色酸分光光度法、4-己基间苯二酚分光光度法和吡唑啉酮分光光度法。

酚试剂分光光度法　用于测定气体样品中的甲醛。甲醛与酚试剂反应生成嗪，在高铁离子存在下，嗪与酚试剂的氧化产物反应生成蓝绿色化合物。当采样体积为10 L时，最低检出浓度为 0.01 mg/m³。酚试剂分光光度法灵敏度高，但选择性较差，二氧化硫的存在会使结果偏低，采样时使气体先通过装有硫酸锰滤纸的过滤器，可排除干扰。

乙酰丙酮分光光度法　用于测定气体样品和水样中的甲醛。该方法灵敏度略低，但选择性较好。方法原理为在过量铵盐存在下，甲醛与乙酰丙酮生成黄色化合物。气体样品中的甲醛用不含有机物的重蒸水吸收，当采样体积为10 L时，最低检出浓度为0.5 mg/m³，水中甲醛的最低检出浓度为0.05 mg/L。

变色酸分光光度法　用于测定水样中的甲醛。在酸性条件下，甲醛与变色酸生成紫红色化合物。二价铜离子（Cu^{2+}）对测定有影响，样品经预蒸馏后可消除干扰。最低检出浓度为0.1 mg/L。

4-己基间苯二酚分光光度法　用于测定气体样品中的丙烯醛。在乙醇-三氯乙酸介质中，在催化剂二氯化汞的作用下，丙烯醛与 4-己基间苯二酚生成蓝色化合物。该反应选择性较好，空气中常见的有机污染物均不干扰测定。当采样体积为34 L时，最低检出浓度为0.05 mg/m³。

吡唑啉酮分光光度法　用于测定地表水中的三氯乙醛。1-苯基-3-甲基-5-吡唑啉酮在弱碱性条件下能和三氯乙醛反应，生成棕红色的化合物。最低检出浓度为 0.02 mg/L。

气相色谱法　主要有直接进样法、吹扫捕集气相色谱法、顶空气相色谱法、液液萃取气相色谱法和吹扫捕集气相色谱-质谱法。

直接进样法　适用于测定空气中的甲醛、乙醛、丙烯醛。空气中的低分子量醛经色谱柱分离，气相色谱-氢火焰离子化检测器（GC-FID）测定，当醛的浓度在 2～500 mg/m³时，可直接测定；当醛的浓度在 0.01～2 mg/m³ 时，可经Tenax-GC 冷阱吸附富集，解吸后测定。单独测定固定污染源有组织或无组织排放的丙烯醛时，可选用 GDX-502 色谱柱。除填充柱外，也可选用大口径的毛细管柱。

吹扫捕集气相色谱法　适用于测定水中的乙醛、丙烯醛。吹扫捕集装置采用 Tenax 捕集管，FID 检测。丙烯醛方法检出限为 0.7 μg/L。

顶空气相色谱法　适用于同时测定水中的乙醛、丙烯醛。顶空法无需使用有机溶剂，可避免直接进样导致的基体干扰，FID 检测。顶空气相色谱法也可用于测定水中的三氯乙醛。三氯乙醛溶于水，以水合三氯乙醛形式存在，水合三氯乙醛与碱作用生成氯仿，用顶空法测定加碱前后氯仿的含量差值，间接计算出三氯乙醛的含量，电子捕获检测器（ECD）检测。

液液萃取气相色谱法　适用于测定水中的三氯乙醛。水样先以石油醚萃取除掉油溶性化合物，然后以石油醚-乙醚混合溶剂萃取，色谱柱为涂有甲基苯基硅油的 101 酸洗白色担体。三氯乙醛具有强电负性，用 ECD 测定；也可用正己烷直接萃取水中的三氯乙醛，经中极性毛细管柱如 DB-1701 分离后，用 ECD 测定。

吹扫捕集气相色谱-质谱法　适用于测定水中的乙醛、丙烯醛、三氯乙醛。通过吹扫捕集的高效富集，采用气相色谱-质谱联用仪的选择离子方式检测，简化了操作步骤，提高了检测灵敏度，可直接测定乙醛、丙烯醛，通过测定三氯乙醛加碱前后氯仿的差值间接测定

三氯乙醛。

高效液相色谱法 用涂附 2,4-二硝基苯肼（2,4-DNPH）的固体吸附剂吸附空气中的醛类化合物。在酸性介质中醛类化合物与 2,4-DNPH 反应，形成稳定的腙衍生物，用乙腈淋洗后，用液相色谱紫外检测器测定。该方法可测定空气中的甲醛、乙醛、丙烯醛等。也可用 2,4-DNPH 衍生水样中的甲醛、乙醛、丙烯醛、三氯乙醛，用 C_{18} 固相小柱富集腙衍生物，甲醇洗脱，串联两根 LC-18-DB 柱，液相色谱二极管阵列检测器测定。

离子色谱法 适用于测定气体样品中的甲醛。空气中的甲醛经活性炭富集后，在碱性介质中用过氧化氢氧化成甲酸，用具有电导检测器的离子色谱仪测定，当采样体积为 48 L 时，最低检出浓度为 0.03 mg/m^3。也可用于测定水中的三氯乙醛。三氯乙醛溶于水后形成水合三氯乙醛，在碱性溶液中与 OH^- 发生卤仿反应，分解为氯仿和甲酸盐，用离子色谱检测甲酸浓度，从而间接测出水中三氯乙醛的含量。

发展趋势 随着色谱技术的发展和仪器设备的普及，其方法灵敏度高、检测结果准确的优势已逐步取代了以前操作复杂、干扰因素多的分光光度法。

有研究表明，在现有顶空气相色谱法和吹扫捕集气相色谱法测定水中乙醛、丙烯醛的基础上，通过优化试验条件，采用极性强的聚乙二醇毛细管柱（如 DB-WAX）可获得更好的分离效果，能同时测定甲醛、乙醛、丙烯醛。

（蒋海威）

R

retuofu

热脱附 (thermal desorption) 又称热解吸，将吸附待测物质的吸附管加热至一定温度，使待测物质从固体吸附剂上解吸的前处理方法。

原理 将吸附有待测组分的吸附管置于热解吸装置中，升温使挥发性和半挥发性组分被释放出来，通过惰性载气（高纯氮气或氦气）将待测组分送入气相色谱仪或气相色谱-质谱联用仪分析测定。热解吸的基础是待测组分从吸附材料上全部解吸出来，即通过加热使样品中的有机物挥发出来而不发生降解。

吸附剂种类 通常按照吸附剂所用材料的性质、结构将吸附剂分为无机吸附剂和有机多孔聚合物吸附剂两大类；按照吸附剂极性分为极性吸附剂、中等极性吸附剂和非极性吸附剂三种；按照吸附剂对水的吸附能力强弱分为亲水性吸附剂和疏水性吸附剂。常用的吸附剂包括活性炭、有机多孔聚合物吸附剂以及混合吸附剂等。

活性炭吸附剂 属于非极性、无机吸附剂，常用于吸附非极性和弱极性有机物。具有吸附容量大、吸附能力强和对水的吸附能力小等优点，适于吸附有机气体，尤其适合浓度低、湿度大的样品。活性炭吸附剂通常较少用于热脱附进样，一方面活性炭吸附能力太强不易脱附；另一方面活性炭中含有一些金属成分，会使有机物在加热过程中发生分解，但一些改性活性炭产品可用于热脱附。

有机多孔聚合物吸附剂 与无机吸附剂相比，有机多孔聚合物吸附剂脱附温度低、疏水性强，广泛用于不同环境样品中的各类挥发性有机物的分析。常见的有 Tenax、Carbopack、Chromosorb 和 Amberlite 等系列。

混合吸附剂 每种吸附剂都有其适用范围，由于空气中挥发性物质种类多、沸点范围宽，在测定时常需要采用混合吸附剂，这也是目前环境样品分析中应用最广泛的吸附剂。对于混合吸附剂常用以下三种组合：①由 30 mm Tenax GR 和 25 mm Carbopack B 组成，适用于 C_6～C_{12} 范围内的化合物；②由 35 mm Carbopack B、10 mm Carbosieve SIII 及 Carboxen 1000 组成，适用于 C_3～C_{12} 范围内的化合物；③由 13 mm Carbopack C、25 mm Carbopack B 和 13 mm Carbosieve SIII 或 Carboxen 1000 组成，适用于 C_3～C_{16} 范围内的化合物。

影响因素 吸附剂的种类、性质及其选择性对于吸附/热脱附技术至关重要。吸附剂应具有较大的比表面积，即具有较大的安全采样体积；具有较好的疏水性能，对水的吸附能力低；容易脱附，分析的物质在吸附剂上不发生化学反应。选择两种以上吸附剂时各吸附剂之间要用已老化的玻璃棉或石英纤维隔开，选用三种吸附剂应按吸附剂吸附强度顺序填装。在进行热解吸时，气流的方向应从强吸附剂到弱吸附剂。为了提高吸附采样管的吸附-热脱附的回收率，充填的吸附剂应当使用捕集效率高而且易于加热回收的物质。吸附剂管内吸附材料的填充体积应当控制在最小量值，热解吸时应当尽可能将温度急剧升到高温，并且在尽可能短的时间内解吸出所有样品组分；或者将一次热解吸出来的所有组分在低温下进行二次浓缩（二次冷聚焦），然后再加热解吸并导入色谱仪的分析柱。

特点 其优点：热解吸可进行100%的色谱进样，使测定灵敏度大大提高。热解吸技术早期主要应用于环境样品分析，可完成样品中10^{-12}浓度水平的有机物质的测定；在色谱测定中无溶剂峰，可进行宽范围的挥发性物质分析，色谱峰保留时间短的物质不会被溶剂峰干扰；同时，减少和消除了由于溶剂气化及其废弃物对环境的污染和人体健康的影响；热解吸与色谱或质谱联用，可进行复杂样品的分析测定，具有广泛的应用范围。缺点：样品完全解吸所需时间有时较长，样品处理费用较溶剂解吸高；热解吸装置昂贵，冷捕集和二次冷聚焦过程增加了样品处理的时间和费用。

应用 热解吸技术在环境空气样品中的挥发性有机污染物的测定方面有着广泛的应用，热解吸与气相色谱或者质谱联用，可解决复杂类型样品的分析测定。环境样品经采样管预浓缩后，通过热解吸将吸附产物解吸出来，直接输送到气相色谱或者在柱上冷聚焦后进行气相色谱分析。

发展趋势 为了简化热解吸的操作，提高分析效率和减少分析测定费用，可采用微捕集技术。微捕集是近十年来出现的较新的吸附/热解吸技术，此技术可直接应用于不分流毛细管柱色谱分析。微捕集技术由于采用短而细的微捕集柱，填充的吸附材料数量很少。与常用的毛细管柱的匹配性较好，可以直接在毛细管色谱仪的载气流速条件下进行在线分析，无需毛细管柱前分流，无需冷聚焦，允许浓缩后的样品全部引进气相色谱仪毛细管柱，并可获得较尖锐的色谱峰形。微捕集技术可以作为气相色谱-质谱仪的进样接口，在气相色谱入口处无需进行样品的分流、富集或者冷聚焦等处理过程。

（贾静）

retuofuyi

热脱附仪 （thermal desorption instrument）

又称热解吸仪，基于热脱附原理，将吸附有待测物质的吸附管加热，使其从吸附剂上解吸并进入色谱仪的装置。

热脱附仪由加热控制器、吸附剂管或样品管、气体流量控制器、传输管载气（吹扫气体）、冷阱及其控制单元等部分组成。

操作参数主要包括解吸温度、解吸时间和载气流量等。解吸温度要求严格控制升温速度和最终温度。温度上限受样品或吸附剂稳定性限制，热解吸温度过低，可能使样品中的待测组分解吸不完全，温度太高可能使某些待测组分对热不稳定而导致回收率低，一般热解吸温度在300℃以下。解吸时间主要取决于待测物与样品基质作用的大小以及样品颗粒大小。太长的解吸时间会导致初始谱带加宽，不利于分离。为了解决这个问题，一般采用冷冻聚焦等技术。载气的流速也对热解吸有影响，载气流速越快，单位时间内流量越大，越有利于热解吸。

在环境监测领域，热脱附仪与气相色谱仪联用，主要用于分析室内空气、环境空气和废气中的挥发性有机物，测定浓度范围视热脱附采样管的吸附容量和仪器的线性范围而定，最低检出限可达10^{-9}级。随后发展起来的自动热脱附仪建立在传统热解吸技术基础上，充分利用气相色谱进样口技术和衬管技术，实现样品热解吸-气相色谱分析联用，提高了样品分析效率。

（贾静）

rewuran jiance

热污染监测 （thermal pollution monitoring）

监视、测量和评价工业生产和日常生活中排放废热造成环境污染的过程。

热污染对环境的影响大多数是间接的，目前，热污染监测基本局限于水体热污染，主要针对核电站、火电厂和工厂排放的冷却水，但是缺乏完整的热污染监测评价体系；对大气热污染的相关监测尚未起步；对人类生存环境的危害方式与程度仍在研究中。

水体热污染监测主要采用遥感技术反演水体表面温度。随着遥感应用研究的深入，在已知比辐射率的前提下，利用对大气辐射传输的各种近似和假设，相继提出了多种温度反演的方法，如单通道法、分裂窗法和多角度法等。①单通道法是借助卫星传感器上一个热红外通道进行温度反演算法的总称，适用于只有一个热波段的传感器。该方法以大气温度和湿度等实时大气垂直廓线数据为基础，模拟计算大气辐射和大气透过率，根据大气辐射传输方程计算地物的辐射亮度值。在比辐射率已知的前提下，即可反演出地物真实温度。②分裂窗法是以卫星观测到的至少两个热红外波段的热辐射数据为基础，利用大气在两个波段上的吸收率不同（尤其对大气中水气吸收作用的差异）消除大气影响，并利用这两个波段辐射亮温的线性组合来计算温度。③多角度法包括单通道多角度法和多通道多角度法。单通道多角度法是同一物体由于从不同角度观测时，所经过的大气路径不同而产生不同的大气吸收，大气的影响可以通过单通道在不同角度观察时所获得的亮温线性组合来消除。多通道多角度法利用不同通道、不同角度对大气效应的不同响应，消除大气的影响，反演地表温度。（魏峻山）

rongjiexing zongguti ceding

溶解性总固体测定 （determination of total dissolved solids） 对水质样品溶解性总固体进行测定的过程。水样经过滤后，在一定温度下烘干，所得的固体残渣称为溶解性总固体，包括不易挥发的可溶性盐类、有机物及能通过滤器的不溶性微粒等。水中含过多溶解性总固体时，会使饮用者有苦咸的味觉并感受到胃肠刺激，还可损坏配水管道或使锅炉产生水垢等。溶解性总固体含量以毫克/升（mg/L）为单位。

测定方法依目的不同主要包括重量法、电导法等。其中，重量法是目前通用的方法。

重量法 水样经过孔径为 0.45 μm 的滤膜或中速定量滤纸过滤后，取适量水样放在称至恒重的蒸发皿内，于水浴或红外干燥箱内蒸干，然后移入烘箱内，在（105±3）℃或（180±2）℃下烘干至恒重，将称得重量减去蒸发皿重量，即为溶解性总固体含量。当有机物含量较高时，可加入过氧化氢去除。

电导法 纯水电导率小，当水中含有以离子形式存在的可溶性无机盐、碱时，水溶液导电性增强，其电导率与所含的离子浓度总量成正比，从而可间接测定出水中离子总量（可溶解性总固体）。该方法的优点是测定速度快，不改变水溶物的化学组成和含量。（李铭煊）

rongjieyang ceding

溶解氧测定 （determination of dissolved oxygen） 对溶解在水溶液中分子态氧气的含量进行定量分析的过程，溶解氧单位通常用 mg/L（每升水的溶氧量）来表示。溶解氧的饱和含量和空气中氧的分压、大气压力、水温有密切关系。清洁地表水溶解氧一般接近饱和，由于藻类的生长，溶解氧可能过饱和。水体受有机、无机还原性物质污染时溶解氧降低，溶解氧越少，表明污染程度越严重，因此，溶解氧是评定水质优劣、水体被污染程度的一个重要指标。

测定水中溶解氧常采用碘量法及其修正法、膜电极法和荧光法。

碘量法及其修正法 通过氧化还原滴定法测量水中的溶解氧。清洁水可直接采用碘量法测定，水样中有色或含有氧化性及还原性物质、藻类、悬浮物等会影响测定，所以大部分受污染的地表水和工业废水，必须采用修正的碘量法测定。水样中亚硝酸盐氮含量高于 0.05 mg/L、二价铁低于 1 mg/L 时，采用叠氮化钠修正法，此法适用于多数污水及生化处理水；水样中二价铁高于 1 mg/L，采用高锰酸钾修正法；水样有色或有悬浮物，采用明矾絮凝修正法；含有活性污泥悬浊物的水样，采用硫酸铜-氨基磺酸絮凝修正法。采集水样时，使用溶解氧瓶，要注意不使水样曝气或有气泡残存在采样瓶中，可用水样冲洗溶解氧瓶后，沿瓶壁直接倾注水或用虹吸法将细管插入溶解氧瓶底部，注入水样至溢流出瓶容积的 1/3～1/2；水样采集后，应立即加硫酸锰和碱性碘化钾溶液固定，并存于冷暗处；如果水样中含有氧化性物质（如游离氯大于 0.1 mg/L 时），应预先于水样中加入硫代硫酸钠去除；如果水样呈强酸性或强碱性，可用氢氧化钠或硫酸液调至中性后测定。

膜电极法 根据分子氧透过薄膜的扩散速率测定水中溶解氧。采用的电极由一小室构成，室内有两个金属电极并充有电解质，用选择性薄膜将小室封闭住，将这种电极浸入水中进行溶解氧测定。该方法适用于天然水、污水和盐水，如果用于测定含盐的水体，须对含盐量进行校正。该方法具有简便、快速、干扰少的特点，不仅可以用于实验室内测定，还可用于现场测定和自动在线连续监测。适用于测定色度高及浑浊的水质、含铁及能与碘作用的物质的水质。水样中含有氯、二氧化硫、碘、溴的气体或蒸气，可能干扰测定，溶剂、油类、硫化物、碳酸盐和藻类等物质会引起薄膜阻塞、薄膜损坏或电极被腐蚀而干扰待测电流，因此，需要经常更换薄膜或校准电极。

荧光法 使用一种测量溶解氧的化学光纤传感器，该传感器是基于氧分子对荧光物质的猝灭（猝熄）效应原理，根据样品溶液所发生的荧光的强度来测定试样溶液中荧光物质的含量。该方法克服了碘量法和电极法的不足，具有很好的光化学稳定性、重现性，无延迟，精度高，寿命长，测量范围广，响应时间快。适用于环境监测、动植物活体测定、工业应用、科学研究等多个领域。 （刘丽）

rongjieyang cedingyi

溶解氧测定仪 （dissolved oxygen meter） 又称溶解氧仪，基于电极法或荧光法原理测定水中溶解氧（DO）的仪器。

电极法溶解氧仪由测量电极、仪表、温度计和气压表组成。根据测量电极结构不同，分为极谱式和原电池式两种类型：①极谱式隔膜电极。以银-氯化银为对电极，电极内部电解液为氯化钾，外部为厚度 25～50 μm 的聚乙烯或聚四氟乙烯薄膜，薄膜挡住了电极内外液体交流，使水中溶解氧渗入电极内部，两电极间的电压控制在 0.5～0.8 V，通过外部电路测得扩散电流可知溶解氧浓度。②原电池式隔膜电极。用银作阳电极，铅作阴电极，阴阳电极浸入氢氧化钾电解质中形成两个半电池，外层用隔膜封住。溶解氧在阳电极被还原，产生扩散电流，通过测定扩散电流可计算溶解氧浓度。电极法溶解氧仪具有简便、快速、干扰少的优点，在环境监测中主要用于天然水、污水和盐水现场测定和自动在线连续监测，实验室中主要用于五日生化需氧量中溶解氧含量的测定。

荧光法溶解氧仪基于荧光猝熄原理测量溶解氧。仪器由传感器及显示屏构成，传感器前端的荧光物质是特殊的铂金属卟啉复合了允许气体分子通过的聚酯箔片，表面涂了一层黑色的隔光材料，以避免日光和水中其他荧光物质的干扰。传感器中的 LED 光源发出的蓝光，照射到荧光物质上，使荧光物质激发并发出红光，由于氧分子可以带走能量（猝熄效应），所以激发红光的时间和强度与氧分子浓度成反比。通过测量激发红光与参比光的相位差，并与内部标定值对比，可计算出氧分子的浓度。该仪器具有测定快速而准确、维护成本低、使用方便等优点，广泛应用于各种复杂环境中溶解氧的测定，还可在线连续监测气态氧或溶解氧。

（刘丽）

S

sedu ceding

色度测定 （determination of colority） 对水质样品的颜色强度进行量化分析的过程。颜色可以改变水的光学性质，是反映水体外观的指标。

水的颜色分为真色（真实颜色）和表色（表观颜色）。真色是去除悬浮物后水的颜色；没有去除悬浮物的水具有的颜色称为表色。对于清洁或浊度很低的水，其真色和表色相近；对于着色很深的工业废水，两者差别较大。水的色度一般指真色。

纯水无色透明，使天然水着色的主要来源是：①水生植物和浮游生物，如小球藻、硅藻可使水体带有亮绿色或浅棕色等；②天然的金属离子或矿物质，如低铁化合物使水呈淡蓝绿色，被氧化成高铁化合物后呈橙黄色，硫化氢被氧化析出的硫会使水呈浅蓝色等；③工业废水和生活污水，如纺织、印染、造纸、食品、有机合成工业等废水，常含有大量的染料、生物色素和有色悬浮微粒等，是使环境水体着色的主要污染源。

环境监测中色度的测定方法主要包括铂–钴标准比色法和稀释倍数法。

铂–钴标准比色法 用氯铂酸钾和氯化钴配制颜色标准溶液，与待测样品进行目视比较，测定样品的颜色强度，即色度。色度的标准单位是度，即在每升溶液中含有 2 mg 六水合氯化钴（Ⅱ）和 1 mg 铂［以六氯铂（Ⅳ）酸的形式］时产生的颜色为 1 度。用色度标准贮备溶液，以光学纯水稀释，配制色度标准溶液系列。将样品静置 15 min 后倾取上层液体，置于具塞比色管中作为水样测定。采用目视比色法找出与水样色度最接近的标准溶液。样品的色度以与之相当的色度标准溶液的度值表示。

稀释倍数法 将水样品用光学纯水稀释至用目视比较与光学纯水相比刚好看不见颜色时的稀释倍数，作为表达颜色的强度，单位为倍。同时用目视观察样品，检验颜色性质，包括颜色的深浅（无色、浅色或深色）、色调（红、橙、黄、绿、蓝和紫等），用文字予以描述。结果以稀释倍数值和文字描述相结合表达。

铂–钴标准比色法适用于测定具有黄色色调的、较清洁的天然水和饮用水的色度，以度数表示结果；稀释倍数法适用于受污染的地表水和工业废水，用文字描述颜色种类和深浅程度（颜色的强度），单位为倍。pH 对颜色有较大影响，一般来说，pH 越高，颜色越深。因此色度测定时应同时报告水样的 pH。 （孙骏）

sepufa

色谱法 （chromatography） 利用环境样品中不同组分在不同相态选择性分配的差异进行分离的方法。按照分离原理，可分为吸附色谱、分配色谱、离子色谱与排阻色谱等；按照操作形式，可分为平面色谱、柱色谱、电泳法；按照两相物态差异，可分为气相色谱和液相色谱。

沿革 俄国科学家茨维特（Tswett）关于色

谱分离方法的研究始于 1901 年，1903 年他提出了应用吸附原理分离植物色素，1904 年将这种方法命名为色谱法。1907 年，茨维特在德国生物学会议上第一次向人们展示了采用色谱法提纯的植物色素溶液及其色谱图。1938 年，伊斯梅少洛夫（N.A.Izmailov）等人第一次使用薄层色谱，同年，泰勒(Taylor)等人用离子交换分离锂和钾的同位素。

20 世纪 40 年代，合成离子交换树脂商品出现后，离子交换色谱得到广泛应用。1941 年，英国科学家马丁(Martin)等人创立了分配色谱，以硅胶为固定相，以含有乙醇的氯仿为流动相分离己酰基氨基酸。液固色谱的进一步发展赖于瑞典科学家蒂萨留斯（A. Tiselius）和克雷森（S. Claesson）的努力，他们创立了液相色谱的迎头法和顶替法。1951 年，马丁（Martin）等人用自动滴定仪作检测器分析脂肪酸，创立了气液色谱法。1958 年，美国学者高雷（M. J. E. Golay）首先提出了分离效能极高的毛细管柱气相色谱法，发明了玻璃毛细管拉制机，从此气相色谱法超过最先发明的液相色谱法而迅速发展起来。60 年代末柯克兰（Kirkland）等人开发了世界上第一台高效液相层析仪，开启了高效液相色谱的时代；1971 年出版了《液相色谱的现代实践》一书，标志着高效液相色谱法（HPLC）理论的正式建立。此后，超临界流体色谱、凝胶渗透色谱、离子交换色谱、亲和色谱、高效逆流色谱和毛细管电泳等技术迅猛发展。

原理 色谱分离是利用物质的物理性质及化学性质的差异，将多组分混合物进行分离和测定的方法。

色谱分离的先决条件是必须具备固定相和流动相。固定相是一种固体吸附剂或涂渍于惰性载体表面的液态薄膜；流动相是具有惰性的气体、液体或超临界流体，应与固定相和待测组分无特殊的相互作用。色谱分离能够实现的内因是固定相与被分离的各组分发生的吸附（或分配）能力的差别。宏观表现为吸附（或分配）系数的差别，微观解释是分子间相互作用力（取向力、诱导力、色散力、氢键力和络合作用力）的差别。实现色谱分离的外因是流动相的不间断的流动，使被分离的组分与固定相发生反复多次（几百、几千次）的吸附（或溶解）和解吸（或挥发）过程，从而达到各组分的完全分离。

色谱理论中有三大理论：保留时间理论、塔板理论和基于动力学的范第姆特方程。

保留时间理论 保留时间是样品从进入色谱柱到流出色谱柱所需要的时间，不同的物质在不同的色谱柱上以不同的流动相洗脱会有不同的保留时间，因此保留时间是色谱法重要的参数之一。保留时间由物质在色谱中的分配系数决定

$$t_R = t_0(1 + KV_s / V_m)$$

式中，t_R 为某物质的保留时间；t_0 为色谱系统的死时间；K 为分配系数；V_s 为固定相体积；V_m 为流动相体积。

塔板理论 将色谱柱看作一个分馏塔，待分离组分在分馏塔的塔板间移动，在每一个塔板内，组分分子在固定相和流动相之间形成平衡，随着流动相的流动，组分分子不断从一个塔板移动到下一个塔板，并不断形成新的平衡。一个色谱柱的塔板数越多，其分离效果就越好。塔板理论是基于热力学近似的理论，在真实的色谱柱中并不存在一片片相互隔离的塔板，故不能完全满足塔板理论的前提假设。

范第姆特方程 对塔板理论的修正，用于解释色谱峰扩张和柱效降低的原因。塔板理论从热力学出发，引入了一些假设，范第姆特方程则建立了一套经验方程来修正塔板理论的误差。在气相色谱中范第姆特方程形式为

$$H = A + \frac{B}{\mu} + C\mu$$

式中，H 为塔板数；A 为涡流扩散系数；B 为纵向扩散系数；C 为传质阻抗系数；μ为流动相流速。

在高效液相色谱中，由于流动相黏度高于气相色谱，纵向扩散对峰形的影响很小，可以忽略不计，因而范第姆特方程的形式为：$H = A + C\mu$ 。

分析方法 包括定性和定量分析。

定性分析 包括纯物质对照法、保留值经验规律定性、化学方法配合定性和特殊仪器定

性 4 种。

纯物质对照法　对于组成不太复杂的样品，可选择与待测未知组分性质相近的一组物质分别进样分析，根据纯物质与未知样品保留值（保留时间 t_R、相对保留值 t_{is}、比保留体积 V_g、保留指数 I_g）的一致性初步定性。但从严格意义上，单柱定性依据不完善，在一根色谱柱上有几种物质会具有相同的保留值；采用不同极性的色谱柱进行双柱定性验证，可确定待测组分与纯物质的一致性，实现对待测物质定性。

保留值经验规律定性　在一定柱温下，同系物的保留值对数与分子中的碳数呈线性关系；另外，同一族的具有相同碳数的异构体的保留值对数与其沸点呈线性关系。当已知待测样品为某一同系列，但没有纯样品对照时，可通过上述经验规律定性。

化学方法配合定性　带有某些官能团的化合物能与一些试剂发生化学反应从样品中除去，比较处理前后两个样品的色谱图对待测组分定性。把分离物通入化学试剂，利用显色、沉淀等现象进行定性分析。

特殊仪器定性　气相色谱与红外光谱、质谱、核磁共振等仪器联用，进行分离和定性分析。

定量分析　包括校准曲线法、定量校正因子法、内标法和归一化法 4 种。

校准曲线法　取一组标准待测组分，根据待测组分浓度制备一定浓度系列的标准溶液，以标准待测组分的含量为横坐标，标准待测组分色谱图的峰面积或峰高为纵坐标，制成校准曲线。然后在相同条件下进行未知样品测定，根据校准曲线求出待测组分的含量。

定量校正因子法　依据每个组分的含量与每个组分的峰面积（或峰高）成比例，引入绝对校正因子（每一组分的含量与峰面积的比值）和相对校正因子（待测组分绝对校正因子与标准物质绝对校正因子的比值）概念。已知组分的绝对校正因子不易测准，定量分析一般采用相对校正因子进行定量。相对校正因子与检测器的性能、待测组分的性质、标准物质的性质、载气性质有关，与操作条件无关，因而相对校正因子基本为一常数。

内标法　把一定量的纯物质作为内标物，加入到已知浓度的样品中，然后测定内标物与标准样品的峰面积，引入相对校正因子，可以对待测组分进行定量测定。内标物应采用与待测组分完全分离的稳定物质。

归一化法　以色谱中所得各种成分的峰面积的总和为 100，按各成分的峰面积总和之比，求出各成分的组成比例。

特点　薄层色谱法、气相色谱法、液相色谱法、离子色谱法、凝胶渗透色谱法和超临界流体色谱法等分析方法均有其适用性，针对不同的物质需要对色谱法进行选择和条件优化，以得到最佳的准确度和精密度。方法选择主要考虑如下因素：物质的沸点、熔点和极性；固定相、流动相的性质；色谱柱的类型、柱形、内径和长度。对气相色谱而言，载气性质、载气流速、柱温、气化室温度、进样口温度、进样量与进样时间、检测器温度和类型等都会对测定产生影响；对于高效液相色谱，输液泵、进样泵、色谱柱类型和检测器类型等会对测定结果产生影响；对于凝胶渗透色谱，凝胶的制备、色谱柱的柱长、内径、溶剂的洗脱和凝胶设备的精度等，直接影响样品的分离和测定。不同类别的色谱法性能特点、方法适用性、影响因素见下页表。

应用　色谱法已经广泛地应用于石油化工、有机合成、生理生化、医药卫生、环境保护，乃至空间探索等领域。在环境监测领域，色谱法可以应用于大气、水、土壤、固废等介质中许多有机污染物和阴阳离子的分析。20 世纪 80 年代末，原国家环境保护局公布了我国 68 项优先控制污染物名单，其中 14 个类别的污染物中，除氰化物和重金属外，挥发性卤代烃类、苯系物、氯代苯类、多氯联苯、酚类、硝基苯类、苯胺类、多环芳烃类、酞酸酯类、农药、丙烯腈、亚硝胺类等污染物均可以采用气相色谱法、液相色谱法分析。随着前处理净化装置的改进、色谱柱的发展以及色质联机技术的应用，目前主要采用气相色谱法和液相色谱法对痕量有机污染物进行分析。

不同类别色谱法性能特点对照表

名称	流动相	固定相	应用	优点	缺点
气相色谱法	气体：氦气、氮气、氢气、二氧化碳	固体吸附剂作固定相-气固色谱；涂有固定液的担体作固定相-气液固色谱	分析各种气体和易挥发的有机物质；一定条件下，也可以分析高沸点物质和固体样品	①分离效率高，分析速度快；②样品用量少和检测灵敏度高；③选择性好，可分离、分析恒沸混合物，沸点相近的物质；④应用范围广	①不适用于高沸点、难挥发、热不稳定物质的分析；②样品回收困难
液相色谱法	极性溶剂（反相色谱）；非极性溶剂（正相色谱）	固定相装在色谱柱内——柱色谱；滤纸作固定相——纸色谱；固定相均匀涂在玻璃板或塑料板上——薄层色谱	分析高沸点、大分子物质，样品无需气化直接进样	①高效能；②高选择性；③高灵敏度；④用量少；⑤分析速度快	①使用多种有机溶剂，毒性大；②缺少气相色谱法的通用检测器；③梯度洗脱程序复杂
高效液相色谱法	正相色谱一般选用烷烃类；反相色谱一般采用水与有机溶剂按不同配比	吸附剂：纤维素、硅胶、氧化铝等	分离分析高沸点、大分子、强极性、热稳定性差的有机物，近70%的有机物可以采用该方法分析	①分离效能高；②灵敏度高；③应用范围广；④分析速度快；⑤色谱柱可反复使用；⑥样品不被破坏、易回收	①柱外效应：在从进样到检测器之间，除了柱子以外的任何死空中间，如果流动相的流型有变化，被分离物质的任何扩散和滞留都会导致色谱峰的加宽，柱效率降低；②检测器的灵敏度不及气相色谱
离子色谱法	无机离子溶液	离子交换柱	分析有机阴离子、碱金属、碱土金属、重金属、稀土离子和有机酸以及胺和铵盐等	①分析速度快；②灵敏度高、选择性好；③同时测定多组分；④多种阴离子同时测定是分析化学的一项突破	只能测定在水溶液中能电离的阴、阳离子
薄层色谱法	展开剂：正己烷、环己烷、丙酮、水等	吸附剂：纤维素、硅胶、氧化铝、活性炭等	对被分离物质的性质没有限制，可同时分离多个样品，并可重复测定；可以扫描或彩色摄影永久保存	①价格低廉；②分析速度快；③灵敏度高；④所需样品少、组分不流失；⑤显色剂可选择种类繁多；⑥样品检测多元化，既可以检测所有组分，也可以只检测特定组分；⑦技术多样化，可以采用多种展开方式	对大分子物质分离效果较差
凝胶渗透色谱法	溶剂：二氯甲烷、丙酮、正己烷	多孔填料（如多孔硅胶、多孔玻璃）或多孔交联高分子凝胶	①高聚物生产、反应机理研究；②分子量和分子量分布研究；③高聚物组成、结构分析；④小分子物质分析；⑤土壤、生物组织样品净化、富集	①分离不需要梯度冲洗；②同样大小的柱能接受比通常液相色谱大得多的试样量；③试样在柱中稀释少；④组分的保留时间可提供分子尺寸信息；⑤色谱柱寿命长	不能分离分子尺寸相同的混合物，色谱柱的分离度低；峰容量小；可能有其他保留机理作用引起干扰
超临界流体色谱法	气体：CO_2、NH_3、SO_2、N_2O、n-C_4H_{10}	填充柱、毛细柱	①分析气相色谱不适用的高沸点、低挥发性样品；②分离和制备纯物质	既可分析气相色谱不适应的高沸点、低挥发性样品，又比高效液相色谱有更快的分析速度	流动相极性太低，对一些极性化合物的溶解能力较差，所以，通常要用另一台输液泵往流动相中添加 1%～5%的甲醇等极性改性剂

发展趋势 色谱法的发展方向主要有以下几方面：①单项技术研发，色谱柱、流动相、固定相、检测器、自动进样系统等方面均有较大的提升空间；②分离与检测同步技术和设备的研发；③工作站软件开发，不断完善更新操作界面和数据库，使其满足现代色谱分析的要求；④仪器设备整机研发，主要包括分离手段与多种定性检测手段联用技术；⑤全自动一体化分析设备的研发，在凝胶渗透色谱、离子色谱、超临界流体色谱等方面，分离和分析一体化设备具有广阔的发展前景；⑥便携式快速检测设备的研制，集定性定量手段为一体的有机污染物快速检测设备，以应对突发性环境污染事故的需要。 （董捷）

推荐书目

卢佩章，戴朝政. 色谱理论基础. 2 版. 北京：科学出版社，1997.

张祥民. 现代色谱分析. 上海：复旦大学出版社，2004.

sepu-zhipu lianyong jishu

色谱-质谱联用技术 (chromatography-mass spectrometry)

将色谱技术与质谱技术结合，实现对复杂样品定性定量分析的一种仪器联用技术。色谱-质谱联用包括气相色谱-质谱联用（GC-MS）和液相色谱-质谱联用（LC-MS）。

沿革 气相色谱（GC）出现后，为了解决多组分混合物的结构测定问题，人们首先致力于 GC-MS 联用研究。自 1957 年霍姆斯（J. C. Holmes）和莫雷尔（F. A. Morrell）首次实现气相色谱和质谱联用以来，这一技术得到长足的发展，1965 年第一台气相色谱-质谱联用仪问世，此后经过十多年的迅速发展，GC-MS 已成为相当成熟的常规分析技术。高效液相色谱-质谱联用（HPLC-MS）在 20 世纪 80 年代进入实用阶段。

气相色谱-质谱联用 将气相色谱仪器与质谱仪通过适当接口相结合，借助计算机技术，进行联用分析的技术。GC-MS 是最成熟的两谱联用技术，适宜分析小分子、易挥发、热稳定、能气化的化合物。

气相色谱-质谱联用的接口技术包括：①直接导入型接口。通过一根金属毛细管直接引入质谱仪的离子源，是目前最常用的一种技术。②开口分流型接口。色谱柱洗脱物的一部分被送入质谱仪，在多种分流型接口中最为常用。③喷射式分子分离器接口。常用于喷射式分子分离器，工作原理是气体在喷射过程中，不同质量的分子具有不同的动量，动量大的分子易沿喷射方向运动，动量小的易于偏离喷射方向被真空泵抽走，从而使分子量较大的待测物质浓缩后进入接口。

液相色谱-质谱联用 将液相色谱仪与质谱仪通过适当接口相结合，借助计算机技术，进行联用分析的技术。适宜分析大分子、难挥发、热不稳定的化合物。

液相色谱-质谱联用的接口技术有：①传送带式接口。将 HPLC 流出物滴加到运动着的传送带上，溶剂被加热蒸发，样品由传送带送入离子源电离。②液体直接进样系统。当 HPLC 采用微径柱时，可以将柱后流出物直接全部导入质谱仪离子源；当 HPLC 采用普通内径柱时，通过分流让一部分流出物直接进入质谱仪。与电子轰击电离、化学电离以及场电离结合，适用于热稳定性差或者难挥发物的分析。③热喷雾接口。先将流动相加热蒸发，再把喷出液滴中的挥发组分快速蒸发，在此过程中将电荷转移至分析物分子中，然后使生成的离子导入质谱系统。适用于含有大量水的流动相，测定各种极性化合物。④粒子束接口。将色谱流出物转化为气溶胶，脱去溶剂后得到中性待测物质分子导入离子源，使用电子轰击或者化学电离的方式将其离子化，进行检测。粒子束接口对样品的极性、热稳定性和分子质量有一定限制，最适用于分子量小于 1 000 的有机小分子物质测定。

特点 色谱法是一种有效的有机化合物分离分析方法，特别适用于定量分析有机化合物，但定性分析能力较弱；质谱法可以进行有效的定性分析，但无法分离复杂有机化合物。因此，色谱-质谱联用技术成为复杂有机化合物高效的定性定量分析方法。其中，GC-MS 发展最完善、应用最广泛，适宜分析小分子、易挥发、热稳定、能气化的化合物。目前环境监测实验室通常把 GC-MS 作为有机物定性分析的主要方法之一。GC-MS 不能分离不稳定和不挥发性有机物，LC-MS 可以对热稳定性差的有机物进行分离分析，GC-MS 和 LC-MS 互为补充，可以实现对不同种类有机物的有效分析。

应用 在环境监测领域中，GC-MS 应用于许多有机化合物的例行监测，如水体、土壤、环境空气和废气等介质中挥发性和半挥发性有机物的分析测定。LC-MS 在各种环境介质中的农药残留及有机金属化合物等的分析方面发挥着重要作用。在环境应急监测中，便携式色谱-质谱联用仪不但可以现场快速定性测定挥发性、半挥发性有机污染物，还可以利用其自带的半定量公式，快速计算污染物的近似浓度，为现场决策快速提供数据依据。

发展趋势 见气相色谱-质谱联用仪和液相色谱-质谱联用仪。 （李焕峰）

se-137 ceding

铯-137 测定 （determination of cesium-137）

对水、生物、土壤、沉积物等环境介质中铯-137 定性定量分析的过程。铯-137 是金属铯的同位素之一，属中毒性核素。铯-137 是核弹、核武器试验和核反应堆内核裂变的副产品之一，为β放射体，半衰期约为 30.17 年，其β射线能量为 0.512 MeV（94.0%）和 1.176 MeV（6.0%）。铯-137 的衰变子体是钡-137 m，其半衰期仅为 2.551 min，并释放γ射线，衰变产物是稳定的钡-137。所以铯-137 既可以作γ辐射源，又可以作β辐射源，可通过以下方法来测定。

γ能谱测定方法 记录样品在 661.6 KeV 的γ射线特征峰的净面积和测量时间，依据全吸收峰下的净面积和与探测器相互作用的该能量的γ射线数成正比的原理，确定铯-137 的放射性活度。该方法的优点是样品处理程序简单，装进样品盒即可测量；缺点是探测限相对偏高，有些样品需求量大，可用于岩石、大理石、水泥等建筑材料、海洋沉积物等固体、土壤、气溶胶、沉降物、水样、生物、食品中铯-137 的测定。样品制备过程如下：固体、土壤样品经烘干、粉碎、过筛、混匀、压实并密封于样品盒；气溶胶滤膜按固定尺寸平整展开后压紧密封于样品盒；沉降物水样经过滤和蒸干后取余下的粉末密封于样品盒；水样在多数情况下需浓缩后测量；生物样经烘干、灰化、压实并密封于样品盒；食品鲜样直接或经前处理后装入样品盒。

放射化学测定方法 主要通过β辐射测量法对样品中铯-137 进行测定。该方法的优点是使用的样品量较少，探测限低；缺点是样品需进行复杂的前处理工作。环境样品中大量存在的钾、钠、钙、镁等干扰元素，特别是与铯同属碱金属的天然β放射性核素钾-40 和铷-87 是重点分离对象。目前国内广泛采用碘铋酸铯作为铯的称量和计数形式，它对钾和铷均可进行分离，热稳定性良好，沉淀薄而致密，不易龟裂。此外，样品中如有铯-134、铯-136、铯-138 存在时，必须用γ能谱进行铯-137 的测定。

水样 先定量加入稳定铯载体，在硝酸介质中用磷钼酸铵吸附分离铯，氢氧化钠溶液溶解磷钼酸铵，在柠檬酸和乙酸介质中以碘铋酸铯沉淀形式分离纯化铯，以低本底β射线测量仪对其进行计数并计算铯-137 的放射性活度。该方法可用于饮用水、地面水、核工业废水及海水中铯-137 的测定，测量范围在 0.01～10 Bq/L。

生物样品 处理方式与水样类似，不同点是：向灰化后的生物样品再定量加入稳定铯载体，然后经硝酸和过氧化氢处理，再经硝酸浸取为浸出液。该方法可用于动、植物中铯-137 的测定，测量范围为 0.1～10 Bq。

食品样品 有两种分析处理方式：①王水浸提食品灰，经磷钼酸铵吸附分离，在柠檬酸掩蔽下以碘铋酸盐沉淀纯化铯。②王水或浓硝酸浸提食品灰，亚铁氰化钴钾吸附，用碘铋酸钠沉淀铯。两种处理方法的样品最后都用在低本底β射线测量仪测定铯-137 的放射性活度。方法探测限为 1.3×10^{-2} Bq/g 灰。（符刚）

shehui shenghuo huanjing zaosheng jiance

社会生活环境噪声监测（community noise monitoring） 测定社会生活源的噪声排放值。社会生活噪声，通常指人为活动产生的除工业噪声、建筑施工噪声和交通运输噪声之外的干扰周围生活环境的声音。

监测方法 社会生活噪声监测时间与工业企业厂界噪声一致（参见工业企业厂界环境噪声监测）。但不同于工业企业具有明确的厂界，社会生活噪声源中有些有明确边界，有些没有明确边界或者和敏感点处于同一建筑物中。因此根据社会生活噪声源有无边界及所在位置，采用不同的测点布设方法。

有明显边界的噪声源，噪声测量评价点选在边界线上；和被污染对象处于同一建筑或相连建筑的噪声源，固定设备结构传声至噪声敏感建筑物室内。没有明显边界的噪声源，或噪声敏感建筑物与边界距离小于 1 m 的噪声源，测点选在敏感建筑物户外 1 m 处。室内噪声测量时，室内测量点位设在距任一反射面至少 0.5 m 以上，距地面 1.2 m，在受噪声影响方向的窗户开启状态下测量。

评价方法 首先应对测量结果进行修正，然后按照《社会生活环境噪声排放标准》（GB 22337—2008）中的排放限值对各个测点的测量结果进行评价。各个测点的测量结果应单独评价，同一测点每天的测量结果按昼间、夜间进行评价，最大声级 L_{max} 直接评价。

（郭平 汪赟）

shen ceding

砷测定（determination of arsenic） 对水、气、土壤等环境介质中的砷及其化合物进行定性定量分析的过程。砷（As）在自然界中以多种形态的化合物存在，是人体非必需元素。元素砷的毒性较低而砷的化合物均有剧毒，三价砷化合物比五价砷化合物毒性更强，有机砷对人体和生物都有剧毒。砷可以通过呼吸道、消化道和皮肤接触进入人体。慢性砷中毒有消化系统和神经系统症状及皮肤病变等。在一般情况下，土壤、水、空气、植物和人体都含有微量的砷，对人体不会构成危害。砷的污染物主要来源于采矿、冶金、化工、化学制药、农药生产、纺织、玻璃、制革等行业。砷是中国实施排放总量控制的指标之一。

样品采集、制备与前处理 见样品采集和样品前处理。

测定方法 主要包括分光光度法、氢化物发生原子吸收分光光度法、原子荧光光谱法、催化极谱法、电感耦合等离子体发射光谱法和电感耦合等离子体质谱法等。

分光光度法 包括二乙氨基二硫代甲酸银光度法、新银盐分光光度法及砷钼酸-结晶紫分光光度法。

二乙氨基二硫代甲酸银光度法 适用于地表水、废水、环境空气、固定污染源废气、土壤及固体废弃物浸出液中砷的测定。样品经前处理后，在酸性条件下，锌与酸作用产生新生态氢。在碘化钾和氯化亚锡存在下，使五价砷还原为三价，三价砷被新生态氢还原成气态砷化氢。用二乙氨基二硫代甲酸银-三乙醇胺的三氯甲烷溶液吸收气态砷化氢，生成红色胶体银，在波长 510 nm 处测量吸光度。

新银盐分光光度法 适用于地表水、地下水、环境空气及土壤中痕量砷的测定。样品经前处理后，在酸性介质中，加入硼氢化钾（钠）产生新生态的氢，溶液中无机砷还原成砷化氢气体，以硝酸-硝酸银-聚乙烯醇-乙醇溶液为吸收液。砷化氢将吸收液中的银离子还原成单质胶态银，使溶液呈黄色，颜色强度与生成氢化物的量成正比。该方法对于砷的测定具有较好的选择性。

砷钼酸-结晶紫分光光度法 适用于海洋及海洋生物体、近岸及河口沉积物中砷的测定。样品经前处理后，在酸性介质中，在碘化钾、氯化亚锡和初生态氢存在下，将砷还原成砷化氢气体，三价砷被高锰酸钾-硝酸银-硫酸溶液氧

化吸收，五价砷与钼酸形成砷钼杂多酸并与结晶紫结合成蓝色络合物，其吸光度与溶液中砷含量成正比。

氢化物发生原子吸收分光光度法 适用于地表水、地下水、基体不复杂的废水及土壤中痕量砷的测定。样品经前处理后，在硼氢化钾酸性溶液中产生新生态氢，将样品中的无机砷还原成砷化氢气体，将其用高纯氮气载入石墨炉，砷化氢被分解形成砷原子蒸气，对 193.7 nm 的特征辐射产生吸收，其吸光度与样品中砷含量成正比。

原子荧光光谱法 适用于地表水、地下水、海水、工业废水、环境空气、固定污染源废气、固体废物、土壤、沉积物及海洋生物体中砷的测定。基本原理参见*硒测定*。该方法选择性好、灵敏度高、干扰性小。

催化极谱法 适用于河水、海水、海洋及陆地沉积物中砷的测定。样品经消解、富集等前处理后，三价砷在碲-硫酸-碘化铵介质中能得到灵敏的催化波，其催化电流与砷的浓度成正比。

电感耦合等离子体发射光谱法 适用于地表水、地下水、废水、环境空气、固定污染源废气和土壤中痕量砷的测定（参见*原子发射光谱法*）。

电感耦合等离子体质谱法 适用于地表水、地下水、废水土壤和固体废物浸出液砷的测定（参见*电感耦合等离子体质谱仪*）。

发展趋势 近年来，可实现污染现场实时监测的测砷仪，具有广阔的应用前景。由于砷的毒性与其存在形态、价态密切相关，因而测定不同形态、价态的砷化物将成为重要发展方向。联用技术具有方法选择性好、灵敏度更高等特点，高效液相色谱法与*原子吸收分光光度法*、*原子荧光光谱法*、电感耦合等离子体发射光谱法和电感耦合等离子体质谱法的联用分析技术，将逐渐用于痕量砷的形态分析。

（翟继武）

shenghuaxuyangliang ceding

生化需氧量测定 (determination of biochemical oxygen demand) 对水质样品中生化需氧量（BOD）进行定量分析的过程。BOD 是在规定条件下，微生物分解存在于水中的某些可氧化物质（特别是有机物）所进行的生物化学过程中消耗溶解氧的量，同时也包括如硫化物、亚铁等还原性无机物氧化所耗用的氧量，这一部分通常占很小比例。上述生物氧化过程进行的时间很长，目前国内外普遍规定于（20±1）℃培养 5 天，分别测定样品培养前后的溶解氧，两者之差即为五日生化需氧量（BOD_5），以氧的毫克/升（mg/L）为单位。BOD 不仅是一项水质有机污染程度的综合指标，也是研究废水、污水可生化降解性，生化处理中所需要营养的种类、浓度和生化处理效果，以及废水、污水生化处理工艺设计和动力学研究中的重要参数。

样品采集与保存 由于水样中微生物的直接作用，BOD 的测定值随水样的贮存时间而降低。为了减少误差，采集时水样应充满并密闭于瓶中，在 0～4℃下保存样品。一般应在 6 h 内进行分析，在任何情况下，贮存时间不应超过 24 h。分析前，冷存样品应回温至 20℃。

测定方法 目前BOD的测定方法主要有稀释与接种法、库仑滴定法、测压法、活性污泥曝气降解法、坪台值法、生物传感器测定法、近红外光谱法等，其中稀释与接种法是我国标准分析方法。

稀释与接种法 将水样充满溶解氧瓶，密闭后在暗处于（20±1）℃的条件下培养 5 天，分别测定培养前后水样中溶解氧含量，根据两者的差值计算每升水样消耗的溶解氧量，即为 BOD_5。对于污染的地表水和多数工业废水，因含有机物较多，需适当稀释后测定。对于不含微生物或含微生物很少的工业废水，需要进行接种，以引入能够降解有机物的微生物。当废水中存在难被一般生活污水中的微生物以正常速率降解的有机物或有毒物质时，应将驯化后的微生物引入水样中。若水样含有硝化细菌，应加入适量的丙烯基硫脲溶液，以抑制硝化反应。该方法缺点是时间较长，不能快速反映水体的污染状况，故而衍生出一种高温法，即为了缩短分析周期而提高培养温度的测定方法，如以37℃培养1天或2天、35℃培养2.5天、30℃培养3天来代替20℃培养5天，但测定结果的可比性随之变差。

库仑滴定法 在专用装置中，将水样注入培养瓶内，好氧性微生物对有机物的分解反应消耗了氧气，而放出的二氧化碳又被吸收剂吸收，因此使瓶内上部空间的压力发生了变化。此时，将通过电解产生的氧气予以补充，时供时停，反复进行，使培养瓶上部始终保持恒定压力。由电解所需的电量，求出电解产生的氧气量，即样品消耗的氧气量，进而计算得到样品的BOD值。

测压法 在密闭的培养瓶中，水样中的溶解氧由于微生物降解有机物而被消耗，产生的二氧化碳被吸收剂吸收后，使密闭系统的压力降低，用压力计测出此压差，即可求出水样的BOD值。在实际测定中，先以标准葡萄糖-谷氨酸溶液的BOD值和相应的压差作关系曲线，然后以此曲线校准仪器刻度，便可直接读出水样的BOD值。该方法操作简便，测定值可直读，便于随时观测，测定成本低。

活性污泥曝气降解法 控制温度为30～35℃，利用活性污泥强制曝气降解样品2 h，经重铬酸钾消解生物降解前、后的样品，用紫外扫描测定重铬酸钾的变化量，间接计算BOD。根据与标准方法的对比实验结果，可换算为BOD_5值。该方法操作简便、快速省时、准确度高，适用于组成成分稳定的生活污水和工业废水中BOD的测定。

坪台值法 在微生物被驯化的系统中，可生物降解的有机物静态曝气到一定时间后，完全被生物群吸收代谢，只要在有机物分解量对时间的曲线上出现稳定的坪台值，就说明可生化降解的有机物已被氧化完毕，剩余有机物达到了稳定状态。此时残留在水样中的有机物可以用化学需氧量（COD）或总需氧量（TOD）测定，从而得到总生化需氧量（TBOD）来代替BOD_5。然而，坪台值与BOD_5不具可比性，不能做相关关系的换算，只适用于有机物强度的测定。

生物传感器测定法 一种将微生物技术与电化学检测技术相结合的传感器，主要由氧电极和紧贴其透气膜表面的固定化微生物膜组成，适用于多种易降解水样的BOD_5测定。在装有微生物电极的测定池中，以一定的流量加入磷酸盐缓冲液和空气，溶解氧通过固定的微生物膜扩散到氧电极上，并显示出一定的电流值。随着水样的定量加入，有机物扩散到固定的微生物膜上，使微生物呼吸加速，氧气被微生物大量消耗，致使氧电极电流迅速减小至稳定值。由于电流降低值与BOD物质浓度之间呈线性关系，而BOD物质浓度又与BOD_5之间有定量关系，故根据电流降低值可知被测水样的BOD值。生物传感器测定法具有操作简单、测定时间短、灵敏度高等特点，但对pH过高或过低、毒性大的废水测量误差较大。

近红外光谱法 近红外光是波长范围为780～2 500 nm 的电磁波，一般有机物在该区域的近红外光谱吸收主要是含氢基团（—OH、—SH、—NH—等）的倍频和合频吸收，几乎所有有机物的主要结构和组成都可以在它们的近红外光谱中找到信号，且图谱稳定。近红外光谱法具有测试时间短、不破坏样品、不消耗化学试剂、不会对实验室造成污染等优点，同时，通过光纤很容易实现远距离、多点同时测量，非常适合构建远距离现场的在线监测系统。

发展趋势 BOD_5是反映水体被有机物污染程度的综合指标，其标准测定方法及库仑滴定法、测压法等新方法均有一定的局限性，不能满足快速测定的要求，因此，具有高灵敏度、较好的稳定性和低成本等优点的生物传感器快速测定法成为新的发展趋势。迄今为止，许多国家对利用生物传感器快速测定生化需氧量都制定了相应的标准，并进行了相关的技术说明，但生物传感器的性能还有待进一步提高。此外，近红外光谱法符合水质监测实时、自动化、智

能化、网络化、远程化的发展方向，不仅能及时测得水体污染的动态过程，也能满足自动在线监测分析的发展需求。（焦聪颖）

shenghuaxuyangliang cedingyi

生化需氧量测定仪（biochemical oxygen demand analyzer） 对水质样品中的生化需氧量（BOD）进行定量测定的仪器。BOD是衡量水体被有机物污染程度的指标，目前国内外普遍采用稀释与接种法作为标准方法测定五日生化需氧量（BOD_5）。由于该方法有许多不足之处，因此BOD测定仪应运而生。

分类 根据原理，分为压差法BOD测定仪和生物传感器法BOD测定仪。

压差法BOD测定仪 代表性仪器主要有国内研发的压差式直读BOD测定仪和国外Oxitop测试系统的无汞压力法测定仪。原理为：在定温和定容的密闭系统内，气体数量变化由测压计测得。当待测样品在20℃±1℃条件下恒温进行5日培养后，经过生物氧化作用，有机物转变成氮、碳和硫的氧化物，并产生二氧化碳气体被氢氧化钠吸收，此时培养瓶内产生压力差，通过压力差计算出水样的BOD_5值。该方法能准确提供与稀释与接种法测量结果的可比性，仪器测量范围为0～1 000 mg/L。压差法BOD测定仪具有操作简便、快捷的优点，不需要滴定和稀释，不需配制化学试剂，总测试时间短，降低了因滴定和配制溶液而造成的误差。对BOD_5≤400 mg/L的地表水、生活污水和部分工业废水水样，可不经稀释直接进行测定。但其测量灵敏度偏低、检出限偏高。

生物传感器法BOD测定仪 利用生物传感器测定BOD的仪器。近年来，对电极研制、微生物菌种筛选和微生物菌膜的制备趋于完善，多种BOD微生物传感器相继问世，原国家环境保护总局于2002年颁布了BOD微生物传感器快速测定的标准方法。其原理是：当含有一定浓度缓冲液的样品进入测量室后，水样中的有机物被微生物分解，分解过程中消耗水中溶解氧，导致溶解氧浓度降低。利用换能器检测溶解氧浓度变化，产生相应信号，信号变化值与样品中BOD浓度存在一定的线性关系。由于测定过程在较高温度（20～30℃）下进行，同时对水样进行曝气，微生物反应速度加快，因此大幅度缩短了BOD的测定时间。仪器测量范围为1～4 000 mg/L。生物传感器法BOD测定仪具有高选择性、高灵敏度、较好的稳定性和低成本等优点。由于温度、pH、反应时间、清洗/恢复时间等测定条件对检测结果影响较大，且微生物菌种选择、电极响应时间、生物活性维护等方面技术尚不成熟，一定程度上限制了其在环境监测中的广泛应用。

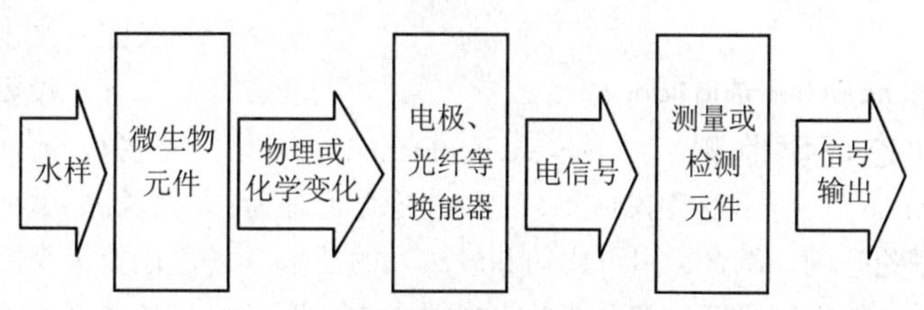

BOD生物传感器的基本组成

生物传感器法BOD测定仪基本组成包括生物识别组件、反应器和换能器等（见图）。

生物识别组件 是BOD生物传感器的核心部件，其中包含了生化反应所需要的微生物。微生物菌种对BOD传感器的性能和测定准确性起关键作用。目前，国内外主要利用单一微生物、混合菌种、酶、发光细菌等构造微生物识别组件。

反应器 微生物在反应器中的存在方式主要有两种：以膜的形式存在和以悬浮分散的形式存在。生物膜式BOD传感器是使废水渗透到微生物膜内部，从而产生信号的变化；而悬浮式BOD传感器是利用聚乙烯醇（PVA）对微生物进行固定，制成微生物小球，悬浮分散在反应器中进行反应。由于PVA比表面积大，并且具有多孔结构，因此溶解氧、有机物分子的扩散阻力大大减少，并且与微生物的接触充分，提高了测定结果的稳定性和准确性。

换能器 主要作用是识别并处理生化反应中产生的某些物质或微生物的浓度变化，并将其转化成可以定量表示的信号输出。主要有以溶解氧电极为代表的电化学换能器、以光信号变化为指示信号的光纤换能器以及以生物燃料电池构建的换能器等。

发展趋势 国内外对压差法BOD测定仪的研究重点主要围绕提高仪器灵敏度、精密度，改进低BOD值检测水平，扩大仪器使用范围，提高仪器使用效率等方面。生物传感器BOD快速测定仪的研究和开发，主要围绕采用更优化的微生物菌种、开发切实可行的微生物膜及标准溶液等方面展开，以求获得性能稳定、活化时间短、对待测溶液浓度变化适应性强、使用寿命长的生物传感器法快速测定仪。（焦聪颖）

shengtai huanjing jiance

生态环境监测

（eco-environmental monitoring） 又称生态监测，是以生态学原理为理论基础，综合运用可比的和较成熟的技术方法，对不同尺度生态系统的组成要素进行连续监测，获取最具代表性的信息，评价生态环境状况及其变化趋势的过程。

针对生态环境监测与生物监测的关系，存在两种观点。一种观点认为生态环境监测是对各类生态系统结构和功能的时空格局的度量，包括生物监测和地球物理化学监测两方面内容。另一种观点认为生物监测包括生态环境监测，生态环境监测是在生态系统层面上，系统地利用生物反应评价环境变化。在环境监测领域，生态环境监测和生物监测都是利用生命系统对自然或人为因素引起环境变化的反应判定环境质量，前者侧重于区域生态等宏观层面，后者侧重于生物毒性、微生物监测等微观层面。

沿革 生态环境监测是20世纪初发展起来的，最初采用指示生物评价水体污染状况。宏观层面的生态环境监测开始于20世纪80年代美国的“长期生态研究计划”，对森林、草原、农田、沙漠、溪流、江河、湖泊和海湾等各生态系统进行监测和研究。70年代以来，我国开展了一系列的环境、资源和污染的调查与研究工作，环境保护、中科院、农业、林业和海洋等部门和单位相继建立了一批生态研究和生态监测站点，开始生态监测工作。环保系统的生态监测始于90年代，新疆荒漠、内蒙古草原、舟山海洋和洞庭湖生态监测站相继开展典型生态项目的地面监测工作，逐步开展遥感与地面相结合的大尺度生态环境监测。中科院的生态监测开始于1988年，截至目前，该网络由16个农田生态系统试验站、11个森林生态系统试验站、3个草地生态系统试验站、3个沙漠生态系统试验站、1个沼泽生态系统试验站、2个湖泊生态系统试验站、3个海洋生态系统试验站、1个城市生态站组成。林业部门构建了森林健康网，监测人工林林种和结构等。1996年，根据长江三峡工程建设和运行的需要，国务院三峡工程建设委员会组织环境保护、水利、农业、气象、海洋、中科院等部门和单位共同建立了“长江三峡工程生态与环境监测网”，形成了我国第一个跨部门、跨学科、跨地区的综合性生态监测网络。

分类 从生态系统的角度，分为农田生态监测、森林生态监测、草原生态监测、荒漠生态监测、湿地生态监测、湖泊生态监测、海洋生态监测、气象生态监测及城市生态监测等。

特点 生态环境监测的主要目的是监测生态系统为人类提供产品和服务的能力变化，这种变化复杂、多样、漫长，从而导致生态环境监测具有综合性、长期性、多功能性和技术方法的多样性等特点。①生态监测是综合反映环境质量状况的监测，环境问题是相当复杂的，某一生态效应常常是多种因素综合作用的结果，因此监测对象具有多样性，质量评价具有复杂性和综合性。②生态监测是长期连续监测，通过监控生命系统的变化来“指示”环境质量，而生命系统各层次都有其特定的生命周期，这就使监测结果能反映出某地区受污染或生态破坏后的累积趋势。③生态监测功能是多重的。首先，生态监测成果反映了人类活动对生态系统负面或正面的影响，可用来评价生态系统变化的程度。其次，生态监测的成果能够反映生态系统变化会对其他环境系统造成的影响，如森林生态的变化可能导致大气环境、水环境及土壤环境的变化。再次，生态监测可为调节各生态系统之间的相互影响、促进生态和谐提供技术支持。④生态监测技术方法具有多样性。

监测指标 包括非生命系统监测指标、生命系统监测指标、生态系统监测指标以及生物与环境之间相互作用关系及其发展规律的监测指标。

非生命系统监测指标 包括气象条件、水文条件、地质环境、土壤环境、大气污染物指标、水体污染物指标、土壤污染物指标、噪声和放射性指标等。

生命系统监测指标 包括生物个体指标（生物个体大小、生活史、遗传变异、跟踪遗传标记等），物种指标（优势种、外来种、指示种、重点保护种、受威胁种、濒危种、对人类有特殊价值的物种、典型的或有代表性的物种），种群指标（数量、密度、盖度、频度、多度、凋落物量、年龄结构、性别比例、出生率、死亡率、迁入率、迁出率、种群动态、空间格局），群落指标（物种组成、群落结构、群落中优势种统计、群落外貌、季相、层片、群落空间格局、食物链统计、食物网统计等），生物污染指标（放射性，六六六、滴滴涕、甲萘威、敌菌丹、倍硫磷、异狄氏剂、杀螟松、乐果等有机物，氟、钠、钾、锂、氯、溴等离子，镉、铅、钙、钡、锶、镭、铍等金属，硝酸盐、亚硝酸盐、灰分、粗蛋白、粗脂肪、粗纤维等）。

生态系统监测指标 主要对生态系统的分布范围和面积大小进行统计，在生态图上绘出各生态系统的分布区域，然后分析生态系统的镶嵌特征、空间格局和动态变化过程。

生物与环境之间相互作用关系及其发展规律的监测指标 包括生态系统功能指标，主要有生物生产量（初级生产、净初级生产、次级生产、净次级生产）、生物量、生长量、呼吸量、物质周转率、物质循环周转时间、同化效率、摄食效率、生产效率和利用效率等。

监测方法 由于生态监测指标体系具有复杂性和多样性，故监测方法涉及的学科领域广泛，应根据监测目的和指标选择规范的、科学的、适用的技术方法。生态监测主要的技术方法包括遥感监测、区域生态调查、生物群落监测和指示生物法。

遥感监测 遥感影像是获取大范围地表综合信息的高效、经济的手段，同时由于遥感平台具备定期重访功能，可以获得某一区域连续的影像资料，用于区域生态环境的动态连续监测。通常采用遥感技术（RS）、地理信息系统（GIS）以及全球定位系统（GPS）技术结合构成“3S”系统，实现地理空间信息的提取、分析及综合处理。

区域生态调查 通过实地调研搜集特定区域自然生态系统、环境状况和社会经济等多方面的数据资料，全面了解区域的生态环境状况。区域生态调查的主要内容包括：①自然环境调查，包括地质、地貌、水文、气候、土壤及自然灾害等；②生态系统特征调查，包括生物物种（物种数、分布范围、多样性、丰富度、入侵种、濒危种）、种群、群落及生态系统等；③社会经济调查，包括人口、文化、产业结构、经济政策、环境污染等。在实际工作中，遥感监测和区域调查通常结合使用，利用地面调查对遥感监测获取的信息进行验证和修订，提高监测结果的可靠性。

生物群落监测 通过调查生物群落的物种组成、群落结构、优势种、生物量、物种丰富度、多样性及生物体受损情况等指标，综合判断生态系统功能状况以及环境污染程度（参见*生物群落监测*）。

指示生物法 指示生物是对环境中的某些污染物或对环境条件的改变能较敏感和快速地产生反应的生物，通过其变化了解环境的现状和变化。常用的指标主要有症状指示指标、长势和产量指标、生理生化指标及行为学指标。①症状指示指标。通过肉眼或其他宏观方式可观察到的形态变化，如 SO_2 污染会在植物叶片的叶脉呈现大小不等并且无分布规律的点、块状斑点。②长势和产量指标。生物生长发育受各种环境因素影响，即使是一些非致死的慢性伤害作用最终也会导致生物生长和生产量发生改变，通过观察植物根、茎、叶、花、果实、种子发芽率以及动物生长速度、个体肥胖度，判定环境污染状况。③生理生化指标。与症状指标和生长指标相比，该类指标更敏感和迅速，生物在没有出现可见症状之前，其生理生化方面已有明显改变，如植物呼吸强度、气孔开放度、细胞膜透性及酶学指标。④行为学指标。在水污染监测中，水生生物和鱼类的回避反应是监测水质的一种比较灵敏、简便的方法。回避反应是水生生物特别是游动能力强的水生生物避开受污染区域，而游向未受污染区域的行为反应，它可以指示水生生物对污染物是否回避以及引起回避反应的浓度。

发展趋势 随着社会经济的发展，人口、资源、环境问题的日益严峻，单纯通过理化和生物指标监测来了解环境质量已不能满足要求，生态监测已经成为环境监测发展的必然趋势。但是目前生态监测还存在许多不足，今后将向以下几个方面发展：①监测方法向规范化和标准化方向发展；②监测技术日趋多样化和综合化，包括物理、化学、生物和遥感等方面；③监测空间的区域化和全球化，从宏观和微观的角度全面审视生态质量状况，考虑全球和大区域的生态质量变化；④在评价方法上，以生态质量评价为主导，辅以生态风险评估、安全评估和功能评估，从多角度对区域的生态状况进行评估，为生态管理决策提供依据；⑤监测机构网络化，在网络设计上趋于一体化，加强国与国之间的合作。（董贵华　刘海江）

推荐书目

罗文泊，盛连喜. 生态监测与评价. 北京：化学工业出版社，2011.

shengtai huanjing zhiliang pingjia

生态环境质量评价 （ecological environment quality assessment） 根据特定的目的，选择具有代表性、可比性、可操作性的评价指标和方法，对生态环境的优劣程度及其影响作用关系进行定性或定量的分析和判断。生态环境质量是生态环境的优劣程度，它以生态学理论为基础，在特定时空范围内，从生态系统层面上反映生态环境对人类生存及社会经济持续发展的适宜程度。

沿革 1969 年美国率先提出了环境影响评价制度并在《国家环境政策法》中规定大型工程必须在修建前编写评价报告书，此后加拿大、瑞典和澳大利亚等国也先后在环境保护法中确立环境评价制度，评价的范围逐渐由单因素评价向多因素评价过渡。20 世纪 80 年代以后，随着计算机的普及，一些先进技术尤其是 3S 技术开始应用于环境科学领域，其中以美国环境保护局（EPA）于 90 年代初提出的环境监测和评价项目（EMAP）以及州和小流域的环境监测与评价（R-EMAP）为典型代表。与大多数发展中国家相比，美、德等发达国家在发展经济的同时更注重整个生态系统的健康与安全，先后开展了生态风险评价。1995 年新千年生态系统评估启动，主要对生态系统的现状进行评估、预测生态系统的未来变化及该变化对经济发展和人类健康造成的影响。国外对生态环境质量的评价起步早，手段先进，生态环境质量评价定量化特征比较明显。

国内的生态环境质量评价最初主要针对城市环境污染现状调查和评价，20 世纪 80 年代开始对工程项目进行影响评价。随后，生态环境质量评价的研究领域逐步由城市环境质量评价发展到水体、农田、旅游等诸多领域，研究内容及研究深度由单要素评价向区域环境的综合评价过渡，由污染环境评价发展到自然和社会相结合的综合或整体环境评价，进而涉及土地可持续性利用、区域生态环境质量综合评价和环境规划等。1998 年，原国家环境保护总局颁布了非污染生态评价技术指导规则，为我国生态评价开创了新的局面。2006 年原国家环境保护总局发布了《生态环境状况评价技术规范（试行）》（HJ/T 192—2006），在此指导下每年在全国范围内开展生态环境质量评价。“十一五”期间，我国的生态环境监测与生态环境质量评价工作已逐步发展成为一项例行工作。

分类 生态环境质量评价是生态环境评价的一部分。生态环境的层次性、复杂性和多变性决定了对其进行评价非常困难。由于不同时期生态系统出现的问题不同，人们对生态系统的认识程度也不同。目前，依生态环境评价的对象，总体上可以分成两类：一是对生态环境的状况进行的评价，二是对生态环境的服务功能与价值进行的评价。而生态环境质量评价与生态安全评价、生态风险评价和生态系统健康评价等同属于生态环境状况评价。

同时，生态环境质量评价也是环境质量评价的重要组成部分，包括生态环境质量现状评价、生态环境质量预断评价和生态环境影响评价。

评价方法 国内外目前应用的生态环境质量评价方法，主要有以下几种：①综合评价法，是进行生态环境质量综合评价常用的一种方法，具体采用层次分析法（AHP），将定量分析与定性分析有机结合起来，模拟人脑对客观事物的分析与综合过程。②指数评价法，以监测点的原始监测数据统计值与评价标准之比作为分指数，然后通过数学综合作为环境质量评定尺度。该方法在环境质量评价中应用广泛，早期国外应用的指数法有美国的 NWF 环境质量指数和加拿大的总环境质量指数（EQI）等，目前最常用的是综合指数法。③模糊评价法，常用的方法有模糊综合评价法和模糊聚类评价法等。④人工神经网络评价法，由于人工神经网络有类似人的大脑思维过程，可以模拟人脑解决某些模糊性和不确定性的问题。因此，利用人工神经网络对已知环境样本进行学习，获得先验知识，学会对新样本的识别和评价。人工神经网络模型应用于环境质量评价，不需要对各评价指标权值大小做出人为规定，在学习过程中会自动适应调整，评价结果具有客观性。另外，人工神经网络可以根据不同需要，选取随意多个评价参数建立环境质量评价模型，具有很强的适应性。⑤物元分析评价法，由于环境质量的单因子评价结果之间往往具有不相容性，利用关联函数可以取负值的特点，评价与识别能全面地分析环境系统属于某评价等级集合的程度。物元评价法在构造环境标准物元矩阵和节域物元矩阵的基础上，通过计算待评价的区域环境对各评价等级的综合关联度，进行综合环境质量评价。物元分析法用于环境质量评价有助于从变化的角度识别变化中的事物，运算简便，物理意义明确，直观性好，但关联函数形式不能规范，难以通用。

发展趋势 近年来，国内对生态环境质量评价逐渐由静态转向动态，一些学者将景观生态学理论、空间异质性理论和空间尺度理论引入生态环境质量评价中。

建立合理的、具有普遍实用性而且指标信息容易获取的指标体系，并用恰当的方法进行评价，也是生态环境质量评价的发展方向。在进行生态环境质量评价时，应该充分考虑区域差异性，根据评价区域的环境条件进行评价。

（齐杨）

推荐书目

万本太. 中国生态环境质量评价研究. 北京：中国环境科学出版社，2004.

shengtai jiance wangluo

生态监测网络

（ecological monitoring network） 由位于不同地区、不同生态系统类型的若干定位监测站点或观测站点形成的监测网络。主要功能是通过长期定位监测研究，了解生态系统的时空演化规律，以及环境污染物、土地利用变化和气候变化等对生态系统的影响，为生态环境管理和政策制定提供依据。

特点 ①监测范围的多重性。生态监测网工作区域可以是局部地区生态系统，也可以是全球性生态系统。②监测项目的综合性。对生态系统的各组成要素及人类活动均进行监测。③监测时间的长期性。对生态系统开展长期监测，充分了解生态系统的演化规律。④监测行为的规范性。为保证监测数据的可比性，建立科学的监测规范和标准。⑤监测管理的信息化。

监测过程以及监测站点之间建立信息化管理机制，优化资源配置。

全球尺度生态监测网络　包括：①全球环境监测系统，由国际地球系统科学联盟于1975年建立，通过陆地生态系统监测和环境污染监测，定期评价全球环境状况；②国际长期生态观测研究网络，由美国国家科学基金会于1993年建立；③全球陆地观测系统、全球气候观测系统和全球海洋观测系统，由萨赫勒与撒哈拉观测计划、全球变化与陆地生态系统核心计划和人与生物圈计划于1996年联合建立，目的是观测、模拟和分析全球陆地生态系统，以维持可持续发展；④全球通量观测网络，由美国能源部和美国国家航空航天局（NASA）于1996年建立，研究全球不同经纬度和不同生态系统类型的通量特征；⑤全球地球观测系统，由联合国、欧盟和美国于2003年联合建立，用于地球系统的综合、同步、连续观测；⑥国际生物多样性观测网络，由国际生物多样性研究计划和NASA于2008年建立，搜集全球的生物多样性数据信息，以评估全球生物多样性状况。

地区尺度生态监测网络　主要有欧盟生物多样性监测网络、欧洲长期生态研究网络、亚太全球变化研究网络、欧洲全球变化研究网络和东亚酸沉降监测网络。

国家尺度生态监测网络　①美国长期生态研究网络，始建于1980年，目前有36个台站，覆盖了森林、草原、农田、荒漠、湿地、海岸带等生态系统。②英国环境变化监测网络，始建于1992年，由12个陆地生态系统站和45个淡水生态系统监测站组成，覆盖了英国主要环境梯度和生态系统类型。③中国生态系统研究网络（CERN），始建于1988年，目前由40个野外观测台站和5个学科分中心及1个综合中心组成，覆盖了农田、森林、草原、荒漠、湖泊湿地、海洋等生态系统类型。上述三大网络是国际长期生态研究网络成立最早、规模最大的国家级生态监测网络。

中国生态监测网络　除CERN外，我国不同行业部门也建立了生态监测网络，主要有：①中国森林生态系统研究网络，由林业部门于20世纪50年代开始建立，目前已建成由73个森林生态站组成的监测网络，覆盖了中国主要的森林生态系统类型。②中国湿地生态系统研究网络，由林业部门建立，在全国重要湿地类型区建立定位研究站，目前已经建成12个站点。③全国水土保持监测网络，由水利部门建立，对全国不同区域的水土流失及其防治效果进行动态监测和评价。网络由四级构成：第一级为水利部水土保持监测中心；第二级为七大流域（长江、黄河、海河、淮河、珠江、松辽和太湖）水土保持监测中心站；第三级为各省、自治区、直辖市水土保持监测总站；第四级为各监测总站设立的水土保持监测分站。④国家农业生态环境监测网络，包括中国农业生态环境监测网络、草原生态监测网络和渔业生态环境监测网络，由农业部门管理。农业生态环境监测网络由农业部环境监测总站、33个省级农业环境管理与监测站以及800多个重点地（市、县）级农业环境监测站组成，草原生态监测网络由农业部草原监理中心、22个省级草原监测站以及3 400多个监测样地组成，渔业生态环境监测网由85个渔业环境监测站组成。⑤国家环境保护生态监测网络，由环境保护部门管理，在我国重要生态功能区域包括内蒙古草原区、新疆荒漠及山地草原区、吉林长白山、四川龙门山、海南五指山、湖南洞庭湖湿地、江苏太湖、湖北丹江口库区等重要生态功能区建立生态监测站点；此外，1994年组建了近岸海域环境监测网，由74个监测站组成。⑥国家海洋生态环境监测网络，由国家海洋环境监测中心北海、东海和南海3个海区海洋监测中心站，以及国家海洋局建设的专业海洋监测中心站、与地方共建的海洋监测站和地方海洋与渔业局的监测中心构成，主要开展海洋污染源监测、海洋环境质量监测等工作。　（刘海江）

shengwu duxing jiance

生物毒性监测　（biological toxicity monitoring）　利用生物受到污染物危害或毒害后

产生的反应或生理机能的变化，评价环境污染状况，确定污染物安全浓度的过程。生物毒性监测可以应用于水质监测和空气监测，但目前在环境监测领域主要应用于水质监测。

根据暴露方式，分为静态实验、半静态实验（更新试验液）、连续或间断流动的动态实验以及现场实验；根据受试对象性质，分为活体试验和离体试验。

沿革 生物毒性试验历史悠久，早在公元750年中国唐代王焘所著《外台秘要》中就记载："若有毒，其物即死"，提出将动物放在有毒气的场所做试验，以检查气体的毒性。西方最早关于用动物研究毒物毒性的论文发表于1809年。1933年，加德姆（J.H.Gaddum）提出用对数法求半数致死浓度，此法至今仍在应用。

生物毒性监测技术诞生于20世纪初，其机理及应用研究经历了从生物整体水平到细胞水平、基因和分子水平的发展过程。早期采用的生物毒性测试手段主要是单指标生物毒性实验，较准确地反映了某种污染物对某一生物产生的特定毒性作用。70年代后，发展了多指标生物测试，在一定的统计学规律上，其结果能够说明该污染物对这一营养层次生物的平均毒性效应。针对不同营养层次，发展了成组生物检验，测试结果能够部分反映污染物对生态系统的影响。20世纪90年代，随着细胞生物学和分子生物学以及信息科学技术的发展，生物毒性研究更加趋向于微观，从分子水平和基因调控的深度去阐明毒物毒性机理，并提供相应的防范措施。由此发展形成了分子毒理学和遗传毒理学等新的监测手段，以对污染物的生物毒性进行快速监测和早期预测。

方法及应用 目前在水环境保护方面应用的方法包括鱼类毒性试验、无脊椎动物毒性试验、藻类毒性试验、发光菌毒性试验和遗传毒性测试。

鱼类毒性试验 鱼类早期生活阶段的急慢性毒性测试广泛用于污/废水排放、近岸海域和河口区的环境监测以及化学品毒性评价。

鱼类毒性试验分为急性、亚慢性和慢性试验。①急性毒性试验是利用受试鱼种在不同浓度的毒物或废水中短期暴露（一般为24～96 h）时产生的中毒反应，以50%受试鱼的死亡浓度得出半数致死浓度值（LC_{50}），以LC_{50}值大小来表示待测毒物或污染物的毒性大小，LC_{50}越小，毒性越大。②亚慢性毒性测试是测试受试鱼种在环境样品或有毒物质中长时间（通常为受试物种生命期的1/30～1/10，鱼类一般为7～14 d）持续暴露所引起的毒性作用。毒性测试指标一般为生长、死亡、行为异常和组织、器官等发育异常、组织病理和部分特异性生物标志物等。③慢性毒性测试是长期将受试鱼种暴露于低浓度或低剂量的环境样品或有毒污染物中，观察受试鱼种产生的生物学效应。长期通常指受试生物的整个生命周期的大部分时期或终生，有时可包括若干代的毒性测试试验。通过慢性毒性测试不仅可确定有毒污染物的最大无毒作用浓度或剂量，为制定环境标准或基准提供毒理学依据，还可为评价污/废水排放所产生的长期生态毒性效应提供参考。慢性毒性测试主要包括生长、繁殖（包括产卵数、孵化率等）、器官等发育异常，组织病理和生化、基因、蛋白变化异常。

由于鱼类胚胎发育对污染物质和受压状态十分敏感，通过测量处于胚胎发育期鱼类的耗氧等级以及生理、形态变化，可以在污染程度恶化或造成真实损害之前，揭示有毒物质的详细等级水平，用于环境污染的早期预警。小型鱼类（如青鳉、虹鳟和斑马鱼等）具有生长繁殖周期短（2～3月/代）的特点，可用于研究有毒物质和污染物对多代的影响。鉴于鱼类在水生生态系统中的重要生态地位和毒性试验上的应用优势，各国和国际组织均颁布了利用鱼类进行污染物毒性评价和环境监测的标准，广泛应用于环境管理。常用于毒性测试的鱼类包括斑马鱼、虹鳟、稀有鮈鲫、黑头软口鲦和青鳉等。常用的毒性测试终点包括存活、胚胎发育、幼体生长、繁殖能力、代谢酶活性和组织损伤等指标。代表性的测试标准包括美国的《工业废水和受纳水域对海洋和河口区生物的短期慢性毒性测试方法》（EPA/600/4—91/003，1994）和《工业废水和受纳水域对海洋和河口区生物的急性毒性测试方法》（EPA/600/4—90/027F，1993），加拿大的《排污口污水对虹鳟的急性毒性测试方法》（2001）和《排污口污水对虹鳟的短期慢性毒性测试方法》（2001），经济合作与发展组织（OECD）的《鱼类延长毒性14天毒性测试方法》（No.204，1984）、《化学品　鱼类早期生活阶段毒性试验方法》（No.201，1992）、《化学品　鱼类胚胎和卵黄囊仔鱼阶段的短期毒性测试方法》（No.212，1998）和《化学品　鱼类幼体生长试验测试方法》（No.215，2000），中国《水和废水监测分析方法》（第四版）中的“鱼类急性毒性试验方法”等。

无脊椎动物毒性试验　常用于毒性试验的有轮虫类动物（萼花臂尾轮虫等）、甲壳类动物（枝角类动物、桡足类动物和河虾等）和双壳类动物（河蚬）等，其中甲壳类动物应用较多，甲壳类中的枝角类动物具有生命周期短、生活史有孤雌生殖现象、对污染物敏感和实验室中易培养等特点，成为毒性试验的理想材料。

甲壳类动物的急性毒性试验持续24～48 h，用停止活动作为该类动物中毒死亡的判别标准，检验毒物对生物存活的影响。慢性试验常用生殖损伤作为指标，也有用体长、体重、总蛋白和酶活力等反映毒物的影响。以死亡率作为测试指标，实验现象直观，但是测试灵敏度低；以生物生理或行为的变化（捕食行为、趋光行为和代谢过程等）作为毒性测试指标可以缩短实验时间，提高灵敏度，达到早期预报和有效保护生物的目的。

应用甲壳类动物开展水质监测和毒性评价的代表性标准有国际标准组织（ISO）颁布的《水质　大型蚤急性毒性试验》（ISO 6341：2007）、《水质　大型蚤慢性毒性试验》（ISO 10706：2000）、《水质　海洋桡足类急性毒性试验》（ISO 14669：1999），加拿大的《污水对大型蚤急性致死毒性测试方法》，中国的《水和废水监测分析方法》（第四版）中“蚤类活动抑制试验”等。

藻类毒性试验　藻类个体小，繁殖快，在较短时间内可获得污染物对其多世代及种群水平的影响；许多藻类是单细胞个体，对环境毒物较敏感，易于发生变异；藻类生长条件容易控制，适于实验室培养；同时，藻类是初级生产者，其种类的多样性和生产量直接影响水生生态系统的结构和功能，对生态系统的平衡和稳定起重要作用。常用于毒性试验的藻类有羊角月牙藻、斜生栅藻、蛋白核小球藻和普通小球藻等。

生长抑制实验是藻类急性毒性实验的常用方法，藻类生长抑制是藻类暴露在有毒污染物环境中，其生长率低于未经暴露对照组的现象。1981年，OECD制定了藻类生长抑制试验的国际标准方法（OECD TG 201），利用24 h、48 h、72 h、96 h有毒物质对藻类生长的最大效应的质量浓度（EC_{50}）来表征急性毒性作用的程度。《水和废水监测分析方法》（第四版）中规定，藻类生长抑制实验对有毒污染物的毒性分级标准为：96 h-EC_{50}＜1 mg/L 时为极高毒，1～10 mg/L 为高毒，10～100 mg/L 为中毒，>100 mg/L 为低毒。

海洋浮游植物的蛋白质和叶绿素含量被认为是生物量指标，叶绿素、胡萝卜素和总蛋白含量的变化反映藻类的存活情况和生物量的多少，常作为测定的指标。

发光菌毒性试验　发光菌是一类非致病的革兰氏阴性厌氧微生物，在适当条件下能发射出蓝绿色的可见光。当发光菌与样品中有毒物质接触时，可影响或干扰细菌的新陈代谢，使细菌的发光强度下降或熄灭。在一定浓度范围内，有毒物质或污水浓度与发光强度呈负线性相关，可使用生物发光检测器测定相对发光强度，监测有毒物质的浓度或污染程度。

近年来，许多国家和国际组织相继颁布了利用发光细菌评估水质毒性的相关标准，代表性的有：ISO颁布的《水质　水样对费氏弧菌发光抑制影响的测定》（ISO 11348：2007），美国将其作为测定水质和土壤毒性的标准方法，加拿大将其作为石油钻井排水和固体废物毒性监测的标准方法。美国《水和废水检测标准分析方法》（第21版）规定了发光菌用于急性毒性评估的方法，使用的发光细菌为费氏弧菌。中国1995年颁布了《水质　急性毒性的测定　发光细菌法》（GB/T 15441—1995），该方法采用明亮发光杆菌，以氯化汞为参比毒物表征污水或化学物质的毒性；《水和废水监测分析方法》（第四版）将GB/T 15441—1995用于海水的发光细菌检测，而淡水的发光细菌检测采用“发光细菌的急性毒性试验　青海弧菌Q67法”。

自从1978年美国推出功能完备的Microtox生物发光光度计以后，使用发光细菌作为指示生物检测毒性逐渐发展成为一种经济、快速的急性毒性测试体系，得到广泛的应用。具体参见发光菌检测仪。

遗传毒性测试　某些重金属和有机物在极低浓度下，不一定表现出急性毒性，但可能具有生物积累性和“三致”效应或其他形式慢性毒性，对生态系统和人体健康产生严重甚至是不可逆的影响，在此基础上发展起来的遗传毒性测试技术得到广泛应用。遗传毒性的短期测试方法有基因突变测定法、染色体畸变检测法、初级（原发性）DNA损伤检测法和细胞转化测试法等。

基因突变测定法　利用各种微生物、哺乳动物细胞和植物等为实验材料，测定DNA水平的基因突变，以鼠伤寒沙门氏菌/微粒体酶法（Ames试验）和哺乳动物细胞致突变试验较为常用。Ames试验是短期筛选环境突变物和致癌物的首选方法，再现性好，可用于水质评价，但试验方法复杂，测试时间长。常规的Ames试验选用四个测试菌株（TA97、TA98、TA100、TA102），最近有人提出增加TA1535测试菌株，该菌株适用于检测混合物的致突变性。

染色体畸变检测法　运用细胞遗传学技术测定致突变物引起的细胞染色体畸变，包括染色体数目和结构改变等，也可以分析与染色体畸变密切相关的微核率改变。通常利用植物、鱼类、两栖类和哺乳类动物进行微核实验。其中，蚕豆根尖细胞微核技术是一种以染色体断裂及纺锤体损伤等为测试终点的植物微核检测方法，因具有测试费用较低、容易掌握和操作方便等特点，近年来有较多的应用。1986年原国家环境保护局把蚕豆根尖微核技术列入环境监测技术规范，用于水环境监测。

初级（原发性）DNA损伤检测法　观察DNA损伤的现象，主要包括测定姐妹染色单体交换和DNA修复试验等。近年来发展应用分子生物学技术，如Southern印记杂交、变性梯度凝胶电泳和多聚酶链式反应（PCR）技术等，检测DNA的缺失、插入、重排、扩增等；单细胞凝胶电泳技术（SCGE），又称彗星实验，是奥斯特林（Ostling）和杰汉森（Janhanson）于1984年发明的一种单细胞DNA电泳技术，经过改进已经成为一项日臻完善的定量检测DNA双链或单链缺口的技术，该技术能快速简便地评价单个细胞DNA损伤和修复。

细胞转化测试法　用体外细胞培养方法观察细胞转化，多采用地鼠或大鼠的成纤维细胞。SOS/umu测试（又称umu测试）是20世纪80年代中期发展起来的检测环境诱变物的短期筛选试验，基于DNA损伤物诱导SOS反应而表达umuC基因的原理建立。德国和日本等国家已将SOS/umu部分典型有机污染物及其主要降解产物的生态毒理效应作为检测水中遗传毒性效应的方法，ISO也制定了相应的标准。

发展趋势　随着细胞生物学、分子生物学和信息科学技术的发展，近年来对生物毒性的研究更加趋于微观，从分子水平基因调控的深度阐明中毒机理。分子毒理学和遗传毒理学等新的监测手段，对污染物的生物毒性进行快速和早期的预测，是今后毒理学监测的重要发展方向。

此外，预测毒理学基于个体或者更早期胚胎、细胞水平的毒性响应，判断生物种群的变化趋势，也是生物毒理监测的发展方向。

（金小伟）

shengwu jiance

生物监测 (biological monitoring) 利用生物的大分子、细胞（或细胞组分）、组织、器官、个体、种群或群落对环境污染、环境质量变化以及生境改变产生的反应，从生物学角度为环境质量的监测和评价提供依据的过程。生物监测是利用各种生物信息判断环境污染状况的一种手段，能连续反映各种污染因素对环境作用的综合效应及变化，能说明污染物对生物繁殖、生长的影响以及污染物的迁移、富集、转化和最后归宿，具有直观性、敏感性、连续性、综合性和累积性等优点，生物监测与物理、化学监测可以相互弥补，更加综合、科学、真实地反映复杂的环境状况。

沿革 生物监测始于20世纪初。1908年，德国生物学家柯克维茨（Kolkwitz）和麦尔松（Marrso）提出了指示生物的概念，建立了污水生物系统，对河流污染程度进行评价。20世纪40年代人们开始研究化学物质和废水对生物的影响，毒理学监测开始发展。50年代以后，生物急性毒性实验成为监测污染影响的主要手段。70年代后期，一些发达国家的毒理学研究重点逐渐转向长远性目标，如研究污染物低浓度水平暴露对健康的影响，污染物在生物体内的富集、传递过程等。90年代重点研究有毒有害物质在生态系统中的转移、转化和归趋，对生物群落和个体的各级毒性效应，以及与控制特定生态系统功能过程之间的相互作用，以减轻和消除对人类及生态系统的影响。毒性监测形成了分子毒理学和遗传毒理学等。

中国水环境生物监测始于20世纪80年代，1986年有20个城市进行生物监测试点。1993年出版了《水生生物监测手册》和《大气污染生物监测方法（推荐）》。2002年出版的《水和废水监测分析方法》（第四版），收录了当时国内已经开展的大部分生物监测方法。近年来，随着环境管理需求提高及监测技术发展，生物监测领域由传统意义上的生物调查和测量生物体中的污染物浓度，发展到测量遗传学、生物化学和生理学以及生物的各种理化参数。

目的和意义 生物监测是环境监测的重要组成部分。当环境受到污染或干扰后，不仅引起物种和群落结构的变化，而且严重时将导致生态系统的破坏和崩溃，因此开展生物监测，研究生命系统与环境系统的相互关系，可以更加全面地反映环境质量。一般来说，理化监测只能代表取样期间的情况，而生活于一定区域内的生物，能把一定时间内环境变化的情况反映出来；理化监测能够确定一部分污染物的种类和浓度，而生物监测却能评价污染物的综合影响和效应，并间接反映污染物对人体健康或环境安全的危害。生物监测具有直观、客观、综合和历史可溯源性的特点，将生物监测与理化监测相结合，能更好地综合评价环境质量、判断污染状况，为环境管理提供科学依据。

监测内容 根据学科不同，分为生态学方法、生理学方法、毒理学方法及生物化学成分分析法。目前，环境保护部门开展的生物监测主要包括生物群落监测、微生物监测、生物毒性测试和生物体组织污染测试等。此外，初级生产力、藻毒素等指标由于与生物体密切相关，通常也属于生物监测范畴。

生物群落监测 按照一定频次，对特定区域的某一生物群落结构（种类组成、生物密度、优势度及优势种类等）和功能进行规律性监测，用以评价该区域环境健康程度或环境质量变化情况的一种监测方法。目前主要应用于水环境和土壤环境，已经开展的主要监测包括水生浮游植物、浮游动物、底栖动物、鱼类群落和陆生动植物群落等。

微生物监测 通过测定环境微生物生长、生理、生化和生态（数量、种类、分布）等指标，反映环境质量及其变化趋势，判断环境污染状况，从微生物学角度为环境质量及环境污染评价提供依据。目前微生物监测主要以指示菌监测为主，包括细菌总数、总大肠菌群、粪大肠菌群和大肠埃希氏菌等。

生物毒性测试 利用实验生物受到污染物危害或毒害后产生的反应或生理机能的变化，来评价污染状况，确定毒物安全浓度的方法。

传统的毒理学是以人为基本对象，研究物理、化学和生物因素对生物体的损害作用及其机理的科学。由于动物，特别是哺乳类动物体内的生化与生理过程与人类相似，因而可以通过研究外源性污染物对哺乳类动物机体的毒性危害，评价人群安全及健康效应。

在以监测和评价环境质量和污染物对生态系统影响为主要目的的生物毒性监测中，代表性的实验生物包括微生物、藻类、蚤类、鱼类、高等陆生植物（水稻、小麦和蔬菜等），以及蚯蚓、线虫和沙蚕等土壤动物。目前环境监测系统开展比较多的测试项目包括发光菌毒性测试、藻类毒性测试、蚤类毒性测试及鱼类毒性测试等。

生物体组织污染测试 通过测定生物体内污染物的量，进行环境监测和评价的方法。生物体从环境中不断摄入浓度极低的化学物质，在体内蓄积起来达到相当高的浓度（生物富集），这些化学物质通过食物链、食物网逐步转移、蓄积和富集，可富集千百万倍。因此，根据污染物在生物体内的富集量可以推断出环境污染程度。中国从 20 世纪 50 年代开始进行相关的研究工作，目前主要测定的项目包括铜、锌、铅、镉、汞、砷、石油烃和多氯联苯等。

发展趋势 早期生物监测主要是监测生物形态、生理或发育与繁殖的变化以及种群和群落，同时测量生物体组织内污染物的含量。20 世纪 90 年代以来，随着细胞生物学和分子生物学以及信息科学技术的迅速发展，生物监测技术经历了从生物整体水平到分子水平，从实验室监测到利用“生物传感”自动在线监测，从手工监测到全自动化仪器分析等逐步深化的发展过程。（张锦平）

shengwu qunluo jiance

生物群落监测

（biological community monitoring） 按照一定频次，对特定区域的某一生物群落结构（种类组成、生物密度、优势度及优势种类等）和功能进行规律性监测，用以评价该区域环境健康程度或环境质量变化情况的过程。目前在环境监测领域，主要开展水体中水生生物群落监测，也开展了一些土壤微生物群落和陆生植物群落监测工作。

沿革 生物群落监测的发展大致可分为三个阶段。①指示生物种阶段。1908 年德国生物学家柯克维茨（Kolkwitz）和麦尔松（Marrson）首次提出了指示生物种的概念，从生物群落中选择一种或几种具有指示意义的生物，建立了污水生物系统，将污染河流划分为不同的污染带（寡污带、β-中污带、α-中污带、多污带），随后在此基础上很多学者又建立了其他污染生物指数及其他多种生物指数。②群落结构监测阶段。群落结构的多样性测定克服了单一指示生物监测的缺点。凯恩斯（Cairns）等在 1968 年提出的连续比较指数、香农-威纳（Shannon-Wiener）多样性指数等，通过确定种和丰度的关系探讨群落结构，由种、种群、群落三级水平来说明环境状况，在世界上被广泛应用。③群落功能监测阶段。选择一系列不同营养级和不同分类群的种类，根据它们的不同反应程度，进行污染效应的预报和污染河流恢复能力的研究。

特点 与理化监测方法相比，生物群落监测的优越性主要表现在：①生物群落监测表明外源性化学物质影响生物物种或生物调控过程的细微变化，而这些变化可能被理化监测忽略。②在环境中，生物接触的污染物不止一种，而几种污染物混合起来，有可能发生协同作用，使危害程度加剧，生物群落监测能较好地反映出环境污染对生物产生的综合效应。③对于剂量小、长期作用产生的慢性毒性效应，用理化方法很难测定，而生物群落监测结果可以反映出来。④生物群落监测克服了理化监测的局限性和连续取样的烦琐性。

生物群落监测的局限性主要表现为：①不能像仪器那样精确地监测出环境中污染物的种类、数量和浓度，通常反映各监测区域水质相对污染或变化的水平，监测结果与参照点的选择有很强的相关性。②受生物生长规律影响，同一生物指数在一年中会出现季节性变化。③自然因素与人为干扰常综合在一起对生物起作用，很难将两者清晰地分开，影响评价结果的准确性。

分类和内容 按监测对象分为浮游生物监测、着生生物监测、底栖动物监测、鱼类监测及水生维管束植物监测。

浮游生物监测 浮游植物用有机玻璃采水器和25号浮游生物采样网采样，浮游动物用25号（原生动物和轮虫）或13号（枝角类和桡足类）浮游生物采样网采样。将新鲜或固定的水样，置于显微镜下进行属种鉴定。优势种鉴定到种，一般种类可鉴定到属。鉴定结束后，将鉴定的种类列出名录。定量调查通常包括生物密度和生物量测定。生物密度主要采用视野法计数，以单位体积（升或立方米）生物个体数表示。生物量测定以单位体积的生物重量表示，浮游植物生物量可用形态相近的几何体积公式计算细胞体积，浮游动物生物量测定主要有体积法、排水容积法、沉淀体积法和直接称重法。

着生生物监测 采用人工基质采样法（聚氨酯泡沫塑料法、硅藻计-盖玻片法、聚酯薄膜法）或天然基质采样法（石块、水草等）采集附着在基质上的着生生物样品。优势种鉴定到种，一般种类可鉴定到属。鉴定结束后，将鉴定的种类列出名录。着生原生生物应采用活体观察，并在最短时间内鉴定完样品。定量调查在10×40～10×60倍显微镜下，用0.1 mL的计数框进行着生藻类和原生生物的分类计数。

底栖动物监测 定性样品用手网或三角拖网采集，定量样品用彼得逊采泥器、人工基质篮式采样器或者定量框采集，采集后将样品经40目分样筛分选出生物样品，放入塑料袋中加入固定液固定。定性调查时，软体动物通常鉴定到种，水生昆虫（除摇蚊科幼虫）通常鉴定到科，水生寡毛类和摇蚊科幼虫通常鉴定到属。定量调查通常采用生物密度（丰度）和生物量衡量，生物密度测定是每个采样点所采得的底栖动物按不同种类准确地统计个体数，生物量测定是每个采样点采得的底栖动物按不同种类准确称重。

鱼类监测 主要包括捕捞法、访问法和市场调查法。调查内容包括：①种类组成和数量分布，鱼类的多样性及不同水域、不同生境的代表性种类的组成和时空分布特点；②年龄和丰满度，测定每尾鱼的体重和体长，计算其丰满度；③健康状况检查，包括有无鳃的损伤、寄生虫感染，鱼体有无肿块或发炎；④生物量（现存量）。

水生维管束植物监测 定量监测时，挺水植物一般用1 m^2采样方框采集，将方框内的全部植物连根拔起；沉水植物、浮叶植物和漂浮植物，一般用水草定量夹采集，也可用0.25 m^2采样方框采集；沿岸浅水区（水深＜1 m）可用小铲或徒手直接采集一定面积范围内的植株。定性监测时，挺水植物可直接用手采集；沉水植物和浮叶植物可用水草采集耙采集；漂浮植物可直接用手或带柄手抄网采集。分析样品的物种组成和数量等。

评价方法 主要包括三种：指示生物评价法、指示群落评价法、指数分析法。

指示生物评价法 水污染指示生物通常是对水体环境质量的变化反应敏感，被用来监测和评价水体污染状况的水生生物。例如，污染指示生物学根据指示生物，将污染河流划分为不同的污染带（寡污带、β-中污带、α-中污带和多污带）。

指示群落评价法 用水生生物群落的组成来评价水体污染状况的方法。浮游植物的种群结构和污染指示种是水质评价中的重要参数，20世纪90年代，有研究提出利用指示性浮游植物群落划分污染等级的标准：蓝藻门占70%以上，耐污种大量出现的为多污带；蓝藻门占60%左右，藻类种数较多为α-中污带；硅藻门及绿藻门为优势类群，各占30%左右为β-中污带；硅藻门为优势类群，占60%以上为寡污带。

指数分析法 浮游生物的种群和群落结构随着水质的污染程度而变化，将变化数量化并与水质状况建立相应关系，衍生出一系列指数分析方法，主要包括生物指数法、多样性指数法和生物完整性指数法3类。

生物指数法 生物指数是根据某类或几类水生生物数量的多寡来表达环境质量等级。早期的生物指数如贝克（Beck）生物指数，是一种简单的数量关系，但有的指示种污染耐受较宽，常常也在较清洁水体中出现，因此具有一定的局限性和片面性。此后，Beck 生物指数被多次修改，形成贝克-津田（Beck-Tsuda）生物指数。另外还有硅藻生物指数、古德奈特-惠特利（Goodnight-Whitler）修正指数、污生指数和格利森（Gleason）指数。

多样性指数法 多样性指数是表示多种生物组成的混合生物群落的数量和种类之间关系的指数，是反映物种丰富度和均匀度的综合指标。通常状况下，多样性指数越大，群落结构越复杂、稳定性越大，生态环境状况越好。当水体受到污染时，营养生态位较窄的种类大量消亡，多样性指数减小，群落结构趋于简单，稳定性降低。常用的多样性指数有香农-威纳（Shannon-Wiener）多样性指数、辛普森（Simpson）指数、马格里夫（Margalef）指数和皮卢（Pielou）均匀度指数，此外还有布里渊（Brillouin）指数、门希尼克（Menhinick）指数和伯杰-帕克（Berger-Parker）指数等。

生物完整性指数法 20 世纪 80 年代，美国生物学家卡尔（Karr）提出生物完整性指数，用于评价河流湖泊生态健康状况。生物完整性指数是定量描述人类干扰与生物特性之间的关系，且对干扰反应敏感的一组生物指数。水生生态系统的完整性指数主要包括鱼类群落生物完整性指数、浮游生物完整性指数、底栖动物完整性指数和高等维管束植物完整性指数等。

发展趋势 生物群落监测向宏观和微观两个方向发展。①宏观方面，在浮游生物群落研究中，地理信息系统（GIS）技术被用于浮游植物生物多样性、时空分布及其与营养盐的相关性分析、生态环境质量综合评价等研究。遥感（RS）技术用于水污染监测，建立水质污染预测遥感模型。②微观方面，分子生物学技术如 DNA 指纹、荧光识别法、核酸探针、聚合酶链式反应技术（PCR）、生物传感器、细菌源跟踪技术和单细胞凝胶电泳技术等被应用于水生态监测中。（阴琨）

推荐书目

万本太. 中国环境监测技术路线研究. 长沙：湖南科学技术出版社，2003.

国家环境保护局《水生生物监测手册》编委会. 水生生物监测手册. 南京：东南大学出版社，1993.

shenghuanjing zhiliang jiance

声环境质量监测

（noise environmental quality monitoring） 又称声环境质量例行监测、声环境质量常规监测。是为掌握城市声环境质量状况而开展的城市区域声环境质量监测、城市道路交通噪声监测和城市各类功能区声环境质量监测（分别简称区域监测、道路交通监测和功能区监测）。声环境质量监测是每年编制《中国环境质量报告》和《中国环境状况公报》的主要依据。

沿革 中国噪声监测起步于 20 世纪 60 年代。1982 年颁布了《城市区域环境噪声标准》（GB 3096—1982）和《城市环境噪声测量方法》（GB 3222—1982），使环境噪声监测和评价方法趋于统一。1986 年，原国家环境保护局发布了我国第一部《环境监测技术规范（噪声部分）》，成为我国开展声环境质量监测的技术依据。随着监测工作的深入与管理要求的提高，噪声监测标准体系不断完善。20 世纪 90 年代国家发布的标准包括《城市区域环境噪声标准》（GB 3096—1993）、《城市区域环境噪声测量方法》（GB/T 14623—1993）和《城市区域环境噪声适用区划分技术规范》（GB/T 15190—1994），其中 GB 3096—1993 和 GB/T 14623—1993，2008 年修订为《声环境质量标准》（GB 3096—2008）。进入 21 世纪，我国声环境质量监测的技术水平进一步发展，在声环境质量评价、自动监测以及环境噪声监测技术路线等方面开展科研和实践工作，使声环境质量监测工作在点位布设、数据处理、结果评价、质量控制等方面进一步规范和完善。

分类 主要包括区域监测、道路交通监测和功能区监测。①区域监测评价整个城市环境噪声总体水平，分析城市声环境状况的年度变化规律和变化趋势。②道路交通监测反映道路交通噪声强度，分析道路交通噪声声级与车流量、路况等的关系及变化规律，分析城市道路交通噪声的年度变化规律和变化趋势。③功能区监测评价声环境功能区监测点位的昼间和夜间声环境质量水平，反映城市各类功能区监测点位的声环境质量随时间的变化状况。

监测方法 区域监测基于统计学原理采用网格普查监测方法，道路交通监测采用长度加权的方法，功能区监测采用定点监测方法。

区域监测 网格普查监测方法是将整个城市建成区划分成多个等大的正方形网格（如1 km×1 km），对于未连成片的建成区，正方形网格可以不衔接。网格中水面面积为100%或非建成区面积大于 50%的网格为无效网格。城市噪声种类多、数量大、分布广、时空分布极不均匀，因此，整个城市建成区有效网格总数通常应多于100个。在每一个网格的中心布设1个监测点位，若网格中心点不宜测量（如水面、禁区等），将监测点位移动到距离中心点最近的可测量位置。同时，测点距离任何反射物（地面除外）至少3.5 m，监测点位高度距地面1.2 m。每个测点监测10 min的连续A声级L_{eq}(等效声级)，同时记录累积百分声级L_{10}、L_{50}、L_{90}、L_{max}、L_{min}、标准偏差（SD）及监测点位的主要声源。

道路交通监测 测点选在路段两路口之间，距任一路口的距离大于50 m,路段不足100 m的选路段中点，测点位于人行道上距路面（含慢车道）20 cm处，监测点位高度距地面1.2 m，避开非道路交通源的干扰。道路交通噪声监测时各测点每次随机测量20 min的等效声级,并记录累积百分声级L_{10}、L_{50}、L_{90}、L_{max}、L_{min}和SD，分类(大型车和中小型车）记录车流量。

功能区监测 采用定点监测方法监测，在城市各类功能区中，采用“网格普查监测法”优化选取一个或多个能代表本功能区环境噪声平均水平的测点。点位数量：特大城市≥20个，大城市≥15个，中等城市≥10个，小城市≥7个。各类功能区监测点位数量比例按照各自城市功能区面积比例确定。监测点位距地面高度1.2 m以上。每个监测点位每次连续监测24 h，记录每小时等效声级 L_{eq}、小时累积百分声级L_{10}、L_{50}、L_{90}、L_{max}、L_{min}和SD。

监测频次 区域监测和道路交通监测每年进行1次昼间监测，从“十二五”开始增加每5年进行1次夜间监测。功能区监测每季度监测1次。

监测仪器 通常采用便携式噪声统计分析仪测量，功能区监测也可以采用噪声自动监测系统测量。

评价方法 区域监测和道路交通监测对各点位监测的等效声级进行加权平均后，分别按照对应的等级评价。功能区监测按《声环境质量标准》（GB 3096—2008）评价。

区域监测 将整个城市全部网络测点测得的等效声级，按式（1）进行算术平均运算，得到昼间平均等效声级和夜间平均等效声级代表该城市昼间和夜间的环境噪声总体水平。

$$\overline{S}=\frac{1}{n}\sum_{i=1}^{n}L_i \qquad (1)$$

式中，$\overline{S}$为城市区域昼间平均等效声级（$\overline{S}_d$）或夜间平均等效声级（$\overline{S}_n$），dB（A）；L_i为第 i 个网格测得的等效声级，dB（A）；n为有效网格总数。

按照表 1 评价。网格普查监测法测量结果的总体平均值具有统计意义，代表所测城市区域环境噪声的总体水平，而单个监测点监测值具有随机性，不能代表该网格的噪声水平。

表1 城市区域声环境质量总体水平等级划分

单位：dB（A）

	城市区域声环境质量等级				
	一级	二级	三级	四级	五级
昼间平均等效声级（$\overline{S}_d$）	≤50.0	50.1～55.0	55.1～60.0	60.1～65.0	＞65.0
夜间平均等效声级（$\overline{S}_n$）	≤40.0	40.1～45.0	45.1～50.0	50.1～55.0	＞55.0

道路交通监测 道路交通噪声监测的等效声级采用路段长度加权算术平均法，按式（2）计算城市道路交通噪声平均值。按照表2评价。

$$\overline{L}=\frac{1}{l}\sum_{i=1}^{n}\left(l_i\times L_i\right) \qquad (2)$$

式中，$\overline{L}$ 为道路交通昼间平均等效声级（$\overline{L}_d$）或夜间平均等效声级（$\overline{L}_n$），dB（A）；l 为监测的路段总长，$l=\sum_{i=1}^{n}l_i$，m；l_i 为第 i 测点代表的路段长度，m；L_i 为第 i 测点测得的等效声级，dB（A）。

表2　道路交通噪声强度等级划分　单位：dB（A）

	道路交通噪声强度等级				
	一级	二级	三级	四级	五级
昼间平均等效声级（$\overline{L}_d$）	≤68.0	68.1～70.0	70.1～72.0	72.1～74.0	＞74.0
夜间平均等效声级（$\overline{L}_n$）	≤58.0	58.1～60.0	60.1～62.0	62.1～64.0	＞64.0

功能区监测 昼间等效声级和夜间等效声级按式（3）和式（4）计算。功能区各监测点位昼间、夜间等效声级，按照表3评价，也可以按照监测点次分别统计昼间、夜间达标率。

表3　《声环境质量标准》中环境噪声限值

单位：dB（A）

	不同类别功能区的环境噪声限值					
	0类	1类	2类	3类	4a类	4b类
昼间	≤50	≤55	≤60	≤65	≤70	≤70
夜间	≤40	≤45	≤50	≤55	≤55	≤60

注：0类，指疗养区；1类，指居住、文教区为主的区域；2类，指居住、商业、工业混杂区；3类，指工业区；4类，指交通干线两侧区域。其中4a类为高速公路一级公路、二级路、城市快速路、城市主干路、城市次干路、城市轨道交通（地面段）、内河航道两侧区域；4b类为铁路干线两侧区域。

$$L_d=10\lg\left(\frac{1}{16}\sum_{i=1}^{16}10^{0.1L_{eqi}}\right) \qquad (3)$$

$$L_n=10\lg\left(\frac{1}{8}\sum_{j=1}^{8}10^{0.1L_{eqj}}\right) \qquad (4)$$

式中，L_d 为昼间等效声级，dB（A）；L_n 为夜间等效声级，dB（A）；L_{eqi} 为昼间16 h中第 i 小时的等效声级，dB（A）；L_{eqj} 为夜间8 h中第 j 小时的等效声级，dB（A）。

监测报告 主要包括：①概述：概略性描述监测工作概况以及声环境质量监测结果；②区域声环境质量监测结果与评价；③道路交通噪声监测结果与评价；④功能区声环境质量监测结果与评价；⑤相关分析；⑥结论。

发展趋势 发展方向包括：①监测技术手段由以手工监测为主、自动监测为辅，向以自动监测为主、手工监测为辅转变。噪声自动监测时间代表性强、避免人为因素影响，在功能区监测中具有较强的优势，是今后的发展方向。一些城市已经建立噪声自动监测系统，该系统在声环境质量监测的应用还将不断扩大。②监测范围向全国所有建制市及乡镇扩展。“十一五”期间，国家对噪声例行监测的要求是地级以上城市开展城市区域和道路交通噪声监测，113个环保重点城市同时还要开展功能区噪声监测。随着噪声管理力度的加强，声环境质量监测的范围将逐步扩大到全国所有建制市及乡镇地区。（刘砚华　郭平）

推荐书目

吴鹏鸣. 环境监测原理与应用. 北京：化学工业出版社，1991.

万本太. 中国环境监测技术路线研究. 长沙：湖南科学技术出版社，2003.

shengjiji

声级计 （sound level meter） 用于测量声音的声压级或声级强度的仪器。

原理 由传声器将声音转换成电信号，再由前置放大器变换阻抗，使传声器与衰减器匹配。放大器将输出信号加到计权网络（或外接滤波器），对信号进行频率计权，然后经衰减器及放大器将信号放大到一定的幅值，送到有效值检波器（或外接电平记录仪），在指示器上给出声级的数值。

结构 主要由传声器、放大器和衰减器、计权网络、检波器和指示器等几部分组成。

传声器 又称话筒或麦克风，是把声压信号转变为电压信号的装置。传声器种类很多，按换能原理分为电动式传声器（动圈式传声器和铝带式传声器，其中前者使用最多）和电容式传声器；按接收声波的方向性可分为单指向性传声器、双指向性传声器和无指向性传声器（全指向性传声器），环境监测领域使用的传声器都是无指向性传声器。

放大器和衰减器 放大器一般采用两级，即输入放大器和输出放大器，其作用是将微弱的电信号放大。输入衰减器和输出衰减器是用来改变输入信号和输出信号衰减量的，使表头指针指在适当的位置。输入放大器使用的衰减器调节范围为测量低端，输出放大器使用的衰减器调节范围为测量高端。

计权网络 人耳在不同频率有不同的灵敏性，为了模拟这一特性，声级计内设有一种把电信号修正为与听感近似的网络，叫作计权网络。通过计权网络测得的声压级，不再是客观物理量的声压级（线性声压级），而是经过听感修正的声压级，称为计权声级或噪声级。根据使用的计权网不同，分别称 A 声级、B 声级和 C 声级，三者的主要差别是对噪声低频成分的衰减程度，A 声级衰减最多，B 声级次之，C 声级最少。A 声级由于其特性曲线接近于人耳的听感特性，因此是目前世界上噪声测量中应用最广泛的一种，我国许多标准规范都以 A 声级作为评价指标。

检波器 把迅速变化的电压信号转变成变化较慢的直流电压信号，直流电压的大小与输入信号的大小成正比。根据测量的需要，检波器分为峰值检波器、平均值检波器和均方根值检波器。峰值检波器能给出一定时间间隔中的最大值；平均值检波器能在一定时间间隔中测量其绝对平均值；均方根值检波器能对交流信号进行平方、平均和开方，得出电压的均方根值。脉冲声测量需要采用均方根值检波器。

指示器 按响应灵敏度可分为四种：①慢。表头时间常数为 1 000 ms，用于测量稳态噪声，测得的数值为有效值。②快。表头时间常数为 125 ms，用于测量波动较大的不稳态噪声和交通运输噪声等，接近人耳对声音的反应。③脉冲或脉冲保持。表针上升时间为 35 ms，用于测量持续时间较长的脉冲噪声，如冲床等，测得的数值为最大有效值。④峰值保持。表针上升时间小于 20 ms，用于测量持续时间很短的脉冲声，如枪、炮和爆炸声，测得的数值是峰值，即最大值。

分类 声级计的分类方式主要有两种。

按性能分类 分为 1 级和 2 级，主要区别是允差极限和工作温度范围的不同。1 级声级计的允差极限为±1.1 dB，2 级声级计的允差极限为±1.4 dB。在不考虑测量不确定度时，1 级声级计的准确度为±0.7 dB，2 级声级计的准确度为±1 dB。标准规定 1 级声级计的工作温度范围为−10～50℃，2 级声级计的工作温度范围为 0～40℃。

按功能分类 分为 5 种，即测量指数时间计权声级的常规声级计、测量时间平均声级的积分平均声级计、测量声暴露的噪声暴露计、具有噪声统计分析功能的噪声统计分析仪和具有频谱分析功能的噪声频谱分析仪。

发展趋势 随着科学技术的发展，特别是数字信号处理技术的发展，声级计的设计原理、功能、性能也发生了很大变化。目前单纯测量指数时间计权声级或仅进行频谱分析的单一功能的声级计逐渐被淘汰，取而代之的是同时具有积分声级计、积分评价声级计、噪声统计分析仪等多功能、多模块集成的声级计，具有多个通道的声级计，能够同时进行多个点位的测量。 （李宪同）

sheng jiaozhunqi

声校准器

声校准器 （sound calibrator） 能在一个或多个规定频率上，产生一个或多个已知声压级的装置。声校准器有两个主要用途：①测定传声器的声压灵敏度；②检查或调节声学测量装置或系统的总灵敏度。

在《电声学 声校准器》（GB/T 15173—

2010）中，将声校准器的准确度等级分为 LS 级、1 级和 2 级。LS 级声校准器一般只在实验室中使用，1 级和 2 级声校准器为现场使用。按照工作原理分为活塞发声器和声级校准器。

活塞发声器 一种由电动机转动带动活塞在空腔内往复移动，从而改变空腔的压力，产生稳定声压的仪器，见图 1。由于活塞的表面积、活塞行程和空腔容积（活塞在中间位置时）都保持不变，因此产生的声压非常稳定。在频率为 250 Hz、声压级为 124 dB 时，准确度能达到 0.2 dB，满足 1 级声校准器的要求，有的还可作为 LS 级声校准器。活塞发声器的最大缺点是声压级受大气压影响很大，如在高原地区的西藏拉萨市（海拔 3 658 m），活塞发声器产生的声压级比在平原地区低 3 dB 左右，需要进行大气压修正，才能达到规定等级要求。另外，活塞发声器失真较大，工作频率只能到 250 Hz。

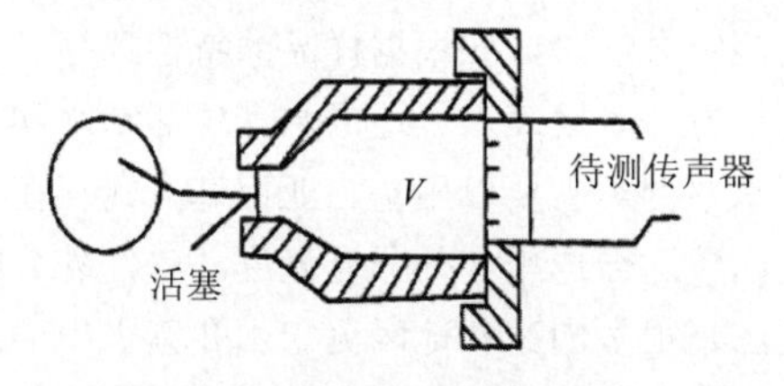

图 1　活塞发声器结构示意

声级校准器 它由一个稳幅振荡器、亥姆霍兹共振腔和金属振膜等组成，在稳幅震荡器的激励下，金属振膜受激振动，从而在空腔内产生声压，见图 2。大多数声级校准器的声源为 94 dB（1 000 Hz）和 114 dB（250 Hz）。它的优点：一是由于参考传声器的灵敏度不随大气压变化而变化，因此该级校准器产生的声压级不需要进行大气压修正（目前是一些 2 型声级校准顺需要进行大气压修正）；二是校准时传声器与耦合腔配合不必非常紧密，而且可以校准不同等效容积的传声器。（李宪同）

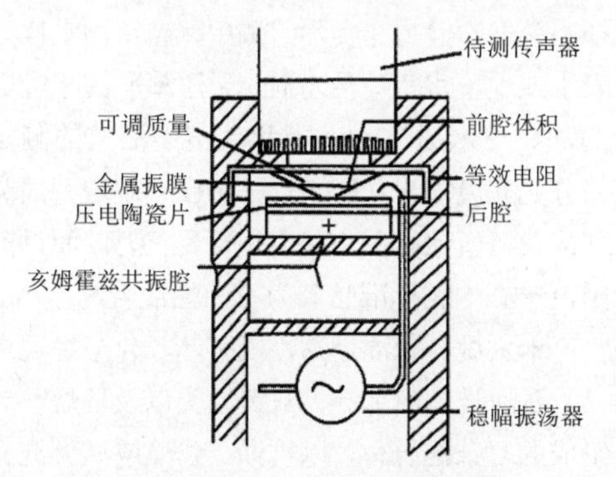

图 2　声级校准器结构示意

shiyoulei ceding

石油类测定 （determination of petroleum oils）

利用特定的溶剂萃取环境样品中的石油类物质并进行定量分析的过程。石油类是反映地表水、污水和废水中有机污染程度的重要综合性指标，其污染物主要来自工业废水和生活污水。工业废水中石油类（各种烃类的混合物）污染物主要来自原油开采、加工、运输以及各炼制油的使用等行业。石油类碳氢化合物漂浮于水体表面，将影响空气与水体界面氧的交换；分散于水中以及吸附于悬浮微粒上或以乳化状态存在于水中的油，被微生物氧化分解，消耗水中的溶解氧，使水质恶化；石油类中所含芳烃类虽较烷烃少，但其毒性要大得多。正是由于石油类的种种危害，使其成为国家污染物达标排放总量控制项目之一。

样品采集 石油类物质在水体中存在的状态比较特殊，在水相中的分布不均匀，按常规采样方法采样较难获得具有代表性的样品。《水和废水监测分析方法》（第四版）规定：“石油类样品要单独采样，不允许在实验室内再分样。采样时，连同表层水一并采集，并在样品瓶上做一标记，用以确定样品体积。每次采样时，应装水样至标线。当只测定水中乳化状态和溶解性油类物质时，应避开漂浮在水体表面的油膜层，在水面下 20～50 cm 处取样。当需要报告一段时间内油类物质的平均浓度时，应在规定的时间间隔分别采样而后分别测定。”

测定方法 包括重量法、红外光度法、紫外分光光度法和荧光分光光度法。

重量法 用有机溶剂（石油醚或正己烷）提取酸化后样品中的油类，将萃取液通过氧化铝柱（或弗罗里硅藻土柱），除去动植物油类，再将溶剂蒸发后称其重量。重量法是常用的分析方法，适用于测定 10 mg/L 以上的含油水样或油污染较重的海水，以及油污染较重的海区沉积物样品。重量法虽然不受油品种限制，但操作比较繁杂，灵敏度低，不适用于大批量样品的测定。

红外光度法 根据石油类中碳氢伸缩振动在红外光谱区产生的特征吸收测定石油类。用四氯化碳萃取水中的石油类物质，测定总萃取物，然后将萃取液用硅酸镁吸附柱（氧化铝或弗罗里硅藻土柱）去除动、植物油等极性物质后，测定石油类。动植物油的含量为总萃取物与石油类含量之差。红外光度法分为非分散红外光度法和红外分光光度法。非分散红外光度法是利用油类物质的甲基（$—CH_3$）和亚甲基（$—CH_2—$）在近红外区（2 930 cm^{-1} 或 3.4 μm）的特征吸收进行测量；红外分光光度法是根据油类烷烃中甲基、亚甲基及芳香环中碳氢伸缩振动 3 个波长的吸光度进行定量。非分散红外光度法适用于测定浓度为 20～10×10^6 μg/L 的含油水样。当油品的比吸光系数较为接近时，非分散红外光度法测定结果的可比性较好；当油品种类相差较大时，其测定的误差也较大，尤其当油样中含芳烃时误差更大，且测定时易受到非烃类有机物的干扰。红外分光光度法考虑烷烃和芳香烃的共同影响，因而不受油品种类的影响，能比较准确地反映水中石油类的污染程度，适用于地表水、地下水、生活污水和工业废水中石油类、动植物油的测定。

紫外分光光度法 石油类的芳烃组分在紫外光区有特征吸收，其吸收强度与芳烃含量成正比。一般选用石油醚或正己烷为萃取剂，将酸化后的样品萃取后，以油标准作参比，进行紫外分光光度测定。该方法适用于测定 50～50 000 μg/L 的含油水样。由于各种物质的紫外吸收强度差异较大，对于组分变化较大的工业废水和成分复杂的环境水体，采用紫外分光光度法，数据可比性和准确性都较差，目前国外已不再使用。在地表水和地下水监测中，我国过去主要以紫外分光光度法为主，现在已被淘汰。目前紫外分光光度法一般用于近海、河口水或沉积物中油类的测定。

荧光分光光度法 根据有机物吸收紫外光后发射出的荧光强度来定量。一般以石油醚为萃取剂，在荧光分光光度计上，以 310 nm 为激发波长，测定 360 nm 发射波长的荧光强度，其相对荧光强度与石油醚萃取液中芳烃的浓度成正比。由于不同物质的荧光发射强度差异很大，测定结果受样品中油品组成影响较大，其物理意义为物质的荧光强度。该方法是最灵敏的测油方法，比吸光法（红外光度法或紫外分光光度法）灵敏度高 100～1 000 倍，对油的最低检出限达 2 μg/L，但当油品中芳烃数目不同时，所产生的荧光强度差别很大。荧光分光光度法目前在我国海洋监测中使用较广泛，适用于大洋、近海、河口等水体以及沉积物中油类的测定。

方法应用 石油类是由不同的化合物组成的复杂混合体，无明显的总体特征，所以在确定测定方法时，应根据样品的特性选择具体的分析方法。地表水、地下水、生活污水和工业废水中油类主要以甲基、亚甲基方式存在，因此比较适合选用红外分光光度法。红外分光光度法是很多国家和地区测定水和废水中油类物质的主要方法，我国也主要采用此种方法。海水中油类主要含芳烃组分，样品分析时适合选用荧光分光光度法和紫外分光光度法。

以上方法中，除了重量法不需要标准油外，其他方法分析过程中都要用到标准油。我国过去曾用 15 号机油和 20 号柴油作为标准油，由于油品不统一，各地的测量结果可比性差。《水和废水监测分析方法》（第四版）规定标准油从待测水样中萃取，但是在实际监测中，当待测水样为地表水或地下水等清洁水时，无法萃取到相应数量的油。《水质　石油类和动植物油类的测定　红外分光光度法》（HJ 637—2012）规定石油类标准溶液可直接购买市售有证标准溶液，而目前我国市售石油类标准品多为石油烃混合物（异辛烷、正十六烷、苯混合物，或甲苯、异辛烷混合物）。石油类是由单键、双键烃类以及环烷、芳烃组成的复杂混合体，以机油、柴油或烃类混合物作为标准品，只能代表石油类众多产品中的一部分，不能真实反映污染状况。因此，在实际工作中，选择石油类标准样品时，应根据样品特性选择有针对性的标准样品。

发展趋势 EPA 418.8 曾经是美国环境保护局（EPA）规定的测定水中矿物油的标准方法，但由于该方法所使用的萃取剂三氟三氯乙烷是蒙特利尔议定书中要求逐渐淘汰的化学物质，2005 年 12 月 31 日，美国环境保护局宣布停止使用以三氟三氯乙烷为萃取剂的红外光度法（EPA 413.2 和 EPA 418.1），取而代之的测定油类的方法是重量法（EPA 1664A）和气相色谱法（EPA 8015B）。国际标准化组织目前使用的测油方法也是气相色谱法（ISO 9377-2）。因此，石油类测定的发展方向主要有两个，一是研究使用科学的萃取剂，另一个是使用气相色谱法。（郑少娜）

shibo jipuyi

示波极谱仪 （oscillographic polarograph）

基于示波极谱法原理，在汞滴成长过程中进行快速线性扫描，并借助阴极射线示波器观察和记录极谱图从而实现定性定量分析的极谱仪器。通常在可极化与非极化电极间通上直流电或交流电，两电极电解过程以示波曲线记录于特制示波器的显示器上。

原理 示波极谱仪在滴汞电极汞滴形成过程中进行快速线性扫描，并在滴汞电极每一汞滴成长后期，在电解池的两极上，迅速加入一锯齿形脉冲电压，在几秒钟内得出一次极谱图，将极谱波形成的过程显示在示波显示器上，从而实现定性定量分析。采用示波管的荧光屏作显示工具，及时快速记录极谱图，这个过程就是示波极谱仪的工作过程。它的图形为峰形，采用峰值电位进行定性，峰值电流进行定量。

仪器构造 主要包括电解池、工作电极、参比电极、辅助电极和示波器等，基本电路见图。图中 V 为极化电压（锯齿波电压）发生器，所产生的极化电压通过电阻 R 加在电解池的两极上（滴汞电极和辅助电极铂电极），电解过程中产生的电流变化，通过 R 后引起电压降的变化，经放大后将其输入至示波器的垂直偏向板上，因此垂直偏向板代表电流坐标；将工作电极与参比电极之间的电位差经放大后输入示波器的水平偏向板上，因此水平偏向板代表工作电极的极化电压，于是示波器的荧光屏上将出现完整的极化曲线。三电极系统可使工作电极的电位变化速度恒定而不受电路中电压降的影响。

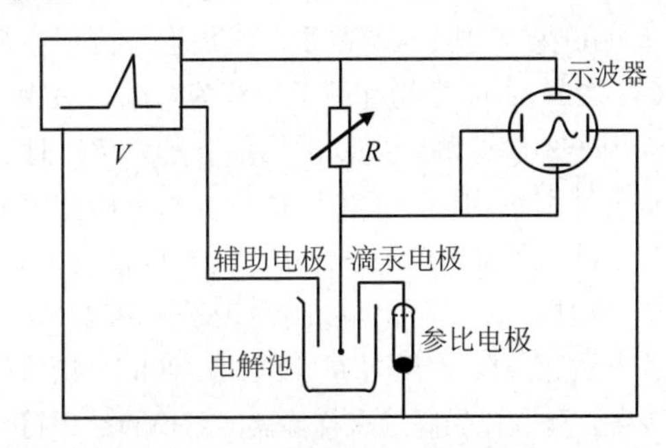

示波极谱仪基本电路图

分类 按照方法原理，主要分为两类，一类为利用直流示波极谱法原理记录电流-电压曲线的仪器，称为单（线性）扫描示波极谱仪；另一类所加的电压是一恒振幅的交流电压，用示波器记录电压随时间变化的曲线，称为交流示波极谱仪。

应用 随着示波极谱仪的研制及更新换代，现代示波极谱仪逐步实现了全微机化、自动化并向智能化过渡，具有操作简单、携带方便、快捷准确等特点，在环境监测领域广泛用于水体、土壤、底泥、农药等环境样品中重金属等污染物的分析。（王爱一）

shinei kongqi zhiliang jiance

室内空气质量监测 （indoor air quality monitoring）

以间断或连续的形式定量测定室内环境污染物的浓度，并评价室内空气质量的过程。《室内空气质量标准》（GB 18883—2002）是室内环境质量评价的依据；《民用建筑工程室内环境污染控制规范》（GB 50325—2010）是民用建筑验收时，室内环境质量的验收依据。

室内环境质量监测时，视房间面积，按对角线或梅花式均匀布设 1 个以上采样点位，采样高度为人的呼吸带高度。

监测因子与人体健康有关，包括 4 类。①物理性因子：温度、大气压、空气流速、相对湿度、新风量；②化学性因子：二氧化硫、二氧化氮、一氧化碳、二氧化碳、氨、臭氧、甲醛、苯、甲苯、二甲苯、总挥发性有机物(TVOC)、苯并[a]芘、可吸入颗粒物；③放射性因子：氡(氡-222)；④生物性因子：菌落总数。除物理性因子外，监测结果以平均值表示，化学性、放射性和生物性因子平均值符合《室内空气质量标准》(GB 18883—2002)标准限值要求时，即为达标；有一项检验结果未达到标准要求时，为不达标。要求年平均、日平均、8 h 平均值的参数，可以先做筛选采样检验，若检验结果符合标准值要求，为达标；若筛选采样检验结果不符合标准值要求，用累积法采样检验结果评价。

民用建筑验收时，必须抽取一定数量房屋进行室内环境污染物浓度检测，验收达标方可交付使用。监测因子包括 5 项：氡、游离甲醛、苯、氨和 TVOC。 (吕天峰　汪太明)

shinei kongqi zhiliang pingjia

室内空气质量评价

(indoor air quality assessment)　运用科学的评价方法，分析室内环境空气的主要影响因素，预测其在一定时期内的变化趋势，确定可能造成的危害程度，并提出经济可行的控制措施的过程。室内空气质量评价是人们认识室内环境的一种科学方法，随着人们对室内环境重要性认识不断加深而提出的新概念。

室内环境空气质量评价分为预评价和现状评价两类。室内环境空气质量预评价，是根据室内装饰装修工程设计方案的内容，分析、预测室内装饰装修工程建成后存在的危害室内空气质量的因素和危害程度，以及室内空气质量产生的化学性和物理性影响的变化情况。室内环境空气质量现状评价，是根据建筑物现有的情况，分析当前影响室内环境空气质量的因素和危害程度，以及室内环境空气发生的化学性和物理性变化。

评价内容主要包括评价要素、评价方法、评价标准等。①评价要素：建筑结构、污染源、吸附汇、通风空调系统及其运行参数、人员活动情况、个体敏感程度等。②评价方法：浓度指标评价、暴露水平评价、健康风险评价。③评价标准：涉及卫生、环境保护、工程建设等领域。各类评价标准是室内空气质量评价的依据，主要有：《室内空气质量标准》(GB/T 18883—2002)，可用于室内空气质量评价；《民用建筑工程室内环境污染控制规范》(GB 50325—2010)，规定了民用建筑工程在竣工验收时室内环境污染的控制指标及其测试方法，并对室内装饰装修材料中有害物质浓度作出限制。

(吕天峰)

shuju caiji chuanshu xitong

数据采集传输系统

(data acquisition and transmission system)　连接污染源现场监控仪器与上位机的独立数据采集传输的系统。负责采集和传输各类监测仪器仪表的数据，并接收和反馈上位机发出的指令。

原理　通过数字信道、模拟信道、开关量信道采集监测仪表的监测数据、工作状态等信息，然后通过传输网络将数据、工作状态传输至上位机，上位机通过传输网络发送控制命令，数据采集传输系统根据上位机命令来反控监测仪表工作。

结构　主要包括数据采集单元、数据显示单元、数据传输单元、数据处理和存储单元。

数据采集单元　用于连接在线监测仪器，实现数据和命令的双向传输，并能采集在线监测仪器的工作状态。

数据显示单元　用于显示在线监测仪器的实时数据，并能查询到历史数据。

数据传输单元　通过无线或有线等传输方式，将采集到的自动监测数据发送到监控中心，并接收监控中心返回的控制命令，以实现对在线监测仪器的工作控制。

数据处理和存储单元 用于处理和存储采集到的在线监测仪器的实时数据和历史数据。

分类 按CPU构造可分为单片机系统、工控机系统、可编程控制器系统和嵌入式计算机系统等。

单片机系统 一般以8位或16位的51系列单片机为核心，通过集成2～32 M的存储芯片，AI（模拟量输入）、DI（数字输入）、DO（数字输出）、RS 232/484等接口部件，外接键盘、显示屏等外围设备组成，采用UCOS操作系统。由单片机系统构成的数据采集传输仪成本低、性能稳定，但是存在存储容量小、运算速度慢等缺点，比较适合接入设备少、计算功能要求较简单、存储容量要求不高的场合。

工控机系统 由工业控制计算机和内置A/D板卡、串口扩展卡等组成，一般采用WINDOWS系统。工控机的特点是速度快、容量大、编程容易，采用板卡扩展设计，接口协议易扩展，可根据需要灵活配置。但存在成本高、功耗大、防病毒能力弱、故障率高等缺点，一般用于存储容量高、计算功能复杂的场合。

可编程控制器系统 由可编程逻辑控制器（PLC）和A/D模块、串口模块、I/O模块等组成。PLC一般用于工业控制场合，其可靠性要求非常高，所以由PLC组成的数据采集传输仪可靠性最高，成本也较高。与工控机等相比，其存储容量比较小，软件灵活性差，一般只用于功能简单、可靠性高的场合。

嵌入式计算机系统 一般以低功耗计算机、高性能ARM芯片为核心，内接A/D芯片、大容量FLASH存储芯片、串口扩展芯片等组成。由嵌入式计算机组成的数据采集传输仪，具有功耗低、速度快、存储容量大的优点。由于采用电子存储芯片和无风扇设计，该系统可靠性比工控机高，成本较低，目前应用最广泛。

（贺鹏）

shuihuanjing shengwu pingjia

水环境生物评价

（water environment bioassessment） 又称水环境质量生物学评价，是通过对细菌、藻类、浮游动物、大型浮游植物、大型底栖无脊椎动物以及鱼类等生物的监测和分析，结合环境水体的理化参数指标，从水生生物学的角度对环境水体的污染程度进行评价的过程。

沿革 早在20世纪初，国际上就有用藻类对水环境污染状况进行生物评价。20世纪70年代末，我国开始对各种水体环境质量进行广泛的藻类生物学调查与评价。21世纪初，全国使用藻类进行水环境生物评价的技术和能力有了飞跃性发展。浮游动物在我国水环境生物评价的起步较晚，20世纪80年代中后期才逐渐受到研究者的重视。进入21世纪，浮游动物被广泛应用于水环境质量的生物学调查与评价中，也逐渐进入我国常规的水环境监测与评价体系。

评价方法 主要包括生物群落评价、生物毒性评价和生物体组织污染评价。

生物群落评价 生物群落监测指按照一定频次，对特定区域的某一生物群落结构（种类组成、生物密度、优势度及优势种类等）和功能进行规律性监测，用以评价该区域环境健康程度或环境质量变化情况。其监测评价方法主要包括三种：指示生物评价法、指示群落评价法和指数分析法。具体方法参见*生物群落监测*。

生物毒性评价 生物毒性试验是利用生物受到污染物危害或毒害后产生的反应或生理机能的变化，评价环境污染状况，确定污染物安全浓度的过程。目前在水环境保护方面主要包括鱼类毒性试验、无脊椎动物毒性试验、藻类毒性试验、发光菌毒性试验和遗传毒性试验。通过各种类型生物对有毒化学品或环境样品的急性或慢性毒性反应情况，来评价其生物安全性，从而达到早期预报和有效保护生物的目的。具体方法参见*生物毒性监测*。

生物体组织污染评价 生物体组织污染测试指通过测定生物体内含污量，进行环境监测和评价的过程。环境中不断摄入浓度极低的化学物质，在体内蓄积起来达到相当高的浓度（生物富集），这些化学物质通过食物链、食物网逐步转移、蓄积和富集，可提高到千百万倍。因此，根据污染物在生物体内的残留量可以推断环境污染程度。

发展趋势 采用生物指标进行水环境生态评价，已成为了一种趋势，虽然我国在一些流域已经开展初步的水生生物毒性和鱼类毒性监测与评价，但是生物评价还有许多需要发展和完善的内容：①动物群落水平上的功能性变化，将成为水生生物监测和评价水体的发展趋势。②底栖动物的鉴定资料及参考书目尚不完善，尚未建立科学的大型底栖动物耐污值，国内尚缺乏统一和规范化的采样方法及评价标准。③缺乏规范化的鱼类采样方法和评价标准，未来应加大研究，使鱼类生物评价能够进入我国常规水环境生物评价。随着细胞生物学、分子生物学和信息科学技术的发展，近年来对生物毒性的研究更加趋向微观，从分子水平基因调控的深度阐明中毒机理。因而，分子毒理学和遗传毒理学等新的监测手段用于对污染物的生物毒性进行快速、早期的预测，将成为今后毒理学监测的重要发展方向。（刘允）

推荐书目

张志杰，张维平. 环境污染生物监测与评价. 北京：中国环境科学出版社，1991.

弗洛特莫斯科，斯特里布林，保罗. 深水型（不可涉水）河流生物评价的概念及方法. 刘录三，郑丙辉，汪星，译. 北京：中国环境科学出版社，2012.

shuihuanjing zhiliang jiance

水环境质量监测

（water environmental quality monitoring） 为了解水体水质现状，掌握水体水质的变化规律，采用物理、化学和生物等分析技术，对环境水体质量进行分析和评价的过程。

沿革 我国水环境质量监测始于 1973 年，建制于卫生部门的防疫站。1974 年开始独立建制，以沈阳等为首的一批城市相继挂牌成立环境监测站。1982 年，原国家环境保护局会同 17 个有关部门组建了由 54 个环境监测站组成的国家环境监测网。1993 年，通过优化筛选，建立了由 135 个监测站组成的国家地表水环境监测网，并按照每年丰、平、枯水期开展常规监测，每期监测两次，编制地表水质量监测季报和年度报告。为了加强流域环境管理，1994 年以来，我国组建了淮河、海河和辽河流域环境监测网，太湖和滇池等流域环境监测网。2003 年，新建和调整了全国各流域的国家环境监测网，在七大水系及太湖、滇池、巢湖共设立了 10 个流域的国家环境监测网；监测频次由每年 6 次提高到每月监测 1 次，并编制流域监测月报。同期，为加强饮用水水源污染防治，国家实施 113 个重点城市饮用水水源每月一次的例行监测。2012 年，在此基础上又对地表水环境监测网进行了优化调整。我国于 1988 年在天津设立了第一个水质连续自动监测系统，包括 1 个中心站和 4 个子站，开始进行水质自动监测。1999 年以来，我国水质自动监测站的建设迅速发展，2009 年国家地表水水质自动监测的实时数据通过网络向公众发布。

监测流程 一般按照制订监测方案、现场采集水样、水样保存和前处理、现场测定、实验室分析测定、数据审核、结果评价和报送等程序开展。

制订监测方案 一般根据监测目的制订监测方案，其内容包括确定监测断面（又称监测点位）、监测指标、采样方式、监测时间和频率、分析测定方法、质量控制方式和数据报告方式等。

现场采集水样 按照相应的技术规范采集水样，确保样品具有代表性、完整性和可比性，填写采样记录表。目前的规范主要有《水质 采样技术指导》（HJ 494—2009）、《地表水和污水监测技术规范》（HJ/T 91—2002）和《地下水环境监测技术规范》（HJ 164—2004）。

水样保存和前处理 按照程序和技术规范要求进行水样的现场前处理和保存运输，以避免样品在流转过程中损失、沾污、混淆和变质，填写样品前处理、保存、传输和交接等相关记录表。目前的规范主要有《水质 样品的保存和管理技术规定》（HJ 493—2009）、《地表水和污水监测技术规范》（HJ/T 91—2002）和《地下水环境监测技术规范》（HJ 164—2004）。

现场测定 部分指标可以现场采用快速测定法测定，如 pH 和溶解氧（DO）等，并填写原始记录表。

实验室分析测定 常用的分析方法有重量法、滴定法、分光光度法、原子吸收或发射光谱法、气相色谱法、液相色谱法和离子色谱法等。按照方法来源，分为国家标准分析方法、行业标准分析方法、地方标准分析方法、统一的分析方法和等效方法，实际工作中优先采用国家或地方的标准分析方法。实验室分析测定时要做好原始记录。

数据审核 一般执行三级审核制度。监测分析人员完成样品分析后，填写分析结果、分析仪器和分析方法等相关信息，报本部门负责人进行审核，即数据的一级审核；审核通过后报质控部门进行二级审核，首先对平行样、质控样和加标回收样等质控措施的分析结果进行二级审核，然后进行待测样品分析的审核；审核通过后报单位技术负责人进行三级审核，即最终审核。

结果评价和报送 按照水环境相关标准、评价参数和评价方法，对水环境质量现状及变化趋势进行评价。评价后报送监测结果。

分类 根据监测水体的不同，分为地表水环境质量监测和地下水环境质量监测。为了反映特殊地表水体的水环境质量，还开展了饮用水水源地环境质量监测等专项监测。

地表水环境质量监测 按照监测方式分为手工监测和自动监测。1988 年，原国家环境保护局《关于发布〈国家环境监测网络方案〉的通知》中首次确定了 108 个监测站、353 个河流断面和 26 座湖库的国家水环境质量监测网络，国控断面在河流上主要以城市为中心，设置了对照、控制和削减 3 种断面。监测指标为 pH、DO、化学需氧量、生化需氧量、氨氮、亚硝酸盐氮、挥发性酚、氰化物、砷、汞、铅、镉和油。1993 年对国家水环境质量监测网络点位进行重新审核与认证，确认了国控网由 135 个监测站、313 个国控断面组成。监测指标为 pH、悬浮物、总硬度、DO、高锰酸盐指数、生化需氧量、氨氮、亚硝酸盐、硝酸盐、挥发酚、总氰化物、总砷、总汞、总铅、总镉、石油类和电导率。2003 年原国家环境保护总局《关于印发〈国家环境质量监测网地表水监测断面〉的通知》又调整了国控断面，共确定了 759 个国控断面，包括 318 条河流的 649 个断面和 26 个湖库的 110 个点位，增加了国界、省界、入海口、支流汇入口、河流入出湖库口、背景和趋势断面，并大量采用了各重点流域水污染防治的专项规划中确定的污染控制断面。每月开展常规监测，河流断面的监测指标为水温、pH、电导率、DO、高锰酸盐指数、五日生化需氧量、氨氮、石油类、挥发酚、汞、铅和流量，共 12 项；湖库点位的监测指标为水温、pH、电导率、透明度、DO、高锰酸盐指数、五日生化需氧量、氨氮、石油类、总氮、总磷、叶绿素 a、挥发酚、汞、铅和水位，共 16 项。2012 年环境保护部《关于印发〈国家地表水、环境空气监测网（地级以上城市）设置方案〉的通知》进一步优化调整监测点位，调整后国家地表水环境监测网共设置国控断面（点位）972 个，监测 423 条河流的 766 个断面和 62 座湖库的 206 个点位，其中包括省界断面 150 个，涉及长江、黄河、珠江、松花江、淮河、海河、辽河、太湖、巢湖、滇池流域以及西南诸河、西北诸河、浙闽片河流和重要湖库；监测频次为每月 1 次，监测指标为水温、pH、DO、高锰酸盐指数、化学需氧量、五日生化需氧量、氨氮、总氮、总磷、铜、锌、氟化物、硒、砷、汞、镉、六价铬、铅、氰化物、挥发酚、石油类、阴离子表面活性剂、硫化物和粪大肠菌群。湖泊和水库为了评价营养状态监测叶绿素 a 和透明度。分析方法执行《地表水环境质量标准》（GB 3838—2002）。

地表水环境质量自动监测发展迅速，目前已建成包括 149 个子站的国控水质自动监测站网。水质自动监测执行环境保护部的分析方法，也可参照美国和欧盟认可的分析方法。

各省（自治区、直辖市）和各地级市都设有省控和市控水环境质量监测网，并随着需求变化不断优化监测网络。

地下水环境质量监测 在我国，地质、水利和环境保护等部门都开展了地下水环境质量监测工作。地质部门于20世纪中叶在全国开展了地质普查和图件绘编工作，为供水、环境地质、工业和农业的基本建设提供了技术支持，20世纪80年代开始加强实施城市地下水要素的动态监测。地质调查部门经过几十年的地下水监测研究，已经建立了覆盖全国大部分地区、包含12 000多个监测井位的国家监测网络；形成了一套完整的监测系统规范，包括《地下水质量标准》（GB/T 14848—1993）、《地下水污染地质调查评价规范》（DD 2008—01）和《地下水动态监测规程》（DZ/T 0133—1994）等技术规范；利用历史监测数据建立了全国地下水监测数据库、全国水质分析数据库和全国水文地质钻孔数据库等大型数据资源库，为我国地下水监测网络的建设起到了重要作用。水利部门于20世纪60年代开展地下水动态监测，主要监测地下水水位、水量、水质和水温等要素。经过多年努力，已建成布局较合理、完善的地下水监测井网，至2000年，共布设地下水监测井12 300多个。环境保护部门开展了省控、市控地下水井点的例行环境质量监测，有的地区还开展了污染源监督性监测和污染事故仲裁监测等；对城市垃圾卫生填埋场开展渗滤液监测，建立了一套针对垃圾渗滤液的地下水监测网点。

饮用水水源地环境质量监测 2002年，根据原国家环境保护总局《关于印发〈城市集中式饮用水源地水质监测、评价与公布方案〉的通知》，47个环保重点城市开展集中式饮用水水源地水质监测。地表水水源地监测28项指标（必测10项、选测18项），地下水水源地监测23项指标（必测8项、选测15项）；必测指标每月监测一次，选测指标为每年1月、7月各监测一次。2005年，根据原国家环境保护总局《关于113个环境保护重点城市实施集中式饮用水源地水质月报的通知》，将饮用水水源地监测范围扩大到113个环保重点城市，共410个水源地，其中地表水250个（河流154个、湖库96个），地下水160个；饮用水水源地每月监测1次。根据《地表水环境质量标准》（GB 3838—2002）和《地下水质量标准》（GB/T 14848—1993），确定地表水监测指标为28项，地下水监测指标为23项。饮用水水源地环境质量监测工作也不断调整，从2009年起，环境保护部要求环保重点城市地表水饮用水水源地每年按照GB 3838—2002进行一次109项全分析。“十二五”期间将全面开展全国地级以上城市集中式生活饮用水水源地水质监测工作，监测范围为全国31个省（自治区、直辖市）辖区内338个地级及以上城市共861个集中式饮用水水源地。

发展趋势 主要是进一步拓展监测范围和监测指标：①加强生物监测。目前国内的水生生物监测仍是水环境质量监测的薄弱环节，仅有部分地区具备监测能力，今后应进一步加强生物监测。②扩大地下水监测范围，使监测井的布设和采水深度能反映地下水污染状况。地下水作为重要的城乡供水水源，在维护经济社会健康发展等方面发挥着不可替代的作用，但地下水环境质量监测的范围还很有限，随着我国社会经济的发展，区域地下水污染问题日益凸显，局部地区地下水污染问题比较严重，为了摸清地下水基础状况和污染状况，应进一步扩大地下水环境质量监测范围。③扩展自动监测指标。目前水质自动监测指标主要是pH、DO、氨氮、高锰酸盐指数、总有机碳和部分重金属，今后自动监测将扩展到挥发性有机物和生物等指标。

（嵇晓燕）

推荐书目

万本太. 中国环境监测技术路线研究. 长沙：湖南科学技术出版社，2003.

中国环境监测总站. 中国环境监测方略. 北京：中国环境科学出版社，2005.

shuiti yingyang zhuangtai jiance yu pingjia

水体营养状态监测与评价 （water trophic status monitoring and assessment） 通过对水体富营养化代表性指标的调查，判断该水体的营养状态，了解其富营养化进程并预测其发展趋势，为水体水质管理及富营养化防治提供科学依据的过程。

沿革 20世纪50年代以来，国内外学者采用各种不同的监测指标体系，对世界上几百个湖泊的水体营养状态，特别是富营养化程度的评价方法进行了深入研究，提出了多种评价方法，如特征法、参数法、营养状态指数法、生物指标评价法等。早期研究大部分选择植物营养元素（氮、磷）、需氧量和透明度等评价湖泊富营养化状态。有的研究利用生物指标评价湖泊的富营养状态，尤其利用藻类、无脊椎动物等水生生物对富营养化进程开展评价研究；浮游植物也被认为是评价富营养水平的可信工具，除叶绿素a外，浮游植物的细胞量、种群量和生物量等都被广泛用于富营养状态的评价。20世纪80年代后，随着计算机技术快速发展，现代数学理论被应用于湖泊富营养化评价中，模糊数学、随机模型、灰色系统和人工智能等理论方法与计算机技术相结合，应用于湖泊富营养化评价中。此后地理信息系统（GIS）和遥感（RS）技术也逐渐应用于湖泊富营养化监测和评价。

第一代近岸海域富营养化评价方法是以透明度、营养盐和叶绿素a等参数为基础的评价体系。但研究发现，河口、近岸海域生态系统对营养盐的响应与湖泊有很大区别，前者的系统属性差别更为显著，直接和间接响应更为复杂。因此当前的第二代评价方法是以富营养化症状为基础的多参数评价体系，例如，美国的“国家河口富营养化评价”（NEEA）和欧盟的“综合评价法”（OSPAR-COMPP），其中NEEA最近被扩展和优化为“河口营养状况评价”综合方法（ASSETS）。中国地表水及近岸海域富营养化现象比较普遍，特别是城市浅型湖泊基本处于富营养化状态，20世纪90年代后，对湖泊的富营养化水平监测、评价已经成为水质监测的重要内容，其评价技术和方法也在不断完善之中。

监测指标 水体营养状态监测与评价的基础，主要包括磷、氮、有机碳等营养指标，透明度、溶解氧（DO）、温度、pH、电导率等物理指标，叶绿素a、大型植物、生物群落结构、新陈代谢等生物指标。

磷 调节湖泊藻类生产力最主要的营养元素，是大部分湖泊的限制性营养元素，是湖泊富营养化控制的主要指标之一。水体中大部分磷是颗粒态的，而且大多会在水体中以初级生产者可利用的形态进行再循环，因此磷的监测项目通常为总磷（TP），包括溶解态和颗粒态。

氮 藻类生长所需的另一种重要的基本营养元素，但通常不是限制植物生长的元素。水体富营养化评价中最常见的氮元素形式是总氮（TN）、亚硝酸盐氮、硝酸盐氮、氨和有机氮。TN与TP之比可以估算哪种营养元素是藻类生长的限制性因素，一般认为TN∶TP低于7∶1时，氮是限制性元素；比值超过10∶1时，磷是限制性元素。

有机碳 有机碳的产生量或生产力（水体中碳被固定的速率）是许多营养状况分类系统和营养状况定义的基础，含碳化合物的生成和分解速率及由此产生的生物量是富营养化问题的实质。有机碳分为颗粒态、溶解态和总有机碳。虽然碳在富营养化和生态系统结构与功能方面处于核心地位，但是现有的有机碳测定技术和仪器还不成熟，因而该指标在富营养化或营养物/食物链结构中还没有明确清晰的测量或模拟。目前，通常以高锰酸盐指数代表水体中有机碳的含量。

透明度 一般用塞氏深度（SD）表示水体的透明度，并与TP和叶绿素a一起衡量湖泊营养状态。SD测量方法简单易行，适用范围较广，但不适用于色度深或存在高无机悬浮固体的水体。

溶解氧 受湖泊营养状况的影响，营养过剩加速藻类生长，继而导致 DO 浓度降低，因此 DO 是湖泊营养状况的一个响应变量，受水体扰动、光、温度、藻类和大型植物生物量及健康状况等因素影响。湖泊的缺氧状态也有利于如微囊藻之类蓝绿藻的生长，底层水体缺氧导致沉积物释放出可溶性物质，如无机磷、氨和硫化氢，沉积物的分解和随后均温层中溶解氧的减少会在变温层（表水层）藻类群落无明显变化之前发生。因此，均温层的氧含量和消耗速率可以作为营养状态变化的早期预警。

温度 藻类的代谢速率受温度等环境条件因素控制。高温时富集的响应普遍比低温时快，不同的藻类有各自最适宜的温度。因此温度也是水体营养状态监测的指标之一。

pH 藻类生物过量生长常导致水体 pH 有较大的日变化，大型植物过量生长易引起 pH 波动。因此，水质监测应包括午后几小时以观察 pH 最大值。

电导率 溶液中存在溶解性离子时，水传导电流的能力是总溶解性固体的间接度量。由于对盐度影响的变化很敏感，电导率可作为指示营养物富集状况的有用指标。

叶绿素 a 评价藻类生物量最常用的指标。叶绿素是植物（包括藻类和大型植物）主要的光合作用色素，因此在估算生态系统的光合作用能力时，它是一个重要的变量。叶绿素代表一组叶绿素组成，包括叶绿素 a、叶绿素 b、叶绿素 c 和叶绿素 d。其中叶绿素 a 是光合作用最主要的绿色色素，能直接反映藻类生物量，因此湖泊浮游植物生物量常采用叶绿素 a 的量来表达。

大型植物 在水生生态系统中任何比用显微镜可见的藻类大的植物生命体，包括沉积物中的植物（如池塘的野草或香蒲）、自由漂浮的植物（如浮萍）和大型藻类（如轮藻）。大型植物是输入营养物的潜在利用者，可指示营养物浓度的高低。

生物群落结构 营养物富集引起的微小变化可能会影响一个或多个群落，导致生物结构发生变化，而这些变化在群落结构方面可能比在生物量中更明显。例如，随着湖泊营养的丰富，藻类种群发生变化，从硅藻占优势转变到蓝绿藻占优势。然而，由于生物结构会随着 pH 或温度等环境因素而变化，群落结构的变化与营养元素不完全一致。

新陈代谢 光合作用速率或初级生产力常被认为是比藻类生物量反映营养物更敏感的变量。生物量是获取（生产力）减去损耗（藻类由于死亡、冲刷等而减少）的净结果。生产力本质上是增长量，因此是营养元素更为直接的度量。可用光暗室测量生产力和呼吸作用。虽然完整的日生产力通常与生物量直接相关，但是存在相当大的变化。光合作用/呼吸作用总速率（P/R）是营养特征的有用指标。

分析方法 详见《地表水环境质量标准》（GB 3838—2002）、《水和废水监测分析方法》（第四版增补版）及相关国家标准和研究文献。

评价方法 水体富营养化和营养状态的评价方法主要包括特征法、参数法、营养状态指数法、生物指数评价法、数学方法及 RS 和 GIS 评价方法等。

特征法 根据水体富营养化的生态环境因子的特征来评价水体营养状态的方法，通常以感官和引起用水障碍程度来确定水体富营养化程度。例如，20 世纪 80 年代全国湖泊富营养化调查中认为，一些无用水障碍的湖泊大都处于贫中营养或中营养的阶段；有轻度用水障碍的湖泊局部出现水华，水色发绿，影响观瞻和饮用，大致相当于中富营养或富营养水平；出现严重用水障碍的湖泊，出现死鱼现象，严重影响观光游览和水产事业的发展，属于富营养或重富营养水平。

参数法 根据水体富营养化的主要代表参数（或因子）来评价水体营养状态的方法。参数主要包括总磷、总氮、透明度、叶绿素 a、初级生产量等。通过对这些参数量的大小分级，把水体分为若干营养层次，如贫、富、极富等。

营养状态指数法 通过综合多项富营养化指标（透明度、藻类、叶绿素 a 和总磷等），并按照各参数与基准参数的相关性程度对不同参数的营养状态进行适当加权，用加权后的综合营养状态指数来判断水体所处的营养状态。该方法克服了单一因子评价富营养化的片面性，将单变量的简易与多变量综合判断的准确性相结合。

综合营养状态指数计算公式：

$$TLI(\sum)=\sum W_j \cdot TLI(j)$$

式中，TLI(∑)为综合营养状态指数；W_j为第j种参数的营养状态指数的相关权重；TLI(j)为第j种参数的营养状态指数。以叶绿素 a 作为基准参数，则第j种参数归一化权重计算公式为：

$$W_j=\frac{r_j^2}{\sum_{j=1}^{m} r_j^2}$$

式中，r_j为第j种参数与基准参数叶绿素 a 的相关系数；m为评价参数的个数。

中国湖泊（水库）的叶绿素 a 与其他参数之间的相关关系r_j及r_j^2见表。

中国湖泊（水库）部分参数与叶绿素 a 的相关关系r_j及r_j^2值

参数	叶绿素 a	TP	TN	SD	COD_{Mn}
r_j	1	0.84	0.82	−0.83	0.83
r_j^2	1	0.705 6	0.672 4	0.688 9	0.688 9

注：表中r_j来源于中国 26 个主要湖泊调查数据的计算结果。

营养状态指数计算公式：TLI（叶绿素 a）=10[2.5＋1.086ln（叶绿素 a）]，TLI（TP）=10[9.436＋1.624ln（TP）]，TLI（TN）=10[5.453＋1.694ln（TN）]，TLI（SD）=10[5.118−1.94ln（SD）]，TLI（COD_{Mn}）=10[0.109＋2.661ln（COD_{Mn}）]（式中，叶绿素 a 单位为 mg/m^3；SD 单位为 m；其他指标单位均为 mg/L）。

采用 0～100 的一系列连续数字对湖泊（水库）营养状态进行分级：（0，30）为贫营养；（30，50）为中营养；（50，100）为富营养。其中，（50，60）为轻度富营养；（60，70）为中度富营养；（70，100）为重度富营养。在同一营养状态下，指数值越高，其营养程度越重。

生物指数评价法 根据水体中水生生物的种类和数量来评价水体营养状态的方法。主要有优势种评价法和多样性指数评价法等。根据生物类型的不同如浮游植物、浮游动物、底栖动物，各国研究者提出的方法和标准均有不同，但结果均是多样性指数值越小，水域的富营养化程度越重。同一水体不同时期的生物多样性观察结果，可以用来判定水体的富营养化发展趋势。利用该方法的计算结果进行分级，需根据水体的实际情况并结合其他方法的评价结果来确定。

数学方法 将现代数理理论应用于水体富营养化评价，其方法主要包括模糊数学、灰色系统和人工智能等。水体环境本身存在大量不确定性因素，各个营养级别的划分、标准的确定都具有模糊性，因此模糊数学在水体富营养化评价中得到较为广泛的应用；灰色系统理论是用颜色深浅表示信息的完备程度，采用灰色关联度分析法进行评价；近年来，人工神经网络在分类和智能模式识别中得到了广泛应用，而营养状态评价实质上是模式识别问题。

RS 和 GIS 评价方法 近年来 GIS 开始应用于水体富营养化评价。RS 图像的解译结果和其他方法的评价结果能基本保持一致，可对同一水体的不同水域同时进行营养状态的监测和评价。但这种方法不易于进行定量评价，需要详尽的地面同步监测资料辅助，藻类叶绿素 a 浓度、遥感图像的分辨率和天气状况等都能直接影响评价结果，因而需要进一步研究。

（彭福利）

推荐书目

刘鸿亮. 湖泊富营养化控制. 北京：中国环境科学出版社，2011.

shuiwen ceding

水温测定 （determination of water temperature） 对水质样品温度进行测定的过程。水的物理化学性质与水温有密切关系，水中溶解性气体如氧、二氧化碳等的溶解度，水中生物和微生物活动，非离子氨、盐度、pH 及饱和碳酸钙饱和度等都受水温变化的影响。常用的测量仪器有水温计、深水温度计、颠倒温度计等。水温是现场监测项目之一。

水温计法 适用于测量表层水的温度。水银温度计安装在特制金属套管内，套管有可供温度计读数的窗孔，套管上端有一提环，以供系住绳索，套管下端旋紧着一个有孔的盛水金属圆筒，水温计的球部应位于金属圆筒的中央。测量范围为−6～40℃，分度值为 0.2℃。测定时，将水温计投入水中至待测深度，感温 5 min 后，迅速上提并立即读数。从水温计离开水面至读数完毕应不超过 20 s，读数完毕后，将筒内水倒净。测量时应注意：①当现场气温高于 35℃或低于−30℃时，水温计在水中的停留时间要适当延长；②在冬季的东北地区，读数应在 3 s 内完成，否则水温计表面形成一层薄冰，影响读数的准确性。

深水温度计法 适用于水深 40 m 以内的水温的测量。其结构与水温计相似，盛水圆筒较大，并有上、下活门，利用其放入水中和提升时的自动启开和关闭，使筒内装满所测温度的水样。测量范围为−2～40℃，分度值为 0.2℃。测定时，将深水温度计投入水中，按与“水温计法”相同的步骤测定。

颠倒温度计法 适用于湖库等深层水温的测量。颠倒温度计有闭端（防压）和开端（受压）两种，均需装在采水器上使用。①闭端（防压）颠倒温度计用于测量水温，由主温计和辅温计组装在厚壁玻璃套管内构成，套管两端完全封闭。主温计测量范围为−2～32℃，分度值为 0.10℃；辅温计测量范围为−20～50℃，分度值为 0.5℃。②开端（受压）颠倒温度计与前者配合使用，确定采水器的沉放深度。测定时，将安装有闭端式颠倒温度计的颠倒采水器，投入水中至待测深度，感温 10 min 后，使采水器完成颠倒动作后，上提采水器，立即读取主温计上的温度。根据主、辅温计的读数，分别查主、辅温计的器差表（由温度计检定证中的检定值线性内插作成）得相应的校正值。

（胡冠九）

shuizhi caiyangqi

水质采样器 （water sampler） 采集水质样品的装置。根据采样目的的不同，常用塑料材质（聚乙烯）、玻璃材质（硬质玻璃）和不锈钢材质。塑料材质适于采集金属、放射性元素和其他无机水样；玻璃材质适于采集有机物和生物样品；不锈钢材质适于采集高浓度碱性废水等特殊样品。

分类 利用水的重力势能、大气压力等物理方式，将水样采集到固定容器中，包括手工采样器和自动采样器两种。手工采样器使用人力直接采取水样。自动采样器使用控制电路对采样、分样过程进行自动控制，适用于与流量成比例的库斗式采样器，是一种智能化多功能吸入式水样分瓶采样装置，可以根据水样采样要求，实现多种采样方式及多种装瓶方式。

结构 手工采样器与自动采样器相比结构较为简单。

手工采样器 包括水桶、单层采水瓶、直立式采水器和虹吸式连续采水器，见图 1—图 4。

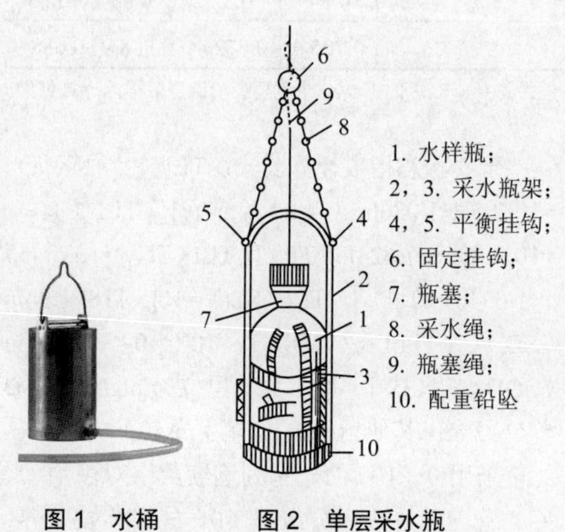

图 1 水桶 **图 2 单层采水瓶**

图3 直立式采水器

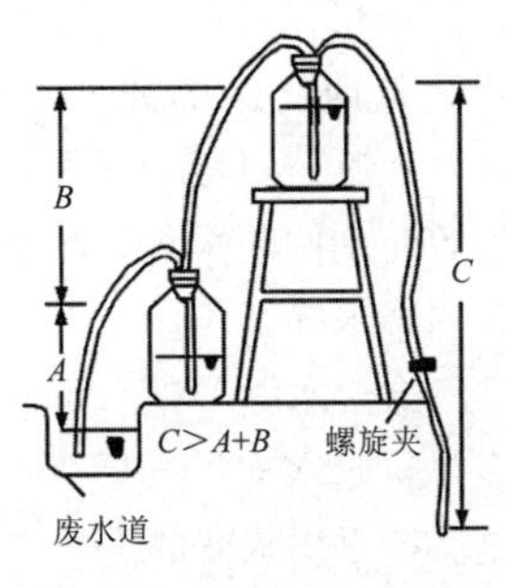

图4 虹吸式连续采水器

注：A 表示采样水位面与一级采水管出口垂直高度差；B 表示一级采水管出口与二级采水管出口垂直高度差；C 表示采样出水口与二级采水管出口垂直高度差。

自动采样器 包括以下六个部分。

控制器 一般包括流量控制和采样控制两大模块。通过控制电路，对流量及采样比例、频次、时间进行设置，从而控制等比例采样。

采样装置 通过采样口将代表性样品按照控制器设定，定时、定量采样，一般包括采样口、采样探头、采样管路和采样动力系统等。

分配装置 将采集到的样品按照时间顺序分配到不同的采样瓶中。

冰柜 部分自动采样器配备冰柜，通过低温、避光来保存水样。

采样瓶 盛装水样、密闭保存的容器，避免水样受到空气等介质的干扰和污染，保证其代表性。

操作及显示屏 对采样全过程的流量、时间、采样频次和采样量等进行设置和显示。通常显示屏有按键式和触摸式两种，可显示各项瞬时参数和平均参数等。

特点 手工采样器通过对采样装置中气压等的设定，可以采得固定深度的代表性样品。一般情况下自动采样器具有设定、校对和显示时间的功能，包括年、月、日和时、分、秒；可自动连续或定时、定量、按设定比例采样及水质超标事件触发自动采样；具有自动分瓶功能，计量精度自动校准，有故障报警功能；具备通信接口，能读取和传输内部数据，可进行远程控制。

应用 水质采样器在环境、水利、农业、海洋等领域有着广泛的应用。工业污染源监测时，通过采集有代表性的等比例样品，对污染物总量进行核算，从而控制污染源的排放。在饮用水水源地，合适的水质采样器与自动样品分析系统相结合，还能起到监测预警的功能，保障广大人民群众的饮水安全和身体健康。在环境监测领域，使用不同类型的水质采样器，可以采集水体表面到水下几百米的样品以及水中浮游和底栖生物样品，极大地丰富和拓展了环境监测的范围。

发展趋势 随着科学技术和环保要求的发展，水质采样器也处在迅速发展与改善之中。水质采样器由手工采集，发展到全自动采集；由瞬时水样采集，发展到连续水样采集、等比例采集。由于系统控制及集成技术的应用，在水质自动监测站中，自动采样器还可以实现远程控制、故障报警、污染事故留样等功能。今后水质采样器将向采集深水分层样品、生物样品、油类样品以及微流量微扰动采样和采集原位样品等方向发展，并在地表水自动连续监测系统中实现在线过滤式采样。（朱擎）

shuizhi dengbili caiyangqi

水质等比例采样器

（water equal proportion sampler） 按时间、体积、流量比例等方式采集水样品的装置。等比例采样器可以根据采集要求实现多种采样方式（定量采样、定时定量采样、定时定流采样、定流定量采样和远程控制采样）和多种装瓶方式（每瓶单次采样、每瓶多次采样以及混采），是对江、河、湖泊、企业排放废水等科学监测的理想采样工具。

原理 等比例采样器的流量系统可计量日累计排水量和瞬时流量，采样系统可按要求设置采样频次和某一流量的采样体积。根据瞬时流量与设置的参比流量等比例采集日均浓度水样，经分析可得到其污染物的日均浓度值，再据此求出该污染物的日排放总量。

结构和特点 见水质采样器。

应用 在污染物排放总量监测中，由于污染物具有时间、空间分布和综合污染因素变化大的特点，手工采样器采样获得一个企业某污染物的日排放总量很困难，水质等比例采样器可解决这一难题。此外，等比例采样器在暴雨径流、非点源污染监测和下水道合流溢流监测等领域也有较多的应用。

发展趋势 水质等比例采样器由最初的设定参数单一，发展到现在可以多参数、多范围设定。冰柜的引入，延长了样品的保存时间；仪器设备材料的改进，提高了采样器的耐腐蚀、耐酸碱能力；加工精度高、便携式等比例采样器也得到广泛应用。今后，等比例采样器将向小型化、节能化、精密化发展，并与分析系统相互整合成为一体化的采样分析系统。

（朱擎）

shuizhi yangpin

水质样品 （water sample）

简称水样，是为监测环境水体和废水中各种水质指标，而连续或不连续地从特定水体中采集的具有代表性的样品。水样采集是环境监测工作中的一个重要环节，获取水样品的目的是为了测定水中物理、化学、生物和放射性指标，监测各种规定的水质特性。水质样品的代表性是取得正确评价结论的前提，因此，必须选择具有代表性的监测断面或监测点位，采用规范化的采样方法，在规定的时段内采集样品，并保证样品在保存和运输过程中保持其原有的特性。

水质样品可以按照采样时间和来源等分类。按采样时间分类可分为瞬时水样、混合水样、综合水样、周期水样和连续水样等；按来源分类可分为地表水样、地下水样和污水样。

瞬时水样 在某一时间和地点从水中不连续地随机采集的单一样品。水质稳定组分在相当长的时间或相当大空间范围内变化不大时，瞬时水样能代表一定时间和空间范围内的水质特性，否则只能代表采样瞬间的水质特性。

混合水样 在同一采样点、不同时间采集的多个瞬时水样混合后的样品。在某一时段内，在同一采样点位（断面）所采水样量，随时间或流量成比例的混合水样叫作等比例混合水样。在某一时段内，在同一采样点位（断面）按等时间间隔采等体积水样的混合水样叫作等时混合水样。

综合水样 把从不同采样点同时采集到的多个瞬时水样混合后所得到的样品。综合水样是获得平均浓度的重要方式。

周期水样 包括两类：①固定时间间隔周期性采集的样品，通过定时装置自动控制采集样品的开始和停止时间。②固定排放量间隔周期性采集的样品，按一定体积或流量设定采样间隔。

连续水样 在固定流速下采集连续样品（取决于时间或时间平均值）或在可变流速下采集连续样品（取决于流量或与流量成比例）。对于流速和待测污染物浓度都有明显变化的流动水，采集流量比例样品是一种精确的采样方法，代表水体的整体质量。

地表水样 采集自地表水体中的水样。按照采样深度可分为表层水样、中层水样和底层水样；按照类型可分为河流水样和湖泊水库水样等。

地下水样 采集自地下水体中的水样，主要包括井水水样、自来水或抽水设备中的水样等。

污水样 采集自污水排放源的水样。排放污水企业的生产周期性影响着排污的规律性，不同的工厂或车间生产周期不同，排污的周期性差别也很大。为得到代表性的污水样，应根据排污情况进行周期性采样，一般应在一个或几个生产或排放周期内，按一定的时间间隔分别采样。对于性质稳定的污染物，可对分别采集的样品进行混合后测定；对于性质不稳定的污染物可在分别采样、分别测定后取其平均值。生产的周期性也影响污水的排放量，在排放流量不稳定的情况下，可将一个排污口不同时间的污水样，依据流量的大小按比例混合，得到平均比例混合的污水样。（安国安）

推荐书目

国家环境保护总局《水和废水监测分析方法》编委会. 水和废水监测分析方法. 4 版. 北京：中国环境科学出版社，2002.

shuizhi zidong jiance

水质自动监测 （water quality automatic monitoring） 通过自动水质分析仪，运用自动控制技术及系统软件，对地表水进行实时连续采样、分析测定和处理传输监测数据的过程。水质自动监测包含水样采集与处理、分析测试、远程监控以及信息传输、处理及报告等。

沿革 水质自动监测在国外起步较早，美国1959年开始对俄亥俄河进行水质自动监测，1960年纽约州开始建立水质自动监测系统，1975年美国水质自动监测网已发展到共有13 000多个监测站。我国于1988年在天津设立了第一个水质连续自动监测系统，1995年，上海和北京等地也先后建立了水质自动监测站。1999年以来，水质自动监测系统建设发展较快，环境保护部先后在31个省（自治区、直辖市）建成了149个地表水国控水质自动监测站，各省也建设了一批水质自动监测站，据不完全统计，目前国家与地方建成的水质自动监测站有1 000多个，水质自动监测系统成为重点流域、饮用水水源地和省市县交界水体以及国界河流水污染监控的重要手段。目前我国水质自动监测系统运行主要依据HJ/T 96～104—2003，该系列标准包括9个水质参数的自动分析仪技术要求，即pH、电导率、浊度、溶解氧、高锰酸盐指数、氨氮、总氮、总磷和总有机碳。

系统组成 一个完整的水质自动监测系统至少包括7个部分：①站房。站房选址应能采集有代表性的水样，并且具备供水、供电和交通方便等条件。②采水单元。通常有潜水泵式和离心泵式两种，根据站址的水文等情况选用不同的采样方式。采水单元具有防堵塞、自动反冲洗和安装维护方便等基本功能。③水样前处理及配水单元。负责完成水样的前处理，将水样导入相应的管路，以达到水样输送和清洗的目的。根据水质自动分析仪的要求选择合适的水样前处理方式，前处理单元具备过滤、定期反冲洗、压力和流量指示等基本功能。④分析测试单元。由在线水质自动分析仪和水文测量仪器等组成。通常在线水质自动分析仪的分析对象包括常规五参数（水温、pH、溶解氧、电导率和浊度）、化学需氧量、高锰酸盐指数、总有机碳、氯离子、氟离子、氰化物、氨氮、硝酸盐、总氮、磷酸盐、总磷、酚类和石油类等。水文测量仪器主要包括流向/流速计、流量计和水位计等。⑤控制单元。主要采用可编程控制器对系统实施控制，具有对分析仪器设备的安全保护、自动开/关机、自动清洗、断电保护和来电恢复等基本功能。⑥数据采集及通信单元。负责完成监测数据从各水质自动监测站到监测中心的通信传输工作。⑦辅助单元。主要包括空气压缩设备、防雷设备、不间断电源、水净化设备、纯水制备设备和废水收集处理设备等，是保证水质自动监测系统连续、安全、可靠运行的条件。

应用 水质自动监测有利于实施水功能区管理和污染物排放总量控制，促进水资源管理的现代化；可对水源地的水质进行24 h不间断监测，实现远程监控，一旦发生异常即可预警，为保障水源地供水安全提供有效的技术监督手段；水质自动监测系统具有预警功能，可及时发现污染事故，分析自动监测数据变化趋势，判断污染程度，对下游水质污染做出预警预报，对于减轻污染事件危害具有重要意义；在跨界河流敏感点建设水质自动监测站，实时监控水质变化情况，可以提供相对客观、准确的水质监测数据。

（李东一）

si-90 ceding

锶-90测定 （determination of strontium-90） 对水、土壤及生物等环境介质中的锶-90定性定量分析的过程。锶-90是铀的裂变产物之一，半衰期为28.79年，一般来自核爆炸或核燃料产物，扩散性不强。锶-90是纯β衰变核素，β射线的最大能量为0.546 MeV。锶-90衰变子体钇-90也是β衰变核素，β射线的最大能量为2.288 MeV，半衰期为64.2 h。由于钇-90的半衰期短且β射线能量大，常通过测量与锶-90处于放射性平衡状态的钇-90 的放射性活度来计算锶-90 的含量。

在锶-90 的分离过程中，关键是与同族元素钙、钡及镭之间的分离，尤其是锶与钙的分离；其次就是从锶-90 和其他放射性核素中分离出放射性的钇-90，以便测定β活度。目前分离和纯化环境介质中的锶-90 方法主要有发烟硝酸法和萃取色层法。

发烟硝酸法 主要用于分析水和生物样品。

水中锶-90 钙、锶和钡在浓硝酸中的溶解度差别较大。用碳酸盐沉淀法使水中锶与钙等元素共沉淀；沉淀再溶解，用发烟硝酸沉淀锶和钡，除去钙和大部分其他干扰元素；用无二氧化碳的氨水进行氢氧化铁沉淀，除去稀土元素；用铬酸钡沉淀除去钡、镭和铅；以碳酸盐形式沉淀锶。将沉淀放置 14 d 后分离和测量锶-90 的子体钇-90，从而确定锶-90 的含量。该方法适用于核工业排放废水中锶-90 活度浓度为 0.1～10 Bq/L 的分析。

生物中锶-90 首先用王水浸提样品灰，沉淀溶解后用草酸使样品中的锶和钙等元素以草酸盐的形式沉淀，后续步骤同该方法中“水中锶-90”。

萃取色层法 主要用于分析水、生物和土壤样品。

水中锶-90 包括快速法和放置法。快速法是水样首先用碳酸盐沉淀法使锶与钙等元素共沉淀，沉淀溶解后通过涂有二(2-乙基己基)磷酸（HDEHP）的聚三氟氯乙烯（kel-F）层析柱吸附钇，使钇与锶、铯等低价离子分离。再以 1.5 mol/L 硝酸淋洗层析柱，清除其他被吸附的铈、钷等稀土离子，并以 6 mol/L 硝酸解析钇，以草酸钇沉淀进行β计数和称重。放置法的前处理过程与快速法相同，在通过层析柱前将溶液调至 pH 为 1.0，通过层析柱，除去钇和稀土等元素。将流出液放置 14 d 以上，使钇-90 与锶-90 达到放射性平衡，再次通过层析柱，分离和测定钇-90。该方法适用于分析饮用水、地表水和核工业排放废水中活度浓度为 0.01～10Bq/L 的锶-90。

生物中锶-90 锶和钇从试样的盐酸浸提液中以草酸盐形式沉淀，经灼烧后用硝酸溶解，调节酸度为 1.5 mol/L，后续通过层析柱的步骤同该方法中“水中锶-90”。该方法适用于动、植物灰中锶-90 活的分析。

土壤中锶-90 土壤样品用盐酸浸提，以草酸盐沉淀浓集锶和钇，硫化铋沉淀除铋，后续通过层析柱的步骤同该方法中“水中锶-90”。

（周彦）

suanchenjiang jiance

酸沉降监测 (acid deposition monitoring)

为了解和掌握大气中酸性污染物的自然沉降状况和趋势而开展的监测活动。分为湿沉降监测和干沉降监测。湿沉降监测指对高空雨滴吸收大气中酸性污染物降到地面（雨、雪、雹和雾等）开展的监测活动。干沉降监测指对不发生降水时，大气中酸性污染物在重力和颗粒物吸附等作用下的沉降开展的监测。

沿革 酸沉降监测随着酸雨的产生而发展，20 世纪 40 年代，由于工业污染导致的酸雨现象越来越显著，引起发达国家学者的关注，并逐渐开展了对酸雨的监测和研究。1972 年，瑞典政府向联合国人类环境会议提交了《跨国界的大气污染：大气和降水中硫的影响》报告后，引起各国政府层面的关注。美国在 20 世纪 70 年代末开始建立国家湿沉降监测网络，80 年代末开始建立国家干沉降监测网络。中国的酸雨研究与监测开始于 20 世纪 70 年代，1982—1984 年原国家环境保护局开展了全国酸雨调查，建立了全国酸雨监测网。

目的和意义 目的是了解和评价某一地区或区域的酸沉降状况与变化趋势，掌握酸沉降的区域分布状况和污染程度，为制定酸沉降控制策略、评估控制效果提供依据。意义在于通过酸沉降监测，了解大气中致酸污染物的总体浓度水平，估算酸雨影响区域或生态系统的输入量，反映大气综合污染程度。

分类 根据监测对象状态，分为湿沉降监测和干沉降监测。根据监测周期长短，分为长期监测和短期监测。根据监测目的，分为现状监测和变化趋势监测。根据监测点位代表性，分为城区监测、郊区监测、区域监测和背景（本底）监测。

湿沉降监测 包括样品采集、现场监测、样品保存运输、样品前处理和样品实验室分析等过程。采样可以使用手工采样器或自动采样器，采样周期一般为 24 h，或根据监测目的确定。现场测定降水量，取部分样品在采样现场测定电导率和 pH；其余样品用 0.45 μm 滤膜过滤后，保存在惰性材质（如聚乙烯）的密闭容器中，保存条件为 3～5℃，不具备冷藏条件时，可向样品中加入对后续测定无影响的保存剂，如百里酚（2-异丙基-5-甲基酚）等。

实验室的测定项目包括电导率、pH、SO_4^{2-}、NO_3^-、F^-、Cl^-、NH_4^+、Ca^{2+}、Mg^{2+}、Na^+和 K^+等。此外，根据实际需要还可以测定 HCO_3^-、Br^-、$HCOO^-$、CH_3COO^-、PO_4^{3-}、NO_2^-和 SO_3^{2-}等。

电导率和 pH 采用电极法；SO_4^{2-}采用离子色谱法、硫酸钡比浊法、铬酸钡-二苯碳酰二肼光度法；NO_3^-可采用离子色谱法、紫外分光光度法；F^-可采用离子色谱法、新氟试剂光度法；Cl^-可采用离子色谱法、硫氰酸汞高铁光度法；Ca^{2+}、Mg^{2+}、Na^+和 K^+采用原子吸收分光光度法；NH_4^+采用纳氏试剂分光光度法。

监测结果一般包括每日降水或每场降水的 pH、电导率、降水量、离子浓度等。通过雨量加权，计算出降水 pH、离子浓度、离子湿沉降通量的月均值、年均值等指标。

干沉降监测 多采用间接方法，即测定空气中气态污染物和空气颗粒物的化学成分，结合所监测地区的地表特性，估算干沉降通量。干沉降监测通常包括污染物测定和通量计算两部分。常用的污染物测定方法包括自动监测法和多层滤膜法。①自动监测法使用自动监测设备，直接测定空气中 SO_2、NO_x 等酸性气体的浓度。②多层滤膜法包括采样滤膜的准备、采样、样品的前处理和保存、样品分析等过程。如四层滤膜法的滤膜包括，F0：聚四氟乙烯膜；F1：聚酰胺膜；F2：用 K_2CO_3（或 Na_2CO_3）等处理过的纤维膜；F3：用 H_3PO_4 等处理过的纤维膜。现场通常以 1 L/min 流量采样 1 周。测定时，用去离子水和双氧水浸提滤膜，浸提液过滤后，用离子色谱法分析 SO_4^{2-}、NO_3^-、NH_4^+、Ca^{2+}等指标含量，计算出气态 SO_2、HNO_3、HCl、NH_3 的浓度和颗粒中不同离子的浓度。多层滤膜法能同时测定颗粒物的化学组成，在干沉降监测中得到了广泛的应用。

在具备计算模型、气象资料和地表特性等条件下，可计算出干沉降速率值，结合测定的空气污染物浓度，估算干沉降通量。

发展趋势 在国际和地区性监测网络、国家监测网络中，在区域尺度设置监测点位开展酸沉降监测，研究空气污染物的传输和迁移转化过程，评估区域城市间的污染贡献率，将成为酸沉降监测的重要任务。干沉降在总的酸沉降中占有较大比例，但由于干沉降速率的估算较复杂，在多数国家尚未普遍开展。随着干沉降监测研究的深入和计算模型精度的提高，监测和估算干沉降通量，全面评估酸沉降对环境和生态系统的影响，是酸沉降监测的发展方向。

（郑皓皓）

suanyu zidong caiyangqi

酸雨自动采样器 (acid rain automatic sampler)

降雨时能够自动收集雨水样品，准确测量降雨量，并能长时间保存雨水样品，供酸雨成分分析的仪器。

酸雨监测和研究的第一步是按规定要求对降雨进行收集（采样）。初期采用手工方法完成。由于手工收集不能保证采样的及时性、容易漏采、清洗达不到要求，使后期工作意义大减，并且无法弥补。20 世纪 80 年代开始，陆续有酸雨自动采样器问世，定量采集雨、雪样品以及干降尘，主要用于环境监测、气象研究等的酸雨定量分析。

工作原理是在采样容器上装配能自动开关的密封盖，有降雨发生时，密封盖自动打开，将雨水收集在采样桶内，降雨停止后，密封盖自动关闭，将样品保存起来待分析。

酸雨自动采样器主要由传感器、雨水收集器、采样桶和雨量计等部分组成。根据其自身设计构造，采用一个大容量样品瓶或者几个独立用于每天或每周样品收集的样品瓶。在实验分析结束后，可非常容易取出每个样品瓶。设备恒温隔离箱体内的每个测量组件都是用化学中性材料制造，箱体采用自动通风设计，降低了因太阳的强辐射而带来的高温影响。

（陈多宏）

Suoshi tiqu

索氏提取　（Soxhlet extraction）　又称沙式提取、脂肪提取，是利用溶剂回流、虹吸原理，从气态颗粒物、土壤、沉积物或生物组织等固体样品中提取非挥发性和半挥发性有机化合物的方法，是固体样品萃取的经典方法。

提取前将固体样品研碎，包裹于滤纸套内，置于提取器中，提取器的下端与盛有溶剂的圆底烧瓶相连接，上面接回流冷凝管；加热圆底烧瓶，使溶剂沸腾，蒸气通过提取器的支管上升，被冷凝后滴入提取器中，溶剂和样品接触、萃取，当溶剂面超过虹吸管的最高处时，含有萃取物的溶剂虹吸回烧瓶，萃取出一部分化合物。如此重复，使固体物质不断为纯的溶剂所萃取，并将萃取出的物质富集在烧瓶中。根据需提取的化合物性质，选择适当的提取溶剂。提取溶剂与样品的比率为 10～30，回流时间为 6～24 h。

作为固体样品的经典萃取方法，索氏提取虽然萃取效率高，但与微波萃取、加速溶剂萃取等新技术相比，存在溶剂用量大、萃取时间长且操作复杂等缺点。为提高萃取效率、缩短萃取时间、减少溶剂使用量，出现了自动索氏提取方法。该方法可比索氏提取减少一半溶剂用量，并减少萃取时间。　（南淑清）

Suoshi tiquqi

索氏提取器　（Soxhlet extractor）　又称脂肪抽取器或脂肪抽出器，从固体物质中提取化合物的装置。

索氏提取器由提取瓶、提取管和冷凝器三部分组成。利用溶剂回流及虹吸原理，使固体物质连续不断地被纯溶剂萃取。提取时，将待测样品包在脱脂滤纸内，放入提取管内。提取瓶内加入萃取溶剂，加热提取瓶，萃取溶剂气化，由连接管上升进入冷凝器，凝成液体滴入提取管内，浸提物料。待提取管内萃取溶剂液面达到一定高度，经虹吸管流入提取瓶。流入提取瓶内的溶剂继续被加热、气化、上升、冷凝，滴入提取管内，如此循环往复，直到抽提完全。

索氏提取器具有动态提取、连续回流、减少溶剂用量等优点，但提取温度低，难以进行热溶剂提取，且提取器为开放系统，为提取物带来不稳定因素。

索氏提取器广泛应用于固体样品的提取分离，很多国家标准方法及行业标准方法中，都将索氏提取作为样品前处理的手段，随着这些标准方法的实施，索氏提取器在环境监测等领域得到广泛应用。近年来，同时萃取多个样品的全自动索氏提取器得到快速发展，通过自动控制，精确设定萃取时间和温度等，使整个操作过程自动化程度更高。　（彭华）

T

ta ceding

铊测定 (determination of thallium) 对水、气、土壤等环境介质中的铊进行定性定量分析的过程。铊（Tl）是一种高度分散的稀有重金属元素，被广泛应用于高能物理、医药卫生、航天、电子通信、军工和化工催化材料等领域。铊有极强的蓄积性，其毒性远超过汞、镉等，铊在体内与蛋白质或酶的巯基结合而引起细胞病变，还干扰钾离子有关的酶系统活性，引起各种中毒症状。铊有致突变和致畸作用，被列入优先控制的污染物名单。中国是铊资源丰富的国家，大量的铊通过矿山开采、金属冶炼、工业生产、地热开发以及与人们生活息息相关的电子产品等途径进入环境，在环境中积累。

样品采集、制备与前处理 见样品采集和样品前处理。

测定方法 目前微量铊的测定方法有原子吸收分光光度法、电感耦合等离子体发射光谱法及电感耦合等离子体质谱法等。

火焰原子吸收分光光度法 适用于含铊浓度较高的工业废水中铊的测定。水样可直接测定，或经萃取、吸附、共沉淀、流动注射-在线萃取、离子交换等富集处理后，用火焰原子吸收分光光度法测定（参见原子吸收分光光度法）。

石墨炉原子吸收分光光度法 适用于地下水、地表水、废水和固体废弃物浸出液中铊的测定。在硫酸-溴化钾介质中有三价铁存在时，将铊氧化为三价铊，与溴离子形成络阴离子，甲基异丁基酮（MIBK）萃取后，用石墨炉原子吸收分光光度计测定（参见原子吸收分光光度法）。

电感耦合等离子体发射光谱法 适用于地下水、地表水、废水、土壤、固体废弃物浸出液及气体中痕量铊的测定（参见原子发射光谱法）。

电感耦合等离子体质谱法 适用于地下水、地表水、废水、土壤、固体废弃物浸出液及气体中痕量铊的测定（参见电感耦合等离子体质谱仪）。 （张艳飞）

taisuanzhilei ceding

酞酸酯类测定 (determination of phthalate esters) 经过适当的样品采集和前处理后，选用合适的测定方法对水、气、土壤等环境介质中的酞酸酯类（PAEs）进行定性定量分析的过程。酞酸酯类又称邻苯二甲酸酯类，主要用作塑料制品的改性添加剂（增塑剂），由于使用量大，因而普遍存在于大气、水体、土壤环境中。酞酸酯类是一种具有类似雌激素作用的环境激素，会影响人体的内分泌系统，干扰人体正常的激素分泌。需重点控制的酞酸酯主要有 6 种：邻苯二甲酸二甲酯、邻苯二甲酸二乙酯、邻苯二甲酸二正丁酯、邻苯二甲酸丁基苄基酯、邻苯二甲酸二正辛酯和邻苯二甲酸双(2-乙基己基)酯。

样品采集和保存 见半挥发性有机化合物测定。

样品前处理 根据环境样品介质不同，采用不同的前处理方法。

空气和废气中的酞酸酯类经过 XAD-2 树脂吸附后，用乙腈-甲醇混合溶剂洗脱，液相色谱法分析。玻璃纤维滤膜用于采集空气颗粒物中的酞酸酯类，采集好的滤膜可用二氯甲烷超声波萃取，萃取液用 C_{18} 小柱净化，净化效果较好。

水中的酞酸酯类可采用液液萃取或固相萃取的前处理方式。液液萃取的溶剂可选用正己烷（或石油醚），液相色谱法分析；或者正己烷（或二氯甲烷）萃取，气相色谱-质谱法（GC-MS）分析。固相萃取可用 XAD-2 树脂吸附，乙腈-甲醇混合溶剂洗脱，液相色谱法分析；或用 C_{18} 固相萃取小柱吸附，二氯甲烷洗脱。

土壤样品的提取方法主要有索氏提取、加速溶剂萃取、超声波萃取和微波辅助萃取。索氏提取是公认的经典方法，提取效率高、稳定性好，缺点是提取时间长、溶剂用量大。其余 3 种提取方法的提取效率与索氏提取相当，并且具有溶剂用量少、提取时间短的优点。提取液通常选用 1∶1 的正己烷和丙酮，提取液可采用过活化的弗罗里硅土柱或凝胶色谱净化。

测定方法 酞酸酯类广泛用于塑料制品中，采样及测试过程中一定要避免使用塑料制品，而且所有的试剂和实验室用水使用前都必须经过纯化处理。测定方法主要有液相色谱法和气相色谱-质谱法。

液相色谱法 萃取液为乙腈-甲醇混合溶剂的，用醇基正相色谱柱分离；萃取液为正己烷的，用腈基柱或胺基柱分离，紫外检测器（波长 225 nm）测定。当采样体积为 60 L，洗脱液体积为 10 mL，进样量为 20 μL 时，空气和废气样品中酞酸酯类方法检出限为 0.03～0.1 mg/m^3；水样中酞酸酯类经大孔树脂吸附，当富集水样体积为 1 L，进样量为 10 μL 时，方法检出限为 1.5～6.0 μg/L。

气相色谱-质谱法 色谱柱选用毛细管柱。采用全扫描方式定性，选择离子方式定量，方法检出限为 0.1 μg/L。GC-MS 方法能避免气相色谱-氢火焰离子化检测器可能出现的假阳性结果。

发展趋势 液相微萃取是一种新型的无污染样品前处理技术，国外已有用中空纤维液相微萃取测定水中酞酸酯类的研究报道，国内也有用单滴液相微萃取技术和 GC-MS 联用测定水中酞酸酯类的研究，方法操作简单、快速、空白干扰少。此外，固相微萃取技术具有简单、无需使用溶剂等特点，有研究采用活性炭纤维代替传统的价格昂贵的涂层型纤维，具有价格便宜、耐高温的优点。但目前这两种微萃取方法都存在结果不够稳定、线性不够理想的缺点，更适用于水样中酞酸酯类的快速检测。在分析仪器方面，高效液相色谱-质谱联用分析技术利用色谱的高效分离和质谱的高灵敏度增加了分析方法的可靠性，尤其是串联质谱技术的应用极大地提高了分析方法的灵敏度，可实现痕量样品的在线检测，在痕量和超痕量浓度水平的酞酸酯类物质检测上的应用前景较为广阔。

（蒋海威）

tie ceding

铁测定 （determination of iron） 对水、气、土壤等环境介质中的铁及其化合物进行定性定量分析的过程。铁（Fe）在地壳中是含量丰富的元素，平均丰度为 4.7%，居第 4 位。铁是人和生物的必需营养元素，即使摄入过量，毒性也不大，因此，铁本身不是重要的污染物。虽然铁对人和动物毒性很小，但水体中铁化合物的浓度为 0.1～0.3 mg/L 时，会影响水的色、嗅、味等感官性状。环境中铁的污染主要来源于选矿、冶炼、炼铁、机械加工、工业电镀等行业。大气中的铁都以颗粒物的形态存在，最重要的铁污染源是钢铁冶炼业。

样品采集、制备与前处理 见样品采集和样品前处理。

测定方法 主要有邻菲啰啉分光光度法、火焰原子吸收分光光度法、电感耦合等离子体发射光谱法（ICP-AES）及电感耦合等离子体质谱法（ICP-MS）等。

邻菲啰啉分光光度法 适用于地表水、地下水及废水中铁的测定。亚铁离子在一定的 pH 范围内，与邻菲啰啉生成稳定的橙红色络合物，再利用分光光度计测定。

火焰原子吸收分光光度法 适用于地表水、地下水、工业废水、土壤、环境空气及固定污染源废气等中铁的测定。样品经前处理后，用火焰原子吸收分光光度计测定（参见*原子吸收分光光度法*）。

电感耦合等离子体发射光谱法 适用于地表水、地下水、工业废水、土壤及固定污染源废气等样品中铁的测定。样品经前处理后，用ICP-AES测定（参见*原子发射光谱法*）。

电感耦合等离子体质谱法 适用于地表水、地下水、工业废水、土壤及环境空气样品中铁的测定（参见*电感耦合等离子体质谱仪*）。

（于学普）

tielu bianjie zaosheng jiance

铁路边界噪声监测

（monitoring of noise on the boundary alongside railway line） 在铁路边界，即距铁路外侧轨道中心线30 m处，监测铁路机车车辆运行中产生的噪声排放值。

监测方法 测点原则上选在铁路边界高于地面1.2 m，距反射物不小于1 m处。测量仪器应符合《电声学 声级计 第1部分：规范》（GB/T 3785.1—2010）中规定的1型或2型以上的积分声级计或其他相同精度的测量仪器。测量时用“快挡”，采样间隔不大于1 s。监测时的气象条件应选在无雨无雪的天气。仪器应加风罩，四级风以上停止测量。测量时间应在昼间、夜间各选在接近其机车车辆运行平均密度的某一个小时测量。必要时，昼间或夜间分别进行全时段测量。测量方式是用积分声级计（或具有同功能的其他测量仪器）读取1 h的等效声级。

结果修正 背景噪声，即无机车车辆通过时测点的环境噪声，应比铁路噪声低10 dB（A）以上。若两者声级差值小于10 dB（A），按噪声测量值修正方法进行修正：差值为3 dB（A）时，修正值为−3 dB（A）；差值为4～5 dB（A）时，修正值为−2 dB（A）；差值为6～9 dB（A）时，修正值为−1 dB（A）。

评价方法 采用直接评价的方法评价。评价标准是：铁路边界噪声限值在昼间和夜间均为70 dB（A），昼间、夜间的时间由当地人民政府按当地习惯和季节变化划定。

（郭平 汪赟）

tongweisu shizongfa

同位素示踪法

（isotopic tracer method） 用同位素原子或其标记化合物，指示和追踪相应元素或化合物在生物体及其环境介质中的迁移、转化和积累，达到示踪目的的检测方法。

沿革 1923年，赫维西（Hevesy）首先用天然放射性铅-212研究铅盐在豆科植物内的分布和转移。1934年，约里奥-居里夫妇发现了人工放射性，为放射性同位素示踪法的快速发展和广泛应用提供了基本条件和有力保障。20世纪三四十年代，开始使用富集同位素标记物质示踪，稳定性同位素没有放射性损伤，也不会对所观测的过程带来扰动。到20世纪80年代，蒸馏法、精馏法和化学交换法获得了富集度极高的氘、碳-13、氮-15、氧-18和硫-34，测量仪器飞速发展，稳定性同位素研究发展迅速。20世纪90年代后，高丰度、价格适宜的稳定性同位素商品化，测量各类稳定性同位素示踪物质的质谱仪出现并商品化。21世纪，创立了同位素编码亲和标记和可视同位素编码亲和标记质谱技术，用于复杂蛋白质组和蛋白质（氨基酸）混合物的定量测定等。

原理 同位素示踪法利用的放射性核素、稳定性核素或其标记化合物，与自然界存在的相应普通元素及其化合物之间的化学性质和生物学性质相同，核物理性质不同。用同位素作为标记，制成含有同位素的标记化合物（如标记食物、药物和代谢物质等）代替相应的非标记化合物，利用放射性同位素不断地放出特征射线的性质，用核探测器追踪其位置、数量及转变等。稳定性同位素虽然不释放射线，但可以利用它与普通相应同位素的质量之差，通过质谱仪、色谱仪、核磁共振等分析仪器测定。

测定方法 同位素示踪法包括稳定性同位素示踪法和放射性同位素示踪法，稳定性同位素示踪法又分为同位素稀释法和天然同位素示踪法。同位素稀释法用富集或贫化同位素制备成示踪剂；天然同位素示踪法利用天然同位素在自然状态经历过程中产生的同位素变异，达到示踪目的。

在放射性同位素示踪测试中，一般根据实验目的和周期，选择衰变方式、辐射类型和半衰期适当且放射毒性低的放射同位素。如果用稳定性核素原子作为标记，通过探测该原子特征质量的方法追踪，示踪原子（又称标记原子）应选择核物理特征易于探测的原子。在特殊情况下，有时也采用标记的细胞、微生物、动植物等各类标记物。

应用 稳定性同位素没有放射性，不会造成二次污染，环境监测中用的指示剂从放射性标记物逐渐转向稳定性同位素标记物。稳定性同位素在特定污染源中具有特定的组成，且具有分析结果精确稳定、在迁移与反应过程中组成稳定的特点，被广泛应用于环境污染事件的仲裁、环境污染物的来源分析中。水污染研究中主要以碳、汞、铅、硫和氮作为示踪剂，推测水体中污染物的来源，分析污染物质随时间的迁移、变化。气态污染研究中主要以碳、铅和硫作为示踪剂，研究多环芳烃、燃煤排放的硫化物、汽油燃烧后的铅尘等。土壤污染研究中，多以铅、碳等的稳定性同位素作为示踪剂研究土壤污染源。

发展趋势 将更多稳定性同位素应用到环境监测中，将同位素示踪法的应用拓展到更多的目标污染物中，并建立和完善相应的定量源解析模型，提高源解析的准确度，是今后的研究和发展方向。 （马广文 郭志顺）

推荐书目

黄达峰，罗修泉，李喜斌，等. 同位素质谱技术与应用. 北京：化学工业出版社，2006.

tong ceding

铜测定 （determination of copper） 对水、气、土壤等环境介质中的铜进行定性定量分析的过程。铜（Cu）是人体必需的微量元素，成人每日的需要量约为 20 mg。铜对水生生物毒性作用很大，水中铜含量大于 0.01 mg/L 时，对水体自净有明显的抑制作用。铜的毒性与其在水体中的形态有关，游离铜离子的毒性比络合态铜大得多。铜及其化合物广泛存在于地下水、地表水、工业废水、土壤、环境空气和工业废气等环境要素中。世界范围内，淡水平均含铜 3 μg/L，海水平均含铜 0.25 μg/L。铜污染主要来源于电镀、冶炼、五金、石油化工和化学工业等。

样品采集、制备与前处理 见样品采集和样品前处理。

测定方法 主要有分光光度法、原子吸收分光光度法、阳极溶出伏安法、示波极谱法、电感耦合等离子体发射光谱法和电感耦合等离子体质谱法等。

分光光度法 包括 2,9-二甲基-1,10-菲啰啉分光光度法及二乙氨基二硫代甲酸钠萃取光度法。

2,9-二甲基-1,10-菲啰啉分光光度法 用盐酸羟胺将二价铜离子还原为亚铜离子，在中性或微酸性溶液中，亚铜离子和 2,9-二甲基-1,10-菲啰啉反应生成黄色络合物，于波长 457 nm 处测量吸光度（直接光度法）；黄色络合物也可用三氯甲烷萃取，萃取液保存在三氯甲烷-甲醇混合溶液中，于波长 457 nm 处测量吸光度（萃取光度法）。直接光度法适用于较清洁的地表水和地下水中可溶性铜和总铜的测定，萃取光度法适用于地表水、地下水、生活污水和工业废水中可溶性铜和总铜的测定。

二乙氨基二硫代甲酸钠萃取光度法 适用于地表水、地下水、生活污水和工业废水中总铜和可溶性铜的测定。在氨性溶液中，铜与二乙氨基二硫代甲酸钠作用，生成黄棕色络合物，该络合物可被四氯化碳或三氯甲烷萃取，其最大吸收波长为 440 nm。

原子吸收分光光度法 包括火焰原子吸收分光光度法、吡咯烷二硫代氨基甲酸铵-甲基异丁基甲酮（APDC-MIBK）萃取原子吸收分光光度法和在线富集流动注射-火焰原子吸收分光光度法等（参见原子吸收分光光度法）。

火焰原子吸收分光光度法 适用于地表

水、地下水、生活污水、工业废水、环境空气、土壤、海洋沉积物、海洋生物体及固体废弃物浸出液中铜的测定。样品经前处理后，用火焰原子吸收分光光度法测定。

APDC-MIBK 萃取原子吸收分光光度法 适用于地下水、清洁地表水及近海、沿岸、河口水中铜的测定。APDC 在一定的 pH 范围内与待测试样中的铜离子螯合后萃入 MIBK 中，用火焰或石墨炉原子吸收分光光度计测定。

在线富集流动注射-火焰原子吸收分光光度法 适用于地下水、地表水、饮用水等中铜的测定（参见铅测定）。

阳极溶出伏安法 见铅测定。

示波极谱法 见铅测定。

电感耦合等离子体发射光谱法 适用于地表水、工业废水、生活污水、土壤、植物和固定污染源废气以及固体废物样品中铜的测定（参见原子发射光谱法）。

电感耦合等离子体质谱法 适用于地表水、工业废水、生活污水、土壤、植物和环境空气以及固体废物样品中铜的测定（参见电感耦合等离子体质谱仪）。 （翟继武）

turang caiyangqi

土壤采样器 (soil sampler)

用于采集土壤样品的装置。

土壤采样器包括铁铲、铁镐、土铲、土刀、榔头、木片和竹片等使用简单、方便的小型工具，环刀、土钻等相对复杂的工具，以及各种综合采样器（箱），包括沙土采样器、壤土采样器、黏土采样器、冻土采样器、冰芯采样器、土壤表层采样器、土壤深层采样器、土壤原状采样器、土壤容重采样器、土壤剖面采样器、土壤有机物分析采样器、土壤重金属分析采样器、植物根系采样器、土壤气体采样器、土壤水采样器、土壤手动采样器、土壤动力采样器等系列土壤采集设备。

环刀 为两端开口的圆筒，下口有刃，圆筒的高度和直径均为 5 cm 左右，见图 1。主要用以研究土壤的一般物理性质，在容重（土体密度）、压缩、剪切和渗透等试验中必不可少。使用时环刀刃向下，切取土样时避免歪斜，使其垂直、均匀受力下切。使用前可将环刀涂抹少许凡士林。使用完毕后，将其擦洗干净并涂一些保护油，以防生锈。环刀每年至少要校正一次，并求出其体积和质量。

图 1 环刀

土钻 见图 2。根据不同土壤质地，选择合适的钻头。土钻分手工操作和机械操作两类。手工操作的土钻式样很多：采集浅层土样的矮柄土钻；观察 1 m 左右土层内剖面特征的螺丝头土钻，但采集土样量小；采集供化学分析或不需原状土的物理分析用土样时，使用开口式土钻；采集不破坏土壤结构或形状的原状土样，用套筒式土钻。采样时，土柱直径可以用不同直径的钻体控制，如 5 cm、10 cm 或更粗。根据采样需要，可在土钻前加上手柄或在土钻后加上延长杆，以方便采样。

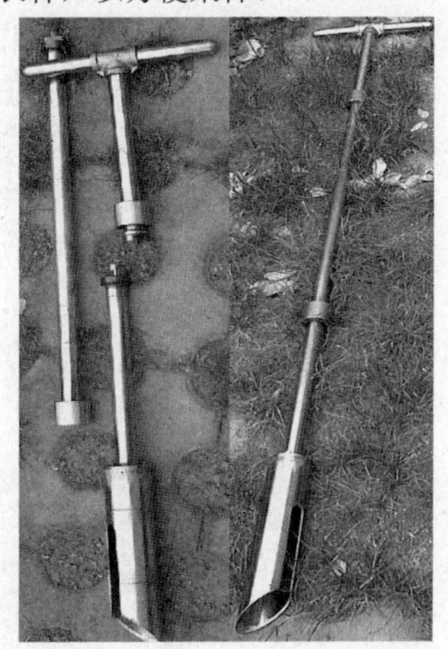

图 2 土钻

土壤综合采样器（箱） 根据不同监测要求（有机物分析采样、重金属分析采样、表层采样、深层采样、剖面采样等）和不同土壤质地（黏土、壤土、砂土、泥炭土），将若干不同钻头及土壤采样配件组装在特制的检测箱中。标准配置包括：一台汽油动力冲击锤；多个某型号钻头，长度、外直径和内直径根据需求配置；多个延长杆；T 型手柄；其他辅助工具。

（王琪）

turang huanjing zhiliang jiance

土壤环境质量监测 (soil environmental quality monitoring)

对土壤中各种无机、有机污染物及病原微生物的背景含量、来源与程度、迁移转化途径等进行监测的过程。

沿革 我国土壤环境监测工作起步于 20 世纪 70 年代初，主要集中在土壤元素背景值监测、土壤环境容量监测和土壤污染状况监测等方面。1977—1979 年、1978—1983 年和 1983—1985 年，分别由中国科学院、原农牧渔业部和原国家环境保护局牵头对局部地区环境背景值进行了调查研究。“七五”期间，原国家环境保护局主持开展了“全国土壤背景值调查研究”，测试项目以 13 种重金属元素为主，主剖面加测 48 种元素，出版了《中国土壤元素背景值》和《中华人民共和国土壤环境背景值图集》。1981—1983 年，原农牧渔业部对全国污水灌区土壤环境质量进行普查评价。“十一五”期间，环境保护部在全国范围内（除香港、澳门和台湾外）组织开展了“全国土壤环境污染状况调查”，分析测试项目包括土壤理化性质、无机污染物、有机物污染物等，建立起全国土壤环境质量数据库和土壤样品库，编制了一系列土壤环境监测的技术文件，绘制了全国土壤环境质量图集。

分类 按目的分为 4 种：①背景值监测。目的是掌握土壤的自然本底值，为环境保护、环境区划、环境影响评价及制定土壤环境质量标准等提供依据。土壤背景值是区域内很少受（或基本不受）人类生活和生产活动破坏与影响的情况下，土壤固有的化学组成和元素含量水平。②现状监测。对指定项目进行定期的、长时间的监测，包括对污染源的监督监测，以确定环境质量及污染源状况，评价控制措施的效果，衡量环境标准实施情况和环境保护工作的进展。③应急监测。发生污染事故时，分析主要污染物种类、污染来源，确定污染物扩散方向、速度和危及范围，为控制污染、制定正确的防控措施提供科学依据。④研究性监测。针对特定目的科学研究而进行的监测，例如，立足于监测工作的科研性监测、标准分析方法研究、标准物质研制以及受污染土壤修复效果监测等。

布点采样 ①布点：根据监测目的和要求并结合现场调查，确定土壤环境监测点位布设方法和布设数量。遵循全面性、代表性、客观性、可行性和连续性的原则。布点方法可选用简单随机法、分块随机法和系统随机法。②采样：一般采集深度为 0～20 cm 的表层土，城市土壤监测采集 0～30 cm、30～60 cm 上下两层土壤。特殊要求的监测（土壤背景、污染事故、建设项目环境评价等）选择部分采样点采集剖面样品或柱状样品。对于农田土壤环境监测，为保证采集样品的代表性，可在采样区内按照对角线法、梅花点法、棋盘式法或蛇形法采集表层土样制成混合样。样品重量遵从“等量”原则，一般取样量为 1～2 kg。③制样：易分解或易挥发等不稳定样品应尽快送达实验室分析测试，其他测试项目的土壤样品应制成风干样品，进一步经粗磨、细磨和过筛。

监测项目 根据《土壤环境质量标准》（GB 15618—1995），监测项目分常规项目、特定项目和选测项目，不同项目的监测频次也不同。①常规项目：原则上为《土壤环境质量标准》中要求控制的污染物，包括 pH、阳离子交换量、镉、铬、汞、砷、铅、铜、锌、镍、六六六和滴滴涕。监测频次为每三年一次，也可按当地实际情况降低监测频次，但不可低于每五年一次。②特定项目：为《土壤环境质量标准》中未要求控制的污染物，根据当地环境污染状况，确认在土壤中积累较多、对环境危害较大、影响范围广、毒性较强的污染物，或者污染事故对土壤环境造成严重不良影响的物质，具体项目由各地自行确定。③选测项目：一般包括新纳入的、在土壤中积累较少的污染物，由于环境污染导致土壤性状发生改变的土壤性状指标以及生态环境指标等，由各地自行选择测定。

标准样品 土壤标准样品是直接用土壤样品或模拟土壤样品制得，具有良好的均匀性、稳定性和长期保存性。土壤标准样品可用于分析方法的验证和标准化，校正并标定分析测定仪器，评价测定方法的准确度和测试人员的技术水平，开展质量控制工作，实现实验室内及实验室间、行业之间和国家之间数据具有可比性和一致性。

我国已经拥有多种土壤标准样品，如 ESS 系列和 GSS 系列等。使用时，选择合适的标准样品，使其背景结构、组分和含量水平等尽可能与待测样品一致或近似。

测定方法 土壤中重金属测定的前处理方法主要有全分解、酸浸提和有效态分析等。全分解包括酸溶法和碱熔法。酸溶法常用的消解溶剂体系有 HNO_3-HF-$HClO_4$、HNO_3-HCl-HF-$HClO_4$ 和 HNO_3-HF-H_2O_2 等；碱熔法常用的消解溶剂体系有 Na_2O_2、Na_2O_2-NaOH、Na_2O_2-Na_2CO_3 和 $KHSO_4$-$K_2S_2O_7$ 等。酸浸提常选用 HNO_3、HNO_3-H_2O_2 和王水等作为浸提剂。在有效态分析中，浸提剂可选用 HCl、HAc-NaAc 和 HNO_3 等酸试剂，$CaCl_2$、$NaNO_3$ 和 NH_4NO_3 等中性盐溶液，NH_4Ac 等缓冲溶液；络合剂可选用乙二胺四乙酸（EDTA）和二乙基三胺五乙酸（DTPA）等。消解方法有电热板、高压密闭消解和微波消解等。测定方法包括原子吸收分光光度法、电感耦合等离子体发射光谱法、电感耦合等离子体质谱法等，X 射线荧光光谱法和中子活化法可以不经消解直接测定土壤样品。

土壤有机污染物的前处理包括提取、净化和浓缩，常用提取方法有振荡提取法、索氏提取法、超声波萃取法、微波萃取法和加速溶剂萃取法等，常用的提取液的净化方法有层析法、固相萃取法、酸洗和碱洗等，常用的浓缩方法有旋转蒸发和氮吹等。分析方法主要有气相色谱法和液相色谱法等。

结果评价 见土壤环境质量评价。

发展趋势 土壤环境质量监测的发展方向主要为：①建立健全土壤环境标准体系，完善土壤环境质量标准，扩展监测项目，加快分析新技术和新方法的研究（尤其是前处理技术和生物监测技术），拓展评价技术，完善质量管理程序。②建立土壤环境监测网络及网络运行机制，开展农田土壤、企业周边土壤及生态保护土壤的常规监测。③加强我国土壤重点污染地块的评估建档及废弃企业场地再利用的土壤环境质量评估，开展土壤污染健康风险评价。④为全面反映土壤环境质量状况及使用价值，逐步开展土壤中微生物及重金属有效态的测定。⑤开展污染土壤修复效果监测。

（赵晓军 南淑清）

推荐书目

陈英旭. 环境学. 北京：中国环境科学出版社，2001.

刘凤枝，马锦秋. 土壤监测分析实用手册. 北京：化学工业出版社，2012.

turang huanjing zhiliang pingjia

土壤环境质量评价

（soil environmental quality assessment） 按照土壤环境质量标准、评价参数和评价方法，对一定区域范围内土壤环境的现状及变化趋势进行定性或定量评定的过程。

沿革 土壤评价历史悠久，早在战国时代的著作《周礼·地官司徒》就曾对土壤质量做过分类，但过去对土壤质量评价主要集中于土壤肥力和生产性能等方面。直到 20 世纪 50 年代随着环境污染问题的出现，人们才按照一定的方法和标准，对土壤环境是否污染进行调查、评估，对土壤污染问题进行定性评价，此后发展到对土壤污染程度进行定量评价。20 世纪 80

年代，北京、沈阳等地区对受冶金污水灌溉影响地区的土壤进行调查和评价，逐步将每年一次的土壤监测列为常规项目之一，但由于缺乏国家土壤质量标准，故多采用背景值方法评价。1990 年在原国家环境保护局主持下完成了“中国土壤元素背景值”的调查研究，为土壤环境质量评价提供了标准和依据，据此颁布的《土壤环境质量标准》（GB 15618—1995）填补了中国土壤环境质量评价标准的空白。近年来，随着人们对土壤污染状况的重视，土壤环境质量评价的研究和应用也不断深入，“十一五”开展了“全国污染环境状况调查”，“十二五”对土壤环境监测研究领域不断扩大，这些都为土壤环境质量评价提供了重要的技术探索。

分类 主要包括土壤环境质量现状评价和土壤污染影响评价。土壤环境质量现状评价目的在于掌握现时土壤的污染程度和污染范围，评价方法一般采用土壤污染指数法。根据计算各污染物的单因子指数和综合指数，确定土壤环境质量等级，并绘制土壤环境质量图。土壤污染影响评价根据土壤环境容量和土壤污染物输入量、累积量，来预测、评价人类活动排放污染物可能对土壤质量影响的程度和趋势，为提出减少土壤污染措施提供依据。

评价方法 土壤环境质量现状评价常见的方法有单因子指数法、综合指数法、区域背景值法、模糊数学评价法、层次分析法、灰色聚类法、人工神经网络法、物元可拓集法和土壤环境容量法等。土壤污染影响评价采用的方法主要是土壤环境容量法。

单因子指数法 单因子污染指数的计算公式是 $P_i=C_i/S_i$，即第 i 个污染物的实测值（C_i）与第 i 个污染物的评价标准（S_i）之比。该指数是目前土壤环境质量评价中应用较广泛的一种，方法的优点是以土壤环境质量标准作为基础，目标明确；同时，作为无量纲指数，具有可比较的等价性。但是，单因子指数法仅针对土壤的单一元素进行评价，不能反映土壤污染的综合状况。

综合指数法 目前土壤环境污染评价的主要方法。将土壤污染监测结果和土壤环境质量标准，通过环境质量指数的无量纲化后，应用叠加法、算术平均法、加权平均法、均方根法、平方和的平方根法、最大值法等方法计算得到综合指数，用以评价土壤环境质量。①叠加法是各项污染物单因子指数的简单叠加（加和），评价结果不具可比性，缺陷明显；②算术平均法是简单叠加法结果的算术平均，具有可比性，但单一元素污染情况不能有效识别；③加权平均法是赋予单因子污染权重，再对赋予权重后的单因子叠加（加和），可反映一组污染物对土壤环境的影响，但权重不易做到客观标准；④均方根法是算术平均法评价结果的开方计算，与算术平均法基本相同；⑤平方和的平方根法是各单因子指数平方后叠加（加和）再开方，充分利用各指数的信息；⑥最大值法（内梅罗指数法）是最大的单因子指数与单因子指数平均值的平方加和后的平均值再开方，兼顾了最高分指数和平均分指数的影响。

区域背景值法 利用一定自然区域内土壤中各种化学元素或化学组成的背景含量、分布类型及其变化规律，评价土壤环境质量的方法。土壤在陆生生态系统中受生物气候带的影响，呈地带性规律分布。不同区域、地带，元素在土壤中的淋溶、迁移、积累等地球化学行为不同，土壤中各种元素的背景含量和分布规律也有明显差异。区域背景值法以背景值作为基础，将高于背景值范围的土壤判断为污染；同时利用土壤背景值及土壤与植物中元素分布的相关性，再加上植株内元素的分布状况，判断污染来源。

模糊数学评价法 通过隶属度描述土壤污染状况的渐变性和模糊性，使评价结果更加准确可靠，目前主要应用于土壤重金属污染综合评价。该方法利用土壤质量分级差异中间过渡的模糊性，将土壤污染问题按照不同的分级标准，通过建立隶属函数区间内连续取值来进行评价。主要步骤有：①建立因素集；②确定评价集；③建立隶属函数；④确定加权模糊向量；⑤模糊复合运算。

层次分析法 20世纪70年代中期由美国著名运筹学家萨迪（A. L. Saaty）创立，分为以下几个步骤：①建立层次结构模型；②构造判断矩阵，求出最大特征根及其特征向量；③判断矩阵的一致性检验，构造各评价级别的相对重要性的两两比较判断矩阵；④层次单排列，把本层所有因素针对上层某因素通过判断矩阵计算出优劣顺序，采用求和法或方根法；⑤层次总排序，计算同一层所有因素对于高层（目标层）相对重要性权重。

灰色聚类法 主要步骤有：①划分污染级别；②确定聚类白化数，求出各污染级别相对应的聚类白化值；③数据的标准化处理；④确定白化函数，反映聚类指标对灰类的亲疏关系；⑤求聚类权，衡量各个污染因子对同一灰类的权重；⑥求聚类系数，反映聚类采样点对灰类的亲疏程度；⑦聚类，用灰色聚类法评价土壤质量，充分考虑级别分级之间的模糊性、灰色性，评价结果比指数法更具合理性，而且不必事先给出一个临界判断，直接得到聚类评价结果。方法简便、结果直观、具有实用性。

人工神经网络法 一类模拟生物体神经系统结构的新型信息处理系统，特别适用于模式识别和复杂的非线性函数关系拟合。在实际应用中，主要使用 B-P 网络模型，通常由一个输入层、一个隐层和一个输出层组成。评价步骤主要有：①培训数据的选择；②网络对象的建立；③网络培训；④数据仿真。人工神经网络评价过程简单，评价结果只与环境质量标准有关，不受人为因素的影响，评价结果真实可靠，具有可推广性。

物元可拓集法 评价中把土壤和各种污染物组成一个整体——物元来研究，步骤如下：①确定事物的评价指标及评价标准；②确定物元的经典域与节域；③确定待评物元；④确定评价指标的权系数；⑤计算土壤样本的关联度。

土壤环境容量法 土壤环境容量指土壤在环境质量标准的约束下允许容纳污染物的最大量，计算公式为 $Q_i=2\,250（S_i-B_i）$。式中，Q_i 为土壤对 i 污染物的环境容量；S_i 为土壤中 i 污染物的环境质量标准；B_i 为区域土壤中 i 污染物的背景值。土壤污染物累积量（残留量）计算公式为 $W=K（B+R）$。式中，W 为污染物在土壤中的年累积量；B 为区域土壤背景值；R 为土壤污染物的年输入量；K 为土壤污染物年残留率（年累积率），一般通过盆栽实验或小区模拟试验求得。用 W 值，推算出若干年后土壤污染物的总累积量 W_n，当 W_n 超过 Q 时，可能由于土壤污染而间接影响作物的产量和质量。

评价指标 土壤环境质量评价时，主要根据土壤污染物的类型和评价目的要求，选用不同的物理、化学和生物学评价指标。

物理指标 通常短时间难以发生较大改变，具有较好的稳定性。主要可选择土层深度、表层土壤厚度等指标。土地利用方式指标也往往纳入物理指标范畴，用于选取某一元素在不同土地利用方式中土壤标准限值的参考依据。

化学指标 《土壤环境质量标准》中规定的化学指标主要有总镉、总汞、总砷、总铜、总铅、总铬、总锌、总镍 8 种重金属（类金属）指标和六六六、滴滴涕 2 种有机氯农药指标。此外，阳离子交换量作为一个参考指标，可作为铬、砷等元素选取标准限值的参考依据。

生物学指标 应用最多的是土壤微生物指标，主要包括土壤酶活性、微生物生物量等。微生物指标是土壤环境质量变化最敏感的指标，但目前多数指标的测定尚有诸多困难，因此该指标未纳入《土壤环境质量标准》，未开展相关的评价工作。

发展趋势 土壤环境质量评价目前仍处于发展时期，许多方面还有待深入研究：①评价标准的合理性。根据评价目的、评价对象、评价内容灵活选择土壤环境质量评价标准，《土壤环境质量标准》中以中国土壤系统分类中的土类为基本单元、以元素或化合物的背景值总量为依据，将有效态含量纳入风险评价参数和地方标准的范畴。②评价方法的综合性。土壤环境质量评价的方法不同结果往往大相径庭，采用单一的方法很难得到全面的结果，采用多种方法综合评价是解决实际问题的有效途径。

③污染因子权重的统一性。由于各种污染物对人体的危害程度不同，确定其权重时应考虑污染物对环境的影响和人体危害程度，增强权重的科学性，进而提高土壤环境质量评价的有效性和准确性。

土壤健康风险评价指污染物进入土壤后，通过食物链传递导致的健康风险的评估过程，目前我国开展相关研究较少，是土壤环境质量评价的重要发展方向。土壤退化预测也是土壤环境质量评价的发展方向之一。土壤退化主要包括土壤盐碱化、土壤酸化、土壤侵蚀和沙化等。（申进朝）

tu ceding

钍测定（determination of thorium） 对水、土壤、生物、气体等环境介质中钍定量分析的过程。钍（Th）是一种高毒的放射性元素，主要指质量数为232的同位素，半衰期为1.39×10^{10}年，以化合物的形式存在于矿物内（如独居石和钍石），通常与稀土金属伴生。

通常环境介质中钍的含量很低，一般在$10^{-8}\sim10^{-6}$ g/kg（g/L），因此必须采用灵敏度高、准确性好的分析方法。目前主要分析土壤和水样品中的钍，普遍采用分光光度法。样品中的钍经浓集、分离纯化后用分光光度计测定，采用的显色剂有桑色素、钍试剂和偶氮胂III，方法的最低可探测限为10^{-7} g。对含量低于10^{-7} g钍的样品，可采用中子活化法，即待测样品经中子辐照和简单的分离后，用高纯锗谱仪测定，最低可探测限为1.5×10^{-9} g，但需要中子源且仪器造价高，因此应用并不普遍。

钍的分离纯化方法很多，有萃取法、反相层析法、离子交换法等，其中萃取法和反相层析法使用更为广泛，使用的萃取剂主要是三正辛胺、三正辛基氧化膦等。

土壤中钍的测定 土壤经过氧化钠熔融后，在1～2 mol/L硝酸介质中以硝酸铝作盐析剂，在酒石酸存在下，用甲基磷酸二甲庚脂萃取钍，用NaAc溶液反萃后，在4 mol/L盐酸溶液中用偶氮胂III显色，分光光度法测定，回收率为95%。

水中钍的测定 在盐析剂硝酸铝存在下，含8～10个碳原子的长链胺N_{235}从硝酸溶液中萃取钍的络合物。然后利用钍在盐酸介质中不能形成稳定阴离子络合物的特点，用8 mol/L盐酸选择性反萃钍。在饱和硝酸铝掩蔽剂存在下，以偶氮胂III为显色剂，分光光度法测定钍。

（许宏）

W

weibo fuzhu qianchuli zhuangzhi

微波辅助前处理装置 （microwave-assisted pretreatment instrument） 基于微波加热原理，利用样品中各组分吸收微波能力的差异，使待测组分从样品基体中分离的装置。待测组分为无机物时，在微波能作用下，用强酸或强氧化剂等试剂破坏样品中待测组分的初始形态，以无机离子最高或较高价态形式溶解，称为微波消解，相应的装置称为微波消解仪；待测组分为有机物时，在微波能作用下，有机溶剂有选择地将样品中待测组分以其初始形态形式萃取出来，称为微波萃取，相应的装置称为微波萃取仪。两种仪器运行原理及结构相似，某些商品化装置可同时用于消解和萃取。

沿革 1974 年 Hesek 等首次将微波加热用于样品前处理。1975 年 Ahu Samra 等将微波加热用于生物样品的湿法酸消解。此后该技术发展缓慢，大多数装置为敞口容器常压微波前处理，直至 1983 年马瑟斯（Matthes）等提出封闭容器微波消解。1986 年金斯顿（Kingston）和杰西卡（Jassic）设计了计算机实时监测消解温度和压力的微波消解装置；Ganzler 等提出了微波辅助萃取技术，使用家用微波炉萃取样品。此后，微波辅助前处理装置快速发展并广泛应用于样品前处理。

原理 微波指频率为 300～300 000 MHz 的电磁波。物质分子的偶极振动同微波振动频率相似，在快速振动的微波磁场中，分子偶极振动尽量与磁场振动相匹配，但往往滞后于磁场。物质分子吸收电磁能以每秒数十亿次的高速振动而产生热能。因此，微波对物质分子的加热是从物质分子出发，避免了对容器用传统加热方式加热，也称为“内加热”。

微波在传输过程中遇到不同物质时，产生反射、吸收和穿透现象。微波场中物质加热主要取决于物质在特定频率和温度下将电磁能转化为热能的能力。金属类物质等大多数良性导体能够反射而基本上不吸收微波，微波触及这些物质时，根据物质的几何形状把微波传输、聚焦或限制在一定范围内。消解/萃取容器用聚四氟乙烯等绝缘材料制成，可穿透并部分反射微波，通常对微波吸收较少，微波穿透这些物质时，几乎没有损失。而水、极性溶剂、酸、碱、盐类等消解/萃取溶剂，具有吸收微波的性质，微波穿过这些物质时，电磁能转化成热能从而使其温度升高，并使共存的其他物质受热。

结构 微波辅助前处理装置分为 6 部分：磁控管、波导管、波形搅拌器、负载转盘/样品架、微波炉腔和排风系统。

磁控管 微波消解装置的关键元件。磁控管是一个能产生大功率超高频微波振荡的二极真空管，管内有一个圆筒形阴极，阴极外包围着阳极，通过永久磁铁在阴极和阳极之间的区域内建立一个轴向磁场。磁控管的作用是产生微波能。

波导管 微波的传输通道。磁控管中产生的微波能通过波导管进入微波加热器（微波腔），波导管由能反射微波的材料制成。

波形搅拌器 在装置顶部的适当位置，安装一个由3～6个不同反射面组成的旋转翼片，用马达或气流带动，以一定的速度旋转，周期性地扰动微波的反射，进而改变装置内场或模式数的分布，使被加热介质周期性地碰到大小不同的场的作用而相对改善作用的均匀性。

负载转盘/样品架 由不吸收微波的玻璃或塑料制成，转盘一般在腔体底部，用马达驱动，被加热容器置于转盘上，周期性地改变在其腔体中的位置，从而提高样品处理均匀性。

微波炉腔 微波传播终点的加热器。微波进入炉腔后在壁与壁之间多次反射。炉腔壁由金属材料制成，微波炉壁的一面是炉门，门上设有网状金属板，网孔的大小以使微波不能穿透泄漏，但可以通过网孔观察到炉腔内情况为准。

排风系统 可快速降低炉腔温度。

分类 根据消解/萃取容器（消解/萃取罐）的类型可分为3类：开罐式装置、密闭式装置和在线系统。

开罐式装置 主要采用开口容器进行样品前处理。容器材料主要有玻璃、石英和聚四氟乙烯。磁控管发射微波，经非金属晶体聚焦后传播，为样品消解提供微波能。萃取仪与消解仪结构基本相似，只是微波通过波导管聚焦在样品容器上，容器与大气相通，仅能实现温度控制。开罐式微波萃取装置还可与索氏提取器结合，形成微波辅助索氏萃取。

密闭式装置 采用密闭的样品消解/萃取罐，将样品和试剂置于密闭的样品罐中，放入微波场中加热。加热过程中，样品罐内温度和压力急剧上升，通常温度可达到或超过试剂沸点。高温高压下，样品迅速完成消解/萃取。一般对罐体材料要求严格（根据待测组分选择高温玻璃、石英、聚四氟乙烯、特氟龙或强化改性聚四氟乙烯等），并设有防爆膜，同时对样品罐内温度和压力进行监视。

在线系统 主要用于微波消解。样品由载流携带，流经微波场完成消解，冷却后收集消解溶液待分析。不仅可用于流体，而且可用于制成浆体的样品。

应用 微波辅助前处理装置广泛应用于环境保护、化工、食品、香料、中草药和化妆品等领域，可从土壤、沉积物、大气颗粒物、粉尘、动植物、蔬菜和水果等样品中提取待测组分，如重金属、氯化物、有机磷、有机氯杀虫剂、半挥发性物质、除草剂、柴油、石油总烃、二噁英、呋喃、多环芳烃、多氯联苯等物质。微波消解/萃取方法被多个国家认定为国家或行业标准方法。

发展趋势 近年来，随着微波技术的发展，微波辅助前处理装置也取得了很大发展，但在实际应用中仍存在一些不足之处。例如，微波泄漏是微波辅助前处理装置普遍存在的问题，尽管一些装置加入了微波防泄漏装置，但其普遍性和有效性还有待进一步改进和提高。微波技术与固相微萃取、固相萃取、液相微萃取、流动注射等技术联用，进一步提高了装置功能，是今后的重点研究方向。（刘娟　彭华）

weiliang fenxi

微量分析 （micro analysis） 对取样量为微量的环境样品的监测分析过程。根据所需样品量的大小，广义上可细分为半微量分析（固体样品质量为0.01～0.1 g或液体样品体积为1～10 mL）、微量分析（固体样品质量为0.1～10 mg或液体样品体积为0.01～1 mL）和超微量分析（固体样品质量<0.1 mg或液体样品体积<0.01 mL）。与微量组分分析（待测组分相对含量为0.01%～1%）不同，微量分析可以是微量组分分析，也可以是常量组分分析（待测组分相对含量大于1%）或痕量组分分析（待测组分相对含量小于0.01%）。但在环境监测领域，通常将微量组分分析称为微量分析。微量分析可采用化学分析方法和仪器分析方法，现逐渐以仪器分析方法为主，包括定性分析和定量分析。

样品采集和保存的目的是得到均匀性好、具有代表性的样品，并确保在分析测试前待测组分的性质和量不发生变化。样品前处理的目的是使待测组分转化为最适宜测量的形式，消除基体与其他组分对测定的干扰。样品的分析测定应根据样品的性质、组成、待测组分的含量和对分析结果准确度的要求，以及实验室的具体情况选择适宜的分析方法。

定性分析可采用灼烧试验、热解产物试验、熔珠试验、焰色反应、点滴反应、显微镜分析等化学分析方法，也可采用原子发射光谱法、X射线荧光光谱法、电子能谱法、核磁共振法、红外光谱法、紫外可见吸收光谱法和质谱法等仪器分析方法。

定量分析常用的方法有：①化学分析方法，包括重量法和滴定法；②仪器分析方法，主要有紫外可见吸收光谱法、原子吸收分光光度法、原子发射光谱法、X 射线荧光光谱法、电化学法、质谱法、色谱法和中子活化法等。仪器分析法灵敏度高、选择性好、操作简单、分析迅速、适用范围广。（岳太星）

weinangzao dusu ceding

微囊藻毒素测定　(determination of microcystin) 经过适当的样品采集和前处理后，选用合适的检测方法对环境介质中的微囊藻毒素进行定性定量分析的过程。微囊藻毒素（MCs）是由蓝藻水华暴发产生的次生代谢产物，是一类单环七肽肝毒素物质，一般结构为环 D-丙氨酸-L-X-赤-8-甲基-D 异天冬氨酸-L-Y-Adda-D-异谷氨酸-N-甲基脱氢丙氨酸（结构式见图）。X、Y 为两个可变的氨基酸残基，这两个可变的 L-氨基酸的更替及其他氨基酸的去甲基化，衍生出众多的毒素类型，至今已发现 60 多种 MCs，其中存在最普遍也是含量较多的是 LR、RR、YR，其中 L、R、Y 分别代表亮氨酸、精氨酸和酪氨酸。

MCs 能够强烈抑制蛋白磷酸酶的活性，当细胞破裂或衰老时毒素释放进入水中，同时它还是强烈的肝脏肿瘤促进剂，其对水体环境和人群健康的危害已成为全球关注的重大环境问题之一。《地表水环境质量标准》（GB 3828—2002）将饮用水中微囊藻毒素-LR（MC-LR）含量限制为 1.0 μg/L。

样品采集与保存　用采水器采集 2～5 L 水样，经 0.45 μm 滤膜减压过滤除去水样中大部分浮游生物和悬浮物。滤液如果不能立即处理，可于−20℃保存，30 d 内分析完毕。

样品前处理　主要采用固相萃取法（参见固相萃取）。

测定方法　包括化学法和生物法。

化学法　包括高效液相色谱法和毛细管电泳法。

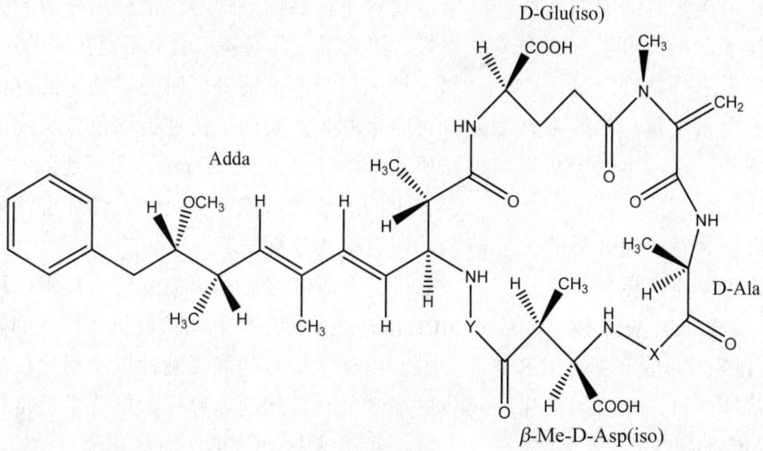

微囊藻毒素结构式

高效液相色谱法　最常用的 MCs 分析方法之一，能对不同 MCs 异构体进行分离定量。自然界中 MCs 常以痕量形式存在且干扰物质较多，所以色谱检测前必须进行萃取、富集和净化等前处理，再进行高效液相色谱（HPLC）分析，经紫外或二极管阵列检测器检测，将样品色谱图的保留时间和峰面积与标准品比较，实现定性和定量。但是高效液相色谱法要求标准品纯度高，且由于技术的限制，已发现的60多种MCs多数缺乏标准品，这在一定程度上限制了高效液相色谱法的应用。

毛细管电泳法 以弹性石英毛细管为分离通道，以高压直流电场为驱动力，依据样品中各组分之间的差异而实现分离的电泳分离分析方法。该法具有分析速度快、检测样品量多、易于实现自动化等优点。但是，同高效液相色谱法相比，其灵敏度较低。目前毛细管电泳法尚不是常规水体检测藻类毒素的手段。

生物法 包括生物分析法、细胞毒性检测法、酶联免疫吸附测定法、蛋白磷酸酶抑制法。

生物分析法 最早采用的常规毒性分析法，主要通过对小鼠进行灌喂或腹腔注射来鉴定藻毒素的毒性。用纯化的MCs或蓝藻中粗提取的藻毒素进行测试，根据半致死剂量可初步确定其毒性。该法具有操作简单、结果直观、快速等优点。方法缺点是需要消耗较多的毒素，灵敏度和专一性都不高；无法准确定量，也不能辨别毒素的异构体类型；小鼠的维持费用高、工作量大。因此，生物分析法通常只作为毒性检测的最初筛选方法，并且逐渐被其他方法代替。

细胞毒性检测法 利用毒素对细胞的毒性作用来检测毒素的一种技术，不仅可以判断毒素是否存在，还可以对毒素进行精确定量，检测能发挥相同毒性作用的毒素总量。该技术灵敏度虽然较高，但操作烦琐，基本上处于初步研究阶段，尚未推广应用。

酶联免疫吸附测定法 具有快速分析的优点。直接竞争酶联免疫吸附测定法原理是：将抗藻毒素抗体包被在多孔板上，被检样品、MC-LR标准品与标记有过氧化物酶的MC-LR竞争性结合多孔板上的抗体，过氧化物酶催化底物产生的颜色深浅与MC-LR的浓度成反比。也有将MC-LR牛血清白蛋白包被在多孔板上，利用第一抗体和带标记的抗体而建立的间接竞争酶联免疫吸附测定法。间接竞争酶联免疫吸附法比直接竞争酶联免疫吸附测定法灵敏度略高。酶联免疫吸附测定法只能测定MCs总量，不能区分MCs的异构体。

蛋白磷酸酶抑制法 依据MCs对蛋白磷酸酶1（PP1）和蛋白磷酸酶2A（PP2A）具有高效和不可逆的抑制作用，建立的酶活性检测方法。它是测定MCs总量的一种方法，可以测定分子水平上MCs的毒性效应，分析时间短、操作简便、检测灵敏度高、检测限达皮克级，但可能会因为蓝藻本身具有的内源蛋白磷酸酶活性使检测结果偏低。采用蛋白磷酸酶的同位素标记底物存在同位素废弃物问题。而蛋白磷酸酶-比色法、蛋白磷酸酶-荧光法的出现在一定程度上能解决这个问题，且具有经济、简便、无放射性污染等优点。

发展趋势 随着分析技术的发展，液相色谱-质谱联用技术（HPLC-MS）被应用于微囊藻毒素的测定中，且即使没有标准毒素，仅知道这种毒素的分子量，就可以对毒素进行定性分析。超高效液相色谱（UPLC）是近年来新发展的色谱技术。UPLC色谱柱采用小颗粒填料，增加了微囊藻毒素分析的通量、灵敏度及色谱峰容量，能极大地提高分析速度。

在快速检测方面，采用全自动在线固相萃取与液相色谱-质谱串联技术测定水中微囊藻毒素，实现了样品前处理与色谱分离分析的无缝对接，消除了人为误差；由于不存在浓缩步骤，极大地缩短了样品前处理时间，使用的有机溶剂可完全回收，实现了快速、绿色分析；该方法所需水样量仅为5～20 mL，即可达到优于检测要求的灵敏度，能够满足突发性环境污染事故的快速检测分析需求。

目前有研究将非标记免疫传感技术应用到MCs的在线监测中，利用抗原抗体反应的高特异性、电化学信号的高灵敏性以及现代信息技术的高智能化，构建非标记型电化学免疫传感装置，实现水中MCs的实时快速全自动检测。

（张蓓蓓）

weishengwu jiance

微生物监测 (microbiological monitoring) 通过对环境中微生物生长、生理、生化和生态（数量、种类和分布）等指标的测定，判断环境污染状况，评价环境质量及其变化趋势的过程。目前，微生物监测主要应用在水环境中。

沿革 1895年美国公共健康协会提出了对水环境开展微生物监测，1905年出版的《水和废水标准监测方法》中，除物理、化学方法外，也将微生物监测方法列入其中，成为环境监测系统微生物监测最早的标准文本。20世纪80年代以来，分子水平上的微生物研究迅速发展，分子微生物学应运而生，对传统的微生物监测技术起到了巨大的推动作用。

微生物菌种鉴定是微生物监测的关键环节之一。随着研究方法不断进步，微生物的分类与鉴定已经从最初的形态描述、选择性培养、生理生化鉴定，发展到分子特征分类鉴定技术。目前已经开展的微生物菌种鉴定包括致病菌鉴定和环境菌鉴定。鉴定手段包括形态学观察、生理生化特性鉴定、碳源自动分析鉴定、分子生物学鉴定、API（Analytic Products INC）细菌数值鉴定、基因功能分析、随机扩增多态性DNA技术、单链构象多态性技术、薄层层析（TLC）、全细胞脂肪酸分析鉴定、DNA（G+C）mol%含量测定和DNA/DNA同源性测定等。

方法及应用 开展微生物监测时，选择有代表性的一种或一类微生物作为指示微生物，通过对指示微生物的检测，间接了解水体是否受到污染，预报其污染趋势。常用监测指标有细菌总数和总大肠菌群。

细菌总数 指在营养琼脂培养基中，1 mL水样于37℃经24h培养后，所生长的细菌菌落总数，是测定水中需氧菌、兼性厌氧菌和异养菌密度的方法。水样中菌落总数越多，表明水被微生物污染程度越严重，病原微生物存在的可能性越大，但不能说明污染的来源。监测方法有平板法、3M纸片法等，以国家标准规定的平皿法应用最为广泛。因为细菌能以单独个体、成双成对、链状、成簇等形式存在，而且没有任何单独一种培养基能满足水样中所有细菌的生理要求，所以由此法所得的菌落数实际上要低于被测水样中真正存活细菌的数目。

总大肠菌群 37℃生长时能使乳糖发酵产酸产气、使培养液呈现颜色变化的一群需氧或兼性厌氧的革兰氏阴性无芽胞杆菌，包括大肠埃希氏菌、柠檬酸杆菌、产气克雷伯氏菌和阴沟肠杆菌等。总大肠菌群不代表某一个或某一属细菌，而指具有某些特性的一组与粪便污染有关的细菌。主要监测方法包括多管发酵法、酶底物法、滤膜法和3M纸片法等。多管发酵法和酶底物法都属于最可能数（MPN）法，根据统计学理论，估计水体中大肠杆菌密度，以MPN表示试验结果。总大肠菌群数的高低指示了被粪便污染的程度，间接地表明是否有肠道致病菌存在，从而反映对人体健康潜在危害性的大小。

根据样品来源和监测目的，选择测定总大肠菌群、粪大肠菌群和大肠埃希氏菌。①总大肠菌群指37℃生长时能使乳糖发酵、在24 h内产酸产气的一群需氧或兼性厌氧的革兰氏阴性无芽胞杆菌。②粪大肠菌群是在44.5℃下能生长并发酵乳糖产酸产气的大肠菌群，又称耐热大肠菌群。③大肠埃希氏菌（Escherich. Coli）通常称大肠杆菌，大多数不致病，主要附生在人或动物的肠道里，为正常菌群；少数具有毒性，可引起疾病。 （汤琳）

wenshi qiti jiance

温室气体监测 (greenhouse gases monitoring) 对环境空气中产生温室效应的主要气体进行监测的过程。环境空气中的甲烷（CH_4）、二氧化碳（CO_2）和一氧化二氮（N_2O）等微量气体称为温室气体。

沿革 国际上对主要温室气体本底浓度的监测始于20世纪60年代。60年代末世界气象组织（WMO）建设了背景大气本底污染监测网，开始对温室气体进行观测，并于1989年组建全球大气观测网。该观测网逐渐成为当前全球最大、观测化合物种类最齐全、覆盖全球各纬度带的本底大气观测网，为全球气候变化等相关研究和政策制定提供可靠的观测数据。全球大气观测网的分支机构——世界温室气体数据中心的主要职能是收集、保存大气和海洋中温室气体及其相关微量成分的观测数据，每年发布温室气体公报，公布主要温室气体在大气中的浓度和变化趋势。欧洲卤代温室气体综合观测网是欧洲针对卤代温室气体（氟利昂、哈龙、四氯化碳等）的综合观测系统。

中国气象局于1990年与美国国家海洋与大气管理局合作，开始监测温室气体，目前已经建设了7个大气本底站。2008年环境保护部开始建设全国温室气体监测站，截至2014年年底，建设了10个温室气体区域背景监测站和31个温室气体源区监测站。

监测指标 通常监测与研究的主要温室气体包括CO_2、N_2O、CH_4、卤代烃化合物（CFCs、HFCs、HCFCs）、全氟碳化物（PFCs）及六氟化硫（SF_6）等。测试方法主要有非分散红外光度法（NDIR）、气相色谱法（GC）、可调谐半导体激光吸收光谱法（TDLAS）、光腔衰荡法（CRDS）、激光差分中红外法（IRIS）和傅里叶变换红外光谱法（FTIR）等（见表）。

温室气体常用测试方法

监测方法	监测的温室气体
非分散红外光度法（NDIR）	CO_2
气相色谱法（GC）	CH_4、CO_2（GC-FID 加镍转化炉） N_2O、SF_6（配置 ECD） 卤代温室气体（GC-ECD 或 GC-MS）
可调谐半导体激光吸收光谱法（TDLAS）	CH_4、N_2O
光腔衰荡法（CRDS）	CH_4、CO_2、N_2O
激光差分中红外法（IRIS）	CH_4、CO_2、N_2O
傅里叶变换红外光谱法（FTIR）	CH_4、CO_2、N_2O

注：FID 为氢火焰离子检测器，ECD 为电子捕获检测器，MS 为质谱。

应用 温室气体监测可为国家应对气候变化提供基础数据，为履行国际公约、应对全球气候变化、维护国家权益，提供科学的技术支撑和服务。目前温室气体监测数据主要应用在以下几个方面：①分析掌握全球温室气体本底浓度和变化趋势；②评估不同区域和城市源区温室气体浓度水平和碳减排成效；③评估温室气体排放源的排放控制和减排成效；④评估森林植被碳汇及温室气体输送情况。

发展趋势 目前中国主要开展区域温室气体本底监测。相对于区域温室气体本底监测，温室气体排放源的监测能更直观地反映一个区域的温室气体排放情况，但中国在这方面工作还比较薄弱，加快建立和完善温室气体监测和监控网络体系，进一步完善温室气体排放源监测和统计是今后温室气体监测的发展方向。

（解淑艳　汪巍）

wuranwu hesuan fangfa

污染物核算方法 （pollutants accounting method） 对环境统计报表制度中确定的污染物统计指标进行计量与记录的方法。根据调查对象和调查方法，污染物核算可分为企业点源核算和区域整体估算。

企业点源核算 针对单个污染源的产排污量核算，主要适用于重点发表调查工业企业、规模化养殖场（小区）、垃圾处理厂（场）和危险废物（医疗废物）集中处置厂。

重点发表调查工业企业 用于污染物产排量核算的主要有监测数据法、产排污系数法和物料衡算法三种方法。①监测数据法。根据实际监测调查对象产生和外排的废水、废气（流）量及其污染物浓度，计算出废气、废水排放量及各种污染物的产生量和排放量。②产排污系数法。根据调查对象的产品或能源消耗情况，利用产排污系数，计算污染物产生量和排放量。③物料衡算法。根据物质质量守衡原理，对生产过程中使用的物料变化情况进行定量分析的一种方法。

规模化养殖场（小区） 污染物产生量根据饲养量和产污系数估算，污染物排放量根据污染物产生量和去除率核算。污染物去除率根据畜禽种类、清粪方式、粪便处理方式和尿液/污水处理方式确定。若有减排核定化学需氧量和氨氮去除率，根据这两项污染物的去除率核定结果。

垃圾处理厂（场）和危险废物（医疗废物）集中处置厂 集中式污染治理设施二次污染物产生和排放量主要采用实际监测法和产排污系数法核算（核算方法要求同“重点发表调查工业企业”）。

区域整体估算 针对重点被调查单位以外污染源产排污量的整体估算，主要适用于非重点调查工业企业、养殖专业户、城镇生活、机动车等产排污情况调查。

非重点调查工业企业 以地市级行政单位为基本单元，按重点调查单位排放总量变化的趋势（与上年相比排放量增加或减少的比率），等比或将比率略做调整，估算出非重点调查工业企业污染物排放量。

养殖专业户 根据养殖专业户畜禽养殖量、产污系数以及平均排污强度整体估算。

城镇生活 根据城镇人口和生活能源消费量等数据，采取产排污系数法或物料衡算法，结合污水处理厂等污染治理设施对生活污染的去除情况，核算生活源废水和废气污染物产排量。

机动车 根据机动车保有量中不同车型、不同年度注册量以及相应的污染物排放系数，核算机动车尾气污染物的排放量。（王鑫）

wuranyuan jiance

污染源监测 （pollution sources monitoring）

对生产、生活和其他活动向环境排放污染物或者对环境产生不良影响的场所、设施和装置以及其他污染发生源的污染物排放状况实施监测，并进行分析和评价的过程。污染源监测的基本任务是及时、准确地提供污染源排放污染物的时空分布浓度和总量，详细描述污染物产生的工艺过程，评价污染源可能对环境和人体带来的潜在危害。

沿革 污染源监测是环境监测的重要内容，我国1973年颁布了第一个环境标准《工业“三废”排放试行标准》（GBJ 4—1973，已作废，被GB 14554—93代替），污染源监测工作开始起步。1982年出版的《污染源统一监测分析方法》，使污染源监测逐步走上规范化、标准化的轨道。1984年第三次全国环境监测工作会议指出，通过对污染源的调查和监测实现监测工作为环境管理服务。1990年第四次全国环境监测工作会议把污染源监测列为全国环境监测的重点，表明我国的工业污染源监测进入了一个新的阶段。1997年第五次全国环境监测会议上提出，加强污染源监测，为实施总量控制服务，进一步明确了污染源监测是各级环境监测站的五项重点工作之一。1999年原国家环境保护总局发布《关于开展排放口规范化整治工作的通知》之后，污染防治逐步向源头、总量控制和清洁生产转变。“十一五”期间，国家实施污染物减排监测体系建设，提出实现全国国控重点源在线自动监测，污染源监测由手工监测为主向手工和自动监测相结合发展。

分类 按功能特征分类，污染源监测包括工业污染源监测、农业污染源监测、生活污染源监测、流动污染源监测等。

工业污染源监测 工业污染源指在工业生产过程中，由于物料、能量流失而产生“三废”，导致环境质量下降的设备、装置或场所。工业污染源监测包括大气污染源监测、水污染源监测、污染场地环境监测等。

大气污染源监测 大气污染源排放的废气包含气态、气溶胶态的污染物以及固态的烟尘和粉尘。大气污染源监测的目的是检查污染源排放废气中的有害物质是否符合排放标准的要求，评价净化装置的性能和运行情况及污染防治措施的效果，为大气质量管理与评价提供依据。

大气污染源监测一般按照“4＋X”确定主要因子：烟（粉）尘、二氧化硫、氮氧化物、黑度和不同行业排放的特征污染物。大气污染源在线监测因子主要包括烟气流量、二氧化硫、氮氧化物和部分重金属等。有害物质排放浓度和废气排放量的计算，采用现行监测方法中推荐的标准状态（温度为 0℃，大气压为 101.3 kPa 或 760 mmHg）下的干气体。

对于大气污染源监测，正确选择采样位置，确定适当的采样点数目，是获得代表性废气样品和节约人力、物力的一项重要工作。采样位置应选在气流分布均匀稳定的平直管段上，避开弯头、变径管、三通管及阀门等易产生涡流阻力的构件。此外，还应注意操作地点的方便、安全。高位测定时，应设置安全的工作平台。

烟尘采样方法有移动采样和定点采样。移动采样是为测定烟道断面上烟气中烟尘的平均浓度，用同一个尘粒捕集器在采样点上垂直于烟气流动方向移动采样，这是目前普遍使用的方法。定点采样是为了解烟道内烟尘的分布状况和确定烟尘的平均浓度，在平行于烟气流动的方向设置不同点位分别采样。

烟气组分包括主要气体组分和微量有害气体组分。主要气体组分为 N_2、O_2、CO_2 和水蒸气等，测定目的是考察燃料燃烧情况，为烟尘测定提供计算烟气气体常数的数据。有害气体组分为 CO、NO_x、SO_x 和 H_2S 等。烟气组分不需多点采样，只要在靠近烟道中心的任何一点采样即可。可利用吸收法采样装置采样，也可利用注射器采烟气装置采样，或利用仪器直接测定。测定烟气组分可采用奥氏气体分析器吸收法和仪器法，按照国家和行业排放标准中规定的测定方法进行。

水污染源监测 根据不同行业排放污染物的不同，实施废水多因子监测，一般按照“5+X”确定主要因子：pH、化学需氧量（COD）或总有机碳、氨氮、油类、悬浮物和不同行业排放的特征污染物。水污染源在线监测因子主要有流量、COD、氨氮和部分重金属等。

废水污染源排放的污染物按其性质及控制方式分为两类。第一类污染物，在车间或车间处理设施排放口采样，其最高允许排放浓度必须达到标准要求（采矿行业的尾矿坝出水口不得视为车间排放口）；第二类污染物，在排污单位排放口采样，其最高允许排放浓度必须达到该行业排放标准要求。

在实施废水污染源监测过程中要同时进行工况核查，结合生产过程分析，通过与其他方法所得数据互相验证，以判定最终结果的代表性、可靠性和有效性。

污染场地环境监测 污染场地指因从事生产、经营、处理和储存有毒有害物质，堆放或处理处置危险废物，以及从事矿山开采等活动造成污染，且对人体健康或生态环境产生危害的场地。污染场地环境监测的目的是为了加强场地环境管理，推动场地环境调查及污染场地的风险评估与治理修复。

根据污染场地环境管理各阶段的不同需求，污染场地环境监测分为场地环境调查监测、污染场地治理修复监测、污染场地修复工程验收监测和污染场地回顾性评估监测等。①场地环境调查监测指场地环境调查和风险评估过程中的监测，主要工作是识别土壤、地下水、地表水、环境空气及残余废弃物中的关注污染物，全面分析场地污染特征，从而确定场地的污染物种类、污染程度和污染范围。②污染场地治理修复监测指污染场地治理修复过程中的监测，针对各项治理修复技术措施的实施效果开展，包括治理修复过程中工程质量监测和二次污染物排放监测。③污染场地修复工程验收监测指对场地治理修复后的环境监测，主要工作是考核和评价治理修复后的场地是否达到修复目标及工程设计提出的相关要求。④污染场地回顾性评估监测指经过治理修复工程验收后，在特定的时间范围内，为评价治理修复后场地对地下水、地表水和环境空气影响进行的监测，同时也包括针对场地长期原位治理修复工程措施的效果开展的验证性监测。

污染场地环境监测应针对场地环境管理某一阶段的需求，制定监测计划，确定场地的监测范围、监测介质、监测项目、采样点布设方法及监测工作的组织方式，根据监测计划，实施样品采集和分析测试，对测试数据进行处理，编制监测报告。

农业污染源监测 农业污染源是农业活动产生污染的来源，除化肥、农药外，还包括集中式畜禽养殖、集约化水产养殖、分散式畜禽养殖，以及农田径流等，以面源污染为主要特征。限于当前的科学技术水平，目前对农业污染源的监测尚缺乏有效的定量手段，主要是在现场调查和实地监测的基础上，应用排放系数和模型计算等方法估算。

农业污染源监测范围包括主要种植区、畜牧养殖区、渔业养殖区，设施农业生产点、蔬菜生产区、农业污染普查中污染排放较重的地区、饮用水水库区域的农业污染源、农业生产灌溉河道等。农业污染源监测项目包括种植业使用的肥料、农药等；渔业生产投入的抗生素、农药、饲料等；农田土壤 pH、有机质、总磷、总氮、速效钾、有机磷、有机氯类、菊酯类农药残留、铜和锌等；畜牧养殖污水总磷、总氮、COD、铜和锌等。

生活污染源监测 对人口集中的城镇生活污染源进行的监测。生活污染源监测的重点是生活污水，集中式生活污水治理设施监测参见本条“水污染源监测”的内容。非集中生活污水的监测项目主要包括污水量、COD、生化需氧量、悬浮物、氨氮、油类和微生物等，同时还应注意合成洗涤剂的消耗量。实施监测时，首先应分析人口分布特征及生活消费结构和消费水平；结合生活污水汇集流向，选取 2～3 个集中居民区，现场实测生活污水及其污染物浓度，然后折算为污染物排放量；同时统计该汇流区人口数量，测算人均排污系数，再利用经验数据验证和调整；在确定人均排污系数的基础上，按区域人口测算城镇的生活排污量。

对于生活排放的废气烟尘和生活垃圾，分别根据生活能源的结构、消耗方式和消耗量以及其他物资（食品和蔬菜等）的消耗量，测算人均燃烧烟尘排放量、人均生活垃圾产生量等，按人口计算区域总排放量。其中燃烧烟尘更适于根据能源成分、能源消耗量直接计算排污量。

流动污染源监测 流动污染源指汽车、柴油机车等交通运输工具，其排放废气是石油体系燃料燃烧后的产物，含有 NO_x、碳氢化合物、CO 等有害组分。流动污染源采用两种方式监测，一种是尾气排放经大气扩散后采集空气样品，分析估算其排放影响；另一种是直接测定排气口的尾气。由于第一种方法受环境条件影响大、结果稳定性差，目前通常采用第二种方法（参见汽车尾气监测）。 （郭平）

推荐书目

国家环境保护总局《水和废水监测分析方法》编委会. 水和废水监测分析方法. 4 版增补版. 北京：中国环境科学出版社，2002.

万本太. 中国环境监测技术路线研究. 长沙：湖南科学技术出版社，2003.

wuranyuan zaixian jiance

污染源在线监测

（pollution sources on-line monitoring） 为实时掌握污染源的排污状况，连续或间歇地对污染源排放的污染物进行现场自动测定的过程。采用在线监测实时、动态、科学地掌握污染源排放的时空分布状况，准确地对污染物排放总量进行监测。

按照监测介质，污染物在线监测主要包括废水在线监测、废气在线监测和噪声源在线监测，其中废气在线监测主要通过烟气排放连续监测系统实现。

污染源在线监测与环境质量自动监测都是采用连续自动监测技术对水、气等介质进行监测，它们的区别主要体现在：①监测对象不同。污染源在线监测主要以污染源为监测对象，而环境质量自动监测以环境质量状况为监测对象。②监测时机不同。污染源在线监测与污染源的生产过程直接联系，通常应根据污染源排放情况，选择适合的监测时机，甚至可以根据污染源排污情况进行间歇监测；环境质量自动监测通常采用的是连续的、定期的监测。③对设备的要求不同。与环境质量相比，废水、废气等污染源排放的污染物浓度高，污染物时空变化大，一些废水和废气还具有腐蚀性，因而污染源在线监测应具备更高的稳定性和耐候性。

随着信息技术和网络技术的飞速发展，环境监测仪器的计算机化和网络化成为必然趋

势，网络技术、工业控制网络与现场总线技术、面向对象的软件开发及技术等均在污染源在线监测方面得到了良好的应用。（钟琪）

wuran zhongcai jiance

污染仲裁监测（pollution arbitration monitoring）

按照一定的规范程序及环境监测标准技术方法，对环境污染纠纷、环境执法过程中产生的矛盾进行调查取证及其技术鉴定的监测活动。监测程序包括现场调查与踏勘、确定监测项目、布点采样、分析测定和监测报告等。

对纠纷案件的现场进行调查的主要内容有：造成污染纠纷的污染物类型、污染物排放的工艺过程、污染损害争议的焦点、现场的自然环境条件等。在现场调查研究的基础上，确立可疑污染物及污染损害的可疑过程，针对这些可疑问题制定出科学合理的监测方案。监测方案应经过委托方和争议双方的同意并签字确认。布点、样品采集和保存由污染仲裁监测机构负责，按照相关标准方法和技术规范采集代表性样品，采样过程应有委托方和争议双方当事人到场，并对采集的样品进行签字确认。

根据委托方的要求，按照国家或地方环境质量标准和污染物排放标准，结合环境污染纠纷的实际情况，确定相应的监测要素和监测项目。对于在环境调查阶段可明确排除的环境要素和污染项目，可不予监测。按国家环境保护标准、其他国家标准、国际标准的顺序选择检测方法；如无现行有效分析方法，可选用实验室建立的分析方法或其他等效的非标准分析方法，但应验证其检出限、测定下限、准确度和精密度，并经委托方和争议双方当事人认可并签字确认。

环境污染仲裁监测报告至少应包括下列信息：标题，报告编号，委托方名称、地址，环境污染纠纷发生的时间、地点，仲裁监测的时间、地点，采样过程描述，采用标准、规范的名称、编号，按监测方法的要求提供的监测结果和法定计量单位，纠纷焦点是否受到污染以及污染的程度、范围等结论。（邢冠华）

wuzuzhi paifang jiance

无组织排放监测（fugitive emission monitoring）

在无组织排放源周边一定范围内设置监测点，对污染物浓度进行检测和分析的过程。无组织排放指不经过固定排放设施或排放高度低于15 m的排放源的污染物排放，主要包括弥散型污染物排放，设备、管道和管件的跑冒滴漏，以及污染物在空气中的蒸发、逸散引起的无组织排放。

无组织排放监测包括监测点位布设、样品采集、分析测定和数据处理等内容。①监测点分为参照点和监控点。二氧化硫、氮氧化物、颗粒物和氟化物在排放源下风向 2～50 m 范围内的浓度最高点设监控点，同时在排放源上风向 2～50 m 范围内设置参照点；其余污染物仅在厂界 10 m 范围内的浓度最高点设置监控点。水泥厂、工业炉窑、恶臭污染物排放源等无组织排放监测，应根据其工艺技术条件和污染物性质设置监控点。②样品采集应在正常生产和排放状态。一般连续 1 h 采样，或在 1 h 内等时间间隔采集 4 个样品，计算平均值。③分析测定方法按照废气的相关标准和规范执行。④无组织排放监控浓度值的计值分为两种情况：在厂界外设监控点的监测结果，以最多 4 个监控点中的测定浓度最高点的测值，作为无组织排放监控浓度值；在无组织排放源上、下风向设置参照点和监控点的监测结果，以最多 4 个监控点中的浓度最高点测值扣除参照点测值所得差值，作为无组织排放监控浓度值。（郭平）

X

X shexian yingguang guangpufa

X射线荧光光谱法　(X-ray fluorescence spectrometry，XRF)　基于测量X射线荧光的波长及强度进行物质定性定量分析的方法。利用初级X射线光子或其他微观离子激发待测物质原子内层电子，产生的次级X射线称为X射线荧光。

沿革　1913年莫塞莱（Moseley）为X射线荧光光谱分析奠定了理论基础。1923年赫维西（Hevesy）提出了应用X射线荧光光谱进行定量分析，但由于受到当时探测技术水平的限制，该法并未得到实际应用。直到20世纪40年代后期，随着X射线管、分光技术和半导体探测器技术的改进，X射线荧光法才开始进入蓬勃发展的时期。80年代至今，作为环境监测分析的重要手段，X射线荧光光谱法在土壤、沉积物、固体废弃物等环境试样分析，尤其是大气颗粒物的源解析方面得到了广泛的应用。

原理　当原子受到X射线光子（原级X射线）或其他微观粒子的激发使原子内层电子电离而出现空位，原子内层电子将重新配位，较外层的电子跃迁到内层电子空位，并同时放射出次级X射线光子，即X射线荧光。较外层电子跃迁到内层电子空位所释放的能量等于两电子能级的能量差，因此，不同元素具有不同特征的X射线荧光波长。波长色散型荧光光谱仪（WD-XRF）用分光近体将荧光光束色散后，测定各种元素的特征X射线波长和强度，从而测定各种元素的含量；能量色散型荧光光谱仪（ED-XRF）借助高分辨率敏感半导体检查仪器与多道分析器将未色散的X射线荧光按光子能量分离X射线光谱线，根据各元素能量的高低来测定各元素的量。

分析方法　采用X射线荧光光谱法可以进行定性和半定量分析，也可以进行定量分析。

定性和半定量分析　从莫塞莱定律（Moseley law）可知，分析元素产生的波长与原子序数具有一一对应的关系，这就是X射线荧光定性分析的基础。已开发出的定性分析系统可自动对扫描谱图进行搜索和匹配，以确定是何种元素的哪条谱线。该方法具有谱线简单、不破坏样品、基体的吸收和增强效应较易克服、操作简便、测定迅速等优点，较适用于野外和现场分析。一般使用便携式X射线荧光分析仪，可一次在荧光屏上显示出全谱，对物质的主次成分一目了然。

定量分析　分为实验校正法（或称工作曲线法）和数学校正法，其依据是待测元素的X射线荧光（标识线）强度与含量具有一定的定量关系。

实验校正法　常用的有外标法、内标法、散射线监控法和稀释法等。①外标法。向试样中添加一定量的待测元素，混合均匀后分别测定试样和添加待测元素后试样的X射线荧光强度，根据两者测定值的比值定量。②内标法。选取在待测元素的特性X射线波长附近具有特性X射线的物质作为内标物，并按一定比例加入，混合均匀，以该特性X射线作为内标。③散射线监控法。对从X射线管发射的一次X射线在试样面上散射出的 X 射线和背景值进行监控，实现试样定量分析。该方法对于土壤、底质、废渣、植物和鱼贝类等粉末试样中的重金属分析特别有效。④稀释法。当基体效应非常大时，用适当的物质进行稀释以减少基体效应的影响，该法对于测定液体试样和由粉状物制成的玻璃融珠有一定的优越性。测定液体试样时，使用硝酸、硫酸、盐酸等不同介质得到的荧光强度有差异，应注意选用固定的溶剂和酸介质。

数学校正法 主要包括经验系数法、基本参数法和经验系数与基本参数联用法等。这些方法应用于不同分析对象，可有效地计算和校正由于基体的吸收和增强效应对分析结果的影响，谱线干扰和计数死时间也可以得到有效的校正。除基本参数法外，其他两种方法一般都比较快速、方便，而且准确度更高。

特点 X 射线荧光光谱法是非破坏分析方法，基体干扰小、减少了二次污染，适应范围广、操作简便，可直接对块状、液体、粉末样品进行分析，前处理过程简单，避免了湿法消解过程用到的大量酸和其他试剂对分析人员的健康和环境的损害。分析范围包括原子序数 $Z\geqslant3$（锂）的所有元素，常规分析一般用于 $Z\geqslant9$（氟）的元素。分析灵敏度随仪器条件、分析对象和待测元素而异，检出限一般可达 10^{-6}～10^{-5} g/g；在比较有利的条件下，对许多元素也可以测到 10^{-9}～10^{-7} g/g；而采用质子激发的方法，其灵敏度更高，检出限可达 10^{-12} g/g（$Z>15$）。对于常量元素的测定，X 射线荧光光谱法的迅速和准确是许多其他仪器分析方法难以相比的。X 射线荧光光谱无标半定量方法，可以实现在没有标样的情况下分析样品，改变了过去只能在有标样的情况下才能分析的未知样品状况。

应用 在环境监测领域中，X 射线荧光光谱法能够快速准确测定土壤和沉积物中的元素成分，因此被广泛应用于环境背景调查和污染调查研究中。随着生物监测技术的发展，X 射线荧光光谱法也常被用于生物样品中多种元素的测定。因为样品基体组成较轻，该法对轻元素（如硫、磷等）容易测定，而其他光谱法则比较困难。在某些情况下，尤其是水样分析，常需要进行预分离富集；用离子交换膜（或纸）和共沉淀富集，能得到适于 X 射线荧光分析的薄试样，对厚试样分析，则应对基体效应进行修正。

发展趋势 X射线荧光光谱法在实验方法、理论分析和应用等方面都有较大的发展，X 射线微荧光（XRMF）系统的建立及其在痕量元素分析和物质精细结构研究的分析设备中的应用是未来的发展趋势。此外，WD-XRF 和 ED-XRF 可联合用于样品的定性定量分析，解决 ED-XRF 分析系统低能区分辨差的问题，并突破 WD-XRF 分析系统样品定性分析的局限。

（张霖琳）

推荐书目

吉昂，陶光仪，卓尚军，等. X 射线荧光光谱分析. 北京：科学出版社，2003.

X shexian yingguang guangpuyi

X 射线荧光光谱仪 （X-ray fluorescence spectrometer）

用 X 射线照射试样，试样被激发出各种波长的荧光 X 射线，把混合的 X 射线按波长（或能量）分开，分别测量不同波长（或能量）X 射线的强度以进行定性定量分析的仪器。

沿革 20 世纪 40 年代末，研究人员应用盖革-米勒计数器研制出波长色散X射线荧光光谱仪。1959 年中国科学院地质研究所试制成功第一台单光路平面晶体 X 射线荧光光谱仪。经过几代人的努力，X 射线荧光光谱仪已经发展成拥有波长色散、能量色散、全反射、同步辐射、质子 X 射线荧光光谱仪和 X 射线微荧光分析仪等的大家族。

原理 见 X 射线荧光光谱法。

分类 X射线荧光光谱包括同步辐射X射线荧光光谱、质子 X 射线荧光光谱、全反射 X 射线荧光光谱、波长色散 X 射线荧光光谱和能量色散 X 射线荧光光谱等。X 射线荧光光谱仪基本类型主要分为波长色散型和能量色散型。

波长色散型 分为顺序型（扫描型）、多元素同时分析型（多道型）、固定道与顺序型相结合三大类。顺序型适用于科研，多道型适用于相对固定组成和批量试样分析，固定道与顺序型相结合则具有两者的优点。在对元素进行化学形态分析时，顺序型波长色散谱需要适当改进或制成双晶光谱仪。

能量色散型 分为具有高分辨率的实验室通用的光谱仪，如用 Si（Li）和高纯锗（Ge）的半导体探测器，以正比技术管或闪烁技术管为探测器的便携式光谱仪和介于两者之间的台式光谱仪。同步辐射 X 射线荧光光谱仪、质子 X 射线荧光光谱仪和全反射 X 射线荧光光谱仪基本上是用 Si（Li）半导体探测器进行检测的。此外，还有非色散光谱仪，如钙铁分析仪。

仪器结构 X 射线荧光光谱仪主要由激发样品的光源、色散单元、探测器和记录单元等部分组成。

激发样品的光源 主要包括具有各种功率的 X 射线管、放射性核素源、质子和同步辐射光源。波长色散 X 射线荧光光谱仪所用的激发源是不同功率的 X 射线管，高的可达 4～4.5 kW，低的约为 200 W，靶型有侧窗、端窗、透射靶和复合靶，常用的靶材有 Rh、Cr、W、Au 和 Mo；能量色散 X 射线荧光光谱仪的激发源有小功率的 X 射线管，功率从 4～1 600 W 不等，常用的是 9 W 和 50 W，靶型有侧窗和端窗，靶材有 Rh、Cr、W、Au、Mo、Cu 和 Ag 等，并广泛使用二次靶。现场和便携式谱仪主要用放射性核素源。质子和同步辐射光源分别用加速器和正负电子对撞机。

色散单元 具有分出所需波长的 X 射线的作用。波长色散 X 射线荧光光谱仪由样品室、狭缝、测角仪和分析晶体等部分组成。通过测角器以 1∶2 速度转动分析晶体和探测器，在不同的布拉格角位置上测得不同波长的 X 射线，对元素进行定性分析。能量色散 X 射线荧光光谱仪由于去掉色散系统，探测器离样品很近，接受辐射的立体角增大，因此使用小功率的 X 射线管。能量色散 X 射线荧光光谱仪的小型化，刺激了小型射线管的发展。同时，放射性核素源得到广泛应用，使其在现场分析时更加轻便、灵活。

探测器 将 X 射线光子能量转化为电能的设备。波长色散 X 射线荧光光谱仪使用的探测器有流气和封闭式正比计数管、闪烁计数管。能量色散 X 射线荧光光谱仪分三种情况：实验室用的高分辨谱仪使用 Si（Li）半导体探测器、高纯 Ge 半导体探测器等；台式谱仪使用电制冷的 Si-PIN、CdTe 和 HgI_2 探测器等；便携式能量色散谱仪使用封闭式正比计数管，现在也用电制冷的 Si-PIN 探测器。已商品化的探测器有流气和封闭式正比计数管，闪烁计数管，Si（Li）半导体探测器，高纯 Ge 半导体探测器，电制冷的 Si-PIN、CdTe 和 HgI_2 探测器等。

记录单元 由放大器、脉冲幅度分析器和显示部分组成。通过定标器的脉冲分析信号可以直接输入计算机，进行联机处理而得到待测元素的含量。

发展趋势 X 射线荧光光谱仪在我国环境监测领域获得广泛应用，手持式和台式便携式 X 射线荧光光谱仪在野外作业和污染事故的应急监测中发挥了巨大的作用。无论是外形设计还是内在技术性能，与初期相比发生了质的飞跃，主要体现在不断提升探测器性能、产品系列化、小型化、数字化和智能化、一机多能以及谱仪的调试和维修远程化等方面。一方面通过改进 X 射线荧光光谱仪的性能，提高自动化程度，研究校正基体效应的方法；另一方面采用化学处理方法进行富集，提高方法灵敏度，扩大适用范围，进一步增加其在环境监测中的应用。

（张霖琳）

xifu

吸附 （adsorption） 用多孔固体吸附剂处理流体混合物，使其中所含的一种或数种组分被吸着于固体表面以达到分离的方法。

原理 当液体或气体混合物与吸附剂长时间充分接触后，系统达到平衡，吸附质的平衡吸附量（单位质量吸附剂在达到吸附平衡时所吸附的质量），首先取决于吸附剂的化学组成和物理结构，同时与系统的温度和压力，以及该目标组分和其他组分的浓度或分压有关。对于只含一种吸附质的混合物，在一定温度下吸附质的平衡吸附量与其浓度或分压间的函数关系的图线，称为吸附等温线。同一体系的吸附等温线随温度而改变，温度愈高，平衡吸附量愈小。当混合物中含有几种吸附质时，各组分的平衡吸附量不同，被吸附的各组分浓度之比，一般不同于原混合物组成，即分离因子不等于1。吸附剂的选择性愈好，愈有利于吸附分离。吸附分离是基于位阻效应、动力学效应和平衡效应 3 种机理实现的。位阻效应是由分子筛分性质产生的，只有小的并具有适当形状的分子才能扩散进入吸附剂，而其他分子都被阻挡在外。动力学效应是不同分子在吸附剂中的扩散速率不同。大多数的吸附过程都是通过气体的平衡吸附实现，因此被称为平衡效应。

分类 按吸附作用发生机理可分为物理吸附和化学吸附。两类吸附的界限并不明显，可同时或先后发生。

物理吸附 吸附剂和吸附质之间通过范德华力相互吸引，在吸附过程中物质不改变原来的性质。其特点是：①通常是放热过程，但放热不大；②只取决于吸附质和吸附剂的物理性质，不像化学吸附那样具有较强的选择性；③吸附速率很快，吸附速率受温度影响很小；④低压下，物理吸附可能的吸附层一般是单分子层，随着气压增大，吸附层可以变为多层；⑤通常是可逆过程，被吸附的物质很容易再脱附，如活性炭吸附气体后，升高温度就可以使被吸附的气体从活性炭表面脱附。

化学吸附 吸附质和吸附剂之间发生了电子转移、原子重排或化学键的破坏与生成等现象。在吸附过程中物质发生了化学变化，不再是原来的物质。其特点是：①吸附热比物理吸附过程大得多，其数量与化学反应热接近；②有很强的选择性，仅能吸附参与化学反应的物质；③速率受温度影响很大，随温度的升高而显著变快；④属于单分子层或单原子层吸附；⑤一般是不可逆的，比较稳定，吸附质不易脱附。

应用 吸附广泛应用于石油化工等生产部门。由于吸附能够有效捕集浓度很低的物质，在环境保护方面应用越来越广泛，如有机污染物的回收净化、低浓度二氧化硫和氮氧化物尾气的净化处理等。吸附过程既能使尾气达到排放标准以保护大气环境，又能回收这些气态污染物而实现废物资源化。在环境监测领域，硅胶、氧化铝、分子筛和活性炭等吸附剂常用于实验室样品和气体净化、药品干燥，以及重金属与痕量有机物的吸附富集。 （孙静）

xi ceding

硒测定 （determination of selenium） 对水、气、土壤等环境介质中的硒及其化合物进行定性定量分析的过程。硒（Se）主要以无机物和有机物形式存在于地表水、海水、废水、土壤等环境介质中，也有极微量的元素硒附着于悬浮颗粒物上。硒是生物体必需的营养元素，在体内起着平衡氧化还原的作用，但是过量硒会对人体造成伤害。含硒废物主要来源于矿山开采、冶炼、炼油、精炼铜和制造硫酸及特种玻璃等行业。

样品采集、制备与前处理 见样品采集和样品前处理。

测定方法 主要有2,3-二氨基萘荧光法、原子荧光光谱法、石墨炉原子吸收分光光度法、催化极谱法、电感耦合等离子体发射光谱法、电感耦合等离子体质谱法和气相色谱法等。

2,3-二氨基萘荧光法 适用于地表水、地下水、生活污水、工业废水及土壤中硒测定。在一定酸度下，2,3-二氨基萘选择性地与四价硒离子反应生成4,5-苯并苤硒脑绿色荧光物质，被环己烷萃取后，激发波长376 nm，发射特征波长荧光，其荧光强度与四价硒含量成正比。

原子荧光光谱法 适用于地表水、地下水、废水、环境空气、固定污染源废气、土壤及固体废物中硒的测定。水样或前处理后的试样，在酸性介质中将硒还原成四价硒，在硼氢化钾溶液中，四价硒形成硒化氢气体，由载气（氩气）直接导入石英管原子化器中，进而在氩氢火焰中原子化。基态原子受硒空心阴极灯光源的激发，产生原子荧光，其荧光强度与溶液中的硒含量成正比，从而得出样品中硒的含量。该方法具有操作简便、干扰相对少、灵敏度高、重现性好、适合大批量样品分析等优点。

石墨炉原子吸收分光光度法 该方法灵敏度较高，适用于地表水、废水、固定污染源废气及土壤中硒的测定。样品经前处理后，用石墨炉原子吸收分光光度计测定（参见原子吸收分光光度法）。

催化极谱法 适用于海水、河水、饮用水及其水源水、海洋及陆地水系沉积物中硒的测定。样品在消解、富集等前处理后，用柠檬酸三铵、乙二胺四乙酸（EDTA）作掩蔽剂，六价硒离子被亚硫酸还原成单质硒。在氟化铵-氢氧化铵缓冲溶液中，硒与亚硫酸根生成硒代硫酸根，在碘酸钾存在下，硒代硫酸根产生一个灵敏的极谱催化波，其峰电流值随硒浓度增加而增加，由此定量测定硒（参见极谱法）。

电感耦合等离子体发射光谱法 适用于地表水、地下水、废水、环境空气、固定污染源废气和土壤中痕量硒的测定（参见原子发射光谱法）。

电感耦合等离子体质谱法 适用于地表水、地下水、废水、土壤和固体废物浸出液中硒的测定（参见电感耦合等离子体质谱仪）。

气相色谱法 适用于地表水和废水中硒的测定。在酸性溶液中，硝基邻苯二胺选择性地与经前处理试样中四价硒反应生成稳定性高、热挥发性好的5-硝基-2,1,3-苯并硒二唑化合物。用甲苯萃取后，经色谱柱分离，电子捕获检测器测定。

发展趋势 环境介质中硒的存在形式较复杂，目前主要是针对环境中总硒和溶解态硒进行定量分析，不同存在形态硒的测定开展得较少。形态分析将成为硒测定的一个重要发展方向。离子色谱-电感耦合等离子体质谱法、高效液相色谱-电感耦合等离子体质谱法、气相色谱-原子发射光谱法和毛细管电泳-电感耦合等离子体质谱法等联用技术，用于测定不同环境介质中硒的形态分布，由于方法选择性更好、灵敏度更高，具有广阔的应用前景。（翟继武）

xiaojie

消解 （digestion） 在加热或加热加压条件下，用酸或碱破坏样品基质，使待测物质转化为可测量状态的方法。一般用于无机物质分析的前处理，分为干法消解和湿法消解。

干法消解 又称灰化或高温分解法，主要包括高温灰化法、低温灰化法和燃烧分解法。干法消解可用于取样量较大的样品，不适用于处理测定易挥发组分（如砷、汞、镉、硒、锡）和含无机盐成分高的样品（参见灰化）。

湿法消解 包括酸解体系和碱解体系。①酸解体系主要利用酸的氢离子效应及氧化、还原和络合等作用促进样品分解，可破坏污水或其他待测样品中的有机物、热不稳定的物质和还原性物质，如氰化物、亚硝酸盐、硫化物、亚硫酸盐、硫代硫酸盐等。常用的酸解体系有硝酸、硝酸-盐酸、硝酸-高氯酸-氢氟酸、硝酸-过氧化氢和硫酸-高锰酸钾等。酸解体系通用性强、操作简单、分解温度低、对容器腐蚀小，适用于大多数环境样品。②碱解体系常用的有过氧化钠-氢氧化钠、过氧化钠-碳酸钠和硫酸氢钾-焦硫酸钾等，但试剂空白高且消耗量大，易造成环境污染。

用于湿法消解的设备主要有两种：一种为常规加热消解设备，另一种为微波消解装置。前者主要包括电炉、水浴、电热板、电热消解仪和高压密闭消解罐等。电炉是传统消解设备，简单实用，但是属于明火设备，并且控温难、易损坏，目前应用较少。水浴可用于消解污水、化妆品等，相比电炉稳定性和安全性更高，操作更方便，但只适用于低温消解，应用领域受到限制。电热板是一种常规消解设备，具有控温好、稳定性高和安全性强等特点。但存在耗能大、热能利用率低、有效加热面积小、处理样品量有限和实验结果均一性略差等缺点。在电热板基础上开发的电热消解仪，以环绕式加热方式对样品进行加热，有效增加了热能利用率，具有控温精度更高、孔间的差异性小、整机高效和节能环保的优势。利用微波直接加热消解样品称为微波消解法（参见微波辅助前处理装置）。

消解技术广泛应用于环境保护、生物医学和药学等领域，尤其是微波消解技术近年来发展很快，目前已逐渐成为一项常规的前处理手段。

（刘娟）

xiaojibenlei ceding

硝基苯类测定 （determination of nitrobenzene-compounds） 经过适当的样品采集和前处理后，选用合适的测定方法对水、气、土壤等环境介质中的硝基苯类化合物进行定性定量分析的过程。环境介质中的硝基苯类化合物主要包括硝基苯、二硝基苯、硝基甲苯、二硝基甲苯、三硝基甲苯、硝基乙苯、硝基氯苯及三硝基苯甲酸等。硝基苯类化合物属有毒污染物，主要存在于染料、炸药和制革等工业废水中，人体可通过呼吸道吸入或皮肤吸收而产生毒性作用，硝基苯可引起神经系统症状、贫血和肝脏疾患，而硝基氯苯具有致畸、致癌和致突变性。

样品采集与保存 见半挥发性有机化合物测定。

样品前处理 测定土壤样品中的硝基苯类化合物常用的前处理方法有顶空法、超声波萃取法和微波萃取法。①顶空法是加入一定体积的基质修正液（10%甲醇水溶液），再加入氯化钠使其饱和（盐析效应），在一定温度下振荡，达到气液平衡后检测；②超声波萃取法使固体样品分散，增大样品与萃取溶剂之间的接触面积，提高萃取效率，三氯甲烷是土壤中硝基苯类化合物的最佳萃取溶剂；③微波萃取是以微波为能量进行快速、高效、节能的样品前处理方式，取研磨过筛后的土壤样品，以苯为溶剂进行萃取。

测定方法 主要有分光光度法和气相色谱法。分光光度法适用于水样中硝基苯类化合物总量的测定，单个硝基苯类化合物则需以气相色谱法测定。

分光光度法 主要有锌还原-盐酸萘乙二胺分光光度法和氯代十六烷基吡啶光度法。

锌还原-盐酸萘乙二胺分光光度法 在含硫酸铜的酸性溶液中，由锌粉反应产生的初生态氢将硝基苯还原成苯胺，经重氮偶合反应生成紫红色染料，该染料的色度与硝基苯的含量成正比。该法适用于染料、制药、皮革及印染等行业废水及空气和废气中一硝基和二硝基化合物的测定。当水样中含有苯胺类化合物时，需测定两份样品，一份不经还原测苯胺类含量，另一份将硝基苯类还原成苯胺类测定其总量，两者相减计算出硝基苯类化合物的含量，水中硝基苯类化合物最低检出限为 0.2 mg/L。测定气体样品时，用10%（*V*/*V*）乙醇溶液吸收硝基苯类化合物，在采样体积为0.5～10.0 L时，测定范围为6～1 000 mg/m^3。

氯代十六烷基吡啶光度法 2,4,6-三硝基甲苯（α-TNT）、三硝基苯（TNB）、2,4,6-三硝基苯甲酸（α-TNBA）等三硝基化合物在Na_2SO_3-CPC-DEAE 溶液中生成灵敏的有色加成化合物，显色的适宜 pH 为 6.5～9.5，当 pH 小于 5 时不显色。该法适用于废水中三硝基苯类化合物的测定，但不适用于生化法处理后的废水，测定范围为0.1～70 mg/L。

气相色谱法 主要有液体吸收-气相色谱法、固体吸附-气相色谱法和萃取-气相色谱法。色谱柱可选用毛细管柱或填充柱。由于毛细管柱分离度高、通用性好，在硝基苯类分析领域已基本取代填充柱。检测器可选用电子捕获检测器（ECD）或氢火焰离子化检测器（FID），前者的灵敏度明显高于后者，后者适用于浓度较高的样品分析。

液体吸收-气相色谱法 用苯作为吸收液采集空气和废气中的硝基苯类化合物，以 ECD 测定。当采样体积为 50 L，样品溶液为 10 mL 时，最低检出浓度为 0.005 mg/m^3。

固体吸附-气相色谱法 用填有 20～40 目硅胶的采样管富集空气或废气中的硝基苯类化合物，以 FID 测定。硝基苯测定范围为 1.98～9.60 mg/m^3；邻硝基甲苯测定范围为 1.97～9.86 mg/m^3；4-氯硝基苯测定范围为 1.98～9.92 mg/m^3。

萃取-气相色谱法 直接萃取适用于干扰杂质不复杂的水样分析。用二氯甲烷或苯萃取，经无水硫酸钠干燥，旋转蒸发或氮吹定容后，用 ECD 测定。12 种硝基苯及硝基氯苯化合物的方法检出限范围为 0.10～0.36 μg/L。对于含杂质较复杂的工业废水和地表水中一硝基苯类化合物、2,6-二硝基甲苯和 2,5-二硝基甲苯的分析，水样可先蒸馏后，再用二氯甲烷或苯萃取测定。

发展趋势 随着样品采集、前处理、分析技术的发展，也可采用 Tenax 等吸附剂富集空气中的痕量硝基苯类化合物，较硅胶富集效率更高。*固相微萃取*（SPME）和分散液液微萃取（DLLME）技术也可用于水中硝基苯类化合物的前处理。SPME 集萃取、富集和解吸于一体，具有无溶剂、可直接进样、操作简便的特点；DLLME 技术建立于三相溶剂体系，在分散剂的作用下，萃取剂以微小液滴的形式分散在样品溶液中，形成乳浊液，从而对溶液中的硝基苯类化合物进行萃取。在分析仪器方面，*液相色谱法*可用于地下水、地表水等多种水质样品中常量硝基苯类化合物的快速测定。测定时，水样直接经滤膜过滤后进样，操作简单、环保，可省去烦琐的前处理过程且分析效率高；如采用*固相萃取*处理样品，液相色谱法也可用于地下水、生活饮用水中痕量的硝基苯类化合物的测定。环境样品中硝基苯类化合物也可采用气相色谱-质谱联用来分析，质谱检测可以更准确地定性。此外，也有的研究采用*电化学法*测定水中痕量的硝基苯。 （蒋海威）

xiaosuanyan ceding

硝酸盐测定 （determination of nitrate） 对环境样品中硝酸盐含量进行定性定量分析的过程。水中硝酸盐是在有氧环境下，各种形态含氮化合物中最稳定的化合物，是含氮有机物经无机化作用最终的分解产物，广泛存在于自然界，如地表水、地下水、动植物体、食品等中。其来源包括：人工化肥，生活污水、生活垃圾与人畜粪便自然降解分解产物，食品、燃料和炼油等工厂排放的废弃物的生物和化学转换产物，食品防腐剂与保鲜剂，制革废水、酸洗废水及某些生化处理设施的出水和农田排水等，以及石油类燃料、煤炭和天然气产生的氮氧化物，经降水淋溶后形成硝酸盐，降落到地面和水体中。

测定方法包括分光光度法、*离子色谱法*、离子选择电极-流动注射分析法和气相分子吸收光谱法、戴氏合金法。

分光光度法 包括酚二磺酸分光光度法、麝香草酚分光光度法、镉柱还原光度法、锌-镉还原分光光度法、氯化钾溶液提取分光光度法、紫外分光光度法等。

酚二磺酸分光光度法 适用于饮用水、地下水和清洁地表水中硝酸盐氮的测定。其原理为：硝酸盐在无水情况下与酚二磺酸［$C_6H_3(OH)(SO_3H)_2$］反应，生成硝基二磺酸酚，在碱性溶液中生成黄色化合物，通过测定吸光度计算硝酸盐含量。氯离子会干扰测定。该方法测量范围较宽，显色稳定。

麝香草酚分光光度法 适用于生活饮用水及其水源水中硝酸盐氮的测定。其原理为：硝酸盐和麝香草酚［$(CH_3)(C_3H_7)C_6H_3OH$，又名百里酚］在浓硫酸溶液中形成硝基酚化合物，在碱性溶液中发生分子重排，生成黄色化合物，通过测定吸光度计算硝酸盐含量。亚硝酸盐对测定方法呈正干扰，氯化物对测定方法呈负干扰。该方法测量范围较宽，显色稳定。

镉柱还原光度法 适用于生活饮用水、水源地水和大气降水中硝酸盐氮的测定。其原理为：硝酸盐经镉柱还原成亚硝酸盐，亚硝酸盐与对氨基苯磺酸重氮化，再与N-(1-萘基)-乙二胺盐酸盐偶合，形成红色偶氮染料，通过测定吸光度计算硝酸盐含量。油、脂、铁、铜或其他金属对测定有干扰。该方法可测定水中低含量的硝酸盐。

锌-镉还原分光光度法 适用于海水和河口水中硝酸盐氮的测定。其原理为：用镀镉的锌片将水样中的硝酸盐定量还原为亚硝酸盐，亚硝酸盐与对氨基苯磺酸重氮化，再与N-(1-萘基)-乙二胺盐酸盐偶合，形成红色偶氮染料，通过分光光度法测定亚硝酸盐，进而计算硝酸盐含量。

氯化钾溶液提取分光光度法 适用于土壤中硝酸盐氮的测定。其原理为：用氯化钾溶液提取土壤中硝酸盐氮和亚硝酸盐氮，提取液通过还原柱，将硝酸盐氮还原为亚硝酸盐氮，亚硝酸盐与对氨基苯磺酸重氮化，再与N-(1-萘基)-乙二胺盐酸盐偶合，形成红色偶氮染料，通过分光光度法测定亚硝酸盐，进而计算硝酸盐含量。

紫外分光光度法 适用于清洁地表水和未受明显污染的地下水中硝酸盐氮的测定。其原理为：硝酸根离子在220 nm波长处具有紫外吸收，通过测定吸光度计算硝酸盐氮含量。溶解性有机物会干扰其测定。该方法是目前自动在线监测仪的常用方法之一。

离子色谱法 适用于地表水、地下水、饮用水、大气降水、生活污水和工业废水等水样中硝酸盐的测定。其原理为：利用离子交换原理进行分离，对硝酸盐含量进行定量测定。该方法进样量很小，操作中必须严格防止污染。该方法可同时和其他阴离子联合测定。

离子选择电极-流动注射分析法 适用于地表水、饮用水、生活污水以及电子、电镀和生化等工业废水中硝酸盐的测定。其原理为：试液与离子强度调节剂分别由蠕动泵引入系统，混合后进入流通池，由流通池喷嘴口喷出，与固定在流通池内的离子选择性电极接触，该电极与参比电极产生的电动势与硝酸盐浓度存在定量关系，从而计算硝酸盐含量。

气相分子吸收光谱法 适用于地表水、地下水、海水、饮用水、生活污水及工业污水中硝酸盐氮的测定。其原理为：一定温度下，在酸性介质中，三氯化钛将硝酸盐迅速还原分解为一氧化氮，用空气载入气相分子吸收光谱仪进行测定。

戴氏合金法 适用于测定污染严重及含大量有机物或无机盐的水样。其原理为：在热碱性介质中，水样中的硝酸盐被戴氏合金（50%Cu、45%Al、5%Zn）还原成氨，再按照氨氮的测定方法进行测定。氨和铵盐对测定有干扰。该方法操作较烦琐，受干扰较少。（孙骏）

xin ceding

锌测定

锌测定 （determination of zinc） 对水、气、土壤等环境介质中的锌进行定性定量分析的过程。锌（Zn）是人体必需的微量元素之一，是人体六大酶类、200多种金属酶的组成成分，对全身代谢起重要作用，可以促进机体的生长发育和组织再生，但过多地摄入锌也会引起中毒。水中锌浓度为1 mg/L时，对水体的生物氧化过程有轻微抑制作用，浓度为2 mg/L时，水有异味，浓度为5 mg/L时水呈乳浊状。锌污染主要来源于电镀、矿山开采、冶金、颜料及化工等行业。

样品采集、制备与前处理 见样品采集和样品前处理。

测定方法 主要有双硫腙分光光度法、火焰原子吸收分光光度法、在线富集流动注射-火焰原子吸收分光光度法、阳极溶出伏安法、示波极谱法、电感耦合等离子体发射光谱法及电感耦合等离子体质谱法等。

双硫腙分光光度法 适用于天然水和某些废水中微量锌的测定，测定范围为5～50 μg/L。在乙酸盐缓冲介质中，锌离子与双硫腙形成红色螯合物，以四氯化碳萃取后，用分光光度计测定其最大吸光波长吸光度。

火焰原子吸收分光光度法 适用于地下

水、地表水、废水、土壤、环境空气及固体废弃物浸出液中锌的测定（参见原子吸收分光光度法）。

在线富集流动注射-火焰原子吸收分光光度法 见铅测定。

阳极溶出伏安法 适用于盐度大于0.5 mg/L 的河口水和海水中溶解锌的测定（参见极谱法）。

示波极谱法 见铅测定。

电感耦合等离子体发射光谱法 适用于地表水、工业废水、生活污水、土壤、植物和固定污染源废气以及固体废物样品中锌的测定（参见原子发射光谱法）。

电感耦合等离子体质谱法 适用于地表水、工业废水、生活污水、土壤、植物和环境空气以及固体废物样品中锌的测定（参见电感耦合等离子体质谱仪）。（张艳飞）

xinfengliang ceding

新风量测定

（determination of fresh air） 在门窗关闭的状态下，对单位时间内由空调系统通道、房间的缝隙进入室内的空气总量的测定。《室内空气质量标准》（GB/T 18883—2002）规定，新风量不应小于30 $m^3/(h \cdot 人)$。

新风量测定方法主要是示踪气体法。在待测室内通入适量示踪气体，由于室内、外空气交换，示踪气体的浓度呈指数衰减，根据其浓度随时间的变化测定新风量。使用的示踪气体有一氧化碳、二氧化碳、六氟化硫、一氧化氮、八氟环丁烷以及三氟溴甲烷。根据所选取的示踪气体的不同，采取不同的便携式仪器进行测量。实际测量中常以二氧化碳作为示踪气体，常用仪器为红外二氧化碳分析仪。（张迪）

xingtai fenxi

形态分析

（speciation analysis） 对环境样品中污染物的各种赋存形态进行识别或定量分析的过程。元素的不同形态具有不同的物理化学性质和生物活性，元素在环境中的迁移、转化规律及最终归宿，元素的毒性、有益作用及其在生物体内的代谢行为在相当大程度上取决于该元素存在的化学形态。形态分析主要应用于环境科学、生命科学、临床医学、营养学、毒理学和农业科学等领域。

分类 包括物理形态分析和化学形态分析。物理形态是元素在样品中的物理状态如溶解态、胶体和颗粒状等；化学形态是元素以某种离子或分子的形式存在，其中包括元素的价态、结合态、聚合态及其结构等。一般意义上的元素形态泛指化学形态。不同元素的常见形态见表。

不同元素的常见形态

元素名称	元素形态
砷	三价无机砷、五价无机砷、一甲基砷、二甲基砷、砷胆碱、砷甜菜碱、砷糖等
汞	单质汞、二价汞、甲基汞、乙基汞、苯基汞
铬	三价铬、六价铬
硒	四价硒、六价硒、硒代胱氨酸、硒代蛋氨酸、硒多糖、硒多肽、硒蛋白等
铅	二价铅、三甲基铅、四乙基铅等
锡	二丁基锡、三丁基锡等

分析方法 主要有直接测定法、差减法、模拟计算法和模拟实验（顺序提取法）。

直接测定法 使用具有专一性的化学方法或物理化学方法，分析样品中各种形态，主要包括样品采集与保存、前处理和鉴定/定量三个基本步骤。

样品采集与保存要求容器洁净，容器材料无污染，并低温保存。

前处理要求将样品中存在的待测元素形态定量分离。常用的前处理技术有微波辅助萃取技术、超声辅助提取技术、生物样品的酶分解技术及衍生化技术等。

分析测定常用的方法主要有：①电化学法：极谱法、阳极溶出伏安法和离子选择性电极法；②光谱法：分光光度法、原子吸收分光光度法、原子发射光谱法和荧光光谱法；③色谱法：高效液相色谱法、气相色谱法、毛细管电泳法、离子色谱法和超临界流体色谱；④联用技术：即先用有效的在线/离线分离技术将某种元素的各种化学形式进行选择性分离，然后用高灵敏度的无机元素检测技术进行测定。

差减法 通过控制某些测量条件，实现总量和某些元素形态的测量，然后通过差减的方法得到其他元素形态的含量。差减法相对简单，对实验条件要求不高，仅适用于元素形态较少的物质，且操作较为烦琐。早期的形态分析一般采用差减法。

模拟计算法 假定体系是封闭体系且介质处于热力学平衡，已知所有组分的总浓度，所分析元素和各组分之间发生的全部化学反应的平衡常数，以化学平衡为基础建立相应的模型进行计算的方法。该方法简便、快速，不需要做实验或仅需做少量辅助实验。但模拟计算不能准确处理体系中所有的化学反应，所用的常数欠准确，忽略了一些动力学因素的影响，对于复杂体系中元素形态的计算有一定难度，只能大致反映体系的变化趋势和预测可能达到的极限状态。

顺序提取法 又称选择性分步提取或偏提取。模拟环境条件变化，按从弱到强的原则，合理使用一系列选择性试剂，将样品中不同赋存状态的元素解吸出来分别测定的方法。其代表性实验操作方法流程为 Tessier 流程和欧盟 BCR 流程。

Tessier 流程 1979 年加拿大的泰西耶（A. Tessier）提出，沉积物或土壤中金属元素提取时，按照可交换态、碳酸盐结合态（弱酸可溶态）、铁锰氧化物结合态（可还原态）、有机物结合态（可氧化态）和残余态五个步骤进行。

欧盟 BCR 流程 在 Tessier 流程的基础上提出了 BCR 三步提取法，将提取方法按步骤定义为弱酸提取态、可还原态、可氧化态。

发展趋势 进一步建立与不同研究目标和对象相适应的形态分析新技术和新方法，如超痕量分析技术，色谱与光（质）谱联用技术，单细胞元素形态分析技术，微量、原位的形态分析技术，时空分辨技术和多物种同时分析技术等，是形态分析的发展方向。研究元素形态的毒性、生物可利用性以及生物转化与迁移原理，以满足环境毒理学和生命科学发展的需要。

（岳太星）

xuanfuwu ceding

悬浮物测定 (determination of suspended solids)

对水质样品中悬浮物进行测定的过程。悬浮物又称不可滤残渣，是水样通过孔径为 0.45 μm 的滤膜后截留在滤膜上的固体物质。水中悬浮物含量是衡量水污染程度的指标之一，在一定程度上能综合反映水体的水质特征和水体化学元素迁移、转化、归宿的特征和规律。地表水中存在悬浮物，使水体浑浊，透明度降低，影响水生生物呼吸和代谢；工业废水和生活污水中含大量无机、有机悬浮物，易堵塞管道、污染环境；水体中的有机悬浮物沉积后易厌氧发酵，使水质恶化。

测定水中悬浮物，多采用聚乙烯瓶或硬质玻璃瓶进行采样。采样之前，用即将采集的水样清洗采样瓶 3 次，然后采集具有代表性的水样 500～1 000 mL。漂浮或浸没的不均匀固体物质不属于悬浮物，应从水样中去除。采集的水样应尽快分析测定，如需放置，应 4℃冷藏贮存，但不得超过 7 天。在保存时不能加入任何保护剂，以防破坏物质在固、液间的分配平衡。

测定水中悬浮物的方法很多，目前多采用重量法。该方法将采集的样品过孔径为 0.45 μm 的滤膜，于 103～105℃烘干至恒重并称量。该方法操作简单、测量准确，适用于地表水、地下水及生活污水和工业废水。

（范庆）

xuanzhuan zhengfayi

旋转蒸发仪 (rotary evaporator)

基于减压蒸馏原理，在负压情况下，将蒸馏烧瓶置于水浴锅中恒温加热并连续转动，使溶剂形成薄膜，增大蒸发面积，加快蒸发速率，实现快速浓缩的实验室常用装置。

旋转蒸发仪结构包括旋转马达、蒸发管、真空系统、流体加热锅、冷凝管和冷凝收集瓶。蒸馏烧瓶可以选择带有标准磨口接口的梨形或圆底烧瓶，通过蛇形回流冷凝管与减压泵相连，回流冷凝管另一开口与带有磨口的接收烧瓶相连，用于接收被蒸发的有机溶剂。作为蒸馏的热源，常配有相应的恒温水槽。

与常压蒸发的仪器相比，旋转蒸发仪蒸发速度快；一次可处理单个样品的体积较大，大规格的蒸馏瓶体积可达 1 000 mL；溶剂可以冷凝回收，不会排放到室内或环境中造成污染；仪器价格便宜。但是对于大批量样品的处理，旋转蒸发耗时耗力；无法处理微量样品，定量浓缩困难；自动化程度不高，需要专人看管；无法处理高挥发性和强腐蚀性样品。

在环境监测领域，旋转蒸发仪主要用于有机污染物的样品浓缩前处理，尤其适用于高沸点和热敏化合物的快速浓缩。（赵倩）

Y

yaxiaosuanyan ceding

亚硝酸盐测定 (determination of nitrite) 对环境样品中亚硝酸盐含量进行定性定量分析的过程。亚硝酸盐是氮循环的中间产物，在水中可受微生物等作用而很不稳定，可被氧化成硝酸盐，也可被还原成氨。亚硝酸盐污染主要来源于染料生产和某些有机合成、金属表面处理等工业企业。

测定方法包括 N-(1-萘基)-乙二胺光度法、离子色谱法和气相分子吸收光谱法。

N-(1-萘基)-乙二胺光度法 又称重氮偶合分光光度法或重氮偶氮光度法。适用于饮用水、地表水、地下水、大气降水、海水、生活污水和工业废水中亚硝酸盐的测定。其原理为：在酸性介质中，亚硝酸盐与对-氨基苯磺酰胺反应生成重氮盐，再与 N-(1-萘基)-乙二胺偶联生成红色染料，通过测定吸光度计算亚硝酸盐含量。该方法灵敏度高，选择性强。

测定土壤中亚硝酸盐氮，用氯化钾溶液提取土壤中的亚硝酸盐氮，再按上述方法测定亚硝酸盐氮含量。

离子色谱法 适用于饮用水、地表水、地下水和大气降水中亚硝酸盐的测定。其原理为：利用离子交换原理，定量分析亚硝酸盐。该方法简便、快速，干扰少。

气相分子吸收光谱法 适用于地表水、地下水、海水、饮用水、生活污水和工业污水中亚硝酸盐的测定。其原理为：在柠檬酸介质中，以乙醇为催化剂，将亚硝酸盐瞬间转化成二氧化氮，用空气载入气相分子吸收光谱仪进行测定。该方法简便、快速，干扰少。 （孙骏）

yanqi caiyangqi

烟气采样器 (flue gas sampler) 用于采集烟道中的烟气样品的装置。常用的是化学法烟气采样器。具有简便易行、成本低廉、适用范围广等优点。

原理 通过采样管将样品抽入到装有吸收液的吸收瓶、装有固体吸附剂的吸附管、真空瓶、注射器或气袋中，测定液体或气态样品中污染物的含量。

构造 根据吸收装置分类，化学法烟气采样器可分为吸收瓶或吸附管采样系统和真空瓶或注射器采样系统，见图 1 和图 2。两种采样系统均使用采样管，根据待测污染物的特征，可以采用以下几种型式采样管，见图 3。（a）型采样管：适用于不含水雾的气态污染物的采样。（b）型采样管：在气体入口处装有斜切口的套管，同时安装过滤管进行加热，套管的作用是防止排气中水滴进入采样管内，过滤管加热是防止近饱和状态的排气将滤料浸湿，影响采样的准确性。（c）型采样管：适用于既有颗粒物又有气态污染物的低湿烟气的采样，滤筒采集颗粒物，串联在系统中的吸收瓶采集气态污染物。

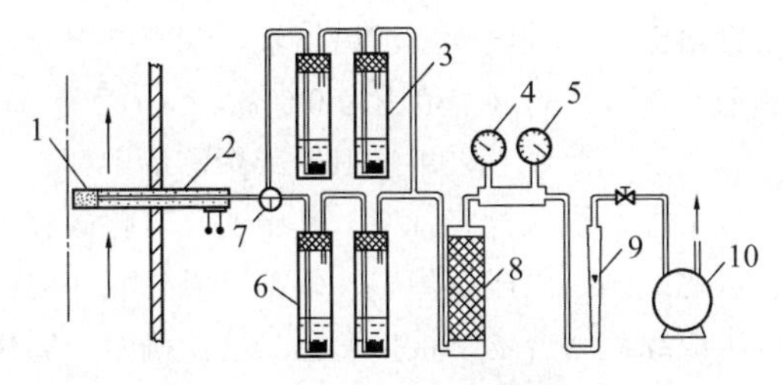

1. 烟道；2. 加热采样管；3. 旁路吸收瓶；4. 温度计；5. 真空压力表；6. 吸收瓶；7. 三通阀；8. 干燥器；9. 流量计；10. 抽气泵

图1　吸收瓶采样系统

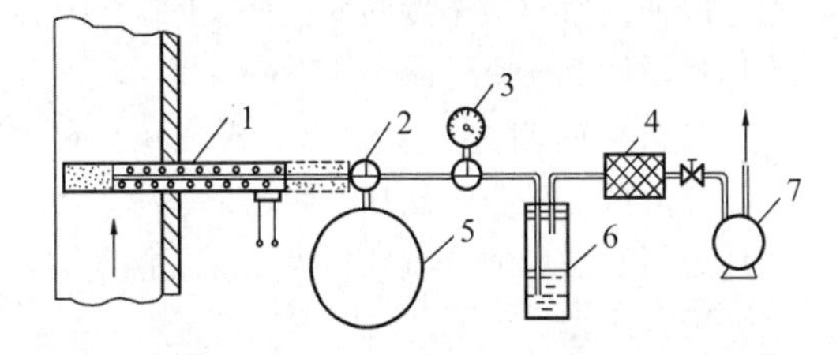

1. 加热采样管；2. 三通阀；3. 真空压力表；4. 过滤器；5. 真空瓶；6. 洗涤瓶；7. 抽气泵

图2　真空瓶采样系统

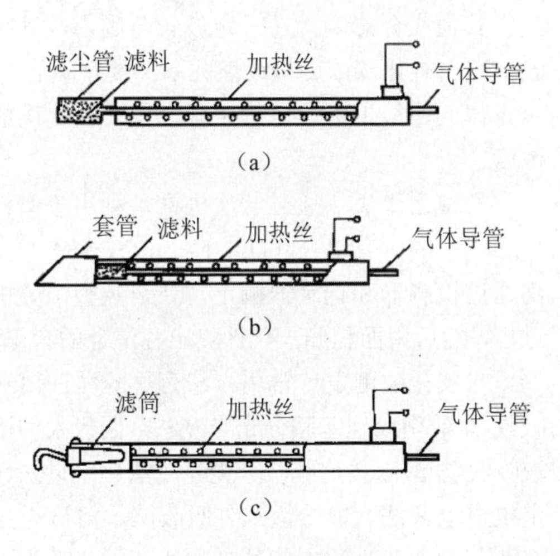

图3　采样管

发展趋势　烟气采样目前以手工采样和实验室分析为主，正逐步向自动化、智能化和网络化的监测方向发展。烟气采样器也将向高质量、多功能、集成化、自动化、系统化和智能化，以及物理、化学、电子和光学等技术综合应用的技术领域发展。　　（黄江荣）

yanqi chengfen ceding

烟气成分测定　(determination of flue gas composition)　对固定污染源排放烟气中成分进行定性定量分析的过程。

样品采集与保存　见样品采集。样品通常在现场进行测定，也可以采用采集袋采样，在实验室内测定。采用采集袋采样时，要确保采集的气体具有代表性，为了保证分析的准确性，采集后样品应尽快分析。

测定方法　烟气成分的分析方法很多，可分为在线分析法和离线分析法。在线分析法即烟气排放连续监测系统（CEMS）。CEMS 由颗粒物监测子系统、气态污染物监测子系统、烟气参数监测子系统和数据采集与处理子系统组成，一般可测量和显示氧气、一氧化碳、二氧化碳气体成分（参见烟气排放连续监测系统）。离线分析法可以分为化学法、电化学法、色谱法等。燃料燃烧后烟气的主要成分有氧气、二氧化碳、一氧化碳、二氧化硫、氮氧化物、氮气、水蒸气等。每种组分的离线测定方法都有多种，涉及化学法、电化学法、色谱法等中的一种或几种。实际测定时，需要根据测定场合和需求进行选择。

氧气测定　氧含量的测定方法有电化学法、热磁式氧分仪法和氧化锆氧分仪法。其中，电化学法简便，响应时间快，指示准确；氧化锆氧分仪法相对于热磁式氧分仪法具有结构简单、反应迅速和维护工作量小的特点，广泛用于连续监测锅炉或窑炉内烟气中的含氧量。

电化学法　氧气通过传感器半透膜充分扩散进入铅镍合金-空气电池内。经电化学反应产生电能，其电流大小遵循法拉第定律，与参加反应的氧原子摩尔数成正比，放电形成的电流经过负载形成电压，测量负载上的电压大小可直接读取氧含量数据。该方法的测定范围为 0～25%，精密度为 0.1%。实际测定时，应注意避免被测气体中含有 Cl_2、H_2S、HF 等对仪器有损坏和干扰测定的成分。

热磁式氧分仪法　氧受磁场吸引的顺磁性比其他气体强，顺磁式气体在具有温度梯度的不均匀磁场中，会形成热磁对流。热磁对流的强弱是由混合气体中含氧量多少决定的。通过把混合气体中氧含量的变化转换成热磁对流的变化再转换成电阻的变化，来测量电阻的变化，进而得出氧的百分含量。该方法的测量范围为0～25%，测量精度为0.1%。

氧化锆氧分仪法 利用氧化锆材料制备出氧离子固体电解质，然后在该材料两侧焙烧上铂电极，一侧通气样，另一侧通空气，当两侧氧分压不同时，两电极间产生浓差电动势，构成氧浓差电池。由氧浓差电池的温度和参比气体的氧分压，通过测量仪表测量出电动势，换算出被测气体中的氧分压。该方法的测量范围为 0～5%、0～10%、0～21%、0～25%，测量精度为0.1%。

一氧化碳测定 主要有非分散红外吸收法、定电位电解法、奥氏气体分析器法和检气管法。其中，非分散红外吸收法和定电位电解法操作简单，灵敏度高，适用于低浓度一氧化碳的测定；奥氏气体分析器法适于测定高浓度一氧化碳；检气管法快速简便，适用于精度要求较低的场合。

非分散红外吸收法 一氧化碳对 4.67 μm、4.72 μm 波长处的红外辐射具有选择性吸收，在一定波长范围内，其吸收值与一氧化碳浓度呈线性关系（遵守朗伯-比尔定律），根据吸收值确定样品中一氧化碳的浓度。该方法测定范围为 $60～15×10^4$ mg/m^3。

定电位电解法 一氧化碳气体经除尘、去湿后进入传感器室，经由渗透膜进入电解槽，在传感器电解液中扩散吸收的一氧化碳气体在规定的氧化电位下发生氧化反应，进行电位电解，根据其产生的极限扩散电流的大小求出其气体的浓度。该方法测定范围为 1.25～5 000 mg/m^3。

奥氏气体分析器法 利用吸收液吸收烟气中的某一成分，根据吸收前、后烟气体积的变化，计算该成分在烟气中所占体积的百分数。在实际监测中，吸收烟气成分的先后顺序是二氧化碳、氧、一氧化碳，吸收液分别为氢氧化钾溶液、焦性没食子酸碱溶液、铜氨络离子溶液。该方法的测定范围为0.5%以上。

检气管法 采用注射器或聚乙烯塑料采气袋采样，注入检气管中。其中的一氧化碳将五氧化二碘还原成游离碘，碘与三氧化硫作用，生成绿色络合物，根据变色长度，确定一氧化碳含量。该方法的测定范围为 20 mg/m^3 以上。若检气管存放时间较长或规定的监测范围满足不了测试要求时，使用前应重新标定，以浓度（mg/m^3）对变色长度（mm）绘制标准曲线，根据标准曲线取整数浓度的变色柱长度，制作浓度标尺，供现场使用。

二氧化碳测定 主要有奥氏气体分析器法、非分散红外吸收法和气相色谱法等。奥氏气体分析器法和非分散红外吸收法是推荐的标准分析方法。

奥氏气体分析器法 见本条“一氧化碳测定”的内容。

非分散红外吸收法 二氧化碳对 4.26 μm 波长处的红外辐射具有选择性吸收，且不受烟气中其他成分影响。在一定波长范围内，其吸收值与二氧化碳浓度呈线性关系（遵守朗伯-比尔定律），根据吸收值确定样品中二氧化碳的浓度。

气相色谱法 通过一次进样，利用色谱柱使烟气中的所有组分（O_2、N_2、CO、CO_2）分离通过检测器和记录器测定，并记录整个分析过程，然后用面积归一化计算出各组分的含量。

二氧化硫测定 常用方法有甲醛缓冲溶液吸收-盐酸副玫瑰苯胺分光光度法、四氯汞钾溶液吸收-盐酸副玫瑰苯胺分光光度法、碘量法、定电位电解法、非分散红外吸收法、溶液电导率法、紫外荧光法、紫外吸收法及差分吸收光谱法等（参见二氧化硫测定）。

氮氧化物测定 主要包括盐酸萘乙二胺分光光度法、紫外分光光度法、化学发光法、定电位电解法、非分散红外吸收法、紫外吸收法和差分吸收光谱法等（参见氮氧化物测定）。

发展趋势 中国在 20 世纪 60 年代广泛采用二氧化碳分析仪监测烟道气体中二氧化碳体

积分数，来控制空气系数（λ）以达到最佳燃烧效率。70 年代后，烟气组分监测逐渐扩展至测定二氧化碳、一氧化碳和氧气来控制燃烧状况，这些传统的烟气组分测定方法主要是抽气取样后进行实验室分析，对烟气进行实时、在线分析存在一定的局限性。80 年代，采用光学和电子学的污染气体监测仪器已经商品化，如非分散红外光度法二氧化碳监测仪。但这些仪器通常只限于单点检测。随着光谱分析技术的迅速发展，在烟气成分测量中也越来越多地采用傅里叶红外光谱仪、差分吸收光谱仪等先进的测试技术，进一步推进了烟气实时、在线分析的进程。由于分子光谱的“指纹”特征，选择性很强，可探测区域范围广、气体种类多、响应时间快，适合现场实时监测分析，应该说光学和光谱学技术是当前烟气成分测定的发展方向。

（黄江荣）

yanqi heidu ceding

烟气黑度测定 （determination of flue gas blackness） 由具有资质的观察者对固定污染源排放烟气的黑度测量的过程。烟气黑度又称林格曼黑度，是控制固定污染源排放废气中有害物质的指标之一。

目前国内常用的测定方法主要有林格曼黑度图法、测烟望远镜法和光电测烟仪法。

林格曼黑度图法 把林格曼黑度图放在适当的位置上，比较图上的黑度与烟气的黑度，由具有资质的观察员用目视观察对烟气的黑度进行评价。标准的林格曼黑度图由 14 cm×21 cm 的不同黑度的图片组成，除全白与全黑分别代表林格曼黑度 0 级和 5 级外，其余 4 个级别是根据黑色条格占整块面积的百分数来确定的，黑色条格的面积占 20%为 1 级，占 40%为 2 级，占 60%为 3 级，占 80%为 4 级。

测烟望远镜法 在林格曼黑度图的基础上发展起来的，测定原理与林格曼黑度图基本一致，其结构是在望远镜筒内安装一个一半是透明玻璃，另一半是 0～5 级林格曼黑度标准图的圆形光屏板。观察时，透过透明玻璃观看烟囱出口的烟色。在同一天空背景下，烟气的黑度与林格曼黑度标准图比对、评价。实际测定时，调节目镜的焦距，观察者可在距离烟囱 50～300 m 的地方进行观测，记录烟气的林格曼级数和这种黑度的烟气持续排放的时间。

光电测烟仪法 利用光学系统搜集烟的图像，把烟的透光率与仪器内部的标准黑度板透光率进行比较（黑度板透光率是根据林格曼分级定义确定的），通过光学系统处理，把光信号变成电信号输出，由显示系统自动显示出烟气的林格曼级数和这种黑度的烟气持续排放的时间。

林格曼黑度图法和测烟望远镜法操作简便、成本低，但精度较差。光电测烟仪法是在前述两种方法的基础上发展起来的，相对精度高，可客观地反映出烟气的真实黑度。

（黄江荣）

yanqi paifang lianxu jiance xitong

烟气排放连续监测系统 （continuous emission monitoring system，CEMS） 对固定污染源颗粒物浓度和气态污染物浓度以及污染物排放总量进行连续自动监测，并将监测数据和信息传送到环境保护主管部门以监控企业排放污染物浓度和总量是否达标的监测系统。CEMS 由四个子系统构成：颗粒物监测子系统、气态污染物监测子系统、烟气参数监测子系统和数据采集与处理子系统。

沿革 随着工业污染的日益严重，人们开始重视对固定污染源烟气的监测。早期的监测是手工或半自动的，基本程序是采样、送回实验室分析、结果报送。随着技术的进步，关注的污染因子不断增加，烟气监测开始出现连续自动的方式，即自动采样、自动分析，为了满足一台仪器测量多种参数的需求，烟气监测仪器开始向系统集成方向发展，最终形成 CEMS，并实现远程联网，形成环境监控体系。20 世纪 70 年代，国外开始出现成型的 CEMS；80 年代末期，我国开始安装 CEMS。随着 CEMS 在环境管理中的应用不断拓展，对数据质量也提出了更高要求，有关 CEMS 的质量控制和质量保证的规范和措施不断出台，从设计、生产、安装、运营等全过程，都有相关质控程序来保证它的正常运行和出具有效数据。

分类 按气态污染物取样技术不同，将 CEMS 分为直接抽取式、稀释抽取式和直接测量式三类。

直接抽取式 直接从烟囱或烟道抽取烟气，经除尘、除湿等前处理步骤后，将烟气送入分析仪进行检测。直接抽取式又可分为冷-干直接抽取和热-湿直接抽取，我国排放标准以干基浓度计，安装的CEMS以冷-干直接抽取居多。

直接抽取式系统基本结构有：采样探头、采样伴热管、过滤器、除湿器、采样泵、气体分析仪及辅助单元。采样探头的作用是粗过滤烟气中大量的粉尘，同时设置反吹系统防止堵塞。采样伴热管确保从探头到除湿系统前样气成分不损失。过滤器过滤颗粒物和其他杂质。除湿器将烟气中的水蒸气冷凝去除。采样泵为烟气从烟道传输至分析仪提供动力。气体分析仪是 CEMS 系统的核心部件，用于分析待测组分的浓度，分析原理主要是红外吸收光谱或紫外吸收光谱，利用污染物分子的特征吸收波长，区分不同种类的污染物。辅助单元主要包括废气排空、冷凝水排放和样气反吹等单元。

稀释抽取式 使用洁净的空气对烟气样品按比例稀释后，采用气体分析仪进行分析，将所得数据与稀释比例进行计算得出实际样品浓度。稀释法是从空气监测系统移植到烟气监测系统的技术，根据稀释探头在烟道内外的不同位置，又可将稀释抽取法分为烟道内稀释法和烟道外稀释法。

稀释抽取式系统基本结构有：稀释取样探头、稀释气处理单元、气态污染物分析仪、稀释取样探头控制器、数据采集装置和烟气辅助参数等。最关键的技术在于稀释取样探头，包括临界限流孔、文丘里管和喷嘴。被采样负压吸入稀释取样探头内的烟气样品，过滤后进入到临界小孔，当临界限流孔两端压力差大于 0.46 bar（1 bar=100 kPa）时，临界限流孔进入工作压力状态，流量只与气体分子通过限流孔时的振动速度相关，流经限流孔的样品流量产生恒流。经过临界限流孔限流后的样品进入文丘里管，与由喷嘴而来的稀释气进行混合。稀释后的样品由传输管线输送到分析仪进行分析。稀释气一般是经过处理的洁净、无油、低湿度、无尘的仪表空气，气态污染物分析仪通常使用量程较低的单组分分析仪，二氧化硫可采用紫外荧光法分析仪，氮氧化物可采用化学发光法分析仪，一氧化碳可采用气体相关过滤法分析仪。

直接测量式 利用安装在烟道内的传感器或穿过烟道的特殊光束，直接测定烟气中污染物的浓度，无需对待测成分进行采样和前处理。直接测量式，又称原位式或直插式。其结构简单、维护成本小，原理主要采用紫外差分吸收光谱法，一类是直接在烟道中测量的传感器或发射一束光穿过烟道，利用烟气的特征吸收光谱进行气态污染物的分析测量，一般概念上的直接测量式 CEMS 即是这种系统；另一类指使用电化学或光电传感器，传感器安装在探头的端部，探头插入烟道，测量较小范围内烟气中污染物的浓度，相当于点测量，后散射法烟尘仪、氧化锆法测氧仪、阻容法湿度仪都属于这种方式的直接测量式。

直接测量式 CEMS 根据探头的构造不同，分为内置式和外置式；根据光线是否两次穿过待测烟气，可分为双光程和单光程；有采用探头和光谱仪紧凑相连的一体式结构，也有将探头和光谱仪分开的分体式结构，探头和光谱仪之间采用光纤进行光信号传输。

监测项目 主要监测的污染物包括颗粒物、二氧化硫和氮氧化物、卤族气体、气态汞及烟气参数。

颗粒物 颗粒物监测仪大多使用直接测量式，即原位式测量方法，应用最多的是浊度法和散射法，安装量最大的是应用这两种技术制成的双光程浊度法烟尘仪和后向散射法烟尘仪，也有应用前向散射法、动态光闪烁法等技术的烟尘仪。

二氧化硫和氮氧化物　二氧化硫和氮氧化物测量以光学技术为主，分为紫外光谱、红外光谱和荧光光谱三种类型。二氧化硫和一氧化氮等许多气体吸收红外光和紫外光，利用分子吸收特征波长光的特点，根据朗伯-比尔定律，测定出不同种类的污染物含量。常用的检测方法有：非分散红外 Luft 检测器法（NDIR）、傅里叶变换红外光声测量法（FTIR-PAS）、气体过滤相法（GFC）、紫外差分吸收光谱法（DOAS）、非分散紫外法（NDUV）、紫外荧光法和化学发光法。

卤族气体　氯化氢、氟化氢等气体。垃圾焚烧厂需监测氯化氢、氟化氢，通常采用可调谐二极管激光技术来测量。激光通过被测量气体后由二极管检测，二极管的波长可调谐成待测气体的吸收波长并被扫描，把透过光信号记录下来，由计算单元计算吸收光信号的大小并得到待测气体的浓度，此方法叫作可调谐二极管激光光谱（TDLS）或可调谐二极管激光吸收光谱（TDLAS）。可使用特殊激光二极管专门用于氟化氢、氯化氢组分的测量。

气态汞　监测气态汞的 CEMS 分为在线自动监测法和吸附管监测法。

在线自动监测法　依照采样方法的不同，可分为稀释采样法和直接采样法两种。燃煤电厂多采用稀释采样法汞 CEMS，垃圾焚烧多采用直接采样法汞 CEMS 和在线测量法汞 CEMS。

稀释采样法汞 CEMS 分为稀释后直接测量和金汞齐富集测量。分析方法有冷原子吸收分光光度法和冷原子荧光光谱法两种。冷原子吸收分光光度法通常需要配合金汞齐使用，而冷原子荧光光谱法为直接测量方法。

直接采样法汞 CEMS 通常只用于监测烟气中的总汞浓度，在垃圾焚烧行业应用较多。分析方法有冷原子荧光光谱法、冷原子吸收分光光度法、塞曼效应原子吸收分光光度法和紫外差分光谱法等多种方法。

吸附管监测法　一种半自动监测方法，使用安装于采样设备内的吸附管，对样品中的汞进行吸附，再利用汞分析仪进行样品分析。一般使用活性炭吸附剂富集汞，双路平行采样，利用三段吸附剂可测量采样穿透率和加标回收率，从而保证采样质量，可实现 30 min 到一周或更长时间的采样，但系统只能采集烟道中的总汞，采样点位应设置在颗粒物含量较低的位置。

烟气参数　主要包括含氧量、压力、流速、温度和湿度等。

含氧量　测量烟气污染物排放必须测量烟气含氧量，以折算排放浓度。常用的氧分析仪有氧化锆分析仪、顺磁氧分析仪和电化学法氧分析仪。

压力　烟气压力是气体在管道中流动时所具有的能量，一部分能量体现在压强大小上，通常称为静压；另一部分体现在流速的大小上，通常称为动压。静压和动压的代数和称为全压。烟气压力的测量一般由皮托管流速测量仪的差压变送器给出，也可单独配套压力变送器测量。压力变送器多采用不锈钢隔离膜片敏感组件，将固态集成工艺与隔离膜片技术结合在一起，可在恶劣条件下工作。

流速　烟气流量监测是烟气在线监测系统的重要组成部分，是计算污染物总量的重要参数，而流量测定以监测断面的平均烟气流速为依据，因此烟气流速的测定非常关键。目前测量方法有压差法、热平衡法、靶式流量计法、超声波法等。

温度　通常采用热电偶或热电阻原理的温度变送器测量。

湿度　国家环保标准规定的烟气排放浓度是干基折算浓度，因此湿度对于 CEMS 来说是很重要的烟气参数。湿度在线测量方法主要有：干湿氧测定法、湿度传感器法、激光光谱法和红外亮度法等，其中后两种方法在国内应用很少。近年来，国内外在湿敏传感器耐腐蚀技术上有所突破，用湿敏传感器测量烟气水分的方法得到推广。《固定污染源烟气排放连续监测系统技术要求及检测方法（试行）》（HJ/T 76—2007）规定可以采用手工分析烟气湿度的方法，将测量的平均数据输入 CEMS，手工取样测量烟气湿度的参比，检测方法有重量法和干湿球法。

应用与发展趋势 虽然 CEMS 数据的有效性饱受争议，但还是有越来越多的 CEMS 数据被环境管理者所使用，成为环境执法和节能减排的重要依据。CEMS 监测的参数不断增加，除二氧化硫、氮氧化物、颗粒物已纳入减排计划之外，氨、硫化氢、氯化氢、氟化氢、重金属（汞、铅等）、挥发性有机物（苯、二甲苯、卤代烃等）和半挥发性有机物（多环芳烃等）、温室气体（二氧化碳、甲烷、六氟化硫、一氧化二氮等）的连续自动监测也是今后污染源排放监测的发展方向。

CEMS 的核心技术是烟气分析技术，曾经在国内外安装过一批以电化学分析技术为核心的 CEMS，终因仪器有效寿命太短而遭到淘汰，CEMS 趋向更为稳定可靠的光学技术。同时随着新的监测因子不断加入，大量新技术（如全谱分析和线状光谱技术）被应用在 CEMS 气体分析仪里，测量范围逐渐向低浓度、微量和痕量发展，追求更高的准确度和精密度。而烟气中颗粒物的连续监测也随着环保标准的提高，需要不断提升分辨率和精确度，同时由于湿法脱硫工艺的大量应用，必须考虑水气对颗粒物测量的干扰并适时修正。

在烟气参数方面，流速测量的在线校准，以及在直管段不能充分满足要求的情况下，体现测量代表性的多探头、多点监测技术将会有更广泛的应用。湿度测量需考虑现场的校准和高温条件下的在线测量问题。电容法的湿度测量仪应提高在不同场合使用的适用性和降低长期使用的故障率；干湿氧法湿度测量仪应解决双传感器的漂移方向不一致问题。此外，CEMS 的数据通信也日益完善，从现场端软件的规范化到通信的可靠性提高，CEMS 数据的有效性和客观性逐步提高。近年来，物联网技术被引入 CEMS 系统，使 CEMS 向多功能、自动化、智能化、网络化方向发展。

CEMS 的技术标准发展的系统化、规范化、明确化逐步加强。在仪器性能规范方面，对烟气 CEMS 增加实验室检测内容，气态污染物便携式仪器增加光学原理测试技术要求，颗粒物采样器增加低浓度采样器技术要求。在安装验收规范方面，细化和明确固定污染源烟气排放连续监测技术规范，增加固定污染源烟气排放连续监测质控技术规范和固定污染源监测取样点位技术规范。在标准分析方法方面，固定污染源颗粒物测定技术规范增加低浓度测定要求、固定污染源气态污染物的测定——自动测量法增加光学原理仪器法、增加固定污染源烟气参数的测定。在质控方面，增加 CEMS 质控技术规范，从 CEMS 选型、购买、安装、验收，直至运行和考核，制定详细、明确的技术操作规定。 （周刚　迟郢）

推荐书目

杨凯. 固定污染源烟气汞监测技术与设备. 北京：中国电力出版社，2012.

环保部科技标准司. 烟尘烟气连续自动监测系统运行管理. 北京：化学工业出版社，2008.

周发武，鲍建国. 环境自动监控系统——技术与管理. 北京：中国环境科学出版社，2007.

yanduji

盐度计 （salinity meter） 测定海水中盐（氯化钠）的重量百分比浓度的仪器。实验室用的盐度计分为电极式盐度计和感应式盐度计。

电极式盐度计采用双电极式电导池进行相对测量。测量时，首先用标准海水校准电极式盐度计，然后测量海水样品与标准海水的电导率比值和水温，根据此电导率比和海水样品的温度，计算其盐度值。仪器由测量电路、两电极式电导池、非恒温水浴、搅拌器和水泵等组成。

感应式盐度计采用电磁感应原理对海水的电导率进行相对测量。测量时，首先用标准海水校准感应式盐度计，然后测量海水样品与标准海水的电导率比值和水温，根据此电导率比值和海水样品的水温，计算其盐度值。仪器由振荡器、放大器、电导池、感应分压箱、温度补偿回路和测温系统等组成。 （孙骏）

yanghua huanyuan didingfa

氧化还原滴定法　(redox titration)　基于氧化还原反应的滴定分析方法。

原理　氧化还原反应是基于氧化剂和还原剂之间电子传递的反应。氧化剂和还原剂的强弱，可以用有关电对的标准电极电位（简称标准电位）来衡量。电对的标准电位越高，其氧化型的氧化能力就越强；反之，则其还原型的还原能力就越强。根据电对的标准电位，可以判断氧化还原反应进行的方向、次序和反应进行的程度。标准电极电位（E_0）是在特定条件下测得的，其条件是：温度25℃，离子浓度（活度）都是1 mol/L（或其比值为1），气体压力为1.013×10^5 Pa。

测定条件　氧化还原滴定法的测定条件有：①氧化还原反应能定量地完成；②两电对的条件电位之差大于0.4 V。

指示剂　常用的指示剂有自身指示剂、专属指示剂及氧化还原指示剂3类。①自身指示剂：有些标准溶液或待测物本身具有颜色，而滴定产物为无色或颜色较浅，溶液本身颜色的变化就起到指示剂的作用；②专属指示剂：本身并不具有氧化还原性，但能与氧化剂或还原剂产生特殊的颜色，指示滴定终点；③氧化还原指示剂：在滴定过程中发生氧化还原反应的指示剂，其氧化态和还原态具有不同的颜色，根据滴定过程中颜色的突变来指示滴定终点。

测定方法　根据氧化剂和还原剂不同，氧化还原滴定法可以分为碘量法、高锰酸钾法、重铬酸钾法、溴酸钾法和铈量法等。

碘量法　利用碘分子或碘离子进行氧化还原滴定的方法。其实质是碘分子在反应中得到电子，碘离子在反应中失去电子。

凡标准电极电位低于E_{0I_2}/I^-的电对，它的还原形可用I_2滴定液直接滴定，称为直接碘量法。凡标准电极电位高于E_{0I_2}/I^-的电对，它的氧化形可将加入的I^-氧化成I_2，再用硫代硫酸钠（$Na_2S_2O_3$）滴定生成的I_2，称为置换滴定法。有些还原性物质可与过量I_2滴定液发生反应，反应完全后用$Na_2S_2O_3$滴定剩余的I_2量，称为剩余滴定法。

高锰酸钾法　以高锰酸钾（$KMnO_4$）为滴定剂的氧化还原滴定法。在酸性条件下$KMnO_4$具有强的氧化性，可与还原剂定量反应。方法优点是$KMnO_4$氧化能力强，可以与很多还原性物质发生作用，应用广泛。

溶液酸度控制在1～2 mol/L为宜，酸度过高，会导致$KMnO_4$分解，酸度过低，会产生二氧化锰（MnO_2）沉淀。使用$KMnO_4$作为指示剂时，$KMnO_4$的水溶液显紫红色，反应生成的Mn^{2+}在稀溶液中几乎无色；用稀$KMnO_4$滴定液（0.002 mol/L）滴定时，为使终点容易观察，可选用氧化还原指示剂。如用邻二氮菲为指示剂，终点由红色变浅蓝色；用二苯胺磺酸钠为指示剂，终点由无色变紫色。

重铬酸钾法　以重铬酸钾（$K_2Cr_2O_7$）为滴定剂的氧化还原滴定法。酸性条件下，重铬酸钾法能测定许多无机物和有机物。方法优点是：$K_2Cr_2O_7$易于提纯，可直接配制成一定浓度的标准溶液，无需标定；性质稳定，在密闭容器中保存，浓度长期保持不变；可在盐酸溶液中滴定。常用指示剂有二苯胺磺酸钠和邻苯氨基苯甲酸等。

溴酸钾法　以溴酸钾（$KBrO_3$）作氧化剂的滴定方法。该方法可直接测定一些能与$KBrO_3$迅速反应的物质，如As^{3+}、Sn^{2+}和联氨等，还可与碘量法配合使用测定苯酚、甲酚、间苯二酚和苯胺等。

铈量法　以硫酸高铈[$Ce(SO_4)_2$]为氧化剂的滴定方法。该方法应在酸度较高的溶液中使用。能用高锰酸钾法测定的物质，一般也能用铈量法测定。其优点是在$HClO_4$、HNO_3溶液中，Ce^{4+}不形成络合物，反应简单；能在多种有机物（如醇类、甘油、醛类等）存在的情况下，测定Fe^{2+}而不发生诱导氧化。

应用　在环境监测领域主要用于测定水中的游离氯和总氯、溶解氧、化学需氧量和高锰酸盐指数，固体废物中的六价铬和总铬，废气中的二氧化硫、氯气、光气和硫化氢等。

（穆肃）

yangpin baocun

样品保存 (sample preservation) 通过改变环境条件或加入特定的化学试剂等措施，使环境样品从采集到分析期间变化程度降至最低的过程。

保存原则 环境样品从采集到分析期间，由于受物理、化学和生物作用，会发生不同程度的变化，为使这种变化程度降低到最小，必须采取措施避免样品在储存期间发生性质变化，保证样品测定结果能体现样品采集时的特质。

影响因素 样品在储存期内发生变化的程度，取决于样品的类型及其理化性质和生物学性质，也取决于保存条件、容器材质、运输及气候变化等多种因素。依据样品发生变化的机理，可将导致样品变化的原因分为物理作用、化学作用和生物作用三种。

物理作用 光照、温度、静置或震动、敞露或密封等保存条件及容器材质对样品性质的影响。例如，强烈光照、温度升高或强震动会造成样品中的易挥发性物质的损失；长期静置会使水质样品中的强氧化物等发生沉淀。某些盛装样品的容器内壁会不可逆地吸附或吸收一些有机物或金属化合物等。

化学作用 样品中的某些组分在储存期间可能会发生化学反应，从而改变待测组分的含量与性质。例如，空气中的氧气能氧化样品中的二价铁和硫化物等，储存期间可能会解聚或聚合。

生物作用 细菌、藻类及其他生物体的新陈代谢会消耗样品中的某些组分，产生一些新组分，改变样品组分的含量和性质。例如，生物作用会对水样或土壤样品中溶解氧、二氧化碳、含氮化合物、磷、硅和部分有机物等产生影响。

对保存容器的要求 采集和保存样品的容器应充分考虑以下几个方面：①容器材质。容器的化学和生物性质应该是惰性的，以防止容器与样品组分发生反应、吸附待测化合物或样品溶出，引起组分浓度的变化，尤其是痕量的重金属、清洁剂、杀虫剂和磷酸盐等。选用的容器材质应随待测组分而定。例如，一般的玻璃容器储存水样可溶出钠、钙、镁、硅和硼等元素，测定这些项目时应避免使用玻璃容器；玻璃与氟化物会发生化学反应，因此存放含氟样品不能使用玻璃器皿；一些有色瓶塞含有大量的重金属，采集重金属样品应尽量避免使用未经检测的样品瓶和瓶塞等；分析有机物的样品，要避免使用有机材料，如塑料瓶、塑料袋等；对光照敏感的样品，应选择深色玻璃、黑色布袋或不透光塑料袋等能降低光敏作用的容器。②容器使用前的准备。容器应选择正确的洗涤剂，按规定程序清洗干净，最大限度地防止样品污染，使用前应进行必要的特定污染物检验，验证容器的适用性。尽可能使用专用容器，避免交叉污染；保存生物样品的玻璃容器，应按自来水及洗涤剂→铬酸-硫酸洗液→蒸馏水清洗→灭菌的流程洗涤。

样品保存方法 样品的性质和分析项目决定了样品的保存时间和保存方法，保存方法还必须与分析技术相匹配。在工作中，需要结合实际条件，选择合适的样品保存方法。

抑制化学-物理作用 化学-物理作用对样品的影响巨大，样品与外环境间的转化、吸附、扩散和溶解等过程，均可能对待测组分造成较大影响。常见的样品保存方法有密封保存、低温冷藏保存、加入酸/碱固定剂、加入氧化剂、加入还原剂等。

密封保存 对可能与容器中残留的氧气或二氧化碳等成分发生化学反应的样品，应尽可能减少样品保存容器中的空气，并密封保存，以减少干扰及运输中的震荡。例如，测定五日生化需氧量的样品，需要密封水样瓶口，防止空气对测试结果的干扰。而对某些特殊样品而言，还需要采用特殊的容器来密封保存。例如，对一些具有放射性的样品，保存技术取决于放射类型和放射性核素的半衰期，保存过程应符合《电离辐射防护与辐射源安全基本标准》(GB 18871—2002）。一般而言，具有一般放射性的样品，均需要经过特殊包装后，存放在特殊材料制作的密闭空间中。对于一些具有未知放射性的固体废物样品，应根据《放射性废物的分类》（GB 9133—1995），对分属Ⅰ、Ⅱ类等级的废物，依据《低、中水平放射性固体废物暂时贮存规定》（GB 11928—1989）的要求临时存放在安全的环境中。

低温冷藏保存　可以减缓样品中待测组分发生化学反应和吸附等化学物理过程的速率。大气降水样品、环境空气滤膜、废气滤筒、土壤和固废样品等，均可采用低温冷藏保存。依据样品类型和监测项目的差异，可存放 24 h 到数周时间不等。冷藏不适用长期保存，−20℃的冷冻温度一般能延长储存期，但需要掌握冷冻和融化技术，使样品在融化时能迅速、均匀地恢复其原始状态，目前常用干冰快速冷冻。冷冻不适用于保存挥发性物质；如果样品包含细胞、细菌或微藻类，冷冻过程会破裂、损失细胞组分，同样不适用。

加入酸/碱固定剂　如测定金属离子的水样，常用硝酸酸化至 pH 为 1～2，既可以防止重金属的水解沉淀，又可以防止金属在器壁表面上的吸附，同时还能抑制生物的活动，大多数金属可稳定数周或数月。测定氰化物的水样，需加氢氧化钠调至 pH=12。测定六价铬的水样，应加氢氧化钠调至 pH=8。保存总铬的水样，应加硝酸或硫酸至 pH 为 1～2。对于土壤样品、固体废物和空气样品，调节样品 pH 的方法较少使用。

加入氧化剂　如测定水样中汞，痕量汞易被还原而引起汞的挥发性损失，加入硝酸-重铬酸钾溶液可使汞维持在高氧化态，汞的稳定性大为改善。

加入还原剂　如含余氯水样，能氧化氰离子，可使酚类、烃类和苯系物氯化生成相应的衍生物，采样时加入适当的硫代硫酸钠使其还原，除去余氯干扰。

抑制生物作用　生物作用能够通过微生物的繁殖、吞噬、吸附或转化等作用，改变样品中部分污染物的浓度或组成，选择生物抑制剂抑制生化反应，是一种较为常见的样品保存方法。例如，测氨氮、硝酸盐氮和化学需氧量水样时，加氯化汞或加入三氯甲烷、甲苯作防护剂以抑制生物对亚硝酸盐、硝酸盐、铵盐的氧化还原作用；测酚水样中，用磷酸调节溶液的 pH，加入硫酸铜以控制苯酚分解菌的活动。在测试酚类有机物的土壤样品中，将新鲜土壤放置在低温条件下保存，并在尽可能短的时间周期内完成样品分析，以减少土壤中微生物对有机物降解的影响。生物样品的保存过程中，需要同时兼顾两方面的影响：一是防止外来生物对测试结果的干扰。例如，在测试细菌总数、大肠菌群样品时，应保证采样容器、塞子、盖子的洁净、无杂菌干扰，需要进行高温灭菌。二是要保证生物样品本身稳定，尽可能减弱其繁殖、吞噬、转化等生物过程。例如，在对水中浮游生物、着生生物等进行监测时，加入福尔马林对样品固定，防止因生物作用导致计数结果显著改变。而生物保存剂一般是有毒的，可能导致生物死亡，生物死亡前，应使保存剂能进入生物细胞核内，防止由于震动引起某些生物细胞核的破坏。

实际工作中，通常需要综合运用多种样品保存方法来达到工作的要求。但仅就样品分析而言，采样后及时完成分析才是最好的样品保存方法。　（陈纯）

推荐书目

国家环境保护总局《水和废水监测分析方法》编委会. 水和废水监测分析方法. 4 版增补版. 北京：中国环境科学出版社，2002.

国家环境保护总局《空气和废气监测分析方法》编委会. 空气和废气监测分析方法. 4 版增补版. 北京：中国环境科学出版社，2007.

刘凤枝，刘潇威. 土壤和固体废弃物监测分析技术. 北京：化学工业出版社，2006.

yangpin caiji

样品采集　（sampling）　从水、气、土壤、固体废弃物和生物等介质中获取能够代表监测对象的环境质量或污染状况样品的过程。样品采集的原则是以最少的监测点位和样品量反映最好的时空代表性，其过程包括布点、采样和现场保存。根据采集对象存在的介质，分为气体样品采集、水样采集、土壤样品采集、沉积物样品采集、固体废物样品采集和生物样品采集等。

气体样品采集 根据样品来源，气体样品采集分为环境空气样品采集、室内空气质量样品采集、大气降水样品采集、酸沉降样品采集、固定污染源样品采集和无组织排放样品采集等。样品采集后通常应避光或冷藏保存。

环境空气样品采集 对环境空气样品的采集过程。按照监测目的，环境空气质量监测点位分为5类：背景点、评价区域点、评价城市点、污染监控点和路边交通点。评价城市点包括二氧化硫、二氧化氮、一氧化碳、臭氧、可吸入颗粒物和细颗粒物6个基本项目。评价区域点和背景点除6个背景项目外，根据环境管理要求和点位实际情况增加湿沉降、有机物（挥发性有机物、持久性有机物等）、温室气体、颗粒物组成和特殊组分等。污染监控点和路边交通点由地方环境保护行政主管部门确定监测项目。

点位布设 点位布设在时间、空间上需具有代表性、可比性、整体性、前瞻性和稳定性。背景点及评价区域点位置及数量由环境保护行政主管部门根据国家规划设置，分别布设在离开城市建成区及主要污染源之外的上风向，分别反映国家尺度空气质量本底水平及区域间、区域内污染物运输的相互影响。评价城市点应相对均匀地覆盖全部城市建成区，根据建成区面积和城市人口数量，按网格布设不少于1～10个点位。污染监控点和道路交通点由环境监测部门设置。污染监控点应设在可能对人体健康造成影响的污染物高浓度区及主要固定污染源对环境空气质量产生明显影响的区域，一般设置在污染源的主导风向的下风向、最大污染浓度处。道路交通点根据车流量、道路两侧地形及建筑物分布情况布设在行车道下风向，距离道路边缘不超过20 m。监测点周围地质条件稳定，不能有阻碍环境空气流通的高大建筑物、树木或其他障碍物，采样口周围有不少于180°的自由空间、高度不低于1.5 m但不高于30 m，道路交通点高度在2～5 m。

采样时间及频率 根据监测目的，依据空气环境质量监测规范的有关规定、污染物浓度水平及监测分析方法的检出限确定样品的采集频次和时间。监测1 h平均浓度值，样品采样时间应不少于45 min。臭氧的8 h平均浓度采样应不少于6 h。监测24 h平均浓度值，各污染物累计采样时间应不少于20 h或24 h。监测铅季平均浓度，每月至少有分布均匀的5个日均值，每季至少有分布均匀的15个日均值。监测年平均浓度，二氧化硫、二氧化氮、粗颗粒物、细颗粒物、氮氧化物每月至少有27个（二月为25个）日均值，每年至少有324个日均值；总悬浮颗粒物、苯并[a]芘、铅每月至少有分布均匀的5个日均值，每年至少有分布均匀的60个日均值。

采样方式 根据污染物存在形式，分为气态样品采样和颗粒物采样。气态污染物浓度较高或使用的分析方法灵敏度很高时，使用注射器、塑料袋和玻璃或不锈钢瓶等固定容器直接采样。否则使用动力采样装置，将样品富集在溶液中（适用于气态、蒸气态化合物）、填充柱上或使其低温冷凝（适用于低沸点化合物）；也可使用被动采样器，使污染物吸附在吸附剂上。颗粒物根据粒径及监测项目，选择定量滤纸、石英或玻璃纤维滤膜、过氯乙烯纤维滤膜和有机滤膜等，常用中大流量采样器定时连续采集。

室内空气质量样品采集 见室内空气质量监测。

大气降水样品采集 采样点远离局部污染源，相对高度在1.2 m以上。采集每次降水全过程的样品；连续几天降雨，采集上午8:00至次日上午8:00的降水。采样装置一般使用自动采样器。

酸沉降样品采集 包括干沉降样品采集和湿沉降样品采集，设城区、郊区和清洁对照3种采样点位，点位布设及采样时间与大气降水一致。湿沉降采样装置一般使用自动采样器，也可使用手动采样器。干沉降的 SO_2、NO_2、NO、$PM_{2.5}$ 及 $PM_{1.0}$ 通过环境空气自动站采集测定，气态 HNO_3、NH_3、HCl 及气溶胶采用多层滤膜法采样。

固定污染源样品采集 固定污染源指燃煤、燃油、燃气的锅炉和工业炉窑及石油化工、冶金、建材等生产过程中产生的废气，通过排气筒向空气中排放的设施或建筑构造（如车间等）。在排放源排放负荷相对较高或至少处于正常生产和排放状态的时段采集样品。

点位布设 颗粒物采样断面优先选择在气流分布均匀的垂直管段，避开烟道弯头和断面急剧变化的部位。①圆形弯道采样点位：根据烟道直径长度，在圆形烟道内划若干等面积同心圆环及两条垂直相交的直径，同心圆的中心线与直径线的交点即为圆形烟道的采样点位；②矩形或方形烟道采样点位：在烟道内划若干等面积矩形块，其中心点即为采样点位。点位数量视烟道内径大小确定，但一般不超过 20 个。气态污染物仅在烟道中心设 1 个点位采集。

采样时间及频次 污染源监督性监测每年不少于 1 次，年度重点监管排污单位每年监督性监测不少于 4 次。排气筒中废气可连续采集 1 h 测定平均值，也可在 1 h 内以等时间间隔采集 3～4 个样品，计算平均值。

采样方式 颗粒物采样，遵循“等速”和“多点”原则，根据需要选择移动采样法、定点采样法和间断采样法。烟尘采样器的采样嘴置于监测点位上，正对气流，抽取一定量含尘气体。排气参数和 SO_2、NO_x 监测仪器在采样同时测定，其他气态污染物根据采集目标选用直接采样（注射器、气袋真空瓶等）法、浓缩采样（溶液吸收、吸附柱、低温冷凝等）法或稀释采样法等。

无组织排放样品采集 大气污染物不经过固定排放设施或排气筒高度小于 15 m 的排气筒排放属无组织排放，采集方法与环境空气样品相同。

采样点分为参照点和监控点，SO_2、NO_x、颗粒物和氟化物在排放源上风向设参照点，下风向设监控点；其余污染物仅在下风向设监控点。一般连续 1 h 采样，或在 1 h 内以等时间间隔采集 4 个样品计算平均值，采样高度为 1.5～15 m。

水样采集 根据监测目的采集综合水样、瞬时水样、混合水样、平均水样或其他水样。水样采集后的保存：根据测试项目可选择冷藏或冷冻以减缓物理化学反应速度，或用硝酸调节 pH 至 1～2 以防止重金属水解沉淀及器壁吸附，或加入 NaOH 调节 pH 至碱性以防止化合物挥发等。按照样品来源可分为地表水样品采集、地下水样品采集和污水样品采集。

地表水样品采集 根据地表水水域的地理位置或汇入、汇出情况设置监测断面。对水系设置背景断面、控制断面（若干）和入海断面；对行政区域内地表水设置背景断面（水系源头行政区）或入境断面（过境河流）、控制断面（若干）和出境断面或入海河口断面；考察污水汇入对河流的影响，设置对照断面、控制断面和削减断面。

河流在岸线垂直方向设置监测断面，断面上根据河流宽度设置 1～3 条监测垂线；湖库在不同功能区设置监测垂线；海水首先根据污染情况划定污染区、过渡区和对照区，在各区域内以网格布点法设置监测断面，监测断面上设置左、中、右监测垂线。在监测垂线上不同深度处（水质不同）采集 1 个以上水质样品。

地表水样品采集后，通常需静置 30 min，以吸管插至水样表层 5 cm 以下处，将水样移入样品瓶。某些项目根据性质单独采集样品，例如，油类直接在水体水面下 30 cm 单独采集柱状水样；溶解氧、生化需氧量和有机污染物等项目，水样注满容器，容器顶部不留空间；硫化物、余氯、粪大肠菌群和悬浮物等也需专门容器单独采样。

地下水样品采集 地下水样品通过监测井采集，监测井通常分为背景值控制监测井和污染控制监测井。采样前将存水放净，采集能代表该区域水质的水样。样品采集与保存方式与地表水相同。

污水样品采集 污水监测项目分为第一类污染物和第二类污染物。第一类污染物在车间或车间处理设施排放口采集，第二类污染物根据需要在处理设施排口或总排口处采集。监测频次根据监测目的确定，单独采集项目与地表水相同。

土壤样品采集 根据采集深度分为地表样品采集和剖面样品采集。根据土壤功能等分为土壤环境背景值样品采集、农田土壤环境样品采集、建设项目土壤环境评价样品采集、城市土壤样品采集和土壤污染事故样品采集。布点采样时采取"随机"原则，布点数量根据监测目的和考察区域环境状况等因素确定。采样量采取"等量"原则，一般采集1～2 kg。根据监测项目选择合适的容器，采用冷藏、冷冻或其他方式保存样品。

地表样品采集 一般采集表层 0～20 cm 深度土壤，城市区域采集 0～30 cm 深度土壤，林木区采集 0～60 cm 深度土壤。①土壤环境背景值样品采集。一般根据监测区域面积和土壤类型划分采样单元，单元内采取网格法布点。②农田土壤环境样品采集。根据土壤类型及功能划分监测单元，采样区内采取对角线法、梅花点法、棋盘式法或蛇形法分点采样后，以四分法制成混合样。③建设项目土壤环境评价样品采集。采样点以污染源为中心放射状布设为主，在主导风向和地表水径流方向适当增加。以水污染型为主的土壤采样按水流方向带状布设，采样点自纳污口起由密渐疏；综合污染型土壤监测布点采用综合放射状、均匀、带状布点法。④城市土壤样品采集。以网格布设为主，功能区布点为辅。⑤土壤污染事故样品采集，根据污染物的颜色、印渍和气味以及地势、风向等因素初步界定事故对土壤的污染范围，按照污染类型，采用随机法和中心放射状布点法等方法采样。

剖面样品采集 根据土壤功能不同，剖面深度相异；采样时，剖面观察面向阳，采样次序自下而上。①土壤环境背景值样品采集和农田土壤环境样品采集，土壤剖面一般长 1.5 m、宽 0.8 m、深 1.2 m，分 A、B、C 三层。②建设项目土壤环境评价样品采集，分表、中、深 3 层采集 100 cm 内的柱状样品。③城市土壤样品采集，采集 0～30 cm 和 30～60 cm 两层土壤。④土壤污染事故样品采集，根据受到污染土壤的深度采集样品。

沉积物样品采集 沉积物一般指江、河、湖、库和海等水体底部沉积物质。采样点位通常为水质采样点位垂线的正下方，湖库沉积物一般设在主要河流和污染源排放口，以及湖库水混合均匀处，需避开河床冲刷、沉积不稳定、水草茂盛表层及沉积物易受搅动处。较深水域一般用抓式采泥器采样，浅水区或干涸河床根据监测项目选用塑料勺或金属铲采样，采样量通常为 1～2 kg。

固体废物样品采集 根据固体废物排出、容器和堆放等方式选择采样方法，主要有系统采样法、两段采样法、简单随机采样法、分层采样法和权威采样法。

系统采样法 适用于采集以运送带或管道等形式连续排出的固体废物。采集全截面样品，根据排出固体废物量和排出速率确定样品份数及采样时间间隔。

两段采样法 适用于盛装容器多、容器件分散的情况。从废物总容器件数中按比例随机抽取定量容器，采集样品。

简单随机采样法 适用于对所采集固体废物状况了解较少，采集样品份数分散也不影响分析结果的情况。不做任何前期工作，从需要监测废物中随机采集样品。

分层采样法 适用于对排放固体废物有一定了解的情况。一批废物分批排出或某生产工艺过程的废物间歇排出过程中，将废物分层、根据每层质量按比例采样。

权威采样法 仅适用于对所采集固体废物非常熟悉的个人使用。

根据采样方法确定采样点位：①堆存、运输中的固态固体废物和坑、塘中的液态固态废弃物，按照对角线形、梅花形、棋盘形和蛇形等布设采样点位。②粉末状、小颗粒固体废物按照垂直方向上一定深度部位布设采样点位。③容器中的固体废物按照上部（表面下总体积 1/6 深处）、中部（表面下总体积 1/2 深处）和下部（表面下总体积5/6深处）布设采样点位。

生物样品采集 生物监测中采集的样品，主要包括植物样品和动物样品。测定新鲜样品可暂存于冰箱，测定干样品置于干燥通风处晾干。其他生物样品采集参见生物群落监测。

植物样品采集选择合适的季节，在划分好的采样小区内，用梅花形五点布点法或交叉间隔布点法，采集有代表性的植株。在每个采样点根据需要分别采集5～10处植株的根、茎、叶、果实等，混合成一个代表样；或整株采集，进行分部位处理。

动物的尿液、血液、唾液、胃液、乳液、粪便、毛发、指甲、骨骼和脏器等均可作为测定样品。尿液一般收集于早晨；血样抽取10 mL冷藏备用；毛发样品，男性采集枕部发，女性于靠近发根处采集，采样量2～5 g；组织和脏器取纤维组织丰富部位，较大个体动物在躯干各部位切取肌肉片制成混合样，水产品一般只取可食用部分。（南淑清）

推荐书目

国家环境保护总局《水和废水监测分析方法》编委会. 水和废水监测分析方法. 4版增补版. 北京：中国环境科学出版社，2002.

国家环境保护总局《空气和废气监测分析方法》编委会. 空气和废气监测分析方法. 4版增补版. 北京：中国环境科学出版社，2007.

刘凤枝，刘潇威. 土壤和固体废弃物监测分析技术. 北京：化学工业出版社，2007.

但德忠. 环境监测. 北京：高等教育出版社，2006.

yangpin qianchuli

样品前处理 （sample pretreatment）

根据样品基质及待测组分性质，采用合适的技术或方法，将样品中待测组分转化为可以测定的形态并将其与干扰组分分离的过程。基质与待测组分不同，样品前处理步骤各异，一般包括样品制备、消解、萃取、浓缩和净化等。

沿革 在样品前处理技术中，目前使用最广泛的仍然是经典方法，但这些方法在技术上得到了进一步完善，更方便实用的技术不断被开发出来。制样从原始的手工制样发展到精巧高效的自动粉碎机制样；样品分解及提取方面形成了完整的各类热分解、酸分解、碱分解和熔融盐分解方法，包括干法和湿法等；设备从电炉发展到自动控制高温炉、自控振荡器和超声波提取器等；样品的分离富集从沉淀分离、蒸馏挥发法、溶解萃取、离子交换法发展到吸附法及色谱法。近年来，各种处理技术相互渗透，又发展了萃取色谱和液膜分离等技术，形成了新的分离富集方法。

分类 针对传统样品前处理方法的不足，近年来改进并创新了一系列样品前处理技术，包括各种前处理新方法与新技术的研究以及这些技术与分析方法在线联用设备的研究，如液液萃取、自动索氏提取、吹扫捕集、微波辅助萃取、超声波萃取、超临界流体萃取、固相萃取、固相微萃取、顶空法、膜萃取和加速溶剂萃取等。这些新技术的共同点是：所需时间短、消耗溶剂量少、操作简便、能自动在线处理样品以及精密度高等。前处理方法有各自不同的应用范围，主要分为水、气体、土壤、沉积物、固体废物和生物等样品的前处理技术。

水样前处理 水样组成相对复杂，部分组分含量低、存在形态各异，在分析测定前要进行前处理，使待测组分达到测定方法要求的形态、浓度并消除干扰组分。

消解 测定含有机物水样中的无机元素时，需进行消解处理，金属化合物的测定多采用此法进行前处理。消解可以排除有机物和悬浮物的干扰，将各种价态的待测元素转化成单一高价态或易于分离的无机化合物，同时还可达到浓缩水样的目的。消解后的水样应清澈、透明、无沉淀。①湿法消解。采用硝酸、硫酸和高氯酸等作为消解试剂，以分解复杂的有机物。应根据水样类型和测定方法使用相应的消解试剂，硝酸消解法用于较清洁的水样；硝酸-硫酸消解法可提高消解温度和消解效果；硝酸-高氯酸消解法可消解含难氧化有机物的水样。消解试剂除上述外，还有硫酸-磷酸、硫酸-高锰酸钾、硝酸-过氧化氢、氢氧化钠-高锰酸钾和氢氧化钠-过氧化氢等。②干法消解。又称干法灰化或高温分解法，多用于固态样品，对于含有大量有机物的水样也采用该方法，但测定水样中易挥发组分（如砷、汞、硒和锡等）时不适用。

挥发、蒸馏与蒸发浓缩 挥发是利用某些待测组分挥发度大，或者将待测组分转变成易挥发物质，然后用惰性气体带出而达到分离目的的方法。蒸馏是一种简单的物理方法，利用不同组分具有不同的沸点而使其彼此分离的方法。蒸发浓缩是将液体加热变成蒸气而除去的操作，用来减少溶剂量（浓缩）或完全除去溶剂（蒸干），以达到富集待测组分的目的。

萃取 有机化合物的测定多采用此方法进行前处理。①液液萃取（LLE）：利用样品中不同组分在两种互不相溶的溶剂中溶解度和分配比的不同，分离、提取或纯化待测组分的方法；②固相萃取（SPE）：通过颗粒细小的多孔固相吸附剂选择性地吸附样品中的待测组分，用体积较小的另一种溶剂洗脱或用热解吸的方法解吸待测组分，从而分离富集待测组分的方法；③液膜萃取（SLME）：有机相直接吸附到能用两种水相分开的微孔膜中，将萃取、反萃取和溶剂再生合为一体，使待分离的物质从一种水相转移到另一种水相，分离富集待测组分的方法；④固相微萃取（SPME）：基于分析物在流动相以及固定在熔融二氧化硅表面的高分子固定相之间两相分配的原理，萃取和富集样品中有机物质的方法；⑤液相微萃取（LPME）：利用样品中不同组分在两种互不相溶的溶剂中溶解度和分配比的不同，分离、提取和纯化待测组分的方法。

顶空 将样品置于密闭样品瓶中，平衡一段时间后，取气相部分进入气相色谱（GC）分析，适合测定固体或液体样品中挥发性有机物。顶空主要取决于待测组分在气相与液相或固相间的分配系数，分配系数主要取决于待测组分的蒸气压和在水中的活度系数。增加平衡温度或降低活度系数可增加气相中待测组分的量，或将待测组分转化为更易挥发、溶解度更低的物质，都可以提高分析灵敏度。

吹扫捕集 适合测定固体或液体样品中挥发性有机物。大部分吹扫捕集方法都采用氦气作为吹扫气，将其通入样品溶液鼓泡，在持续的气流吹扫下，样品中的挥发性组分随氦气/氮气逸出，富集在装有吸附剂的捕集装置中。吹扫一定时间后，待测组分全部或定量地进入捕集器，再使样品组分解吸后随载气进入 GC 分离分析。与顶空相比，吹扫捕集的分析灵敏度大大提高。

其他方法 ①离子交换分离法。利用离子交换剂与溶液中离子发生交换反应而进行分离的方法。②共沉淀法。利用溶液中难溶化合物在形成沉淀过程中，将共存的某些痕量组分一起载带、沉淀的分离方法。③吸附法。利用固体吸附剂将样品中一种或数种组分吸附于表面，进行分离的方法。④离心。利用离心力对溶液中固体微粒进行分离和沉降的方法。⑤衍生。通过化学反应改变溶质性质、提高分析方法的灵敏度和选择性。⑥络合。使干扰物质生成络合物，去除对待测组分测定的干扰。此外，还有过滤和干燥等方法。

气体样品前处理 气体样品包括颗粒物样品和气态样品。颗粒物样品前处理方法同下述土壤和沉积物样品前处理方法。气态样品根据采样方式选择相应的前处理方法：①采用固体吸附剂法采集的气态样品，可选择溶剂解吸、热脱附或溶剂萃取（参见本条“土壤和沉积物样品前处理”的内容）；②采用全量空气法使用聚合物袋、玻璃容器和不锈钢采样罐采集的气态样品，可直接进样；③溶剂吸附法采集的气体样品，一般无需前处理，采用光度法分析。

土壤和沉积物样品前处理 土壤和沉积物样品前处理比气体样品前处理及水样前处理复杂。测定土壤、沉积物中的重金属成分时，常用碱熔、酸溶或混合酸等方法进行样品的消解，使固态物质转变成可测定的状态并除去有机物对分析测定的干扰。步骤包括制备和消解/萃取。

制备 ①脱水。将湿样摊薄，用木锤敲碎、翻拌，并拣出碎石、沙砾及植物残体等杂质。常用脱水方法包括：在阴凉、通风处自然风干，适用于待测组分较稳定的样品；离心分离，适用于待测组分易挥发或易发生变化的样品；真空冷冻干燥，适用于各种类型样品，特别是待测组分对光、热、空气不稳定的样品；无水硫酸钠脱水，适用于测定油类等有机污染物的样品。②筛分。将风干样品平铺于硬质白纸板上，用玻璃棒等压散（勿破坏自然粒径）。剔除碎石及动植物残体等杂物，过筛。筛下样品用四分法缩分至所需量。用玛瑙研钵（或玛瑙碎样机）研磨至全部通过 80～200 目筛，装入棕色广口瓶中，贴上标签备用。但测定汞、砷等易挥发元素及低价铁、硫化物等时，不能用碎样机粉碎，过 80 目筛即可。测定重金属元素的样品，不能使用金属材质网筛，需使用尼龙材质网筛。

消解　样品的消解方法根据监测目的和监测项目不同而异，常用消解方法有以下几种：①混合酸分解法。又称湿法消化法，样品过筛后采用硫酸、硝酸、盐酸或高氯酸，选其中的 1～2 种强酸的混合物，加热消化。含有机质多的样品消解时加入高锰酸钾或五氧化二钒，消解时加稀盐酸回流煮沸，残渣用稀盐酸洗涤留用。若在混酸中加入氢氟酸可加快分解速度。②氢氟酸提取法。利用二氧化硅与氢氟酸作用生成在高温下挥发的四氟化硅而使样品分解，将待测组分释放出来。③灰化法。指环境样品在较高温度下与氧作用，其中的有机物氧化分解成二氧化碳、水和其他气体而挥发，剩下无机成分留在干灰中，然后用稀酸加热溶解，供测定用。常用的有高温灰化法、低温灰化法和燃烧分解法。④碱熔法。又称干法熔融，通常以碳酸钠为熔剂，样品过筛后置于铂坩埚内熔融，熔融后加酸溶解，供测定用。⑤浸提法。取适量样品，置于磨口锥形瓶中，加水、密塞，放在振荡器上振摇 4 h，静置，用干滤纸过滤，滤纸供分析测定。该方法适用于测定沉积物中重金属向水体的释放能力。⑥其他方法。全分解法包括普通酸分解法、高压密闭分解法、微波消解法；酸溶浸法包括盐酸-硝酸溶浸法、硝酸溶浸法、盐酸溶浸法；形态分析样品的处理方法包括有效态的溶浸法（DTPA 浸提、盐酸浸提、水浸提）以及碳酸盐结合态和铁-锰氧化结合态等形态的提取。

萃取　土壤和沉积物样品中有机物常用萃取法。①微波萃取。利用物质吸收微波能力的差异，使萃取体系中的某些组分被选择性加热，从而使被萃取物质从基体或体系中分离的方法。②加速溶剂萃取。在较高的温度和压力下用有机溶剂萃取固体或半固体的样品前处理方法。③超声波萃取。将超声能作用于样品，促进样品中待测组分进入溶剂。④索氏提取。一种常用的萃取方法，将样品放在索氏提取器中，加入有机溶剂提取有机物。常用的提取剂有二氯甲烷、三氯甲烷和石油醚等。

样品经萃取后得到的萃取液还需进一步净化、浓缩。净化常采用柱层析法，浓缩后可使用氮吹浓缩、K-D 浓缩法等。

固体废物样品前处理　固体废物是生产、建设、日常生活和其他活动中产生的污染环境的固态和半固态废弃物。样品前处理包括制备和浸提。

制备　①粉碎。用机械或人工方法把样品逐级破碎，过筛。②缩分。将样品于清洁、平整不吸水的板面上堆成圆锥形，每铲物料自圆锥顶端落下，使均匀地沿锥尖散落，圆锥中心不可错位。反复转堆，至少三周，使其充分混合，采用“四分法”取样。

浸提　①翻转法。称取干基试样，加入浸提剂，采用翻转式搅拌装置搅拌浸提后，静置过滤，浸出液摇匀后供分析使用。②水平振荡法。称取干基试样，加入浸提剂，采用水平振荡装置搅拌浸提后，静置过滤，浸出液摇匀后供分析使用。

生物样品前处理　生物样品测定前要经过样品制备、消解/浸提等前处理过程。

制备　主要包括植物样品制备和动物样品制备。

植物样品制备　①新鲜样品制备。测定植物及多汁的瓜、果、蔬菜等样品内易挥发、转化或降解的污染物，应使用新鲜样品。样品用清水、去离子水洗净，晾干或擦干后切碎、混合均匀，捣碎制成匀浆。对于含纤维素多或较硬的样品，如禾本科植物的根、茎秆、叶子等，分成小片或小块，混匀后在研钵内加石英砂研磨。②干样制备。分析植物中性质稳定的污染物，如某些金属和非金属元素、有机农药等，一般用风干样品。鲜样品用清水洗干净后风干或烘干，剪碎和粉碎，过筛，储存于磨口玻璃或聚乙烯广口瓶中备用。对于测定某些金属含量的样品，使用玛瑙研钵研碎，过尼龙筛，用聚乙烯瓶保存。

动物样品制备 鱼类样品用竹片刮刀刮下背部肌肉，其他样品同样取肌肉部分，切碎，用组织捣碎机捣碎后立即分析，或储存于玻璃培养皿或样品瓶中，置于冰箱内保存备用。

消解 生物样品中含有大量有机质，且待测组分一般为痕量和超痕量，因此测定前应消解和富集。①湿法消解常用的消解试剂体系包括硝酸-高氯酸、硝酸-硫酸、硫酸-过氧化氢、硫酸-高锰酸钾和硝酸-硫酸-五氧化二钒等。②灰化法分解生物样品时不使用或少使用化学试剂，而且通常处理较大量的样品，以便提高测定微量元素的准确度。

浸提 测定生物样品中的农药、酚、石油烃等有机污染物时，需要用溶剂把待测组分从样品中提取出来，提取效率直接影响测定结果的准确度。常用的浸提方法有振荡法、组织捣碎法、索氏提取法和直接球磨法。如果存在杂质干扰和待测组分浓度低于分析方法的最低测定浓度等问题，还要进行净化和浓缩。常用的净化方法有柱层析法、液液萃取法、磺化法、皂化法、低温冷冻法等。常用的浓缩方法有蒸馏或减压蒸馏法、K-D浓缩器浓缩法、蒸发法等。其中 K-D 浓缩器法是浓缩有机物的常用方法。

发展趋势 经典的样品前处理方法存在劳动强度大、时间周期长、手工操作易损失样品等缺点，尤其有机物前处理要用大量溶剂，如液液萃取、索氏提取等，会造成环境污染。因此，样品前处理的研究成为当今环境监测领域中最活跃的前沿课题之一。目前发展较快的样品前处理技术有超临界流体萃取、固相微萃取、液膜萃取和微波辅助萃取等，实现了样品的无溶剂或少溶剂处理，大大缩短了前处理时间，降低了分析成本、减少了对人体的危害。

与分析仪器在线联用是样品前处理技术发展的另一方向，可以减轻劳动强度，防止人工操作引起的偶然误差，提高分析测定的灵敏度、准确度与重现性。固相微萃取、微波辅助萃取、固相萃取等样品前处理技术与分析仪器联用，实现分析自动化，对减少测定误差、提高方法精密度具有重要意义。（李焕峰）

推荐书目

李攻科，胡玉玲，阮贵华，等. 样品前处理仪器与装置. 北京：化学工业出版社，2007.

姚运先. 环境监测技术. 2 版. 北京：化学工业出版社，2008.

yelüsu a ceding

叶绿素a测定 (determination of chlorophyll a)

对水质样品中叶绿素a进行定量分析的过程。叶绿素a，分子式为 $C_{55}H_{72}O_5N_4Mg$。在环境监测中，专指特定水体中浮游植物中所包含叶绿素a的量。叶绿素a存在于所有进行光合作用的植物中（细菌除外），是植物光合作用中的重要光合色素。叶绿素a呈蓝绿色，不溶于水，能溶于酒精、丙酮和石油醚等有机溶剂。当水体受到污染，氮磷等营养物质含量上升，水温、气候等外界环境适宜时，藻类生长繁殖速度加快，水体中藻体密度和藻类生物量提高，水体的叶绿素a含量也随之增加；当藻类含量超过水体的承载能力，外界环境又有利于藻类生长时，水体出现“水华”污染，影响水体功能的发挥。叶绿素 a 含量与水体的营养水平呈显著正相关，可作为湖泊富营养化的评价和控制性指标之一。

水样采集与保存 可以根据工作需要进行分层采样或混合采样。湖泊、水库、池塘采样量根据浮游植物分布量而定。水样采集后加入碳酸镁悬浊液，以防酸化引起色素溶解，于低温（0～4℃）避光处保存。

测定方法 包括分光光度法及荧光光度法。

分光光度法 适用于湖泊、水库等地表水以及海水中叶绿素 a 的测定。用碳酸镁悬浮液吸附，以丙酮溶液提取浮游植物色素，依次测定 750 nm、663 nm、645 nm 及 630 nm 波长下的吸光度，计算求得叶绿素 a 含量。

荧光光度法 适用于海水中叶绿素 a 的测定。样品处理同“分光光度法”，测定提取液酸化前后的荧光值，分别计算叶绿素 a 及脱镁叶绿素的含量。（胡文翔）

yexiang sepufa

液相色谱法 （liquid chromatography，LC）

以液体作为流动相的色谱法。按固定相的规格、流动相的驱动力、分离效能和周期不同，分为经典液相色谱法和现代液相色谱法[如高效液相色谱法（HPLC）]。

沿革 20 世纪初俄国科学家茨维特（Tswett）首次提出“色谱法”和“色谱图”的概念。1930 年以后，相继出现了纸色谱、离子交换色谱和薄层色谱等液相色谱技术。1941 年，英国学者马丁（Martin）等人提出了气液分配色谱的比较完整的理论和方法，把色谱技术向前推进了一大步。1958 年，出现了氨基酸分析仪，这是近代液相色谱的一个重要尝试，但分离效率尚不理想。60 年代中后期，气相色谱的发展以及机械、光学和电子技术等的进步，促使液相色谱又开始活跃。到 60 年代末，出现了高效液相色谱。70 年代中期以后，微处理机技术用于液相色谱，进一步提高了仪器的自动化水平和分析精度。90 年代以后，生物工程和生命科学的迅速发展，为 HPLC 提出了更多、更新的分离、纯化、制备的课题。

原理和分类 当样品注入色谱柱后，流动相载着样品流过色谱柱时，样品中各组分在流动相和固定相间进行多次反复分配。由于各组分的物理、化学性质不同，各组分沿着色谱柱的移动速度不同，即产生差速移动，移动快的组分先流出色谱柱，以分离各组分。检测器按照各组分到达的顺序分别检测并输出信号，记录器逐个记录色谱图及保留时间等。

根据固定相的不同，分为液固色谱、液液色谱和键合相色谱。根据固定相的形式，分为柱色谱法、纸色谱法及**薄层色谱法**。根据分离机理，分为吸附色谱、分配色谱、离子交换色谱和凝胶渗透色谱。

分析方法 包括**定性分析**和**定量分析**。

定性分析 ①已知标准物质定性。当标准物质已知时，往往采用对照保留值的方法。该方法严格要求标准样品与未知样品在同一根色谱柱、同一实验操作条件下进行，比较两者的保留时间是否一致。对于复杂样品，需与其他方法配合使用，才能得到可靠结果。②利用保留值经验规律定性。如在恒温或等度淋洗色谱中满足碳数规律。实验证明，在各种色谱方法和色谱系统中，同系物或结构相似的化合物保留值与分子结构单元重复值呈线性关系。适用于液相色谱的有液液分配色谱系统（LLC）、化学键合相色谱系统（BPC）和液固吸附色谱系统（LSC）。③利用文献保留数据定性。若实验室没有需要的标准物质，可以采用文献提供的色谱保留数据定性。但是液相色谱积累的数据没有气相色谱丰富，该方法实际应用受到限制。④利用检测器选择性响应定性。将两种不同选择性检测器联用或选择性检测器和通用性检测器联用，根据色谱峰响应信号的差别所提供的化合物类型和结构信息，进行化合物的定性。⑤用其他仪器和化学方法定性。如红外光谱、质谱、核磁共振、元素分析、官能团定性反应等。

定量分析 ①归一化法。前提是样品中所有组分能从色谱柱流出，在检测器上产生相应的色谱峰响应，同时已知各组分的定量校正因子，从而求出各组分的含量。②内标法。在样品中加入一种纯物质作内标物，根据内标物与待测组分的定量校正因子、内标物和样品重量，求出样品中待测组分的含量。③外标法。先用纯化合物配制一系列不同浓度标样，制作浓度-峰面积/峰高校正曲线，样品按照标样的分析条件进行分析，根据峰面积/峰高计算出样品的浓度。

特点 液相色谱法分离重复性好，定量精度高。试样制成溶解态即可，不需要气化，不受挥发性的限制，适用于分离大分子、高沸点、强极性、离子性、热不稳定和具有生物活性的化合物（这些物质几乎占有机物总数的 75%～80%），且样品不被破坏。分离后的样品组分收集简单，也适用于制备分离。

应用 液相色谱法通过梯度洗脱、柱切换技术与质谱联用以及先进检测技术的配合使用，在环境监测中发挥巨大的作用，特别适用于分子量大、挥发性低、热稳定性差有机污染物的分离和分析，如多环芳烃、酚类、多氯联苯、邻苯二甲酸酯类、联苯胺类、阴离子表面活性剂和有机农药等。高效液相色谱法高效快速、选择性好、灵敏度高，有助于建立更加系统的成分分析方法，如大气、水体和土壤等环境介质中多环芳烃类、胺类、酚类、无机阴离子和农药残留物及其代谢产物等的测定。

发展趋势 为了应对污染物种类的多样和基质的复杂，液相色谱分析技术体系不断发展和完善。超高效液相色谱大幅度地改善了液相色谱的分离度、样品通量和灵敏度，在对大气中污染物的成分，废水、废气及汽车尾气中有害组分，特别是各类有机高分子污染物的分析中，将具有更加强大的优势。 （李焕峰）

yexiang sepu-zhipu lianyongyi

液相色谱-质谱联用仪 （liquid chromatograph-mass spectrometer，LC-MS） 通过接口技术将液相色谱仪与质谱仪串联而成的分析仪器。该仪器结合了液相色谱有效分离热不稳定、高沸点有机化合物的分离能力与质谱强大的定性能力。

沿革 LC-MS 的技术难点是接口技术。从 1977 年 LC-MS 投放市场以来，经历了 30 多年的发展。开始的 20 年处于缓慢发展阶段，研制了许多种联用接口，但均没有应用于商业化生产，直到采用了大气压电离接口（API）技术之后，LC-MS 才发展成为可常规应用的重要分离、分析方法。

接口主要沿着三个方向发展：①流动相进入质谱直接离子化，形成连续流动快原子轰击技术等；②流动相雾化后除去溶剂，分析物蒸发后再离子化，形成了“传送带式”接口和离子束接口等；③流动相雾化后形成的小液滴去溶剂化，气相离子化或者离子蒸发后再离子化，形成了热喷雾接口、大气压化学离子化和电喷雾离子化技术等。

原理 液相色谱将样品中各组分分离，再通过一个分离器，如果所用的 LC 柱是微孔柱（1.0 mm），全部流出液可直接通过接口；如果所用的 LC 柱是标准孔径（4.6 mm），流出液被分流，仅有 5%流出液被引进离子源内。当流出液经过接口时，接口将承担除去溶剂和离子化的功能，产生的离子在加速电压的驱动下进入质谱仪中的质量分析器，按质量数分开，经检测器得到质谱图。

仪器结构 主要由液相色谱仪、接口、质谱仪和数据处理系统四部分构成。

液相色谱仪 由四部分组成：①高压输液系统：由储液罐、高压输液泵、过滤器、压力脉动阻力器等组成。②进样系统：常用的进样方式有三种，直接注射进样、停流进样和高压六通阀进样。③色谱柱：使化合物的不同组分得以分离。一般采用不锈钢管制作，随着高效微型填料的普遍应用，一般采用管径粗 4～5 mm、长 10～50 cm 的色谱柱。④检测系统：连续监测经色谱柱分离后各组分的含量。

接口 在样品进入质谱之前除去 LC 流动相中大量溶剂，使 LC 分离出来的物质电离，完成液相色谱工作条件与质谱工作条件的转换。目前已商品化并得到应用的接口主要有三种。①粒子束接口。将液相色谱的流动相在常压下借助气动雾化产生气溶胶，气溶胶扩展进入加热的去溶剂室，此时待测分子通过一个动量分离器与溶剂分离，然后经一根加热的传送管进入质谱。分析物粒子在离子源与热源室的内壁碰撞而分解，溶剂蒸发后释放出气态待测分子即可进行离子化。②电喷雾电离接口。液相色谱的流动相携待测组分流入离子源，在氮气流下气化后进入强电场区域，强电场形成的库仑力使小液滴待测组分离子化，离子表面的液体借助于逆流加热的氮气分子进一步蒸发，使分子离子相互排斥形成微小分子离子颗粒。这些离子可能是单电荷或多电荷，取决于分子中酸性或碱性基团的体积和数量。③大气压化学电离接口。液相色谱的流动相携带待测组分流出色谱柱后被雾化，通过喷嘴下游的针状电晕高压放电，使中性分子以及溶剂分子电离，形成反应离子，这些反应离子再与待测组分发生分子-离子反应，从而产生待测组分的准分子离子。大气压电离接口是现有商品化仪器中最为普遍的电离接口。

质谱仪 由四部分组成：①进样系统。保证在既不破坏离子源的高真空状态，又不改变化合物的组成和结构的条件下，高效重复地将样品引入到离子源。在LC-MS中LC即为质谱的进样器。②离子源。将进样系统引入的气态样品分子转化成离子。使分子电离的方式很多，目前常用的电离源有电子轰击源、化学电离源、高频电火花电离源、场致电离源、大气压电离源、场解析电离源。③质量分析器。是质谱仪的核心，将离子室产生的离子，按照质荷比的不同，在空间的位置、时间的先后或轨道的稳定性等方面进行分离，得到按质荷比大小顺序排列成的质谱图。质量分析器的类型有单聚焦质量分析器、双聚焦质量分析器、飞行时间质量分析器和四极质量分析器等。④离子检测系统。将从质量分析器出来的只有 10^{-12}～10^{-9} A 的微小离子流加以接收、放大和记录。常用的有法拉第杯、电子倍增器和照相底片等。

数据处理系统 作用是快速准确地采集和处理数据，监控质谱及色谱各单元的工作状态，对化合物进行自动定性定量分析，按用户要求自动生成分析报告。

特点 ①具有精密分子量测定功能，能够通过对化合物分子量的精确测定，确定化合物组成（即分子式），大大提高了化合物的结构解析功能；②具有串联四元梯度液相色谱-四极杆-飞行质谱的功能，能够进行混合物的选择性分析；③高分辨、高灵敏度；④图库解析，对已知化合物的鉴定和结构确认非常方便。

应用 由于LC-MS对高沸点、难挥发和热不稳定化合物的分离和鉴定具有独特的优势，它已成为环境监测中不可缺少的手段，常用于测定环境样品中的抗生素、多环芳烃、多氯联苯、酚类化合物和农药残留等。

发展趋势 近些年，农药残留问题一直是环境热点问题。随着农药向高效、低毒的方向发展，农药的环境影响和残留农药的检测方法发生了变化，常规检测器如紫外（UV）及二极管阵列（PAD）等定性能力有限，做复杂环境样品痕量分析时，化学干扰常影响痕量测定时的准确性，从而限制了LC在多残留超痕量分析中的应用。由于目前低浓度、难挥发、热不稳定和强极性的农药分析方法并不十分理想，使用超高效液相色谱仪与质谱仪联用开发新的检测方法是近年来分析方法的研发热点。此外，电喷雾、大气压化学电离等软电离技术的逐步成熟，使得其定性定量分析结果更加可靠。

（李焕峰）

ye ye cuiqu

液液萃取 (liquid-liquid extraction) 利用样品中待测组分与其他组分在互不相溶的两种溶剂中的分配系数不同，实现样品分离和纯化的方法。液液萃取过程通常是从水相到有机相的传质过程。从有机相到水相的传质过程称为反萃取过程。此外，还存在从有机相到有机相的传质过程。在生物样品萃取过程中，为了防止有机溶剂对生物制品的破坏，又发展了从一种水相传质到另一水相的“双水相萃取过程”。

原理 在一定的温度、压力下，当溶质在共存的两个互不相溶的液体间平衡时，若溶液浓度不大，则溶质在两液相中的浓度之比为一常数，这个规律称为能斯特分配定律，这一常数称为萃取分配系数。萃取分配系数的大小既取决于被萃取组分与萃取剂结合而进入有机相的能力强弱这一内因，同时又与其建立分配平衡时的外界条件即其外因有关。因此，利用萃取平衡随外界条件的改变而发生转移的规律，可以控制一定条件，使被萃取组分尽可能多地从水相转入到有机相，即实现萃取过程。反之，也可以通过改变条件使被萃取组分从有机相再返回到水相，此即为反萃取过程。和萃取、反萃取同理，洗涤过程是在新的条件下建立起来的另一种既有别于萃取又有别于反萃取的新的平衡，其目的在于洗涤除去与待测组分一起进入有机相的杂质，使之返回水相，以提高萃取分离效果。

分类 按相数可分为两相萃取与多相萃取；按萃取体系溶液性质可分为有机溶剂-水溶液体系、双水相萃取体系、有机溶剂-高聚物-盐水体系等；按分散尺度可分为胶团萃取、微乳相萃取等。

影响因素 影响液液萃取的因素有溶剂、pH、离子对、衍生化反应、乳化和萃取次数等。

溶剂 选择溶剂应遵循以下 3 点：①应根据待测组分疏水性的相对强弱来选择极性适当的溶剂，既保证待测组分被充分萃取到有机溶剂相，同时又有很好的选择性。在萃取水性基质的样品时，溶剂的极性越弱，萃取的选择性越好。一般原则是选择能完全溶解待测组分的所有溶剂中极性最弱的一种。为了调节溶剂的极性，可以在己烷等非极性溶剂中加入一定比例的醇类等极性溶剂。②应选择低沸点的溶剂，便于萃取后除去溶剂，浓缩试样。③选用低黏度的溶剂有利于与样品基质充分混合接触，提高萃取效率。常用的溶剂有正己烷、环己烷、苯、二氯甲烷、三氯甲烷、乙醚等。在这些溶剂中，乙醚易挥发、易燃、易被氧化成过氧化物，在质谱鉴定中带来干扰。正己烷、苯、环己烷比重小，容易与水进行交换，回收率高，但不易于有效地萃取各种极性化合物。二氯甲烷沸点低，容易提纯，浓缩时可减少挥发组分的损失，在化学性质上相对稳定，适用于萃取多种极性和非极性化合物。

pH 在溶液中，物质的各种存在形式（离子化或非离子化）处于动态平衡状态。为了实现有效萃取，应该控制水相的 pH，使至少 95% 的待测组分以非离子化形式存在。通过调节 pH 还能分级萃取复杂样品中的酸性、中性和碱性组分。简单控制 pH 的方法不适合高度电离的强极性化合物或两性化合物的萃取。

离子对 离子对萃取技术是使强极性化合物的离子与具有相反电荷的样品离子形成离子对，这种离子对很容易被弱极性的有机溶剂萃取。选择离子对试剂时，待萃取组分以离子形式存在的 pH 范围与以反离子形式存在的 pH 范围要有交叉，还要兼顾萃取效率和选择性。

衍生化反应 对于不溶于有机溶剂的化合物，可以通过衍生化方法在样品基质内将其转化为能溶于有机溶剂的衍生物，然后再进行萃取。衍生化反应必须定量进行，而且只形成一种衍生化合物。

乳化 液液萃取的一个主要问题是乳化。当密度相似的溶剂混合或溶液的碱性很强时，易发生乳化。产生乳化的原因有以下几种：①萃取体系中含有胶体和细微的固体颗粒或杂质；②在微生物的发酵液中有大量的蛋白质存在；③有机相的理化性质；④过度的搅拌。乳化会使待测组分被包藏在乳化层内而丢失，从而降低萃取效率，因此进行萃取时要尽量避免乳化发生。避免乳化的措施包括：有效地过滤以减少菌丝体及其他固体杂质进入萃取体系，控制萃取工艺和操作条件，选择不易产生严重乳化的萃取体系等。对于已经产生乳化现象的，可采用如下破乳方法：①机械破乳，即采用离心或过滤的方法破乳；②加热破乳，适当地升高温度，既可降低连续相的黏度，又可提高分散相液滴的碰撞频率而加速聚合；③调节水相酸度；④电解质破乳，离子型乳化剂所致的乳状液常因分散相液滴带电荷而稳定，可以加入电解质中和其电性而促进液滴聚合；⑤顶替破乳，即加入表面活性更强的物质实现破乳；⑥电场破乳，采用直流或交流电场均可造成带电分散相液滴的定向运动而实现破乳；⑦破乳剂破乳，这是最常用的破乳方法，破乳剂大部分是表面活性剂。

萃取次数 反复多次萃取有利于提高萃取回收率，对于组分复杂、含量低、数量多的样品，反复萃取多次比较费时，所以只要每次测得的回收率重现好，那么在可接受的回收率前提下就可采用单次萃取。

应用 液液萃取在环境监测领域主要用于分析水中的有机污染物，如石油类、阴离子表面活性剂、多环芳烃、酚类化合物。 （彭华）

推荐书目

朱屯，李洲. 溶剂萃取. 北京：化学工业出版社，2008.

张兰英，饶竹，刘娜，等. 环境样品前处理技术. 北京：清华大学出版社，2008.

yiyanghuatan ceding

一氧化碳测定

（determination of carbon monoxide） 对环境空气和废气中一氧化碳进行定性定量分析的过程。含碳的物质燃烧不完全时，都可产生一氧化碳气体，大气中一氧化碳主要来源于机车尾气、冶金、矿山开采等，室内一氧化碳的主要来源为吸烟、取暖和厨房燃气等。一氧化碳中毒对大脑皮层和心脏的伤害较严重。

样品采集与保存 见样品采集。通常采用双联球或小型采气泵将现场空气抽入采气袋。采样前用现场空气清洗采气袋3～4次。

测定方法 主要有红外吸收法、定电位电解法、汞置换法、气相色谱法、奥氏气体分析器法、检气管法、催化型可燃气体传感器法和固态传感器法。

红外吸收法 不同原子组成的气体分子对红外辐射有选择性地吸收，吸收强度与气体的浓度相关。在一定条件下，一氧化碳对红外线辐射的特征吸收系数为一常数。使红外线通过一氧化碳的厚度和辐射源的强度保持一定，通过测量辐射能量的衰减来测定一氧化碳的浓度。红外吸收法又分为非分散红外吸收法、傅里叶变换红外吸收法和气体滤波相关红外吸收法。

非分散红外吸收法 适用于环境空气、污染源废气中一氧化碳的测定。样品中的水蒸气、悬浮颗粒物干扰一氧化碳测定。测定时，样品需经变色硅胶或无水氯化钙过滤管去除水蒸气，经玻璃纤维滤膜去除颗粒物。对于环境空气和污染源无组织排放废气，方法检出限为1.25 mg/m^3，测定上限为62.5 mg/m^3；对于固定污染源有组织排放废气，方法检出限为20 mg/m^3，测定范围为60～15×10^4 mg/m^3。

傅里叶变换红外吸收法 采用光的干涉原理，通过傅里叶变换来获得红外光谱，并与标准谱图库比较，对气体进行定性和定量。其特点是分辨率高、测量范围宽。方法检测下限为0.5 mg/m^3，适用于环境污染应急监测中一氧化碳的测定。

气体滤波相关红外吸收法 采用了气体相关滤光技术，将待测气体红外吸收光谱的结构与其他共存气体红外吸收光谱的结构进行相关比较，使用高浓度的被测气体作为红外光的滤光器，在有其他干扰气体存在的情况下，比较样品中被测气体红外吸收光谱。该方法灵敏度高、稳定性好、检出限低。检出限为1.25 mg/m^3，测定上限为 62.5 mg/m^3，适用于环境空气、污染源废气中一氧化碳的测定。

定电位电解法 被测气体通过渗透膜进入电解槽，传感器电解液中扩散吸收的一氧化碳发生氧化反应：$CO + H_2O \longrightarrow CO_2 + 2H^+ + 2e^-$，与此同时产生对应的极限扩散电流，在一定范围内其大小与一氧化碳浓度成正比。被测气体中的尘和水分容易在渗透膜表面凝结，影响其透气性，因此，在测定时应对被测气体中的尘和水分进行前处理。该方法适用于环境空气和污染源废气的测定。对于环境空气和污染源无组织排放废气，检出限为0.6 mg/m^3，测定上限为 62 mg/m^3；对于固定污染源有组织排放废气，检出限为 1.25 mg/m^3，测定上限为

5 000 mg/m^3。

汞置换法 样品经选择性过滤器去除干扰物及水蒸气后，进入反应室中，一氧化碳与活性氧化汞在453～473 K下反应，置换出汞蒸气，汞蒸气对 253.7 nm 的紫外线具有强烈吸收作用，利用光电转换检测器测出汞蒸气含量，换算成一氧化碳浓度。空气中丙酮、甲醛、乙烯、乙炔、二氧化硫及水蒸气干扰测定，会使测定结果偏高。其中水蒸气是影响灵敏度及稳定性的一个重要因素，故载气和样品气均需经过分子筛及变色硅胶管过滤，以除尽干扰物及水蒸气。当烯烃含量较高时，可在分子筛管后串联一支硫酸亚汞硅胶管，以去除乙烯、乙炔等。该方法适用于环境空气和污染源无组织废气的测定，检出限为 0.04 mg/m^3。

气相色谱法 一氧化碳在色谱柱中与气体中的其他成分分离后，进入转化炉，在镍触媒催化作用下，与氢气反应，生成甲烷，用氢火焰离子化检测器（FID）测定。当进样 1 mL 时，测定范围为 0.50～50 mg/m^3。

奥氏气体分析器法 利用一氧化碳吸收液吸收烟气中的一氧化碳，根据吸收前后烟气体积的变化，计算烟气中一氧化碳所占体积的百分数。测定范围为 0.5%以上，适用于高浓度一氧化碳的测定。

检气管法 一氧化碳将五氧化二碘还原成游离碘，碘与三氧化硫作用，生成绿色络合物，根据检气管变色长度，确定一氧化碳的含量。该方法的测定下限为 20 mg/m^3，适用于污染源废气中一氧化碳的测定。

催化型可燃气体传感器法 催化型可燃气体传感器检测元件是由经金属氧化物催化处理（用氧化铝载体覆盖，上面涂以铂、铝等催化剂）的铂丝螺线圈制成。可燃性气体分子在金属线圈表面燃烧，引起温度升高，使铂线圈电阻值改变。一氧化碳在铂丝上燃烧产生的热量，使铂丝阻值上升。一氧化碳浓度越高，燃烧产生的热量越大，铂丝阻值也越高。铂线圈电阻改变的大小和气体浓度成比例，间接得到一氧化碳气体浓度。

固态传感器法 固态传感器的工作敏感元件是由一种或多种过渡金属氧化物组成的，金属氧化物通常为 SnO、SnO_2、Fe_2O_3三类材料。这些金属氧化物通过制备和加工，变成珠状或薄片型传感器，将加热器置入传感器中使它保持在最佳检测温度上。当加热器将感测材料升到高温，氧气会被吸附在感测材料表面，然后从感测材料的导带捕获两个电子而形成氧离子，造成感测材料的电阻值上升；而当一氧化碳吸附在感测材料的导带，便造成电阻值下降。电阻值的变化与气体体积分数具有函数关系，通过函数关系得到一氧化碳浓度。

方法应用 红外吸收法和定电位电解法操作简单、灵敏度高，适用于低浓度一氧化碳的测定；奥氏气体分析器仪器结构简单、测定范围广，适合高浓度一氧化碳的测定；检气管法是一种快速简便方法，但精度较低，主要用于应急监测、煤矿矿井一氧化碳监测等；红外吸收法因操作简单、灵敏度高、不会对环境引入污染物，是一氧化碳测定的发展方向。

（张艳飞）

推荐书目

国家环境保护总局《空气和废气监测分析方法》编委会. 空气和废气监测分析方法. 4版增补版. 北京：中国环境科学出版社，2007.

yiyanghuatan fenxiyi

一氧化碳分析仪 （carbon monoxide analyzer）通过化学或物理方法对环境空气和废气中的一氧化碳进行定性定量分析的仪器。

分类 根据检测原理不同，分为非分散红外一氧化碳分析仪、傅里叶变换红外气体检测仪、气体滤波相关红外气体分析仪、定电位电解分析仪、汞置换法一氧化碳分析仪和奥氏气体分析仪等。

非分散红外一氧化碳分析仪 主要用于自动监测。

原理 待测气体连续不断地通过一定长度和容积的容器，容器的两个端面可以透光，从端面一侧入射一束红外光，在另一个端面测定红外光强度。依据朗伯-比尔定律，一定浓度范围内一氧化碳浓度与红外光强度变化成正比，从而计算一氧化碳浓度。

结构　由红外光源、切光片、滤波室、测量室、参比室、检测室、信号处理及记录仪等部分构成，见图1。

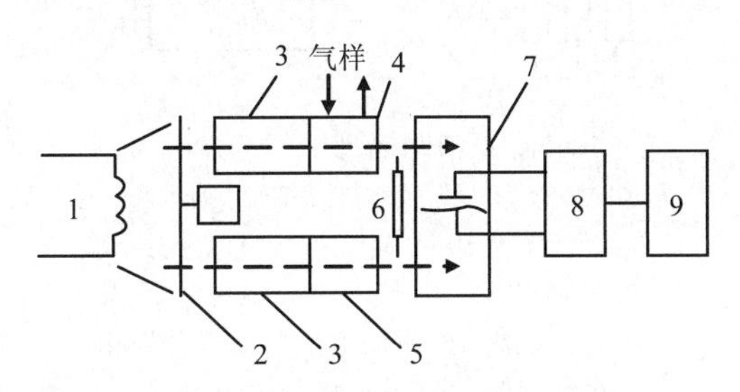

1. 红外光源；2. 切光片；3. 滤波室；4. 测量室；5. 参比室；6. 调零挡板；7. 检测室；8. 放大及信号处理系统；9. 指示表及记录仪

图1　非分散红外一氧化碳分析仪结构示意图

傅里叶变换红外气体检测仪　基于光相干性原理设计的干涉型红外分光光度计。

原理　一定条件下，一氧化碳对红外辐射的特征吸收系数为常数，使红外线通过一氧化碳的厚度和辐射源的强度保持一定，可以通过测量辐射能量的衰减来测定一氧化碳的浓度。

结构　由红外光源（硅碳棒和高压汞灯）、干涉仪（迈克尔逊干涉仪）、样品室、检测器、计算机和记录仪等部件构成。目前所用的干涉仪大多数都是迈克尔逊干涉仪，其光学示意及工作原理见图2。

气体滤波相关红外气体分析仪　基于红外相关滤波原理设计。

原理　通过比较透过参比气室和分析气室红外光线强度变化，得出被分析气体浓度的方法。滤波气室轮上装有两个滤波气室，一个是分析气室，充入高浓度的一氧化碳气体；另一个是参比气室，充入氮气。两种滤波气室间隔设置，当滤波气室轮在马达驱动下旋转时，分析气室和参比气室轮流进入光路系统。当参比气室进入光路时，由于气室中充的是氮气，对红外光不吸收，光束全部通过。当分析气室进入光路时，由于气室中充的是一氧化碳气体，红外光中的特征吸收波长几乎被完全吸收。根据两气室的红外信号差测定一氧化碳的浓度。

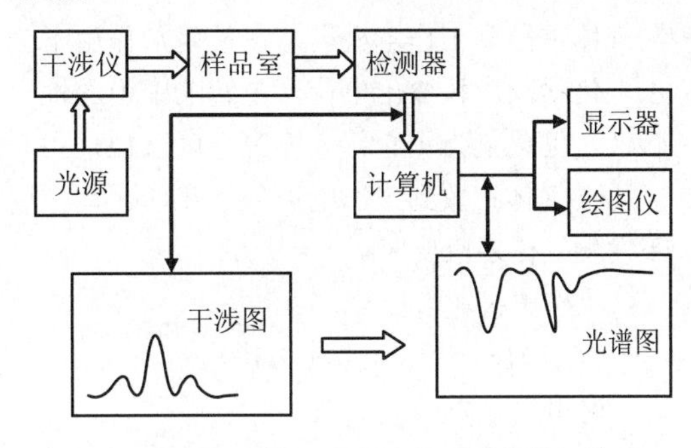

图2　傅里叶变换红外气体检测仪结构示意图

结构　由光源、滤波气室轮、干涉滤光片、测量气室、接收气室、检测组件、同步信号发生器等部分构成。干涉滤光片的作用是提高仪器的选择性，接收气室是一个光锥缩孔，其作用是将光路中的红外光全部汇聚到检测组件上，见图3。

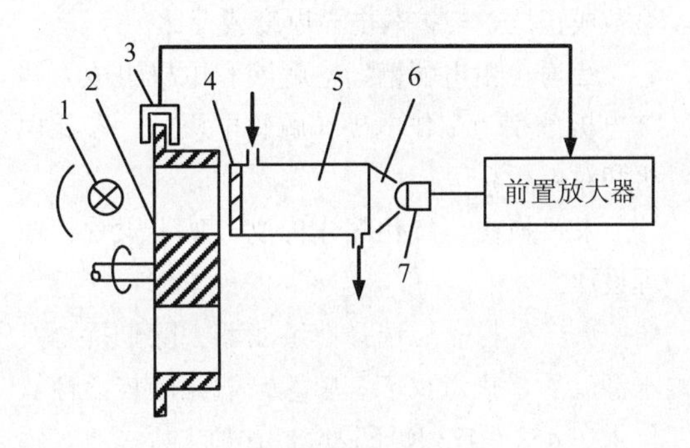

1. 光源；2. 滤波气室轮；3. 同步信号发生器；4. 干涉滤光片；5. 测量气室；6. 接收气室；7. 检测组件

图3　气体滤波相关红外气体分析仪结构示意图

定电位电解分析仪　工作时无需加热，重量轻、体积小、精度高、响应快、选择性好、性能稳定可靠，但是传感器寿命较短（一般为2～3年）。

原理　待测气体由进气孔通过渗透膜扩散到工作电极（敏感电极）表面，在工作电极、电解液和对电极之间进行氧化反应。工作电极与对电极组成电极对，当这对电极浸入电解液中，两电极间加上电压时会产生极化。若工作电极为正，对电极为负，则电解液中的负离子移向工作电极，而正离子移向对电极，此时待测气体扩散到工作电极上，在催化剂作用下产生电化学反应释放出电荷。电解池中为酸性电解液，催化剂为铂、钌、镍等金属微粒，当一氧化碳气体扩散到工作电极处，在催化剂作用下发生氧化还原反应：

工作电极（阳极）

$$CO+H_2O \longrightarrow CO_2+2H^++2e^-$$

对电极（阴极）

$$\frac{1}{2}O_2+2H^++2e^- \longrightarrow H_2O$$

工作电极上的一氧化碳发生氧化反应放出电子，对电极则发生还原反应获取电子，工作电极与对电极的电位发生变化，产生电流，电流大小与电极电位和气体浓度等因素有关。当电极电位一定时，反应电流与气体浓度和扩散系数成正比，与扩散电极厚度成反比。

结构　由电解槽、电解液和电极组成。三个电极分别为工作电极（敏感电极）、参比电极和对电极。

汞置换法一氧化碳分析仪　基于汞置换原理设计。

原理　样品经选择性过滤器去除干扰物及水蒸气后，进入反应室中，一氧化碳与活性氧化汞在453～473 K下反应，置换出汞蒸气，汞蒸气对253.7 nm的紫外线具有强烈吸收作用，利用光电转换检测器测出汞蒸气含量，换算成一氧化碳浓度。反应式为：

$$CO（气）+HgO（固）\xrightarrow{453\sim473K} Hg（蒸气）+CO_2（气）$$

空气中丙酮、甲醛、乙烯、乙炔、二氧化硫及水蒸气干扰测定，使测定结果偏高。其中水蒸气是影响灵敏度及稳定性的一个重要因素，故载气和样品气均需经过5A、13X分子筛及变色硅胶管过滤，除尽干扰物及水蒸气。当烯烃含量较高时，可在5A分子筛管后串联一支硫酸亚汞硅胶管，以除尽乙烯、乙炔等。

结构　见图4。

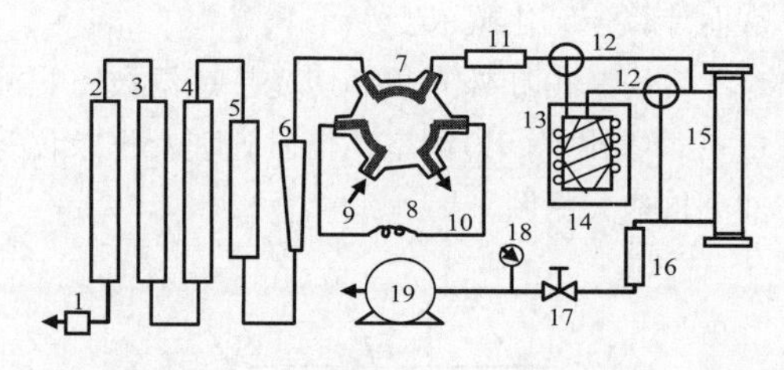

1. 灰尘过滤器；2. 活性炭管；3. 分子筛管；4. 硅胶管；5. 霍加拉特管；6. 转子流量计；7. 六通阀；8. 定量管；9. 样品气进口；10. 样品气出口；11. 小分子筛管；12. 三通阀；13. 加热炉；14. 氧化汞反应室；15. 吸收池；16. 截流孔；17. 流量调节阀；18. 真空表；19. 抽气泵

图4　汞置换法一氧化碳分析仪气路流程图

奥氏气体分析仪　主要用于烟气中一氧化碳的检测。

原理　利用吸收液吸收烟气中的一氧化碳，根据吸收前、后烟气体积的变化，计算烟气中一氧化碳所占体积的百分数。

结构　由带有多个磨口活塞的梳形管、有刻度的量气筒和几个吸气球管相连接而成，见图5。

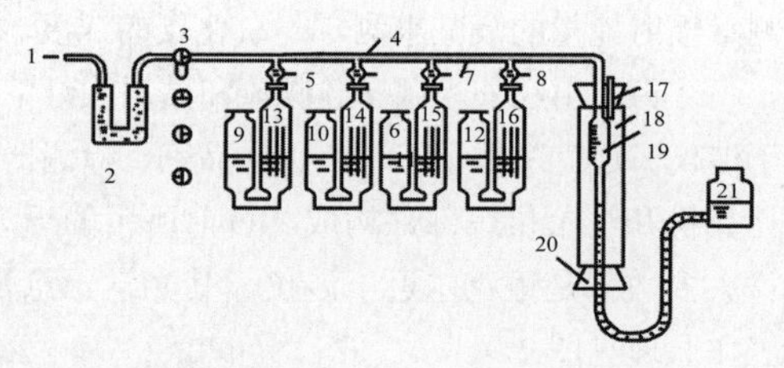

1. 进气管；2. 干燥管；3. 三通旋塞；4. 梳形管；5～8. 旋塞；9～12. 缓冲瓶；13～16. 吸收瓶；17. 温度计；18. 水套管；19. 量气管；20. 胶塞；21. 水准瓶

图5　奥氏气体分析仪结构示意图

检气管　有比长式和比色式两种。仪器操作快速简便，但精度较低。

比长式检气管　用吸附了五氧化二碘和发烟硫酸的硅胶制成。当一氧化碳气体通过检气管时，测试区由白色变为褐色环状。浓度越高，褐色环从起点开始向前移动的距离越长，根据白色试剂颜色变化的长度，可定量分析一氧化碳浓度。

比色式检气管 内装白色药品，与一氧化碳反应发生变色，根据试剂颜色变化的深浅定性定量分析一氧化碳浓度。

应用 一氧化碳分析仪广泛应用于环境空气和污染源废气中一氧化碳浓度的测定。非分散红外一氧化碳分析仪、气体滤波相关红外气体分析仪及定电位电解分析仪主要用于空气质量监测，污染源中一氧化碳的监测常采用非分散红外一氧化碳分析仪、定电位电解分析仪、奥氏气体分析仪和检气管等。

发展趋势 一氧化碳分析仪的发展方向主要是微小型化、集成化、智能化、多功能化、通用化及网络和嵌入式互联网化，同时对系统长期工作稳定性、易维修性等方面的要求越来越高。 （张艳飞）

yiliao wushui jiance

医疗污水监测

（medical wastewater monitoring）对医院（综合医院、专科病院及其他类型医院）和医疗卫生机构产生的、向自然环境或城市管道排放的含有病原体、重金属、消毒剂、有机溶剂、酸、碱以及放射性等污染物污水的监测过程。医疗污水监测包括日常监测和执法监测。日常监测由医院和医疗卫生机构的检验部门负责；执法监测由地方环境保护部门的监测机构负责，包括验收监测和监督性监测两种情况。

医疗污水来源复杂，包括医疗机构门诊、病房、手术室、各类检验室、病理解剖室、放射室、洗衣房、太平间等处排出的诊疗、生活及粪便污水，当医疗机构其他污水与上述污水混合排出时一律视为医疗机构污水。医疗污水成分复杂，主要污染物包括病原体（寄生虫卵、病原菌、病毒等）、有机物、漂浮及悬浮物和放射性污染物等，具有空间污染、急性传染和潜伏性传染等特征。原国家环境保护总局发布的《医院污水处理技术指南》规定了医院污水处理设施的设计、建设和管理以及职业卫生和劳动卫生等方面的具体要求。

国家规定医疗机构排放污水中不得检出肠道致病菌、肠道病毒和结核杆菌，传染病、结核病医疗机构排放污水中粪大肠菌群不得超过100 MPN/L，综合医疗机构和其他医疗机构排放污水中粪大肠菌群不得超过 500 MPN/L。其他指标，如 pH、化学需氧量、生化需氧量、悬浮物、氨氮、动植物油、石油类、阴离子表面活性剂、色度、挥发酚、总氰化物、总汞、总镉、总铬、六价铬、总砷、总铅、总银、总α、总β、总余氯等，排放标准和监测要求参见《医疗机构水污染物排放标准》（GB 18466—2005）。

（厉以强）

yinlizi biaomian huoxingji ceding

阴离子表面活性剂测定

（determination of anionic surfactants） 经过适当的样品采集和前处理后，选用合适的测定方法对水样品中的阴离子表面活性剂物质进行定量分析的过程。阴离子表面活性剂是普通合成洗涤剂的主要活性组分，主要是直链烷基苯磺酸钠（LAS）和烷基磺酸钠类物质。阴离子表面活性剂主要来源于日化、纺织、医药、采矿、采油和建筑等工业废水以及生活污水。阴离子表面活性剂的大量使用，会造成水面产生不易消失的泡沫，并消耗水体中的溶解氧，使水质变坏，影响水生生物的生存；而且该类物质具有抑制微生物生长的作用，所以直接排放到水中会降低环境污染的生物降解作用，导致水的自净能力下降；此外还能乳化水体中其他的污染物质，增大污染物质在水中的溶解度，造成间接污染。因此阴离子表面活性剂被确立为《地表水环境质量标准》（GB 3838—2002）基本控制项目之一。

样品采集与保存 水样应采集在预先用甲醇清洗过的清洁玻璃瓶中，并在 4℃下冷藏，尽快进行测定。当保存时间超过 24 h，则应加水样体积 1%的甲醛溶液（40% HCHO），可保存 4 天。如加适量三氯甲烷于水样使之达到饱和，则可保存 8 天。

测定方法 常用的测定方法有亚甲基蓝分光光度法、流动注射-亚甲基蓝分光光度法和电位滴定法。

亚甲基蓝分光光度法 阴离子表面活性剂与阳离子染料亚甲基蓝形成蓝色离子缔合物，该有色物质可被氯仿萃取，其色度与阴离子表面活性剂浓度成正比，用分光光度计于 625 nm 下可测定氯仿层的吸光度。亚甲基蓝分光光度法是标准分析方法，具有灵敏度高、仪器成本低廉的优点，因而被广泛应用于饮用水、地表水、生活污水及工业废水中阴离子表面活性物质的测定。当采用 10 mm 比色皿，试样为 100 mL 时，方法最低检出浓度为 0.050 mg/L（以 LAS 计），检测上限为 2.0 mg/L（以 LAS 计）。但该方法选择性较差，有机硫酸盐、磺酸盐、羧酸盐、酚类以及无机硫氰酸盐和氯化物等物质均会产生不同程度的正干扰，季铵盐类等阳离子化合物和蛋白质能与表面活性剂作用而造成负干扰。目前主要通过水溶液反洗、气提萃取、离子交换等手段来消除这些干扰。

流动注射-亚甲基蓝分光光度法 将流动注射分析仪与分光光度计联用，测定原理与亚甲基蓝分光光度法基本相同。其中，流动注射分析仪的工作原理是将一定体积的样品注射到一个流动的、无空气间隔的试剂溶液连续载流中，样品与试剂在分析模块中按选定的顺序和比例混合、反应，在非完全反应的条件下，进入流动检测池进行光度检测，定量测定样品中待测物质的含量。流动注射-亚甲基蓝分光光度法测定下限为 0.16 mg/L（以 LAS 计）。与传统的亚甲基蓝分光光度法比较，流动注射-亚甲基蓝分光光度法的测试速度快、分析效率高，可以满足现场水质快速批量检测的要求。近几年来，该方法在我国的应用越来越普遍。

电位滴定法 以 PVC-AD 电极为工作电极、饱和甘汞电极为参比电极，组成工作电池，以十六烷基溴化吡啶（CPB）为滴定剂对污染水体中阴离子表面活性剂进行电位滴定。电位滴定法灵敏度及方法适用性相对亚甲基蓝分光光度法较差。试样中若存在能与 LAS 生成比离子缔合物 CPB·LAS 更稳定的离子缔合物的阳离子时会产生负干扰；存在能与 CPB 生成比 CPB·LAS 更稳定的离子缔合物的阴离子时会产生正干扰。当 CPB 的滴定度为 0.12 mg/L 时，该方法的测定下限为 5 mg/L，测定上限为 24 mg/L，水样适当稀释，测定上限可以扩大。因此该法更适用于污染水体中的阴离子表面活性剂的测定。

发展趋势 近年来，阴离子表面活性剂的测定方法有了较大的发展。高效液相色谱法在阴离子表面活性剂分析方面具有水样前处理简单、回收率高和方法灵敏度高等特点，还能准确区分和测定各种同分异构体；在萃取光度法基础上发展起来的水相直接显色光度法，无须萃取，操作简便，减少了有机溶剂对测试人员的损害。荧光光度法具有操作简便快捷、精确度高的特点。离子选择性电极法具有灵敏度高、操作简便快捷、仪器相对便宜、易实现实时在线监测，且不使用有毒的有机萃取剂等优点。共振光散射法具有低检测限、高灵敏度等特点，且不易受共存离子以及色度的影响，为样品测定开辟了新的思路。

此外，近年来各种联用技术也得到较广泛的应用，如高效液相色谱-质谱（HPLC-MS）、气相色谱-质谱（GC-MS）等，为色谱法应用于阴离子表面活性剂的测定提供了更大的空间。同时流动注射分析法因具有设备简单、操作方便、易于实现在线分析等优势而被与许多方法联用，建立了流动注射-荧光光度法、流动注射-离子选择电极法等，这些方法进一步提高了阴离子表面活性剂分析检测的灵敏度和准确性，同时对实现测定自动化也具有重要意义。

（郑少娜）

yin ceding

银测定

（determination of silver） 对水、气、土壤等环境介质中的银进行定性定量分析的过程。银（Ag）是人体非必需的微量元素，银或银盐被摄入后，会在人的皮肤、眼睛及黏膜沉着，影响健康。如果大量咽下可溶性银盐，由于局部收敛作用，在口腔内有刺激、疼痛感，甚至有呕吐、强烈胃痛、出血性胃炎等症状，最终导致急性死亡。由于银及其盐类具有很强的杀菌性，其痕量也足以阻止细菌的生长，且毒性较汞弱，故一直被用作水的一种消毒剂。银的污染主要来源于感光材料生产、胶片洗印、印刷制版、矿山开采、冶炼、金属及玻璃镀银等行业。

样品采集、制备与前处理 见样品采集和样品前处理。

测定方法 主要有分光光度法、原子吸收分光光度法、电感耦合等离子体发射光谱法及电感耦合等离子体质谱法等。

分光光度法 最常用的分光光度法有[2-(3,5)-二溴-2-吡啶偶氮]-5-二乙氨基苯酚分光光度法（3,5-Br_2-PADAP法）和镉试剂2B法。

3,5-Br_2-PADAP法 适用于受银污染的地表水和工业废水中银的测定。在十二烷基硫酸钠存在下，于乙酸盐缓冲介质中，银与3,5-Br_2-PADAP生成稳定的紫红色络合物，其吸光度与银的浓度成正比。

镉试剂2B法 适用于受银污染的地表水及感光材料生产、胶片洗印、镀银、冶炼等行业的工业废水中银的测定。在曲力通X-100（Triton X-100）存在下的四硼酸钠缓冲介质中，镉试剂2B与银离子生成稳定的紫红色络合物，其吸光度与银的浓度成正比。

原子吸收分光光度法 包括火焰原子吸收分光光度法和石墨炉原子吸收分光光度法（参见原子吸收分光光度法）。

火焰原子吸收分光光度法 适用于工业废水及受银污染的地表水中银的测定。

石墨炉原子吸收分光光度法 适用于地下水、地表水、土壤及沉积物中银的测定。

电感耦合等离子体发射光谱法 适用于地表水、废水及固体废弃物中银的测定（参见原子发射光谱法）。

电感耦合等离子体质谱法 适用于地下水、地表水、土壤及沉积物中银的测定（参见电感耦合等离子体质谱仪）。 （张艳飞）

yingguang fenguang guangduji

荧光分光光度计 （fluorescence spectrophotometer） 通过测量待测物质分子从激发态返回基态过程中释放出的荧光强度，对环境样品进行定性定量分析的仪器。

沿革 16世纪，西班牙内科医生和植物学家莫纳德斯（N. Monardes）第一次发现了荧光现象，1575年他提到在含有一种称为“Lignum Nephriticum”的木头切片的水溶液中，发现了极为可爱的天蓝色。此后荧光引起了许多科学家的研究兴趣，荧光分析方法也逐渐地被应用到生物和化学分析当中。荧光分光光度计自问世以来经历了手动式、自动扫描式和微机化三个阶段。19世纪以前，荧光的观察是靠肉眼进行的，直到1928年，耶特（Jette）和韦斯特（West）设计了第一台光电荧光计，但其灵敏度有限。1939年，斯福罗金（Zworykin）和赖赫曼（Rajchman）发明了光电倍增管，在增加灵敏度和容许使用分辨率更高的单色器等方面，进入一个非常重要的阶段。1943年，达顿（Dutton）和贝利（Bailey）提出了一种荧光光谱的手工校正步骤。1948年，由斯图德（Studer）推出了第一台自动光谱校正装置，到1952年才出现商品化的校正光谱仪器。

原理 在通常状况下处于基态的物质分子吸收激发光后变为激发态，这些处于激发态的分子是不稳定的，在返回基态的过程中将一部分能量以光的形式放出，从而产生荧光。不同物质由于分子结构的不同，其激发态能级的分布具有各自不同的特征，这种特征反映在荧光上表现为各种物质都有其特征荧光激发和发射光谱，因此可以用荧光激发和发射光谱的不同定性地进行物质的鉴定。在溶液中，一定浓度范围内，荧光强度与该物质的浓度有良好的线性关系，利用这种关系可以进行荧光物质的定量分析。与紫外可见分光光度法类似，荧光分析通常也采用标准曲线法。

仪器结构 由高能量光学系统和微机主控件部分组成，具体包括光源、激发单色器、发射单色器、样品室、检测器和数据处理系统六大部分。

光源 为高压汞蒸气灯或氙弧灯。后者能发射出强度较大的连续光谱，且在 300～400 nm 范围内强度几乎相等，故较常用。

激发单色器 置于光源和样品室之间的是激发单色器或第一单色器，筛选出特定的激发光谱。

发射单色器 置于样品室和检测器之间的是发射单色器或第二单色器，常采用光栅为单色器，筛选出特定的发射光谱。

样品室 通常由石英池（液体样品）或固体样品架（粉末或片状样品）组成。测量液体时，光源与检测器成直角；测量固体时，光源与检测器成锐角。

检测器 一般用光电倍增管作检测器，可将光信号放大并转为电信号。

数据处理系统 一般采用计算机，有的采用专用微机数据处理器。

特点 ①灵敏度高，荧光分析的灵敏度达 10^{-9}，比吸收光谱测量高 2～3 个数量级；②选择性好，荧光物质具有两种特征光谱——激发光谱和吸收光谱，相对于分光光度法单一的吸收光谱来说，可以根据激发光谱和发射光谱来鉴定物质；③信息量丰富，能够提供荧光物质的多种参数。

应用 在环境监测领域，主要对水体、矿石和土壤进行检测。随着有机化合物对环境的危害和污染日益严重，荧光分光光度计与高效液相色谱等仪器的联用，促进了环境有害物质的定量检测，如苯并[a]芘、多氯联苯等。

发展趋势 近年来，各种新型荧光分析技术，如激光诱导荧光法、同步荧光法、光化学荧光法等的发展，加速了新型荧光分析仪器的研制，使荧光分析不断向高效、痕量、微观和自动化方向发展。主要包括：①分辨率提高；②扫描速度加快；③具有多功能，可同时进行荧光、磷光、化学发光和生物发光等；④促进应用技术的扩展，如时间分辨、荧光偏振、同步荧光等；⑤紧凑型、便捷型；⑥适用于气体、液体和固体样品的测定。 （皮宁宁）

youxian wuranwu jiance

优先污染物监测

（priority pollutants monitoring） 简称优先监测，对人类活动产生的或环境中存在的优先污染物进行的监测。由于环境中有毒污染物为数众多，不可能一一进行控制，只能筛选出一些出现频率高、毒性强、对人体健康和生态平衡危害大或有潜在威胁的重点污染物，实施优先监测。

沿革 美国是最早开展优先监测的国家，20 世纪 70 年代中期，在《清洁水法》中明确规定了 129 种优先污染物。一方面要求排放优先污染物的厂家采用最佳可利用的处理技术，制定排放标准，控制点源污染；另一方面制定环境标准，对各水域（包括河流、湖泊和地下水等）实施优先监测，要求各州政府上报优先污染物的污染现状，并纳入环境质量报告书中。之后又相继提出了另外几个有毒化学物质的控制名单，如《43 种空气优先污染物名单》等。美国在 1984 年已把“有毒化学物污染与公众健康问题”列在几大环境问题之首。

日本从有毒化学品入手控制有毒化学物质污染。1974 年根据《化学品审查与制造法规》的要求，组织了全国的化学品环境安全性综合调查。1986 年公布了 1974—1985 年对 600 种优先有毒化学品的环境普查结果，其中检出率较高的有毒污染物为 189 种。同年，还公布了在普查基础上对 55 种有毒污染物的重点调查结果。“有毒化学品污染及其防治对策”已作为日本环境白皮书主要的一章，而且高技术领域的有毒化学品污染问题正在受到重视。

苏联卫生部门对有毒污染物制定了严格的卫生健康标准。1975 年公布了 496 种有机污染物的极限容许浓度，实施 10 年后，于 1985 年公布了经过修改的 561 种有机污染物的极限容许浓度。

中国从“七五”期间开展了有毒化学物质污染防治的相关工作，包括有毒化学品的立法、有毒有害废弃物管理和中国环境优先监测研究等。“中国环境优先监测研究”课题是有毒化学物污染防治工作的重要组成部分，其研究内容是：研究并提出反映我国污染特征的中国环境优先污染物“黑名单”，发展配套的优先监测技术，其中包括不同环境介质有机标准物质研制，痕量有机污染物采样设备、富集设备、净化设备研制，有机污染物分析测试技术研究，优先污染物排放标准与环境标准研究，优先监测质量保证程序研究，优先监测实施程序研究等。1992 年课题组提出了中国“水中优先控制污染物黑名单”（即“水中污染物黑名单”）作为我国水污染控制、监测的依据和标准，并推荐了近期实施的有毒化学物质名单。“黑名单”中共计 68 种物质，其中，有机物 12 类 58 种，包括挥发性卤代烃类 10 种、苯系物类 6 种、氯代苯类 4 种、酚类 6 种、硝基苯 6 种、苯胺类 4 种、多环芳烃类 7 种、酞酸酯类 3 种、农药类 8 种、亚硝胺类 2 种、丙烯腈 1 种和多氯联苯 1 种（见表）。“黑名单”提出后，我国也逐步加强了环境优先污染物的立法和监测工作，如从 1988 年开始实施的《地表水环境质量标准》历经了 1999 年和 2002 年两次修订，每次修订增加的监测项目主要为“黑名单”上所列的优先污染物。《地表水环境质量标准》（GB 3838—2002）中涉及的监测项目，属于优先污染物的共有 47 种（标准限值见表），占整个“黑名单”比例为 69.2%。《生活饮用水卫生标准》在修订过程中加入了具有“三致”（致癌、致畸、致突变）毒性的、对人体健康危害大的有毒有机物，如三氯乙烯、四氯乙烯、氯仿、苯、甲苯和氯苯等。《污水综合排放标准》在修订过程中增加的 30 余项有机污染物，也是在“黑名单”中 58 种有机污染物的基础上，根据每种优先控制污染物的毒性、产量、检出频率和开展监测的基础技术条件等诸多因素，进一步筛选出最成熟的、可在近期实施的名单。2005 年，为了摸清我国重点城市饮用水水源地污染现状，原国家环境保护总局组织开展了全国重点城市饮用水水源地污染监测调查工作，针对 68 种优先污染物进行了全面监测。为了强化对饮用水水源地水质的监督监测，从 2009 年起环境保护部要求环保重点城市地表水饮用水水源地每年按照 GB 3838—2002 进行一次 109 项全分析。

中国水中环境优先污染物分类与归宿

污染物分类/名称	级别	环境介质				是否为近期实施化合物	地表水水质标准限值/（mg/L）
		大气	水	底泥	生物		
挥发性卤代烃类							
二氯甲烷	4	√	√			否	0.02
三氯甲烷	4	√	√			是	0.06
四氯化碳	4	√	√			是	0.002
三溴甲烷	4	√	√			是	0.1
三氯乙烯	4	√	√			是	0.07
四氯乙烯	4	√	√			是	0.04
1,2-二氯乙烷	4	√	√			是	0.03
1,1,1-三氯乙烷	4	√	√			否	—
1,1,2-三氯乙烷	4	√	√			否	—
1,1,2,2-四氯乙烷	4	√	√			否	—
苯系物类							
苯	4	√	√	√		是	0.01
甲苯	4	√	√	√		是	0.7
乙苯	4	√	√	√		是	0.3

污染物分类/名称	级别	环境介质				是否为近期实施化合物	地表水水质标准限值/（mg/L）
		大气	水	底泥	生物		
邻二甲苯	4	√	√	√		否	
间二甲苯	4	√	√	√		否	0.5[a]
对二甲苯	4	√	√	√		否	
氯代苯类							
氯苯	2	√	√	√	√	是	0.3
邻二氯苯	2	√	√	√	√	是	1
对二氯苯	2	√	√	√	√	是	0.3
六氯苯	1			√	√	是	0.05
多氯联苯							
多氯联苯	1			√	√	否	2.0×10^{-5}
酚类							
苯酚	3	√	√			是	0.005[b]
间甲酚	3	√	√			是	
2,4-二氯酚	5	√	√			是	0.093
2,4,6-三氯酚	3	√	√			是	0.2
五氯酚	1			√	√	是	0.009
六氯酚	1			√	√	是	—
硝基苯类							
硝基苯	3	√		√		是	0.017
对硝基甲苯	3	√		√		是	0.5
2,4-二硝基甲苯	3	√		√		否	0.000 3
三硝基甲苯	3	√		√		否	0.5
对硝基氯苯	3	√		√		是	0.05
2,4-二硝基氯苯	3	√		√		是	0.5
苯胺类							
苯胺	3	√	√	√		是	0.1
二硝基苯胺	3	√		√		是	—
对硝基苯胺	3	√		√		是	—
2,6-二氯硝基苯胺	3	√		√		否	—
多环芳烃类							
萘	1	√		√	√	否	—
荧蒽	1			√	√	否	—
苯并[b]荧蒽	1			√	√	否	—
苯并[k]荧蒽	1			√	√	否	—
苯并[a]芘	1			√	√	是	2.8×10^{-6}
茚并[1,2,3-c,d]芘	1			√	√	否	—
苯并[g,h,i]芘	1			√	√	否	—
邻苯二甲酸酯类							
邻苯二甲酸二甲酯	1			√	√	否	—
邻苯二甲酸二丁酯	1			√	√	是	0.003
邻苯二甲酸二辛酯	1			√	√	是	—

污染物分类/名称	级别	环境介质				是否为近期实施化合物	地表水水质标准限值/（mg/L）
		大气	水	底泥	生物		
农药类							
六六六	1	√		√	√	是	—
滴滴涕	1	√		√	√	是	0.001
敌敌畏	3	√	√	√		是	0.05
乐果	3	√	√	√		是	0.08
对硫磷	3	√	√	√		是	0.003
甲基对硫磷	3		√	√		是	0.005
除草醚	3		√	√		是	—
敌百虫	3		√	√		是	0.05
丙烯腈							
丙烯腈	4		√	√		否	0.1
亚硝胺类							
N-亚硝基二甲胺	3		√			否	—
N-亚硝基二正丙胺	1		√	√	√	否	—
氰化物							
氰化物	5		√			否	0.2[c]
石棉							
石棉	3		√			否	—
重金属及其化合物							
砷及其化合物	1	√		√	√	是	0.05[c]
铍及其化合物	1			√	√	是	0.002
镉及其化合物	1			√	√	是	0.005[c]
铬及其化合物	1			√	√	是	0.05[c]（六价）
铜及其化合物	1			√	√	是	1.0[c]
铅及其化合物	1			√	√	是	0.05[c]（四乙基铅 0.000 1）
汞及其化合物	1	√		√	√	是	0.000 1[c]（甲基汞 1.0×10^{-6}）
镍及其化合物	1			√	√	是	0.02
铊及其化合物	1			√	√	否	0.000 1

注：√——污染物在该介质中存在；a——标准值为邻、间、对二甲苯之和；b——标准值指挥发酚III类地表水的标准限值；c——标准值指III类地表水的标准限值。

监测介质选择 不同种类的优先污染物，具有不同的分子结构和理化性质，在环境介质中有着不同的迁移、转化和积累历程，归宿并不一样。例如，氯乙烷在水中有较大的溶解度，并具有生物积累效应，主要归宿在水中，监测水样可获得满意的结果；多环芳烃难溶于水，具生物积累效应，主要归宿在底泥和生物，若单独监测水样，则不能达到预期目的。因此，了解有毒物质在不同环境介质的分布状况，才能有效地监测优先污染物。

美国根据优先污染物的理化性质及生物效应，如溶解性、降解性、挥发性、在辛醇/水二元溶剂中的分配系数和环境归宿等，将 129 种水环境优先污染物分为十大类。根据优先污染物所具有的长效性及生物积累性，将其分为 5 级（见图）。根据分类分级数据，选定并推荐优先监测的环境介质。由于其理化性质和生物效应的差异，不同类别乃至同一类别不同种类的优先污染物，在环境中的归宿并不相同。

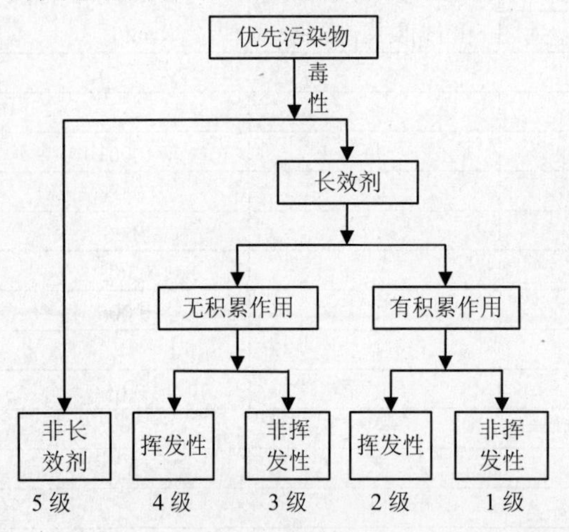

优先污染物分级图

中国颁布的优先控制污染物名单及优先污染物的归宿与分类见表。

挥发性卤代烃类 在“水中污染物黑名单”上，有 10 种卤代脂肪烃类。这些化合物具有较高的蒸气压，水溶性大，不易被颗粒物吸附和生物积累，因此，其优先监测介质为水和大气。

苯系物类 列出的 6 种苯系物，具有挥发性，有一定水溶性，可被底泥吸附，应优先监测水、底泥和大气。

氯代苯类 列出的 4 种氯代苯类中，除六氯苯外，都具有一定的水溶性和挥发性，可存在于底泥和生物体内，因此，对水、底泥、生物和大气均需进行采样分析。六氯苯挥发性低、水溶性小，但可被颗粒物吸附，存在于底泥中，生物富集效应大，因此，可分析底泥和生物体中的含量。

多氯联苯 易被吸附在底泥和颗粒物上，生物积累性很强，而难溶于水，不易挥发，监测的最优对象为底泥及生物体。

酚类 列出的 6 种酚类化合物，具有一定的挥发性和水溶性，应对大气和水进行优先监测。但五氯酚和对硝基酚易被生物积累，优先监测介质为底泥和生物体。

硝基苯类 一硝基、二硝基和三硝基化合物均具有挥发和吸附两过程互相竞争的特点，以监测底泥和大气为宜。

苯胺类 存在于水和大气中，而在底泥和生物群中的残留很少，以监测水和大气为宜。

多环芳烃 列出的 7 种多环芳烃化合物中，除萘外，均难溶于水，也不易挥发，多积累在底泥中，并很快被各种生物吸收、代谢，应进行底泥和生物群监测。但萘具有一定挥发性和水溶性，还应进行水和大气监测。

邻苯二甲酸酯类 生物积累程度较高，可被吸附于底泥和生物群中，应优先监测底泥和生物体。

农药类 列出的 8 种农药，滴滴涕可长期存在于底泥中，并被生物积累，优先监测底泥和生物群；六六六不易被生物积累，易被底泥吸附，应优先监测水、大气和底泥。有机磷农药易降解，在生物群和底泥中存在时间短，可优先监测水和大气。

丙烯腈 丙烯腈的水溶性和挥发性均很强，可存在于底泥中，但生物积累系数小，可优先监测水、底泥和大气。

亚硝胺类 列出的两种亚硝胺可能是水中的长效剂，应优先监测水质。

氰化物 氰化物的环境效应显示为短期毒性，在酸性条件下易挥发，应直接监测水和大气。

重金属及其化合物 列出的 9 种重金属及其化合物，主要积累在底泥和生物群中，可优先监测生物体。砷和汞的某些化合物具有挥发性，还应增加大气监测。

分析测试技术 环境优先污染物的监测工作首先在欧美国家开展并逐步完善。美国环境保护局（EPA）各合同实验室经过实验和验证，制定出一系列标准方法（如 EPA 600 系列等）。其中，EPA 624（挥发性有机污染物）、EPA 625（半挥发性有机污染物）和 EPA 613（二噁英类化合物），可同时测定多种目标化合物，定性准确性高。目前在 EPA 合同实验室中，气相色谱-质谱联用方法已成为常规测试方法。自 EPA 600 系列方法建立之后，环境优先污染物的监测有了质的飞跃。以此为基础，结合不同环境介质特点和法律法规要求，相应的标准分析方法应运而生。①饮用水中污染物分析方法——EPA 500系列方法，由工业废水分析方法（EPA 600系列方法）向饮用水质分析扩展而开发的标准方法，对检出限提出了更高的要求，样品前处理上也进行相应改进。②EPA 8000系列方法，用于固体废物、底泥、土壤等固态物质分析。③EPA TO系列分析方法，用于空气中有机污染物分析。

我国从“七五”期间逐步开展有机污染物和重金属污染物的环境监测工作。鉴于当时的经济发展水平，建立的有机污染物分析方法多数采用填充柱气相色谱法，重金属采用火焰原子吸收分光光度法。近年来，随着我国经济的快速发展和分析技术的不断进步，环境保护部加强了监测方法的标准制修订，已制定出涉及地表水和废水、环境空气和废气、土壤和沉积物以及固体废物等介质的一系列标准方法。

发展趋势 优先污染物名单只能反映当时的生产与科学技术发展水平，时代不同、名单也应随之变化。以有毒有机污染物的监测为例，到20世纪60年代末期，包括美国在内，无论是标准、监测或是控制，都还是综合指标，如生化需氧量（BOD）和总有机碳（TOC）等；进入70年代，随着气相色谱、色谱-质谱联用等痕量有机分析测试技术的迅猛发展，有毒有机污染物的监测与控制才真正列入环境保护部门的污染防治计划，并得以逐步实施，欧美等国已将优先监测工作纳入日常的环境监测之中。

目前我国的优先监测工作尚未全面开展，地表水常规检测项目一般只包含GB 3838—2002中的24项基本项目，其中只有氰化物、铜、铅、镉、汞、六价铬和砷7项属于优先污染物。部分环境质量和污染物排放标准虽经修订，但在有毒有害污染物监测，特别是对于具有“三致”毒性的污染物监测方面还存在欠缺，优先污染物“黑名单”也仅限于水环境，分析方法上还存在较大缺口。我国水污染控制指标尤其是污染物排放标准中缺项较多，因此必须加强对水中有毒有机物污染的控制，完善指标体系，全面开展优先监测。另外，我国各地水环境污染状况各不相同，用统一的水中优先污染物“黑名单”不能反映每个地区的水环境实际状况。因此，各地方应根据区域水环境污染特点，筛选、研究和制定出适合本区域的水中优先污染物黑名单，并纳入地方性法规进行管理。近几年来，一些经济发达地区已加强了对有毒有机物的控制与监测，如四川、江苏、北京、天津、广州和长沙等省市已先后提出了本地区水中优先控制污染物黑名单，有的已作为法规颁布。

（解军　李红莉）

推荐书目

周文敏，寇洪如，王湘君. 环境优先污染物. 北京：中国环境科学出版社，1989.

you ceding

铀测定 （determination of uranium） 对水、空气、土壤及生物等环境介质中的铀进行定量分析的过程。铀是元素周期表中第七周期元素，锕系元素之一，是重要的天然放射性元素，元素符号U，原子序数92，原子量238.028 9。铀有15种同位素，原子量227～240。所有铀同位素均不稳定，具有微弱放射性。铀的天然同位素组成为：铀-238（自然丰度99.275%，原子量238.050 8，半衰期4.51×10^9年），铀-235（自然丰度0.720%，原子量235.043 9，半衰期7.00×10^8年），铀-234（自然丰度0.005%，原子量234.040 9，半衰期2.47×10^5年）。其中铀-235是唯一天然可裂变核素，铀-238是制取核燃料钚的原料。环境样品中铀含量通常很低，需要灵敏度高的监测方法，如分光光度法、固体荧光法、激光荧光法、X射线荧光法、缓发中子法、中子活化法和裂变径迹法等。目前采用较多的是分光光度法、固体荧光法和激光荧光法。

分光光度法 在酸性介质中，铀（Ⅵ）与三烷基氧磷形成的络合物被环己烷萃取，以达到富集和分离杂质的目的。有机相中铀（Ⅵ）再用混合络合剂反萃取，当pH=7.8时，在水-丙酮混合溶剂中，铀（Ⅵ）与2-[(5-溴-2-吡啶)偶氮]-5-(二乙氨基)苯酚（5-Br-PADAP）、氟离子形成稳定的 1∶1∶1 红色三元络合物。该络合物最大吸收波长为 578 nm，摩尔吸光系数为 7.4×10^4 L/(mol·cm)。

固体荧光法 UO_2^{2+}与氟化钠在适宜温度下熔融制成熔珠，并在一定波长的紫外线照射下产生荧光，荧光强度与铀含量成正比。最低可探测限为 0.5 μg/L。

激光荧光法 采用氮激发器作为激发UO_2^{2+}荧光光源，通过测定荧光强度来测定样品中铀的浓度。激光荧光法的最低可探测限为 0.05 μg/L。目前已有新型的紫外可见脉冲光光源来代替激光光源，最低探测限可达 0.02 μg/L。该方法灵敏、快速，可不经化学分离直接测定水中铀，对于土壤和其他生物样品，经简单的化学处理就可以测定。

样品中如果存在干扰元素会对铀的测定产生影响。水样中常见干扰离子为二价锰离子(Mn^{2+})、三价铁离子(Fe^{3+})、六价铬离子(Cr^{6+})、腐殖酸。测定前，应进行铀的富集和分离纯化。富集的方法有沉淀法、离子交换法、活性炭吸附法和溶剂萃取法。分离纯化方法有萃取法、层析法等。常用萃取剂有磷酸三丁酯、三正辛基氧化膦、乙酸乙酯等。 （许宏）

youjilin nongyao ceding

有机磷农药测定

(determination of organophosphorus pesticides) 经过适当的样品采集和前处理后，用一定的检测方法对环境介质中的有机磷农药进行定性定量分析的过程。有机磷农药是具有磷酸酯结构的有机杀虫剂。常用的有机磷农药包括对硫磷、内吸磷、马拉硫磷、乐果、敌百虫及敌敌畏等。

有机磷农药因具有药效高、残留期短的特点而成为农药中品种最多、使用最广的杀虫剂。有机磷农药是一种化学性环境污染物，其生产企业排放的废水常含有较高浓度的有机磷农药原体和中间产物、降解产物等，排入环境中易造成污染。有机磷农药施用后，部分附着于植物体上，或渗入株体内残留下来，污染粮食、菜、水果等；部分散落在土壤上（有时是直接施于土壤中），污染土壤；部分通过蒸发进入空气，污染大气；农田被雨水冲刷，农药则进入江河，进而污染地表水；残留在土壤中的农药则可通过渗透作用污染地下水。环境中的残留农药直接通过植物果实或水、大气进入人畜体内，危害人畜健康。

样品采集和保存 见*半挥发性有机化合物测定*。

样品前处理 主要采用液液萃取（LLE）、固相萃取（SPE）、固相微萃取（SPME）和树脂吸附萃取。

液液萃取 见*液液萃取*。常用萃取剂有丙酮、二氯甲烷、三氯甲烷、甲苯和乙腈等。

固相萃取 见*固相萃取*。常用反相 SPE 柱萃取，用键合硅胶 C_{18}和 C_8作柱填料，也可采用多孔苯乙烯-二乙烯基苯共聚物和石墨化炭黑为填料的 SPE 柱。

固相微萃取 见*固相微萃取*。常用的固定相涂层有聚甲基硅氧烷（PDMS）和聚丙烯酸酯（PA），分别用于非极性和极性化合物的提取。PA 对有机磷农药的富集效果优于 PDMS。

树脂吸附萃取 高分子多孔微球类树脂对水亲和力小，吸附性弱，对痕量有机化合物的富集效率高，重复性较好，有机磷农药测定中常用的高分子多孔微球为 XAD-2 吸附剂，主要用于气态有机磷农药的富集。

测定方法 主要方法有气相色谱法（GC）和气相色谱-质谱法（GC-MS）。

气相色谱法 适用于废水、地表水、地下水、空气和废气、土壤、固废和生物体内有机磷农药的测定，是检测有机磷农药的国家标准方法。在 GC 检测中，选择合适的色谱柱、色谱条件和高灵敏度检测器至关重要。填充柱和毛细管柱均能用于分离有机磷农药，由于毛细管柱具有高分离性能，目前在有机磷农药测定领域基本取代了填充柱。由于有机磷农药相对分子质量较大，挥发性较低，故通常需要较高的柱温，色谱柱温度控制常采用程序升温方式。GC 中常用的检测器是火焰光度检测器（FPD）和氮磷检测器（NDP）。FPD 和 NDP 对有机磷农药的选择性好，灵敏度高。应用 FPD 时，样品中存在硫化物会对其产生干扰，需要除去。GC-FPD 和 GC-NPD 灵敏度高、定量准确、成本低，但当遇到组分不明的干扰物与待测物的峰相重叠或两者的保留时间非常接近时，则难以判断。GC 方法测定气体样品时，采样体积 120 L，检出限为 4.00×10^{-4}～5.00×10^{-3} mg/m^3；测定水样品的最低检测浓度为 8.60×10^{-5}～5.72×10^{-4} mg/L；测定土壤样品的最低检测浓度为 1.00×10^{-4}～2.9×10^{-3} mg/kg；测定生物样品最小检出浓度为 1.7×10^{-5}～8.5×10^{-3} mg/kg。

气相色谱-质谱法 GC-MS 被广泛应用于有机磷农药检测中，由于其既有气相色谱的高分离性能，又有质谱准确鉴定化合物结构的特点，可达到同时定性定量的目的，在农药检测方面受到广泛关注。国内外有关 GC-MS 法测定有机磷农药残留的研究很多，结果表明该方法具有相对标准偏差较小、操作条件稳定、可实现多残留分析、分离效率高、检测限低、检测灵敏度高等优点。

发展趋势 随着样品前处理技术的不断发展，液相微萃取、加速溶剂萃取、微波辅助萃取、基质固相分散和超临界流体萃取等技术都应用于有机磷农药测定。这些技术还存在一些缺点，还不能完全替代传统方法：如加速溶剂萃取技术测定结果准确，但设备一次性投资较大；微波辅助萃取能在短时间内完成对样品的提取，但要严格控制萃取时的压力和温度；超临界流体萃取具有较高的提取效率，但是仪器复杂且花费较高。

在分析方法方面，高效液相色谱-质谱法（HPLC-MS）也应用于有机磷农药测定。HPLC-MS 将 HPLC 分离热不稳定、强极性和难挥发有机物的优点和质谱的高灵敏度、高选择性相结合，在不适于用 GC、GC-MS 分析测定的有机磷农药如敌敌畏、敌百虫等的鉴定分析方面凸显了优越性。毛细管电泳法（CE）具有分离效率高、快速、运行成本低、样品用量少等特点，近年来多用于测定水中有机磷农药的残留，且随着 CE 与其他高灵敏度检测器的联用，CE 在有机磷农药测定中将有更多的应用。此外，毛细管电泳与质谱联用，气相、液相色谱与多级质谱联用等技术的应用，大大提高了农药残留检测的定性能力和检测灵敏度及测定范围。

在快速检测方面，目前应用较广泛的方法有：酶联免疫吸附测定（ELISA）、活体生物测定方法、酶抑制法、生物传感器法等。其中，ELISA 发展较快，美国国际官方分析化学家协会已经将 ELISA 与气相色谱、液相色谱同时列为农药残留分析的三大支柱技术，但该方法特异性强，一种试剂盒只能检测一种有机磷农药。在活体生物测定方法中，主要采用发光菌检测技术，该方法通过发光菌对几种有机磷农药的抑光反应，得出发光强度与试样中有机磷农药浓度呈负相关的结果，其最小检测限可达到 3 mg/L。酶抑制法、生物传感器法等方法在专一性、稳定性、准确性、重复性等方面尚有待改进，目前尚无法用生物传感器取代传统的化学分析测定有机磷农药。（刘文丽）

youjilü nongyao ceding

有机氯农药测定

(determination of organochlorine pesticides) 经过适当的样品采集和前处理后，选用合适的测定方法对环境介质中的有机氯农药进行定性定量分析的过程。有机氯农药（OCPs）是含有氯元素的有机化合物，用于防治植物病虫害，包括有机氯杀虫剂、杀螨剂、杀菌剂和除草剂等品种。有机氯农药属于持久性有机污染物（POPs），在《斯德哥尔摩公约》规定的首批受控需要采取全球性行动的 12 种污染物中，有 9 种是有机氯类农药，包括艾氏剂、氯丹、滴滴涕、狄氏剂、异狄氏剂、七氯、毒杀芬、六氯苯、灭蚁灵。除六氯苯为杀菌剂外，其余 8 种均为杀虫剂。

有机氯农药由于其化学性质稳定、难以分解，一旦污染，可长期残留并不断迁移或循环。有机氯农药施用后污染作物，并大量残留在土壤中；通过生物富集和食物链的作用，环境中的残留农药会进一步浓集和扩散；通过食物链进入人体的有机氯农药能在肝、肾、心脏等组织中蓄积，由于这类农药脂溶性大，所以在体内脂肪中的蓄积更突出；蓄积的残留农药也能通过母乳排出，或转入卵、蛋，影响后代。

样品的采集、保存和前处理 见半挥发性有机化合物测定。

测定方法 主要方法有气相色谱法（GC）和气相色谱-质谱法（GC-MS）。

气相色谱法 有机氯农药测定的国家标准方法，主要是通过相对保留时间对有机氯农药定性，通过测定色谱峰峰高或峰面积用内标法或外标法定量。在 GC 检测中，选择合适的色谱柱、色谱条件和高灵敏度检测器至关重要。填充柱和毛细管柱均能用于分离有机氯农药。近年来，高效、分离能力强、灵敏度高的毛细管柱取代了以往的填充柱，可以使用单柱系统或双柱系统进行分离检测。使用单柱系统时，需使用极性不同的色谱柱进行二次分析以确认分析结果，或使用 GC-MS 进一步确认；双柱技术利用不同物质在不同极性色谱柱上气-液分配常数不同的特点提高检测结果的准确度，应用比较广泛。目前，国内外分析有机氯农药残留时，GC 常采用具有高选择性的电子捕获检测器（ECD）检测，一般可检出 10^{-12}g 的有机氯农药。该方法对水样中有机氯农药各单体的检出限均小于 0.50 μg/L，适用于水、气、土壤、固废和生物样品中有机氯农药的测定。

气相色谱-质谱法 目前，GC-MS 被广泛应用于有机氯农药的检测中，克服了 GC 定性的局限性，兼具气相色谱高分离效能和质谱准确鉴定化合物结构的特点，可达到准确定性定量检测的目的。该方法适用于环境水样（包括地表水、地下水和海水等）、空气和废气、土壤、固废和生物体中有机氯农药的测定。对水样中有机氯农药的检测限由仪器和操作条件而定，测量范围在 10^{-6}～10^{-4} mg/L。GC-MS 目前已成为植物性和动物性食品中有机氯农药测定的国家标准方法。国外使用 GC-ECD 检测有机氯农药，并采用 GC-MS 确认分析结果，排除样品中农药残留假阳性结果的可能性。由于有机氯农药分子中均含有—Cl 电负性基团，负化学电离（NCI）对含电负性基团的物质具有高选择性和高灵敏度。因此 GC-NCI/MS 常用于有机氯农药的检测中。

发展趋势 有机氯农药测定技术的发展十分迅速，微量化、自动化、无毒化、快速化和低成本是其发展趋势。采取适当的前处理与测定联用技术，能大大提高分析效率及分析结果的精密度、准确度。

加速溶剂萃取、基质固相分散、固相萃取和固相微萃取等样品提取技术的发展、应用缩短了分析时间，提高了方法灵敏度及回收率，弥补了传统提取技术需使用大量有机溶剂的缺点，甚至使无溶剂提取成为可能。固相萃取、凝胶渗透色谱作为较新的净化方法，也得到广泛应用。研发无需净化、易于实现自动化的现代样品前处理新技术是有机氯农药测定发展趋势之一。

在分析方法方面，GC 仍是有机氯农药残留测定的主要手段，测定中 GC 主要使用电子捕获检测器，双柱双 ECD 检测器气相色谱法具有定性更准确、定量更精确的特点，目前受到广泛关注。GC-MS、气相色谱-串联质谱法（GC-MS/MS）提高了有机氯农药测定的分辨率和灵敏度。开发绿色高效、简单快速的前处理与分析联用新技术测定有机氯农药是未来研究的主要方向。 （刘文丽）

yunongsuoyi

预浓缩仪

（preconcentrator） 对气体中挥发性有机物进行低温浓缩、富集的样品前处理设备。通常采用多级冷阱浓缩，冷阱以填充吸附剂的细口径不锈钢管或石英柱作为捕集管。与普通的吸附剂捕集方式相比，低温预浓缩技术对易挥发性物质的富集效率更高，可捕集组分的沸点范围更宽。

沿革 预浓缩仪源自低温冷冻采样技术，该技术采用冷阱在现场冷冻捕集气体中的待测物质。初期装置比较简陋，需要手工操作，温控精度低，无除水装置，测定结果波动很大。

随着仪器技术的发展和计算机技术的应用，预浓缩仪的自动化程度不断提高，先进的温控技术、快速加热技术、阀自动切换技术，使其性能达到常规分析的要求。与色谱仪的接口不断改进，提高了进样率，降低了样品取样体积，在现场只需用惰性容器采集少量样品即可满足测定要求。预浓缩仪的冷阱从最早的开管柱，发展到内填玻璃微珠、吸附剂的捕集管，冷阱的个数也不断增加，可测定大多数的非极性和极性挥发性有机物。由于样品中的水分和二氧化碳会被冷冻在冷阱里，两者含量过高影响捕集效率和后续分析，采用二级浓缩的预浓缩仪，在一级冷阱前设有除水装置，采用膜分离等方式除去大部分水分，但同时会导致极性、水溶性组分的损失。为解决这个问题，目前主流的仪器均采用三级冷阱，用不同吸附剂和温度的组合，在富集过程中除去大部分水分和二氧化碳，而不会造成挥发性有机物的损失。

原理 将一定量的样品导入已预冷的捕集阱中，气体样品中的目标化合物冷凝后滞留在冷阱中，沸点低于冷阱温度的组分通过捕集阱排出，然后加热冷阱，将富集的物质送入下一级冷阱或色谱进样口进行测定，采用此技术样品可富集数倍至上千倍。常用的三级冷阱过程如下：一级玻璃微珠冷阱预冷至设定温度，一定体积的样品被进样泵抽入冷阱，待测物质冷凝或吸附于冷阱中，进样结束后预冷二级 Tenax 冷阱至-40℃。然后加热一级冷阱至 10℃，同时用惰性气体吹扫一级冷阱，挥发性有机物被吹扫出来，进入第二级冷阱，大部分水分仍留在一级冷阱中。虽然二级冷阱的温度高于二氧化碳的熔点，但 Tenax 材料不吸附二氧化碳，由此可将样品中的水分和二氧化碳除去，而大部分挥发性有机物被富集于低温下的 Tenax 吸附管中。接下来冷冻三级聚焦冷阱，随后加热二级冷阱将富集的物质吹扫转移至三级冷阱中，最后快速加热三级冷阱，用载气将待测物迅速送入色谱仪测定。二级浓缩的预浓缩仪相比之下少了第二级的 Tenax 捕集管，但在一级冷阱前增加了除水装置。

结构 预浓缩仪主要由冷阱、进样系统、流路系统、温控系统和控制系统等部分组成。

冷阱 通常是金属或石英制成的细径管，内径小于 2 mm，长度在 10 cm 以下。为了减少捕集管内的死体积，增大冷凝的接触表面积和捕集效率，在捕集管内填充适量的吸附剂，如耐热玻璃微珠、Tenax、活性炭、硅胶、碳分子筛等，以满足大部分挥发性有机物的测定要求。

进样系统 进样泵将样品以稳定的流速从采样容器中抽吸至冷阱浓缩，样品的进样体积通过质量流量计或定量环等方式控制。为了不引入干扰物质，进样泵应选用无油真空泵；为了提高精密度，预浓缩进样法常采用内标来消除预浓缩过程中的不稳定性，预浓缩仪均配有内标的进样管路。

流路系统 由样品管路、内标气管路、吹扫气管路、载气管路和废气排放管路等几部分组成。为防止样品在管路里残留或分解，样品管路和内标气管路选用惰性材料制成，或对内表面进行熔融硅处理。吹扫气用于冷阱的吹扫、样品管路的清洗，以防止可能的交叉污染。

温控系统 预浓缩仪需温控的部件有样品传输线、切换阀和捕集管，前两处需保持一定的温度以防止样品的冷凝。捕集管的温控系统最为重要，不仅要具有测控捕集管温度的功能，还要能够控制捕集管的升降温速率。常用的捕集管制冷方式有半导体制冷和制冷剂制冷，半导体制冷无需消耗制冷剂，仪器结构简单，但制冷能力有限；制冷剂可以达到很低的温度，例如，液氮可至-180℃以下，液体二氧化碳可至-70℃。通常使用装在杜瓦罐中的液氮作为制冷剂，在限压阀的配合下，提供一定压力驱使制冷剂流经制冷区域而制冷，能冷冻富集大多数挥发性有机物。捕集管的加热模块要求升温速度快，控温精度高，一般升温速率在 300℃/min 以上，三级聚焦冷阱最大升温速率可达 10 000℃/min。

控制系统 预浓缩仪的检漏、取样、制冷、热解吸和吹扫等各个工作步骤均由自动控制系统完成，以保证温度、吹扫气流速、取样量及脱附时间的准确性和重复性，增加分析的精度。该系统主要由微型处理器、控制电路和数据接口等部分组成。

应用 预浓缩仪能够测定大气中数百种低浓度挥发性有机化合物。低浓度的挥发性硫化物极性大、化学活性高、易被吸附，只有低温浓缩分离之后才能进行有效的色谱分析。预浓缩仪也可与顶空、吹扫、固相微萃取等技术联用，用于测定水、气和土壤中的挥发性有机物。

发展趋势 商品化的预浓缩仪，通过微机控制能自动完成各个操作步骤，提高了工作效率及分析的可靠性。脱水技术的改进，消除了因样品中水分过高而导致捕集管的堵塞、过载，并避免了在脱水时损失极性和水溶性组分。新型吸附材料的应用，扩大了预浓缩仪的应用范围。今后预浓缩仪的结构将向模块化和组合化方向发展，按需灵活组合，实现不同的功能，如进行标液、标气直接进样，配备顶空、吹扫模块。在具体的模块上向一体化、集成化发展，便于维护和拆装。随着网络通信的普及，预浓缩仪也将具备自行诊断、自我调节等智能化功能，并可进行远程诊断和远程维护。

（钱飞中）

推荐书目

王立，汪正范. 色谱分析样品处理. 2 版. 北京：化学工业出版社，2006.

yuanzi fashe guangpufa

原子发射光谱法

（atomic emission spectrometry，AES） 根据待测元素的原子或离子在热激发或电激发下发射特征的电磁辐射，而对元素组成进行定性定量分析的方法。

沿革 1859 年，德国学者基尔霍夫（G. R. Kirchhoff）和本生（R. W. Bunsen）研制了第一台用于光谱分析的分光镜，实现了光谱检验。1860 年他们利用分光镜研究盐和盐溶液在火焰中加热时所产生的特征光辐射，发现了铷和铯两元素。1930 年以后，光谱定量分析方法建立。原子发射光谱法经过多年发展，在环境监测领域显示了独特的优势，在对水体、大气颗粒物、土壤、底泥和固体废弃物中各种金属及非金属元素常量和痕量的监测中有广泛的应用。

原理 物质由原子组成，原子有结构紧密的原子核，核外围绕着不断运动的电子，电子处在一定的能级上，具有一定的能量。一般情况下，大多数原子处在最低的能级状态，即基态。当基态原子在激发光源作用下获得一定能量后，其外层电子可由基态跃迁至较高能级，原子处于激发态。处在激发态的原子很不稳定，在返回基态过程中，多余能量以光的形式发射出来，由于各原子内部结构不同，发射出的谱线带有特征性，故称为特征光谱，测量各元素特征光谱的波长和强度便可对元素进行定性定量分析。

特点 优点：①多元素同时检出能力强。一个样品一经激发，样品中各元素都各自发射出其特征谱线，可以同时测定多种元素。②分析速度快。试样多数不需经过化学前处理就可分析，固体、液体试样均可直接分析；若用光电直读光谱仪，可在几分钟内同时定量测定几十个元素。③选择性好。由于光谱的特征性强，对于一些化学性质极相似的元素（如铌和钽、锆和铪）的分析具有特别重要的意义。原子发射光谱可以分析十几种稀土元素，其他方法很难实现。④灵敏度高、检出限低。其检出限一般可达 0.1～1 μg/mL，用电感耦合等离子体（ICP）作光源，检出限可低至 ng/mL～pg/mL 数量级。⑤准确度高。标准曲线的线性范围宽，用 ICP 光源时，可达 4～6 个数量级，可同时测定高、中、低含量的不同元素。⑥样品消耗少，适于整批样品的多组分测定，尤其是定性分析更显示出独特的优势。

缺点：①影响谱线强度的因素较多，尤其是试样组分的影响较为显著；②含量（浓度）较大时，准确度较差；③只能用于元素分析，不能进行结构、形态的测定；④谱线干扰较严重，大多数非金属元素难以得到灵敏的光谱线。

样品制备 ①固体导电样品可以直接作为电极，如钢铁、铜样品；②溶液样品不需电极，可直接引入，在一般电极（如石墨电极）上先滴上再烘干；③非金属样品、粉末试剂可以将样品及合适的缓冲剂加入到电极的孔中，电极孔形状有多种，可满足不同需要。

分析方法 采用原子发射光谱法可以进行定性分析、半定量分析，也可以进行定量分析。

定性分析 分为指定元素分析和未知元素全分析。如果需检测指定的几种元素，可采用与标准试样光谱图比较的方法，即将待测元素的标准试样与未知试样并列摄谱，然后在映谱仪上观察两者特征谱线重叠情况，一般如果待测元素有2～3条特征谱线与标准样品重合，可认为试样中存在该元素。未知元素全分析采用与铁谱比较的方法，将各元素特征波长标在铁谱线相应位置，注明元素名称和谱线强度，定性分析时将待测试样和纯铁并列摄谱，然后在映谱仪上放大，将试样谱图上的铁光谱和元素标准光谱图上的铁光谱重合，进行观察比较，若待测元素有2～3条特征谱线与标准谱图中某元素的特征谱线重合，便可确定该元素存在。

半定量分析 常用方法是谱线黑度比较法。将试样与已知不同含量的标样系列在同一感光板上并列摄谱，然后在映谱仪上观察，若试样中某元素的谱线黑度与某个标样的谱线黑度相近，则该元素含量近似等于该标样中元素的含量。

定量分析 根据待测元素谱线强度来确定元素含量，两者关系可用罗马金-赛伯经验公式表达。

$$I=ac^b \text{或} \lg I=b\lg c+\lg a$$

式中，I为谱线强度；c为待测元素浓度；a、b为常数，其中a与试样蒸发、激发和组成有关，称为发射系数，b与谱线自吸有关，称为自吸系数。a值受试样组成、形态及放电条件等的影响，在实验中很难保持为常数，故通常不采用谱线的绝对强度进行光谱定量分析，而采用内标法。内标法是通过测量谱线相对强度进行定量分析的方法。在分析元素的谱线中选一根谱线，称为分析线；再在基体元素（或加入定量的其他元素）的谱线中选一根谱线，作为内标线，这两条线组成分析线对。根据分析线对的相对强度与被分析元素含量的关系式进行定量分析。采用内标法可以减小前述因素对谱线强度的影响，提高光谱定量分析的准确度。

发展趋势 原子发射光谱法可以选择的谱线丰富，具有较广的适用性，但过多的谱线会导致光谱干扰，加上一些分子光谱和氩气的连续光谱，给测定带来很高的背景值，因此开发研究有更高分辨率的分光系统、更灵敏准确的检测器和正确背景校正的软件等十分必要。原子发射光谱法与其他方法的联用技术也在逐步发展，例如，与气相色谱、高效液相色谱、毛细管电泳等技术的联用，已成为解决环境中元素化学形态问题的有效分析方法。将化学前处理手段与原子发射光谱法结合，对于提高检出限、减小基体效应具有巨大的潜力。

（张霖琳）

推荐书目

华东理工大学化学系，四川大学化工学院. 分析化学. 5版. 北京：高等教育出版社，2005.

yuanzi xishou fenguang guangdufa

原子吸收分光光度法 （atomic absorption spectrophotometry，AAS） 利用对待测元素基态原子的特征辐射线的吸收程度进行定量分析的方法。主要包括火焰原子吸收分光光度法和无火焰原子吸收分光光度法。测量仪器为原子吸收分光光度计。

沿革 1955年，澳大利亚的瓦尔西（A. Walsh）发表著名论文《原子吸收光谱在化学分析中的应用》，奠定了原子吸收分光光度法的基础。1959年，苏联里沃夫发表了电热原子化技术的第一篇论文，电热原子吸收光谱仪器的绝对灵敏度可达到10^{-10} g，使原子吸收分光光度法向前发展了一步。该方法在环境领域中的应用始于20世纪60年代，此后随着仪器和计算机的飞跃发展，原子吸收分光光度法成为痕量和超痕量成分测试的重要手段，被美国等许多国家定为标准分析方法。20世纪80年代至今，我国环境保护部门制修订了30多个原子吸收分光光度法测定无机元素的标准，环境介质涵盖水、大气、土壤和固体废物，测定元素包括铜、锌、铅、镉、镍、铬、钡、铍和汞等 20 余种。

原理　原子吸收是呈气态的原子对同类原子辐射出的特征谱线所具有的吸收现象。仪器从光源辐射出具有待测元素特征谱线的光，当辐射投射到原子蒸气上时，如果辐射波长相应的能量等于原子由基态跃迁到激发态所需要的能量，会引起原子对辐射的吸收，产生吸收光谱。基态原子吸收了能量，最外层的电子产生跃迁，从低能态跃迁到激发态。测量对基态原子的特征辐射吸收程度，可对元素进行定量分析。

测试条件　最佳的仪器测试条件能得到最好的灵敏度、稳定性、重现性和良好的线性范围，不同仪器最佳测试条件有所不同，分析人员要按照实际情况选择。火焰原子吸收分光光度法应准确地设定测量波长、调整灯电流的大小、设置空心阴极灯预热时间和狭缝宽度并选择使待测元素获得最大原子化效率的火焰、燃烧器高度和角度以及试样的提升量等。无火焰原子吸收分光光度法除灯电流、测定波长等参数外，还应考虑原子化器种类。此外，原子化器进样方法与进样量、加热程序、载气种类、载气流量、基体改进技术和背景校正等条件均需要优化。

分析方法　包括标准曲线法、标准加入法和内标法三种定量分析方法。

标准曲线法　配制一组适当的已知浓度的标准溶液（5 个以上），由低浓度到高浓度依次测定其吸光度，绘制标准曲线。在同样条件下测定未知样的吸光度，从标准曲线上找出待测元素的浓度（或含量）。该方法简便、快速，但基体效应（物理干扰）大，适用于组成简单的试样。

标准加入法　在若干份等量的被分析样品中，分别加入不同量的待测元素的标准溶液，依次在标准条件下测定它们的吸光度，建立吸光度对加入量的校正曲线，因为基体组成是相同的，可以自动补偿样品基体的物理和化学干扰，提高测定的准确度。校正曲线不通过原点，其截距的大小相当于被分析试样中所含待测元素产生的响应，因此，将校正曲线外延与横坐标相交，原点至交点的距离，即为试样中待测元素的含量。

内标法　每个标准样品及待测样品中分别加入已知量的内标元素，然后以待测元素和内标元素的比值绘制标准曲线，依据标准曲线可求出浓度。此方法可消除雾化系统和火焰等测试因素波动而产生的误差，但需用双道型仪器测量。

干扰及消除　①化学干扰。消除方法主要包括改变火焰温度、加入释放剂、加入保护络合剂、加入缓冲剂/助熔剂、选择适当测定条件、改变介质或改善喷雾器性能、化学分离、标准加入法等。②物理干扰。消除方法主要包括标准加入法、内标法、样品稀释法。③电离干扰。消除方法主要包括选择合适的火焰种类和火焰温度、加入消电剂。④光谱干扰。消除方法主要包括选择待测元素的其他分析线、预先分离干扰元素、减少狭缝宽度、选择合适惰性气体、选择高纯度阴极材料。⑤背景干扰。通常采用双波长法、氘灯校正法、自吸收法、塞曼效应法消除。

特点　①火焰原子吸收分光光度法操作简便，重现性好，有效光程大，对大多数元素有较高灵敏度，应用广泛。但是原子化效率低，灵敏度不够高，而且一般不能直接分析固体样品。②无火焰原子吸收分光光度法原子化效率高，在可调的高温下试样利用率达 100%，灵敏度高，试样用量少，适用于难熔元素的测定。但是试样组成不均匀性的影响较大，测定精密度较低；共存化合物的干扰比火焰法大；干扰背景比较严重，一般都需要校正背景。

应用　原子吸收分光光度法是重金属及无机物含量和形态分析的主要手段，使用分离富集方法如萃取、共沉淀、离子交换等化学法与原子吸收分光光度法结合，可以测定试样中元素不同形态的含量。氢化物发生-原子吸收分光光度法是测定环境样品中锗、锡、铅、砷、锑、铋、硒、碲等元素的重要方法。新发展的色谱与原子吸收分光光度法联用技术，综合了色谱的高分离效率与原子吸收的专一性和高灵敏度的优点，也是分析元素形态的有效方法之一。

（张霖琳）

推荐书目

魏复盛，齐文启. 原子吸收光谱及其在环境分析中的应用. 北京：中国环境科学出版社，1988.

柯以侃，董慧茹. 分析化学手册：第三分册 光谱分析. 2版. 北京：化学工业出版社，1998.

yuanzi xishou fenguang guangduji

原子吸收分光光度计

（atomic absorption spectrophotometer，AAS） 又称原子吸收光谱仪，利用待测元素的共振辐射，通过原子蒸气测定其吸光度的装置。按光束形式可分为单光束和双光束两类；按包含独立的分光和监测系统的数目，又可分为单道、双道和多道。目前普遍使用的是单道单光束或单道双光束原子吸收分光光度计。

沿革 原子吸收分光光度计诞生于20世纪50年代末60年代初，主要应用于分析化学的各个领域。国内大规模应用在环境监测领域是在20世纪90年代，按照技术发展水平大致分为三代：第一代是单火焰原子吸收光谱仪，第二代是火焰原子吸收光谱仪外置石墨炉，第三代是一体化的火焰内置石墨炉原子吸收光谱仪。第三代原子吸收光谱仪将全部分光检测系统、火焰、石墨炉和加热的所有部件集成于同一仪器中，实现了火焰和石墨炉的自由转换。

原理 从空心阴极灯或光源中发射出一束特定波长的入射光，在原子化器中，待测元素的基态原子蒸气对其产生吸收，未被吸收的部分投射过去，通过测定吸收特定波长的光量大小，来求出待测元素的含量。可用朗伯-比尔定律 $A = abc$ 来表示。式中，A 为吸光度，a 为吸光系数，b 为吸收池光路长度，c 为待测样品浓度。

结构 由光源（单色锐线辐射源）、原子化器、单色器和数据处理系统（包括光电转换器及相应的检测装置）四大部分组成。

光源 通常使用的锐线光源灯有三种：①空心阴极灯。一种特殊的辉光放电管，阴极是由待测元素的纯金属或合金制成，在放电时，阴极上的金属原子受到离子轰击而溅射到阴极区，这些原子激发或电离后返回基态时发射出特征波长的光波。灯的使用寿命可达千小时以上，几乎所有的金属元素都可以制成空心阴极灯。②蒸气放电灯。低压汞蒸气放电灯，其发射强度比空心阴极灯大，目前冷原子吸收测汞仪就使用这种灯。③无极放电灯。在石英管内放少量金属，充入低压氩气，在超高频谐振腔内可获得强度大的锐线发射，比空心阴极灯大数倍至数百倍，但稳定性不如空心阴极灯好，一般原子吸收线在远紫外区的元素（砷、硒）使用这种灯。

原子化器 功能是将待测元素的原子变成基态原子蒸气。根据原子化方式的不同分为火焰原子化器、无火焰原子化器、冷原子化器和氢化物原子化器。火焰原子化器目前普遍应用的是空气-乙炔火焰；无火焰原子化器种类很多，如石墨炉、电感耦合等离子体、激光、高频感应加热炉等，普遍应用的是石墨炉原子化器。火焰原子吸收分光光度计，利用空气-乙炔测定的元素可达30多种，若使用氧化亚氮-乙炔火焰，测定的元素可达70多种。但一氧化二氮-乙炔火焰安全性较差，应用不普遍。空气-乙炔火焰原子吸收分光光度法，一般灵敏度达10^{-6}，精密度为1%左右。国产的火焰原子吸收分光光度计都可配备各种型号的氢化物发生器（属电加热原子化器），利用氢化物发生器，可测定砷、硒、锡等元素及其形态，一般灵敏度达10^{-9}，精密度为2%左右。汞可用冷原子吸收分光光度法测定。石墨炉原子吸收分光光度计可以测定铅、镉等近50种元素。

单色器 把待测的原子吸收线与其他谱线分离出来，由凹面反射镜、狭缝和色散组件组成。色散组件为棱镜或衍射光栅，现在多用光栅。单色器的性能是色散率、分辨率和集光本领。

数据处理系统 由检测器（光电倍增管）、放大器和对数转换器组成。光电倍增管是光信号的检测器，不同型号光电倍增管的阴极涂覆的光敏材料不同，因此对不同波长的光敏感性不同，现在采用的光电倍增管可在 190～850 nm 波长范围内工作，能满足各元素的原子吸收分析。

应用 我国水、土壤、沉积物和大气颗粒物中铜、铅、锌、镉、铬等重金属元素的标准分析方法，均采用原子吸收分光光度计对样品进行测定。此外，砷、汞、锡等重金属的化学形态分析，可采用氢化物发生-气相色谱-原子吸收、液相色谱-原子吸收等仪器联用的方法。

发展趋势 随着环境监测工作分析样品量的日益增加，对样品分析的效率要求更高，新发展起来的连续光源原子吸收分光光度计日趋成熟。该仪器使用连续光源和中阶梯光栅，结合使用光导摄像管、二极管阵列多元素分析检测器，为解决多元素同时测定开辟了新的前景。

（张霖琳）

yuanzi yingguang guangduji

原子荧光光度计 （atomic fluorescent spectrometer，AFS） 通过测量待测元素的原子蒸气在特定频率辐射能激发下产生的荧光强度，来测定待测元素含量的仪器。根据荧光谱线的波长，可以进行定性分析；根据荧光强度与待测元素的浓度成正比，可以进行定量分析。

沿革 1971 年拉金斯（Larkins）用空心阴极灯作光源，采用火焰原子化器、滤光片分光、光电倍增管检测，测定了 Au、Bi、Co、Hg、Mg 和 Ni 等 20 多种元素。1976 年推出了世界上第一台无色散原子荧光光度计 AFS-6。20 世纪 80 年代初，美国制造出无色散型 12 道等离子体原子荧光光度计 AFS-2000。

中国从 20 世纪 70 年代开始研制原子荧光光度计。西北大学采用低压汞灯作光源，自制液体滤光片、光电倍增管和记录仪，记录了原子荧光峰值信号，制成原子荧光光度计。这是我国环保系统早期测汞采用的仪器。西北有色地质研究院将原子荧光仪器专用于测定易形成气态氢化物的重金属元素，并且率先研制成功溴化物无极放电灯，为原子荧光光度计在我国成功实现商品化奠定了坚实的基础。此后，研制的间歇式脉冲供电空心阴极灯和高强度空心阴极灯，为氢化物-原子荧光光度计在我国的普及和推广，以及提高原子荧光的技术性能做出了重要贡献。

原理 原子蒸气受到具有特征波长的光源照射后，其中一些基态原子吸收特定频率的辐射，由基态跃迁至激发态，激发态原子以辐射方式去活化，由高能态回到较低能态或基态，发射出一定波长的辐射，称为原子荧光。当激发辐射的波长与产生的荧光波长相同时，称为共振荧光，它是原子荧光分析中最主要的分析线。各元素都有其特定的原子荧光光谱，根据原子荧光强度的高低，可测得试样中待测元素的含量。

原子荧光的类型较多，用于分析的主要有共振荧光、直跃线荧光、阶跃线荧光、反斯托克斯荧光和敏化荧光五种，尤以共振荧光应用最多。共振荧光所发射的荧光和吸收的辐射波长相同，只有当基态是单一态，不存在中间能级时，才能产生共振荧光；直跃线荧光是激发态原子由高能级跃迁到高于基态的亚稳能级所产生的荧光；阶跃线荧光是激发态原子先以非辐射方式去活化损失部分能量，回到较低的激发态，再以辐射方式去活化跃迁到基态所发射的荧光；反斯托克斯荧光的波长比吸收光辐射的波长要短；敏化荧光是激发态原子通过碰撞将激发能转移给另一个原子使其激发，后者再以辐射方式去活化而发射的荧光。

原子荧光强度 I_F 与吸收光的强度 I_A 成正比，$I_F=\varphi I_A$。式中，φ 为荧光过程的量子效率，表示单位时间内，荧光辐射的光子数与被吸收的光子数之比。

结构 原子荧光光度计基本由激发光源、原子化器、单色器、检测系统和数据处理系统组成。原子荧光光度计分无色散型原子荧光光度计和色散型原子荧光光度计。这两类仪器的结构基本相似，差别在于无色散型仪器不用单色器。

激发光源 使待测元素的原子激发而发射荧光。激发光源可以是锐线光源或连续光源。目前应用较多的光源有空心阴极灯、无极放电灯、金属蒸气放电灯、汞放电灯、微波诱导等离子焰、电感耦合等离子焰、可调谐染料激发器、二级管激光和大功率氙弧灯等。

原子化器 提供待测元素自由原子蒸气的装置。常用的原子化器有火焰原子化器、无火焰原子化器、氢化物法原子化器、电弧脉冲加热原子化器和电感耦合等离子体原子化器。

单色器 产生高纯单色光的装置，作用为选出所需要测量的荧光谱线，排除其他荧光谱线的干扰。常用的单色器有光栅、棱镜和滤光片。

检测系统 用来检测光信号，并转换为电信号，常用的检测器是光电倍增管。对于无色散型仪器来说，为了消除日光的影响，必须采用光谱响应范围为 160～320 nm 的日盲光电倍增管。此外，光电摄像管和光电二极管阵列也可用作检测器。

数据处理系统 新型的原子荧光光度计都有微处理机作数据处理或工作站。

特点 原子荧光光度计是一种极具潜力的痕量分析仪器，具有以下优点：①灵敏度高，检出限低。现已有 20 多种元素的检出限优于原子吸收分光光度法和原子发射光谱法。由于原子荧光的辐射强度与激发光源成比例，采用新的高强度光源可进一步降低其检出限。②谱线简单，光谱干扰较少。采用某些装置，可以制成无色散型原子荧光光度计，这种仪器结构简单，价格便宜。③分析校准曲线线性范围宽，可达 3～5 个数量级。④由于原子荧光是向空间各个方向发射的，比较容易制成多道仪器，实现多元素同时测定。

应用 原子荧光光度计是实验室无机分析的常用仪器之一。环境中许多无机元素都可以用其测定，如 Hg、As、Se、Bi、Sb、Te 和 Ge 等。

发展趋势 ①光源的研发。原子荧光灵敏度与光源强度成正比，因此继续研发新的性能优异的光源对原子荧光技术发展有重要意义。原子荧光的各向同性，决定了它能实现多元素同时测定。随着科学技术进步，高强度连续光源可能成为新一代原子荧光的光源，如氙灯等。②有色散全谱原子荧光光度计。近些年电荷耦合组件技术（CCD）性能大幅度提高，若采用连续光源，光纤传导微型光学分光系统，将紫外光能量损耗降到最低，用新型 CCD 作检测器，设计出崭新的原子荧光光度计，具有目前仪器无可比拟的优良性能，多元素同时测定，用参比线作背景校正和光源校正。③形态分析。人们认识到 As、Hg、Se、Pb、Cd 等元素不同化合物形态的作用和毒性存在巨大的差异。因此，对某些元素已不再是总量分析，进行各种化合物的形态分析成为一种发展趋势。元素形态分析的主要手段是联用技术，即将不同的元素形态分离系统与灵敏的检测器结合为一体，实现样品中元素不同形态的在线分离与测定。蒸气发生/原子荧光光谱法最大的优点是测定 As、Hg、Se、Pb、Cd 等元素有较高的检测灵敏度，且选择性好，又具有多元素检测能力的独特优势，而色谱分离（离子色谱或高效液相色谱）对这些元素的分离是一种极为有效的手段。因此，两者结合的联用技术具有最佳效果。

（吴庆梅）

推荐书目

齐文启. 环境监测实用技术. 北京：中国环境科学出版社，2006.

柯以侃，董慧茹. 分析化学手册：第三分册 光谱分析. 2 版. 北京：化学工业出版社，1998.

Z

zaoshengyuan jiance

噪声源监测 （noise sources monitoring）对特定噪声源的噪声排放及对周边敏感点的噪声污染状况进行监测的过程。目前，我国噪声源监测主要包括工业企业厂界环境噪声监测、社会生活环境噪声监测、建筑施工场界环境噪声监测、机场周围飞机噪声监测和铁路边界噪声监测等。噪声源监测多应用于建设项目竣工环境保护验收监测和污染仲裁监测中。

工业企业厂界环境噪声监测 监测工业企业和固定设备厂界以及对外环境排放噪声的机关、事业单位、团体等单位的噪声排放值，并评价是否达标的过程。

社会生活环境噪声监测 监测社会生活源的噪声排放值。社会生活噪声，是人为活动产生的除工业噪声、建筑施工噪声和交通运输噪声之外的、干扰周围生活环境的声音。1996 年颁布的《中华人民共和国环境噪声污染防治法》中明确了社会生活噪声的定义，并规定社会生活噪声源由环境保护部门和公安部门分而治之。经营中的文化娱乐场所，其经营管理者必须采取有效措施，使其边界噪声不超过国家规定的环境噪声排放标准；在商业经营活动中使用空调器、冷却塔等可能产生环境噪声污染的设备、设施的，其经营管理者应当采取措施，使其边界噪声不超过国家规定的环境噪声排放标准，违反这两款规定造成噪声污染的，由县级以上环境保护主管部门实施监督管理。而对于其他的社会生活噪声源由公安部门处理，包括在城市市区噪声敏感建筑物集中区域用高音广播喇叭；违反当地公安机关的规定，在城市市区街道、广场、公园等公共场所组织娱乐、集会等活动，使用音响器材产生干扰周围生活环境的噪声；未按规定使用家用电器、进行娱乐活动或室内装修，从家庭室内发出严重干扰周围居民生活的环境噪声等。

建筑施工场界环境噪声监测 为了控制建筑施工的噪声排放而围绕建筑施工场界进行的噪声监测。建筑施工是各类建筑物的建造过程，包括基础工程施工、主体结构施工、屋面工程施工、装饰工程施工（已竣工交付使用的住宅楼进行室内装修活动除外）等，其场界是由有关主管部门批准的建筑施工场地边界或建筑施工过程中实际使用的施工场地边界。在建筑施工过程中产生的干扰周围生活环境的声音被称为建筑施工噪声。建筑施工场界噪声监测适合进行自动监测，目前国内外已经开始应用自动监测系统监测建筑施工噪声。

机场周围飞机噪声监测 为了控制飞机噪声对周围环境的危害，评价机场周围飞机通过所产生噪声影响的区域及危害程度，对飞机起飞、降落或低空飞越时产生的噪声进行监测的过程，并提出对机场周围区域不同土地利用类型的飞机噪声控制要求。主要包括三方面内容：测量单个飞行事件引起的噪声，测量相继一系列飞行事件引起的噪声，在一段监测时间内测量飞行事件引起的噪声。

铁路边界噪声监测 为了评价铁路噪声排放而开展的环境噪声监测。铁路边界噪声监测点原则上选在铁路边界处。（郭平 汪赟）

zhengliu

蒸馏 (distillation)

利用不同组分具有不同沸点的特性使其分离的方法。主要有常压蒸馏、减压蒸馏、水蒸气蒸馏和共沸蒸馏。

常压蒸馏 在常压下将液体混合物加热至沸腾，使其部分液体气化，然后将这部分气化的蒸气冷凝为液体，从体系中分离出来，达到分离提纯的目的。常压蒸馏是分离液体混合物最常用的一种方法和技术，通常可以将两种或两种以上挥发度不同的液体混合物分离。常压蒸馏只能分离混合液体中组分间沸点相差比较大的混合物，一般相差 30℃以上。在环境样品分析中，常压蒸馏应用广泛，测定水样中的挥发酚、氰化物和氨氮时，均采用常压蒸馏分离。

减压蒸馏 液体的沸点与外界施加于液体表面的压力有关，随着外界施加于液体表面压力降低，液体沸点下降。减压蒸馏通过降低反应体系内部压力，使被提纯样品沸点降低，从而在低于被提纯样品常压沸点的温度下蒸馏，达到分离提纯的目的。减压蒸馏适用于常压下沸点较高及常压蒸馏时易发生分解、氧化、聚合等反应的有机化合物分离提纯。环境样品分析中，普遍使用的旋转蒸发仪就是基于减压蒸馏的原理设计的。旋转蒸发仪广泛用于有机样品前处理，如水样萃取液和土壤、底质等固体样品提取液的富集浓缩，以及有机溶剂如二硫化碳的纯化等。

水蒸气蒸馏 把不溶或难溶于水但有一定挥发性的有机物和水混合，通入水蒸气，使有机物随着水蒸气蒸馏出来的操作。使用这种方法时，被提纯物质应该满足以下条件：不溶（或几乎不溶）于水，在沸腾下与水不起化学反应，在 100℃左右必须具有一定的蒸气压（一般不小于 1.33 kPa）。

水蒸气蒸馏法是分离和纯化样品中有机物的常用方法，特别适用于样品中存在大量的树脂状杂质的情况。直接蒸馏法的蒸馏效率较高，但温度控制较难，排除干扰也较差，蒸馏时易发生暴沸，存在安全隐患。水蒸气蒸馏法温度控制较严格，排除干扰好，不易发生暴沸，比较安全。

共沸蒸馏 又称恒沸蒸馏，主要用于恒沸物的分离。恒沸物是在一定压力下，混合液体具有相同沸点的物质，该沸点比纯物质的沸点更低或更高。在恒沸混合物中加入第三组分，使该组分与原恒沸混合物中的一种或两种组分，形成沸点比原来恒沸物沸点更低的新的恒沸物，组分间的相对挥发度增大，易于用蒸馏的方法分离。加入的第三组分称为夹带剂或恒沸剂。常用的夹带剂有苯、甲苯、二甲苯、三氯甲烷和四氯化碳等。

共沸蒸馏在实验室及生产过程中应用广泛，但在环境监测领域应用较少。（贾静）

推荐书目

但德忠. 环境分析化学. 北京：高等教育出版社，2009.

王玉良，陈华. 有机化学实验. 北京：化学工业出版社，2009.

zhiliang baozheng yu zhiliang kongzhi

质量保证与质量控制 (quality assurance and quality control，QA/QC)

环境监测质量保证是为确保环境监测机构能满足质量要求，在质量体系中开展按需要进行证实的有计划和有系统的全部活动。环境监测质量控制是用来满足环境监测质量需求所采取的操作技术和活动，是环境监测质量保证的重要组成部分，针对环境监测不同环节的特点和作用，采用不同的控制方法，从而实现对监测全过程的质量管理。环境监测质量保证与质量控制要求涉及监测活动全程序的质量保证措施和质量控制指标。

监测方案 根据监测任务制定监测方案。制定监测方案前，明确监测任务的性质、目的、内容、方法、质量和经费等要求，必要时到现场踏勘与核查，并按相关程序评估能力和资源是否能满足监测任务的需求。监测方案一般包括监测目的和要求、监测点位、监测项目和频次、样品采集方法和要求、监测分析方法和依据、监测结果的评价标准（需要时）、监测时间安排、提交报告的日期和对外委托情况等，对于简单的、常规/例行的监测任务，监测方案可以简化。

点位布设 根据监测对象、污染物性质和数据的预期用途等，按相关标准、规范和规定进行设置，保证监测信息的代表性和完整性。样本的时空分布应反映主要污染物的浓度水平和变化规律。重要的监测点位应设置专用标志。

样品采集 根据监测方案所确定的采样点位、监测项目、频次、时间和方法进行采样。采样计划内容包括采样时间和路线、采样人员和分工、采样器材、交通工具以及安全保障等。采集样品时，应满足相应的规范要求，并对采样准备工作和采样过程实行必要的质量监督。可使用定位仪或照相机等辅助设备证实采样点位置。

样品管理 样品运输过程中采取措施保证样品性质稳定，避免沾污、损失和丢失。样品接收、核查和发放各环节应受控；样品交接记录、样品标签及其包装应完整。若发现样品有异常或处于损坏状态，如实记录并尽快采取相关处理措施，必要时重新采样。样品应分区存放，并有明显标志，以免混淆。样品保存条件应符合相关标准或技术规范要求。

实验室分析 包括内部质量控制和外部质量控制。

内部质量控制 监测人员执行相应监测方法中的质量保证与质量控制规定。此外，还可以采取以下内部质量控制措施。

空白试验 包括全程序空白、现场空白、实验室空白和方法空白等，测定结果一般应低于方法检出限。

校准曲线 见校准曲线。

方法检出限和测定下限 开展新的监测项目前，通过实验确定方法检出限和测定下限（参见检出限）。

平行样测定 见平行试验。

加标回收率测定 包括空白加标、基体加标及基体加标平行等（参见加标样分析）。

标准样品/有证标准物质测定 监测工作中使用标准样品/有证标准物质或能够溯源到国家基准的物质进行内部质量控制。应有标准样品/有证标准物质的管理程序，对其购置、核查、使用、运输、存储和安全处置等进行规定。标准样品/有证标准物质应与样品同步测定，不应与绘制校准曲线的标准溶液来源相同，尽可能选择与样品基体类似的标准样品/有证标准物质进行测定，用于评价分析方法的准确度或检查实验室（或操作人员）是否存在系统误差（参见环境标准样品）。

质量控制图 见质量控制图。

方法比对或仪器比对 对同一样品或一组样品，用不同的方法或不同的仪器进行比对测定分析，以检查分析结果的一致性。

外部质量控制 本机构内质量管理人员对监测人员、行政主管部门或上级环境监测机构对下级机构监测活动的质量控制。主要有以下几种措施。

密码平行样 质量管理人员按一定比例随机抽取样品作为密码平行样，交付监测人员测定。若平行样测定偏差超出规定允许偏差范围，在样品有效保存期内补测；若补测结果仍超出规定的允许偏差，说明该批次样品测定结果失控，查找原因纠正后重新测定，必要时重新采样。

密码质量控制样及密码加标样 质量管理人员使用有证标准样品/标准物质作为密码质量控制样品，或在随机抽取的常规样品中加入适量标准样品/标准物质制成密码加标样，交付监测人员测定。如果质量控制样品的测定结果在给定的不确定度范围内，说明该批次样品测定结果受控。反之，该批次样品测定结果作废，查找原因，纠正后重新测定。

人员比对 不同分析人员采用同一分析方法、在同样的条件下对同一样品进行测定，比对结果应达到相应的质量控制要求。

实验室间比对 采用能力验证、比对测试或质量控制考核等方式进行实验室间比对，证明各实验室间监测数据的可比性。

留样复测 对于稳定的、测定过的样品，保存一定时间后，若仍在测定有效期内，可重新测定。将两次测定结果比较，以评价该样品测定结果的可靠性。

数据处理 保证监测数据的完整性，全面、客观地反映监测结果。不得利用数据有效性规则，达到不正当的目的；不得选择性地舍弃不利数据，人为干预监测和评价结果。

有效数字及数值修约 按照相关标准和规范的要求进行数值修约和计算。记录测定数值时，同时考虑计量器具的精密度、准确度和读数误差。对检定合格的计量器具，有效数字位数可以记录到最小分度值，最多保留一位不确定数字。精密度一般只取1～2位有效数字。校准曲线相关系数只舍不入，保留到小数点后第一个非9数字。如果小数点后多于4个9，最多保留4位。校准曲线斜率的有效位数，与自变量的有效数字位数相等。校准曲线截距的最后一位数，与因变量的最后一位数取齐。

异常值的判断和处理 执行《数据的统计处理和解释　正态样本离群值的判断和处理》（GB/T 4883—2008），当出现异常高值时及时查找原因，原因不明的异常高值不能随意剔除。

数据校核及审核 对原始数据和拷贝数据进行校核。对可疑数据与样品分析的原始记录校对。

监测原始记录应有监测人员和校核人员的签名。监测人员负责填写原始记录；校核人员检查数据记录是否完整、抄写或录入计算机时是否有误、数据是否异常等，并考虑监测方法、监测条件、数据的有效位数、数据计算和处理过程、法定计量单位和质量控制数据等因素。

审核人员对数据的准确性、逻辑性、可比性和合理性进行审核，重点考虑以下因素：监测点位；监测工况；与历史数据的比较；总量与分量的逻辑关系；同一监测点位的同一监测因子，连续多次监测结果之间的变化趋势；同一监测点位、同一时间（段）的样品，有关联的监测因子分析结果的相关性和合理性等。

监测结果 采用法定计量单位。平行样的测定结果在允许偏差范围内时，用其平均值报告测定结果。监测结果低于方法检出限时，用“ND”表示，并注明“ND”表示未检出，同时给出方法检出限，需要时给出监测结果的不确定度范围。

监测报告 监测报告应信息完整。具体可参见《环境监测质量管理技术导则》（HJ 630—2011）。　　　　（滕曼　夏新）

推荐书目

李国刚，池靖，夏新，等. 环境监测质量管理工作指南. 北京：中国环境科学出版社，2010.

zhiliang guanli tixi wenjian

质量管理体系文件 （quality management system documentation）

又称质量体系文件，是描述质量管理体系的一整套文件。环境监测质量管理体系以保证和提高监测质量为目标，运用系统论、控制论、信息论的理念与方法，把监测质量管理的各个阶段、各个环节的质量职能组织起来，形成一个既有明确任务、职责和权限，又能互相协调、互相促进的有机整体，建立协调各部门质量管理工作的组织机构和灵敏的质量信息传递、反馈系统，由此形成的质量管理网络就是环境监测质量管理体系。

质量管理体系文件一般包括四个层次的内容：质量手册、程序文件、作业指导书和记录。文件层次从上到下越来越具体详细，从下到上每层都是上一层次的支持文件，相互衔接，前后呼应。

质量手册 质量体系运行的纲领性文件，阐明质量方针和目标，描述全部质量活动的要素，规定质量活动人员的责任、权限和相互之间的关系，明确质量手册的使用、修改和控制的规定等。质量手册是根据规定的质量方针和质量目标，描述与之相适应的管理体系基本文件。主要包括：说明实验室总的质量方针以及管理体系中全部活动的政策，规定和描述管理体系，规定对管理体系有影响的管理人员的职责和权限，明确管理体系中各种活动的行为准则及具体程序。

程序文件 规定质量活动方法和要求的文件，是质量手册的支持性文件，明确控制目的、适用范围、职责分配、活动过程规定和相关质量技术要求，具有可操作性。程序文件是质量手册的下一层次文件，包括本单位所选用质量管理体系中所有适用的要素。按照管理体系文件化的原则，一般对本实验室管理体系所选定的每个体系要素的各项质量活动都应建立其程序。对一些主要和复杂的活动，还需要形成书面程序。程序文件的内容必须符合质量手册的各项规定，并与其他程序文件协调一致。每个程序文件都是管理体系的一个逻辑上独立的部分，诸如一个完整的管理体系要素或其中一部分，或（涉及）一个以上管理体系要素并相互有关的一组活动。

程序文件中所叙述的活动过程应对每一个环节做出细致、具体的规定，具有较强的可操作性，便于基层人员理解、执行和检查。但是，程序文件一般不涉及纯技术的细节，需要时可引用技术程序或指导书。

作业指导书 为保证过程质量而制定的操作性文件，其对象是具体的作业活动。作业指导书也属于程序文件范畴，只是层次较低，内容更具体。作业指导书是技术性文件，但不要求必须编写，当标准、规范和说明书有下列情况之一时，必须编写作业指导书：不够简明；缺少足够信息；有可选择的步骤；会因人而异，可能影响检测结果。

作业指导书按内容可分为方法型作业指导书、设备型作业指导书、样品型作业指导书、数据型作业指导书；按发布形式可分为书面作业指导书、口述作业指导书、计算机软件化的工作指令、音像化的工作指令。

作业指导书的内容应表述清楚：在什么时间、在哪里使用该作业指导书；什么人使用该作业指导书；此项工作的名称和内容是什么，目的是干什么；如何按步骤完成作业。作业指导书的内容通常包括：①作业内容；②使用材料；③使用设备；④使用的专业工艺设备；⑤作业的质量标准和技术标准，以及判断质量符合标准的准则；⑥检验方法；⑦人员的要求；⑧环境条件的要求；⑨质量控制的要求。

操作规程 为保证监测工作能够安全、稳定、有效运转而制定的，相关人员必须遵循的程序或步骤。操作规程属于作业指导书范畴，为某个具体作业的指导文件。操作规程的编写内容应完整、简单、明了，可获唯一理解。

记录 包括质量记录和技术记录。质量记录是质量体系活动所产生的记录；技术记录是各项监测活动所产生的记录。记录主要以表格形式出现，也有文字形式，必要时还有实物样品以及照片、录像、计算机磁盘等媒体形式。

（李娟）

zhiliang kongzhitu

质量控制图 （quality control chart） 简称质控图，指以概率论和统计检验为理论基础，建立一种既便于直观地判断分析质量，又能全面、连续地反映分析测定结果波动状况的图形。质量控制图可在动态测试过程中直接使用，是质量管理的主要统计方法之一。通过图形来显示测试随时间变化的过程中质量波动的情况，有助于分析和判断是随机误差还是系统误差造成的波动，及时制定正确的对策，消除系统误差的影响，保持测试处于正常状态，预防不合格数据的产生。

原理 当测试条件正常，测试过程比较稳定，且仅有随机因素起作用的情况下，分析误差遵从正态分布。设总体均值为μ，总体标准偏差为σ，根据概率论，约有68.27%的数据落在$\mu\pm\sigma$范围内，约有95.45%的数据落在$\mu\pm2\sigma$范围内，约有99.73%的数据落在$\mu\pm3\sigma$范围内。在有限次测定中，将平均值$\bar{x}$作为μ的无偏估计量，标准偏差s作为σ的无偏估计量。质控图控制界限的制定原则是“3σ原理”，即将控制范围定在平均值的正负三倍标准偏差处，即有99.73%的数据特性值出现在平均值正负三倍标准偏差的可接受域内，而在这个区域之外，即拒绝域的数据加起来可能不超过 0.27%。

绘制 质控图的基本形式见图 1。中心线表示预期值；上、下警告限之间的区域（±2σ）为目标值；上、下控制限之间的区域（±3σ）为实测值的可接受范围；在中心线两侧与上、下警告限之间各一半处有上、下辅助线，其所在区间为±σ。

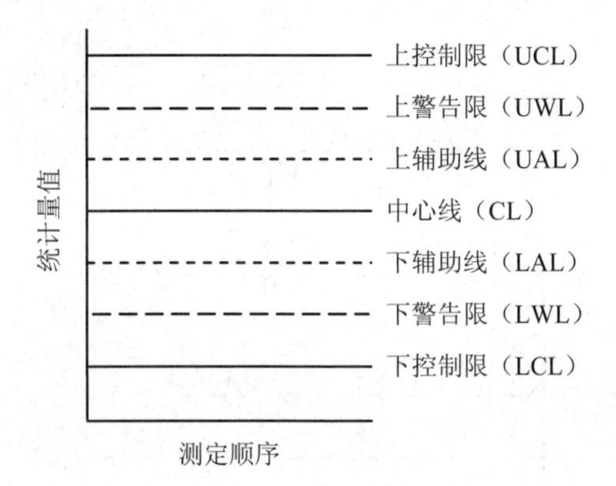

图 1 质控图基本形式

建立质控图首先要分析质控样品，按所选质控图的要求积累数据，然后计算各项统计量，绘出原始图。当按照质控图的质量指标检查，证明原始图的质量符合要求时，表明分析工作的质量是处于稳定的受控状况，此时可用它对常规分析的结果进行质量判断。

质控样品 用来建立质控图的质控样品，可以是标准物质，也可以是自制的质控样品或质量可靠的标准溶液。质控样品组成成分应与实际样品相似或相近，待测物浓度尽量与实际样品浓度相当。使用由代表性基体组成的质控样品，比选用不带基体的标准物质或自制的标准溶液的效果更为理想。质控样品中待测物含量很低时，其浓度极不稳定，可先配制较高浓度的溶液，使用时再按所用方法的要求进行稀释。分析质控样品所用的方法及操作步骤，必须与样品的分析完全一致。

积累数据 质控图的数据积累必须在一定的时间间隔内完成，不得以一次测定多个数据的方式完成。质控图应能连续地反映分析工作质量，因此积累数据应尽可能多地覆盖不同条件下的数据变化，一般可以每天测定一次。

统计量计算 当按要求完成数据积累时，根据相应质控图的需要，用下式计算各项统计量的参数值。

$$\bar{x}_i = \frac{\sum x_{ij}}{n}，\quad \bar{\bar{x}} = \frac{\sum \bar{x}_i}{n}$$

式中，$\bar{x}_i$ 为统计量 x_{ij} 的算术平均值；$\bar{\bar{x}}$ 为 $\bar{x}_i$ 的算术平均值。

$$s = \sqrt{\frac{\sum x_{ij}^{2} - (\sum \bar{x}_i)^2 / n}{n-1}}$$

式中，s 为统计量 x_{ij} 的标准偏差。

$$R_i = |x_{i1} - x_{i2}|，\quad \bar{R} = \frac{\sum R_i}{n}$$

式中，R_i 为极差；$\bar{R}$ 为极差的算术平均值。

质控图绘制 先在方格坐标纸的纵轴上按算出的统计量的范围标好整分度，再将各统计量值准确地标注在相应的位置。按此位置绘出与横轴平行的中心线，上、下控制限，上、下警告限和上、下辅助线。在横坐标上绘一条基线，按均匀的等分度标出测定顺序。这条基线与上、下控制限之间应留有一定的空间。最后，按测定顺序将对应的各统计量值在图上植点，用直线连接各点，即成所需的质控原始图。质控图绘制成后，应标注测定项目、质控样品的浓度、分析方法、实验的起止日期、温度范围、分析人员和绘制日期等内容。

质量判断 对已建立的质控原始图，按如下准则判断其质量是否有异常，这些准则也可在日常使用质控图时，判断工作中测定结果的质量是否异常。

测试处于受控状态，必须同时满足以下两个条件：①没有超出控制界限的点，或连续 35 点中仅有 1 点出界，或连续 100 点中不多于 2 点出界。②图中各点应在控制域内中心线两侧随机排列，没有规律，也没有排列缺陷（比如形成“趋势”，点靠近控制限，呈周期性排列等）。落在上、下辅助线范围的点数按正态分布概率衡量应为 68.3%，由于绘制质控图的数据量有限，因此落在此范围内的点数不得少于50%。

出现以下五个条件之一就可判断测试发生某种异常：①落在上、下控制限上或限外的点：代表失控数据，应予剔除。剔除后，需补充新数据，重新计算统计量值并绘图，如此反复直至落在控制域内的点数符合要求为止。②出现“连”：各点连续出现在中心线一侧谓之“连”，构成“连”的点数为“长”，若连长等于或大于7、连续11点中至少有10点在同一侧、连续14点中至少有12点在同一侧、连续17点中至少有14点在同一侧、连续20点中至少有16点在同一侧，则表示工作中已出现系统误差，属失控状态（图2）。当“连”出现于1～7点时，剔除这7个点后，应继续补充7个点，再计算出量值、绘图。若“连”出现于中部，即6～12、7～13、8～14、9～15或10～16等处时，剔除这些点后，应至少补测10个以上的数据，以说明工作的连续稳定受控。如果“连”发生于后部，也应和出现在中部的情况同样处理。③形成“趋势”：连续7点递升或递降呈明显倾向时，则判断工作质量异常（图3）。这种状况通常是由于存在某种趋势的因素所致，如仪器受损、实验材料失效等。④呈周期性变动：点随时间推移，发生具有一定间隔的周期性波动，可能存在周期性影响因素。⑤点靠近控制限：把中心线与控制限中间分成三等分，连续3点中有2点在最外侧的1/3带状区域内，表示工作质量异常（图4）。此时应中止实验，查明原因，并补充不少于5个数据，再重新计算、绘图。

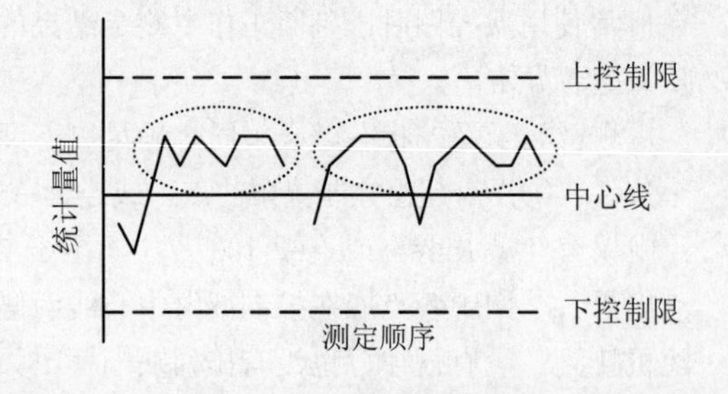

图2 出现“连”判断异常

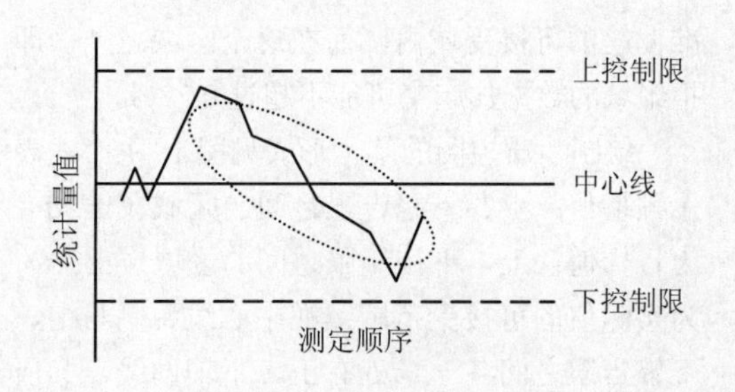

图3 形成“趋势”判断异常

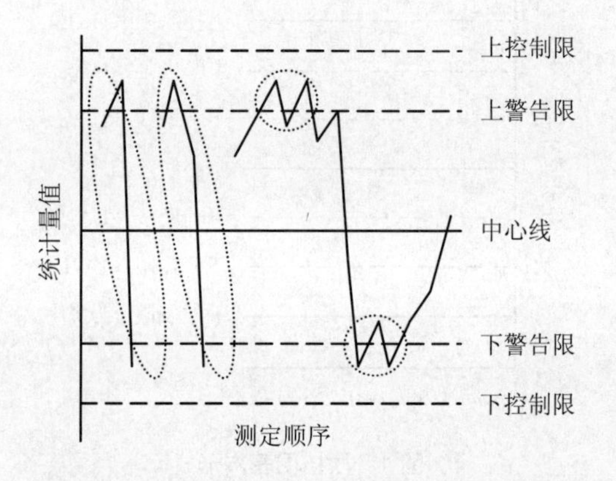

图4 相邻3点中有2点接近控制限判断异常

类型 常用质控图根据数据性质和分布类型有许多图形。监测分析的连续性数据遵从正态分布条件时，常有单值质控图（x图）、空白值质控图（x_b图）均值-级差质控图（$\bar{x}$-R图）、加标回收率质控图（P图）。x图的统计量为$\bar{x}\pm 3s$；$\bar{x}$-R图的统计量为$\bar{x}$、$\bar{R}$、$\bar{\bar{x}}\pm A_2\bar{R}$；$P$图的统计量为$\bar{P}\pm 3s_p$；$x_b$图的统计量为$\bar{x}_b\pm 3s_b$。根据统计量的性质，这四种质控图可归类为单值质控图（如x图、x_b图和P图）与均值质控图（如$\bar{x}$-R图）两类。

单值质控图（x图） 反映整个测定值的波动情况以控制其质量状况的质控图，由样品单个测定值的平均值（$\bar{x}$）及其标准偏差（s）组成，见图5。中心线：以样品单个测定值的平均值（$\bar{x}$）估计μ；上、下控制限：以单个测定值的均值及其标准偏差的3倍为限，即$\bar{x}\pm 3s$；上、下警告限：以单个测定值的均值及其标准偏差的2倍为限，即$\bar{x}\pm 2s$；上、下辅助线：以单个测定值的均值及其标准偏差的1倍为限，分别位于中心线与上、下警告限之间的一半处，即 $\bar{x}\pm s$。

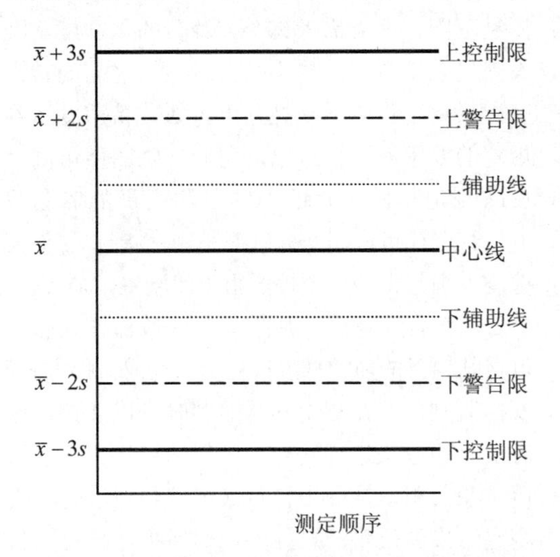

图 5　单值质控图

单值质控图也可用于单个空白实验值的质控。空白实验值的质控样除包括实验用水、试剂和溶液外，还包括采样时所用的样品保存剂，如硝酸、硫酸等。当需要对空白实验值进行平行双份或三份测定时，应使用均值-极差质控图，而不宜用单值质控图。

均值-极差质控图（$\bar{x}$-R 图）　由均值（$\bar{x}$）质控图和极差（R）质控图两部分组成。$\bar{x}$ 质控图部分控制分析结果的准确度和批间精密度，R 质控图部分控制批内精密度。两图同时使用既观察了平均值的变化，又能观察到整体分布的变化情况，因此该图提供的信息量多、检验能力强、精度高，应用较为广泛，适用于批量较大且稳定的监测过程。

均值质控图　中心线以各平行测定结果均值（$\bar{x}$）的总均值（$\bar{\bar{x}}$）估计μ，$\bar{\bar{x}}=\sum_{i=1}^{n}\bar{x}_i/n$；上、下控制限以总均值加、减 A_2 倍的极差均值为限，即 $\bar{\bar{x}}\pm A_2\bar{R}$，其中，$|R_i|=x_i-x_i'$，$\bar{R}=\sum_{i=1}^{n}R_i/n$；上、下警告限以总均值加、减$\frac{2}{3}A_2$倍的极差均值为限，即 $\bar{\bar{x}}\pm\frac{2}{3}A_2\bar{R}$；上、下辅助线以总均值加、减$\frac{1}{3}A_2$ 倍的极差均值为限，即 $\bar{\bar{x}}\pm\frac{1}{3}A_2\bar{R}$。其中，均值质控图部分的控制因子 A_2 可查表获得。

极差质控图　以各平行测定结果之间的极差求得的平均值（极差均值）为中心线，即 $\bar{R}$；上控制限以极差均值的 D_4 倍为限，即 $D_4\bar{R}$；上、下警告限以极差均值的$\frac{1+2D_4}{3}$倍为限，即（$\frac{1+2D_4}{3}$）$\bar{R}$ 或 $\bar{R}+\frac{2}{3}(D_4\bar{R}-\bar{R})$；上、下辅助线以极差均值的$\frac{2+D_4}{3}$倍为限，即（$\frac{2+D_4}{3}$）$\bar{R}$ 或 $\bar{R}+\frac{1}{3}(D_4\bar{R}-\bar{R})$；下控制限以极差均值的 D_3 倍为限，即 $D_3\bar{R}$。极差质控图部分的控制因子（D_3、D_4）可查表获得。

分析测定结果的极差越小越好。当样品的平行测定次数在 6 以内时，极差的控制因子 D_3 都是零，此时的下控制限为零，说明平行测定次数少时，其极值下限无法控制。

使用 $\bar{x}$-R 图时，两部分图中有任一点超出控制限（不包括 R 图的下控制限），表示分析工作的“失控”，所以 $\bar{x}$-R 图的灵敏度远比单值图高。

加标回收率质控图（P 图）　监测中，常用加标回收率的实验结果作为准确度的判断指标，绘制加标回收率质控图控制分析的准确度。当各样品的回收率均为单次测定时，可用单值质控图反映和控制它的波动及质量状况。在取得不少于 20 份样品回收率实验的测定结果后，按以下几个公式计算统计量。

中心线：$\bar{P}=\frac{1}{n}\sum_{i=1}^{n}P_i$，$\bar{P}$ 为加标回收率 P_i 的算术平均值；

上、下控制限：$\bar{P}\pm3s_p$，s_p=

$\sqrt{\dfrac{\sum_{i=1}^{n}P_i^2-(\sum_{i=1}^{n}P_i)^2/n}{n-1}}$，式中，$s_p$为加标回收率 P_i 的标准偏差；

上、下警告限：$\overline{P}\pm 2s_p$；

上、下辅助线：$\overline{P}\pm s_p$。

当回收率实验为平行测定时，可使用均值-极差质控图检查和控制回收率的质量。由于各样品中待测物浓度常有一定差异，回收率在中、高浓度时所受影响较小，而在低浓度时其波动对回收率影响较大，因此需对低浓度样品绘制相应浓度范围的回收率质控图。

公用质控图 在同一个监测项目上，既便于个人使用，又便于集体公用的质控图，即可自控和他控。公用质控图包括一系列的质控图，如单值质控图、均值-极差质控图、回收率质控图等。在例行监测工作中，样品的分析常是单值测定。现以单值质控图为例，其公用质控图的基本图形见图6。

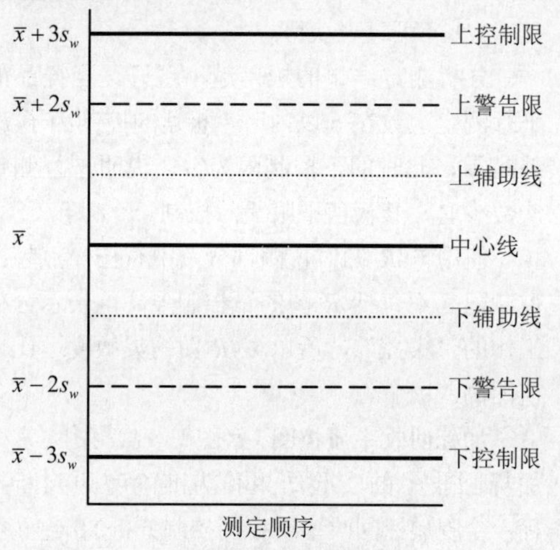

图6 单值公用质控图

建立公用质控图可以用标准物质，也可以用质控样或标准溶液，浓度选择某个项目常规样品的代表性浓度。质控人员（或操作人员）针对所测项目的浓度范围，选定一个具有代表性的浓度值制备质控样，以其浓度为中心线（$\bar{x}$），质控范围则按所用方法性能指标中室内精密度指标 s_w的 3 倍值作为控制限，2 倍值作为警告限，1 倍值为辅助线，见图 6。

在公用质控图中，以方法规定的精密度为控制范围，就无需考虑个人分析的精密度，既不需要积累数据，也不必盲目追求过高的精密度，只要工作中能掌握分析方法，精密度达到规定的要求即可。所以，用同一张图便可同时反映测定相同项目的不同监测人员的监测数据，甚至还可以用实验室间精密度指标 s_b 作为控制范围，将公用质控图用于实验室间质控。

在例行监测中，质控人员（或操作人员）可将某项目的质控样以密码方式（或自控方式）安排监测，即在测定样品的同时，以质控样比对实验的办法进行测定，所得结果报给质控人员，在公用质控图上植点（或自行植点）检查测定结果的质量。质控人员对所报数据可以按人分别用不同颜色（或符号）标记，将逐次结果按顺序植入图中的点阵后再用同色笔连接即可。当各测点随机分布在中心线两侧，且在上、下控制限范围之内时，表示工作稳定受控；如测点位置出现异常，即指示工作的失控，或预报失控趋势以及工作质量下降等情况。此时，专职质控人员（或操作人员）应及时检查原因改进工作。

注意事项 ①不能用浓度范围的 3/4 来代替控制限，应根据测试数据计算而来。②对于所确定的控制对象应有定量的指标，且过程必须有重复性。选择的质量指标应能代表过程或成果质量。③抽样的间隔时间应从过程中系统因素发生的情况、处理问题的及时性等技术方面来确定。④质控图应在监测现场及时分析。当质控图报警后，先从取样、读数、计算、植点等方面检查无误后，再从监测方面查原因。⑤当监测条件发生变化，或原有质控图使用一段时间，必须重新核定质控图。⑥质控图能起到预防作用，但并不能解决监测条件的优化问题。⑦在使用过程中，随着质控样品测定次数增多，平均值的变化可能不大，但标准偏差 s 逐渐向σ靠拢，因此，要定期修正质控图的控制限和警告限，重新绘制新的质控图。

（胡冠九）

推荐书目

薛念涛，冯学岭，于辉. 环境监测的全面质量管理. 北京：中国建筑工业出版社，2008.

zhipufa

质谱法　（mass spectrometry）　用电场和磁场将运动的离子按质荷比分离后，根据样品离子的质量和强度对物质进行定性定量分析的方法。

沿革　1898 年德国物理学家伟恩（W. Wien）用电场和磁场使正离子束发生偏转时发现，电荷相同时质量小的离子偏转得多，质量大的离子偏转得少。1913 年英国学者汤姆孙（J. J. Thomson）和阿斯顿（F. W. Aston）用磁偏转仪证实氖有两种同位素。阿斯顿于 1919 年制成一台能分辨百分之一质量单位的质谱计，用来测定同位素的相对丰度，鉴定了许多同位素。但 1940 年以前，质谱计只用于气体分析和测定化学元素的稳定同位素，直到质谱法被用于分析石油馏分中的复杂烃类混合物，并证实了复杂分子产生确定的能够重复的质谱之后，才可以用该法测定有机化合物的结构，并以此开拓了有机质谱的新领域。计算机的应用使质谱法发生了飞跃变化，使其技术更加成熟，使用更加方便。

分析方法　包括定性分析和定量分析。

定性分析　质谱是纯物质鉴定的最有力工具之一，其中包括相对分子质量测定、化学式确定及结构鉴定等。①相对分子质量测定。对于挥发性化合物相对分子质量的测定，质谱法能给出精确的相对分子质量。②化学式确定。确认分子离子峰及化合物的相对分子质量后，可确定化合物的部分或整个化学式。利用质谱法确定化合物的分子式有两种方法，即利用高分辨质谱仪确定分子式和由同位素比求分子式。③结构鉴定。主要用于纯物质结构鉴定，方法是根据谱图中各碎片离子、亚稳离子、分子离子化学式、质荷比相对峰高等信息，由各类化合物的分裂规律，找出各碎片离子产生的途径，从而拼出整个分子结构。另一种方法是与相同条件下获得的已知物质标准图谱比较，确认待测组分的分子结构。

定量分析　质谱法定量分析的突出特点是可以分析大量组分，方法主要包括：①同位素离子的测量。主要用于元素同位素和分子同位素的测定。②痕量分析。质谱和电感耦合等离子体联用常用于分析环境介质中痕量元素，质谱和气相色谱联用常用于分析挥发性和半挥发性有机物，质谱和液相色谱联用常用于农药及有机金属化合物的分析。③混合物的定量分析。在分析过程中通过质谱仪的总离子流恒定，将每张质谱或标样的量作为固定值，记录样品和样品中所有组分的标样的质谱图，选择混合物中每个组分的一个共有的峰，样品的峰高假设为各组分这个特定的质荷比（m/z）峰高之和，从各组分标样中测得这个组分的峰高，再求得各组分浓度。

特点　①定性能力强。该法被广泛用于有机物的分析，也可用于结构分析，是很好的定性分析的工具。在质谱图上利用离子峰的质荷比，能准确地确定化合物的相对分子质量，通过同位素峰相对强度法可确定有机化合物的化学式。②灵敏度高。目前用于有机物分析的质谱仪的灵敏度可达到 100 pg 数量级。③操作简单，分析时间短，准确度高。④与色谱仪联用，对混合物试样同时进行分离和鉴定，可快速获取有关信息。

应用　质谱法被应用于气、水、土壤及沉积物等环境样品中的农药残留物、多环芳烃、苯系物等有机物及多组分有机物和重金属的分析，以及光化学烟雾和有机污染物的迁移转化研究。随着环境污染的多样化，样品中的污染物组分的不稳定性及环境污染物在样品中含量痕量化的趋势愈发明显，色谱的高度分离本领和质谱的高度灵敏测定能力，成为了痕量有机物和重金属分析的有力工具。

发展趋势　目前，质谱法在实验和理论方面均取得了显著进展，快原子轰击电离子源、基质辅助激光解吸电离源、电喷雾电离源、大气压化学电离源，以及液相色谱-质谱联用仪、

电感耦合等离子体质谱仪、傅里叶变换质谱仪等新的电离技术和质谱仪的出现，提高了质谱法的选择性和灵敏度。（李焕峰）

zhipuyi

质谱仪 （mass spectrometer，MS） 又称质谱计。根据带电粒子在电磁场中能够偏转的原理，按物质原子、分子或分子碎片的质量差异进行分离和检测物质组成的仪器。

沿革 19世纪末，戈尔茨坦（E. Goldstein）在低压放电实验中观察到正电荷粒子，随后伟恩（W. Wein）发现正电荷粒子束在磁场中发生偏转，为质谱仪的诞生提供了理论基础。世界上第一台质谱仪于1912年由英国物理学家汤姆孙（J. J. Thomson）研制成功。20世纪20年代，质谱仪逐渐成为一种分析手段，20世纪40年代开始广泛用于有机物分析。1966年，芒森（M. S. B Munson）和费尔德（F. H. Field）报道了化学电离源，质谱仪第一次可以检测热不稳定的生物分子。20世纪80年代，随着快原子轰击、电喷雾和基质辅助激光解吸等新“软电离”技术的应用，质谱仪用于分析强极性、难挥发和热不稳定样品后，生物质谱仪飞速发展，成为现代科学前沿的热点之一。

原理 用高能电子流等轰击样品分子，使该分子失去电子变为带正电荷的分子离子和碎片离子，这些离子具有不同的质量，使所研究的混合物或单体形成离子，在磁场的作用下，根据质荷比（m/z）不同的离子到达检测器的时间不同制成质谱图。根据质量分析器的工作原理，可将质谱仪分为静态和动态两大类。静态质谱仪的质量分析器为稳定的电磁场，它是按照空间位置将不同 m/z 的离子分开；动态质谱仪的质量分析器则采用变化的电磁场，按照时间和空间区分不同 m/z 的离子。

结构 主要由真空系统、进样系统、离子源、质量分析器、离子检测器和计算机系统等组成，见图。

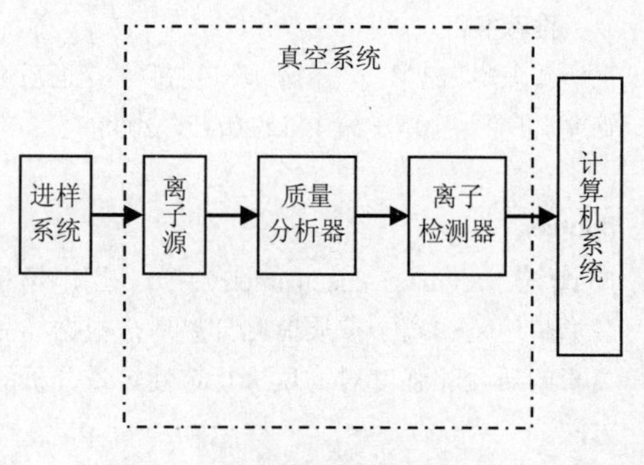

质谱仪结构图

真空系统 质谱仪的离子源、质量分析器和检测器必须处于高真空状态（离子源的真空度应达 10^{-5}～10^{-3} Pa，质量分析器应达 10^{-6} Pa）。若真空度低，会带来以下影响：①大量氧会烧坏离子源的灯丝；②使本底增高，干扰质谱图；③引起额外的离子-分子反应，改变裂解模型，使质谱解释复杂化；④干扰离子源中电子束的正常调节；⑤用作加速离子的几千伏高压会引起放电等。通常用机械泵预抽真空，然后用扩散泵高效率连续地抽气。

进样系统 要求能在既不破坏离子源的高真空工作状态，又不改变化合物的组成和结构的条件下，高效重复地将样品引入离子源。目前常用的进样系统有直接进样系统、间接进样系统和色谱进样系统。

离子源 将待测样品电离得到带有样品信息的离子。它的性能与质谱仪的灵敏度和分辨率等有很大的关系。使分子电离的手段很多，应用最广的电离方法是电子轰击法，其他还有化学电离、光致电离、场致电离、激光电离、火花电离、表面电离、X射线电离、场解吸电离和快原子轰击电离等。利用一定能量的电子束使气态的样品分子或原子电离的离子源称为电子轰击离子源。电子轰击离子源能电离气体、挥发性化合物和金属蒸气。不能气化或气化时发生分解的有机化合物不能用电子轰击离子源。

质量分析器 将离子源产生的离子按其质量和电荷比的不同，在空间位置、时间的先后或轨道的稳定与否方面进行分离，以得到按质荷比大小顺序排列成的质谱图。质量分析器是质谱仪器的核心。质量分析器的两个主要技术参数，是所能测定质荷比的范围（质量范围）和分辨率。常见质量分析器类型包括扇形磁分析器、四极杆分析器、离子阱分析器、飞行时间分析器、傅里叶离子回旋共振变换分析器等。

扇形磁分析器 离子源中生成的离子，通过扇形磁场和狭缝聚焦形成离子束。离子离开离子源后，进入垂直于其前进方向的磁场。不同质荷比的离子在磁场的作用下，前进方向产生不同的偏转，从而使离子束发散。由于不同质荷比的离子在扇形磁场中，有特有的运动曲率半径，通过改变磁场强度，检测依次通过狭缝出口的离子，从而实现离子的空间分离，形成质谱。

四极杆分析器 因由四根平行的棒状电极组成而得名。离子束在与棒状电极平行的轴上聚焦，一个直流固定电压（DC）和一个射频电压（RF）作用在棒状电极上，两对电极之间的电位相反。对于给定的直流和射频电压，特定质荷比的离子在轴向稳定运动，其他质荷比的离子则与电极碰撞湮灭。将DC和RF以固定的斜率变化，可以实现质谱扫描功能。四极杆分析器对选择离子分析具有较高的灵敏度。

离子阱分析器 由两个端盖电极和位于它们之间的类似四极杆的环电极构成。端盖电极施加直流电压或接地，环电极施加RF，通过施加适当电压就可以形成一个势能阱（离子阱）。根据RF电压的大小，离子阱就可捕获某一质量范围的离子。离子阱可以储存离子，待离子累积到一定数量后，升高环电极上的RF电压，离子按质量从高到低的次序依次离开离子阱，被电子倍增监测器检测。目前离子阱分析器已发展到可以分析质荷比高达数千的离子。离子阱在全扫描模式下仍然具有较高灵敏度，而且单个离子阱通过时间序列的设定就可以实现多级质谱（MSn）的功能。

飞行时间分析器 具有相同动能、不同质量的离子，因其飞行速度不同而分离。如果固定离子飞行距离，则不同质量离子的飞行时间不同，质量小的离子飞行时间短而首先到达检测器。各种离子的飞行时间与质荷比的平方根成正比。离子以离散包的形式引入质谱仪，可以统一飞行的起点，依次测量飞行时间。离子包通过一个脉冲或者一个栅系统连续产生，但只在特定的时间引入飞行管。新发展的飞行时间分析器具有大的质量分析范围和较高的质量分辨率，尤其适合蛋白等生物大分子分析。

傅里叶离子回旋共振变换分析器 在一定强度的磁场中，离子做圆周运动，离子运行轨道受共振变换电场限制。当变换电场频率和回旋频率相同时，离子稳定加速，运动轨道半径越来越大，动能也越来越大。当电场消失时，沿轨道飞行的离子在电极上产生交变电流，对信号频率进行分析可得出离子质量，将时间与相应的频率谱利用计算机经过傅里叶变换形成质谱。其优点为分辨率很高，质荷比可以精确到千分之一道尔顿。

离子检测器 将质量分析器出来的只有10^{-12}～10^{-9}A的微小离子流加以接收、放大，以便记录。常用的有法拉第杯、电子倍增器和照相底片等。

计算机系统 现代的质谱仪都配有完善的计算机系统，它不仅能快速准确地采集数据和处理数据，而且能监控仪器各单元的工作状态，实现仪器的全自动操作，能代替手工进行定性定量分析。

应用 目前质谱仪应用于大气、降水、土壤及沉积物等介质中的农药残留物、多环芳烃、苯系物等有机物和重金属的测定分析，还应用于光化学烟雾和有机污染物的迁移转化研究。凭借色谱的高度分离本领和质谱仪的高度灵敏的测定能力，成为了痕量有机物和重金属分析的有力工具。随着技术的不断研发和技术转化时间的不断缩小，质谱技术不断更新，在环境监测领域向检测类别、检测项目多元化和检测微量化发展。快原子轰击电离子源、基质辅助激光解吸电离源、电喷雾电离源、大气压化学电离源，以及液相色谱-质谱联用仪、电感耦合等离子体质谱仪、傅里叶变换质谱仪等，新的电离技术和新的质谱仪使质谱分析取得了长足进展。质谱仪中选择离子定量方式，可以使灵敏度大幅提高；串联质谱的出现在不降低定性的前提下，选择性和灵敏度有了更大的提高。

（李焕峰）

zhonghe didingfa

中和滴定法 （neutralization titration） 又称酸碱滴定法或酸碱中和滴定法，是基于中和反应的滴定分析方法。即用已知浓度的酸（或碱），来测定未知碱（或酸）的量，主要用于碱性或酸性物质的测定。

原理 H^+和 OH^-结合生成水，酸提供的 H^+和碱提供的 OH^-恰好完全反应（等物质的量反应），即在中和反应中使用已知物质的量浓度的酸（或碱）溶液，与未知物质的量浓度的碱（或酸）溶液完全中和，测出两者所用的体积，根据化学方程式中酸和碱完全中和时物质的量的比值，而得出未知浓度的碱（或酸）的物质的量浓度。

测定方法 主要包括指示剂指示滴定法和电位滴定法。

指示剂指示滴定法 以酸碱指示剂来确定滴定终点。随着滴定的进行，被滴定物质和滴定剂的浓度不断变化，在等当点附近，离子浓度发生较大变化，酸碱指示剂能够显示这种离子浓度变化。酸性溶剂所用的指示剂主要有甲基紫、结晶紫和中性红；碱性溶剂所用的指示剂主要有百里酚蓝、偶氮紫、邻硝基苯胺和对羟基偶氮紫；惰性溶剂所用的指示剂主要有甲基红。不同的酸碱指示剂有不同的变色范围。常见酸碱指示剂的变色范围：石蕊由红变蓝 pH 变色范围为 5.0～8.0；甲基橙由红变黄 pH 变色范围为 3.1～4.4；酚酞由无色变红 pH 变色范围为 8.2～10.0（酚酞遇浓硫酸变橙色）。

用指示剂指示滴定终点，操作简便，不需特殊设备，应用广泛。但指示剂法不适用于滴定终点难于判断的中和滴定，如溶液有色或变色不敏锐等。而电位滴定法在这些方面表现出其优越性。

电位滴定法 在中和滴定过程中通过测量电位变化确定滴定终点。滴定时待测溶液中插入一个参比电极、一个指示电极组成工作电池。随着滴定剂的加入，由于发生化学反应，待测离子浓度不断变化，指示电极的电位也相应变化，并在等当点附近发生电位的突跃，由此确定滴定终点，待测成分的含量通过消耗滴定剂的量计算。酸碱滴定时使用 pH 玻璃电极为指示电极。如果使用自动电位滴定仪，滴定曲线的绘制、滴定终点的确定和标准溶液的用量等都可以自动完成，快捷方便。电位滴定是利用指示剂进行滴定分析的补充，用于指示剂法不能应用的地方；用作图法或计算法求滴定终点，不如用指示剂法直观。

应用 许多酸、碱物质都可用中和滴定法直接测定，一些有机酸、有机碱也可以用中和滴定法测定，许多非酸（碱）物质也可用间接的中和滴定法测定。因此，中和滴定法的应用范围相当广泛，如硼酸、铵盐、二氧化硅、酸酐、醇类、醛、酮、酯类和环氧化物等的测定。在环境监测领域主要用于测定水中氨氮和二氧化碳以及土壤可交换酸度等。 （穆肃）

zhongzi huohuafa

中子活化法 （neutron activation analysis，NAA） 利用具有一定能量和流强的中子去轰击待测样品，使样品核素产生核反应，生成具有放射性的核素，测定放射性核素衰变时放出的瞬发辐射或缓发辐射，对元素进行定性定量分析的方法。

沿革 1932 年，英国物理学家查德威克（J. Chadwick）发现了中子，奠定了中子活化法的基础。1936 年，匈牙利放射化学家赫维西（Hevesy）和利瓦伊（Levi）定量测定了氧化钇中的镝，进行了第一次中子活化分析。1938 年，美国化学家西博格（G. T. Seaborg）等用加速器氘束测定了纯铁中的镓，进行了第一次带电离子活化分析。20 世纪 50 年代初期，中子发生器、多道能谱分析器等活化分析用的仪器相继问世，使活化法成为当时具有最高灵敏度的分析方法。60 年代初期出现了半导体探测器使仪器分辨率提高数倍，锗探测器的应用使一次照射便可同时测定四五十种元素。80 年代计算机的应用使活化分析的应用更加广泛。目前中子活化法可分析周期表中的大部分元素，并且已建立在线分析系统，在材料科学、环境科学、地质科学、生物医学、考古学和法学等领域得到广泛应用。

原理 当中子轰击试样元素的原子核时，中子与靶核相互作用，中子被靶核俘获，形成复合核。复合核一般处于激发态（加*表示），而且不稳定，寿命很短（10^{-14}～10^{-12} s 量级）。复合核在退激发过程中会生产不同的放射性同位素，同时释放出射线粒子等。由于不同稳定元素被中子照射后，退激发时活化生成的放射性同位素各不相同，半衰期和射线能量也有差异，其射线强度与对应的原子核含量成正比，可由此确定靶样品中核素的含量和种类。该反应过程如下：

$$\underset{中子}{n} + \underset{靶核}{A} \longrightarrow \underset{复合核}{[n+A]^*} \longrightarrow \underset{出射粒子}{b} + \underset{生成核}{B}$$

该核反应中产生的放射性活度由下式给出：

$$A_t = f\sigma N\left(1 - e^{-0.693t/T_{1/2}}\right)$$

式中，A_t 为在粒子流中活化某种靶核时，在 t 时刻生成核素的放射性活度，它与粒子注量率 f、核反应截面 σ 和靶核数目 N 成正比，与照射时间 t 呈指数关系，同一核素的半衰期 $T_{1/2}$ 为常数。实际分析中，一般照射后并不立即进行放射性测量，而是让放射性样品衰变一段时间。在照射结束后 t' 时刻的放射性活度 $A_{t'}$ 为：

$$A_{t'} = 6.023\times10^{23} f\sigma\theta\frac{W}{M}\left(1 - e^{-0.693t/T_{1/2}}\right)e^{-0.693t'/T_{1/2}}$$

式中，θ 为靶核的天然丰度；W 为靶元素的质量；M 为靶元素相对原子质量。试验中 σ、f 值不容易准确测量，所以活化分析中采用对照品相对法进行测定，即配制含有已知量 $W_{标}$ 待测元素的标样，与试样在相同条件下照射和测量，由此可得公式：

$$C = \frac{n_{t'样}}{n_{t'标}} \times \frac{M_{标}}{m}$$

式中，$n_{t'样}$ 和 $n_{t'标}$ 分别为 t' 时刻测量的试样和标准中待测核素的计数率；C 为待测元素的浓度；m 为试样的质量。

中子辐照试样所产生的放射性活度取决于下列因素：①产生核反应元素的某一同位素含量的多少；②辐照中子的注量；③待测元素或其某一同位素对中子的活化截面；④辐照时间等。

特点 优点：①灵敏度、准确度、精密度高，对周期表中 80%以上的元素的灵敏度都很高，一般可达 10^{-12}～10^{-6} g，其精密度在±5%；②多元素分析，可以同时分析一个样品中几十种元素的含量，尤其是微量元素和痕量元素，能同时提供样品内部和表层的信息，突破了许多技术限于表面分析的缺点；③取样量少，属于非破坏性分析，不易沾污且不受试剂空白的影响；④基体效应小，除基体中主要成分是吸收截面高的元素之外，适用于各种化学组成复杂的样品；⑤可实现活体分析；⑥具有独特的鉴别性。

缺点：①一般情况下，不能测定元素的化学形态及其结构；②灵敏度因元素而异，且变化很大，如对铅的灵敏度很差而对锰、金等元素的灵敏度很高；③由于核衰变及其计数的统计性，使中子活化法存在特有的分析误差，误差的减少与样品量的增加不呈线性关系；④中子活化法仪器较昂贵，需要有一定的放射性防护设施；⑤给出分析结果的时间较长。

测定方法 中子活化法主要由三个操作步骤构成：用中子照射试样、产生放射性核素，测定放射性核素产物的放射性，建立放射性与原存试样中元素的量的关系。主要流程如下：

取样和样品制备 → 辐照 → 冷却 → 放射性测量 → 数据处理
辐照 → 化学分离 → 放射性测量

干扰及消除 ①初级干扰反应。不同元素通过不同的中子反应形成相同的放射性核素，被称为初级干扰反应。在热中子活化时，中子辐射俘获反应的出射粒子为 p 粒子和 α 粒子的反应截面一般比出射粒子为γ粒子（电磁波）的反应截面小，干扰不严重；而在快中子活化时，有关的反应截面大致在同一数量级，干扰会严重些。消除初级干扰反应的方法是：选择合适的化学分离、用纯热中子，增大出射粒子为γ粒子的反应截面；用反应阈能改变中子能量，通过另外的核反应，测定干扰元素含量等。②样品中待测元素和其他元素在活化过程中生成几种不同的放射性核素。因放射性核素具有不同的射线能量和不同的半衰期，可以通过选择合适的测量条件和采用高分辨率探测器，将这种干扰区别开来。③次级干扰反应。中子辐射俘获反应产生的α、β、γ粒子与某些原子核发生核反应，产生了待鉴定的放射性核素，称为次级干扰反应，也是二级反应，产率比较低。④样品中裂变物质或天然放射性物质也会带来一定程度的干扰。

应用　中子活化法在环境样品中用于多元素同时分析，例如，对大气颗粒物、工业粉尘、固体废弃物、污水、采矿废水等样品中的金属元素测量，尤其是对大气颗粒物滤膜进行直接元素分析，操作简单、不损坏样品，在国外的环境分析中被广泛采用。在分析水中痕量元素时，增加超过滤法前处理，将水样分解成低分子量组分、胶体、假胶体和颗粒物，再用中子活化法分别测定处于不同状态的元素含量。瞬发分析可以弥补常规中子活化分析无法利用核反应截面高而生成稳定核素的不足，应用该方法可以测定河流沉积物中的硅、硫、铜、镉和汞等元素，这些都是常规中子活化分析很难测定的元素。

发展趋势　计算机与自动活化分析装置配合使用，可以控制照射时间、冷却时间、计数时间，控制样品的运输、分析操作以及数据处理。测定固体介质中轻元素的冷中子活化分析时，将仪器中子活化分析与计算机断层原理结合，可以得到整个样品中元素三维分布的中子诱发γ射线发射断层等。这些方法的发展将进一步扩展中子活化法的应用范围。　（陈纯）

推荐书目

王祥云，刘元方. 核化学与放射化学. 北京：北京大学出版社，2007.

zhongliangfa

重量法　（gravimetric method）　通过称量物质的质量确定待测物质含量的一种定量分析方法。一般先将待测组分从试样中分离出来，转化为一定的称量形式，然后称量该成分的含量。

沿革　18 世纪中叶，罗蒙诺索夫（M. V. Lomonosov）首先使用天平称量法，测定物质在化学变化中量的改变，并证明了质量守恒定律，为采用重量法进行定量分析奠定了基础。重量法要求有精密的分析天平，19 世纪分析天平称量准确度达 0.1 mg，20 世纪出现了微量分析天平和超微量机械分析天平，称重的准确度分别达到 0.001 mg 和 0.000 1 mg，扩大了重量法的应用范围。随着称量工具的改进，重量法也不断发展，近年来压电晶体的微量测重法被用于测定大气中可吸入颗粒物和空气中的汞蒸气等，其仪器可以实现自动监测。

原理　准确称量一定量试样，利用化学反应或物理变化，将待测组分变成纯化合物或单体析出，采用过滤、加热和挥发等方法与其他成分分离后，经干燥或灼烧转化为称量形式后进行称量，直至恒重（即样品连续两次干燥或灼烧后称量重量差异在万分之三以下），求出待测组分在试样中所占比例或含量。

测定方法　根据分离的方法不同，重量法可以分为沉淀法、挥发法、萃取法和电解法等。

沉淀法　利用沉淀反应，将待测组分转化成沉淀形式从溶液中分离出来，然后过滤、洗涤、干燥或灼烧、称量，计算样品中待测组分的含量。沉淀法有两个重要的概念：沉淀形式和称量形式。使用沉淀剂将待测组分沉淀出来，所得的沉淀称为沉淀形式。沉淀经过滤、洗涤、烘干或灼烧之后，得到称量形式。沉淀形式与称量形式可以相同，也可以不同。例如，测定 Cl^-时，加入沉淀剂 $AgNO_3$ 得到 AgCl 沉淀，此时沉淀形式和称量形式相同。但测定 Mg^{2+}时，沉淀形式为 $MgNH_4PO_4$，经灼烧后得到的称量

形式为 $Mg_2P_2O_7$，则沉淀形式与称量形式不同。

挥发法 利用物质的挥发性，通过加热或其他方法使试样中的待测组分或其他组分挥发而达到分离，然后通过称量确定待测组分的含量。根据称量对象不同，挥发法可分为直接法和间接法。待测组分与其他组分分离后，如果称量的是待测组分或其衍生物，称为直接法。待测组分与其他组分分离后，通过称量其他组分，测定样品减失的重量来求得待测组分的含量，称为间接法。挥发法适用于测定具有挥发性的或和某种试剂作用可转化为挥发性物质的待测组分。

萃取法 利用待测组分在两种互不相溶的溶剂中分配比例的不同，加入某种提取剂使待测组分从原来的溶剂中定量转入到提取剂中，称量剩余物的重量，或将提出液中的溶剂蒸发除去，称量剩余物的重量，以计算待测组分的含量。例如，测定水中油的含量，可在恒定条件下将水中油萃取到正己烷中，然后用无水硫酸钠去除正己烷中的水分，将正己烷蒸发，由容器在蒸发前后质量之差计算水中油含量。

电解法 利用电解的原理，使待测金属离子在电极上析出，然后称重，电极增加的质量即为待测金属离子的含量。例如，测溶液中 Cu^{2+} 含量，可通过电解使试液中的 Cu^{2+} 在阴极上析出，由电解前后阴极质量之差计算 Cu^{2+} 的含量。

应用 重量法直接通过称量得到分析结果，不用基准物质（或标准试样）进行比较，其准确度较高，相对误差一般为 0.1%～0.2%，但操作烦琐，且不宜测定低含量的组分。对于某些常规项目（如硫、硅、不溶物、灼烧失量、残渣等）的测定仍采用重量法，在校对其他分析方法的准确度时，也常以重量分析为标准。在环境监测领域，重量法主要用于测定水中的硫酸盐、二氧化硅、残渣、悬浮物和油脂，空气和废气中的颗粒物等。（张蓓蓓）

推荐书目

吴卫平，刘辉. 定量化学分析与仪器分析实验. 郑州：郑州大学出版社，2011.

奚旦立，孙裕生，刘秀英. 环境监测. 3 版. 北京：高等教育出版社，2004.

zhuodu ceding

浊度测定 （determination of turbidity） 对水质样品浑浊度进行定量分析的过程。浊度是水体中存在的微细分散的悬浮性粒子使光散射或吸收而导致水透明度降低的程度。含有泥沙、黏土、有机物、无机物、浮游生物和微生物等悬浮物质是水质变浑浊的原因。

浑浊现象是水样的一种光学性质，也是水体可能受到污染的标志之一。一般来说，水中的不溶解物质愈多，浑浊度愈高，但两者之间并没有直接的定量关系。因为浑浊度是一种光学效应，它的大小不仅与不溶解物质的数量、浓度有关，而且还与不溶解物质的颗粒大小、形状和折射指数等有关。

浊度与色度虽然都是水的光学性质，但色度是由水中的溶解物质引起的，而浊度则是由水中不溶解物质引起的。所以，有的水样色度很高但浊度不高，反之亦然。

浊度测定方法包括分光光度法、目视比浊法和便携式浊度计法。

分光光度法 原理是在适当温度下，硫酸肼与六次甲基四胺聚合，形成白色高分子聚合物，以此作为浊度标准溶液，在一定条件下与水样浊度比较。先用浊度为 400 度的标准贮备溶液和无浊度水制作一组 0～100 度的标准系列，于 680 nm 波长处用 3 cm 比色皿测定吸光度，绘制校准曲线，再按绘制校准曲线的条件和步骤测定样品吸光度，由校准曲线上查得水样浊度。

目视比浊法 规定 1 mg 一定粒度的硅藻土在 1 000 mL 水中所产生的浊度为 1 度。按相关规定配制 250 mg 硅藻土的悬浊液，渐级稀释成浊度为 250 度和 100 度的标准溶液。对于浊度低于 10 度的水样，配制浊度 0～10 度的标准溶液系列；对于浊度为 10 度以上的水样，配制浊度 0～100 度的标准溶液系列。按制作标准系列的条件处理样品，采用目视比浊法，将水样与浊度标准溶液比较，根据目标清晰程度，选出与水样产生视觉效果相近的标准溶液，记下其浊度值。水样浊度超过 100 度时，用水稀释后测定。

便携式浊度计法 原理是以一定光束照射水样，将其透射光的强度与无浊度水透射光的强度比较而定值。利用一束红外线穿过含有待测样品的样品池，光源为具有 890 nm 波长的高发射强度的红外发光二极管，以确保样品颜色引起的干扰达到最小。传感器处在与发射光线垂直的位置上，测量由样品中悬浮颗粒散射的光量，再用微电脑处理器转化为浊度值（参见浊度计）。

分光光度法和目视比浊法适用于测定天然水、饮用水的浊度。便携式浊度计法适用于野外和实验室内的测量，可直接读出小于或等于 40 度的浊度值，若超过 40 度，需进行稀释后测定。（孙骏）

zhuoduji

浊度计（turbidimeter） 测量悬浮于透明液体中的不溶性颗粒物质所产生的光散射或光透射衰减程度，并定量表征这些悬浮颗粒物质含量的仪器。浊度计分为光电浊度计（台式或便携式）和浊度水质自动分析仪两种类型。

在环境监测领域中，浊度计用于测定天然水、饮用水、海水、地表水和废水的浊度。

光电浊度计 主要由光源、准直单元、样品测量池、测量室、光电检测组件和显示单元组成。按其测量原理或方式，分为光透射衰减、光散射（直角散射、向前散射和表面散射）、散射透射比和积分球测量等。

常用的散射光式浊度仪测定原理是：当光射入水样时，构成浊度的颗粒物对光发生散射，散射光强度与水样的浊度成正比。其连续自动测量采用双光束（测量光束与参比光束），以消除光源强度等条件变化带来的影响。透射光-散射光式浊度仪同时测量透射光和散射光强度，根据其比值测定浊度。用这种仪器测定浊度，受水样色度影响小。

浊度水质自动分析仪 按测定原理分为透过散射式和表面散射式。①透过散射式：当光线照射试样时，通过观测透过光与由悬浮物质导致的散射光（一般是前方散射光）的强度比来测定浊度。②表面散射式：当光线从稳定溢流试样池水面斜上方照射时，通过观测散射光（一般是后方散射光）的强度比来测定浊度。

浊度水质自动分析仪主要由采样单元、检测单元、数据处理单元和显示记录单元等构成。采样单元通常有采水式和浸渍式两种形式。采水式配备试样池，测量时，将样品导入试样池测定；浸渍式可将检测器直接插入试样中自动测量，配备试样池清洗和自动采水等装置。检测单元由检测器和信号转换器构成。采水式的检测器均具有导入试样的试样池；浸渍式的检测器具有可将检测器直接插入试样中测定的构造。数据处理单元中，信号转换器将测量信号转换成电信号并以统一的方式输出，必要时还具有对光源波动补偿、光源启动时的电源稳压、有色试样的补偿、输出非直线性的补偿等计算功能。显示记录单元具有将浊度值以等分刻度、数字形式显示记录、打印的功能，测定值按比例转换成直流电压或电流输出的功能，或具有将测定值显示或记录的功能。（孙骏）

ziwai kejian fenguang guangdufa

紫外可见分光光度法（UV-Vis spectrophotometry） 基于物质对可见及紫外区域辐射的选择性吸收进行定性定量分析的方法。可见光区域的波长范围为 400～780 nm；紫外光区域的波长范围为 10～400 nm，又可分为近紫外区（200～400 nm）及远紫外区（10～200 nm）。

沿革 分光光度法的产生与比色法有密切关系。1852 年，比尔（A. Beer）提出了分光光度的基本定律——朗伯-比尔定律，即液层厚度相等时，颜色的强度与呈色溶液的浓度成比例。1854 年，杜包斯克（Duboscq）和奈斯勒（Nessler）等人将朗伯-比尔定律应用于定量分析化学领域，并且设计了第一台比色计。1870 年杜包斯克制造了世界上第一台光电比色计，开创了光电比色分析时代。1918 年，美国试制出第一台紫外可见分光光度计，由于其快速准确、灵敏度高、稳定性好的特点，很快取代了比色计的地位。20 世纪 60 年代后期，双光束分光光度计得到发展。80 年代，计算机技术使单光束分光光度计技术克服了不能连续扫描的缺点，通过扫描样品获得连续的吸收光谱，进行物质的定性分析。近年来，应用光电二极管矩阵作检测器的单光束分光光度计，具有快速扫描的优点，为追踪化学反应过程提供了极为方便的手段。同时，紫外可见分光光度计经不断改进，又出现具有自动记录、自动打印、数字显示、微机控制等各种特点的仪器，使光度法的灵敏度和准确度不断提高，其应用范围也不断扩大。

原理 在化合物的分子中有形成单键的σ电子，有形成双键和三键的π电子，有未共用（或称非键）的 n 电子。当分子吸收一定能量辐射时，会发生相应能级间的电子跃迁。由电子能级跃迁而产生的吸收光谱位于紫外及可见光部分，这种由价电子跃迁而产生的分子光谱称为电子光谱或紫外可见吸收光谱。电子能级变化时，通常伴随着分子振动和能级的变化，因此紫外可见吸收光谱呈带状光谱。每种物质都有其特有的、固定的吸收光谱曲线，物质不同，分子结构不同，吸收曲线也不同。紫外可见分光光度法就是利用物质对紫外可见区域内光谱吸收峰的数目、位置等特征进行定性分析，根据特征波长处的吸光度的高低判别或测定物质的含量。

分析方法 主要包括定性分析和定量分析。

定性分析 利用光谱吸收峰的数目、峰位置、吸收强度等特征进行物质的鉴定。有色物质在可见区有唯一的最大吸收波长与之对应，如果对单一体系进行光吸收峰扫描，能推测可能含有的成分，但若不知道测量体系中的组分，无法确定其吸收峰，则利用可见吸收光谱定性效果不好，一般要结合其他手段。

定性鉴定未知试样 主要有两种方法：①与标准物、标准谱图对照。将分析样品和标准物以同一溶剂配制相同浓度溶液，并在同一条件下分别测定，比较光谱是否一致，若两者是同一物质，则两者的光谱图应完全一致。如果没有标样，也可以和标准谱图对照比较，但要求测定的条件与标准谱图完全相同。②利用吸收波长和摩尔吸收系数对照。不同的化合物即使具有相同的发色团或相同的紫外吸收波长，它们的摩尔吸收系数仍然存在差别，如果样品和标准物的吸收波长相同，摩尔吸收系数也相同，则样品和标准物是同一物质。

推测化合物分子结构 由于紫外吸收光谱的吸收峰一般比较宽而平缓，因此特征性较差，在分子结构推测方面所能提供的信息不如红外吸收光谱、质谱和核磁共振等方法多，但紫外吸收光谱能与这些方法在应用上互相补充和验证。紫外吸收光谱研究化合物结构的主要作用是推测官能团、结构中的共轭关系和共轭体系中取代基的位置、种类和数目。①推定化合物的共轭体系和部分骨架。一个化合物在紫外区没有吸收峰，说明不存在共轭体系（指不存在多个相间双键）；在 210～250 nm 有强吸收，可能有两个双键共轭系统（如共轭二烯或α，β-不饱和酮）；在 260～300 nm 有中强吸收（吸收系数为 200～1 000），可能有苯环；在 250 nm 有弱吸收带，可能含有简单的非共轭体系并含有 n 电子的生色团；化合物呈现许多吸收带，甚至延伸到可见光区，可能含有一个长链共轭体系或多环芳香性生色团。若化合物具有颜色，则分子中至少含有四个共轭生色团或助色团，一般在五个以上（偶氮化合物除外）。②确定化合物的构型和构象。对于顺反异构体，反式异构体空间位阻小，共轭程度较高，其λ_{max}（最大吸收波长）和ε_{max}（在最大吸收波长处的摩尔吸光系数）大于顺式异构体。对于同分异构体，一般共轭体系的λ_{max}和ε_{max}大于非共轭体系。据此可用紫外吸收光谱对某些有机化合物的顺反式结构和同分异构体进行判别。

检测化合物纯度 如果化合物在紫外光区没有明显的吸收峰，而它所含的杂质在紫外光区有较强的吸收峰，就可以检测出该化合物所含的杂质。另外还可以用吸光系数验证化合物

的纯度，一般认为如果试样测出的摩尔吸光系数比标准样品测出的摩尔吸光系数小，则其纯度不如标准样品。

定量分析 分析基础是朗伯-比尔定律，即在一定的液层厚度下，吸光度与物质浓度成正比。主要包括一般定量方法、示差分光光度法、双波长分光光度法、导数分光光度法和计量学分光光度法。

一般定量方法 ①标准曲线法。配制一系列不同浓度的标准溶液，以不含待测组分的溶液为参比溶液，测定标准系列溶液的吸光度，以吸光度为纵坐标，浓度为横坐标，绘制吸光度-浓度曲线，称为标准曲线。在相同条件下测定待测试样的吸光度，从标准曲线上查得对应的待测溶液的浓度。②吸光系数法。如果待测组分的吸光系数已知，可以通过测定溶液的吸光度，直接根据朗伯-比尔定律，求出组分的浓度和含量。③标准对照法。在相同条件下，平行测定试样溶液和某一浓度标准溶液的吸光度，由标准溶液浓度计算待测物质浓度。

示差分光光度法 利用接近样品试液浓度（稍低或稍高的参比溶液）来调节分光光度计的0和100%透射比以进行光度测量的方法。适用于待测组分含量过高或过低的样品测定。

双波长分光光度法 仅使用一个吸收池，以样品溶液本身作参比，用两束波长为λ_1和λ_2的单色光交替照射同一样品池，由检测器测量和记录样品溶液对波长λ_1和λ_2两束光的吸光度差值ΔA，由此求出待测组分的含量。该方法适用于混浊样品或背景吸收大，很难找到合适参比溶液的样品。

导数分光光度法 利用光吸收对波长的导数曲线来确定和分析吸收峰的位置和强度。在一定波长处，测定标准溶液的导数值，用导数值与标准溶液浓度绘制标准曲线。在同一波长下测定样品溶液的导数值，根据标准曲线得出样品的浓度。该方法能分辨两个或两个以上相互重叠的吸收峰，分辨被掩盖的弱吸收峰，消除浑浊背景的影响，提高测定的灵敏度和选择性。

计量学分光光度法 应用化学计量学中的一些计算方法对吸光光度法测定数据进行数学处理后，同时得出共存组分含量的方法。适用于多组分同时测定。

应用 紫外可见分光光度法可以对物质进行定性分析、结构分析、纯度检验和定量分析，还可以测定某些化合物的物理化学参数，如摩尔质量、配合物的配合比和稳定常数以及酸碱电离常数等。环境监测中，气、水、土壤和沉积物样品，经过前处理，建立合适的分析体系，即可用紫外可见分光光度法分析。水质中氨氮、氰化物、总氮、硝态氮、银、砷、甲醛和苯胺等，气样中二氧化硫、氮氧化物等常用该法测定。

发展趋势 与其他分析测试技术联用可以提高紫外可见分光光度法的性能和应用范围，是其应用的发展方向。现已开发了该法与高效液相色谱法（HPLC）、流动注射分析（FIA）等技术的联用。此外，在常规的紫外可见分光光度计上加一个光学积分球附件的积分光度法，能对不透明的固体样品、粉末样品等进行分析测试。（刘文丽）

ziwai kejian fenguang guangduji

紫外可见分光光度计

（UV-Vis spectrophotometer） 基于物质对紫外及可见区域辐射的选择性吸收，对环境样品进行定性定量分析的仪器。

沿革及原理 见紫外可见分光光度法。

分类 根据光度学分类，可分为单光束和双光束；根据测量中提供的波长数，可分为单波长和双波长。

结构 由光源、单色器、吸收池、检测器和结果显示系统等组成。

光源 理想的光源应具有在整个紫外可见光域的连续辐射、强度高，且随波长变化能量变化不大的特性，但实际上是难以实现的。在可见光区，常用钨丝灯（或卤钨灯）为光源，波长范围为320～2 500 nm；在紫外光区，常用氢灯、氘灯为光源，波长范围为200～375 nm。

氘灯的辐射强度比氢灯高2～5倍，寿命也较长。

单色器 将光源发射的复合光分解为单色光。单色器一般由五部分组成：入口狭缝、准直装置（透镜或反射镜）、色散器、聚焦装置（透镜或凹面反射镜）和出口狭缝。色散器是单色器的核心部分，常用的色散组件有棱镜和光栅。棱镜由玻璃或石英制成，玻璃棱镜色散能力大，但吸收紫外光，只能用于 350～820 nm 的分析测定，在紫外区必须用石英棱镜。光栅是在玻璃表面上每毫米内刻有一定数量等宽等间距的平行条痕的一种色散组件。光栅的主要特点是色散均匀，呈线性，光度测量便于自动化，测量波段广，光谱范围内是均匀的。单色器的狭缝设计一定的宽度，经过狭缝的单色光是一个具有一定光谱宽度的谱带，称为光谱带宽。从理论上讲，狭缝的宽度越小，波长越接近单色光，但宽带太小，将使单色光的强度减小，电流信号减弱，信噪比降低。由于分子吸收光谱的吸收峰比较宽和平滑，一般情况下光谱带宽 2～6 nm 对分析结果影响不大。

吸收池 用于盛放样品溶液，具有两个相互平行、透光且具有准确厚度的平面。玻璃吸收池用于可见光区，石英吸收池用于紫外光区。吸收池的光程长度一般为 1 cm，也有 0.1～10 cm 的。因吸收池的厚度存在一定误差，其材质对光不是完全透明的，在定量分析时，对吸收池应做配套性试验，试验后标记出方向。

检测器 进行光电转换的设备，将光强度转变为电信号显示出来。常用的有光电池、光电管或光电倍增管等。光电倍增管是目前应用最为广泛的检测器，它利用二次电子发射来放大光电流，放大倍数可高达 10^8 倍。采用光二极管阵列检测器时，光源发出的复合光通过样品池后，由光栅色散，色散后的单色光直接为数百个光二极管接受，单色器的谱带宽度接近于各光二极管的间距，由于全部波长同时被检测，扫描速度快，190～800 nm 可在 0.1 s 内完成扫描。

结果显示系统 早期的单光束分光光度计用表头装置，采用数字读出装置。现代的分光光度计在主机中装备有微处理机或外接微型计算机，控制仪器操作和处理测量数据，装有屏幕显示、打印机和绘图仪等，使测量精度、自动化程度提高，应用功能增加。

特点 紫外可见吸收光谱所对应的电磁波波长较短、能量大，反映了分子中价电子能级跃迁情况。由于电子能级改变的同时，往往伴随有振动能级的跃迁，所以电子光谱图比较简单，但峰形较宽。一般来说，利用紫外吸收光谱进行定性分析信号较少。有机分子中的共轭结构、芳环结构及C═C、C═O、N═N等基团对波长 190～800 nm 的电磁光具有强烈的吸收作用，因此紫外可见吸收光谱常用于共轭体系的定量分析，灵敏度高，检出限低。与其他光谱分析方法相比，其仪器设备和操作都比较简单，检测费用低、分析速度快、用途广泛。

应用 紫外可见分光光度计广泛用于大气、水、土壤、固体废物等环境介质中许多有毒有害物质的检测，如自来水中的氨氮、亚硝酸盐、酚类、苯胺类等。①定量分析。根据朗伯-比尔定律，样品的浓度和吸光度是成正比关系的，浓度越大，吸收值越高，所以分光光度计可进行定量分析。②定性分析。在一定的环境中，生色团只在一定的波长显示吸收，根据吸收峰的数目、位置、强度（摩尔吸收系数）和吸收峰的形状，与纯化合物的标准谱图作比较，就可以推断未知化合物与标准化合物是否为同一化合物。其中最大吸收波长和相应的摩尔吸收系数是定性的主要参数。紫外可见分光光度计还可用于物质检定、纯度检验、化合物分子结构的推测、氢键强度的测定、络合物组成和稳定常数的测定及反应动力学研究等方面。

发展趋势 主要体现在以下几方面：①分光元器件经历了棱镜、机刻光栅和全息光栅的过程，商品化的全息闪耀光栅已迅速取代一般闪耀光栅；②仪器控制方面，随着单片机、微处理器的出现以及软硬件技术的结合，从早期的手工控制进步到了自动控制；③数字显示、记录早期采用表头（电位计）指示、电压表数字显示，目前更多地采用数字电视式显示和计算机绘图装置；④检测器早期使用光电池、光电管，后来普遍使用光电倍增管甚至光电二极管阵列，检测速度发生了质的飞跃，且性能更加稳定可靠；⑤结构从单光束发展为双光束，从单波长发展到双波长，使仪器在分辨率和杂散光等方面的性能大大提高。

（李焕峰　刘文丽）

ziwai xishou shuizhi zidong zaixian jianceyi

紫外吸收水质自动在线监测仪　（water quality on-line automatic monitor of ultraviolet）　测量水样中物质分子在波长为 200～700 nm 区域内对紫外光（UV）的吸收强度，并根据吸收强度进行定量分析的自动在线监测仪器。主要用于监测地表水、地下水和污水中部分污染物的含量，这部分有机物与表征有机污染的其他监测指标（化学需氧量和高锰酸盐指数等）具有相关性。

按检测方式分类有单波长、多波长和扫描型紫外吸收仪；按安装方式分类有采水型和浸入型，采水型又分为吸收池型和落水型。单波长 UV 仪是以单波长 254 nm 作为检测光直接透过水样进行检测；多波长 UV 仪是在紫外光谱区内以多个紫外波长作为检测光源；扫描型 UV 仪是对水样进行可见和紫外区域扫描；采水型 UV 仪是将水样采集到仪器内，用吸收池或水流自然落下的方式进行检测；浸入型 UV 仪是将仪器的检测部分直接浸入水样中进行检测。

仪器结构包括采样单元、测量单元、数据显示记录单元、数据处理和信号传输等单元及附属装置。①采样单元。有完整密闭的采样系统。浸入型 UV 仪可没有采样单元。②测量单元。由光源、吸收池、光电管、放大器组成。光源由能够给吸收池提供吸收的光源灯和给光源提供电源的装置构成。单波长检测一般由低压汞灯作光源，提供 253.7 nm 的光。多波长检测一般采用氘灯和钨灯。吸收池能使光源发出的光透过水样，并具有一定光程长的空间（池）。为了清除附着在池表面上遮挡光路的污物，还须具有自动清洗功能。光电管是透过吸收池的辐射光照射，发出光电子并将其转换成电信号的装置。必要时还要由透镜、光学滤膜等组合而成。放大器是将光电管产生的电信号放大的装置。③数据显示记录单元。将 UV 值按比例转换成直流电压或电流输出，并将测定值显示或记录下来。④数据处理和信号传输单元。拥有完整的数据采集和传输系统。⑤附属装置。是根据需要配置的试样自动稀释、自动清洗等附属装置。

（陈多宏）

zidong caiyang

自动采样　（automatic sampling）　按预先制定的程序、通过仪器设备进行连续或不连续的样品采集过程。与手工采样相比，自动采样具有采样频次高、采样量准确和代表性强的特点，还可避免人为误差。其缺点是无法排除采样点附近偶发干扰因素的影响，且费用相对较高。常用于水质样品采集和气体样品采集。

沿革　自动采样技术是 20 世纪 60 年代发展起来的，随着计算机技术和网络通信技术的发展而不断成熟，在采样器的研制和生产方面取得了较大的发展。90 年代，实现了环境数据采集自动化。近年来，人类逐渐将各种感知技术、人工智能与自动化技术集成应用，该技术开始具有自动识别、自动反馈、自动控制以及物物通信等物联网特有的功能和特点，逐步形成了水质样品和气体样品的自动采集技术。

水质自动采样　指通过水质自动采样器按照预定采样模式，自动采集水样，直至定量注入采样瓶，最后将多余或滞留的水样排走并清洗管路的全过程。主要应用在地表水、工业废水和生活污水采样中。

采样方法　按照采样模式，可分为流量等比例采样和时间等比例采样。流量等比例采样指每排放一次设定体积污水，将定量的水样从指定采样点分别采集到采样器中的采样方式。时间等比例采样指按设定采样时间间隔，将定量的水样从指定采样点分别采集到采样器中的采样方式。

按照盛装方式，可分为混合采样和分瓶采样。混合采样指将同一采样点、不同时间采集的样品，注入同一个采样瓶中的采样方式，通常用于分析水质在某个时间段内的平均值。分瓶采样指将不同时间采集的样品，分别注入不同采样瓶中的采样方式，通常用于分析水质在不同时间的变化规律。

采样设备 水质自动采样器一般由控制单元、采水单元、水样分配单元、采样瓶和恒温单元等组成。根据采样是否连续，分为连续自动采样器和非连续自动采样器；根据是否具有流量计量功能，分为带流量计量功能的自动采样器和不带流量计量功能的自动采样器；根据是否具有分瓶采样功能，分为分瓶自动采样器和混合自动采样器；根据是否能用于固定源的在线水质采样，分为在线式采样器和便携式采样器等。

环境空气自动采样 主要用于 SO_2、NO_x、TSP、PM_{10}、$PM_{2.5}$、CO 和降水等样品的采集，分为大气自动采样器和降水自动采样器。

大气自动采样器 可分为普通便携式大气采样器和 24 h 恒温恒流大气连续采样器。普通便携式大气采样器的原理为：将抽气泵控制在恒定转速，调节转子流量以调节采样流量，采集大气样品，根据采样时间，可计算累计采样体积。24 h 恒温恒流大气连续采样器的原理为：采样气体经过吸收瓶，流过恒流限流孔进行 24 h 连续采集大气样品，根据采集到的计前温度及大气压，将瞬时流量换算成标况流量，根据采样时间自动累加标况体积。

降水自动采样器 能够自动采集降水（混合样、分段样）的采样器。其原理是：降水时通过感应器控制，自动打开防尘盖，使降水进入降水收集装置，降水结束后自动关闭防尘盖。降水自动采样器结构主要有感应器、防尘盖、雨量计及降水收集装置等。

发展趋势 自动采样技术将向高质量和智能化的高技术领域发展，主要表现在：①微电子技术、光电子技术、生物芯片技术以及其他新技术的应用，将推动自动采样仪器技术的发展。②微电子、微型传感器、计算机、新材料以及各种高新技术的应用，使采样仪器的设计向小型化、微型化和多参数化方向发展。③自动采样将与自动监测系统结合，逐步实现数据共享、在线采样和远程控制。 （安国安）

推荐书目

国家环境保护总局《水和废水监测分析方法》编委会. 水和废水监测分析方法. 4 版. 北京：中国环境科学出版社，2002.

国家环境保护总局《空气和废气监测分析方法》编委会. 空气和废气监测分析方法. 4 版. 北京：中国环境科学出版社，2003.

zidong jiance yiqi

自动监测仪器

（automatic monitoring instrument） 采用自动化测量技术监测环境中各项参数的仪器的总称。采用自动监测仪器和自动监测手段可以实时、动态、科学地掌握环境质量和污染源排放的时空分布实际情况和变化趋势。

沿革 自动化监测技术是 20 世纪 60 年代发展起来的一种全新的监测技术。自动监测仪器发展经历了三个阶段：第一阶段是 20 世纪 80 年代，实现了数据处理自动化；第二阶段是 20 世纪 90 年代，实现了数据采集自动化；第三阶段是 21 世纪初，实现了在线自动采集数据、离线分析。2010 年以来，随着物联网概念的不断发展和深化，自动监测仪器逐渐将各种感知技术、现代网络技术和人工智能与自动化技术集成应用。现代的自动监测仪器具有自动识别、自动反馈、自我控制以及物物通信等物联网特有的功能和特点，逐步形成了以监测污染源和环境质量为目的的两大类自动监测仪器。

近几十年来，发达国家投入巨资研究和发展在线式、不间断测量的环境监测设备，采用先进的计算机软件技术，提高监测仪器的自动化水平和数据处理能力，建立了以监测空气、水质环境综合指标，以及某些特定项目为基础的自动监测系统。我国从 20 世纪 80 年代中期开始环境自动监测研究，但是真正在全国范围内开展工作则始于21世纪初，原国家环境保护总局在全国选择了一些省、市作为试点，对污染源自动监测进行了管理和技术方面的探索，污染源自动监测相关设备和软件的研发不断扩大和成熟，一些高新技术企业相继研制环境自动监测系统，取得了一定成果。

原理 自动监测仪器的监测过程一般分为样品采集、样品前处理、分析测试和数据上传等步骤。

样品采集 从被监测系统中采集一部分有代表性的样品，供分析测试使用。

样品前处理 分析测试之前必须对样品进行前处理，除去影响自动监测仪器以及监测结果的各种因素。如环境水样组成复杂，且多数待测组分含量低、形态各异，需要对水样进行除藻、消解、富集与分离等前处理，以得到满足测定方法要求的组分形态和浓度、消除共存组分干扰的试样体系。

分析测试 常用的测试方法有光学分析法、色谱法和电化学法等。

数据上传 对样品分析测试之后，自动监测仪器将数据（结果）上行传输到自动监控系统数据中心。

分类 按照监测的对象不同，自动监测仪器可以分为环境空气自动监测仪器、地表水自动监测仪器、污染源水质自动监测仪器、污染源废气自动监测仪器和噪声自动监测仪器（参见环境噪声自动监测系统）等。

环境空气自动监测仪器监测空气中的气态污染物（SO_2、NO_2、CO、O_3）以及不同粒径颗粒物浓度。地表水自动监测仪器包括五参数分析仪、化学需氧量分析仪、高锰酸盐指数分析仪、总有机碳分析仪、氨氮和总氮分析仪、磷酸盐和总磷分析仪、溶解氧分析仪、油类自动分析仪、紫外分析仪等。污染源水质自动监测仪器可测量化学需氧量、pH、氨氮、总磷、浊度和总有机碳等。污染源废气自动监测仪器包括气态污染物监测仪器、颗粒物监测仪器和烟气子参数监测仪器，测量污染源烟气中气态污染物（SO_2、NO_x）和颗粒物浓度，以及烟气流速、烟气温度、烟气压力、烟气湿度与含氧量等。

应用 自动监测仪器在环境领域主要用于环境质量自动监控和污染源自动监控。前者通常为空气质量自动监测系统、水质自动监测系统和城市噪声自动监测系统，为政府提供及时、准确的环境质量数据。污染源自动监控系统主要是为环境执法机构提供数据依据，对企业等排污单位的排污状况进行有效跟踪、监控和管理。

发展趋势 自动监测仪器将向以下几个方向发展：①仪器自动化、智能化、网络化。环境自动监测仪器将不仅具有自动取样、自动测试和数据处理功能，还具有自校正、自诊断及联网功能。②新技术的应用。微电子技术、光电子技术、生物芯片技术以及其他新技术的应用，推动了自动监测仪器技术的发展。③基于物联网的联用仪器（技术）。随着自动监测仪器物联网技术日趋势成熟，通过采样接口、计算机和网络等方式把两种不同仪器联为一体，功能相互补充。④结构单元组合化。传统的机械、光学部件被许多软件和新型元器件所代替，仪器向模块化和组合化结构发展。一台整机可分解为若干标准单元，按需要进行“积木式”组合，构成单功能或多功能装置。

（张扬）

zidong qingguanyi

自动清罐仪

（automatic canister cleaning system） 通过控制软件对不锈钢采样罐进行自动化清洗，并抽取真空备用的设备。自动清罐仪是利用纯净的空气或者氮气，通过反复地抽气和充气同时清洗一个或者多个不锈钢采样罐，清除残留在采样罐中的有机物和水分等物质。清罐完成后，采样罐处于真空状态，为下一次采样做准备。抽气时，用隔膜泵获得粗真空，用分子涡轮泵获得高真空。通过加湿管加湿清洗气，有效去除管路和采样罐内壁的污染物；利用加热带或加热箱对采样罐进行加热，可清除采样罐内表面附着物。通过软件控制系统，还可以检查采样设备是否漏气以及清洗后采样罐的真空状态。

影响采样罐清洗效果的因素包括污染物的性质、采样罐内存留样品的压力和湿度、样品的存储时间、采样罐内表面条件。如果用采样罐采集的是环境空气中挥发性有机物，每种物质浓度水平不高，只需几次抽气/充气的清洗操作即可清洗干净。一般一次清洗过程，可以使采样罐内污染物的浓度降低到原浓度的 1/200 到 1/1 000。将采样罐清洗一次后保持真空状态一段时间，然后再次清洗，效果会更好。但应注意，高于常压采样时，经常在采样罐内形成冷凝物，影响下一次取样、分析工作。如果采集污染样品，采样罐需多次清洗。如果采样罐内附有难以挥发的固体污染物，可将采样罐加热到 80～100℃，并加入少量蒸馏水，污染物和水被清洗气带出采样罐。然后，再进行多次抽气/充气清洗操作，以确保完全清除采样罐内的污染物。（李红莉）

zong α fangshexing ceding

总α放射性测定 （determination of gross α radioactivity） 对环境样品中的总α放射性水平进行定量测定的过程。总α放射性活度是样品中发射α粒子的核素（α衰变）活度之和。环境介质中的总α放射性测定一般具有测定快、成本低的特点，对大量放射性样品能起到快速筛选作用，不仅节省时间，也节约大量人力物力，是环境放射性监测手段之一。《辐射环境监测技术规范》（HJ/T 61—2001）、《铀矿冶辐射环境监测规定》（GB 23726—2009）和《生活饮用水卫生标准》（GB 5749—2006）把环境样品中的总α放射性列为监测项目。

总α放射性测定分为薄层样法、中间层厚度样法、厚层样法和相对测量法。薄层样法和中间层厚度样法的灵敏度低，制样困难，很少使用，在实际工作中一般采用厚层样法和相对测量法。

厚层样法 又称饱和层法，样品盘中被测样品厚度 h 必须大于等于α粒子在样品中的饱和层厚度δ（δ和 h 都用质量厚度表示，单位为 mg/cm^2）。饱和层厚度δ的物理意义是在样品的最底层所射出的α粒子，垂直穿透样品层及其表面后，其剩余能量刚能触发仪器且被记录下来的样品厚度。$h<\delta$时，仪器的α计数率随 h 的增加而增加，但当 $h=\delta$时，仪器的α计数率达到最大值，此时若继续增加样品层厚度，仪器的α计数率保持不变。利用厚层样法测定样品中总α放射性的优点就是样品层的厚度 h 大于等于饱和层厚度δ容易实现。样品中总α放射性计算公式为

$$A_\alpha = \frac{(n_s - n_b)\cdot 10^6}{30\cdot S\cdot \delta\cdot \eta_\alpha} \tag{1}$$

式中，A_α为被测样品的总α放射性活度浓度，Bq/kg；n_s 为被测样品的α计数率（包括仪器本底），min^{-1}；n_b 为仪器的α本底计数率，min^{-1}；S 为样品盘的有效面积，cm^2；δ为α粒子的饱和层厚度，mg/cm^2；η_α为仪器对α粒子的探测效率，%。

当样品为水或其他液体蒸发制备而成时，计算公式为

$$A_\alpha = \frac{(n_s - n_b)\cdot W}{30\cdot S\cdot \delta\cdot \eta_\alpha\cdot Y} \tag{2}$$

式中，W 为每升水（或其他液体）中所含残渣的质量，mg/L；Y 为制样回收率（由实验决定，$Y\leqslant 1$），%。其余符号同式（1）。

当被测样品为植物或其他生物制品时，计算公式为

$$A_\alpha = \frac{(n_s - n_b)\cdot 10^6}{30\cdot S\cdot \delta\cdot \eta_\alpha\cdot K\cdot Y} \tag{3}$$

式中，K 为样品的灰鲜（干）比。其余符号同式（1）和式（2）。

相对测量法 一种比较简单的测定方法，将放射性活度浓度已知的固体粉末，按不同厚度在样品盘内铺成一系列厚度不等的标准样品源，测出每个标准样品源相应的α计数率，然后以α计数率为纵坐标，标准样品源厚度为横坐标作图，绘制样品厚度与计数率的关系曲线。在测未知样品时，只要知道样品盘内的样品厚度，对照厚度与计数率的关系曲线，查出相应的α计数率，按下式即可求出样品的总α放射性活度浓度：

$$A_\alpha = \frac{(n_s - n_b)}{(n_0 - n_b)} \cdot A_0 \qquad (4)$$

式中，A_0为固体粉末已知的总α放射性活度浓度，Bq/kg；n_0为在某一样品厚度下由曲线查得的标准样品源相应的α计数率，min^{-1}；n_s为在该样品厚度下实测样品的α计数率，min^{-1}；n_b为仪器的α本底计数率，min^{-1}。（陈彬）

zong β fangshexing ceding

总β放射性测定 （determination of gross β radioactivity） 对环境样品中的总β放射性水平进行定量测定的过程。总β放射性活度是样品中发射β粒子的核素（β衰变）活度之和。环境介质中的总β放射性测定具有与总α放射性测定相同的优点，如测定快、成本低等，目前广泛用于环境放射性监测。《辐射环境监测技术规范》（HJ/T 61—2001）和《铀矿冶辐射环境监测规定》（GB 23726—2009）和《生活饮用水卫生标准》（GB 5749—2006）把环境样品中的总β放射性列为监测项目。

β粒子比α粒子的贯穿能力大得多，难以采用厚层样法和薄层样法测定。在实际测定总β放射性时，通常是将样品均匀铺于样品盘内，厚度为10～50 mg/cm^2（一般以20 mg/cm^2为宜）。过厚时，低能β损失过大，将会带来较大误差。样品总β放射性的计算公式为

$$A_\beta = \frac{(n_s - n_b) \cdot 10^6}{60 \cdot \eta_\beta \cdot m} \qquad (1)$$

式中，A_β为被测样品的总β放射性活度浓度，Bq/kg；n_s为被测样品的β计数率（包括仪器本底），min^{-1}；n_b为仪器的β本底计数率，min^{-1}；m为样品盘内被测样品的质量，mg；η_β为仪器对总β的探测效率，%。

当样品为水或其他液体蒸发制备而成时，总β放射性的计算公式为

$$A_\beta = \frac{(n_s - n_b) \cdot W}{60 \cdot \eta_\beta \cdot m \cdot Y} \qquad (2)$$

式中，W为每升水（或其他液体）内所含残渣质量，mg/L；Y为β制样回收率（由实验决定，$Y \leqslant 1$），%。其余符号同式（1）。

当被测样品为动植物样品或其他生物制品时，计算公式为

$$A_\beta = \frac{(n_s - n_b) \cdot 10^6}{60 \cdot \eta_\beta \cdot m \cdot K \cdot Y} \qquad (3)$$

式中，K为样品的灰鲜（干）比。其余符号同式（1）和式（2）。

现行水质样品中总β放射性测量方法有《生活饮用水标准检验法　放射性指标》（GB 5750.13—2006）、《饮用天然矿泉水检验方法》（GB/T 8538—2008）、《水的质量　非盐水中总β放射性浓度的测量　厚源法》（ISO 9697—2008）和《水中总β放射性测定　蒸发法》（EJ/T 900—1994）等。（陈彬）

zongdachangjunqun ceding

总大肠菌群测定 （determination of total coliforms） 利用多管发酵法、滤膜法和酶底物法等方法检测水中总大肠菌群数的过程。总大肠菌群是一群需氧及兼性厌氧、在37℃生长时能使乳糖发酵、在24 h内产酸产气的革兰阴性无芽孢杆菌，分为埃希菌属、柠檬酸细菌属、肠杆菌属及克雷伯菌属四种菌属。总大肠菌群包括存在于人及动物粪便中的耐热大肠菌群，以及存在于其他环境中的大肠菌群。总大肠菌群组成与耐热大肠菌群组成相同，但耐热大肠菌群主要组成是埃希菌属，在此菌属中与人类生活密切相关的仅一个种，即大肠埃希菌（大肠杆菌），三者关系为总大肠菌群＞耐热大肠菌群＞大肠埃希菌（大肠杆菌）。由于总大肠菌群数量大、在体外存活时间与肠道致病菌相近，且检测方法较简便，故作为检验肠道致病菌的指示菌，可表征水体被粪便污染的程度。

样品采集和保存 需单独采样，采样前容器灭菌处理，采样后样品冷藏保存。

测定方法 目前水中总大肠菌群检测方法主要为多管发酵法、滤膜法和酶底物法。多管发酵法和滤膜法为传统、经典方法，酶底物法为新兴检测方法。

多管发酵法 适用于地表水、地下水及废水各种水样（包括底泥）中总大肠菌群的测定，

尤其是浑浊度较高水样的总大肠菌群测定。其原理是利用总大肠菌群具有发酵乳糖、产酸产气以及具备革兰氏染色阴性、无芽孢、呈杆状等特性，在选择性培养基上产生典型菌落，以测定水样中总大肠菌群数。该方法以最可能数表示试验结果，属于半定量测定。从理论角度考虑，该方法检测结果偏大，但随着每一稀释度试管重复数量的增加，这种差异逐渐减少。多管发酵法的优势是不受浊度的影响，结果比较稳定，价格便宜，不需昂贵设备；缺点是操作繁杂，工作量大，耗时长，每种水样都需要作系列稀释，后续确认试验需要 96 h 以上。

滤膜法 适用于生活饮用水及水源中总大肠菌群的测定。将水样注入已灭菌的放有滤膜（孔径 0.45 μm）的滤器中，经过抽滤，细菌即被截留在膜上，然后将滤膜贴于培养基上培养，由于大肠菌群可发酵乳糖，在滤膜上长出紫红色具有金属光泽的菌落，计数滤膜上具有此特性的菌落数，即可得到水样中含有的总大肠菌群数。如有必要，对可疑菌落进行涂片染色镜检，并再接种乳糖发酵管做进一步鉴定。滤膜法的优势在于可快速检测大批量低浊度水样，特别适用于自来水厂的日常检测；缺点是不适用于杂质较多、易阻塞滤孔的水样，且特异性差，结果易受水样中其他细菌影响而出现误判，需要结合进一步的确认试验才能最终确定结果。当水样运输中不能保证所要求的条件，或者不能在规定时间内检测时，可将水样用滤膜过滤，将滤膜置于培养基上，送到实验室再进行培养并检测。

酶底物法 适用于生活饮用水及水源中总大肠菌群的测定。利用大肠菌群细菌能产生β-半乳糖苷酶，分解邻硝基苯-β-D-半乳派喃糖（ONPG）使培养液呈黄色的原理，判断水样中是否含有大肠菌群。酶底物法可采用成品培养基及试剂，操作方便，检测时间短，特异性强，能够准确判断水样中总大肠菌群的数量。

发展趋势 随着分子生物学的快速发展，聚合酶链式反应技术、荧光原位杂交技术等更快速、更精确、更简便的微生物检测技术将在总大肠菌群的测定中发挥越来越重要的作用。

（刘军）

zongdan ceding

总氮测定 (determination of total nitrogen)

测定样品中溶解态氮及悬浮物中氮的总和的过程。总氮包括硝酸盐氮、亚硝酸盐氮、无机铵盐、溶解态氨和大部分有机含氮化合物中的氮。总氮主要来源于生活污水、农田排水或含氮工业废水，是衡量水质的重要指标之一。水中有机氮和各种无机氮化合物含量增加，生物和微生物类大量繁殖，消耗水中的溶解氧，使水体质量恶化；湖泊、水库中含有超标的氮和磷类物质时，出现富营养化状态。

测定方法 包括碱性过硫酸钾消解紫外分光光度法、还原-偶氮比色法、气相分子吸收光谱法、流动注射分析法、离子色谱法、燃烧氧化-电化学传感器法和高温氧化-化学发光检测法。

碱性过硫酸钾消解紫外分光光度法 适用于地表水、地下水、生活污水和工业废水中总氮的测定。其原理为：在 60℃以上水溶液中，过硫酸钾可分解产生原子态氧，可使水样中含氮化合物转化为硝酸盐，并分解有机物，分别于波长 220 nm 和 275 nm 处测定其吸光度，由校正吸光度值计算出总氮含量。该方法对试剂的含氮量要求比较高。该方法设备简单，操作方便，准确度及精密度较高，是水和废水中总氮测定的经典方法，也是首选方法。随着紫外消解、微波消解等多种消解方式的应用，能有效缩短消解时间，提高分析效率，使碱性过硫酸钾消解紫外分光光度法可用于水质自动在线监测及应急监测。

还原-偶氮比色法 适用于地表水、生活污水和工业废水中总氮测定。其原理为：在样品中加入氧化剂，使有机氮和无机氮转变为硝酸盐氮，加入硫酸肼还原为亚硝酸盐氮，与氨基苯磺酰胺重氮化后与盐酸 N-(1-萘基)-乙二胺产生偶合反应生成红色的偶氮染料，通过测定其吸光度计算出总氮含量。

气相分子吸收光谱法 适用于湖泊、水库和江河水中总氮的测定。其原理为：在碱性介质中，过硫酸钾氧化剂将水样中氨、铵盐、亚硝酸盐和大部分有机氮化合物氧化成硝酸盐；在酸性介质中，硝酸盐被还原分解生成 NO 气体，用空气将其载入气相分子吸收光谱仪进行测定。该方法测定范围宽、抗干扰能力强、不受样品颜色和混浊度的影响，但样品须经氧化消解前处理，限制了分析效率。

流动注射分析法 适用于地表水、地下水、生活污水和工业废水中总氮的测定。其原理为：试样与硼酸缓冲溶液混合，加入过硫酸钾后紫外消解，含氮化合物氧化成硝酸盐，并经镉柱还原为亚硝酸盐，其与盐酸萘乙二胺反应生成红色化合物，经过分光光度法测定其含量。分析流程为：试样与试剂在蠕动泵的推动下进入分析模块，并在密闭的管路中按特定的顺序和比例混合，进行蒸馏、消解和萃取等反应，显色完全后进入流动检测池进行光度测定。该方法替代手工消解为仪器在线消解，提高了分析的自动化水平，操作简单、分析速度快、样品和试剂消耗量少，适合检测大批量样品；并且样品全封闭蒸馏、吸收和检测，减少了对环境的污染和对人体的危害。因此，该方法近年在环境监测领域的应用日益广泛。

离子色谱法 适用于地表水、地下水、饮用水、降水、生活污水和工业废水等水中总氮的测定。其原理为：过硫酸钾将有机氮和无机氮化合物氧化成硝酸盐后，以离子色谱法进行测定。该方法具有较高的灵敏度和准确度，重复性好；可实现多种离子同时测定，简单快速。

燃烧氧化-电化学传感器法 适用于地表水、生活污水和工业废水中总氮测定。其原理为：样品注入高温炉中，在纯氧和催化剂的作用下，将样品中各种形态（单质态氮除外）的氮转化为 NO，用电化学传感器测定生成的 NO，从而测算出总氮的含量。该方法操作简单，无需外加试剂，分析速度快、线性范围宽，其测定结果的准确度主要取决于催化剂种类和氧化温度。

高温氧化-化学发光检测法 适用于地表水、工业废水和生活污水中总氮的测定。其原理为：样品在超过 950℃的高温氧化炉中，被完全气化并发生氧化裂解；样品中的含氮化合物定量转化为·NO，与 O_3 反应转化为激发态的 NO_2，当激发态的 NO_2 跃迁到基态时发射出特定波长的光谱，其强度与样品中的含氮量成正比，故可通过测定化学发光的强度来计算总氮含量。该方法准确度、灵敏度高，分析速度快、线性范围宽，多用于自动在线监测。（李莉）

推荐书目

国家环境保护总局《水与废水监测分析方法》编委会. 水与废水监测分析方法. 4 版. 北京：中国环境科学出版社，2002.

zonghuifaxingyoujiwu ceding

总挥发性有机物测定

（determination of total volatile organic compounds） 对室内空气中的各种挥发性有机物进行定量分析的过程。室内空气中挥发性有机化合物（VOCs）的总量一般称为总挥发性有机物（TVOC）。世界卫生组织（WHO）对室内空气中的 TVOC 的定义为：熔点低于室温且沸点在 50～260℃的挥发性有机化合物的总称。在《室内空气质量标准》(GB/T 18883—2002）中，根据检测方法对 TVOC 进行了定义：利用 Tenax GC 或 Tenax TA 采样，非极性色谱柱（极性指数小于 10）进行分析，保留时间在正己烷至正十六烷之间的挥发性有机化合物。

室内空气中的 TVOC 主要是由建筑材料、室内装饰材料及生活和办公用品等散发出来的。如建筑材料中的人造板、泡沫隔热材料、塑料板材；室内装饰材料中的油漆、涂料、黏合剂、壁纸、地毯；生活用品中的化妆品、洗涤剂等；办公用品中的油墨、复印机、打字机等。此外，家用燃料及吸烟、人体排泄物以及室外工业废气、汽车尾气、光化学污染也是影响室内 TVOC 含量的重要因素。随着化学品和各种装饰材料的广泛使用，室内空气中的挥发性有机化合物种类不断增加。因此，用 TVOC 作为室内空气质量的指示指标，来评价挥发性有机化合物对人体暴露产生的健康风险。

测定方法 主要有热解吸/毛细管气相色谱法、光离子化气相色谱法以及光离子化总量直接测定法。

热解吸/毛细管气相色谱法 选择合适的吸附剂（Tenax GC 或 Tenax TA），用吸附管采集一定体积的空气样品，VOCs 保留在吸附管中。采样后，将吸附管加热，解吸 VOCs，待测样品随惰性载气进入毛细管气相色谱仪。用保留时间定性，峰高或峰面积定量。适用于浓度范围为 0.5～100 mg/m^3 的空气中 VOCs 的测定。TVOC 浓度的计算有两种方式，《室内空气质量标准》（GB/T 18883—2002）中规定：TVOC 应包括色谱图中从正己烷至正十六烷之间的所有化合物，根据单一的校正曲线，对尽可能多的 VOCs 定量，至少应对十个最高峰进行定量，最后与 TVOC 一起列出这些化合物的名称和浓度。计算已鉴定和定量的 VOCs 的浓度，用甲苯的响应系数计算未鉴定的挥发性化合物的浓度。在《民用建筑工程室内环境污染控制规范》（GB 50325—2010）中，考虑到空气中 VOCs 品种繁多，不可能一一定性，规定仅就目前我国建筑材料和装修材料中经常出现的部分有机化合物作为应识别组分，选择的标准品苯、甲苯、对（间）二甲苯、邻二甲苯、苯乙烯、乙苯、乙酸丁酯、十一烷等作为计量溯源依据，其他未识别组分均以甲苯计。

光离子化气相色谱法 将空气样品直接注入光离子化气体分析仪，样品由色谱柱分离后进入离子化室，在真空紫外光子的轰击下，将 TVOC 电离成正负离子。测量离子电流的大小，就可确定 TVOC 的含量，根据色谱柱的保留时间对 TVOC 定性。定量方式以苯为标准物质，苯的检出限为 5 $\mu g/m^3$，测定上限为 350 mg/m^3。

光离子化总量直接测定法 将空气样品直接注入光离子化气体分析仪，样品经采样泵直接吸入后进入离子化室，在真空紫外光子的轰击下，将 TVOC 电离成正负离子。测量离子电流的大小确定 TVOC 的含量，定量方式与光离子化气相色谱法相同，即以苯为标准物质。该方法不属于标准分析方法，其检测结果也与标准分析方法没有可比性，被列为非仲裁性分析方法。由于光离子化总量直接测定法的测定结果也可反映室内 TVOC 的污染程度，且光离子化气体分析仪具有较低的市场价格、易于操作而得到广泛应用。

发展趋势 当前室内空气质量已成为国内外高度关注的环境问题之一。虽然 TVOC 作为一项评价指标被广泛纳入各国室内空气质量标准之中，但 TVOC 的评价标准值还主要与人体嗅觉不舒适、感觉性刺激相关联，对人体的其他健康效应（如致癌性、致畸性以及对神经系统的影响等）的关联性尚未得到体现。因此，为有利于更准确、科学地评价空气质量，TVOC 的监测已逐渐拓展至对单一污染物质监测。随着分析测试技术的发展，各种 VOCs 分析及前处理技术的不断进步，也使得分析单一的 VOC 物质成为可能。

目前我国室内空气污染已从生物质燃料污染、燃煤型污染向“化学性污染”转换，具有污染物种类多、浓度低、复合污染等特点。因此需要更为关注室内低浓度、复合污染的长期健康风险，尤其是不同种类 VOC 物质的复合污染对人体健康效应的风险评价，找到更具有典型性和代表性的指示生物，进一步研究污染物进入人体后对人体健康的潜在影响。

（李红莉）

zonglin ceding

总磷测定 （determination of total phosphorus）

测定水中各种形态磷的总量的过程。水体中，磷以正磷酸盐、缩合磷酸盐（焦磷酸盐、偏磷酸盐和多磷酸盐）和有机结合的磷（如磷脂等）等多种形式存在。根据磷在水中的存在形式，分为总磷、可溶性正磷酸盐和可溶性总磷酸盐。总磷是水样经消解后，将各种形态的磷转变成正磷酸盐后测定的结果，以每升水含磷毫克数计算。一般天然水中磷酸盐含量不高，其主要来源于化肥、冶炼、合成洗涤剂等行业的工业废水及生活污水。磷是生物生长必需的元素之一，但水体中磷含量过高，可造成藻类的过度繁殖，直至数量上达到有害的程度（称为富营养化），造成水质恶化，影响水体生态平衡，降低水的透明度，降低水资源在饮用、游览和养殖等方面的利用价值。

测定方法 包括分光光度法、离子色谱法、电感耦合等离子体发射光谱法和流动注射-分光光度法。

分光光度法 主要有钼酸铵分光光度法、孔雀绿-磷钼杂多酸分光光度法和氯化亚锡还原光度法。

钼酸铵分光光度法 适用于地表水、生活污水和工业废水中总磷的测定。在中性条件下，用过硫酸钾（或硝酸-高氯酸）消解试样，将所含磷全部氧化为正磷酸盐。在酸性介质中，正磷酸盐和钼酸铵反应，在锑盐存在下生成磷钼杂多酸后，立即被抗坏血酸还原，生成蓝色的络合物，总磷浓度与蓝色络合物吸光度成正比。

孔雀绿-磷钼杂多酸分光光度法 适用于地表水及地下水中总磷的测定。样品消解同“钼酸铵分光光度法”。在酸性条件下，利用碱性染料孔雀绿与磷钼杂多酸生成绿色离子缔合物，并以聚乙烯醇稳定显色液，以分光光度法测定。

氯化亚锡还原光度法 适用于地表水中总磷的测定。测定时还原剂为氯化亚锡，测定方法同“钼酸铵分光光度法”。

离子色谱法 适用于地表水、地下水、饮用水、降水、生活污水和工业废水等中总磷的测定。样品在中性条件下用过硫酸钾（或硝酸-高氯酸）使试样消解，将所含磷全部氧化为正磷酸盐，然后用离子色谱法进行测定（参见离子色谱法）。

电感耦合等离子体发射光谱法 适用于地表水、生活污水、工业废水、土壤及沉积物、固体废物浸出液中总磷的测定（参见原子发射光谱法）。

流动注射-分光光度法 适用于地表水、地下水、生活污水和工业废水等中总磷的测定。化学分析原理同“钼酸铵分光光度法”，测定方法参见流动注射分析法。

发展趋势 测定总磷时，需通过氧化消解，将各种形式的磷酸盐转化为溶解态的正磷酸盐。消解是总磷测定的重点和难点，微波消解因为具有节能、省时、简单快速和消解完全的特点，可以解决总磷测定消解困难的问题。仪器自动化与联用技术是未来发展的趋势，例如，流动注射分析仪将手工分析转化为仪器在线分析，具有操作简单、样品和试剂消耗量较小以及可与多种检测手段结合等优点，近几年在总磷测定中的应用日益广泛。（李莉）

zongting zidong jianceyi

总烃自动监测仪

（total hydrocarbon automatic monitor） 基于气相色谱原理对环境空气中的总烃进行自动分析并准确定量的仪器。具有自动取样、自动点火、结果直读、在线检测以及标定简单方便等特点。

样品进入气相色谱仪，以氢火焰离子化检测器（FID）测定样品中总烃和氧的总量（以甲烷计），同时用除烃空气代替样品测得氧的含量（以甲烷计），从两者的总量中扣除氧含量后即为总烃含量。

总烃自动监测仪一般包括水分捕集器、滤尘器、气泵、鼓泡器、流量控制阀、流量计、FID、灭火报警器、电流放大器、自动校正装置、积分器和记录仪，见图。

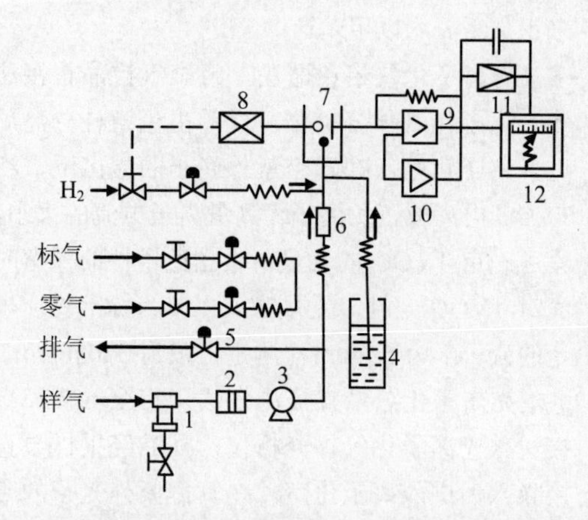

1. 水分捕集器；2. 滤尘器；3. 气泵；4. 鼓泡器；5. 流量控制阀；6. 流量计；7. FID；8. 灭火报警器；9. 电流放大器；10. 自动校正装置；11. 积分器；12. 记录仪

总烃自动监测仪工作原理图

主要应用于大气及固定污染源排放中总烃的监测，如城区环境空气监测、厂界环境空气监测、工作车间空气监测、储油库大气污染物排放监测、石油产品及成品油储运企业大气污染排放监测、炼油及石油化学工业大气污染排放监测、城市道路机动车排放监测等。

（陈多宏）

zongyingdu ceding

总硬度测定 （determination of total hardness） 对水质样品总硬度进行测定的过程。水总硬度是水中钙、镁离子（Ca^{2+}、Mg^{2+}）的总量。硬度过高的水易形成锅垢，影响产品质量，不适宜作为工业用水，特别是锅炉用水。此外，硬度过高的水也不利于人们生活中的洗涤及烹饪，饮用后会引起肠胃不适。但硬度过低也会引起或加剧某些疾病，因此测定水的总硬度是确定水的品质好坏的重要指标。根据《生活饮用水卫生标准》（GB 5749—2006）规定，饮水的总硬度不得超过 450 mg/L（以 $CaCO_3$ 计）。

总硬度测定方法有络合滴定法、原子吸收分光光度法和电感耦合等离子体发射光谱法（ICP-AES）。

络合滴定法 在 pH=10 的氨性缓冲溶液中，用乙二胺四乙酸二钠（EDTA）标准溶液络合滴定钙、镁离子总量，然后换算为相应的硬度单位。用铬黑 T（EBT）作指示剂。化学计量点前，Ca^{2+}、Mg^{2+}和 EBT 生成紫红色络合物，当用 EDTA 溶液滴定至化学计量点时，游离出指示剂，溶液呈现纯蓝色。也可采用酸性铬蓝 K-萘酚绿 B 混合指示剂，此时终点颜色由紫红色变为蓝绿色。结果以 $CaCO_3$ 的质量浓度（mg/L）表示水的硬度。

原子吸收分光光度法 将试液喷入空气-乙炔火焰中，使钙、镁原子化，并选用 422.7 nm 共振线的吸收定量钙，用 285.2 nm 共振线的吸收定量镁。求出水中钙、镁的浓度，再按公式计算出水样的总硬度：

$$C=\left(\frac{C_{\mathrm{Ca}}}{40}+\frac{C_{\mathrm{Mg}}}{24}\right)\times 100$$

式中，C 为水样的总硬度，以 $CaCO_3$ 的质量浓度（mg/L）表示。

电感耦合等离子体发射光谱法 使用 ICP-AES 法分别测出水中钙、镁离子的浓度，再按相应方法计算出水样的总硬度，以 $CaCO_3$ 的质量浓度（mg/L）表示。

络合滴定法简单快速，是最常选用的方法。原子吸收分光光度法测定钙、镁，简单、快速、灵敏、准确，干扰易于消除。当采用络合滴定法有干扰时，宜改用原子吸收分光光度法。ICP-AES 法快速、灵敏度高、干扰少，且可同时测定多种元素，也是较为理想的方法之一。

（李铭煊）

zongyoujitan ceding

总有机碳测定 （determination of total organic carbon） 对水质样品中的总有机碳（TOC）进行定量分析的过程。TOC 是溶解或悬浮在水中有机物的含碳量（以质量浓度表示），是以含碳量表示水体中有机物总量的综合指标。由于 TOC 的测定多数采用燃烧法，能将有机物全部氧化，它比五日生化需氧量（BOD_5）、化学需氧量（COD_{Cr}）及高锰酸盐指数（COD_{Mn}）更能直接、准确、全面地表示有机物的总量，因此常被用来评价水体中有机物污染程度。目前，TOC 测定已经广泛应用到水源水、饮用水、生产用水、工业废水、生活污水以及江河、湖泊、海洋等污染监测评价中。

总有机碳测定方法包括燃烧氧化-非分散红外吸收法和过硫酸钾氧化法。

燃烧氧化-非分散红外吸收法 适用于地表水、地下水、海水、生活污水和工业废水中 TOC 的测定，包括差减法和直接法。①差减法适用于水中苯、甲苯、环己烷和三氯甲烷等挥发性有机物含量较高的样品测定。水样分别注入高温燃烧管和低温反应管中，经高温催化氧化使有机化合物和无机碳酸盐均转化成为二氧化碳，经低温反应管的水样酸化使无机碳酸盐分解成二氧化碳。两种反应管中生成的二氧化碳分别导入非分散红外检测器，特定波长下，二氧化碳的红外线吸收强度与其浓度成正比，从而分别测得水中的总碳（TC）和无机碳（IC），TC 与 IC 之差值即为 TOC。②直接法适用于水中挥发性有机物含量较少，而无机碳含量相对较高的水质样品测定。将水样酸化后曝气，使各种碳酸盐分解生成二氧化碳而驱除后，再注入高温燃烧管中，可直接测定 TOC。由于酸化曝气造成水样中挥发性有机物的损失，其测定结果为不可吹扫的有机碳。

过硫酸钾氧化法 适用于河口、近岸以及海洋中溶解有机碳的测定。海水样品经酸化通氮气除去无机碳后，用过硫酸钾将有机碳氧化生成二氧化碳气体，用非分散红外二氧化碳分析仪测定。 （王光）

zongyoujitan fenxiyi

总有机碳分析仪 （total organic carbon analyzer） 测定水质样品中的总有机碳（TOC）含量的仪器。

原理 水样经酸化去除无机碳后，采用高温催化氧化或过硫酸钾氧化，将有机碳转化为二氧化碳，采用非分散红外法测定。

结构 主要由无机碳反应器、有机碳（总碳）氧化反应器、检测器和数据处理单元构成。

无机碳反应器 在低温状态下，将无机碳酸化反应为二氧化碳。

有机碳（总碳）氧化反应器 目前在商品化的 TOC 分析仪中，有机碳（总碳）氧化反应方式主要有高温燃烧氧化和过硫酸盐加热氧化，超临界水氧化、紫外氧化、紫外加二氧化钛氧化等商品化仪器较少。高温燃烧氧化，即在催化剂如铂金等存在下，有机物在燃烧炉中高温（680～950℃）氧化。过硫酸盐氧化，即在高温状态下，采用过硫酸钾将有机碳转化为二氧化碳。

检测器 二氧化碳检测器主要有非分散红外检测器、选择性薄膜电导率检测器和直接电导率检测器，其中前两者应用较多。①非分散红外检测器：二氧化碳吸收 4.25 μm 波长的光，检测器检测到该波长的光强，吸光度在一定范围内与二氧化碳的浓度成正比。②选择性薄膜电导率检测器：有机物氧化生成的二氧化碳，从水样一侧穿透对二氧化碳有选择性的渗透膜，进入到仅含去离子水的另一侧。③直接电导率检测器：电离反应生成碳酸氢根离子与氢离子，使水的电导率升高。此时测定的电导率表征了二氧化碳的浓度。

应用 检测器的选择是总有机碳测定的关键因素，应根据不同的监测目的选择合适的检测器非分散红外检测技术成熟，对二氧化碳的响应时间快，可用于清洁水测定。但是检测器易漂移，需要频繁校准；线性动力学范围有限，下限高，不易准确测定低浓度 TOC 水样；载气中的水分对测定结果有影响。选择性薄膜电导率检测器有效排除了杂质离子的影响，实现了对二氧化碳的选择性检测，又具有电导率检测非常高的灵敏度，适用于低浓度 TOC 的检测。

（王光）

条目分类索引

条目汉字笔画索引

说　明

一、本索引供读者按条目标题的汉字笔画查检条目。

二、条目标题按第一字笔画数由少到多的顺序排列，同画数的按笔顺横(一)、竖(丨)、撇(丿)、点(丶)、折（乛，包括乚く等）的顺序排列，笔画数和笔顺都相同的按下一个字的笔画数和笔顺排列。第一字相同的，依次按后面各字的笔画数和笔顺排列。

三、以拉丁字母开头的条目标题，依次排在汉字条目标题的后面。

一画

二画

三画

四画

五画

六画

七画

八画

九画

十画

十一画

十二画

十三画

十四画

十五画

十六画

十八画

其他

条目外文索引

说　明

1. 本索引按照条目外文标题的逐词排列法顺序排列。
2. 条目外文标题中英文以外的字母，按与其对应形式的英文字母顺序列入“Others”(其他)。

A

B

C

E

F

本书主要编辑、出版人员

社　　长：王新程

首席编审：刘志荣

总 编 辑：罗永席

副总编辑：朱丹琪　沈　建

主任编辑：刘　杨　任海燕

责任编辑：赵惠芬　赵亚娟

编　　辑：张　娣　谷妍妍　何若鋆

装帧设计：彭　杉　宋　瑞

责任校对：尹　芳

责任印制：郝　明　王　焱

图书在版编目（CIP）数据

环境监测/《环境监测》编写委员会编著. —北京：中国环境出版社，2015.12

（《中国环境百科全书》选编本）

ISBN 978-7-5111-1577-5

Ⅰ. ①环…　Ⅱ. ①环…　Ⅲ. ①环境监测—词典
Ⅳ. ①X83-61

中国版本图书馆 CIP 数据核字（2013）第 228227 号

出版发行　中国环境出版社
（100062　北京市东城区广渠门内大街 16 号）
网　　址：http://www.cesp.com.cn
电子邮箱：bjgl@cesp.com.cn
联系电话：010-67112765（编辑管理部）
发行热线：010-67125803，010-67113405（传真）

印　　刷　北京盛通印刷股份有限公司
经　　销　各地新华书店
版　　次　2015 年 12 月第 1 版
印　　次　2015 年 12 月第 1 次印刷
开　　本　787×1092　1/16
印　　张　26.25
字　　数　672 千字
定　　价　142.00 元